To Lan Nguyen

Textsorten und ihre Merkmale im Kommunikationsbereich Kraftfahrzeugtechnik

Berliner Sprachwissenschaftliche Studien

herausgegeben von
Franz Simmler

Band 27

To Lan Nguyen

Textsorten und ihre Merkmale im Kommunikationsbereich Kraftfahrzeugtechnik

Empirische Untersuchungen zur Frequenz und Distribution textueller Merkmale am Beispiel des Automobils

WEIDLER Buchverlag Berlin

Titelbild:
‚Oberklassewagen', bearbeitet von Aymi Tran

Printed in Germany

ISBN 978-3-89693-572-4

Herstellung durch Frank & Timme GmbH
Wittelsbacherstraße 27a, 10707 Berlin
info@frank-timme.de

www.weidler-verlag.de

Inhaltsverzeichnis

Vorwort ... 9

1. Einleitung, Problemstellung und Erkenntnisziel ... 11
1.1 Einleitung ... 11
1.2 Problemstellung ... 11
1.2.1 Die Sprache als Kommunikationsmittel im Bereich der Technik ... 11
1.2.2 Anforderungen an die Textsorten- und Fachsprachenforschung ... 12
1.2.3 Valenztheoretische Aspekte ... 14
1.2.4 Schlussfolgerung ... 15
1.3 Forschungsziele ... 16
1.4 Gliederung der Arbeit ... 16

2. Theoretische Grundlagen ... 19
2.1 Begriffsdefinitionen ... 19
2.1.1 Fachsprache versus Gemeinsprache ... 19
2.1.2 Text- und Textsortendefinition ... 20
2.1.3 Externe Variablenkonstellation ... 23
2.1.4 Makrostrukturen, Initiator und Terminator ... 23
2.1.5 Text-Bild-Kombinationen ... 25
2.1.6 Textteil und Teiltext ... 25
2.1.7 Textsortengebundenheit von Verbvalenzen ... 26
2.2 Textsorten- und Fachsprachenforschung in der wissenschaftlichen Literatur ... 27
2.2.1 NECKERMANN: Textsortenmodell instruktiver Texte ... 27
2.2.2 GÖPFERICH: Klassifizierung von technischen Fachtexten ... 28
2.2.3 KUNTZ: Analyse von Satzbauplänen ... 30
2.2.4 Zusammenfassung ... 32

3. Untersuchungsgegenstand und Methodik ... 33
3.1 Auswahl des Untersuchungskorpus ... 33
3.2 Wahl der Untersuchungsmethode ... 36
3.2.1 Vorgehen bei der empirischen Untersuchung ... 36
3.2.2 Vorgehen bei der empirischen Auswertung ... 37
3.3 Untersuchungskriterien ... 39
3.3.1 Externe Merkmale ... 39
3.3.2 Makrostrukturelle Analyse ... 39
3.3.3 Text-Bild-Kombinationen ... 40

3.3.4 Syntax ... 40
3.3.5 Lexikalische Merkmale ... 49
3.3.6 Verbvalenz ... 49

4. Empirische Analyse ... 53
4.1 Betriebsanleitungen ... 53
4.1.1 Makrostrukturelle Analyse ... 53
4.1.2 Text-Bild-Kombinationen ... 73
4.1.3 Syntax ... 87
4.1.3.1 Syntax der Überschriften ... 87
4.1.3.2 Syntax der Absätze ... 94
4.1.4 Satzglieder und lexikalische Merkmale ... 109
4.1.5 Rolle der Semantik bei der Ermittlung der Verbvalenz ... 113
4.1.6 Zusammenfassung ... 137
4.2 Werkstatthandbücher ... 143
4.2.1 Makrostrukturelle Analyse ... 143
4.2.2 Text-Bild-Kombinationen ... 158
4.2.3 Syntax ... 167
4.2.3.1 Syntax der Überschriften ... 167
4.2.3.2 Syntax der Absätze ... 172
4.2.4 Satzglieder und lexikalische Merkmale ... 181
4.2.5 Rolle der Semantik bei der Ermittlung der Verbvalenz ... 182
4.2.6 Zusammenfassung ... 193
4.3 Lehrbücher ... 196
4.3.1 Makrostrukturelle Analyse ... 196
4.3.2 Text-Bild-Kombinationen ... 225
4.3.3 Syntax ... 238
4.3.3.1 Syntax der Überschriften ... 238
4.3.3.2 Syntax der Absätze ... 245
4.3.4 Satzglieder und lexikalische Merkmale ... 261
4.3.5 Rolle der Semantik bei der Ermittlung der Verbvalenz ... 264
4.3.6 Zusammenfassung ... 280
4.4 Testberichte ... 283
4.4.1 Makrostrukturelle Analyse ... 283
4.4.2 Text-Bild-Kombinationen ... 288
4.4.3 Syntax ... 294
4.4.3.1 Syntax der Überschriften ... 294
4.4.3.2 Syntax der Absätze ... 297
4.4.4 Satzglieder und lexikalische Merkmale ... 311
4.4.5 Rolle der Semantik bei der Ermittlung der Verbvalenz ... 315

4.4.6 Zusammenfassung ... 320
4.5 Werbebroschüren ... 323
4.5.1 Makrostrukturelle Analyse ... 323
4.5.2 Text-Bild-Kombinationen ... 331
4.5.3 Syntax ... 342
4.5.3.1 Syntax der Überschriften ... 342
4.5.3.2 Syntax der Absätze ... 347
4.5.4 Satzglieder und lexikalische Merkmale ... 358
4.5.5 Rolle der Semantik bei der Ermittlung der Verbvalenz ... 361
4.5.6 Zusammenfassung ... 369
4.6 Werbeanzeigen ... 373
4.6.1 Makrostrukturelle Analyse ... 373
4.6.2 Text-Bild-Kombinationen ... 401
4.6.3 Syntax ... 404
4.6.3.1 Syntax der Überschriften ... 404
4.6.3.2 Syntax der Absätze ... 408
4.6.4 Satzglieder und lexikalische Merkmale ... 414
4.6.5 Rolle der Semantik bei der Ermittlung der Verbvalenz ... 416
4.6.6 Zusammenfassung ... 420
4.7 Produktinformation ... 423
4.7.1 Makrostrukturelle Analyse ... 423
4.7.2 Text-Bild-Kombinationen ... 424
4.7.3 Syntax ... 425
4.7.3.1 Syntax der Überschriften ... 425
4.7.3.2 Syntax der Absätze ... 430
4.7.4 Satzglieder und lexikalische Merkmale ... 436
4.7.5 Rolle der Semantik bei der Ermittlung der Verbvalenz ... 439
4.7.6 Zusammenfassung ... 444
4.8 Service Magazin ... 446
4.8.1 Makrostrukturelle Analyse ... 446
4.8.2 Text-Bild-Kombinationen ... 448
4.8.3 Syntax ... 449
4.8.3.1 Syntax der Überschriften ... 449
4.8.3.2 Syntax der Absätze ... 453
4.8.4 Satzglieder und lexikalische Merkmale ... 459
4.8.5 Rolle der Semantik bei der Ermittlung der Verbvalenz ... 462
4.8.6 Zusammenfassung ... 465

5. Textsortentypologie ... 469
5.1 Ermittlung der Textsortentypologie ... 469

5.2 Textsorten und ihre Merkmalbündel ... 470
5.2.1 Die Textsorte ‚Werkstatthandbuch' und ihre Textsortenvarianten ... 471
5.2.2 Die Textsorte ‚Betriebsanleitung' und ihre Textsortenvarianten ... 474
5.2.3 Die Textsorte ‚Testbericht' und ihre Textsortenvarianten ... 477
5.2.4 Die Textsorte ‚Lehrbuch' und ihre Textsortenvarianten ... 479
5.2.5 Die Textsorte ‚Werbetext' und ihre Textsortenvarianten ... 482
5.2.6 Die Textsorte ‚Werbeanzeige' ... 487
5.2.7 Die Textsorte ‚Magazin' ... 488
5.3 Ergebnis ... 489

6. Anhang ... 495
6.1 Abbildungsverzeichnis ... 495
6.2 Tabellenverzeichnis ... 505
6.3 Abkürzungsverzeichnis ... 506

7. Literaturverzeichnis ... 507
7.1 Materialgrundlage ... 507
7.2 Literaturverzeichnis ... 508

Vorwort

Die vorliegende Untersuchung entstand im Rahmen eines Promotionsverfahrens am Fachbereich Philosophie und Geisteswissenschaften der Freien Universität Berlin und wurde im Dezember 2011 verteidigt. Die Abbildungen der betriebsinternen Textexemplare (Produktinformation, Service Magazin) werden nicht gezeigt, da diese nur dem internen Gebrauch zugänglich sind.

Während der Anfertigung der vorliegenden Arbeit hat mich Herr Prof. Dr. Dr. h.c. Franz Simmler (Freie Universität Berlin) fachlich und organisatorisch unterstützt, sodass ich meine Promotion neben meiner Arbeit in Irland erfolgreich abschließen konnte. Ihm möchte ich für die insgesamt sehr gewissenhafte und ausführliche Betreuung herzlich danken. Mein besonderer Dank geht ebenfalls an Frau Prof. Dr. Claudia Wich-Reif (Rheinische Friedrich-Wilhelms-Universität Bonn) für ihre Bereitschaft, ein Zweitgutachten anzufertigen. Die Vorlesungen und Seminare von Frau Prof. Dr. Claudia Wich-Reif und Herrn Prof. Dr. Dr. h.c. Franz Simmler waren stets spannend und haben mein Interesse am Fach Linguistik geweckt sowie dazu beigetragen, dass ich mich zu dieser Forschungsarbeit entschieden habe. Den weiteren Kommissionsmitgliedern, Herrn Prof. Dr. Hans Richard Brittnacher, Herrn Prof. Dr. Stefan Müller und Herrn Dr. Jörg Jungmayr, danke ich ebenfalls herzlich für ihre Mitwirkung in der Kommission. Schließlich möchte ich meinen Kollegen und Doktoranden für die anregenden Colloquia und sehr angenehmen Diskussionstreffen danken.

Mein persönlichster Dank geht abschließend an meine Familie, Verwandten und Freunde, die mich während des gesamten Entstehensprozesses meiner Arbeit stets motiviert haben, konzentriert an meiner Dissertation zu arbeiten.

1. Einleitung, Problemstellung und Erkenntnisziel

1.1 Einleitung

In der wissenschaftlichen Textsorten- und Fachsprachenforschung werden selten alle notwendigen linguistischen Ebenen von der Makrostruktur über die Syntax bis hin zur Wortebene herangezogen. Es findet sich eine Tendenz zur Beschäftigung mit Detailproblemen. Weiterhin bleiben Untersuchungen zur textsortengebundenen Verbvalenz ein Desiderat. Forschungsinteresse der vorliegenden Arbeit ist die Ermittlung der Frequenz, Distribution und Funktion textueller Merkmale unter besonderer Berücksichtigung valenztheoretischer Aspekte. Synchron untersucht werden Textexemplare eines Textsortenspektrums im Kommunikationsbereich Kraftfahrzeugtechnik mit Spezialisierung auf Automobile deutscher Hersteller wie Mercedes-Benz, BMW, Volkswagen und Audi der Jahre 2003-2009, wie z.B. Betriebsanleitungen, Werkstatthandbücher, Ausbildungslehrbücher, Testberichte, Werbebroschüren, Werbeanzeigen und betriebsinterne Magazine. Ziel der Arbeit ist die Aufstellung eines Merkmalkanons textsortenidentifizierender Merkmale mit anschließender Skalierung der Textsorten nach Fachlichkeitsgraden.

Die vorliegende Arbeit versteht sich als einen Beitrag zur Textsortenlinguistik, in dem Theorie und Empirie miteinander verbunden werden. Diese Verbindung soll dazu beitragen, fachsprachliche und textlinguistische Theorien auch empirisch zu überprüfen.

1.2 Problemstellung

1.2.1 Die Sprache als Kommunikationsmittel im Bereich der Technik

In Zeiten der Globalisierung führt die weltweite Verflechtung der Unternehmen und Märkte zu einer Internationalisierung der Kommunikation und Zunahme der Fachkommunikation im Bereich der Technik. Die Sprache stellt dabei eine entscheidende Grundlage für die Kommunikation zwischen Mensch und Maschine dar. Sie soll neben einem theoretischen Interesse auch eine praxisbezogene Disziplin darstellen, um eine optimale Entwicklung von Wissenschaft und Technik im 21. Jahrhundert zu gewährleisten. In einer Welt des Fortschritts und der technischen Errungenschaft im Alltag und am Arbeitsplatz erlangt auch die Fachsprache der Technik immer mehr Einfluss auf die Gemeinsprache.[1]

Im Bereich des Marketings werden u.a. neben Werbeanzeigen im zunehmenden Maße auch Betriebsanleitungen von den Automobilherstellern als Werbestrategie eingesetzt. Mittels gut verständlicher Sprache stellen Betriebsanleitungen für den Anwender eine Hilfestellung im Umgang mit den stetig wachsenden modernen Technologien dar. Unzureichende Informationen führen dagegen häufig zu Reklamationen, finanziellen Einbußen und sogar zu einer Gefährdung des Konsumenten durch eine fehlerhafte Bedienung des Fahrzeugs. Weiter werden bei korrekter und verständlicher Anleitung Kundenzufriedenheit und positives Unternehmens-Image erreicht.[2] Nicht zuletzt wird mit Inkrafttreten des Produkthaftungsgesetzes auf die Gestaltung einer inhaltlich vollständigen und verständlichen Betriebsanleitung immer größerer Wert gelegt.[3] Bei Testberichten stehen dagegen die Bewertungsaspekte, die Vorstellung von Vor- und Nachteilen von Produkten sowie Kaufempfehlungen und damit die Aufklärung des Lesers im Vordergrund.

1.2.2 Anforderungen an die Textsorten- und Fachsprachenforschung

„Die Textsortenforschung ist [...] im Bereich der Fach- und Wissenschaftssprachforschung ein großer blinder Fleck."[4] Aus diesem Sachverhalt entstand ein breites Interesse an diesem Wissenschaftsgebiet, das die Vielfalt unterschiedlicher Textsorten sowie ihre Bindung an die fachlichen Kommunikationssituationen als Forschungsinteresse hat. Dabei erfolgte durch die Textsorten- und Fachsprachenforschung der Versuch der Einordnung und Klassifizierung von sogenannten Gebrauchstexten in verschiedene Textsorten.[5] Der Begriff des Gebrauchstextes orientiert sich an ROLF, der Gebrauchstexte wie folgt von literarischen Texten ab-

1 Vgl.: Reinhardt, Werner/Köhler, Claus/Neubert, Gunter (1992): Deutsche Fachsprache der Technik, 3. überarb. Aufl., Hildesheim u.a., S. 1.

2 Vgl.: Pichler, Wolfram W. (2007): Wirtschaftliche Betrachtung von Gebrauchs- und Betriebsanleitungen. In: Kloepfer, Michael (Hrsg.): Gebrauchs- und Betriebsanleitung in Recht und Praxis, Berlin, S. 19.

3 Vgl.: Pichler, Wolfram W. (2007) (wie Anm. 2), S. 17.

4 Weinrich, Harald (1989): Formen der Wissenschaftssprache. In: Jahrbuch 1988 der Akademie der Wissenschaften zu Berlin, Berlin/New York, S. 142.

5 Vgl.: Baumann, Dieter (1995): Die psychologisch-kognitive Erweiterung der Fachsprachenforschung. In: Busch-Lauer, Ines-Andrea/Fiedler, Marion/Ruge, Marion: Texte als Gegenstand linguistischer Forschung und Vermittlung: Festschrift für Rosemarie Gläser, Frankfurt a.M. u.a., S. 19f.

grenzt: „Gebrauchstexte dienen der intramundanen Problemlösung, literarische Texte sind gewissermaßen extramundan, sie sind welterschließender Art. Gebrauchstexte haben, mit anderen Worten, so etwas wie einen Funktionswert, literarische Texte aber haben einen Eigenwert.“[6]

Der Untersuchungsgegenstand der Fachsprachenforschung war lange Jahre überwiegend der Bereich des Wortschatzes und eingeschränkter die Fachsyntax. In den 1980er Jahren wurde die Textsortenproblematik unter Berücksichtigung der Textebene einbezogen. Bei den empirischen Untersuchungen werden vermehrt nur einzelne detaillierte sprachliche Merkmale bearbeitet. Andere textsortenspezifisch relevante Elemente wie die textsortenspezifische fachsprachliche Verbvalenz und Text-Bild-Kombinationen werden selten berücksichtigt. Aufgrund der Methodenvielfalt innerhalb der Textsorten- und Fachsprachenforschung zeigt sich bei den Untersuchungen ein heterogenes Bild, was die Vergleichbarkeit textsortenspezifischer Merkmale unmöglich macht. Dabei konzentrieren sich die Autoren auf spezielle sprachliche Merkmale: Zur fachsprachlichen Syntax äußert sich u.a. LITTMANN;[7] JACOB[8] und SCHRÄDER[9] gehen auf den Wortschatz im Bereich der Technik ein. REINHARDT[10] u.a. erarbeiten wortbildungsmorphologische Besonderheiten im Bereich der Kraftfahrzeugtechnik. Die gewählten Methoden genügen nicht zur Aufstellung eines Merkmalkanons sowie zur umfassenden Fachsprachlichkeitsforschung.[11] Zur Textsortendifferenzierung und Skalierung von Fachlichkeitsgraden müssen syntaktische Merkmale, textsortengebundene Makrostrukturen und externe Variablen einbezogen und in ein umfassendes textuelles Merkmalbündel integriert werden.[12] Es existieren Interrelationen zwischen Makrostrukturen und syntaktischen Strukturen, zwischen syntaktischen Merkmalen innerhalb von Gesamtsätzen und zwischen lexikalischen Merkmalen und den Satztypen in den Überschriften

6 Rolf, Eckard (1993): Die Funktionen der Gebrauchstextsorten, S. 128.

7 Vgl.: Littmann, Günter (1981): Fachsprachliche Syntax: zur Theorie und Praxis syntaxbezogener Sprachvariantenforschung, Hamburg.

8 Vgl.: Jacob, Karlheinz (1991): Maschine, mentales Modell, Metapher: Studien zur Semantik und Geschichte der Techniksprache, Tübingen.

9 Vgl.: Schräder, Alfons (1991): Fach- und Gemeinsprache in der Kraftfahrzeugtechnik: Studien zum Wortschatz, Frankfurt a.M.

10 Vgl.: Reinhardt, Werner/Köhler, Claus/Neubert, Gunter (1992) (wie Anm. 1).

11 Vgl.: Baumann, Klaus-Dieter (1995) (wie Anm. 5), S. 20f. und Göpferich, Susanne (1995): Textsorten in Naturwissenschaft und Technik: Pragmatische Typologie – Kontrastierung – Translation, Tübingen, S. 1f..

12 Vgl.: Simmler, Franz (2006): Varietätenlinguisitk: Fachsprachen. In: Ágel, Vilmos u.a. (Hrsg.): Dependenz und Valenz: ein internationales Handbuch der zeitgenössischen Forschung, Bd. 25, Berlin u.a., S. 1523-1536.

von Kapiteln und Unterkapiteln. SCHMIDT spricht von der Notwendigkeit einer komplexen Herangehensweise an den Begriff Fachlichkeit.[13] Eine jede Ebene isolierende Betrachtungsweise gibt keinen sicheren Hinweis auf die Fachlichkeit eines Textexemplars bzw. einer Textsorte. BAUMANN fordert zudem einen integrativen Ansatz, der neben textuellen Merkmalen auch interkulturelle, soziale und kognitive Untersuchungskomponenten heranzieht, um exakte Kriterien für die Abgrenzung von Ebenen zur Bestimmung von Fachlichkeitsgraden herauszuarbeiten.[14] Vor dem Hintergrund interdisziplinärer Anforderungen treffen sich hierbei eine Vielzahl einzelner linguistischer Disziplinen wie die der Phonologie, Lexikologie, Morphologie, Syntax, Textlinguistik, Pragmatik und Semiotik sowie unterschiedliche Wissenschaftsdisziplinen angrenzender Bereiche wie die der Soziologie, Pädagogik und Psychologie.

1.2.3 Valenztheoretische Aspekte

Die Zeit Ende der 1960er Jahre markiert in der Valenztheorie die semantische Wende.[15] Es entstand allgemein die Einsicht von der Notwendigkeit der Einbeziehung der Semantik zur Grammatikbeschreibung natürlicher Sprachen. Der Versuch einer Integration von Syntax und Semantik hatte zur Folge, dass die Valenz – ausgehend von einer syntaktischen Eigenschaft – um semantisch-begriffliche Komponenten erweitert wurde. So war HELBIGs asemantischer Ansatz zur Unterscheidung zwischen Ergänzung und Angabe rein syntaktisch nicht mehr überzeugend.

Weiter bleibt die Textsortengebundenheit als Gegenstand zur Ermittlung unterschiedlicher Verbvalenzen in Fachsprachen mit anschließender Skalierung der Fachlichkeitsgrade unter Berücksichtigung bisheriger Untersuchungen zur Textsorten- und Fachsprachenforschung ein Desiderat. Es wird häufig an Textexemplaren einer Textsorte ohne Beachtung mikro- und makrostruktureller Merkmale gearbeitet. Eine Behandlung von Verbvalenzen als Kriterium unterschiedlicher Fachlichkeitsgrade wird zur Untersuchung selten herangezogen. Oftmals wird die fachsprachliche Syntax mit „linguistisch zweifelhaften Methoden“[16] analysiert. Bei HOFFMANN u.a. erfolgt die Untersuchung der Satzlänge nach der Anzahl der Wörter anstatt nach der Anzahl der Satzglieder und ihrer

---

13 Vgl.: Schmidt, Vasco Alexander (2003): Grade der Fachlichkeit in Textsorten zum Themenbereich Mathematik, Berlin, S. 682.

14 Vgl.: Baumann, Klaus-Dieter (1995) (wie Anm. 5), S. 28-30.

15 Vgl.: Welke, Klaus/Meinhard, Hans-Joachim (1980): Prinzipien einer operativen Valenzgrammatik. In: Zeitschrift der Germanistik 2, S. 146-147.

16 Simmler, Franz (2006) (wie Anm. 12), S. 1523.

Notwendigkeit bzw. Nichtnotwendigkeit zur Konstitution von Verbalsatztypen.[17] Umfangreiche Analysen zur Verbvalenz werden von SIMMLER zur Sportsprache in den Mannschaftssportarten Fußball, Handball, Eishockey und Hockey und zur Sprache der Chemie unternommen.[18]

1.2.4 Schlussfolgerung

Insgesamt führt die in der wissenschaftlichen Literatur angesetzte unterschiedliche Methodik zur Textsorten- und Fachsprachenforschung zu uneinheitlichen Ergebnissen, die nicht miteinander vergleichbar sind. Es werden nicht alle, sondern nur einige Untersuchungsebenen – wie z.B. die Wortebene – berücksichtigt. Der daraus empirisch ermittelte Merkmalkanon ist lückenhaft und unvollständig. Dadurch können die Textsorten nicht zueinander in Beziehung gesetzt und voneinander abgegrenzt werden. Deutliche Defizite zeigen sich bei der textsortengebundenen Valenzbetrachtung. Neben ungenügenden theoretischen Fundierungen und linguistisch zweifelhaften Methoden werden oftmals Textexemplare einer Textsorte ohne Berücksichtigung externer Faktoren betrachtet. Hier liegen kaum verwertbare Ergebnisse vor, sodass nicht geklärt werden kann, ob und in welcher Weise die Verbvalenzen in den unterschiedlichen Textsorten aufgrund unterschiedlicher externer Variablen und Fachlichkeitsgrade im Bereich des Automobils in ihren semantischen und syntaktischen Strukturen und ihrer Wertigkeit unterschiedlich ausgeprägt sind.

---

17 Vgl.: Hoffmann, Lothar (1998a): Syntaktische und morphologische Eigenschaften von Fachsprachen. In: Hoffmann, Lothar/Kalverkämper, Hartwig/Wiegand, Herbert Ernst (Hrsg.) (1998): Fachsprachen: ein internationales Handbuch zur Fachsprachenforschung und Terminologiewissenschaft = Languages for special purposes. Halbband 1, Berlin, S. 416-417.

18 Vgl. u.a. Simmler, Franz (1991): Die Textsorten ‚Regelwerk' und ‚Lehrbuch' aus dem Kommunikationsbereich des Sports bei Mannschaftsspielen und ihre Funktionen. In: Sprachwissenschaft 16, S. 251-301; vgl.: Simmler, Franz (1994a): Bezeichnungen für Angriffs- und Zuspielaktionen und ihre Valenz in Mannschaftssportarten. In: Zeitschrift für germanistische Linguistik 22, S. 1-30; vgl.: Simmler, Franz (1994b): Verben des Verteidigens und ihre Valenzen im Kommunikationsbereich des Sports. In: Thielemann, Werner/ Welke, Klaus (Hrsg.): Valenztheorie: Werden und Wirkung. Wilhelm Bondzio zum 65. Geburtstag. Münster, S. 125-155; vgl.: Simmler, Franz (1995): Textsortengebundene Verbvalenz im Kommunikationsbereich des Sports: In: Eichinger, Ludwig M./Eroms, Hans-Werner (Hrsg.): Dependenz und Valenz (= Beiträge zur germanistischen Sprachwissenschaft, Bd. 10). Hamburg, S. 201-223; vgl.: Simmler, Franz (2006): Varietätenlinguisitk: Fachsprachen. In: Ágel, Vilmos u.a. (Hrsg.): Dependenz und Valenz: ein internationales Handbuch der zeitgenössischen Forschung, Bd. 25, Berlin u.a., S. 1523-1538.

1.3 Forschungsziele

Aus den Desiraten der Textsorten- und Fachsprachenforschung ist ein ganzheitlicher Untersuchungsansatz zu wählen, bei dem distinktive Einheiten von der makrostrukturellen Ebene bis zur Wortebene ermittelt werden. Daraus lassen sich für die hier vorliegende Arbeit folgende Erkenntnisziele ableiten:

1. Auf die Textsortendefinition SIMMLERs aufbauend[19] – die eine Merkmalshierarchie von den externen Variablen über interne Makrostrukturen bis hin zur Syntax- und Wortebene liefert – werden alle relevanten textuellen Merkmale quantitativ und qualitativ erfasst. Die Vorgehensweise ermöglicht eine Vergleichbarkeit der ermittelten textsortenspezifischen Merkmale.
2. In einem zweiten Schritt wird ein Merkmalkanon aller relevanten textsortenidentifizierenden Merkmale zusammengestellt, um eine Textsortentypologie herauszuarbeiten. Dazu werden alle sprachlichen Merkmale in ihrer unterschiedlichen Gewichtung betrachtet.
3. Die parallele Klassifizierung des verbalen Wortschatzbereiches aufgrund ihrer Seme, Sememe, Verbalsatztypen und Verbvalenzen. Dafür werden die Verben nach Wortschatzbereichen und Wertigkeiten eingeteilt sowie ein Vergleich mit Valenzwörterbüchern der deutschen Gegenwartssprache vorgenommen.

1.4 Gliederung der Arbeit

Die Textsortenklassifizierung wird induktiv am vorliegenden Untersuchungsmaterial entwickelt, d.h., die Analyse erfolgt ohne gezielte Orientierung an bereits vorhandenen Vorschlägen zur Textsorteneinteilung. Es ist jedoch kaum vermeidbar, dass bereits bekannte nicht-linguistische und linguistische Gattungsbezeichnungen Einfluss auf die (vorläufige) Einteilung der Textexemplare nehmen.[20] Wichtig jedoch ist, dass solche Einteilungen nur bei einem tatsächlichen Vorliegen von distinktiven tex-

19 Vgl.: Simmler, Franz (1984): Zur Fundierung des Text- und Textsortenbegriffs. In: Eroms, Hans-Werner/Gajek, Bernhard/Kolb, Herbert (Hrsg.): Studia Linguistica et Philologica. Festschrift für Klaus Matzel, Heidelberg: Winter, S. 37 (siehe Abschnitt 2.1.2.).

20 Dazu vgl.: Simmler, Franz (1993b): Zum Verhältnis von publizistischen Gattungen und linguistischen Textsorten. In: Zeitschrift für Germanistik. Neue Folge 3.2, S. 353: „Jeder Sprecher/Schreiber des Deutschen ist in der Lage, seine Äußerungen zu klassifizieren [...] In allen diesen Fällen folgt er alltagssprachlichen Vorstellungen von Textklassifikationen, ohne daß mit ihnen ein intersubjektiv nachvollziehbarer und wissenschaftlichen Ansprüchen genügender Kriterienkatalog verbunden wäre."

tuellen Merkmalen bestätigt und aufrechterhalten werden können. SCHLÜTER führt an, dass eine Orientierung an nicht-linguistischen Gattungsbegriffen sogar notwendig ist, „um so sicherzustellen, daß sich die wissenschaftliche Klassenbildung nicht allzu weit von der Sprachwirklichkeit entfernt".[21]

Basierend auf den gezeigten Problemen und Zielen wird in dieser Arbeit folgendermaßen vorgegangen:

1. Zusammenstellung der theoretischen Grundlagen und der sprachwissenschaftlichen Analysekriterien

Im Vorfeld der eigentlichen empirischen Analyse werden relevante theoretische Grundlagen aufgezeigt. Dazu gehören Definitionen von Fachbegriffen sowie die Darstellung der der Untersuchung zugrundeliegenden Text- und Textsortentheorie SIMMLERs. Daran anschließend werden in der wissenschaftlichen Literatur bereits vorhandene Ansätze zur Textsorten- und Fachsprachenforschung sowie zur Valenzproblematik vorgestellt. Im folgenden Schritt werden die Auswahl der zu untersuchenden Textexemplare und die Analysekriterien für die externen, makrostrukturellen, syntaktischen, lexikalischen und valenztheoretischen Merkmale genauer beschrieben.

2. Empirische Analyse auf der Basis einer Textsortendefinition

Im Hauptteil der vorliegenden Arbeit werden die ausgewählten Textexemplare empirisch nach externen Variablen, Makrostruktur, Syntax, Lexik und Verbvalenz untersucht. Analysiert werden Betriebsanleitungen, Werkstatthandbücher, Ausbildungslehrbücher, Testberichte, Werbebroschüren, Werbeanzeigen und betriebsinterne Magazine.

3. Ermittlung einer Textsortentypologie und Skalierung von Fachlichkeitsgraden

Daraufhin werden die Ergebnisse der empirischen Untersuchung miteinander verglichen, identifizierende Merkmale von Gruppen von Textexemplaren herausgearbeitet und mit identifizierenden Merkmalbündeln anderer Gruppen verglichen, so dass Textsorten anhand von distinktiven Merkmalen abgegrenzt werden können. Nach abschließender Ermittlung der textsortenspezifischen Merkmale wird eine Gewichtung der einzel-

21 Schlüter, Sabine (2001): Textsorte vs. Gattung. Textsorten literarischer Kurzprosa in der Zeit der Romantik (1795-1835). (= Berliner Sprachwissenschaftliche Studien. 1). Berlin, S. 155.

nen Textexemplare und Textsorten untereinander bezüglich ihres jeweiligen Fachsprachlichkeitsgrades vorgenommen.

2. Theoretische Grundlagen

2.1 Begriffsdefinitionen

Der Konzeption dieser Arbeit liegen theoretische Überlegungen und empirische Anwendungen zugrunde, die im Folgenden detailliert und in Auseinandersetzung mit anderen Auffassungen begründet werden.

2.1.1 Fachsprache versus Gemeinsprache

Die Zeit Mitte der 1970er Jahre markiert den Höhepunkt der neueren Fachsprachenforschung. Bei der Definition von Fachsprache sind in der Geschichte zwei Extrempositionen zu erkennen. Zum einen wird die Fachsprache in der älteren Definition mit der Terminologielehre gleichgesetzt und auf die sprachliche Ebene des Wortes begrenzt; die Textebene und die textsortenidentifizierenden Merkmale wie Lexik, Syntax, Verbvalenz und Makrostrukturen wurden ausgeklammert.[22] Die jüngere Definition – darunter HOFFMANN – fasst die Fachsprache als „die Gesamtheit aller sprachlichen Mittel, die in einem fachlich begrenzbaren Kommunikationsbereich verwendet werden, um die Verständigung zwischen den in diesem Bereich tätigen Menschen zu gewährleisten“[23] zusammen. Damit wird der Anspruch einer ganzheitlichen Vorgehensweise auf allen linguistischen Ebenen erhoben. Eine andere Definition greifen MÖHN/ PELKA auf und bestimmen die Fachsprache als eine „Variante der Gesamtsprache, die der Erkenntnis und begrifflichen Bestimmung fachspezifischer Gegenstände sowie der Verständigung über sie dient und damit den spezifischen kommunikativen Bedürfnissen im Fach allgemein Rechnung trägt.“[24]

Aufgrund der Definitionen erhalten die Fachsprachen folgende Merkmale:

a) primär an Fachleute gebunden,
b) schriftlich oder mündlich,
c) fachintern wie auch interfachlich,
d) grundsätzlich öffentlich,

22 Vgl.: Simmler, Franz (1998): Fachsprachliche Phänomene in den öffentlichen Texten von Politikern: In: Hoffmann, Lothar/Kalverkämper, Hartwig/Wiegand, Herbert Ernst (Hrsg.): Fachsprachen: ein internationales Handbuch zur Fachsprachenforschung und Terminologiewissenschaft = Languages for special purposes, Halbbd. 1, Berlin, S. 736.

23 Hoffmann, Lothar (1985): Kommunikationsmittel Fachsprache: Eine Einführung, 2. völlig neu bearb. Aufl., Tübingen, S. 53.

24 Möhn, Dieter/Pelka, Roland (1984): Fachsprachen, Tübingen, S. 26.

e) grundsätzlich überregional,
e) charakterisiert durch spezifische Auswahl,
g) Verwendung und Frequenz sprachlicher Mittel der Sprachebenen,
h) hohe Normhaftigkeit in Lexik, Morphosyntax und Textstrukturen.[25]

Die Gemeinsprache galt dahingegen als „jenes Instrumentarium an sprachlichen Mitteln, über das alle Angehörigen einer Sprachgemeinschaft verfügen und das deshalb die sprachliche Verständigung zwischen ihnen möglich macht".[26] In diesem Sinne wird ein Sprachgebrauch beschrieben, der sich durch die Faktoren überregionale Gruppenunabhängigkeit, Vereinheitlichung und Allgemeingültigkeit charakterisieren lässt.

In der wissenschaftlichen Forschung wurde lange versucht, Fachsprache von Gemeinsprache eindeutig abzugrenzen. Heute wird ein Ansatz der vertikalen Schichtung und innerer Differenzierung bevorzugt, der das Verhältnis von Fachsprache zu Gemeinsprache markiert.[27] Somit entfällt eine strikte Trennung zwischen Fach- und Gemeinsprache. Ebenso kann auf eine Trennung zwischen Textsorte und Fachtextsorte verzichtet werden. Es handelt sich lediglich um Textsorten mit einem höheren oder niedrigeren Fachsprachlichkeitsgrad.[28]

2.1.2 Text- und Textsortendefinition

Ein „Text" ist nach SIMMLER eine universale Einheit der *langage*, d.h., eine Abstraktion der Textsorten aller Einzelsprachen, die die Gemeinsamkeiten aller universal möglichen Textsorten erfasst. SIMMLER definiert den „Text" als

> ein Merkmalbündel, das aus den externen Merkmalen Sprecher/Schreiber, Hörer/Leser, Ort und Zeit und einer begrenzten Anzahl interner Merkmale besteht, die durch die Komponenten der Kohärenz und Kompletion miteinander verbunden sind. [29]

Mit dieser Definition werden generelle und übereinzelsprachliche Texteigenschaften erfasst. Diese sind externer und interner Art. Daraus ergibt dich, dass eine begrenzte Anzahl externer sprachlicher Merkmale (Sprecher/Schreiber, Hörer/Leser, Ort, Zeit), die zur Konstitution von Redekonstellationen notwendig sind und die Rahmenbedingungen der Kom-

---

25 Vgl.: Möhn, Dieter/Pelka, Roland (1984) (wie Anm. 24), S. 26ff.
26 Hoffmann, Lothar (1985) (wie Anm. 23), S. 48.
27 Vgl.: Hoffmann, Lothar (1998b): Fachsprachen und Gemeinsprache. In: Hoffmann, Lothar/Kalverkämper, Hartwig/Wiegand, Herbert Ernst (Hrsg.), S. 158-163 (wie Anm. 17).
28 Vgl.: Simmler, Franz (1998) (wie Anm. 22), S. 736.
29 Simmler, Franz (1984) (wie Anm. 19), S. 38.

munikation festlegen, existiert.[30] Daher entscheiden die Kommunikationspartner über die Rahmenbedingungen der Kommunikation, d.h., die Auswahl interner sprachlicher Merkmale sowie über die Kompletion des Textes.[31] Unter „Kompletion“ werden die Merkmale des Textbeginns und Textendes, die sogenannten Initiatoren und Terminatoren, „ein bestimmtes Verhältnis von Thema (topic) und Rhema (comment) und [...] eine besondere Sprecherperspektive (point of view)“ subsumiert.[32] Funktionale und topikale Sequenzbildungen und Interrelationen zwischen einzelnen Textkonstituenten auf verschiedenen sprachlichen Ebenen sind unter dem Terminus der Kohärenz zusammengefasst.

Die Textdefinition SIMMLERs entsteht in Auseinandersetzung mit anderen Auffassungen zum linguistischen Objektbereich des Textes in der wissenschaftlichen Literatur. So ist bei HARTMANN der ‚Text‘ eine Erscheinung der *parole* und ausschließlich mit Hilfe interner Merkmale ohne Einbezug externer Merkmale bestimmt. Eine Analyse, die sich ausschließlich auf textinterne Merkmale stützt, erfasst jedoch nur inhaltliche Strukturen. Umgekehrt vernachlässigt ein rein textexterner Untersuchungsansatz die textkonstituierenden internen sprachlichen Merkmale wie Makrostruktur, Syntax und Lexik. Weiterhin werden bei HARTMANN alle Merkmale als gleichgewichtig angesehen, ihrer Analyse liegt keine Hierarchisierung zugrunde. Diese Vorgehensweise ohne eine Hierarchisierung der einzelnen Untersuchungsebenen führt jedoch zu heterogenen und nicht miteinander vergleichbaren Untersuchungsergebnissen.[33] Weiter hat sich die Gewohnheit herausgebildet, von pragmatisch orientierten Textdefinitionen auszugehen. Ein Beispiel ist die Textdefinition S.J. SCHMIDTs: „Ein Text ist jeder geäußerte sprachliche Bestandteil eines Kommunikationsaktes in einem kommunikativen Handlungsspiel, der thematisch orientiert ist und eine erkennbare kommunikative Funktion erfüllt, d.h., ein erkennbares Illokutionspotential realisiert.“[34] Auch BRINKER führt an, dass ein Text „eine hierarchisch strukturierte Verbindung von Sprechhandlungen [ist], von denen eine die

30 Vgl.: Simmler, Franz (1984) (wie Anm. 19), S. 28.

31 Vgl.: Simmler, Franz (1984) (wie Anm. 19), S. 30-32.

32 Simmler, Franz (1978): Die politische Rede im Deutschen Bundestag. Bestimmung ihrer Textsorten und Redesorten. (= Göppinger Arbeiten zur Germanistik. 245). Göppingen, S. 23f.

33 Vgl.: Hartmann, Peter (1971), S. 17f.; vgl.: Simmler, Franz (1984) (wie Anm. 19), S. 26-28.

34 Schmidt, Siegfried J. (1973): Texttheorie. Probleme einer Linguistik der sprachlichen Kommunikation, München, S. 150.

übrigen dominiert".[35] Ähnlich sieht COSERIU den Text als alles, „was Redeakt oder Gefüge von zusammenhängenden Redeakten ist".[36] Er behauptet sogar: „Alles, was man sagt, ist ein Text oder Fragment eines Textes; auch ein einziger Satz kann einen vollständigen Text darstellen."[37] Dies führt zu der in der wissenschaftlichen Literatur weit verbreiteten Annahme, dass einzelne Silben bzw. Interjektionen (wie „Au!"), einzelne Wörter (wie „Feuer!"), Wortgruppen oder Syntagmen, einzelne Sätze als Texte bezeichnet werden.

Die Realisation einer Textsorte und die Bildung eines Textexemplars entstehen, wenn zu einem Satz wenigstens ein textuelles makrostrukturelles Merkmal hinzutritt. Auf diese Weise ist der Satz in ein internes Merkmalbündel integriert, so dass der einzelne Satz nicht mehr isoliert betrachtet werden kann, sondern als Teil einer neuen Gesamtheit. Textsorten sind Einheiten der *langue* und werden, wie alle sprachlichen Zeichen, „in einem synchronen sprachlichen Zustand durch Oppositionsbildungen" ermittelt. Eine „Textsorte" definiert SIMMLER als

> eine nach dem Willen der beteiligten Kommunikationspartner abgeschlossene, komplexe α-Einheit, die aus einer begrenzten Auswahl, einer besonderen Kombinatorik und einem regelmäßigen Vorkommen von externen und internen α-Einheiten, den textuellen Merkmalen, besteht, die in konstituierender, identifizierender und differenzierender Sinnfunktion zu einem neuen, spezifischen Merkmalbündel zusammengeschlossen sind.[38]

In der Definition der Textsorte sind die textuellen Merkmale nur allgemein genannt, da alle konstituierenden textuellen Merkmale erst unter den Bedingungen der Frequenz, der Distribution und der Relation zu anderen textuellen Merkmalen zu identifizierenden und differenzierenden textuellen Merkmalen werden können und ihre Gesamtanzahl bzw. ihre Anzahl pro Textsorte nur empirisch ermittelt werden kann. Die textuellen Merkmale können dabei auf verschiedenen linguistischen Ebenen liegen und sind nicht in gleicher Weise bei jeder Textsorte relevant. „Konstituierend" sind alle textuellen Merkmale eines Textexemplars. „Identifizierend" sind alle textuellen Merkmale eines Textexemplars, die gemeinsam mit anderen Textexemplaren eine (vorläufige) Gruppe bilden. „Differenzierend" sind alle identifizierenden textuellen Merkmale

35 Brinker, Klaus (1983): Textfunktionen. Ansätze zu ihrer Beschreibung. In: Zeitschrift für germanistische Linguistik 11, S. 136.

36 Coseriu, Eugenio (1980): Textlinguistik. Eine Einführung. Hrsg. und bearbeitet von Jörn Albrecht, Tübingen, S. 7.

37 Coseriu, Eugenio (1980) (wie Anm. 36), S. 28.

38 Simmler, Franz (1984) (wie Anm. 19), S. 37.

eines Textexemplars bzw. einer Gruppe von Textexemplaren, die bei der Abgrenzung der Gruppe von Textexemplaren zu anderen Gruppen von Textexemplaren distinktive Funktion besitzen und somit dazu beitragen, über diese Gruppe mit dem Terminus „Textsorte“ abstrahieren zu können. Mit dem Terminus der „α-Einheit“ sind die distinktiven Einheiten der *langue* gemeint. Sie sind von den β- und γ-Einheiten zu unterscheiden, die an die Existenz der α-Einheiten gebunden sind.

2.1.3 Externe Variablenkonstellation

Bei einem einzelsprachlich orientierten Erkenntnisinteresse stehen nicht die generellen, sondern die spezifischen textuellen Merkmale im Vordergrund. Ausgangspunkt ist die Überlegung, dass nicht jeder Sprecher/Schreiber mit jedem Hörer/Leser an jedem Ort und zu jeder Zeit kommunizieren kann. Daraus ergibt sich die Notwendigkeit, externe Variablenkonstellationen aus Sprecher/Schreiber, Hörer/Leser, Ort, Zeitpunkt/Zeitabschnitt und Medium zu unterscheiden. Das Medium bildet nach SIMMLER „die externe Materialgrundlage für die Verwendung sprachlicher Zeichen“.[39] In monologischen Kommunikationsakten entscheidet der Wille des Sprechers/Schreibers über die im Kommunikationsakt ausgewählten internen sprachlichen Merkmale; in dialogischen Kommunikationsakten sind beide Kommunikationspartner, Sprecher und Hörer, an der Konstitution sprachlicher Merkmale beteiligt. Sowohl monologische als auch dialogische Kommunikationsakte sind Gegenstand der Textlinguistik.[40]

2.1.4 Makrostrukturen, Initiator und Terminator

Umfangreiche Textexemplare einer Textsorte bestehen nicht nur aus Sätzen, sondern auch aus nicht-satzhaften und satzübergreifenden Elementen wie z.B. Kapiteln, Unterkapiteln verschiedenen Grades, Absätzen, Text-Bild-Kombinationen, mathematische Formeln[41] sowie auch Umschlagseiten, Inhaltsverzeichnissen, Zusatzinformationen, Reiseangeboten und Preistabellen.[42]

---

39 Simmler, Franz (1984) (wie Anm. 19), S. 32.

40 Vgl.: Simmler, Franz (1996): Teil und Ganzes in Texten. Zum Verhältnis von Textexemplar, Textteilen, Teiltexten, Textauszügen und Makrostrukturen. In: Daphnis 25, S. 600-601.

41 Vgl.: Schmidt, Vasco Alexander (2003) (wie Anm. 13), S. 471-479.

42 Vgl.: Stäuber, Bernd Simon (2009): Sprachliche Strukturen und Funktionen im Kommunikationsbereich „Reisen“: Textsortentypologie und ihre Beziehung zu betriebswirtschaftlichen Vorschlägen zur Werbegestaltung, Berlin, S. 216 mit Tabelle 17.

Die Makrostrukturen lassen sich wie die Textsorten als sprachliche Zeichen, als Einheiten der *langue*, begreifen und von den Satztypen als Einheiten eines höheren Hierarchiegrades und von den Textsorten als Einheiten eines niedereren Hierarchiegrades abgrenzen und definieren:

> Makrostrukturen sind textinterne, aus Ausdrucksseite und Inhaltsseite bestehende satzübergreifende Einheiten der *langue*, die gegenüber anderen satzübergreifenden Einheiten und hierarchisch gesehen kleineren Einheiten wie Satztypen eine distinktive Funktion besitzen und bei ihrem Auftreten mit ihnen zusammen größere Einheiten der *langue*, nämlich Textsorten, konstituieren, wobei sich je nach extern gewähltem Medium bzw. bei Medienkombinationen verschiedene auditive und/oder visuelle Realisierungsformen ergeben können.[43]

Makrostrukturen haben damit textsortenidentifizierende textuelle Funktion, deren Ermittlung nach ausdrucks- und inhaltsseitigen Kriterien sowie nach ihrer Auswahl, Frequenz, Distribution und Relation zu anderen textuellen Merkmalen innerhalb von Textexemplaren und Textsorten erfolgen soll. Die Makrostruktur eines Textexemplars kann bereits erste Hinweise zur Zugehörigkeit dieses Textexemplars zu einer bestimmten Textsorte[44] und zur Skalierung von Fachlichkeitsgraden geben.[45] Textbegrenzungssignale am Textanfang werden als Initiatoren, diejenigen am Textende als Terminatoren bezeichnet. Gelegentlich ermöglichen Initiatorengruppen bereits eine erste Textsortenzuordnung, die jedoch durch die übrigen textuellen Merkmale zu überprüfen ist. Initiatoren sind z.B. Überschriften (aus Oberzeile, Hauptzeile und Unterzeile), Titelblatt, Vorworte, Einleitungen und Inhaltsverzeichnisse. Sie sind auf den sogenannten „Haupttext" bezogen und übernehmen spezifische Textfunktionen wie die Begründung in einem Vorwort oder die eines ersten Überblicks über den Textinhalt in einem Inhaltsverzeichnis. Vorworte und Einleitungen können selbst eigene Merkmale ihres Beginns und Endes besitzen. Da sie aber immer Textteile einer größeren Einheit, eines Textexemplars sind und keine textuelle Selbständigkeit besitzen, sollten diese Begrenzungselemente mit einer eigenen Terminologie versehen und als „Teilinitiatoren" bzw. „Teilterminatoren" bezeichnet werden. Innerhalb der Initiatoren und Terminatoren werden die direkten und indirekten Initiatoren/Terminatoren unterschieden. Direkte Textbegrenzungssignale sind Textteile des Textexemplars, dessen Anfang bzw. Ende sie

43 Simmler, Franz (1996) (wie Anm. 40), S. 612.

44 Vgl.: Klauke, Michael (1993): Instruktive Fachtexte des Englischen, Frankfurt a.M., S. 19.

45 Vgl.: Simmler, Franz (2006) (wie Anm. 12), S. 1535.

markieren. Sie können indirekte Initiatoren/Terminatoren für angrenzende Textexemplare sein, wo sie dann nicht Textteil sind. Beispielsweise kann der Textteil „Überschrift" als direkter Initiator für ein Textexemplar fungieren und als indirekter Terminator für ein angrenzendes Textexemplar. Weiterhin werden die direkten Initiatoren/Terminatoren noch in allgemeine bzw. spezifische Initiatoren/Terminatoren unterteilt. Allgemeine Initiatoren/Terminatoren gelten für mehrere Textexemplare einer bzw. mehrerer Textsorten. Spezifische Initiatoren/Terminatoren sind solche, die ein einziges Textexemplar einleiten oder abschließen.[46]

2.1.5 Text-Bild-Kombinationen

> Werden Bilder und Skizzen als Makrostrukturen von Textexemplaren und Textsorten berücksichtigt, dann kann dies unter textlinguistischem Aspekt nur in Verbindung mit sprachlichen Zeichen geschehen. In isoliertem Gebrauch sind sie kein spezifischer Gegenstandsbereich der Textlinguistik und wohl auch nicht der Stilistik, sondern nur der Semiotik.[47]

Textteil und Bild können aufeinander bezogen sein, das Bild kann zusätzliche Informationen über den Textteil hinaus oder der Textteil kann zusätzliche Informationen über das Bild hinaus liefern. Der Bezug zwischen Bild und Textteil kann durch räumliche Anordnung oder drucktechnische Mittel veranschaulicht werden. Aufgrund ihrer textkonstituierenden, identifizierenden und differenzierenden Sinnfunktionen können Text-Bild-Kombinationen aus einem Textexemplar nicht ausgeklammert werden. Diese stellen ein makrostrukturelles Merkmal dar und sind Bestandteil des Textexemplars.[48] Weiter können Symbole, Bilder und Formeln syntaktisch in Verbalsatztypen integriert sein und tragen so zur Interrelation syntaktischer und makrostruktureller Merkmale bei.[49]

2.1.6 Textteil und Teiltext

Beziehen sich komplexe Makrostrukturen in einer Textsorte wie z.B. mehrere Kapitel und Unterkapitel verschiedenen Grades und Literaturverzeichnisse auf das gesamte Textexemplar und besitzen sie keine autonome Funktion, dann handelt es sich bei solchen Makrostrukturen um Textteile. Diese stellen keine eigenen Textexemplare dar, weil sie nach

---

46 Vgl.: Simmler, Franz (1996) (wie Anm. 40), S. 602-617.

47 Simmler, Franz (2009): Rhetorik und Stilistik. Ein internationales Handbuch historischer und systematischer Forschung. Hrsg. von Fix, Ulla/Gardt, Andreas/Knape, Joachim. 2. Halbband. Sonderdruck. Berlin, New York, S. 2292.

48 Vgl.: Simmler, Franz (1996) (wie Anm. 40), S. 613.

49 Vgl.: Simmler, Franz (2006) (wie Anm. 12), S. 1536.

dem Willen des Autors keine selbständige Funktionalität und keinen eigenen Textsinn besitzen. Falls solche Textteile eigene Begrenzungssignale besitzen, können diese nach SIMMLER als „Teilinitiatoren“ bzw. „Teilterminatoren“ bezeichnet werden.[50] Erhalten makrostrukturelle Merkmale jedoch eine potentielle Texthaftigkeit, so wird von Teiltexten gesprochen. Dies kommt dadurch zustande, dass diese Makrostrukturen in einer anderen externen Variablenkonstellation auch selbständige Textexemplare mit eigenem Textsinn bilden können. Der Terminus „Teiltexte“ soll „eine gewisse Eigenständigkeit dieser Makrostrukturen“ ausdrücken, ohne sie aber zu den eigenständig vorkommenden Textexemplaren zu rechnen. SIMMLER führt als Beispiele „Gedichte, Lieder [,] [...] Briefe, [...] Dialoge[,] [...] Statements, [...] Text-Bild-Kombinationen und Tabellen“[51] an.

2.1.7 Textsortengebundenheit von Verbvalenzen

In der wissenschaftlichen Forschung wird seit der semantischen Wende Ende der 1960er Jahre die Valenz als eine primär inhaltsseitig bestimmte Fähigkeit des Verbs betrachtet, wobei die Inhaltsseite mit den Termini Semem (Inhaltsseite des Verbums) und Sem (semantisches Merkmal) angezeigt wird und die Sememe aus Bündeln von Semen bestehen. Demnach spielen zur Valenzermittlung und zur exakten Aufstellung von Verbalsatztypen die Ermittlung der inhaltsseitigen Restriktionen in den Verbdistributionen und ihr Einfluss auf die Ausdifferenzierung der Inhaltsseite des Verbums eine besondere Rolle. Ferner müssen Kommunikationssituationen und kommunikative Funktionen der Textsorten berücksichtigt werden. Dies führt zum Semzuwachs und zur Erhöhung der Wertigkeit bzw. zur Semverringerung und Valenzreduktion gegenüber der Gemeinsprache. Dabei werden vorhandene Sememe des Verbs um neue Sememe in den jeweiligen Textsorten der Kommunikationssituation erweitert. Der Einbezug externer Faktoren Sprecher/Schreiber, Hörer/Leser, Ort und Zeit erfordert eine Systematisierung von Kontext und Situation.[52] Dies führt zur Ablehnung situationsloser Satzäußerungen, die in den vorhandenen Valenzwörterbüchern der deutschen Gegenwarts-

---

50 Vgl.: Simmler, Franz (1996) (wie Anm. 40), S. 616-617.

51 Simmler, Franz (1996) (wie Anm. 40), S. 617 (in Abgrenzung zu Göpferich, Susanne (1995): Textsorten in Naturwissenschaft und Technik. Pragmatische Typologie – Kontrastierung – Translation, Tübingen, S. 44f.)

52 Vgl.: Simmler, Franz (1994a): Bezeichnungen für Angriffs- und Zuspielaktionen und ihre Valenzen in Mannschaftssportarten. In: Zeitschrift für germanistische Linguistik 22, S. 3-5.

sprache[53] gebildet werden. Durch die Rückbesinnung auf den Aufbau des sprachlichen Zeichens aus Ausdrucks- und Inhaltsseite, den Bezug zur Kommunikationssituation und Textsorte sowie eine Systematisierung von Kontext und Situation erweist sich eine Ausdifferenzierung der Valenz in eine syntaktische, semantische, logische und pragmatische Ebene[54] als unnötig. Ferner entfällt die Unterscheidung der obligatorischen und fakultativen Ergänzungen sowie von Oberflächen- und Tiefenstruktur.[55]

2.2 Textsorten- und Fachsprachenforschung in der wissenschaftlichen Literatur

Im folgenden Abschnitt werden bisherige Ansätze zur Textsorten- und Fachsprachenforschung vorgestellt. Daran anschließend erfolgt eine kritische Auseinandersetzung mit den vorgestellten Ansätzen, um sowohl Defizite bisheriger Untersuchungen aufzuzeigen als auch geeignete Methoden für die empirische Analyse der vorliegenden Arbeit zu entwickeln. Es werden die Arbeiten NECKERMANNs[56] zu Instruktionstexten und GÖPFERICHs[57] zu Textsorten der Naturwissenschaft und Technik zusammengefasst. Die Arbeit KUNTZ'[58] wird herangezogen, um Desiderate im Bereich der textsortengebundenen Valenzforschung aufzuzeigen.

2.2.1 NECKERMANN: Textsortenmodell instruktiver Texte

NECKERMANN behandelt in ihrer Arbeit Textsortenmerkmale von Instruktionstexten am Beispiel des Kommunikationsmittels Telefon mit besonderer Berücksichtigung von Text-Bild-Kombinationen. Mit einbezogen werden synchrone und diachrone Aspekte. Ziel ihrer Arbeit ist die

---

53 Vgl.: Helbig, Gerhard/Schenkel, Wolfgang (1991): Wörterbuch zur Valenz und Distribution deutscher Verben, 8. durchges. Aufl., Tübingen; vgl.: Engel, Ulrich/Schumacher, Helmut (1978): Kleines Valenzlexikon deutscher Verben unter Mitarbeit von Ballweg, Joachim u.a., 2. Aufl., Tübingen.

54 Vgl.: Helbig, Gerhard (1992): Probleme der Valenz- und Kasustheorie. Konzepte der Sprach- und Literaturwissenschaft 51, Tübingen.

55 Dazu vgl.: Helbig, Gerhard/Buscha, Joachim (2001): Deutsche Grammatik: Ein Handbuch für den Ausländerunterricht. 16. Aufl. Leipzig, Berlin, München, Wien, Zürich, New York, S. 517f.

56 Vgl.: Neckermann, Nicole (2000): Instruktionstexte. Normativ-theoretische Anforderungen und empirische Strukturen am Beispiel des Kommunikationsmittels Telefon im 19. und 20. Jahrhundert, Berlin.

57 Vgl.: Göpferich, Susanne (1995): Textsorten in Naturwissenschaft und Technik. Pragmatische Typologie – Kontrastierung – Translation, Tübingen.

58 Vgl.: Kuntz, Helmut (1979): Zur textsortenmäßigen Binnendifferenzierung des Fachs Kraftfahrzeugtechnik: eine syntaktische Analyse mittels valenzspezifischer Muster insbesondere im Bereich der Satzbaupläne, Göppingen.

Entwicklung eines Textsortenmodells instruktiver Texte auf der Basis eines im Vorfeld zusammengestellten Merkmalkanons. Anlehnend an SIMMLERs Textsortendefinition geht sie bei ihrer Klassifizierung der Textsorten methodisch so vor, dass sie textsortenidentifizierende Merkmale hierarchisch untersucht. Zur Abgrenzung dienen die Ansätze zur Textsortenklassifizierung GLÄSERs, MÖHNs und GÖPFERICHs. Die Auseinandersetzung mit den vorgestellten Ansätzen bisheriger Untersuchungen führt zum ersten Ordnungsschema ihres Untersuchungskorpus, das aus

a) produktbegleitenden Texten/Bedienungsanleitungen,
b) Testberichten und
c) Ratgebern besteht.

NECKERMANN erstellt als Ergebnis ihrer empirischen Analysen eine Textsortentypologie instruktiver Textsorten, wobei sie die Textsorten ‚Bedienungsanleitung', ‚Aufklärungstext' und ‚Ratgeberbuch' unterscheidet.[59]

2.2.2 GÖPFERICH: Klassifizierung von technischen Fachtexten

GÖPFERICH fasst den Gedanken einer Skalierung von Fachlichkeitsgraden wie bei KALVERKÄMPER auf und behandelt schriftlich fixierte Textsorten aus dem Bereich der Naturwissenschaft und Technik. Dabei wird die Annahme des Fachlichkeitsgrades in Verbindung mit anderen Kriterien wie Abnahme des Abstraktionsgrades, Erweiterung des Adressatenkreises und Konventionalisiertheit für die Fachtexttypologie genutzt.[60] Ausgangspunkt des Ansatzes GÖPFERICHs ist die Definition wesentlicher Begriffe wie Fach- und Gemeinsprache, Text, Texttyp und Textsorte. Zum Textbegriff zieht GÖPFERICH bisherige Ansätze zur Textlinguistik heran und erfasst die für den Text geltenden Merkmale wie Kohärenz, Intention/Kommunikationsabsicht, kommunikative Funktion ersten oder zweiten Ranges sowie inhaltliche und funktionale Abgeschlossenheit.[61] Aufgrund textexterner kommunikativ-pragmatischer Merkmale unterscheidet GÖPFERICHs Fachtexttypologie fünf Hierarchieebenen:

I. Fachtexttypen (typologisiert nach der kommunikativen Funktion)
II. Fachtexttypvarianten ersten Grades (klassifiziert nach Theorie vs. Praxis)

59 Vgl.: Neckermann, Nicole (2001) (wie Anm. 56), S. 305-306.
60 Vgl.: Göpferich, Susanne (1995) (wie Anm. 57), S. 124f.
61 Vgl.: Göpferich, Susanne (1995) (wie Anm. 57), S. 56.

III. Fachtexttypvarianten zweiten Grades (klassifiziert nach Art der Informationspräsentation)
IV. Primärtextsorten (klassifiziert nach der Primärfunktion)
V. Sekundärtextsorten (autonom vorkommend oder Bestandteil von Primärtextsorten)[62]

Auf der ersten Ebene haben alle Texte zunächst „per definitionem" eine informative Kommunikationsfunktion. Weiterhin unterscheidet GÖPFERICH vier Fachtexttypen. In ihrem Schema der Fachtexttypologie stellt sie von links nach rechts juristisch-normative, fortschrittsorientiert-aktualisierende, didaktisch-instruktive und wissenzusammenstellende Fachtexttypen auf. Tendenziell sind in dieser Reihenfolge eine Abnahme des Fachlichkeits- und Abstraktionsgrades und eine Vergrößerung des Adressatenkreises vorhanden. GÖPFERICH verzichtet bei den juristisch-normativen Texten auf eine Differenzierung auf den weiteren Ebenen, da hier der Adressatenkreis relativ homogen ist und eine Differenzierung nicht als notwendig erachtet wird.[63] Bei den didaktisch-instruktiven Texten unterscheidet GÖPFERICH jeweils zwei Fachtexttypvarianten ersten und zweiten Grades. Zu den Fachtexttypvarianten ersten Grades zählen die theoretisches Wissen vermittelnden (unidirektionalen) und die mensch/technikinteraktionsorientierten (bidirektionalen) Texte, die den reziproken Austausch zwischen Wissen und Rezipienten darstellen. Nach der Art der Informationspräsentation werden die unidirektionalen Texte weiter in mnemotechnisch organisierte und Interesse weckende Texte unterteilt. Einer intuitiven Vorgehensweise folgend legt GÖPFERICH auf der IV. Ebene Primärtextsorten fest, d.h., verschiedene Textsortenklassen und -varianten jeder Typologisierungskategorie.[64] GÖPFERICH greift hierbei lediglich auf ihre eigene Textsortenkompetenz zurück, ohne konkrete Untersuchungsmerkmale zu bestimmen. Ihre Unterteilung der Sekundärtextsorten auf der V. Ebene ist terminologisch ungenau. Es handelt sich dabei für sie um Texte, die „[...] durch Selektion, Komprimierung, Kommentierung und/oder Evaluation der Informationen aus Primärtexten hervorgehen".[65] Dazu gehören Übungsbücher, Rezensionen, Zusammenfassungen und Referenzmanuals oder Kurzanleitungen. Sind solche „Sekundärtextsorten" jedoch innerhalb einer Textsorte zu finden und besitzen sie eine potentielle Texthaftigkeit, dann

62 Vgl.: Göpferich, Susanne (1995) (wie Anm. 57), S. 124.
63 Vgl.: Göpferich, Susanne (1995) (wie Anm. 57), S. 127.
64 Vgl.: Göpferich, Susanne (1995) (wie Anm. 57), S. 202.
65 Göpferich, Susanne (1995) (wie Anm. 57), S. 202.

sollte von Teiltexten gesprochen werden. Sind diese isoliert vorhanden, handelt es sich um ein Textexemplar bzw. eine Textsorte.[66]

Zur Bestätigung ihrer aufgestellten Fachtexttypologie untersucht GÖPFERICH im zweiten Teil ihres Buches didaktisch-instruktive Texte überwiegend aus dem Bereich der Automobilindustrie, ohne jedoch Textsortenkriterien wie externe Variablen, Makrostrukturen, Text-Bild-Kombinationen, Syntax oder Verbvalenz festzulegen. Sie zieht lediglich Merkmale wie Sprechakte, Personeneinbezug, metasprachliche und metakommunikative Elemente, Frequenz des Passivs sowie Nominalisierung heran.

Gegenstand ihrer Untersuchung bilden die folgenden Textsorten:

a) Lehrbuch: Lehrbücher für auszubildende Kfz-Mechaniker auf Berufsschulniveau
b) popularisierender Zeitschriftenartikel: über Automodelle informierende Texte und Testberichte, die das Thema populär machen
c) populärwissenschaftlicher Zeitschriftenartikel: im Gegensatz zu den popularisierenden Zeitschriftenartikeln soll hier ein Thema wissenschaftlich, aber allgemeinverständlich dargestellt werden, GÖPFERICH bezieht in ihr Korpus auch englische Artikel ein
d) Werkstatthandbuch: Handbücher, die an ein geschultes Fachpersonal adressiert sind
e) Betriebsanleitung/Bedienungsanleitung.

2.2.3 KUNTZ: Analyse von Satzbauplänen

KUNTZ setzt sich mit den Problemkreisen „Textsorte“, „Fachsprache“ und „Valenz“ auseinander. Im Rahmen seiner Untersuchung legt er das Augenmerk auf die Textsorten „Handbücher“ und „Werkstattbücher“ der Kraftfahrzeugtechnik, wobei mit „Handbüchern“ Nachschlagewerke gemeint sind.

Bei seiner empirischen Analyse ordnet KUNTZ den in seinem Untersuchungskorpus vorkommenden Sätzen Satzbaupläne zu, die er anlehnend an ENGELs Ansatz als Basisstrukturen der Sprache versteht und die für ihn einheitlich und allgemeingültig sind. Die Leistung der Satzbaupläne liegt dabei darin, „die Syntax zu Analysezwecken optimal zu formalisieren, indem sie eine Typologie überschaubarer Satzmuster ermöglichen“.[67] Zur weiteren Explikation fährt er fort, dass „Satzbaupläne unabhängig von Situation und auch unabhängig von konkreten sprachli-

66 Vgl.: Simmler, Franz (1996) (wie Anm. 40), S. 617-624.
67 Kuntz, Helmut (1979) (wie Anm. 58), S. 47.

chen Äußerungen ein Vorrat an Mustern sind, die dem Sprecher jederzeit zur freien Auswahl stehen".[68] KUNTZ bemerkt zwar die „Notwendigkeit, semantische Aspekte in eine Syntaxtheorie einzubeziehen"[69] und die Schwierigkeit einer genauen Differenzierung obligatorischer und fakultativer Satzglieder,[70] jedoch hat dies keine Rückwirkung auf seine Analysen. Eine notwendige Systematisierung externer Faktoren und den Einbezug von Situation und Kontext lässt er außer Acht. So verwundert es auch nicht, dass sich die „Problematik [...] in der Handhabung der Oppositionen obligatorisch-fakultativ, notwendig-weglaßbar, spezifisch-frei [...] nicht restlos bewältigen"[71] lässt und die Schwierigkeit weiterhin darin besteht, „über Einzelbeobachtungen fester SBP-Folgen hinaus deren quantitative Häufigkeit festzustellen".[72] Fakultative Ergänzungen werden bei KUNTZ, ERBEN und HELBIG folgend als bloße Erscheinungen der *parole* angesehen. Demnach sind alle Ergänzungen in der Tiefenstruktur notwendig und können beim Übergang zur Oberflächenstruktur durch eine Eliminierungstransformation[73] getilgt werden. Als Begründung der Fakultativität ziehen sie Einflüsse von Kontext und Situation heran, von denen die Ellipse als wichtigster Faktor gilt, und behaupten, dass die eliminierbaren Ergänzungen im Kontext enthalten seien.[74]

Auch zur Problematik der Elliptizität äußert sich KUNTZ unangemessen: „Wird also ein im Stellenplan mögliches Objekt nicht realisiert, so handelt es sich stets um eine Ellipse, normalerweise um die Ellipse eines fakultativen Mitspielers."[75] Die Annahme einer Ellipse muss jedoch exakte Ellipsenbedingungen (Inhaltsidentität der Äußerungen mit und ohne die getilgten Satzglieder, synchrones Nebeneinander beider Äußerungen sowie Vor- bzw. Nacherwähntheit) voraussetzen und erfordert

68 Kuntz, Helmut (1979) (wie Anm. 58), S. 48.

69 Kuntz, Helmut (1979) (wie Anm. 58), S. 46.

70 Vgl.: Kuntz, Helmut (1979) (wie Anm. 58), S. 85-92.

71 Kuntz, Helmut (1979) (wie Anm. 58), S. 85.

72 Kuntz, Helmut (1979) (wie Anm. 58), S. 251.

73 Die Methode der Transformation zur Unterscheidung von obligatorischen und fakultativen Ergänzungen stammt aus der generativen Transformationsgrammatik, woraus ebenfalls die Unterscheidung von Oberflächenstruktur und Tiefenstruktur entstanden ist.

74 Vgl.: Engel, Ulrich (1970): Die deutschen Satzbaupläne. In: Wirkendes Wort 20, Düsseldorf, S. 361-392; vgl.: Helbig, Gerhard (1971): Theoretische und praktische Aspekte eines Valenzmodells. In: Helbig, Gerhard (Hrsg.): Beiträge zur Valenztheorie, Halle/Saale, Paris, S. 31-46.

75 Kuntz, Helmut (1979) (wie Anm. 58), S. 89.

einen kontextgebundenen und nicht auf beliebige externe Faktoren beziehbaren Ellipsenbegriff.[76]

2.2.4 *Zusammenfassung*

Die Arbeit NECKERMANNs löst den Anspruch einer ganzheitlichen Untersuchung unterschiedlicher Textsorten unter Einbezug aller textsortenidentifizierenden Merkmale ein. So wie in SIMMLERs Textsortendefinition gefordert, werden die textuellen Merkmale in hierarchischen Reihenfolgen von den externen Variablen über die internen Makrostrukturen bis hin zu den Ebenen der Syntax und Lexik untersucht. Ein solcher Ansatz wird auch in der vorliegenden Arbeit verfolgt. Auf der Ebene der Syntax lässt NECKERMANN die Problematik der Verbvalenz als weiteres Kriterium zur Skalierung von Fach(sprach)lichkeitsgraden außer Acht. GÖPFERICH vernachlässigt wesentliche interne textuelle Merkmale und deren Hierarchisierung. Innerhalb ihrer Klassifizierung finden sich terminologische Unschärfen und Ungenauigkeiten. KUNTZ' Methodik zur Valenzermittlung berücksichtigt die Inhaltsseiten des Verbs zu wenig und geht auf die Textsortengebundenheit von Verbalsatztypen[77] nicht ein.

---

76 Vgl.: Simmler, Franz (1985a): Elliptizität und Satztypen. In: Schlerath, Bernfried (Hrsg.) unter Mitarbeit von Rittner, Veronica: Grammatische Kategorien. Funktion und Geschichte. Akten der VII. Fachtagung der Indogermanischen Gesellschaft Berlin, 20.- 25. Februar 1983, Wiesbaden, S. 450.

77 Vgl.: Abschnitt 1.2.3.

3. Untersuchungsgegenstand und Methodik

3.1 Auswahl des Untersuchungskorpus

Als Basis für die Untersuchung werden schriftlich fixierte Textexemplare aus dem Kommunikationsbereich der Kraftfahrzeugtechnik ausgewählt. Die Textexemplare des Korpus werden so zusammengestellt, dass möglichst viele verschiedene Fachlichkeitsgrade repräsentativ vertreten sind. Durch die Auswahl nur eines Untersuchungsgegenstandes – des Autos – und ähnlicher Modelle (z.B. Mercedes S-Klasse, BMW 3er) wird eine mögliche Verfälschung textsortenspezifischer Merkmale vermieden.[78] Unterschiedliche spezifische Merkmale in den einzelnen untersuchten Textexemplaren sind dann ausschließlich textsortenbedingt, und nicht (auch) themenbedingt.

Aufgrund der externen Variablenkonstellationen ist eine erste Einordnung der Textexemplare in die folgenden acht Gruppen möglich: Das Untersuchungsmaterial der ersten Gruppe besteht aus zwei Betriebsanleitungen. B1 stammt vom Automobilhersteller Bayerische Motoren Werke AG und gilt für die BMW 3er-Reihe. Bei B2 handelt es sich um eine Betriebsanleitung der DaimlerChrysler AG für die Mercedes-Benz S-Klasse. In den Betriebsanleitungen sind zusammengefasste Informationen und wichtige Hinweise zur Fahrzeugbedienung enthalten. Diese erlauben dem Benutzer bzw. Käufer, die technischen Vorzüge des Autos zu nutzen sowie verkehrssicher zu fahren. Entsprechend heterogen ist die Zielgruppe: Die Inhalte der Betriebsanleitungen müssen von jedem denkbaren Benutzer bzw. Käufer verstanden werden. Allerdings kann zwischen der Käufergruppe des 3er BMWs und der Mercedes-Benz S-Klasse etwas differenziert werden. Die Mercedes-Benz S-Klasse gehört zu den Oberklassewagen der gehobeneren Preisklasse – durchschnittlicher Kaufpreis eines Neuwagens: 100.157 €,[79] entsprechend kann von einer Zielgruppe mit überdurchschnittlichem Verdienst ausgegangen werden. Bei dem Mittelklassewagen 3er BMW liegt der durchschnittliche Kaufpreis eines Neuwagens bei ca. 37.593 €.[80] Demnach ist die Käufergruppe weniger eingeschränkt.

Das Untersuchungsmaterial der zweiten Gruppe enthält zwei Werkstatthandbücher. Es handelt sich dabei um die Textexemplare WH1 zu

78 Vgl.: Neckermann, Nicole (2001) (wie Anm. 56), S. 11.
79 Vgl.: Preisliste Mercedes S-Klasse (2008), S. 4-6.
80 Vgl.: Preisliste BMW 3er Limousine (2008), S. 3.

den BMW 3er-Modellen (320-321-326-327-327/8-328-335) und WH2 zur Mercedes S-Klasse (Limousine, Coupé 260 SE bis 560 SEC). Da BMW selbst keine originalen Werkstatthandbücher auf CD oder als Buch mehr anbietet und die Daten nur noch in elektronischer Form ausschließlich den BMW-Vertragswerkstätten zugänglich sind, wird als Untersuchungsmaterial ein lizenzierter, genehmigter Nachdruck des Original BMW-Werkstatthandbuches gewählt. Das zweite Textexemplar ist eine Original-CD der DaimlerChrysler AG, der Nutzer kann WH2 in PowerPoint lesen. Die Werkstatthandbücher werden für die Reparatur von Automobilen in Werkstätten angeschafft und enthalten Wartungs- und Instandsetzungsanleitungen an BMW 3er-Modellen bzw. Mercedes-Benz Fahrzeugen. Beide Textexemplare richten sich an die Monteure in den Werkstätten. Entsprechend homogen ist die Zielgruppe, an die sich die Textexemplare wenden: Die Inhalte sind fachspezifisch und können nur von Monteuren mit entsprechendem Ausbildungshintergrund und guten Produktkenntnissen verstanden werden.

Beim Untersuchungsmaterial der dritten Gruppe werden zwei Ausbildungslehrbücher herangezogen. Beide Lehrbücher werden von einem fachspezifischen Autorenteam verfasst und spiegeln die Entwicklungen der Fahrzeug- und Motorentechnologie wider. Angesprochen werden Leser mit einem entsprechenden Bildungsstand bzw. beruflichem Hintergrund. Die Auswahl der Themen orientiert sich an den einschlägigen Ausbildungsrichtlinien und Lehrplänen. Die „Technologie Kraftfahrzeugtechnik“ von BERGER (2003) (L1) dient der Erstausbildung; beim „Meisterwissen im Kfz-Handwerk“ von DEUßEN (2007) (L2) steht die Meisterprüfung im Vordergrund. Letzteres schließt neben Lehrlingen auch Absolventen von Meister-, Techniker- und Ingenieurschulen sowie interessierte Autofahrer in den Adressatenkreis ein.

Das Untersuchungsmaterial der vierten Gruppe besteht aus fünf Testberichten. Bei den Testberichten werden Modelle der Autohersteller Audi, BMW (speziell BMW 3er-Reihe) und Mercedes-Benz (S-Klasse) herangezogen. Es werden vier Vergleichstests und ein Fahrbericht aus den Jahren 2005 und 2008 untersucht. Das Textexemplar T3 beschäftigt sich nur mit einem Fahrzeugmodell, dem BMW 330d, im Folgenden als Einzeltest bezeichnet. In den vier anderen Textexemplaren werden mindestens zwei Modelle miteinander verglichen. T2 behandelt die Modelle 318i und 318d der BMW 3er-Reihen (Doppeltest). T1, T4 und T5 stellen jeweils drei Modelle im Vergleich dar. Die Berichte stammen aus zwei unterschiedlichen Zeitschriften:

- ADACmotorwelt: T1
- Auto, Motor und Sport: T2, T3, T4, T5

Die Zeitschrift „Auto, Motor und Sport“ wird hauptsächlich von einer konsumfreudigen, marktorientierten und meinungsbildenden Zielgruppe mit überdurchschnittlichem Einkommens- und Bildungsniveau sowie Interesse für innovative Produkte gelesen und berichtet über neue Produkte und aktuelle Trends in Automobilbau und Technik. Angesprochen werden in der Regel Männer zwischen 18 und 49 Jahren, die eine hohe Ausgabebereitschaft für Autos zeigen. Die ADACmotorwelt wendet sich an Autobesitzer und ADAC-Mitglieder bzw. wirbt potentielle Kunden für eine ADAC-Mitgliedschaft.[81]

Aus der fünften Gruppe stammen zwei Werbebroschüren, die der Werbung für die neue BMW 3er-Limousine (2008) (WB1) bzw. die S-Klasse (2008) (WB2) dienen. Die Werbetexte in Broschüren werden von einem Marketing-Team verfasst, wenden sich an interessierte potenzielle Autokäufer und stellen ein Informationsmaterial mit einer Werbebotschaft dar. Die Zielgruppe ist entsprechend heterogen. Für den potenziellen Käufer der Modelle besteht die Möglichkeit, die Werbebroschüren direkt beim Autohaus oder über das Internet zu erhalten.

In der sechsten Gruppe werden 15 Werbeanzeigen untersucht. Bei der Untersuchung von Werbeanzeigen der Jahre 2008 und 2009 stehen die unterschiedlichen Marketingstrategien der Autohersteller BMW, DaimlerChrysler, Audi und VW, die sprachlich und visuell umgesetzt werden, im Vordergrund. Die ausgewählten Werbeanzeigen stammen aus den Zeitschriften „Focus“, „Auto, Motor, Sport“ und „ADACmotorwelt“, die sich an eine heterogene, unbegrenzte Zielgruppe bzw. an alle potenziellen Käufer wenden.

In der siebten und achten Gruppe handelt es sich um zwei betriebsinterne Textexemplare. Zum einen wird eine Produktinformation des Audi TT Roadster (1999) (P), zum anderen ein Audi Service Magazin (2008) (SeM) analysiert. Die Produktinformation wird vom Hersteller selbst formuliert und ist nur für den internen Gebrauch bestimmt, d.h., sie richtet sich ausschließlich an Mitarbeiter von Audi, die im Vertrieb arbeiten. Das Service Magazin wird vom Audi Vertrieb Kundendienst verfasst. Es richtet sich ausschließlich an Audi-Partner und deren Mitarbeiter, die im Servicebereich als Service-Berater und Service-Techniker tätig sind. Das

81 Zielgruppen bzw. Leserprofile werden aus den Mediadaten der Zeitschriften entnommen.

Magazin enthält Beiträge rund um den Audi-Service zu den Themen „Markt“, „Technik“, „Wissen“ und „Zubehör“.

3.2 Wahl der Untersuchungsmethode

3.2.1 Vorgehen bei der empirischen Untersuchung

Eine quantitative und qualitative Analyse sowie die Skalierung textsortengebundener Fachlichkeitsgrade können im ersten Schritt mit Hilfe der Textsortendefinition von SIMMLER geschehen.[82] Auf der Basis dieser Definition ist ein Untersuchungsansatz gegeben, bei dem Texte sowohl nach textinternen als auch textexternen Merkmalen klassifiziert werden. Neben den textsortenidentifizierenden Merkmalen wird auch die hierarchische Ordnung der Untersuchungsmerkmale festgelegt, die in absteigender Richtung analysiert werden:[83]

1. externe Variablenkonstellation:
   - Sprecher/Schreiber, Leser/Hörer, Ort, Zeit und Medium
2. makrostrukturelle Merkmale:
   - Art und Vorkommen der allgemeinen und spezifischen Initiatoren und Terminatoren
   - Textgliederungsprinzipien (Kapitel, Unterkapitel und Absatzstrukturen, Merkmale innerhalb eines Absatzes, z.B. Aufzählungen mit Hilfe von Umbrüchen, Aufzählungszeichen)
   - Text-Bild-Kombinationen (Häufigkeit; Anordnung; interne und externe Verknüpfung; Funktion)
3. Syntax der Überschriften und Absätze:
   - Aufbauprinzipien bzw. Frequenz, Distribution und Funktion von Gesamtsatzstrukturen
4. Lexik
   - Häufigkeit und Funktion fachsprachlicher Ausdrücke; Einordnung der Satzglieder und Satzgliedteile nach Wortschatzbereichen
   - Prinzipien der Wortbildung (z.B. Komposition, Derivation, Konversion, Ausdruckskürzung)
   - Rolle der Semantik bei der Ermittlung der Verbvalenz

Bei diesem Ansatz werden textexterne Merkmale den textinternen vorangestellt. Diese erhalten eine erste distinktive Funktion. Weiterhin liefern textinterne Merkmale ebenfalls distinktive Analysekriterien, die ei-

82 Dazu: Simmler, Franz (1984) (wie Anm. 19), S. 37.
83 Vgl.: Neckermann, Nicole (2001) (wie Anm. 56), S. 95-102.

ne Wiedererkennung bzw. Identifikation einzelner Textsorten und Textsortenexemplare ermöglichen: „D.h., daß die textexternen Variablenkonstellationen zwar erste Restriktionen im Hinblick auf mögliche Äußerungen ausüben und erste Klassifikationsmöglichkeiten bereitstellen, daß aber die Identifikation mit Hilfe interner Merkmale zu bestätigenden oder korrigierenden, neuen Klassenbildungen führen kann."[84] Aufgrund der Hierarchisierung der Untersuchungsebenen kann dementsprechend eine homogene und vergleichbare Textsortenuntersuchung vorgenommen werden.

Um die Textsorten nach Fachlichkeitsgraden einzuordnen, werden aus den ermittelten Untersuchungsergebnissen signifikante textsortenspezifische Merkmale in Texten herausgearbeitet, die zu einer klaren Oppositionsbildung führen.[85] Ein hoher prozentualer Unterschied zwischen den Frequenzwerten gewährleistet somit eine graduelle Abstufung der Fachlichkeitsgrade zwischen den Textsorten sowie zwischen den Textexemplaren einer Textsorte, wobei eine lineare Anordnung von Textsorten nach ihrer Fachlichkeit nicht möglich sein wird.[86] Vielmehr werden verschiedene Dimensionen einbezogen, die aus der unterschiedlichen Gewichtung aller externen und internen Merkmale hervorgehen.

3.2.2 Vorgehen bei der empirischen Auswertung

Für die untersuchten Textexemplare werden aus Gründen der Lesbarkeit unterschiedliche Abkürzungen vergeben, auf die in den folgenden Abschnitten Bezug genommen wird:

- Betriebsanleitungen B
- Werkstatthandbücher WH
- Ausbildungslehrbücher L
- Testberichte T
- Werbebroschüren WB
- Werbeanzeigen A
- Produktinformationen P
- Service Magazin SeM

84 Simmler, Franz (1984) (wie Anm.19), S.34.

85 Vgl.: Simmler, Franz (1993a): Zeitungssprachliche Textsorten und ihre Varianten. Untersuchungen anhand von regionalen und überregionalen Tageszeitungen zum Kommunikationsbereich des Sports. In: Simmler, Franz: Probleme der funktionellen Grammatik, Bern u.a., S. 133-137; vgl.: Neckermann, Susanne (2001), S. 305.

86 Vgl.: Schmidt, Vasco Alexander (2003) (wie Anm. 13), S. 682.

Die Textexemplare werden mit arabischen Ziffern nummeriert (z.B. B1, B2 und T1, T2, T3, T4, T5). Innerhalb der Textexemplare werden die Textzeilen durchnummeriert und die Überschriften dabei mitgezählt. Angaben der Fundstelle werden in der Reihenfolge Textexemplar, Seitenzahl und Zeile gemacht. Die Angabe B1, 12, 7 meint also die Betriebsanleitung der BMW 3er Reihe, Seite 12 und Zeile 7. Bei Untertiteln von Abbildungen in den Textexemplaren werden die Zeilen mit arabischen Buchstaben (a, b, c etc.) versehen. Alle zitierten Beispielsätze werden normalisiert wiedergegeben, d.h., es erfolgt keine originaltreue Wiedergabe der Schriftgröße, der Farbgebung, des Zeilenabstandes, der Absatzart, der Zeilenumbrüche etc. Hervorhebungen durch Fettdruck und Kursivschrift werden jedoch wiedergegeben.

Alle Beispielsätze werden durchnummeriert; für jedes Unterkapitel („Makrostrukturelle Analyse", „Text-Bild-Kombinationen", „Syntax der Überschriften", „Syntax der Absätze", „Satzglieder und lexikalische Merkmale", „Rolle der Semantik bei der Ermittlung der Verbvalenz") wird neu gezählt. Die in Kopie beigefügten Textteile sind nur in Schwarz-Weiß gedruckt (keine originaltreue Wiedergabe der Farbe) und entsprechen nicht der Originalgröße. Wenn ein Symbol Bestandteil eines Zitats ist, wird es durch die Zeichenfolge „[Verschriftlichung des Symbols]" wiedergegeben. Die Bezeichnungen/Nummerierungen der Textexemplare sowie alle beigefügten Abbildungen und Tabellen sind dem Abbildungs- und Tabellenverzeichnis zu entnehmen.

Bei den Betriebsanleitungen, Werkstatthandbüchern und Lehrbüchern werden alle makrostrukturellen Merkmale, Überschriften und Text-Bild-Kombinationen komplett erfasst. Für die Analyse der Syntax, Lexik und Verbvalenz werden einzelne Kapitel entnommen, die zentrale Themen der Automechanik behandeln. Bei den Betriebsanleitungen wird das Kapitel „Bedienen/Bedienung im Detail" ohne Tabellen zugrunde gelegt. Bei den Lehrbüchern werden folgende zentrale Themengruppen aufgegriffen:

a) Kupplung: L1, 288-296; L2, 491-509,
b) Wechselgetriebe: L1, 297-302; L2, 509-632,
c) Automatikgetriebe: L1, 307-319; L2, 532-564,
d) Motorkühlung: L1, 232-243; L2, 148-159,
e) Dieselmotor: L1, 267-287,
f) Kurbeltrieb: L1, 220-231 und
g) Motorgehäuse: L1, 213-219.

Lediglich bei WH2 werden aufgrund der großen Datenmenge auch zur Analyse der Überschriften und Makrostrukturen nur einzelne Themengruppen aufgegriffen. Diese Themengruppen beziehen sich auf die Reparatur der wichtigsten Autoteile, d.h. des Motors, Getriebes und Fahrwerks. Analysiert werden folgende Seiten: Reparaturanleitungen/Motor Mechanik/Motor 103/Motor aus-, einbauen, 1-32; Reparaturanleitungen/ Motor Mechanik/Motor 103/Kurbelwelle aus-, einbauen, 1-4; Reparaturanleitungen/Motor Mechanik/Motor 103/Pleuel instandsetzen, auswinkeln und lagern, 1-6; Reparaturanleitungen/Getriebe/Kupplung, Pedalanlage/Kupplung aus-, einbauen und prüfen, 1-7; Reparaturanleitungen/ Getriebe/Mechanisches Getriebe/Mechanisches Getriebe 716.0, 716.1/ Mechanisches Getriebe aus-, einbauen, 1-28; Reparaturanleitungen/ Getriebe/Mechanisches Getriebe/Mechanisches Getriebe 716.0, 716.1/ Hauptwelle zerlegen und zusammenbauen, 1-11; Reparaturanleitungen/ Fahrwerk/Räder, Reifen/Räder auswuchten, 1-9; Reparaturanleitungen/ Fahrwerk/Räder, Reifen/Räder ab-, anmontieren, 1-9; Reparaturanleitungen/Fahrwerk/Lenkung/Lenkgetriebe aus-, einbauen, 1-6. Bei der Untersuchung der Testberichte, Werbebroschüren, Werbeanzeigen und betriebsinternen Magazine (Produktinformation, Service Magazin) wird das jeweilige Textexemplar in allen Kategorien (Makrostruktur, Syntax, Lexik, Verbvalenz) komplett erfasst.

3.3 Untersuchungskriterien

3.3.1 Externe Merkmale

Bei der Untersuchung der externen Merkmale werden der Autorenkreis und die Zielgruppe analysiert. Dies geschieht mit Hilfe von aktuellen Mediadaten bei Zeitschriften sowie bei der Zielgruppenbeschreibung im Klappentext bzw. Vorwort von Büchern. Sollten entsprechende Angaben nicht verfügbar sein, können nur Vermutungen über den zu erwartenden Leserkreis aufgrund der Anforderungsmerkmale der jeweiligen Textsorte angestellt werden. Aus der Zielgruppenanalyse können im ersten Schritt unterschiedliche Fachlichkeitsgrade ermittelt werden. Weiterhin werden Ort und Zeit einbezogen, die in der Regel der ersten Seite zu entnehmen sind. Das Medium ist in allen Fällen das bedruckte Papier bzw. in einem Fall eine CD-Rom.

3.3.2 Makrostrukturelle Analyse

Die Makrostruktur der Textexemplare wird unter folgenden Gesichtspunkten analysiert: Art und Vorkommen der allgemeinen und spezifischen Initiatoren und Terminatoren sowie die Textgliederungsprinzipien der Textexemplare. Dazu gehören die Gliederung in Kapitel und Unterkapitel verschiedenen Grades sowie Absatzstrukturen. Ferner werden spezifische Absatzstrukturen oder Merkmale innerhalb eines Absatzes, z.B. Aufzählungen mit Hilfe von Umbrüchen, Aufzählungszeichen etc., ermittelt.

3.3.3 Text-Bild-Kombinationen

Text-Bild-Kombinationen werden unter folgenden Gesichtspunkten analysiert: Häufigkeit, Illustrationsart, Funktion, Aspekte der Anordnung sowie interne und externe Verknüpfung.[87] Bei der Anordnung von Text-Bild-Kombinationen wird die Reihenfolge, in der Textteil und Abbildung angeordnet sind, erfasst. Das Bild kann z.B. links bzw. rechts neben dem Textteil, über bzw. unter dem Textteil stehen oder zwischen Textteilen eingebettet sein. Die Referenzbildung zwischen Bild und Textteil kann über verbale Verweisformen (Determinations-, Anbindungs- bzw. Suchverweis) oder rein über die räumliche Nähe von Textteil und Bild erfolgen. Bei der Text-Bild-Funktion werden drei Aspekte unterschieden:

a) deskriptiv: gibt eine Beschreibung/Übersicht über einen Gegenstand
b) instruktiv: erklärt eine Handlung
c) kontaktiv: erregt Aufmerksamkeit; wirbt für den Gegenstand/Sachverhalt

3.3.4 Syntax

Im Rahmen der Syntaxanalyse werden die Frequenz, Distribution und Funktion von isoliert gebrauchten einfachen Sätzen und Gesamtsätzen analysiert. Dabei wird die Analyse der Überschriften und der Absätze getrennt voneinander untersucht.

Sätze werden als Überschriften angesehen, wenn diese durch mindestens zwei der folgenden Merkmale gekennzeichnet sind: Hervorhebungen (z.B. Fettdruck und/oder graue Unterlegung), größere Schrift, Gliederungszeichen (z.B. Nummerierung), Zentrierung über dem folgenden Textteil, eine Leerzeile zwischen Überschrift und folgendem Textteil.[88] Überschriften haben in den Textexemplaren die Funktion, auf Makrostrukturen der Kapitel, Unterkapitel verschiedenen Grades und Absätze zu verweisen.

87 Vgl.: Neckermann, Nicole (2001) (wie Anm. 56), S. 95-98.
88 Vgl.: Neckermann, Nicole (2001) (wie Anm. 56), S. 98-99.

Bei der syntaktischen Analyse der Überschriften stehen die Satztypen und die Satzarten im Vordergrund. Bei den Satztypen werden die Typen des isoliert gebrauchten einfachen Verbalsatzes, des komplexen Verbalsatzes, des isoliert gebrauchten einfachen Nominalsatzes, der Nominal-/Verbalsatzkombination sowie der Nebensatzarten unterschieden. Die Analyse der Satztypen und Satzarten ermöglicht neben der Ermittlung von Frequenz und Distribution auch eine Aussage über die qualitative Gestaltung und Funktion der Überschriften – so z.B. besondere Kürze und Prägnanz bei eingliedrigen Nominalsätzen oder die Anrede des Lesers durch Fragesätze. Zu den Nominalsatztypen zählen die eingliedrigen Nominalsätze ohne/mit Attribuierung sowie zwei- und mehrgliedrige Nominalsätze. Bei den eingliedrigen Nominalsätzen wird außerdem die Art der Attribuierungen 1. Ebene untersucht:

1. Fahrbericht des 330d mit neuem Dreiliter-Diesel (T3, 26, 4)

Im Beispiel 1 taucht ein eingliedriger Nominalsatz mit Attribuierung auf, wobei ein substantivischer Nukleus 1. Ebene „Fahrbericht" und ein substantivischer Nukleus 2. Ebene „330d" existieren. Hier finden sich ein postnukleares Genitivattribut zum Nukleus „Fahrbericht" (Attribuierung 1. Ebene) und ein postnukleares Präpositionalattribut zum Nukleus „330d" (Attribut 2. Ebene).

In den Absätzen werden die isoliert gebrauchten einfachen Verbal- und Nominalsätze sowie Gesamtsätze aus parataktischen, hypotaktischen sowie parataktisch-hypotaktischen Teilsatzkombinationen analysiert. Satzverbindungen (koordinative Verbindungen, Parataxen) und Satzgefüge (subordinative Verbindungen, Hypotaxen) werden gemäß der Einteilung von HELBIG/BUSCHA unterschieden.[89] Zusätzlich wird die Art der Reihung (syndetisch, asyndetisch, syndetisch-asyndetisch) bei parataktischen Satzverbindungen ermittelt. Diese verweist auf die Nutzung einzelner Satzformen sowie die Komplexität der einzelnen Sätze in den jeweiligen Textexemplaren.[90] Weiter wird die Verwendung von isoliert gebrauchten einfachen Nominalsätzen bzw. Nominalsatzverbindungen ermittelt, um neben quantitativen Ergebnissen auch qualitative Aussagen zu erhalten: Ein besonders häufiges Vorkommen von No-

---

89 Vgl.: Helbig, Gerhard/Buscha, Joachim (2001): Deutsche Grammatik. Ein Handbuch für den Ausländerunterricht, 16. Aufl., Berlin u.a., S. 561-570; vgl.: Duden (1998): Grammatik der deutschen Gegenwartssprache. Hrsg. vom Wissenschaftlichen Rat der Dudenredaktion. Bearb. von Eisenberg, Peter/Hermann, Gelhaus/Henne, Helmut/Sitta, Horst/Wellmann, Hans, Duden 4, 6. Aufl., Mannheim u.a., S. 561ff.

90 Vgl.: Helbig, Gerhard/Buscha, Joachim (2001) (wie Anm. 55), S. 660 und 755.

minalsätzen weist z.B. auf die Gestaltung von kurzen, prägnanten und einfach zu lesenden Texten hin. Anschließend werden die Satzarten (Aussagesatz, Aufforderungssatz, Ergänzungs- und Entscheidungsfrage, Wunschsatz) ermittelt, um neben quantitativen Merkmalen auch qualitative herauszustellen, so z.B. die Nutzung einzelner Satzarten zur Bezugsherstellung zwischen Überschrift und dem folgenden Textteil oder zur Handlungsaufforderung. Die Aufforderungssätze werden weiterhin differenziert nach Imperativsätzen und ihren Ersatzformen, die in den inhaltsseitigen Funktionen der Aufforderung mit den Imperativsätzen übereinstimmen, jedoch sprachlich anders realisiert werden. Sprachliche Realisierungen sind z.B. selbständig gebrauchte Infinitivkonstruktionen (1), Modalsätze (2) und Modalitätssätze (3).[91]

1. Kofferraumdeckel öffnen (B2, 81, 14)
2. Sie müssen ihn erst wieder mit dem Notschlüssel entriegeln (B2, 81, 24-26)
3. Bei Wohnwagenbetrieb sind die Einschaltzeiten der Stromverbraucher mit Rücksicht auf die Kapazität der Fahrzeugbatterie kurz zu halten. (B1, 110, 2-5)

Bei den infinitivischen Imperativen (1) existiert die Besonderheit, dass sie in Form eines Aussagesatzes erscheinen, jedoch in bestimmten Kommunikationssituationen eine primäre Aufforderungsfunktion aufweisen. Charakteristisch für Modalsätze (2) sind die mehrteiligen Prädikate, deren finiter Teil eine Form der Modalverben darstellt. In (3) liegt ein Modalitätssatz vor, d.h., eine Passivkonstruktion aus einer finiten Präsens-Form des Verbums „sein" und einer Infinitivform (mit „zu") eines anderen Verbs.

In der vorliegenden Arbeit wird der Satzbegriff von FLÄMIG[92] verwendet, der von SIMMLER[93] ergänzt wird. Es wird davon ausgegangen, dass ein Satz eine Einheit aus Intonation (a), Sinn (b), Form (c) und Fügungsvalenz (d) mit kommunikativer (e) und pragmatischer (f) Funktion ist. Diese sechs Komponenten des sprachlichen Zeichens Satz erlauben

91 Vgl.: Simmler, Franz (1989): Zur Geschichte der Imperativsätze und ihrer Ersatzformen im Deutschen. In: Matzel, Klaus/Roloff, Hans-Gert (Hrsg.):Festschrift für Herbert Kolb, Bern, S. 664.

92 Vgl.: Flämig, Walter (1970): Der Satzbau (die Syntax). In: Die deutsche Sprache. Hrsg. von Erhard Agricola, Wolfgang Fleischer und Helmut Protze unter Mitwirkung von Wolfgang Ebert. Kleine Enzyklopädie in zwei Bänden. Zweiter Band. Leipzig, S. 908.

93 Vgl.: Simmler, Franz (1985b): Syntaktische Strukturen in Kunstmärchen der Romantik. In: Textlinguistik contra Stilistik? Akten des VII. Internationalen Germanisten-Kongresses Göttingen 1985, Bd. 3, Tübingen, S. 66-96; vgl.: Simmler, Franz (1981): Zur Syntax von Volksmärchen. In: Sub tua platano. Festgabe für Alexander Beinlich, Emsdetten (wie Anm. 79), S. 361-389.

Klassifikationen des Satzes und Abgrenzungen zu anderen sprachlichen Zeichen. Sätze sind sprachliche Äußerungen, die nicht im kontextlosen Raum stattfinden, sondern sich immer innerhalb eines außersprachlichen Kommunikationsrahmens befinden, der durch die externen Bedingungen beeinflusst wird. Aus der Satzdefinition folgt, dass es auch Sätze ohne finites Verb geben kann, wenn sie eine kommunikative Funktion besitzen. Dies führt nach SIMMLER zum Ansatz des „Nominalsatzes", den er wie folgt definiert:

> Unter Nominalsätzen werden Satztypen verstanden, die aus einem oder mehreren nominalen Satzgliedern bestehen und einen nominalen, d.h. nichtverbalen Nukleus besitzen. Dieser Nukleus kann von einem Substantiv, einem Pronomen, aber auch einem Adverb oder einem Adjektiv, gebildet werden. [...] Sie treten neben Verbalsatztypen auf und sind auch mit diesen zu Gesamtsätzen verbunden. Sie bilden eine den Verbalsätzen gegenüber gleichberechtigte systematische Möglichkeit zur Satzrealisation, besitzen eine kommunikative Selbständigkeit und zeigen eigene Strukturen und Funktionen zur sprachlichen Erfassung der außersprachlichen Realität.[94]

Dabei bedeutet gleichberechtigt, dass neben den Verbalsatz ohne Verlust an Grammatikalität oder kommunikativer Leistung der Nominalsatz tritt, um die außersprachliche Wirklichkeit zu gestalten. Nominalsätze sind demnach in keiner Weise defizitär. Der als selbständig bezeichnete Nominalsatz muss nicht und kann nicht auf einen sog. vollständigen (Verbal-)Satz zurückgeführt werden. Somit sind sowohl eine Erweiterung des Nominalsatzes um ein Verbum finitum als auch die Eliminierung eines Verbums finitum aus einem Verbalsatz als Erklärungsversuche für den Nominalsatz nicht begründet. Es handelt sich demnach um ein autonomes, also nicht abgeleitetes und daher vollständiges syntaktisches Phänomen mit spezifischer Struktur und Funktionalität. Der Nominalsatz kann als Teilsatz innerhalb eines Gesamtsatzes oder als isoliert gebrauchter einfacher Satz auftreten.

Nach ENDERS umfasst die eigene Struktur des sprachlichen Zeichens Nominalsatz ausdrucksseitig die Gliedrigkeit (die Anzahl der Satzglieder), die Art der vorhandenen morphologisch-syntaktischen Stellungsglieder (die Form des Satzgliedes aufgrund der Wortart des Nukleus), den Aufbau der Satzglieder (Distributions- und Attribuierungstypen) sowie inhaltsseitig den kommunikativen Rahmentyp (die Inhaltssei-

---

94 Simmler, Franz (1992): Nominalsätze im Althochdeutschen. In: Desportes, Yvon (Hrsg.): Althochdeutsch. Syntax und Semantik, Akten des Lyonner Kolloquiums zur Syntax und Semantik des Althochdeutschen (1.-3. März 1990), Universität Jean Moulin Lyon III, S. 153f.

te des Satzes) und die kommunikativen Funktionen der Satzglieder (Inhaltsseite des/der Satzgliedes/er).[95]

Da der Nominalsatz eine systematische Möglichkeit der Satzrealisation bildet, kann er von *parole*-Erscheinungen abgegrenzt werden. Nach SIMMLER konstituiert der Nominalsatz auf der Ebene der *langue* Nominalsatztypen, die über Entdeckungsprozeduren aus den konkreten Nominalsatzexemplaren, den realisierten sprachlichen Äußerungen auf der Ebene der *parole,* gewonnen werden.[96] Das Sprachsystem enthält somit neben den Regeln zur Bildung von Verbalsätzen auch solche zur Bildung von Sätzen ohne Verbal finita als Strukturzentrum.

Nach SIMMLER lassen sich „[i]n der Gegenwartssprache [...] Nominalsätze mit unterschiedlicher Satzgliedanzahl und Funktionalität nach [weisen]“,[97] weshalb in der vorliegenden Arbeit zwischen ein-, zwei- und mehrgliedrigen Nominalsätzen unterschieden wird. Im Vergleich zur Satzgliedermittlung in Verbalsätzen sind jedoch einige Besonderheiten zu beachten, auf die im Folgenden eingegangen wird:

Eine Wortgruppe wird als eingliedrig betrachtet, wenn sich der Ausdruck

a) als Reihung auffassen lässt oder
b) als Nukleus mit Attribut(en).

Reihungen liegen z.B. in 4 vor:

4. Öffnen und Schließen (B2, 74, 12)

Bei den Attributen wird zwischen pränuklearen und postnuklearen Attributen unterschieden:

5. **Automatische** Verriegelung (B2, 86; eigene Hervorhebung)
6. Konzept **dieser Anleitung** (B2, 9; eigene Hervorhebung)

Pränukleare Attribute befinden sich vor dem dazugehörigen Nukleus (5); postnukleare Attribute sind dem Nukleus nachgestellt (6).

In einigen Fällen, meist bei präpositionalen Ausdrücken, ist jedoch unklar, ob ein Attribut oder – je nach Art der Beziehung im Satz und zum Kontext – ein Satzglied vorliegt. Es gelten die Kriterien, dass die Glieder

a) im Satz verschiebbar sein und

---

95 Vgl.: Enders, Alexander (2010): Nominalsätze: ihre Strukturen und Funktionen in den Romanen Goethes, Berlin, S. 61

96 Vgl.: Simmler, Franz (1985) (wie Anm. 76), S. 467.

97 Simmler, Franz (1992) (wie Anm. 94), S. 156.

b) voneinander trennbare Funktionen aufweisen müssen,

damit sie als eigenständige Satzglieder bezeichnet werden können. Bei Zweifelsfällen können die „Ersatzprobe“ und die „Erweiterungsprobe“[98] hilfreich sein. Nach ENDERS erlaubt die Ersatzprobe, „Satzglieder daran zu erkennen, dass sie als Ganzes (durch Satzglieder mit der gleichen kommunikativen Funktion) ersetzbar sind“.[99] Die Erweiterungsprobe als Probe der Satzgliedermittlung im Nominalsatz meint „explizit nicht die Erweiterung um ein Verbum finitum, sondern um solche Satzglieder, die in V[erbalsätzen] als freie Angaben (fast) beliebig zu einem Satz hinzufügbar sind“.[100] Werden die Ersatz- und Erweiterungsprobe etwa auf Beispiel 7 angewendet, dann können daraus resultierende Sätze wie in 8 und 9 dargestellt aussehen:

7. Kinder im Fahrzeug (B2, 52)
8. Sie/dort[101]
9. Kinder/ hier/ im Fahrzeug

Durch die Möglichkeit der Ersetzung mit einem Pronomen und einem Adverb in 8 kann ebenso eine Zweigliedrigkeit ermittelt werden, wie durch die der Erweiterung um ein Satzglied mit Ortsbezug („hier“) in 9. Neben der Ersatz- und Erweiterungsprobe kann eine kommunikative Funktion zugeordnet werden. Im Beispiel 7 liegt eine Zuordnung von Akteuren zu einem Ort vor.

Einfache Sätze werden in dieser Arbeit entweder als isoliert gebrauchte einfache Verbalsätze (Sätze mit einem finiten Verb) oder isoliert gebrauchte einfache Nominalsätze verstanden. Komplexe Verbalsätze bzw. zusammengesetzte Sätze, d.h., Sätze aus mindestens zwei Teilsätzen, werden als Gesamtsätze bezeichnet. Auftreten können parataktische Gesamtsätze, die aus zwei oder mehr gleichrangigen Teilsätzen bestehen; hypotaktische Gesamtsätze aus einem Haupt- und einem oder mehreren voneinander hierarchisch abhängigen Nebensätzen und parataktisch-hypotaktisch verbundene Gesamtsätze, die sich aus einem Haupt- und einem Nebensatz und mindestens einem weiteren Haupt- oder Ne-

98 Vgl.: Sitta, Horst (1998): Der Satz. In: Duden. Grammatik der deutschen Gegenwartssprache. Hrsg. von der Dudenredaktion. Bearbeitet von Peter Eisenberg, Hermann Gelhaus, Helmut Henne, Horst Sitta und Hans Wellmann. 6., neu bearb. Aufl. (= Duden. 4). Mannheim, Leipzig, Wien, S. 621-623.

99 Enders, Alexander (2010) (wie Anm. 95), S. 64.

100 Enders, Alexander (2010) (wie Anm. 95), S. 42f.

101 Die Satzglieder sind in diesem und folgenden Beispielen durch einen Schrägstrich getrennt. „Sie“ ersetzt „Kinder“ und „dort“ steht für „im Fahrzeug“.

bensatz, der in einer gleichrangigen Relation zu einem der Teilsätze steht, zusammensetzen.

Ein Gesamtsatz kann aus verbalen und nominalen Teilsätzen bestehen, die zusammen eine Nominal-/Verbalsatzkombination bilden:

10. Treten Sie bei stehendem Fahrzeug vor dem Schalten aus P oder N die Fußbremse, sonst ist der Wählhebel blockiert – Shiftlock. (B1, 61, 24-27)
11. Mit dieser Funktion legen Sie fest, ob beim Parken (eingelegter Rückwärtsgang) der Außenspiegel auf der Beifahrerseite nach unten schwenkt. (B2, 142, 3-6)

Der Gesamtsatz in 10 setzt sich aus zwei parataktisch verbundenen Hauptsätzen (1. und 2. Teilsatz) und einem eingliedrigen Nominalsatz (3. Teilsatz) zusammen. Der nominale Teilsatz „Shiftlock“ folgt auf einen Gedankenstrich und nominalisiert, was in den verbalen Hauptsätzen beschrieben wird. Das Beispiel 11 gibt eine Nominal-/Verbalsatzkombination aus drei Teilsätzen an: ein verbaler Hauptsatz als erster Teilsatz ist mit einem verbalen Objektsatz verbunden; zudem existiert ein eingliedriger Nominalsatz, der als eingeklammerte Parenthese gestaltet ist und die notwendige Bedingung signalisiert.

Als syntaktische Sonderform können Parenthesen in Gesamtsätzen erscheinen. Parenthesen gelten in dieser Arbeit immer als Teilsatz, d.h., sie sind Teil eines Gesamtsatzes,[102] die in verbaler (12) bzw. nominaler (13) Art auftreten können:

12. Ist der Kupplungsbelag abgenutzt **(bis auf die Nietenköpfe ist äußerste Verschleißgrenze)** oder mit Fett oder Öl verschmiert, so sind die Beläge abzunieten und neue aufzunieten (Bremsbackennietpresse benutzen). (WH1, 40, 31-34; eigene Hervorhebung)
13. Hierauf wird der Kolbenbolzen auf den Zapfen des Führungsbolzens aufgesteckt und in die Kolbenbolzenbohrung eingeschoben **(Handballdruck)**, bis der Abstand von den Sicherungsnuten im Kolben beiderseitig gleich ist. (WH1, 32, 30-34, eigene Hervorhebung)

Innerhalb eines einfachen Satzes bzw. Gesamtsatzes kann es zu einer weiteren sprachlichen Besonderheit, der Parzellierung, kommen, die wie folgt definiert wird:

> Die Parzellierung ist die Abgrenzung syntaktisch in isoliert gebrauchte einfache Sätze oder Gesamtsätze integrierter Elemente (Teilsätze, Satzglieder, Satzgliedteile) mit Hilfe von Interpungierungen (Punkt, Fragezeichen, Aus-

---

102 Vgl.: Flämig, Walter (1991): Grammatik des Deutschen. Einführung in Struktur- und Wirkungszusammenhänge. Erarbeitet auf der theoretischen Grundlage der „Grundzüge einer deutschen Grammatik“. Berlin, S. 94.

rufezeichen), die im selben synchronen sprachlichen Zustand zur Begrenzung von isoliert gebrauchten einfachen Sätzen und Gesamtsätzen verwendet werden, um ihnen inhaltsseitig ein stärkeres Gewicht zu verleihen und sie so hervorzuheben.[103]

Als Beispiel dient der Satz in 14:

14. Nach Druck auf den Knopf meldet sich der neue Reihensechszylinder-Dieselmotor des 330d. Wie seine Geschwister in 325d und 335d mit knapp drei Liter Hubraum, jedoch neu entwickelt. Leichter, sauberer, stärker. (T3, 29, 14-19)

Hier findet sich eine syntaktische und semantische Integration des Satzglieds „wie seine Geschwister in 325d und 335d mit knapp drei Liter Hubraum" und des Satzgliedteils (postnuklearen Adjektivattributs) „Leichter, sauberer, stärker". Eine Umformungsprobe führt zum Satz „Nach Druck auf den Knopf meldet sich der neue Reihensechszylinder-Dieselmotor des 330 wie seine Geschwister in 325d und 335d mit knapp drei Liter Hubraum, jedoch neu, leichter, sauberer, stärker entwickelt".

Wenn zwei Ausdrücke durch einen Doppelpunkt getrennt sind, dann können diese u.a. nach HELBIG/BUSCHA[104] oder DUDEN[105] entweder als Teilsätze eines Gesamtsatzes betrachtet werden oder als eigenständige Sätze. Nach HELBIG/BUSCHA wird folgendes Kriterium angeführt:

> Nach dem Doppelpunkt wird mit kleinem Buchstaben begonnen, wenn vor oder/und hinter dem Doppelpunkt kein vollständiger Satz steht[.][106]

Jedoch lässt sich das Kriterium Groß-/Kleinschreibung nicht immer anwenden, z.B. wenn zu Beginn des nach dem Doppelpunkt stehenden Ausdrucks ein Substantiv bzw. eine Ziffer auftritt. Der logische Bezug zwischen den Ausdrücken, bei denen das Kriterium Groß-/Kleinschreibung nicht angewendet werden kann, unterscheidet sich jedoch nicht von Ausdrücken, bei denen das Kriterium eindeutig funktioniert. Letztlich entscheidet das Kriterium des Satzsinns, des logischen Bezugs *con-*

---

103 Simmler, Franz (2007): Syntaktische Entwicklungstendenzen in der deutschen Gegenwartssprache. – In: Shimizu, Akira (Ltg.): Energeia. Arbeitskreis für deutsche Grammatik 32. Tokyo, S. 24.

104 Vgl.: Helbig, Gerhard/Buscha, Joachim (1993): Deutsche Grammatik. Ein Handbuch für den Ausländerunterricht. 15., durchgesehene Aufl. Leipzig, Berlin, München, S. 702.

105 Vgl.: Duden (2006). Die deutsche Rechtschreibung. Hrsg. von der Dudenredaktion. 24., völlig neu bearb. und erw. Aufl. (= Duden. 1). Mannheim, Leipzig, Wien, S. 1184.

106 Helbig/Buscha (1993) (wie Anm. 104), S. 702.

ditio – consequentia,[107] ob ein Gesamtsatz aus Teilsätzen (15, 16) oder eigenständige Sätze (17) auftreten:

15. Eine helle Freude: die Lichttechnologie der neuen BMW 3er Limousine. (WB1, 36, 1)
16. Das Ergebnis: 830 Newtonmeter. (WB2, 35, 2)
17. Beachten Sie folgende Hinweise:
    Lösen Sie die Servoschließung nicht durch Hantieren am Schlossmechanismus aus. [...] (B2, 86, 11-14)

Kommata können u.a. Nukleus und Attribut (18) oder Teilsätze (19) voneinander trennen, das Semikolon (20) wird nach HELBIG/BUSCHA[108] zwischen Hauptsätzen eingesetzt.

18. **Dynamische Stabilitäts Control (DSC),** inkl. CBC und Bremsassistent, mit Zusatzfunktionen für alle Sechszylinder-Modelle. (WB1, 65, 42-44)
19. Die Untermenüs sind hierarchisch angeordnet, mit der Taste [Abbildung der Taste] blättern Sie abwärts, mit der Taste [Abbildung der Taste] aufwärts. (B2, 128, 8-10)

20 Kotflügel mit Schutzdecken abdecken; Motorhaube mit Auflage und Betätigungsgestänge für Kühlerklappen abnehmen; Kühlwasser ablassen (im Winter auf Gefrierschutz achten); Batterie abklemmen (minus-Anschluß am Motorblock, plus-Anschluß an der Batterie); Kühlerschutzblech Nr. 798 einhängen, sonst werden Kühlerlamellen beschädigt. (WH1, 2, 1-7)

Der Gedankenstrich kann anstatt eines Kommas stehen und Teilsätze abtrennen, so in 21:

21. Wichtiger als die Leistung ist das hohe Drehmoment von 280 Nm, das der Motor bereits bei niedrigen Drehzahlen (1800/min) entfaltet – ideal, um capriotypisch schaltfaul im hohen Gang durch die Landschaft zu gleiten. (T1, 23, 56-59+24, 1-3)

Zudem kann der Gedankenstrich verwendet werden, um Satzglieder abzugrenzen. Es handelt sich dann um die Informationsabfolge *Nennung – Spezifizierung* (22):

22. AIRMATIC und ABC – aktive Fahrwerkstechnik für noch mehr Komfort und Fahrdynamik. (WB2, 38, 3)

---

107 *Conditio – consequentia:* Zur „logische[n] Grundstruktur vom Typus „wenn – dann" siehe Sandmann, Manfred (1978): Träume, Schäume. Die Nominalparataxen als Ausdruck einer logischen Grundstruktur „conditio – consequentia". In: Sprachwissenschaft 3. Heidelberg, S. 5-7.

108 Vgl.: Helbig/Buscha (1993) (wie Anm. 104), S. 701.

3.3.5 Lexikalische Merkmale

Bestimmte Phänomene der Wortbildung oder Flexion und lexikalische Besonderheiten, z.B. Schlüsselwörter und Wortschatzbereiche, stellen bei dem Vorliegen einer spezifischen textuellen Funktion ebenfalls interne textuelle Merkmale dar. Weiter wird die Verteilung des Subjekts über die Wortschatzbereiche ermittelt. Dabei wird in einem komplexen Satz nicht zwischen unter- und übergeordneten Teilsätzen unterschieden, d.h., innerhalb eines komplexen Satzes fließen mehrere Begriffe in der Satzgliedfunktion Subjekt in die Analyse mit ein. Weiterhin bleibt in Passivsätzen die Satzgliedfunktion Subjekt bestehen, d.h., auch wenn das Subjekt des Passivsatzes in einem Aktivsatz die Satzgliedfunktion Akkusativobjekt einnimmt. Bei der Ermittlung der Verbvalenz müssen jedoch alle Passivsätze in Aktivsätze transformiert werden.

3.3.6 Verbvalenz

Für die Beschreibung von Valenzphänomenen sind die Ergebnisse von SIMMLER maßgeblich. SIMMLER geht davon aus,

> daß es keine situationslosen Satzäußerungen gibt und daß in einem externen Kommunikationsrahmen isolierte einfache Satzäußerungen selten sind.[109]

Demnach verwendet er für die Valenzermittlung einen kommunikationstheoretischen Ansatz, wobei „die notwendigen externen Faktoren jeglicher Kommunikation Sprecher (S), Hörer (H), Ort (O) und Tempus (T)" sowie der Kontext (in einem Textexemplar einer Textsorte) erfasst werden. SIMMLER fasst die Valenz als „eine primär inhaltsseitig bestimmte Fähigkeit des Verbs (und anderer Wortarten)" auf und ermittelt „die Inhaltsseite der Verben über Oppositionsbildungen in Satzäußerungen innerhalb von Textsorten".[110]

Weiter kann SIMMLER auf die Unterscheidung von obligatorischen und fakultativen Ergänzungen verzichten:

> Durch die Beachtung inhaltsseitiger Restriktionen und eine genaue Analyse der Inhaltsseite des Verbums bis zur Semebene stellt sich die Problematik der Unterscheidung von obligatorischen und fakultativen Ergänzungen innerhalb der notwendigen Ergänzungen nicht. Die in Makrostrukturen vorhandenen Eliminierungen können zwangslos auf systematische Möglichkeiten der Elliptizität zurückgeführt werden.[111]

---

109 Simmler, Franz (1994) (wie Anm. 19), S. 4.
110 Simmler, Franz (1994) (wie Anm. 19), S. 4.
111 Simmler, Franz (1985) (wie Anm. 76), S. 461.

Der Ansatz einer Ellipse ist für SIMMLER gebunden an einen bestimmten Kontext (Textsorte) und das Auftreten von Äußerungen mit und ohne ersparten Redeteil, bei gleichzeitiger Inhaltsidentität, in einem synchronen sprachlichen Zustand. Er lehnt „ad-hoc-Lösungen“ ab, bei denen ein fakultatives Element in Kontext und Situation „mitgedacht“ (und dann als Ellipse bezeichnet) wird.

Der Satz „Tippen/Sie/bei geöffnetem Dach/den Schalter/in Richtung Anheben/an, so fährt das Dach in die Endposition von Anheben“ (B1, 39, 35-38) tritt in der Betriebsanleitung B1 auf und ist ein Verbalsatz mit Verberststellung. Bei der Syntaxanalyse werden die Entdeckungsprozeduren der Permutation, Substitution und Eliminierung verwendet.[112] Anhand der Permutation werden Anzahl und Umfang der einzelnen Satzglieder ermittelt. Durch die Substitution werden die Erscheinungen der grammatischen Kongruenz und Rektion sowie die semantische Kompatibilität zwischen dem Verbum und den Satzgliedern untereinander festgelegt. Die Eliminierung ermittelt die notwendigen und nichtnotwendigen Satzglieder.

Die notwendigen Satzglieder zum Verbum *tippen* führen zum Nachweis des syntaktischen Minimums und somit zum Verbalsatztypus E_N[113]-V-E_A[114]-E_{pD}[115]-E_{pA}[116]. Die semantische Differenzierung ergibt sich aus den unterschiedlichen Besetzungen der Leerstellen. Die Verbsemantik (Semem) setzt sich so aus unterschiedlichen semantischen Merkmalen (Semen) zusammen. Als E_N erscheint der „Benutzer“. Die lexikalische Besetzung der E_A („den Schalter“) stellt einen Bezug zum Wortschatzbereich „Autoteile“ her und markiert das Sem „objektorientiert“. Die Zielgerichtetheit wird durch die E_{pA} „in Richtung Anheben“ ausgedrückt. Das Sem „bedingungsgebunden“ richtet sich nach dem Satzglied E_{pD} „bei geöffnetem Dach“. Diese Vorgehensweise demonstriert, dass nur mit Herausarbeiten eines Korpus an tatsächlich vorkommenden Äußerungen und mit Einbezug der jeweiligen Textsorte die Satztypenermittlung und die Feststellung des syntaktischen Minimums funktionie-

112 Vgl.: Duden (1998): Grammatik der deutschen Gegenwartssprache. Hrsg. vom Wissenschaftlichen Rat der Dudenredaktion. Bearbeitet von Eisenberg, Peter/Gelhaus, Hermann/Henne, Helmut/Sitta, Horst/Wellmann, Hans, Duden 4, 6. Aufl. Mannheim, Leipzig, Wien, Zürich, S. 620-624.

113 Ergänzung im Nominativ.

114 Ergänzung im Akkusativ.

115 Präpositionale Ergänzung im Dativ.

116 Präpositionale Ergänzung im Akkusativ; im Folgenden werden weitere Notationen gebraucht: E_D (Ergänzung im Dativ), E_{TEM} (temporaler Ergänzungssatz); E_{KON} (bedingungsgebundener Ergänzungssatz), E_{Adv} (adverbielle Ergänzung).

ren. Andernfalls erscheint die Interpretation der Verbvalenz willkürlich, was letztlich auch zu uneinheitlichen Urteilen führt.

Weiter werden Wörterbücher bzw. Valenzwörterbücher der deutschen Gegenwartssprache[117] herangezogen, um Gemeinsamkeiten und Unterschiede mit dem hier analysierten Befund herauszustellen und die ermittelten Verben Subgruppen zuordnen zu können. Aufgrund der unterschiedlichen Verwendungshäufigkeit fachsprachlicher und gemeinsprachlicher Verben, der unterschiedlichen Auswahl fachsprachlicher Verben und der mit ihnen konstituierten Verbalsatztypen sowie der Sememunterschiede bei ausdrucksseitig gleichen fachsprachlichen Verben und der mit ihnen gebildeten Verbalsatztypen kann eine Skalierung von Fachlichkeitsgraden unter valenztheoretischen Aspekten durchgeführt werden.[118] Die Ermittlung der Satzglieder innerhalb eines Satzes gibt eine detaillierte Auskunft über den Informationsgehalt eines Satzes. Bei den Subgruppen handelt es sich um

1. fachsprachliche Verben mit einer fachspezifischen Ausdrucks- und Inhaltsseite und spezifischer Valenz,
2. gemeinsprachliche Verben mit techniksprachlich gebundenen Sememen und Semen und besonderer Valenz,
3. gemeinsprachliche Verben, die im Bereich der Technik ausschließlich eine spezifische Leerstellenbesetzung besitzen, sonst aber in der Inhaltsseite und in der Verbvalenz mit dem Gebrauch nichtfachlicher Textsorten in anderen Kommunikationsbereichen übereinstimmen.[119]

In den Wörterbüchern (D, I, 255/ W, 183) ist zum Verbum *antippen* mit der Beschreibung „leicht und kurz berühren" im Kontext *(Ihre Fingerspitzen tippen unschlüssig die Bedientasten des Gebäudes an)* eine Zweiwertigkeit gegeben. Die Möglichkeit einer Erhöhung der Wertigkeit durch das Hinzutreten der Seme „zielgerichtet" und „bedingungsgebunden" wird nicht gesehen. Das Verbum *antippen* im vorgeführten Bei-

117 Vgl.: Duden (1999): Das große Wörterbuch der deutschen Sprache: in zehn Bänden. Hrsg. vom Wissenschaftlichen Rat der Dudenredaktion, 3. Aufl., Mannheim u.a.: im Folgenden als „D" bezeichnet; vgl.: Wahrig, Gerhard (2000): Deutsches Wörterbuch, 7., vollst. neu bearb. und aktualisierte Aufl., auf der Grundlage der neuen amtlichen Rechtschreibregeln neu hrsg. von Renate Wahrig-Burfeind., Gütersloh u.a.: im Folgenden als „W" bezeichnet; vgl.: Engel, Ulrich/Schumacher, Helmut (1978): Kleines Valenzlexikon deutscher Verben unter Mitarbeit von Ballweg, Joachim u.a., 2. Aufl., Tübingen: im Folgenden als „E/S" bezeichnet; vgl.: Helbig, Gerhard/ Schenkel, Wolfgang (1991): Wörterbuch zur Valenz und Distribution deutscher Verben, 8. durchges. Aufl., Tübingen: im Folgenden als „H/S" bezeichnet.

118 Vgl.: Simmler, Franz (2006) (wie Anm. 12), S. 1529.

119 Vgl.: Simmler, Franz (2006) (wie Anm. 12), S. 1528.

spiel wird den gemeinsprachlichen Verben mit techniksprachlich gebundenen Sememen und Semen und besonderer Valenz zugeordnet.

4. Empirische Analyse

4.1 Betriebsanleitungen

4.1.1 Makrostrukturelle Analyse

Allgemeine Merkmale. Die Betriebsanleitungen unterscheiden sich im Umfang, jedoch nicht im Format. B1 umfasst 171 Seiten, B2 hat aufgrund der erweiterten Funktionalität der Mercedes-Benz S-Klasse 442 Seiten. Bei beiden wird Querformat im DIN A5-Format genutzt.

Abb. 1: Initiator „Deckblatt" in B1

Initiatoren und Terminatoren. Die Textexemplare haben ein Initiatoren- und Terminatorenbündel. Das Initiatorenbündel besteht aus einem Deckblatt (Abb. 1 und 2), Vorwort (Abb. 3) und Inhaltsverzeichnis (Abb. 4 und 5) und markiert den Beginn des Textexemplars. Initiatorenteile auf dem Deckblatt sind die Bezeichnung des Textexemplars als „Betriebsanleitung", die Nennung des Herstellers und/oder das Logo, bei Mercedes-Benz ist die Produktlinie „S-Klasse" genannt. Weiter wird auf dem Deckblatt das Auto abgebildet, in B1 erscheint es vollständig in einer Seitenansicht, in B2 ist nur der vordere Teil des Autos, die Kühlerhaube, erkennbar. Die Reihenfolge und die Anordnung der Initiatorenteile sind unterschiedlich. In B1 erscheinen die Bezeichnung des Textexemplars und das Logo am oberen linken Rand, die Abbildung nimmt das gesamte Deckblatt ein. In B2 ist die Nennung des Herstellers mit Logo am unteren Rand mittig positioniert, die Bezeichnung des Textexemplars sowie der Produktlinie erscheint in der Mitte des Deckblatts, die Abbildung nimmt etwas weniger als die obere Hälfte des Deckblatts ein. Die Initiatorenteile auf dem Deckblatt sind durch Hervorhebungen wie andere Schriftgröße und/oder Schriftart vom folgenden Textteil der Betriebsanleitungen zu unterscheiden.

Abb.2: Initiator „Deckblatt" in B2

Herzlichen Glückwunsch zu Ihrem neuen Mercedes-Benz!

Machen Sie sich zuerst mit Ihrem Mercedes-Benz vertraut und lesen Sie die Betriebsanleitung, bevor Sie losfahren. Sie haben dadurch mehr Freude an Ihrem Fahrzeug und vermeiden Gefahren für sich und andere.

Sonderausstattungen sind mit einem Sternsymbol * gekennzeichnet. Je nach Modell, Ländervariante und Verfügbarkeit kann die Ausstattung Ihres Fahrzeugs abweichen. Mercedes-Benz passt seine Fahrzeuge ständig dem neuesten Stand der Technik an und behält sich deswegen Änderungen in Form, Ausstattung und Technik vor.

Daher können Sie aus den Angaben, Abbildungen und Beschreibungen in dieser Betriebsanleitung keine Ansprüche ableiten.

Betriebsanleitung, Kurzübersicht und die Hefte „Serviceleistungen“ und „Service-Stützpunkte“ gehören zum Fahrzeug. Daher sollten Sie diese stets im Fahrzeug mitführen und beim Verkauf an den neuen Besitzer weitergeben.

Bei weiteren Fragen wenden Sie sich an einen Mercedes-Benz Service-Stützpunkt.

Gute Fahrt wünscht Ihnen die Technische Redaktion der DaimlerChrysler AG.

Erleben Sie wichtige Funktionen der S-Klasse auch in der interaktiven Betriebsanleitung im Internet unter: **www.mercedes-benz.de/betriebsanleitung/S-Klasse**

Abb. 3: Initiator „Vorwort“ in B2

Einleitung 9
Konzept dieser Anleitung 9
Darstellungsmittel 10
Umweltschutz 11
Betriebssicherheit 12
    Bestimmungsgemäßer Gebrauch .. 13

Auf einen Blick 15
Cockpit 16
Kombi-Instrument 18
Multifunktions-Lenkrad 20
Mittelkonsole 21
    Oben 21
    Unten 22
Dach-Bedieneinheit 23
Tür-Bedieneinheit 24

Erste Fahrt 25
Öffnen 26
    Öffnen mit Schlüssel 26
    Öffnen mit KEYLESS-GO* 27
Einstellen 29
    Sitze 29
    Lenkrad 31
    Spiegel 32
Fahren 34
    Angurten 34
    Starten 36
    Licht einschalten 39
    Blinken 40
    Fernlicht 40
    Scheibenwischer 40
Parken und Schließen 42
    Parkbremse 42
    Abstellen mit Schlüssel 42
    Abstellen mit KEYLESS-GO* 43

Sicherheit 45
Insassensicherheit 46
    Airbags 46
    Sicherheitsgurte 50
    Präventiver Insassenschutz (PRE-SAFE) 51
    Kinder im Fahrzeug 52
Fahrsicherheitssysteme 64
    ABS 64
    BAS 65
    ESP 65
Diebstahlsicherungen 68
    Wegfahrsperre 68
    Einbruch-Diebstahl-Warnanlage* .. 68
    Abschleppschutz* 69
    Innenraumschutz* (IRS) 71

Abb. 4: Initiator „Inhaltsverzeichnis“ (Auszug) in B2

Inhaltsverzeichnis

Hinweise

Zu dieser Betriebsanleitung 4
Verwendete Symbole 4
Ihr individuelles Fahrzeug 4
Aktualität bei Drucklegung 5
Zu Ihrer eigenen Sicherheit 5
Symbol an Fahrzeugteilen 5

Ein erster Überblick

Cockpit 12
Instrumentenkombination 14
Kontroll- und Warnleuchten 16
Lenkrad mit
Multifunktionstasten* 19
Warndreieck* 20
Verbandkasten* 20
Tanken 20
Kraftstoffqualität 21
Reifenfülldruck 22

Bedienung im Detail

Öffnen und Schließen:
Schlüssel 28
Zentralverriegelung 28
Öffnen und Schließen - über die
Fernbedienung 29
Öffnen und Schließen - über das
Türschloss 32
Öffnen und Schließen - von
innen 33
Heckklappe 33
Kofferraum 35
Alarmanlage* 36
Fensterheber 37
Schiebe-Hebedach* 39

Einstellen:
Sicher sitzen 41
Sitze 41
Sitzeinstellung mechanisch 42
Sitzeinstellung elektrisch* 43
Lordosenstütze* 43
Kopfstützen 44
Sicherheitsgurte 44
Sitz- und Spiegelmemory* 46
Sitzheizung* 47
Lenkrad 48
Spiegel 48

Sicherheitssysteme:
Airbags 50
Kinder sicher befördern 51
Car Memory, Key Memory 53

Abb. 5: Initiator „Inhaltsverzeichnis" (Auszug) in B1

Abb. 6: Terminator „Buchdeckel" in B1

Bestell-Nr. 6515 2160 00 Teile-Nr. 220 584 36 96 DE Ausgabe C1 01/03

Abb. 7: Terminator „Buchdeckel" in B2

Das Terminatorenbündel besteht aus dem Buchdeckel (Abb. 6 und 7), Schutzblatt (Abb. 8 und 9) sowie einem Stichwortverzeichnis (Abb. 10 und 11). In B2 gibt es weiter ein Fachwortverzeichnis (Abb. 12). Terminatorenteile auf dem Buchdeckel sind die Nennung der Bestellnummer sowie Angaben zur Drucklegung, in B1 sind zusätzlich das Logo von BMW sowie die Internetadresse enthalten. In B2 existieren auf dem Schutzblatt Kontaktdaten zur Herstellerfirma sowie ein Verweis zu Internetadressen, Informationen zur Technischen Redaktion (Autoren der Betriebsanleitung) sowie Angaben zur Druckerei und zum Bildernachweis. Weiter existiert der Vermerk „Nachdruck, Übersetzung und Vervielfältigung, auch auszugsweise, sind ohne schriftliche Genehmigung nicht erlaubt“. Diese Informationen sind dreispaltig angeordnet. In B1 befinden sich auf dem Schutzblatt mit Daten zum Tankstopp, Motoröl und Reifenfülldruck auszufüllende Tabellen:

Tankstopp BMW recommends Castrol

Kraftstoff

Bezeichnung	

Tragen Sie hier bitte die von Ihnen bevorzugte Kraftstoffqualität ein.

Motoröl

Qualität	

Die Ölmenge zwischen den beiden Markierungen auf dem Ölmessstab beträgt ca. 1 Liter.

Reifenfülldruck

	Sommerreifen		Winterreifen	
	vorn	hinten	vorn	hinten
Bis 4 Personen				
5 Personen oder 4 plus Gepäck				

Abb. 8: Terminator „Schutzblatt“ in B1

Kontakt

Bei allen Anfragen steht Ihnen Mercedes-Benz gerne zur Verfügung:

Mercedes-Benz contact
Telefon: **00800 1 777 7777**
international: **+49 69 95 30 72 77**

Internet

Weitere Informationen zu Mercedes-Benz Fahrzeugen und zu DaimlerChrysler finden Sie im Internet unter

www.mercedes-benz.com
www.daimlerchrysler.com

Redaktion

Bei Fragen oder Anregungen zu dieser Betriebsanleitung erreichen Sie die Technische Redaktion unter folgender Adresse:

DaimlerChrysler AG, HPC: R803, 70546 Stuttgart

Redaktionsschluss: 10.01.2003

Nachdruck, Übersetzung und Vervielfältigung, auch auszugsweise, sind ohne schriftliche Genehmigung nicht erlaubt.

Druck

W. Kohlhammer Druckerei GmbH + Co.

Bildernachweis

Titelbild	P00.01-2396-31
Auf einen Blick	P00.01-2420-31
Erste Fahrt	P00.01-2421-31
Sicherheit	P00.01-2422-31
Bedienen im Detail	P00.01-2423-31
Betrieb	P00.01-2424-31
Selbsthilfe	P00.01-2425-31
Technische Daten	P00.01-2426-31

Abb. 9: Terminator „Schutzblatt“ in B2

A

Ab Start
Verbrauchsstatistik 124
Abblendlicht 103, 348
Abbrechen
Verstellvorgang Einstiegshilfe 141
ABC
Meldungen im Display 300
Ölstand 250
ABC* 203, 411
Fahrwerkabstimmung 203
Fahrzeugniveau 204
Abfragen
Einstellung DISTRONIC* 187
Reichweite 125
Störungen 126
Ablagefach
belüftet 173
Getränkehalter 221
im Handschuhfach 216
unter Fahrersitz 217
Ablagen 215
Ablageschale unter Armlehne 218
Armauflage 218
Handschuhfach 215
Abnutzungsbild 259
ABS 64, 411
Kontrollleuchte 19, 293
Meldungen im Display 302
Abschleppen 367
Abschleppstange 367
Getriebeschaden 367, 368, 369
Schleppgeschwindigkeit 367
Abschleppöse 340
abbauen 369
anbauen 368
Abschleppschutz
ausschalten 70
einschalten 69
Abstands-Warnfunktion* 192
ausschalten 193
einschalten 193
Abstandswarnung*
DTR*-Warnleuchte 192
Intervall-Signalton 192
Abstellen
Motor mit KEYLESS-GO* 43
Motor mit Schlüssel 42
Motor-Notabschaltung 280
Airbag 46
Beifahrer 48
Front 48
AIRMATIC 201
Fahrwerkabstimmung 201
Fahrzeugniveau 201
Aktivieren
Einstiegshilfe 140
TEMPOMAT 182
Akustisches Warnsignal 276
Alarm
akustisch 68
beenden 69, 276
optisch 68

Abb. 10: Terminator „Stichwortverzeichnis" (Auszug) in B2

Alles von A bis Z 169

Lenkradschloss 54
Lenkradsperre 54
Leseleuchten
hinten 88
vorn 87
Leuchtweiten-regulierung 86
Licht an-Warnung 84
Lichthupe 86
Lichtschalter 84
Liegesitz 41
Longlife-Öle 125
Lordosenstütze 43
Luftausströmer 90, 94
Luftdruck 117
prüfen 22
Luftverteilung 92, 96
Luftzufuhr 92, 96

M
M+S-Reifen 119
Maße 155, 156
MC-Betrieb, siehe Radiobetriebsanleitung
MD-Betrieb, siehe Radiobetriebsanleitung
Memory 46
Messstab, Motoröl 124
Mikrofilter 93, 97
Mikrofon 101
Mittelarmlehne 100
Mittlere Bremsleuchte 138
Mittlerer 3-Punkt-Gurt im Fond 104
Mobiler Service 145
Motor
abstellen 56
anlassen 54
Motordaten 152
Motorhaube entriegeln 121
Motorkühlmittel 162
nachfüllen 126
Motorleistung 152
Motoröl
Füllmenge 162
nachfüllen 124
Qualität 125
Motoröldruck 16
Motorölsorten 125
Motorölstand 16
prüfen 124
Motorölverbrauch 124
Motorraum 122
Müllbeutelhalter 100, 101

N
Nackenstützen 44
Navigationssystem, siehe eigene Betriebsanleitung
Nebellicht 87
Nebelscheinwerfer 87
Nebelschlussleuchten 87
Lampe wechseln 137
Neigungsalarmgeber 30
ausschalten 37
Fernbedienung 30
Nichtraucher-Ausstattung 103
Notbetätigung
Schiebe-Hebedach 40
Tankklappe 20
Türen 32

O
OBD Steckdose 130
Oberschenkelauflage einstellen 42
OIL SERVICE 70
Öl
Füllmenge 162
Qualität 125
Öldruck, Kontrollleuchte 16
Ölfilterwechsel 162
Ölmessstab 124
Ölsorten 125
Ölstand
Kontrollleuchte 16
prüfen 124
Ölverbrauch 124
Ölwechselintervalle, siehe Serviceheft
Ölzusätze 125
Ösen, An- und Abschleppen 146

P
Pannendienst, siehe Mobiler Service 145
Park Distance Control PDC 74
Parkbremse 56
Parklicht 86
PDC Park Distance Control 74
Pflege, siehe Broschüre Pflege
Platter Reifen 117
Profiltiefe, Reifen 117

R
Radblende 140
Räder und Reifen 119
Radio, siehe eigene Betriebsanleitung
Radschrauben 140
Radschraubenschlüssel 140
Radschraubensicherung 143
Radstand 155, 156
Radwechsel 139
Rapsmethylester RME 22
RDC Reifendruck-Control 82
Rechts-/Linksverkehr, Scheinwerfereinstellung 129
Recycling 131
Regensensor 64
Reichweite 73

Überblick | Bedienung | Wartung | Selbsthilfe | Daten | Stichworte

Abb. 11: Terminator „Stichwortverzeichnis" (Auszug) in B1

ROZ
Gibt die Oktanzahl des Benzins an, die nach einer genormten Methode bestimmt wurde. Sie ist ein Maß dafür, wie hoch der Widerstand des Benzins gegen unerwünschte Selbstentzündung ist (Klopffestigkeit).

Rückhalte-Systeme
Sicherheitsgurte, Gurtstraffer, Airbags und Kinder-Rückhalteeinrichtungen. Als eigenständige Systeme sind sie in ihrer Schutzfunktion aufeinander abgestimmt.

Schaltbereich
Anzahl der Gänge, die dem Automatikgetriebe für die Schaltung zur Verfügung stehen. Den Schaltbereich können Sie einschränken.

Schiebebetrieb
Passive Beschleunigung des Fahrzeugs, z. B. wenn Sie einen Berg herunterfahren.

Sicherungsstift
Knopf an der Tür, der anzeigt, ob die Tür ver- oder entriegelt ist.

SMS
(Short Message Service)
Dienst der Mobilfunknetze.

SPEEDTRONIC
Mit der SPEEDTRONIC kann der Fahrer eine variable oder permanente Geschwindigkeitsbegrenzung festlegen:

variabel Höchstgeschwindigkeit kann während der Fahrt begrenzt werden

permanent
Höchstgeschwindigkeit muss vor der Fahrt eingestellt werden

SRS
(Supplemental Restraint System)
Zusätzliche Rückhalte-Systeme wie Gurtstraffer und Gurtkraftbegrenzer.

Abb. 12: Terminator „Fachwortverzeichnis" (Auszug) in B2

Textgliederungsprinzipien. Die Betriebsanleitungen gliedern sich in die folgenden Kapitel:

Tab. 1: Die Makrostruktur „Kapitel" in B1 und B2

B1	Seitenanzahl	B2	Seitenanzahl
Hinweise	2	Einleitung	6
Ein erster Überblick	16	Auf einen Blick	10
–	–	Erste Fahrt	20
–	–	Sicherheit	28
Bedienung im Detail	86	Bedienen im Detail	168
Betrieb, Wartung	20	Betrieb	34
Selbsthilfe	18	Selbsthilfe	100
Technische Daten	16	Technische Daten	36

B1 enthält sechs, B2 acht Kapitel. Die Kapitel „Einleitung" (B2) (Abb. 14) bzw. „Hinweise" (B1) (Abb. 13) und „Ein erster Überblick" (B1) (Abb. 15) bzw. „Auf einen Blick" (B2) (Abb. 16) besitzen eine einführende und einen Gesamtüberblick vermittelnde Funktion. Die Kapitel „Einleitung" (B2) bzw. „Hinweise" (B1) erläutern in beiden Betriebsanleitungen das Konzept der Betriebsanleitung und ihre Darstellungsmittel. In B1 befinden sich zusätzlich Angaben zur Herstellerfirma, Bestellnummer, Drucklegung sowie der Vermerk „Nachdruck, auch auszugsweise, nur mit schriftlicher Genehmigung der BMW AG". B2 fügt zusätzliche Hinweise zum Umweltschutz und zur Betriebssicherheit ein. Innerhalb der Kapitel „Ein erster Überblick" (B1) bzw. „Auf einen Blick" (B2) werden die Bedienelemente des Autos in einer Überblicksdarstellung (Abb. 17) genannt. Dazu gehören das Cockpit, die Instrumentenkombination, die Funktionen des Lenkrads sowie die Kontroll- und Warnleuchten. In B2 sind weitere Angaben zur Mittelkonsole sowie Dach- und Türbedieneinheit erwähnt. In B1 sind Hinweise zum Warndreieck, Verbandkasten und Tanken gegeben. In B2 tauchen diese Themen in den Kapiteln „Betrieb“ bzw. „Selbsthilfe“ auf und werden vorab im zweiten Kapitel „Auf einen Blick“ nicht noch einmal erwähnt. In beiden Betriebsanleitungen wird jedes einzelne Kapitel mit Ausnahme der Kapitel „Hinweise“ (B1) und „Einleitung“ (B2) im Textkorpus mit einem Initiatordeckblatt eingeleitet, das jeweils eine Abbildung enthält (Abb. 15 und 16). In B1 werden auf dem Initiatordeckblatt die einzelnen Kapitelüberschriften des Textexemplars aufgelistet und am rechten Seitenrand nochmals aufgeführt, dabei ist die Schrift nach unten gekippt und das zutreffende Kapitel ist durch eine stärkere Farbgestaltung markiert. Am oberen rechten Seitenrand erscheint die Seitenanzahl. In B2 hat jedes Kapitel eine eigene Leitfarbe. Auf dem Initiatordeckblatt ist die Kapitelüberschrift am oberen Rand als eine Art Kolumnentitel aufgeführt. Zusätzlich existieren diejenigen Überschriften, die auf das Unterkapitel ersten Grades des jeweiligen Kapitels verweisen und drucktechnisch mittels Fettdruck hervorgehoben sind. Die Seitenzahl ist am unteren rechten Seitenrand gegeben, die zusammen mit der Kapitelüberschrift durch eine farbliche Unterlegung (Leitfarbe des Kapitels) markiert ist.

Hinweise

Zu dieser Betriebsanleitung

Wir haben Wert auf schnelle Orientierung in dieser Betriebsanleitung gelegt. Am schnellsten finden Sie bestimmte Themen über das ausführliche Stichwortverzeichnis am Schluss. Wenn Sie sich zunächst einen ersten Überblick über Ihr Fahrzeug verschaffen wollen, so finden Sie ihn im ersten Kapitel.

Sollten Sie Ihren BMW eines Tages verkaufen wollen, denken Sie bitte daran, auch die Betriebsanleitung zu übergeben; sie ist ein wichtiger Bestandteil Ihres Fahrzeugs.

Wenn Sie weitere Fragen haben, wird Sie Ihr BMW Service jederzeit gern beraten.

Bestell-Nr. 01 40 0 156 770
deutsch VIII/02
Printed in Germany
Gedruckt auf umweltfreundlichem Papier – chlorfrei gebleicht, wiederverwertbar.

Verwendete Symbole

kennzeichnet Warnhinweise, die Sie unbedingt beachten sollten – aus Gründen Ihrer Sicherheit, der Sicherheit anderer und um Ihr Fahrzeug vor Schäden zu bewahren.

enthält Informationen, die Ihnen ermöglichen, Ihr Fahrzeug optimal zu nutzen.

bezieht sich auf Maßnahmen, die zum Schutz der Umwelt beitragen.

◄ kennzeichnet das Ende eines Hinweises.

* kennzeichnet Sonder- oder Länderausstattungen und Sonderzubehör.

macht Sie auf Systeme oder Komponenten aufmerksam, die sich individuell aktivieren oder einstellen lassen – Car Memory, Key Memory, siehe Seite 53. Einige Systeme können durch Ihren BMW Service aktiviert oder eingestellt werden.◄

Ihr individuelles Fahrzeug

Beim Kauf Ihres BMW haben Sie sich für ein Modell mit einer individuellen Ausstattung entschieden. Diese Betriebsanleitung beschreibt alle Modelle und Ausstattungen, die BMW innerhalb des gleichen Programms anbietet.

Haben Sie also bitte Verständnis dafür, dass auch Ausstattungsvarianten darin enthalten sind, die Sie möglicherweise nicht gewählt haben. Eventuelle Unterschiede können Sie leicht nachvollziehen, da alle Sonderausstattungen mit einem Stern * gekennzeichnet sind.

Sollte Ihr BMW Ausstattungen enthalten, die nicht in dieser Betriebsanleitung beschrieben sind, z. B. Autoradio oder -telefon, so sind Zusatzbetriebsanleitungen beigefügt, um deren Beachtung wir Sie ebenfalls bitten.

Sonderausstattungen, mit denen Ihr BMW ab Werk ausgerüstet wurde, finden Sie in Ihrem Serviceheft auf Seite 4.◄

Abb. 13: Kapitel „Hinweise" (Auszug), B1, 4

Einleitung

Konzept dieser Anleitung

▼ Konzept dieser Anleitung

Diese Betriebsanleitung soll Sie in allen Situationen mit Ihrem Fahrzeug unterstützen. Damit Sie die Information schnell finden, hat jedes Kapitel eine eigene Leitfarbe:

Auf einen Blick

Hier finden Sie eine Übersicht aller Bedienelemente, die Sie vom Fahrersitz aus bedienen können.

Erste Fahrt

Hier finden Sie Informationen, die Sie für die erste Fahrt brauchen. Wenn dies Ihr erstes Mercedes-Benz Fahrzeug ist oder Sie das Fahrzeug gemietet haben, sollten Sie dieses Kapitel zuerst lesen.

Sicherheit

Hier finden Sie Aspekte zur Sicherheit Ihres Fahrzeugs.

Bedienen im Detail

Hier finden Sie detaillierte Informationen zur Ausstattung des Fahrzeugs. Dieses Kapitel ergänzt das Kapitel „Erste Fahrt" und beschreibt auch technische Neuheiten. Wenn Sie schon mit den Grundfunktionen Ihres Fahrzeugs vertraut sind, ist dieses Kapitel für Sie besonders interessant.

Betrieb

Hier finden Sie alle Informationen, die Sie für den Betrieb des Fahrzeugs brauchen.

Selbsthilfe

Hier finden Sie schnelle Hilfe bei möglichen Problemen.

Technische Daten

Hier finden Sie alle wichtigen technischen Daten des Fahrzeugs.

Verzeichnisse

Das Fachwortverzeichnis erläutert die wichtigsten technischen Begriffe.

Inhalts- und Stichwortverzeichnis sollen Ihnen helfen, Informationen schnell zu finden.

Abb. 14: Kapitel „Einleitung" (Auszug), B2, 9

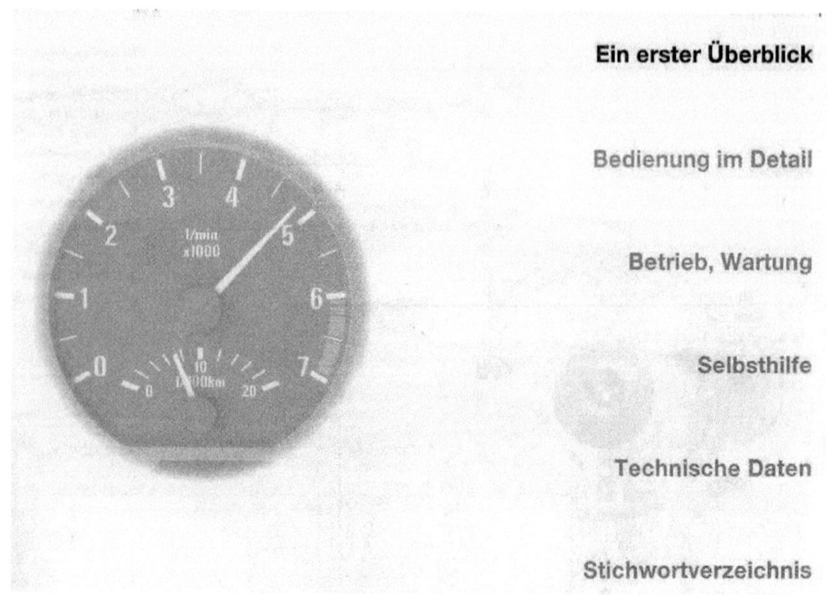

Abb. 15: Initiatordeckblatt für das Kapitel „Ein erster Überblick", B1, 11

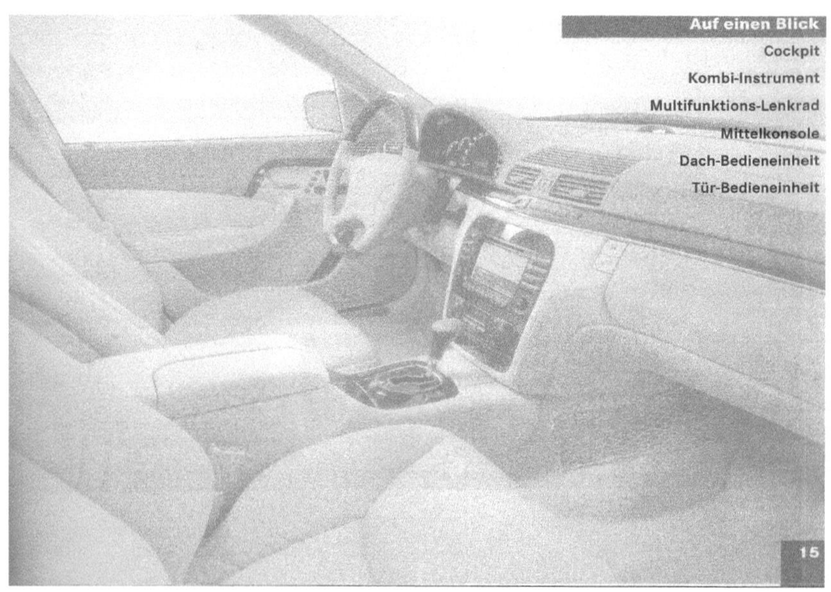

Abb. 16: Initiatordeckblatt für das Kapitel „Auf einen Blick", B2, 15

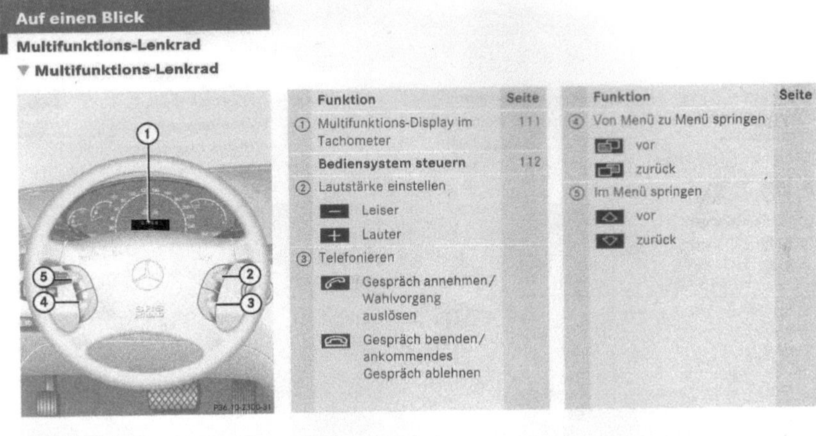

Abb. 17: Überblicksdarstellung des Multifunktions-Lenkrads im Kapitel „Auf einen Blick“, B2, 20

Die Kapitel „Erste Fahrt“ (Abb. 18 und 19) und „Sicherheit“ (Abb. 20 und 21), die in B2 zwischen „Auf einen Blick“ und „Bedienen im Detail“ geschaltet sind, fehlen in B1. Das Kapitel „Erste Fahrt“ fasst Informationen über die Grundfunktionen des Fahrzeugs zusammen und dient als Einführung zur ersten Handhabung mit einem Auto der Herstellerfirma Mercedes-Benz. Das Kapitel „Sicherheit“ behandelt einzelne Sicherheitssysteme, die in B1 im Kapitel „Bedienung im Detail“ untergebracht und im Vergleich zu B2 weniger ausführlich erläutert sind.

Abb. 18: Initiatordeckblatt für das Kapitel „Erste Fahrt", B2, 25

Erste Fahrt

Öffnen

Im Kapitel „Erste Fahrt" finden Sie zusammengefasst Informationen über die Grundfunktionen des Fahrzeugs. Lesen Sie dieses Kapitel besonders dann vollständig, wenn dies Ihr erstes Mercedes-Benz Fahrzeug ist.

Falls Ihnen die hier beschriebenen Grundfunktionen schon vertraut sind, hilft Ihnen das Kapitel „Bedienen im Detail" mit weiterführenden Informationen. Die entsprechenden Seitenverweise dazu stehen jeweils am Ende eines Abschnittes.

▼ Öffnen

Öffnen mit Schlüssel

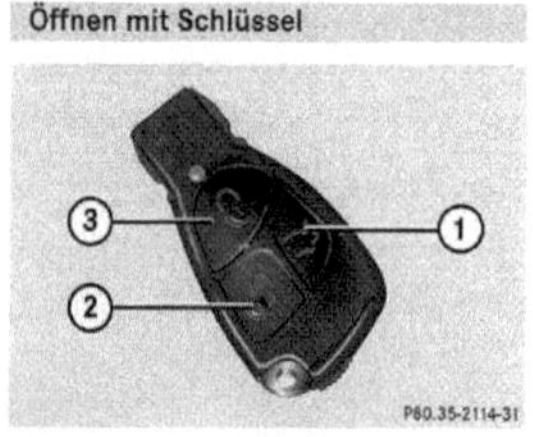

Schlüssel mit Fernbedienung

① Entriegelungstaste für Kofferraumdeckel
② Entriegelungstaste
③ Verriegelungstaste

- ▸ Drücken Sie die Entriegelungstaste ② auf dem Schlüssel.

  Die Blinker leuchten kurz auf. Die Sicherungsstifte an den Türen fahren hoch.

- ▸ Steigen Sie ein und stecken Sie den Schlüssel ins Zündschloss.

Abb. 19: Kapitel „Erste Fahrt" (Auszug), B2, 26

Abb. 20: Initiatordeckblatt für das Kapitel „Sicherheit", B2, 45

Insassensicherheit

▼ Insassensicherheit

In diesem Abschnitt erfahren Sie das Wichtigste über die Rückhalte-Systeme des Fahrzeugs.

Die Rückhalte-Systeme sind

- Sicherheitsgurte
- Gurtstraffer
- Airbags
- Kindersitze
- Kindersitz-Erkennung

Als eigenständige Systeme sind sie in ihrer Schutzfunktion aufeinander abgestimmt.

Die Kontrollleuchte SRS im Kombi-Instrument (▷ Seite 18) geht kurz an, wenn Sie den Schlüssel auf Stellung **1** oder **2** stellen. Sie geht aus, wenn Sie den Motor starten. Dies zeigt an, dass die Rückhalte-Systeme funktionsbereit sind.

Verletzungsgefahr 

Unsachgemäße Arbeiten an den Rückhalte-Systemen können zu unbeabsichtigtem Auslösen oder zum Ausfall führen.

Lassen Sie Service-Arbeiten immer in einer qualifizierten Fachwerkstatt durchführen, die die notwendigen Fachkenntnisse und Werkzeuge zur Durchführung der erforderlichen Arbeiten hat. Mercedes-Benz empfiehlt Ihnen hierfür einen Mercedes-Benz Service-Stützpunkt. Insbesondere bei sicherheitsrelevanten Arbeiten und bei Arbeiten an sicherheitsrelevanten Systemen ist der Service durch eine qualifizierte Fachwerkstatt unerlässlich.

Airbags

Verletzungsgefahr 

Airbags bieten Ihnen zusätzlichen Schutz, stellen jedoch keinen Ersatz für Sicherheitsgurte dar. Sie erhöhen das Schutzpotenzial, wenn Sie die Sicherheitsgurte immer richtig anlegen (▷ Seite 34).

Um das Risiko schwerer oder tödlicher Verletzungen durch Airbags zu vermindern, die sich bei einem Unfall entfalten, beachten Sie Folgendes:

- Wählen Sie eine Sitzposition, die so weit wie möglich vom Airbag entfernt ist, die aber dennoch ein sicheres Führen des Fahrzeugs erlaubt.
- Beugen Sie sich während der Fahrt nicht nach vorne. Lehnen Sie sich nicht von innen an die Türen. Legen Sie die Füße nicht auf das Armaturenbrett.

Abb. 21: Kapitel „Sicherheit" (Auszug), B2, 46

In beiden Textexemplaren sind die Kapitel „Bedienung im Detail" (B1) (Abb. 22 und 23) bzw. „Bedienen im Detail" (B2) (Abb. 24 und 25) am umfangreichsten. Hier findet der Leser detaillierte Informationen zu den Funktionen des Fahrzeugs.

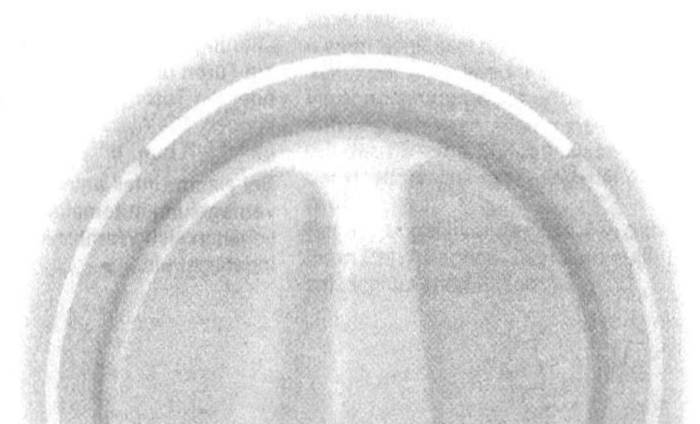

Ein erster Überblick

Bedienung im Detail

Betrieb, Wartung

Selbsthilfe

Technische Daten

Stichwortverzeichnis

Überblick | Bedienung | Wartung | Selbsthilfe | Daten | Stichworte

Abb. 22: Initiatordeckblatt für das Kapitel „Bedienung im Detail“, B1, 27

28 **Schlüssel**

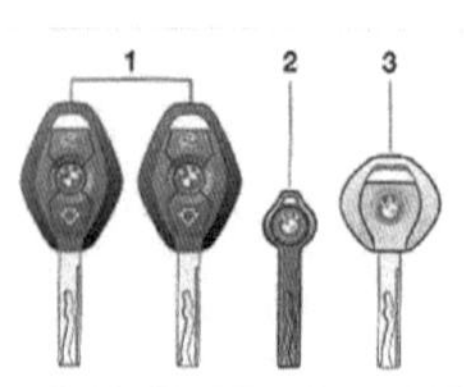

Das Schlüssel-Set

1 Zentralschlüssel mit Fernbedienung - bestimmen die Funktionen des Key Memory, siehe Seite 53.
Sie können dazu die Schlüssel mit den Farbaufklebern kennzeichnen, die Sie bei der Fahrzeugübergabe erhalten haben

In jedem Zentralschlüssel ist ein langlebiger Akku, der während der Fahrt automatisch im Zündschloss aufgeladen wird.
Benutzen Sie deshalb sonst nicht verwendete Zentralschlüssel etwa einmal im Jahr für eine längere Fahrt, damit der Akku aufgeladen wird.◄

2 Reserve-Zentralschlüssel - zur sicheren Aufbewahrung, z. B. in der Geldbörse. Dieser Schlüssel ist nicht für den ständigen Gebrauch bestimmt

3 Tür- und Zündschlüssel - mit diesem Schlüssel können nicht die Schlösser für die Heckklappe und Handschuhkasten betätigt werden - vorteilhaft z. B. im Hotel

Zentralverriegelung

Das Prinzip

Die Zentralverriegelung wird wirksam wenn die Fahrertür geschlossen ist. Entriegelt bzw. verriegelt werden gemeinsam

▷ Türen
▷ Heckklappe
▷ Tankklappe.

Betätigt werden kann die Zentralverriegelung

▷ von außen über die Fernbedienung sowie über das Fahrertürschloss
▷ von innen über eine Taste.

Bei einer Betätigung von innen wird die Tankklappe nicht verriegelt, siehe Seite 33. Bei einer Betätigung von außen wird gleichzeitig die Diebstahlsicherung aktiviert. Sie verhindert, dass die Türen über die Sicherungsknöpfe oder die Türöffner entriegelt werden können. Die Alarmanlage wird ebenfalls geschärft bzw. entschärft.

Bei einem Unfall entriegelt die Zentralverriegelung automatisch. Außerdem schalten sich Warnblinkanlage und Innenlicht ein.

Abb. 23: Kapitel „Bedienung im Detail“ (Auszug), B1, 28

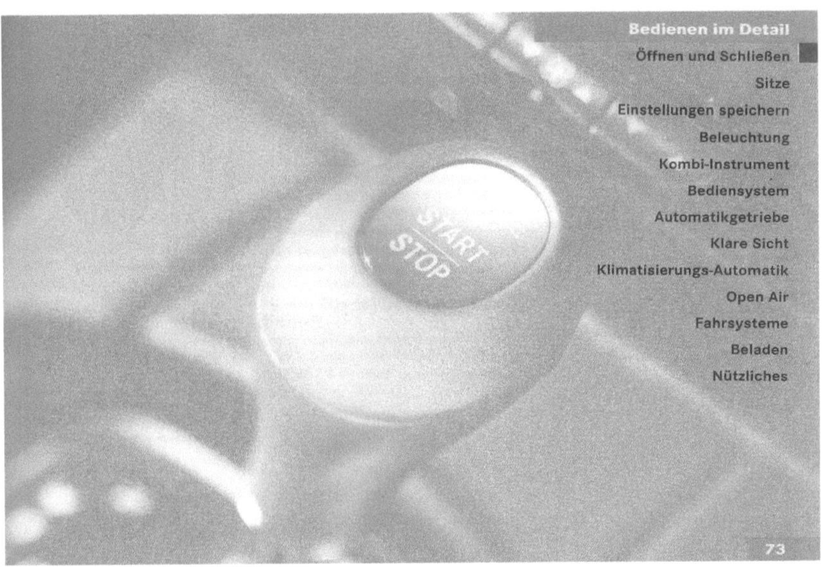

Abb. 24: Initiatordeckblatt für das Kapitel „Bedienen im Detail", B2, 73

Öffnen und Schließen

Im Kapitel „Bedienen im Detail" finden Sie detaillierte Informationen zu den Funktionen des Fahrzeugs. Lesen Sie dieses Kapitel besonders dann, wenn Ihnen die Grundfunktionen des Fahrzeugs schon vertraut sind.

Falls Ihnen die Grundfunktionen noch nicht vertraut sind, hilft Ihnen das Kapitel „Erste Fahrt" weiter. Die entsprechenden Seitenverweise dazu stehen jeweils am Beginn eines Abschnittes.

▼ Öffnen und Schließen

Schlüssel

Zur Fahrzeugausstattung gehören zwei Schlüssel mit Fernbedienung. In jedem Schlüssel steckt ein Notschlüssel. Zur Unterscheidung haben die Entriegelungsschieber für die Notschlüssel unterschiedliche Farben.

Mit dem Schlüssel können Sie das Fahrzeug auch aus größerer Entfernung öffnen. Benutzen Sie den Schlüssel nur aus der Nähe, um Diebstahl vorzubeugen.

Der Schlüssel ver- und entriegelt zentral:

- die Türen
- den Kofferraumdeckel
- die Tankklappe

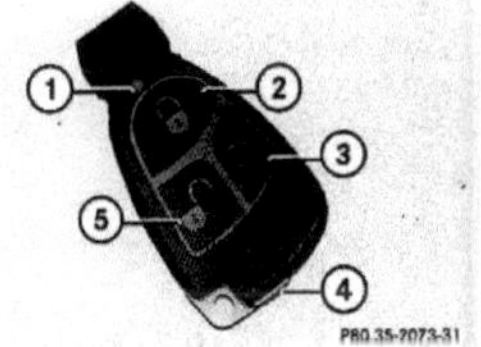

Schlüssel mit Fernbedienung

① Batterie-Kontrollleuchte
② Verriegelungstaste
③ Entriegelungstaste Kofferraum
④ Entriegelungsschieber Notschlüssel
⑤ Entriegelungstaste

Sie können mit dem Schlüssel auch das Schiebedach und die Seitenscheiben öffnen und schließen (▷ Seite 179).

Abb. 25: Kapitel „Bedienen im Detail" (Auszug), B2, 74

Im Anschluss an die Kapitel „Bedienung im Detail" bzw. „Bedienen im Detail" folgen in beiden Textexemplaren die Kapitel „Betrieb, Wartung" (Abb. 26.) bzw. „Betrieb" (Abb. 27), „Selbsthilfe" (Abb. 28 und 29) und „Technische Daten" (Abb. 30 und 31). Es werden detaillierte Informationen zum Betrieb, zur Wartung und Pflege des Fahrzeugs sowie Lösungsvorschläge zur Beseitigung von Problemen am Fahrzeug und notwendige technische Daten zum Fahrzeug gegeben.

Abb. 26: Initiatordeckblatt für das Kapitel „Betrieb, Wartung", B1, 113

Abb. 27: Initiatordeckblatt für das Kapitel „Betrieb", B2, 241

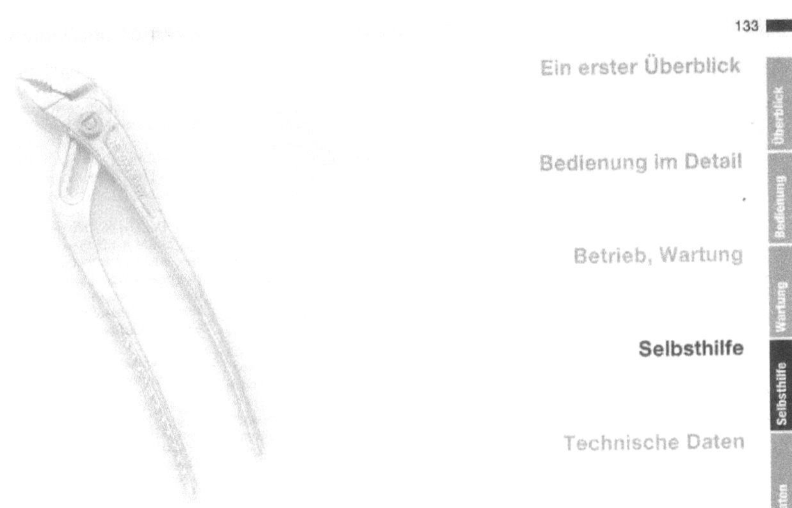

Abb. 28: Initiatordeckblatt für das Kapitel „Selbsthilfe“, B1, 133

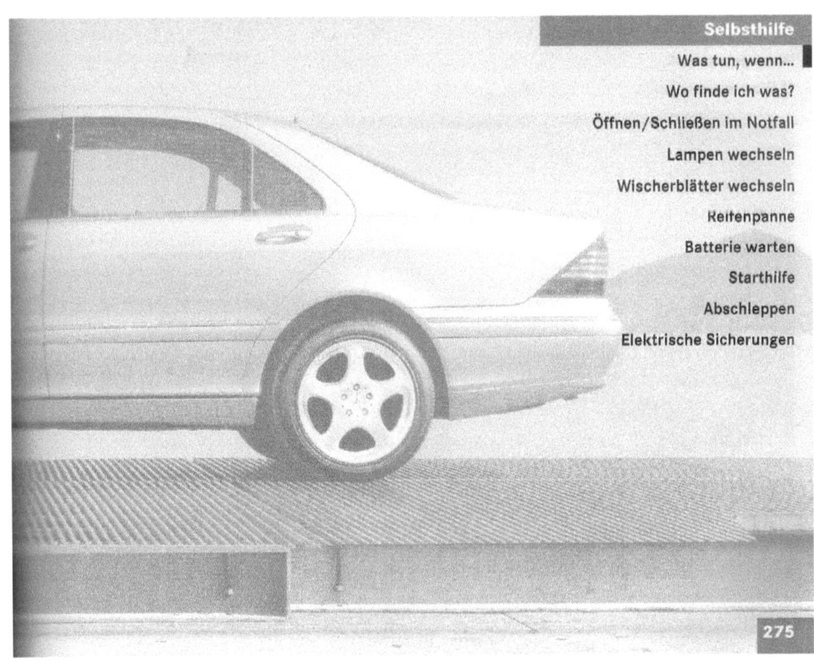

Abb. 29: Initiatordeckblatt für das Kapitel „Selbsthilfe“, B2, 275

151
Ein erster Überblick
Bedienung im Detail
Betrieb, Wartung
Selbsthilfe
Technische Daten
Stichwortverzeichnis

Abb. 30: Initiatordeckblatt für das Kapitel „Technische Daten“, B1, 151

Abb. 31: Initiatordeckblatt für das Kapitel „Technische Daten“, B2, 375

In B2 gibt es nach den Kapitelüberschriften „Erste Fahrt“, „Sicherheit“, „Bedienen im Detail“, „Betrieb“ und „Technische Daten“ eine kurze Erläuterung der Aufgabe der im Folgenden erklärten Funktion. Aufgrund erweiterter bzw. fehlender Funktionalitäten und des Vorhandenseins bestimmter Funktionen sind einige Themen nur in einer Betriebsanleitung zu finden: Während in B2 nur die Funktion bzw. Bedienung des Automatikgetriebes erläutert wird, wird in B1 zusätzlich das Schaltgetriebe einbezogen. Weiter ist in B2 die Bedienung der Audio- und Telefonanlage sowie des Navigationssystems integriert, B1 verweist dabei auf eine separate Betriebsanleitung. Insgesamt werden die Informationen einzelner Kapitel in B2 ausführlicher gegeben.

Die Textexemplare sind dreispaltig strukturiert, das Fachwortregister in B1 ist vierspaltig angeordnet. Innerhalb der Absätze kann es zu Aufzählungen von Sätzen (1) oder Nuklei eines Satzglieds (2) kommen, die mit Zeilenumbruch, Einrückung, Aufzählungszeichen, Nummerierungen oder Spiegelstrichen angeordnet werden. Diese Untergliederung dient in der Regel der Erklärung von Handlungsschritten in einer bestimmten chronologischen Abfolge:

1. Einstellen
   Lenkrad nicht während der Fahrt einstellen, sonst besteht als Folge einer unerwarteten Bewegung Unfallgefahr.◄
   1. Klemmhebel nach unten klappen
   2. Lenkrad in Längsrichtung und Neigung der Sitzposition anpassen
   3. Klemmhebel wieder zurückklappen. (B1, 48, 1-9)

2. Fernbedienung
   Die maximale Reichweite der Fernbedienung beträgt etwa 300 Meter. Die Reichweite kann sich reduzieren durch
   – Funkstörquellen
   – massive Hindernisse zwischen Fernbedienung und Fahrzeug
   – ungünstige Position der Fernbedienung
     Senden aus geschlossenen Räumen (B1, 172, 1-9)

Die genannten Kapitel in B1 sind weiter in die Unterkapitel 1. und 2. Grades unterteilt. Die Überschriften, die auf das Unterkapitel 1. Grades verweisen, werden in das Inhaltsverzeichnis aufgenommen und sind durch Fettdruck, größere Schriftart und eine Leerzeile vom Textteil abgetrennt („Öffnen und Schließen – über das Türschloss“). Überschriften, die das Unterkapitel 2. Grades einleiten, kommen nicht im Inhaltsverzeichnis vor und sind durch Fettdruck gekennzeichnet („Komfortbedienung“):

32 **Öffnen und Schließen - über das Türschloss**

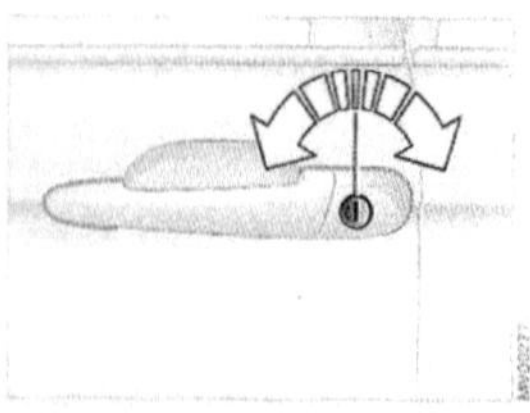

⚠ Das Fahrzeug nicht verriegeln, wenn sich Personen darin befinden, da ein Entriegeln von innen nicht möglich ist.◄

Sie können sich als Quittierung dafür, dass das Fahrzeug richtig verriegelt wird, ein Signal einstellen lassen.◄

Bei einigen Länderausführungen kann die Alarmanlage nur mit der Fernbedienung betätigt werden. Entriegeln über das Schloss löst bei diesen Fahrzeugen Alarm aus.
Um den Alarm zu beenden:

Taste drücken oder den Zündschlüssel in Stellung 1 drehen.
Weitere Einzelheiten zur Alarmanlage siehe Seite 36.◄

Komfortbedienung

Elektrische Fenster und das Schiebe-Hebedach können Sie auch über das Türschloss bedienen.

▷ Öffnen: Bei geschlossener Tür den Schlüssel in der Stellung Entriegeln festhalten

▷ Schließen: Bei geschlossener Tür den Schlüssel in der Stellung Verriegeln festhalten.

Mit dem Schlüssel können Sie in de Endstellungen des Türschlosses di Fahrertür entriegeln bzw. verriegel

Abb. 32: Markierung der Makrostrukturen Unterkapitel 1. und 2. Grades in B1

Erste Fahrt

Öffnen

Im Kapitel „Erste Fahrt" finden Sie zusammengefasst Informationen über die Grundfunktionen des Fahrzeugs. Lesen Sie dieses Kapitel besonders dann vollständig, wenn dies Ihr erstes Mercedes-Benz Fahrzeug ist.

Falls Ihnen die hier beschriebenen Grundfunktionen schon vertraut sind, hilft Ihnen das Kapitel „Bedienen im Detail" mit weiterführenden Informationen. Die entsprechenden Seitenverweise dazu stehen jeweils am Ende eines Abschnittes.

▾ **Öffnen**

Öffnen mit Schlüssel

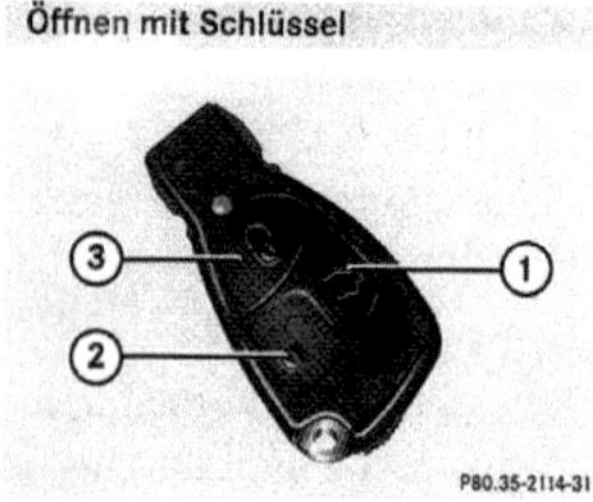

Schlüssel mit Fernbedienung

Abb. 33: Markierung der Makrostrukturen Kapitel, Unterkapitel 1. Grades und Unterkapitel 2. Grades in B2

Starten mit Schlüssel

Benzinmotor

▸ Drehen Sie den Schlüssel im Zündschloss auf Stellung **3** und lassen Sie ihn wieder los, wenn der Motor läuft (▷ Seite 27).

Sie können auch die Tipp-Startfunktion

Abb. 34: Markierung der Makrostrukturen Unterkapitel 3. Grades und Unterkapitel 4. Grades in B2

In B2 ist die Kapitelüberschrift auf jeder Seite am oberen rechten und linken Seitenrand dargestellt und durch die Leitfarbe unterlegt. Neben der Kapitelüberschrift gibt es in B2 vier weitere Überschriftenformen (Abb. 33 und 34), die auf die Makrostrukturen Unterkapitel 1. Grades, Unterkapitel 2. Grades, Unterkapitel 3. Grades und Unterkapitel 4. Grades verweisen. Die Überschriften, die auf das „Unterkapitel 1. Grades" verweisen, enthalten ein vorangestelltes umgekehrtes Dreieck und sind durch Fettdruck und größere Schriftart hervorgehoben („Öffnen"). Weiter sind sie unterhalb der Kapitelüberschriften nochmals aufgeführt. Die Überschriften, die das „Unterkapitel 2. Grades" einleiten, enthalten ein grau unterlegtes Feld und sind durch Fettdruck gekennzeichnet („Öffnen mit Schlüssel"). Beide Überschriftenformen sind im Inhaltsverzeichnis aufgeführt. Überschriften, die auf das „Unterkapitel 3. Grades" hinweisen, sind durch Fettdruck markiert („Starten mit Schlüssel"). Diejenigen, die auf das „Unterkapitel 4. Grades" verweisen, sind durch Fettdruck hervorgehoben und kursiv gesetzt („Benzinmotor").

Im Textkorpus der Textexemplare enthalten die Absatzstrukturen, die den Unterkapiteln zugeordnet werden, zahlreiche Text-Bild-Kombinationen und Tabelleninformationen als Makrostrukturen.

4.1.2 Text-Bild-Kombinationen

Text-Bild-Kombinationen sind makrostrukturelle Bestandteile der Betriebsanleitungen und erweisen sich durch die Darstellung der Handlungsanweisungen als notwendig.

Bei der Analyse der Text-Bild-Kombinationen werden Abbildungen sowie Tasten- und Displaysymbole getrennt voneinander untersucht. Insgesamt gibt es in B1 152 und in B2 249 Text-Bild-Kombinationen ohne Tabellen, Diagramme und Symbole. Durchschnittlich verteilen sich in B1 0,9 und in B2 0,6 Text-Bild-Kombinationen auf jeder Seite. Werden die Tasten- und Displaysymbole mit einbezogen, dann gibt es in B1 1,4 und in B2 1,5 Text-Bild-Kombinationen pro Seite. Es handelt sich bei fast allen Abbildungen um detaillierte räumliche Zeichnungen (Abb. 35). In B1 sind sie in Schwarz-Weiß, in B2 farbig dargestellt. Zusätzlich gibt es in B2 einfache Strichzeichnungen in Schwarz-Weiß, die Meldungen im Multifunktions-Display darstellen (Abb. 36). Das Deckblatt sowie Abbildungen, die die einzelnen Kapitel einleiten, sind farbige Fotografien (Abb. 37) und/oder farbige räumliche Zeichnungen (Abb. 38), die zu kontaktiven Zwecken eingesetzt werden:

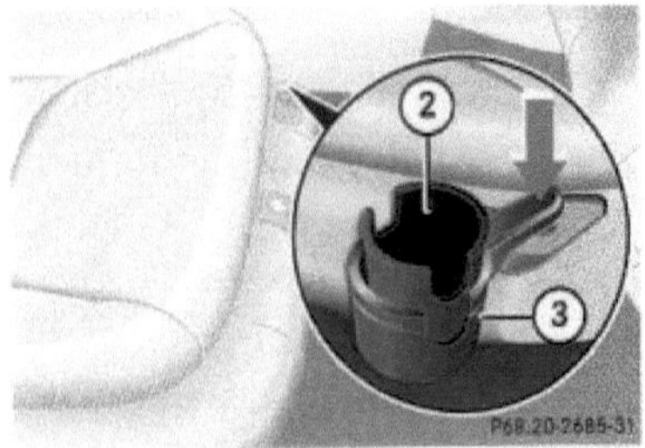

Abb. 35: Illustrationsart „detaillierte räumliche Zeichnung“, B2, 223

Abb. 36: Illustrationsart „einfache Strichzeichnung“ (Multifunktions-Display), B2, 121

Abb. 37: Illustrationsart „Fotografie“ (Initiatordeckblatt des Kapitels „Betrieb“), B2, 241

Abb. 38: Illustrationsart „detaillierte räumliche Zeichnung“ (Initiatordeckblatt des Kapitels „Technische Daten“), B1, 151

Anordnung. Wie Abb. 39 zeigt, wird bei häufiger Nutzung von Text-Bild-Kombinationen auf eine bis maximal zwei bevorzugte Varianten zurückgegriffen. Andere Anordnungen von Text-Bild-Kombinationen entfallen dafür ganz:

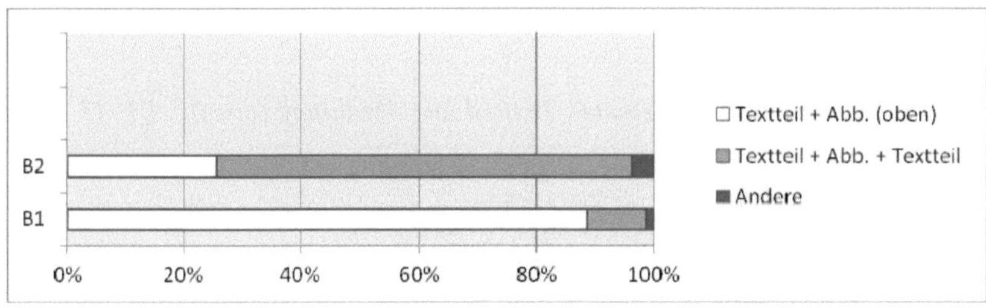

Abb. 39: Anordnung der Text-Bild-Kombinationen in B1 und B2

Durch den Rückgriff auf nur eine Variante wird die Richtung der Anordnung festgelegt. In der Vertikalverteilung wird das Leitmedium oben, darunter das Hilfsmedium angeordnet. In der Horizontalverteilung steht das Leitmedium links, das Hilfsmedium rechts daneben. In beiden Betriebsanleitungen dienen zur direkten Erklärung von Bedienschritten die

Varianten „Textteil und Abbildung (oben)“ (Abb. 40) sowie „Textteil und Abbildung und Textteil“ (Abb. 41). Deutlich ist die Nutzung der Text-Bild-Kombination „Textteil + Abbildung + Textteil“ in B2 (70,6 %) bzw. „Textteil und Abbildung (oben)“ in B1 (88,7 %) als Hauptvariante. Bei der Variante „Textteil + Abbildung + Textteil“ ist die Abbildung zwischen zwei Textteilen eingebettet, im ersten Textteil ist eine kurze Einleitung gegeben, im zweiten Textteil werden die Handlungsschritte beschrieben. Bei der Variante „Textteil und Abbildung (oben)“ wird der Bedienschritt erklärt und die zugehörige Abbildung darüber gezeigt. Dabei können die jeweiligen Text-Bild-Kombinationen über mehrere Spalten hinweg verlaufen.

Lordosenstütze* 43

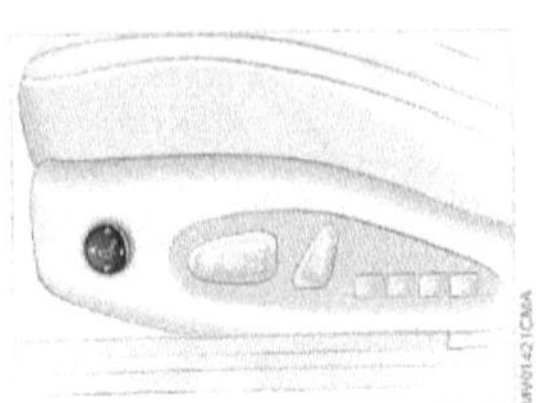

Einstellen

Die Kontur der Rückenlehne lässt sich verändern, so dass die Wölbung der Lendenwirbelsäule – Lordose – unterstützt wird.

Oberer Beckenrand und Wirbelsäule werden abgestützt, um eine aufrechte und entspannte Sitzhaltung zu fördern.

▷ Schalter vorn bzw. hinten drücken: Wölbung verstärken bzw. abschwächen

▷ Schalter oben bzw. unten drücken: Wölbung oben bzw. unten wird verstärkt.

Abb. 40: Die Anordnungsvariante „Textteil und Abbildung (oben)“, B1, 43

Die Tasten sind an der Fahrertür oben rechts.

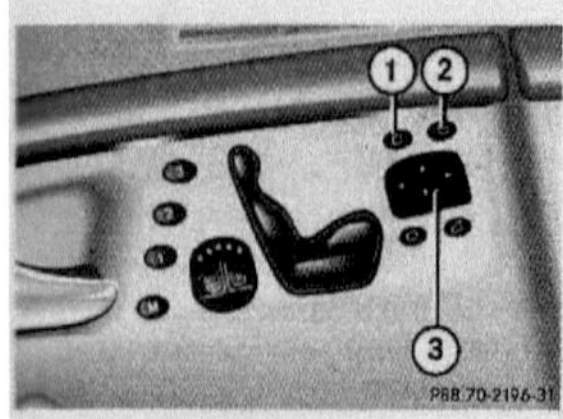

① Spiegel Fahrerseite
② Spiegel Beifahrerseite
③ Einstelltaste

▶ Stellen Sie sicher, dass die Zündung eingeschaltet ist.

Alle Leuchten im Kombi-Instrument sind an.

▶ Drücken Sie auf die Taste ① für den linken oder auf die Taste ② für den rechten Spiegel.

▶ Drücken Sie oben oder unten, rechts oder links auf die Taste ③, bis Sie den Spiegel richtig eingestellt haben.

Weitere Informationen finden Sie im Kapitel „Bedienen im Detail“ (▷ Seite 152).

Abb. 41: Die Anordnungsvariante „Textteil und Abbildung und Textteil“, B2, 33

Weiter gibt es in B1 im Kapitel „Technische Daten“ zwei Text-Bild-Kombinationen, die das Auto jeweils in der Vorder-, Rück- und Seitenansicht darstellen (Abb. 42). Am Auto sind Zahlenwerte eingetragen, die die Maße des Autos kennzeichnen. Der aus zwei einfachen Nominalsätzen bestehende Textteil unterhalb der Abbildung enthält erweiterte Informationen, die nicht in der Abbildung enthalten sind:

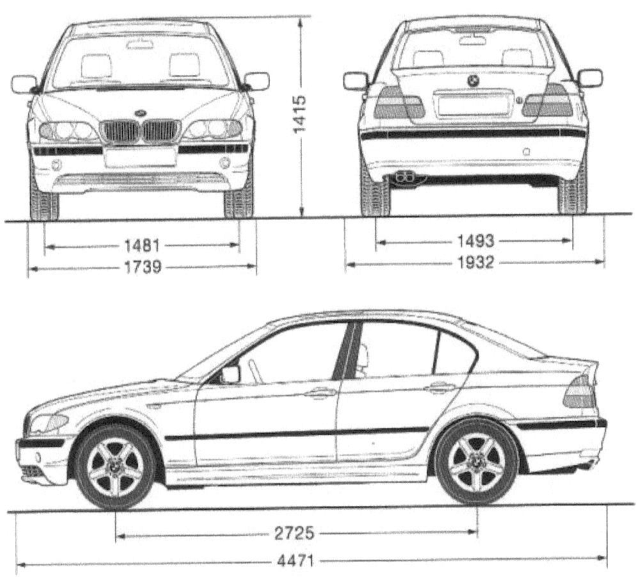

Alle Maßangaben in Millimeter. Kleinster Wendekreis Ø 10,5 m.

Abb. 42: Text-Bild-Kombination im Kapitel „Technische Daten“, B1, 155

Textgesteuerte Text-Bild-Kombination. Wie schon bei der Anordnung der Text-Bild-Kombinationen wird auch bei den textgesteuerten Text-Bild-Kombinationen auf eine bis zwei bevorzugte Formen zurückgegriffen (Abb. 43):

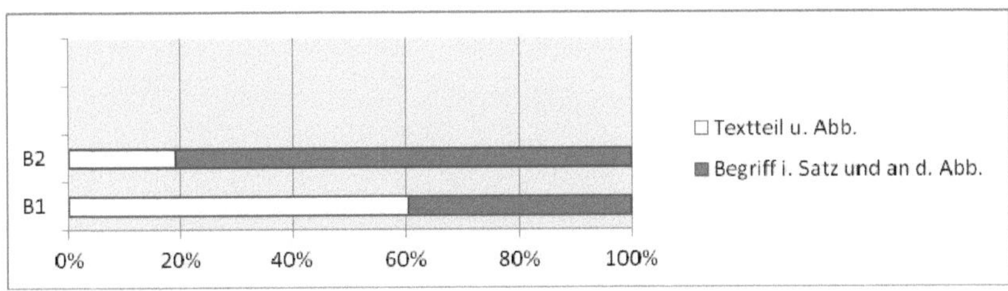

Abb. 43: Textgesteuerte Text-Bild-Kombinationen in B1 und B2

Bei der Anordnungsmöglichkeit „Textteil und Abbildung“ wird eine Referenzbildung ausschließlich über die räumliche Nähe von Textteil und Bild hergestellt, einen direkten Verweis gibt es nicht (Abb. 44). Bei der Variante „Begriff im Satz und an der Abbildung“ enthält die Abbildung Verweiselemente (Linie und Nummer), um die einzelnen Bedienelemente bzw. Bedienvorgänge zu erklären. Es kommt innerhalb der Abbildung zu einer internen Text-Bild-Verknüpfung mit Texterklärungen. Diese Abbildung mit Texterklärungen ist wiederum in einen anderen Textteil eingebettet (Abb. 45):

Schaltgetriebe

⚠ An Steigungen das Fahrzeug nicht mit schleifender Kupplung halten, sondern die Handbremse benutzen. Sonst wird durch eine schleifende Kupplung hoher Kupplungsverschleiß verursacht. ◄

Rückwärtsgang

Nur bei stehendem Fahrzeug einlegen. Beim Drücken des Schalthebels nach links einen Widerstand überwinden.

Die Rückfahrscheinwerfer schalten sich dabei in Zündschlüsselstellung 2 automatisch ein.

Abb. 44: Die textgesteuerte Variante „Textteil und Abbildung“, B1, 57

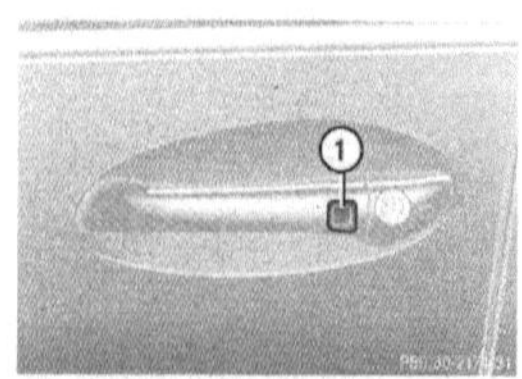

① Verriegelungstaste am Türgriff

► Drücken Sie nach dem Aussteigen auf die Verriegelungstaste ① am Türgriff.

Die Sicherungsstifte an den Türen fahren herunter. Die Blinker leuchten dreimal auf. Die Wegfahrsperre ist eingeschaltet.

Abb. 45: Die textgesteuerte Variante „Begriff im Satz und an der Abbildung“, B2, 43

B1 nutzt zu 60,3% die Variante „Textteil und Abbildung“ und zu 39,7 % die Variante „Begriff im Satz und an der Abbildung“. In B2 wird die Variante „Begriff im Satz und an der Abbildung“ mit einem Anteil von 80,9 % bevorzugt eingesetzt, auf die Variante „Textteil und Abbildung“ fallen 19,1 % aller textgesteuerten Text-Bild-Kombinationen.

Text-Bild-Funktion: Die statistischen Ergebnisse zur Untersuchung der Text-Bild-Funktion sind in Abb. 46 erfasst:

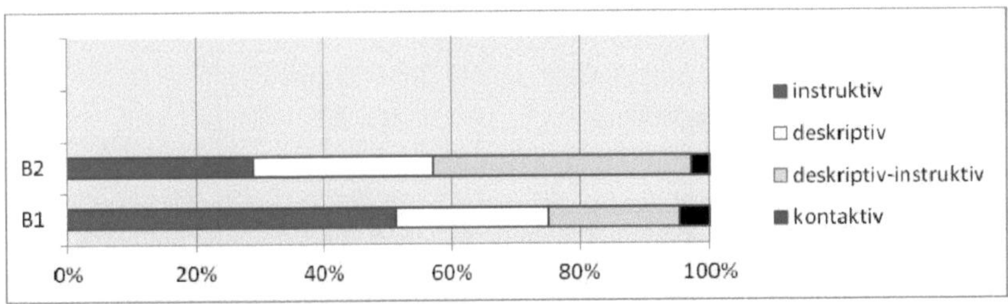

Abb. 46: Text-Bild-Funktionen in B1 und B2

Nahezu 3/4 aller Text-Bild-Kombinationen werden instruktiv bzw. deskriptiv-instruktiv eingesetzt. Bei den instruktiven Text-Bild-Kombinationen werden Handlungsvorgänge dynamisch dargestellt (Abb. 47). Die dynamisierten Darstellungen werden durch Pfeile angedeutet, die Bewegungen bzw. Bewegungsrichtungen darstellen:

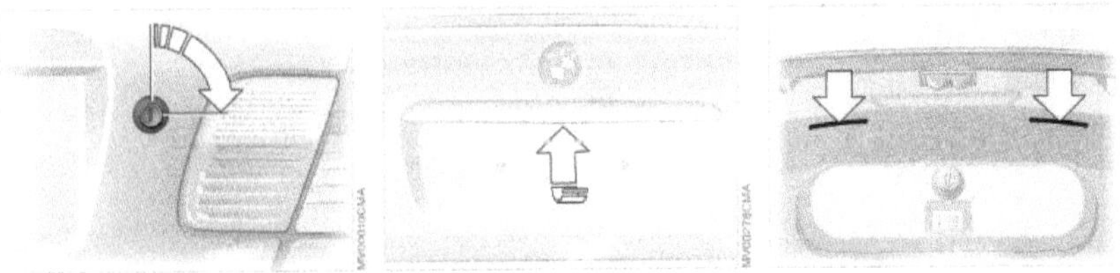

Abb. 47: Text-Bild-Funktion: instruktiv, B1, 34

Deskriptiv-instruktive Text-Bild-Kombinationen werden ebenfalls zur Unterstützung von Handlungsanweisungen genutzt (Abb. 48). Hier werden Bedienelemente in der Abbildung erklärt bzw. beschrieben, im darauffolgenden Textteil wird der Benutzer zur Handlung aufgefordert:

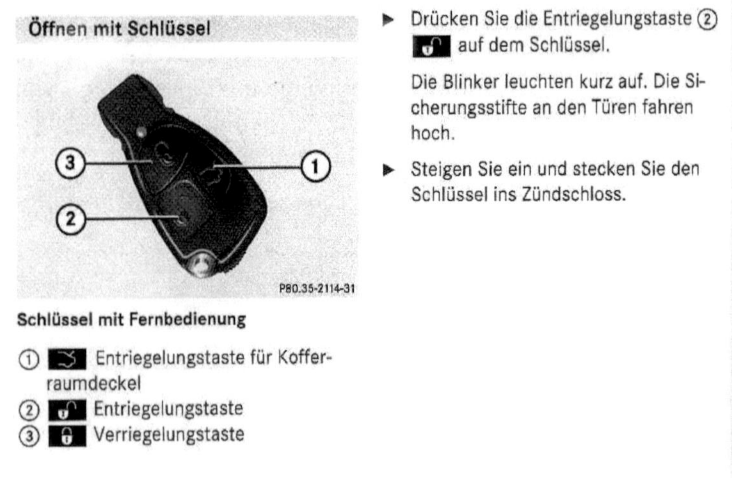

Öffnen mit Schlüssel

P80.35-2114-31

Schlüssel mit Fernbedienung

① Entriegelungstaste für Kofferraumdeckel
② Entriegelungstaste
③ Verriegelungstaste

▶ Drücken Sie die Entriegelungstaste ② auf dem Schlüssel.

Die Blinker leuchten kurz auf. Die Sicherungsstifte an den Türen fahren hoch.

▶ Steigen Sie ein und stecken Sie den Schlüssel ins Zündschloss.

Abb. 48: Text-Bild-Funktion: deskriptiv-instruktiv, B2, 26

Deskriptive Abbildungen kommen zu 23,7 % (B1) bzw. 28,1 % (B2) vor (Abb. 49). Die Abb. 49 beschreibt lediglich Bedienelemente der Mittelkonsole und ihre Funktion, Handlungsvorgänge werden nicht abgebildet:

▼ **Mittelkonsole**

Oben

	Funktion	Seite
①	Heckscheibenrollo* aus-/einfahren	154
②	PARKTRONIC* aus-/einschalten	206
③	ADS oder ABC* einstellen	201 203
④	Fahrzeugniveau einstellen	201 204
⑤	Fahrzeug zentral verriegeln	87
⑥	Warnblinkanlage ein-/ausschalten	105
⑦	Fahrzeug zentral entriegeln	87

	Funktion	Seite
⑧	ESP aus-/einschalten	66
⑨	Fond-Kopfstützen einstellen	98
⑩	Abschleppschutz* aus-/einschalten	70 69
⑪	Innenraumschutz* aus-/einschalten	72 72
⑫	COMAND-System bedienen, siehe eigene Betriebsanleitung	
⑬	Klimatisierungs-Automatik	156
⑭	Aschenbecher	224

Abb. 49: Text-Bild-Funktion: deskriptiv, B2, 21

Überwiegend werbend wirken nur die insgesamt 14-mal vorkommenden Abbildungen auf dem Deckblatt und zur Einleitung der einzelnen Kapitel; entsprechend gering ist der Anteil am gesamten Aufkommen an Text-Bild-Kombinationen (B1: 4,6 %; B2: 2,8 %). Bei diesen Abbildungen handelt es sich um bildgesteuerte Text-Bild-Kombinationen, d.h., die Information wird hauptsächlich aus dem Bild entnommen (Abb. 50):

Abb. 50: Text-Bild-Funktion: kontaktiv, B1, Deckblatt

Zusätzlich zu den bildgesteuerten Text-Bild-Kombinationen gibt es Überblickszeichnungen, die den Leser mit einzelnen Bedienelementen vertraut machen (Abb. 51, 52). Dabei wird eine Referenzbildung in allen Fällen über die Darstellungsform „Linie und Nummer“ erzeugt. Die Nummer mit entsprechender Erklärung steht daneben oder wird in einer Tabelle aufgelistet (Abb. 52). Jedes Bedienelement wird einer entsprechenden Seitenzahl im Textkorpus zugeordnet, sodass die Überblicksdarstellungen als ein Auszug des Inhaltsverzeichnisses gelten und makrostrukturell aus Text-Bild-Kombinationen bestehen:

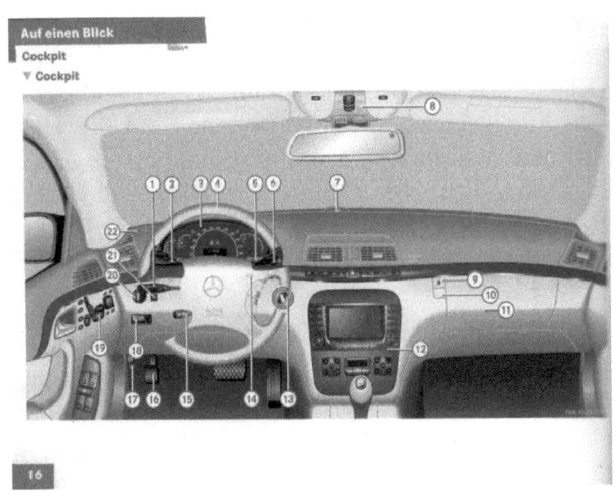

Abb. 51: Überblickszeichnung, B2, 16

Auf einen Blick
Cockpit

	Funktion	Seite
①	Kombischalter	
	• Blinken	40
	• Scheibenwischer	40
	• Fernlicht/Lichthupe	105
②	TEMPOMAT-Hebel	
	• TEMPOMAT	181
	• DISTRONIC*	185
	• SPEEDTRONIC	195
③	Kombi-Instrument	18 108
④	Multifunktions-Lenkrad	20 112

	Funktion	Seite
⑤	Ganganzeige, Schalt-programm Uhr	147 130
⑥	Hebel für LINGUATRONIC*, siehe eigene Betriebsanleitung	
⑦	PARKTRONIC*-Anzeige für rechten Frontbereich	206
⑧	Dach-Bedieneinheit	23
⑨	Handschuhfach verriegeln	215
⑩	Handschuhfach öffnen	215
⑪	Handschuhfach	215

	Funktion	Seite
⑫	Mittelkonsole oben/ unten	21 22
⑬	Zündschloss	27
⑭	Hupe	
⑮	Lenkrad einstellen	31
⑯	Parkbremse	42
⑰	Motorhaube öffnen	245
⑱	Parkbremse lösen	38
⑲	Tür-Bedieneinheit	24
⑳	Lichtschalter	39 103
㉑	Scheinwerfer reinigen	151
㉒	PARKTRONIC*-Anzeige für linken Frontbereich	206

17

Abb. 52: Überblickszeichnung (Fortsetzung), B2, 17

Je mehr Zusatzfunktionen in Form von Tasten ein Automodell aufweist, umso mehr steigt auch die Anzahl unterschiedlicher Display- und Tastensymbole am Auto. Entsprechend werden die Tastensymbole in Form einer Text-Bild-Kombination erläutert. Dazu werden nicht nur die Tasten benannt, sondern auch abgebildet. So kommen in B1 insgesamt 86 Display- und Tastensymbole vor, in B2 sogar 488 aufgrund erweiterter Funktionalität der S-Klasse und häufiger Einbettung von Symbolen in Sätze. Tab. 2 zeigt den Anteil unterschiedlicher Symbole für die Themengebiete „Kontroll- und Warnleuchten", „Multifunktionslenkrad", „Klimatisierung" und „Öffnen/Schließen". In B1 überwiegen die Kontroll- und Warnleuchten mit einem Anteil von 51 %, in B2 die Multifunktionstasten am Lenkrad mit 48 %:

Tab. 2: Verteilung der Arten von Display- und Tastensymbole am Auto in B1 und B2

	Kontroll- u. Warnleuchten	Lenkrad	Klimatisierung	Öffnen u. Schließen	Sonstige
B1	51 %	16 %	20 %	10 %	3 %
B2	18 %	48 %	13 %	13 %	8 %

Die statistischen Ergebnisse zur Untersuchung der Anordnung von Display- und Tastensymbole sind in Abb. 53 erfasst:

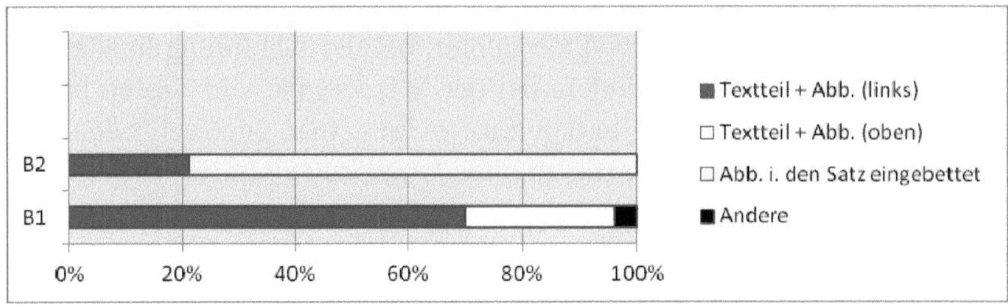

Abb. 53: Anordnung der Text-Bild-Kombinationen (Symbole) in B1 und B2

In B2 kommt es zur verstärkten Nutzung der Anordnung „Abbildung/ Symbol in den Satz eingebettet“ (79 %) (Abb. 54, 55):

Das Fernlicht-Symbol leuchtet im Kombi-Instrument.

Abb. 54: Die Anordnungsvariante „Abbildung/Symbol in den Satz eingebettet“ (Abbildung als Apposition), B2, 40

Drücken Sie auf dem Schalter ① auf + oder –.

Abb. 55: Die Anordnungsvariante „Abbildung/Symbol in den Satz eingebettet“ (Abbildung [+] bzw. [–] als Satzglied), B2, 89

Funktion	Seite
① **Anzeige für Kühlmitteltemperatur**	
② **Anzeige für Tankinhalt**	
③ Blinker-Kontrollleuchten	
④ **Tachometer mit**	
ESP-Warnleuchte	292
Abstands*-Warnleuchte[1]	293
⑤ **Drehzahlmesser**	
⑥ **rechtes Display mit**	
Dieselmotor: Vorglüh-Kontrollleuchte	37
ABS-Kontrollleuchte	293
Fernlicht-Kontrollleuchte	105
Sicherheitsgurt-Warnleuchte	297

Funktion	Seite
⑦ **Rückstellknopf**	
⑧ **Display mit**	
Fahrprogramm	147
Ganganzeige	145
Uhr	130
⑨ **Multifunktions-Display mit**	
Tageskilometerzähler	111
Kilometerzähler	111
Gespeicherte Geschwindigkeit für	
• TEMPOMAT bzw. DISTRONIC*	181 185
• SPEEDTRONIC	195

Funktion	Seite
⑩ **Außentemperatur**	110
⑪ **linkes Display mit**	
Reifendruck-Warnleuchte*	297
Motor-Diagnose-Warnleuchte	296
Bremsen-Warnleuchte	295
Rückhalte-Systeme-Kontrollleuchte	294
⑫ **Instrumentenbeleuchtung regulieren**	108

[1] Bei Fahrzeugen ohne DISTRONIC* leuchtet das Symbol kurz auf, hat aber keine Funktion.

Abb. 56: Die Anordnungsvariante „Textteil und Abbildung/Symbol (links)“, B2, 19

In Abb. 54 finden sich die Bezeichnung des Fernlicht-Symbols und die dazugehörige Abbildung, es handelt es sich bei der Abbildung um ein Satzgliedteil (Apposition). In Abb. 55 wird auf eine zusätzliche Bezeichnung des Symbols [+] bzw. [–] verzichtet, bei der Abbildung handelt es sich um ein Satzglied. Besonders bei der Wiedergabe von Tasten bietet sich eine direkte Einbettung in den Satz an, um einen engen, für den Leser gut nachvollziehbaren Bezug zueinander aufzuweisen.

Die Anordnungsform „Textteil und Abbildung/Symbol (links)“ wird in B1 als Hauptvariante (70 %) gewählt, in B2 fallen auf diese Anordnung 21 % der Tasten- und Displaysymbole (Abb. 56). Dabei stehen die Symbole links, der dazugehörige Textteil rechts daneben.

Die Variante „Textteil und Abbildung/Symbol (oben)“ wird nur in B1 eingesetzt (26 %) (Abb. 57):

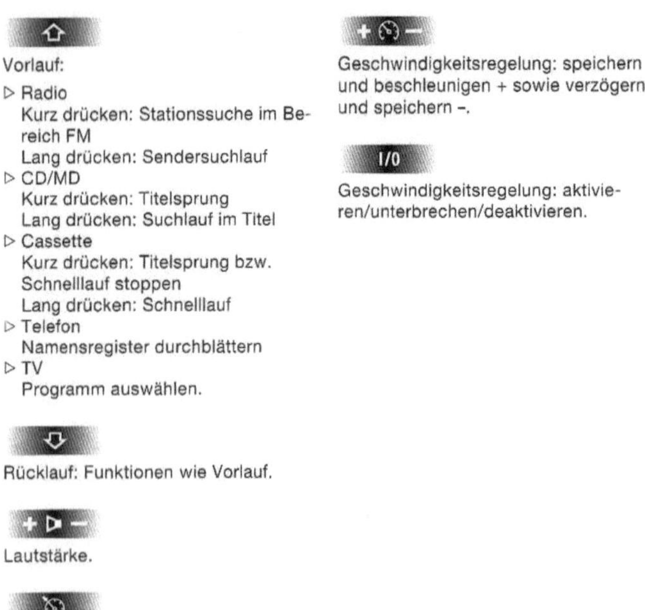

Abb. 57: Die Anordnungsform „Textteil und Abbildung/Symbol (oben)“, B1, 19

Tabelleninformation. Die Betriebsanleitungen sind mit zusätzlichen Makrostrukturen wie den Tabelleninformationen verbunden. In beiden Betriebsanleitungen besteht das Kapitel „Technische Daten“ neben anderen Textteilen überwiegend aus der Makrostruktur „Tabelleninformation“ (Abb. 58):

Fahrzeugabmessungen

Kurzer Radstand

	S 280[1]	S 320 CDI	S 350	S400 CDI	S 430	S 500	S 55 AMG
Fahrzeuglänge	5043 mm	5043 mm	5043 mm	5043 mm	5043 mm	5043 mm	5043 mm
Fahrzeugbreite	1855 mm	1855 mm	1855 mm	1855 mm	1855 mm	1855 mm	1855 mm
Fahrzeughöhe	1444 mm	1444 mm	1444 mm	1444 mm	1444 mm	1444 mm	1444 mm
Fahrzeughöhe mit 4MATIC	—	—	1449 mm	—	1449 mm	1449 mm	—
Radstand	2965 mm	2965 mm	2965 mm	2965 mm	2965 mm	2965 mm	2965 mm

1) Nur für bestimmte Länder

Langer Radstand

	S 280[1]	S 320 CDI	S 350	S 400 CDI	S 430	S 500	S 600	S 55 AMG
Fahrzeuglänge	5163 mm	5163 mm	5163 mm	5163 mm	5163 mm	5163 mm	5163 mm	5163 mm
Fahrzeugbreite	1855 mm	1855 mm	1855 mm	1855 mm	1855 mm	1855 mm	1855 mm	1855 mm
Fahrzeughöhe	1444 mm	1444 mm	1444 mm	1444 mm	1444 mm	1444 mm	1444 mm	1444 mm
Fahrzeughöhe mit 4MATIC	—	—	1449 mm	—	1449 mm	1449 mm	—	—
Radstand	3085 mm	3085 mm	3085 mm	3085 mm	3085 mm	3085 mm	3085 mm	3085 mm

1) Nur für bestimmte Länder

Abb. 58: Tabelleninformation im Kapitel „Technische Daten", B2, 391

Die Tabelleninformationen sind mehrspaltig und durch eine vertikale und horizontale Anordnung geprägt. In Abb. 58 werden in der Form von Nominalsätzen Fahrzeugabmessungen (Fahrzeuglänge, Fahrzeugbreite, Fahrzeughöhe, Fahrzeughöhe mit 4MATIC, Radstand) in der vertikalen Anordnung den Modellen der Mercedes-Benz S-Klasse in der horizontalen Anordnung zugeordnet. Tab. 3 zeigt weitere Anordnungsmöglichkeiten der Tabelleninformationen im Kapitel „Technische Daten" in beiden Textexemplaren:

Tab. 3: Anordnung der Tabelleninformationen in B1 und B2, Kapitel „Technische Daten"

	vertikal	horizontal
B1	Motordaten, Kraftstoffverbrach/Kohlendioxid/CO_2-Emission, Gewichte, Fahrleistungen, Füllmengen	Modelle der BMW 3er-Reihe
B2	Motor, Fahrleistungen, Reifen/Räder, Fahrzeugabmessungen, Fahrzeuggewichte, Anhängelasten, Betriebsstoffe/Füllmengen	Modelle der Mercedes S-Klasse

Angaben zum Reifenfülldruck werden in B1 nicht im Kapitel „Technische Daten", sondern im Kapitel „Überblick" gegeben (Abb. 59). Hierbei werden Modelle der BMW 3er-Reihe in der vertikalen Anordnung den Druckangaben der Reifen in der horizontalen Anordnung zugeordnet. Der dazugehörige Textteil unterhalb der Tabelle, bestehend aus drei einfachen Verbalsätzen und zwei einfachen Nominalsätzen, liefert zusätzliche Informationen zu den Angaben in der Tabelle:

24 **Reifenfülldruck**

BMW	Reifen Druckangaben in bar/kPa/psi	max.			
316i 318d	Alle Sommerreifen	1,9/190/28	2,2/220/32	2,2/220/32	2,7/270/39
	Alle Winterreifen	2,1/210/30	2,4/240/35	2,4/240/35	2,9/290/42
318i	Alle Sommerreifen	2,0/200/29	2,3/230/33	2,3/230/33	2,8/280/41
	Alle Winterreifen	2,2/220/32	2,5/250/36	2,5/250/36	3,0/300/44
320i	Alle Sommerreifen	2,1/210/30	2,5/250/36	2,5/250/36	3,0/300/44
	Alle Winterreifen	2,3/230/33	2,7/270/39	2,7/270/39	3,2/320/46
320d	Alle Sommerreifen ohne 205/50 R 17 extra load	2,0/200/29	2,4/240/35	2,4/240/35	2,9/290/42
	Alle Winterreifen und der Sommerreifen 205/50 R 17 extra load	2,2/220/32	2,6/260/38	2,6/260/38	3,1/310/45
325i 325xi	Alle Sommerreifen ohne 205/50 R 17 extra load	2,2/220/32	2,6/260/38	2,6/260/38	3,1/310/45
	Alle Winterreifen und der Sommerreifen 205/50 R 17 extra load	2,4/240/35	2,8/280/41	2,8/280/41	3,3/330/48

Bei Ganzjahresreifen gilt der Reifenfülldruck für Sommerreifen.
BMW 316i, 318d: Bei Einsatz von Reifen 205/50 R 17 extra load muss der Fülldruck bei Sommer- und Winterreifen um 0,2 bar/20 kPa/3 psi erhöht werden.
BMW 325i, 325xi: Bei der Bereifung 225/40 R 18 vorn muss der Fülldruck um 0,2 bar/20 kPa/3 psi erhöht werden.

Abb. 59: Tabelleninformation „Reifenfülldruck", B1, 24

In B2 gibt es im Kapitel „Auf einen Blick" Tabelleninformationen, die dreispaltig strukturiert sind und Angaben in den Überblickszeichnungen ergänzen (Abb. 60):

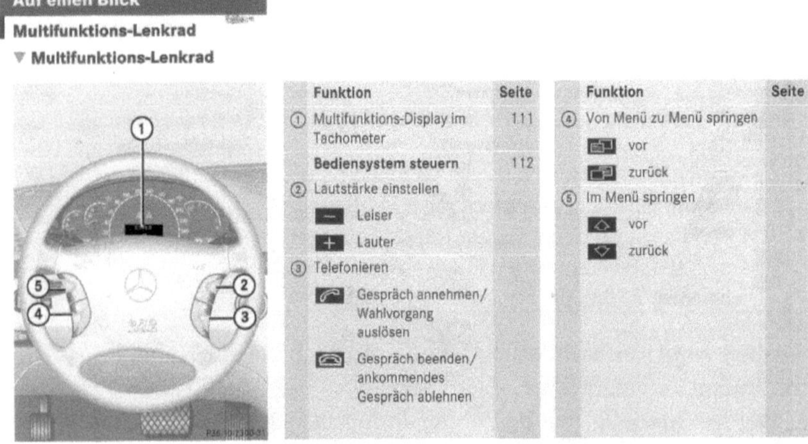

Auf einen Blick

Multifunktions-Lenkrad

Multifunktions-Lenkrad

Funktion	Seite
① Multifunktions-Display im Tachometer	111
Bediensystem steuern	112
② Lautstärke einstellen	
Leiser	
Lauter	
③ Telefonieren	
Gespräch annehmen/ Wahlvorgang auslösen	
Gespräch beenden/ ankommendes Gespräch ablehnen	

Funktion	Seite
④ Von Menü zu Menü springen	
vor	
zurück	
⑤ Im Menü springen	
vor	
zurück	

Abb. 60: Tabelleninformation zur Überblickszeichnung, B2, 20

In der ersten Spalte stehen die Nummern in den Abbildungen; diesen Nummern, die auf entsprechende Bedienelemente verweisen, sind bestimmten Funktionen in der zweiten Spalte und Seitenangaben im folgenden Textteil in der dritten Spalte zugeordnet. Innerhalb der zweiten Spalte können wiederum Text-Bild-Kombinationen mit der Variante „Textteil und Abbildung/Symbol (links)“ enthalten sein.

In B2 werden im Kapitel „Bedienen im Detail“ Tabelleninformationen, die in der Regel nur zweispaltig strukturiert sind, integriert. Sie weisen u.a. die folgende Anordnungsmöglichkeit auf (Abb. 61):

Funktion	Seite
Radiosender wählen	117
CD-Spieler bedienen	118
DVD-Spieler bedienen	118
MP3-CD-Spieler bedienen	119
Kassettenlaufwerk bedienen	119
TV-System* bedienen	119
Statusanzeige für AUX-Eingang*	120

Abb. 61: Anordnungsmöglichkeit „Funktion – Seite“, B2, 117

4.1.3 Syntax

Bei der syntaktischen Analyse werden die Überschriften und die Absätze getrennt untersucht. Da die Überschriften die Funktion besitzen, auf die Unterkapitel verschiedenen Grades zu verweisen, wird davon ausgegangen, dass sie syntaktisch anders realisiert werden als die Absätze. Innerhalb der syntaktischen Analyse der Überschriften werden die Überschriftenformen, die im Inhaltsverzeichnis aufgegriffen werden, getrennt von solchen untersucht, die nicht im Inhaltsverzeichnis vorkommen.[120]

4.1.3.1 Syntax der Überschriften

In B1 sind ohne Einbeziehung der Initiatoren- und Terminatorenbündel insgesamt 423, in B2 insgesamt 981 Überschriften vorhanden. Die Tab. 4 bietet einen Überblick über die Gesamtzahl der Überschriften in den Betriebsanleitungen:

Tab. 4: Anzahl der Überschriften pro Seite in B1 und B2

	B1	B2
Seitenanzahl ohne Stichwort- und Fachwortverzeichnis	162	410
Überschriften	423	981
Überschriften/Seite	2,5	2,4

120 Zur weiteren Erläuterung der Funktionalität der Überschriften siehe Kapitel 4.1.1.

B2 fällt durch eine hohe Anzahl von Überschriften auf. Dies lässt sich durch die große Textmenge erklären. Betrachtet man die Verteilung der Überschriften pro Seite, relativieren sich die hohen Werte wieder. Im Durchschnitt gibt es in B1 2,5 Überschriften pro Seite; in B2 fallen durchschnittlich 2,4 Überschriften auf eine Seite. Überschriften, die im Inhaltsverzeichnis aufgenommen werden, setzen sich aus isoliert gebrauchten einfachen Nominalsätzen (1-18), einfachen (19-21) und komplexen Verbalsätzen (22-23) sowie isoliert gebrauchten Nebensätzen (24) zusammen:

1. Airbags (B1, 50)
2. Oben (B2, 21)
3. Parken und Schließen (B2, 42)
4. Technische Veränderungen (B1, 130)
5. Automatische Verriegelung (B2, 86)
6. Sitzeinstellung mechanisch (B1, 42)
7. Anti-Blockier-System ABS (B1, 115)
8. Active-Body-Control (ABC) (B2, 203)
9. Zu Ihrer eigenen Sicherheit (B1, 5)
10. Die ersten 1500 km (B2, 242)
11. Automatic-Getriebe mit Steptronic (B1, 61)
12. Anhänger mit 7-poligem Stecker (B2, 266)
13. Konzept dieser Anleitung (B2, 9)
14. Öffnen und Schließen – über die Fernbedienung (B1, 29)
15. Abstellen mit KEYLESS-GO (B2, 43)
16. Menü AUDIO (B2, 117)
17. Menü DISTRONIC (B2, 123)
18. Kinder im Fahrzeug (B2, 52)
19. Motor anlassen (B1, 54)
20. Luftverteilung einstellen (B2, 160)
21. Wo finde ich was? (B2, 338)
22. Scheiben öffnen und schließen (B2, 178)
23. Was tun, wenn... (B2, 276)
24. Was Sie beachten sollten (B2, 255)

Eingliedrige Nominalsätze ohne Attribuierung zeigen die Beispiele 1-3. In 1 besteht der einfache Nominalsatz aus einem Satzglied mit einem substantivischen Nukleus; in 2 aus einem adverbiellen Nukleus. In 3 handelt es sich um einen eingliedrigen Nominalsatz mit zwei gereihten Nuklei, wobei die Nuklei Konversionen von Infinitiven sind. Eingliedrige Nominalsätze mit Attribuierung finden sich in den Beispielen 4-13. Die Nominalsätze verweisen dabei auf Themengebiete der Betriebsanleitungen wie „Technik“ (4), „Sicherheit“ (9), „Erste Fahrt“ (10) und „Einführung“ (13) sowie spezifische Autoteile und -funktionen am Fahrzeug (5, 6, 7, 8, 11, 12). Als Attribuierungstypen sind die pränuklearen (4-5) und postnuklearen (6) Adjektivattribute, die Appositionen (7-8), die pränuklearen Pronominalattribute (9-10), die postnuklearen Präpositionalattribute (11-12) sowie die postnuklearen Genitivattribute (13) zum Nukleus hinzugefügt.

Ferner sind zweigliedrige Nominalsätze (14-18) vorhanden. Die Beispiele 14 und 15 erhalten die kommunikative Funktion, jeweils Aktionen „Öffnen und Schließen“ bzw. „Abstellen“ mit der Art und Weise der Ausführung „über die Fernbedienung“ bzw. „mit KEYLESS-GO“ zu verbinden. In 16 und 17 wird eine schrittweise Vorgehensweise erläutert, d.h., um die Funktionen „AUDIO“ bzw. „DISTRONIC“ zu aktivieren, muss der Fahrer im ersten Schritt die Menüauswahl öffnen, im zweiten Schritt blättert er zu den Funktionen. Das jeweils erste Satzglied „Menü“ verweist auf die Auswahlmöglichkeit, das zweite Satzglied auf die dazugehörige Funktion „AUDIO“ bzw. „DISTRONIC“. In 18 benennen die Satzglieder „Kinder“ die Akteure und „im Fahrzeug“ den Ortsbezug.

In 19, 20 und 21 werden die Überschriften aus isoliert gebrauchten einfachen Verbalsätzen gebildet. Komplexe Verbalsätze sind in 22 und 23 nachweisbar. In 22 handelt es sich um eine Parataxe aus zwei Teilsätzen, wobei im zweiten Teilsatz das Akkusativobjekt „Scheiben“ aufgrund von Vorerwähntheit elliptisch ausgelassen wird. Die Hypotaxe in 23 ist eine Aposiopese, d.h., der Satz wird abgebrochen, bevor er beendet wird. In diesem Fall wird der Nebensatz unmittelbar nach der Konjunktion unterbrochen. Selbständig gebrauchte einfache Nebensätze sind nur in B2 nachweisbar. Sie werden mit einem Relativpronomen eingeleitet (24).

Alle Überschriften in beiden Textexemplaren sind bis auf eine Ausnahme Aussagesätze. Dies gilt auch für die Überschriften mit isoliert gebrauchten einfachen Nominalsätzen und isoliert gebrauchten einfachen und komplexen Verbalsätzen in Infinitivform. Auf diese Überschriften folgt ein „Erklärungsteil“, in dem die einzelnen Bedienschritte näher erläutert werden. Allerdings existiert bei diesen Verbalsätzen neben der primären Aussagefunktion zusätzlich eine sekundäre Aufforderungsfunktion (19, 20, 22). In B2 wird eine Ergänzungsfrage gestellt (21).

In Abb. 62 sind die statistischen Ergebnisse der Untersuchung der Satztypen zusammengefasst.

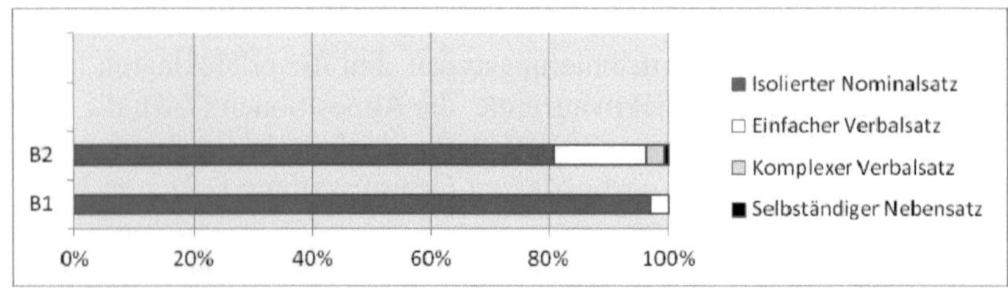

Abb. 62: Satztypen in den Überschriften in B1 und B2

Für fast alle Überschriften, die im Inhaltsverzeichnis aufgegriffen werden, ist die Verwendung der isoliert gebrauchten einfachen Nominalsätze kennzeichnend. Im Durchschnitt werden sie in B2 mit einem Anteil von 80,6 % und in B1 bis zu 96,9 % eingesetzt. Deutlich geringer ist der Einsatz von isoliert gebrauchten einfachen Verbalsätzen. Insgesamt werden in B1 nur 3 %, in B2 15,6 % aus isoliert gebrauchten einfachen Verbalsätzen gebildet. Komplexe Verbalsätze sind nur in B2 vorhanden. Bei den komplexen Verbalsätzen werden insgesamt acht Parataxen und eine Hypotaxe ermittelt. Mit einem verschwindend geringen Anteil von 0,8 % kommen selbständig gebrauchte Nebensatzkonstruktionen in B2 vor.

In Abb. 63 und Tab. 5 ist die Verteilung der Nominalsatztypen sowie der Attribuierungstypen zu sehen.

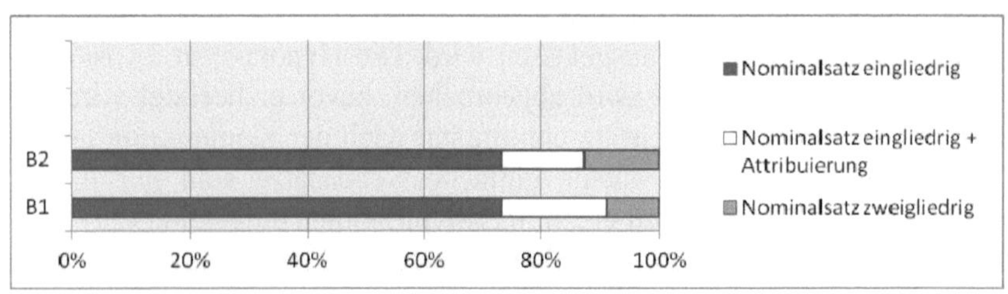

Abb. 63: Nominalsatztypen in den Überschriften in B1 und B2

Tab. 5: Attribute in den Nominalsatztypen (eingliedrig) in B1 und B2

	Adjektiv	Präpositional	Pronominal	Genitiv	Apposition
B1	41,4 %	13,8 %	20,7 %	–	24,1 %
B2	62,2 %	16,2 %	5,4 %	2,7%	13,5 %

Isoliert gebrauchte Nominalsätze werden fast ausschließlich eingliedrig ohne Attribuierung (B1: 73,2 %; B2: 73,1 %) gebildet. Mit einem deutlich geringeren Anteil kommen zweigliedrige Nominalsätze (B1: 8,9 %; B2: 12,7 %) vor. Dreigliedrige Nominalsätze sind nicht zu belegen. Eingliedrige Nominalsätze mit Attribuierung sind mit einem Anteil von

17,9 % (B1) bzw. 14,2 % (B2) vorhanden. Bei den Attribuierungstypen tauchen Adjektivattribute mit dem größten Anteil von 41,4 % (B1) bzw. 62,2 % (B2) auf. Danach folgen in B1 die Appositionen (24,1 %), die pränuklearen Pronominalattribute (20,7 %) sowie die postnuklearen Präpositionalattribute (13,8 %). In B2 folgen in der Häufigkeit nach den Adjektivattributen die postnuklearen Präpositionalattribute (16,2 %) sowie die Appositionen (13,5 %). Mit einem deutlich geringeren Anteil finden sich die pränuklearen Pronominalattribute (5,4 %) und postnuklearen Genitivattribute (2,7 %).

Für Überschriften, die nicht im Inhaltsverzeichnis vorkommen, lassen sich folgende Formen belegen:

25. Dieselmotor (B1, 22, 8)
26. Komfortöffnen (B1, 30, 20)
27. Entriegeln und Öffnen (B1, 33, 11)
28. Einfach und umweltfreundlich (B1, 21, 1)
29. BMW 325xi, 330xi, 330xd: Abschleppen mit einer angehobenen Achse (B1, 147, 76-78)
30. Automatische Kindersitz-Erkennung (B2, 57, 1)
31. Automatisch abblendende Spiegel (B2, 151, 19)
32. Innenspiegel, automatisch abblendend (B1, 49, 6-7)
33. Fahrzeuge mit Sitzbelüftung (B2, 93, 17)
34. Das Schlüsselset (B1, 28, 1)
35. Anzeigen der Kontrollleuchte (B1, 36, 42)
36. Seitenbacken der Lehne (B2, 89, 20)
37. Kinderbefestigung ISOFIX (B1, 52, 1)
38. Sequenzielles manuelles Getriebe SMG (B1, 55, 55-56)
39. Massage-Funktion (PULSE) (B2, 89, 25)
40. Ausbauen – vorn (B1, 44, 13)
41. Lenkung verriegelt (B1, 54, 7)
42. Starten mit KEYLESS-GO (B2, 37, 20)
43. Menü DISTRONIC im Bediensystem (B2, 187, 21)
44. System aktivieren (B1, 66, 7)
45. So legen Sie den Gurt richtig an: (B2, 1)
46. Fenster öffnen und schließen (B1, 37, 44)
47. ESP aus-/einschalten (B2, 66, 28)
48. Geschwindigkeit halten und speichern und beschleunigen (B1, 66, 30-31)
49. Technik, die sich selbst kontrolliert (B1, 16, 1-2)
50. Wie es funktioniert (B1, 53, 1)
51. Was alles möglich ist (B1, 53, 28)
52. Was Sie beachten sollten (B2, 78, 15)

Eingliedrige Nominalsätze ohne Attribuierung in den Beispielen 25 und 26 bestehen aus einem Satzglied mit einem substantivischen Nukleus. In

27 sind zwei substantivische Nuklei in einem Satzglied gereiht; in 28 sind es zwei adjektivische Nuklei. In 29 handelt es sich um einen Gesamtsatz aus zwei Nominalsätzen, wobei der erste Nominalsatz eingliedrig ist und auf den Aktionsgegenstand „BMW 325xi, 330xi, 330xd" verweist; der zweite Nominalsatz ist zweigliedrig – die Satzglieder fungieren als Aktion „Abschleppen" und Art und Weise der Ausführung „mit einer angehobenen Achse". Eingliedrige Nominalsätze mit Attribuierung finden sich in den Beispielen 30-39. Die Nominalsätze verweisen dabei auf Autofunktionen (30, 33, 37, 39) oder Autoteile (31, 32, 34, 35, 36, 38) am Fahrzeug. Als Attribuierungstypen lassen sich die pränuklearen (30, 31) und postnuklearen Adjektivattribute (32), die postnuklearen Präpositionalattribute (33), die pränuklearen Pronominalattribute (34), die postnuklearen Genitivattribute (35, 36) sowie Appositionen (37, 38, 39) nachweisen.

Weiter treten zweigliedrige (40-42) und dreigliedrige Nominalsätze (43) in den Textexemplaren auf. In 40 handelt es sich beim ersten Satzglied um eine Aktion „Ausbauen", durch das zweite Satzglied wird die Aktionsrichtung „vorn" erfasst. In 41 sind der Aktionsgegenstand „Lenkung" und das resultierende Ergebnis „verriegelt" aufeinander bezogen. Im Beispiel 42 erhalten die Satzglieder die Funktionen Aktion „Starten" und Art und Weise der Ausführung „mit KEYLESS-GO". Der dreigliedrige Nominalsatz in 43 verweist auf die Auswahloption „Menü", die Funktion „DISTRONIC" und den Ortsbezug „im Bediensystem".

Bei den Verbalsätzen handelt es sich um einfache (44, 45) und komplexe Verbalsätze aus zwei (46, 47) und drei Teilsätzen (48) sowie um selbständig gebrauchte einfache Nebensätze (50-52). Bei den komplexen Verbalsätzen handelt es sich um Parataxen, wobei im zweiten (46) bzw. zweiten und dritten Teilsatz (47) das Akkusativobjekt „ESP" bzw. „Geschwindigkeit" aufgrund von Vorerwähntheit elliptisch ausgelassen wird. In 49 besteht der Gesamtsatz aus einem nominalen Hauptsatz und verbalen Nebensatz (Attributsatz).

Alle Sätze sind Aussagesätze, wobei auch hier gilt, dass bei den isoliert gebrauchten einfachen und komplexen Verbalsätzen in Infinitivform neben der primären Aussagefunktion zusätzlich eine sekundäre Aufforderungsfunktion existiert (44, 46, 47, 48).

Die statistischen Auswertungen zur Untersuchung der Satztypen und Nominal- und Attribuierungstypen finden sich in den Tab. 6, 7 und 8.

Tab. 6: Satztypen in den Überschriften in B1 und B2

	Isolierter NoS	Einfacher VS	Komplexer VS	NoS-/Ve.	Is. NS
B1	79,4 %	15,2 %	3 %	1,4 %	1 %
B2	68,5 %	30,5 %	0,8 %	–	0,1 %

Tab. 7: Nominalsatztypen in den Überschriften in B1 und B2

	NoS eingl.	NoS eingl. mit Attribuierung	NoS zweigliedrig	NoS dreigliedrig	NoS-/ NoS
B1	61,3 %	28,1 %	10,2 %	–	0,4 %
B2	60 %	31,3 %	8,5 %	0,2 %	–

Tab. 8: Attribute in den Nominalsatztypen (eingliedrig) in B1 und B2

	Adjektiv	Präpositional	Apposition	Pronominal	Genitiv
B1	36,5 %	14,9 %	17,6 %	25,7 %	5,4 %
B2	84 %	10,3 %	0,6 %	1,9 %	3,2 %

Insgesamt ist auch hier die deutliche Dominanz der isoliert gebrauchten einfachen Nominalsätze mit einem Gesamtanteil von 79,4 % (B1) bzw. 68,5 % (B2) zu erkennen. Deutlich geringer kommen einfache Verbalsätze (B1: 15,2 %; B2: 30,5 %) vor. Verschwindend gering ist der Anteil an komplexen Verbalsätzen (B1: 3 %; B2: 0,8 %) sowie selbständig gebrauchten Nebensätzen (B1: 1 %; B2: 0,1 %). In vier Fällen finden sich in B1 Nominal-/Verbalsatzkombinationen.

In den Textexemplaren dominieren die eingliedrigen Nominalsätze ohne Attribuierung (B1: 61,3 %; B2: 60 %). Eingliedrige Nominalsätze mit Attribuierung finden sich mit einem deutlich geringeren Anteil von 28,1 % (B1) bzw. 31,3 % (B2). Weiter sind 10,2 % (B1) bzw. 8,3 % (B2) der Nominalsätze zweigliedrig. In einem Fall ist ein dreigliedriger Nominalsatz in B2 vorhanden. In B1 findet sich mit einem Beleg ein Gesamtsatz aus zwei Nominalsätzen.

Bei den eingliedrigen Nominalsätzen bilden unter allen Attributen in beiden Betriebsanleitungen die Adjektivattribute den größten Anteil (B1: 36,5 %; B2: 84 %). Die postnuklearen Präpositionalattribute sind mit einem Anteil von 14,9 % (B1) bzw. 10,3 % (B2) vorhanden. Pränukleare Pronominalattribute sind in B1 (25,7 %) öfter vorzufinden als in B2 (1,9 %). Zu einem geringeren Prozentsatz (B1: 5,4 %; B2: 3,2 %) werden die Genitivattribute eingesetzt. In B1 tauchen Appositionen mit einem Anteil von 17,6 % auf, in B2 ist der Anteil verschwindend gering (0,6 %).

4.1.3.2 Syntax der Absätze

Den folgenden Analysen der Syntax werden in beiden Betriebsanleitungen Absatzstrukturen der Kapitel „Bedienen im Detail“ bzw. „Bedienung im Detail“ ohne Tabellen und Überschriften zugrunde gelegt. Insgesamt werden in B1 1.037 und in B2 2.092 Sätze untersucht. Im Mittel gibt es in B1 12,5 und in B2 12,7 Sätze pro Seite. Die Tab. 9 zeigt die statistische Auswertung.

Tab. 9: Anzahl der Sätze pro Seite in B1 und B2

	B1	B2
Seitenanzahl Kapitel „Bedienen/Bedienung im Detail“	83	165
Anzahl der Sätze	1.037	2.092
Sätze/Seite	12,5	12,7

Die Betriebsanleitungen werden durch eine spezifische Auswahl an syntaktischen Strukturen charakterisiert. Bei der syntaktischen Analyse der Sätze im Textkorpus ist festzustellen, dass Regelungen der Interpunktion in einigen Fällen uneinheitlich sind. Zur Unterscheidung der Satztypen und Satzarten sind primär semantische Bezüge sowie das Layout entscheidend. Hervorhebungen von einem Satzglied (1), Teilsatz (2, 3) bzw. zwei Teilsätzen (4) werden durch besondere Mittel der Interpunktion markiert:

1. Höhe einstellen: durch Ziehen oder Drücken. (B1, 44, 2-3)
2. Sollten sich dennoch Startschwierigkeiten ergeben: ca. 20 Sekunden lang anlassen. (B1, 55, 33-35)
3. Direktes Ausschalten ist auch aus höheren Heizwirkungen möglich: Taste etwas länger drücken. (B1, 47, 31-33)
4. Um den Alarm zu beenden:
   [Abbildung]
   Taste drücken oder den Zündschlüssel in Stellung 1 drehen. (B1, 30, 6-8)

Im Beispiel 1 wird das Modaladverbiale „durch Ziehen oder Drücken“ mittels Doppelpunkt hervorgehoben. In 2 liegt eine Hypotaxe aus einem Konditionalsatz mit Verberststellung und einem Hauptsatz vor, wobei der Hauptsatz „ca. 20 Sekunden lang anlassen“ durch einen Doppelpunkt vom Nebensatz abgegrenzt ist. In der Parataxe in 3 wird ebenfalls der erste Teilsatz mit einem Doppelpunkt abgeschlossen. Eine parataktisch-hypotaktische Satzkombination tritt in 4 auf: Der Finalsatz wird durch einen Doppelpunkt von den beiden syndetisch gereihten Hauptsätzen „Taste drücken oder den Zündschlüssel in Stellung 1 drehen“ abgetrennt.

Weiter kommt es innerhalb der Absätze zu Aufzählungen von Nuklei eines Satzgliedteils (5), Satzglieds (6-9) sowie von Teilsätzen (10-14).

5. Auf einem Speicherplatz werden dabei folgende Einstellungen gespeichert:
   - Sitz- und Lehnenposition
   - Einstellungen Multikonturlehne
   - Lenkrad-Position
   - Innenspiegel-Position
   - Außenspiegel-Position (B2, 100, 13-19)
6. Entriegelt bzw. verriegelt werden gemeinsam
   - Türen
   - Heckklappe
   - Tankklappe. (B1, 28, 29-33)
7. Der Schlüssel ver- und entriegelt zentral:
   - die Türen
   - den Kofferraumdeckel
   - die Tankklappe (B2, 74, 24-27)
8. Wenn Sie die Auffindbeleuchtung einstellen, leuchten bei Dunkelheit nach dem Entriegeln mit der Fernbedienung
   - das Standlicht
   - das Schlusslicht
   - die Kennzeichenbeleuchtung
   - die Nebelscheinwerfer
   - die Umfeldbeleuchtung (B2, 134, 2-9)
9. Ist der KEYLESS-GO-Schlüssel gültig, entriegelt Ihr Fahrzeug
   - die Türen
   - den Kofferraumdeckel
   - die Tankklappe (B2, 77, 28-32)
10. Damit Sie den Motor mit KEYLESS-GO starten können
    - muss der KEYLESS-GO-Schlüssel im Fahrzeug sein
    - sollten alle Türen geschlossen sein (B2, 78, 30-34)
11. Sie aktivieren die Displays im Kombi-Instrument, wenn Sie:
    - eine Tür öffnen
    - die Zündung einschalten
    - auf den Rückstellknopf drücken
    - das Licht einschalten (B2, 108, 5-10)
12. Die DISTRONIC schaltet sich automatisch aus, wenn
    - Sie auf die Parkbremse treten
    - Sie langsamer als 30km/h fahren
    - ESP regelt oder Sie ESP ausschalten
    - Sie den Wählhebel während der Fahrt auf **N** stellen. (B2, 191, 32-39)

13. Das Fahrzeug kann sich unbeabsichtigt entriegeln, wenn der KEYLESS-GO-Schlüssel einen Meter entfernt ist und
    - der Türgriff von einem Wasserschwall getroffen wird
    - Sie den Türgriff säubern. (B2, 79, 35-40)
14. Wenn die entsprechende Funktion im Bediensystem aktiviert ist,
    - klappen die Außenspiegel automatisch ein, sobald Sie das Fahrzeug von außen verriegeln
    - klappen die Außenspiegel automatisch wieder aus, sobald Sie das Fahrzeug entriegeln und anschließend die Fahrer- oder die Beifahrertür öffnen. (B2, 152, 25-33)

Die Aufzählungen werden mit Zeilenumbruch, Einrückung und Aufzählungszeichen dargestellt und somit für den Leser optisch strukturiert. In B2 wird ferner am Ende des Gesamtsatzes kein Punkt gesetzt, hier wird die Interpunktion durch das Layout ersetzt. In 5 handelt es sich um einen einfachen Verbalsatz, in dem die Nuklei eines Satzgliedteils aufgezählt werden; sie fungieren als Attribute in Fernstellung zu „Einstellungen". Im Beispiel 6 werden drei gereihte Nuklei des Subjektes, in 7 drei gereihte Nuklei des Akkusativobjektes aufgezählt. Die Beispiele bilden zwei parataktisch syndetisch verbundene Hauptsätze. In 8 und 9 handelt es sich jeweils um eine hypotaktische Satzkombination, bestehend aus einem Konditionalsatz und einem Hauptsatz. In 8 liegt eine Reihung von fünf Nuklei des Subjektes des Hauptsatzes vor. In 9 werden die drei Nuklei des Akkusativobjektes im Hauptsatz aufgezählt. In den Beispielen 10, 11, 12, 13 und 14 werden Teilsätze gereiht und entsprechend hervorgehoben. Durch diese Gliederung der Teilsätze werden Handlungsschritte für den Leser stärker strukturiert. In 10 liegt eine parataktisch-hypotaktische Satzkombination aus einem Finalsatz und zwei parataktisch verbundenen Hauptsätzen vor, wobei die Hauptsätze mittels Aufzählungszeichen dargestellt werden. In 11 treten neben einem verbalen Hauptsatz vier weitere gereihte Konditionalsätze auf, die aufgezählt und entsprechend markiert sind. Fünf gereihte Konditionalsätze werden in 12 aufgezählt, es handelt sich insgesamt um eine parataktisch-hypotaktische Satzkombination aus sechs Teilsätzen. In 13 liegt eine parataktisch-hypotaktische Satzkombination aus vier Teilsätzen vor. Beim ersten Teilsatz handelt es sich um einen Hauptsatz, der mit drei weiteren Konditionalsätzen – sie bilden den zweiten, dritten und vierten Teilsatz des Gesamtsatzgefüges – verbunden ist, wobei der dritte und vierte Teilsatz mittels Aufzählungszeichen hervorgehoben werden. Im Beispiel 14 liegt ein Gesamtsatz aus einem Konditionalsatz (1. Teilsatz), zwei Hauptsätzen (2. und 4. Teilsatz) und drei Temporalsätzen (3., 5. und 6. Teilsatz) vor. Der erste Temporalsatz (3. Teilsatz des Gesamtsatzes) ist dem Verbum finitum des ersten Hauptsatzes (2. Teilsatz des Gesamtsatzes) und der zweite und dritte Temporalsatz (5. und 6. Teilsatz des Gesamtsatzes) sind dem Verbum finitum des zweiten Hauptsatzes (4. Teilsatz des Gesamtsatzes) untergeordnet. Die Haupt- und Temporalsätze werden durch Aufzählungszeichen markiert, wobei der erste Hauptsatz und der erste Temporalsatz sowie der zweite Hauptsatz und der zweite und dritte Temporalsatz in einer Zeile stehen, so dass für den Leser die syntaktische Struktur der einzelnen Teilsätze auch optisch markiert ist.

In einigen Fällen können innerhalb eines Gesamtsatzes sowohl Nuklei eines Satzglieds bzw. Satzgliedteils als auch Teilsätze zusammen aufgezählt und entsprechend markiert werden (15-16):

15. Dabei können Sie wählen:
    - 0 S, die Nachleuchtzeit ist ausgeschaltet,
    - 15 S, 30 S, 45 S oder 60 S, die Nachleuchtzeit ist eingeschaltet. (B2, 135, 13-17)

16. Folgende Einstellungen können Sie für die Einstiegshilfe festlegen:
    AUS die Einstiegshilfe ist ausgeschaltet
    LENKSÄULE
    nur die Lenksäule verstellt sich
    LENK. + SITZ
    Lenksäule und Sitz verstellen sich (B2, 141, 34-42)

Der Gesamtsatz in 15 setzt sich aus drei parataktisch gereihten Verbalsätzen zusammen. Einzeloptionen, die aus den Funktionen „0 S“, „15 S, 30 S, 45 S oder 60 S“ hervorgehen, und Beschreibungen von Zuständen „dic Nachleuchtzeit ist ausgeschaltet/die Nachleuchtzeit ist eingeschaltet“ werden mittels Aufzählungszeichen hervorgehoben. Dabei sind die Funktionen räumlich getrennte Nuklei des Akkusativobjekts im ersten Teilsatz; die dazugehörige Erklärung steht als Nachsatz unmittelbar nach den genannten Funktionen und ist durch Kommata von ihnen abgegrenzt. Beispiel 16 zeigt einen Gesamtsatz aus vier verbalen Teilsätzen. Der Nukleus des Akkusativobjekts des ersten Teilsatzes „Einstellung“ wird durch Attribute in Fernstellung „AUS“, „LENKSÄULE“, „LENK. + SITZ“ erweitert, die gereiht und mittels Zeilenumbruch markiert werden und auf Einstellungsmöglichkeiten verweisen. Die jeweilige Erklärung zu den einzelnen Einstellungsmöglichkeiten ist unmittelbar nach den Attributen als Nachsatz (2., 3. und 4. Teilsatz des Gesamtsatzes) eingefügt und durch Einrückung und Zeilenumbruch abgesetzt. Die Interpunktion ist hier durch das Layout ersetzt.

Für die Verteilung der Sätze auf die Satztypen des einfachen und komplexen Verbalsatzes, des isoliert gebrauchten einfachen Nominalsatzes und der Nominal-/Verbalsatzverbindungen werden in Abb. 64 die Ergebnisse dargestellt.

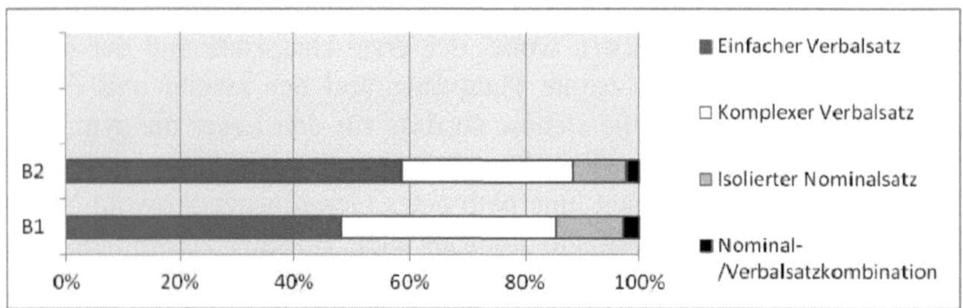

Abb. 64: Satztypen in den Sätzen des Textkorpus in B1 und B2

Dabei zeigt sich für beide Betriebsanleitungen ein Schwerpunkt der Satztypen bei den isoliert gebrauchten einfachen Verbalsätzen (B1: 48,3 %; B2: 58,5 %) und den komplexen Verbalsätzen (B1: 37,1 %; B2: 29,8 %). Der Gebrauch von isoliert gebrauchten einfachen Nominalsätzen ist für beide Betriebsanleitungen mit einem deutlich geringeren Anteil (B1: 11,7 %; B2: 9,4 %) festzustellen. Teilweise lässt sich eine Verwendung von isoliert gebrauchten einfachen Nominalsätzen in Verbindung mit einem Verbalsatz bzw. mehreren Verbalsätzen erkennen (B1: 2,9 %; B2: 2,2 %). Besonders Nominalsätze oder Nominal-/Verbalsatzverbindungen ermöglichen es, in sehr knapper Form Informationen zu vermitteln bzw. Anweisungen in einer komprimierten Form zu geben.

In den Absätzen der Kapitel „Bedienen im Detail/Bedienung im Detail" erscheinen ein- bis dreigliedrige Nominalsätze. Isoliert gebrauchte einfache Nominalsätze sind in knapp 3/4 aller Fälle eingliedrig (17, 18); es gibt weiterhin zwei- (19) und dreigliedrige (20) Nominalsätze. Ein Gesamtsatz aus zwei Nominalsätzen ist in den Beispielen 21 und 22 vorhanden. Die Nominalsätze werden hauptsächlich für die Benennung der Bedienelemente bzw. -schritte in den Abbildungen verwendet.

17. Kofferraumschalter (B2, 82, 26)
18. Entriegeln (B2, 87, 19)
19. Verriegeln des Fahrzeugs nach dem Losfahren (B1, 53, 60-61)
20. Reserve-Zentralschlüssel – zur sicheren Aufbewahrung, z.B. in der Geldbörse. (B1, 28, 17-19)
21. BMW 318d, 320d, 330d, 330xd: Vorglühen (B1, 54, 4-5)
22. Getränkehalter: Drücken (B1, 100, 22)

Ein eingliedriger Nominalsatz verweist häufig auf einen Aktionsgegenstand „Kofferraumschalter“ (17) oder eine Aktion „Entriegeln“ (18). In einem zweigliedrigen Nominalsatz wird eine Aktion „Verriegeln des Fahrzeugs“ mit dem Zeitpunkt „nach dem Losfahren“ verbunden (19). Dreigliedrige Nominalsätze (20) beschreiben die außersprachliche Realität, indem sie Relationen zwischen dem Aktionsgegenstand „Reserve-Zentralschlüssel“, dem Zweck „zur sicheren Aufbewahrung“ und dem Ortsbezug „in der Geldbörse“ herstellen. Beispiel 20 weist dabei besondere Mittel der Interpunktion – zum einen ein Gedankenstrich, zum anderen ein Komma – zur Hervorhebung der einzelnen Satzglieder auf. Bei den Beispielen in 21 und 22 handelt es sich um einen Gesamtsatz aus zwei nominalen eingliedrigen Teilsätzen, wobei jeweils der zweite Teilsatz immer mit einem Doppelpunkt angeschlossen wird. Der jeweils erste nominale Teilsatz markiert den Aktionsgegenstand „BMW 318d, 320d, 330d, 330xd“ bzw. „Getränkehalter“ und der zweite nominale Teilsatz gibt die Aktion „Vorglühen“ bzw. „Drücken“ an.

Bei den komplexen Verbalsätzen sind in B1 die Hypotaxen (44,2 %) und Parataxen (43,6 %) zu fast gleichen Anteilen vorhanden. In B2 überwiegen die Hypotaxen mit einem Anteil von 64,4%; Parataxen sind nur noch zu 20 % enthalten. Der Anteil der parataktisch-hypotaktischen Satzkombinationen am Gesamtanteil der Satzverbindungen ist mit 12,2 % (B1) bzw. 15,5 % (B2) deutlich geringer.

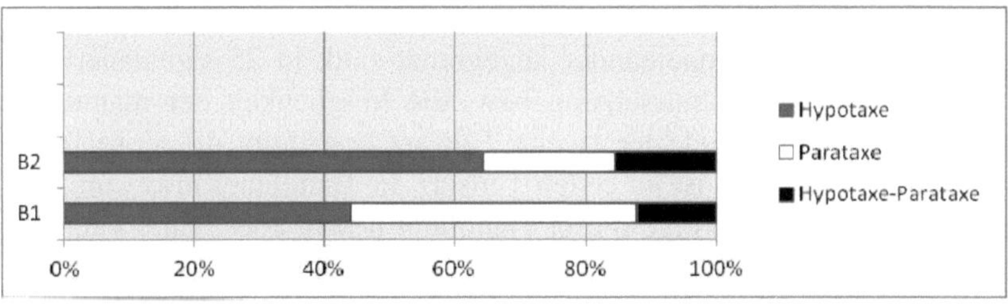

Abb. 65: Komplexe Verbalsätze in den Sätzen des Textkorpus in B1 und B2

Bei den Parataxen überwiegen mit 85,1 % (B1) bzw. 92 % (B2) die jeweiligen Satzkombinationen aus zwei Teilsätzen (23-26). Parataxen mit drei Teilsätzen gibt es mit einem Anteil von 13,7 % (B1) bzw. 7,2 % (B2) (27-28). Parataxen mit vier (29) und sechs Teilsätzen (30) treten mit einem verschwindend geringen Anteil auf. Repräsentative Beispiele für Parataxen sind:

23. Sie könnten eine verriegelte Tür auch von innen öffnen und dadurch sich und andere gefährden. (B2, 76, 9-11)

24. Entweder über die Taste für Zentralverrieglung verriegeln oder die Sicherungsknöpfe der Türen niederdrücken. (B1, 33, 21-25)
25. Die Spiegel lassen sich auch manuell einstellen: an den Rändern des Spiegelglases drücken. (B1, 48, 26-29)
26. MEMORY-Taste drücken: Kontrollleuchte in der Taste leuchtet. (B1, 46, 11-12)
27. Die Untermenüs sind hierarchisch angeordnet, mit der Taste [Abbildung der Taste] blättern Sie abwärts, mit der Taste [Abbildung der Taste] aufwärts. (B2, 128, 8-10)
28. Entweder über die Taste für Zentralverrieglung die Türen gemeinsam entriegeln und dann den jeweiligen Türöffner über der Armlehne ziehen und einzeln an jeder Tür den Türöffner zweimal ziehen (B1, 33, 12-18)
29. Verriegeln, d.h. schärfen Sie zweimal; drücken Sie also die Taste der Fernbedienung zweimal hintereinander oder verriegeln Sie zweimal mit dem Schlüssel. (B1, 37, 13-17)
30. Gleichzeitig mit dem Entriegeln bzw. Verriegeln des Fahrzeugs wird auch die Diebstahlsicherung deaktiviert/aktiviert, die Alarmanlage entschärft/geschärft und das Innenlicht ein-/ausgeschaltet. (B1, 29, 14-19)

In 23 und 24 handelt es sich jeweils um einen Gesamtsatz aus zwei verbalen Teilsätzen, die syndetisch durch die Konjunktion „und/oder“ verbunden sind. Durch die Teilsätze werden zwei aufeinander bezogene Handlungen dokumentiert, die sich inhaltlich ergänzen. In 23 wird auf die damit verbundene Gefahr verwiesen, dass eine Öffnung einer verriegelten Tür von innen möglich ist. In 25 und 26 liegt ebenfalls jeweils ein Gesamtsatz aus zwei verbalen Teilsätzen vor, wobei die Teilsätze durch einen Doppelpunkt voneinander abgegrenzt sind. In 25 signalisiert der erste Teilsatz die Voraussetzung bzw. die Möglichkeit der manuellen Einstellung der Spiegel, der zweite Teilsatz beschreibt die Vorgehensweise. Im Beispiel 26 ist im ersten Teilsatz die Handlungsanweisung, im zweiten Teilsatz die Folge dieser Handlung beschrieben. Eine Parataxe aus drei Teilsätzen findet sich in 27 und 28; in 27 sind die Teilsätze asyndetisch, in 28 syndetisch verbunden. In 27 verweist der erste Teilsatz auf eine besondere Anordnung der Menüs, der zweite und dritte Teilsatz geben Handlungsanweisungen. Eine chronologische Handlungsabfolge wird durch die Teilsätze in 29 gekennzeichnet. Beispiel 29 gibt eine Parataxe aus vier, Beispiel 30 eine Parataxe aus sechs Teilsätzen an, die sowohl syndetisch als auch asyndetisch miteinander verbunden sind. In 29 ist mit dem ersten Teilsatz eine Handlungsanweisung gegeben; der zweite, dritte und vierte Teilsatz geben eine erweiterte Erklärung dazu ab. Die syndetische Reihung in 30 wird jeweils durch die Schrägstriche markiert, die für die Konjunktion „bzw.“ stehen. Die Teilsätze in 30 markieren aufeinander bezogene Sachverhalte.

Bei Hypotaxen kommt es neben den Verbindungen aus zwei Teilsätzen (31-32), die den größten Anteil von 94,7 % übernehmen, vereinzelt zu Hypotaxen aus drei Teilsätzen (33-36), wobei diese einen Anteil von nur 7,6 % (B1) bzw. 3 % (B2) darstellen. In einem Fall ist eine Hypotaxe aus vier Teilsätzen (37) nachweisbar.

31. Wenn die Kontrollleuchte auf der Taste aus ist, dann ist das Zuheizsystem eingeschaltet. (B2, 168, 32-34)
32. Die Zentralverriegelung wird wirksam, wenn die Fahrertür geschlossen ist. (B1, 28, 27-28)
33. Wenn Sie in Länder fahren, in denen auf der anderen Straßenseite als im Zulassungsland gefahren wird, kann der Gegenverkehr durch das asymmetrische Abblendlicht geblendet werden. (B2, 103, 16-20)
34. Hat sich der Fülldruck nach einiger Zeit zu stark verringert, was bei jedem Reifen normal ist, leuchtet die Kontrollleuchte gelb auf. (B1, 82, 29-32)
35. Wenn das Fahrzeug längere Zeit abgestellt war, müssen Sie am Türgriff ziehen, um die KEYLESS-GO-Funktion zu aktivieren. (B2, 77, 36-39)
36. Das Fahrzeug nicht verriegeln, wenn sich Personen darin befinden, da ein Entriegeln von innen nicht möglich ist. (B1, 30, 26-29)
37. Nutzen Sie die variable SPEEDTRONIC nur, wenn Sie sicher sind, dass Sie nicht plötzlich schneller fahren müssen, als es die eingestellte Geschwindigkeitsbegrenzung zulässt. (B2, 197, 5-8)

Die Sätze in 31 und 32 werden von Gesamtsatzstrukturen bestimmt, die aus der Verbindung von Konditionalsatz und Hauptsatz bestehen. Dabei kann der Konditionalsatz dem Hauptsatz folgen (32) oder ihm vorangehen (31). Bestimmt werden dabei i.d.R. die Funktion und ihre Bedingung. In den Beispielen 33, 34, 35 und 36 sind Gesamtsätze aus drei Teilsätzen gegeben. Beispiel 33 zeigt als ersten Teilsatz einen Konditionalsatz, als zweiten Teilsatz einen Attributsatz – der dem Nukleus „Länder“ des ersten Teilsatzes untergeordnet ist – und als dritten Teilsatz einen Hauptsatz an. In 34 sind die ersten beiden Teilsätze Nebensätze, der dritte Teilsatz gibt einen Hauptsatz an. Als erster Teilsatz tritt ein Konditionalsatz mit Verberststellung auf, beim zweiten Teilsatz handelt es sich um einen weiterführenden Nebensatz, der dem Konditionalsatz untergeordnet ist. In 33 und 34 handelt es sich beim Konditionalsatz um die notwendige Bedingung *(conditio)*, der Hauptsatz verweist auf die Folge *(consequentia)*, wobei in 33 die Beschreibung der notwendigen Bedingung durch den untergeordneten Attributsatz und in 34 durch den untergeordneten weiterführenden Nebensatz erweitert wird. In 35 fungiert der erste Teilsatz als Konditionalsatz, der zweite Teilsatz als Hauptsatz und der dritte Teilsatz als Finalsatz. In 36 liegt beim ersten Teilsatz ein Hauptsatz vor, der zweite Teilsatz fungiert als Konditionalsatz und der dritte Teilsatz als Kausalsatz. In 35 wird neben der Informationsfolge *conditio* versus *consequentia,* die durch den Konditional- und Hauptsatz entsteht, die Motivation der Handlung durch den Finalsatz gekennzeichnet. In 36 erweitert sich die logische Beziehung von *conditio* versus *consequentia* um die notwendige Begründung der Handlung durch den Kausalsatz. Eine Hypotaxe aus vier Teilsätzen ist in 37 gegeben. Der Hauptsatz kommt als erster Teilsatz vor, der zweite Teilsatz ist ein Konditionalsatz, beim dritten Teilsatz handelt es sich um einen Objektsatz und beim vierten Teilsatz um einen Attributsatz. Der Objektsatz ist im Gesamtsatzgefüge dem Konditionalsatz, der Attributsatz dem Objektsatz untergeordnet.

Bei den parataktisch-hypotaktischen Satzkombinationen liegt der Schwerpunkt auf Satzkombinationen mit drei Teilsätzen (B1: 85,1 %; B2: 77,3 %) (38-40). Mit einem Anteil von 12,8 % (B1) bzw. 17,5 % (B2) an allen parataktisch-hypotaktischen Satzkombinationen werden vier Teilsätze miteinander verbunden (41). Parataktisch-hypotaktische Satzkombinationen aus fünf (42) und sechs Teilsätzen (43) sind mit einem verschwindend geringen Anteil vorhanden. Repräsentative Beispiele für parataktisch-hypotaktische Satzkombinationen sind:

38. Ist dies geschehen, muss entschärft und wieder neu geschärft werden. (B1, 37, 41-43)
39. Wurde die MEMORY-Taste versehentlich gedrückt: Taste erneut drücken, die Kontrollleuchte erlischt. (B1, 46, 34-36)
40. Sie müssen selbst bremsen, um den richtigen Abstand zum vorausfahrenden Fahrzeug einzuhalten und Auffahren zu vermeiden. (B2, 193, 1-4)
41. Den Zündschlüssel beim Verlassen des Fahrzeugs stets abziehen und die Türen schließen, damit z.B. Kinder nicht das Dach bedienen und sich verletzen können. (B1, 38, 5-9)
42. Die Lehne während der Fahrt nicht zu weit nach hinten neigen, dies betrifft besonders die Beifahrerseite, sonst besteht bei einem Unfall die Gefahr, unter dem Sicherheitsgurt durchzutauchen, so dass die Schutzwirkung des Gurts verloren geht. (B1, 41, 59-65)
43. Die DISTRONIC schaltet sich automatisch aus, wenn
    - Sie auf die Parkbremse treten
    - Sie langsamer als 30km/h fahren
    - ESP regelt oder Sie ESP ausschalten
    - Sie den Wählhebel während der Fahrt auf **N** stellen. (B2, 191, 32-39)

In 38 liegt beim ersten Teilsatz ein Konditionalsatz mit Verberststellung vor, beim zweiten und dritten Teilsatz handelt es sich um zwei syndetisch gereihte Hauptsätze. Hierbei verweist der Konditionalsatz auf die *conditio,* die Hauptsätze signalisieren die *consequentia.* Ein Konditionalsatz mit Verberststellung als erster Teilsatz der parataktisch-hypotaktischen Satzkombination ist auch in 39 gegeben; die Hauptsätze werden jedoch asyndetisch gereiht und durch einen Doppelpunkt vom Konditionalsatz abgetrennt. Die ersten beiden Teilsätze kennzeichnen die Informationsabfolge *conditio – consequentia,* zusätzlich wird im dritten Teilsatz das Ergebnis der Handlung bzw. der daraus resultierende Zustand hinzugefügt. Im Beispiel 40 liegt eine parataktisch-hypotaktische Satzkombination vor, bestehend aus einem Hauptsatz (1. Teilsatz des Gesamtsatzgefüges) und zwei syndetisch verbundenen Finalsätzen (2. und 3. Teilsatz des Gesamtsatzgefüges). Der Hauptsatz dokumentiert die Handlungsanweisung, die Nebensätze die Motivation bzw. den Zweck dieser Handlung. Ein Gesamtsatz aus vier Teilsätzen ist in 41 nachweisbar. Die ersten beiden Teilsätze sind syndetisch verbundene Hauptsätze, die letzten beiden Teilsätze geben syndetisch gereihte Finalsätze an. Die Hauptsätze verweisen auf die Handlungsanweisung, die Nebensätze signalisieren die Motivation. In 42 liegt ein Gesamtsatz aus fünf Teilsätzen vor. Die ersten drei Teilsätze treten als Hauptsätze auf, der vierte Teilsatz fungiert als Attributsatz und der fünfte Teilsatz als Konsekutivsatz. Letzterer ist dem Attributsatz untergeordnet; der Attributsatz ist wiederum vom Nukleus „Gefahr" des dritten Hauptsatzes abhängig. Dabei gibt der erste Teilsatz die Handlungsanweisung an; im zweiten Teilsatz wird die Handlungsanweisung durch eine zusätzliche Information erweitert und erklärt; der dritte, vierte und fünfte Teilsatz verweisen auf die Konsequenz bei Nichtbeachten dieser Handlungsanweisung. Der Gesamtsatz in 43 besteht aus sechs Teilsätzen: Der erste Teilsatz tritt als Hauptsatz auf, der mit fünf weiteren gereihten Konditionalsätzen verbunden ist, in denen einzelne notwendige Bedingungen aufgezählt werden.

Bei den Nominal-/Verbalsatzverbindungen stellen in B1 die Verbindungen, die aus einem Nominalsatz und einem einfachen Verbalsatz bestehen, mit 50 % den größten Anteil aller Typen dar; in B2 ergeben Satzkombinationen aus zwei Teilsätzen einen Anteil von 25,5 % (44-46).

44. Zündschlüsselstellung 1:
gewünschte Speicher-Taste 1, 2 oder 3 kurz drücken. (B1, 46, 21-23)
45. Fahrzeuge mit Automatic-Getriebe: Wählhebelposition P einlegen. (B1, 57, 20-21)

46. Im Display sehen Sie dann die Meldung: WÄHREND FAHRT NICHT KOMPLETT AUF WERKEINSTELLUNGEN ZURÜCKGESETZT. (B2, 133, 30-32)

In den Beispielen 44 und 45 handelt es sich um einen Gesamtsatz aus einem eingliedrigen Nominalsatz und einem einfachen Verbalsatz. Der nominale Teilsatz verweist auf eine Funktion „Zündschlüsselstellung 1" bzw. einen Aktionsgegenstand „Fahrzeuge mit Automatic-Getriebe". Die verbalen Teilsätze benennen die Aktion. In 46 folgen nach dem Doppelpunkt nur Großbuchstaben, der Nominalsatz wird als ein Teilsatz des Gesamtsatzes gewertet. Es handelt sich hierbei um einen Verbalsatz als ersten Teilsatz in Verbindung mit einem viergliedrigen Nominalsatz als zweiten Teilsatz. Die Satzglieder des Nominalsatzes kennzeichnen den Zeitbezug „WÄHREND FAHRT", die Art und Weise „NICHT KOMPLETT", die Funktion „AUF WERKEINSTELLUNGEN" und das Aktionsergebnis „ZURÜCKGESETZT".

In B2 dominieren Nominal-/Verbalsatzverbindungen aus drei Teilsätzen mit einem Anteil von 51,1 %; B1 hat zu 33,3 % Nominal-/Verbalsatzverbindungen aus drei Teilsätzen. Weiterhin finden sich noch Nominal-/Verbalsatzverbindungen aus vier und fünf Teilsätzen. Repräsentative Beispiele sind (47-55):

47. Treten Sie bei stehendem Fahrzeug vor dem Schalten aus P oder N die Fußbremse, sonst ist der Wählhebel blockiert – Shiftlock. (B1, 61, 24-27)
48. Um den Schlüssel in die Stellung 0 zurückzudrehen bzw. abzuziehen, erst den Wählhebel in die Position P bringen – Interlock. (B1, 54, 29-32)
49. Die eingestellte Geschwindigkeitsbegrenzung können Sie nur dann überschreiten, wenn Sie die variable SPEEDTRONIC ausschalten. Z.B., wenn Sie das Gaspedal über den Druckpunkt hinaus treten (Kickdown). (B2, 197, 9-13)
50. Mit dieser Funktion legen Sie fest, ob beim Parken (eingelegter Rückwärtsgang) der Außenspiegel auf der Beifahrerseite nach unten schwenkt. (B2, 142, 3-6)
51. Entriegeln, Komfortöffnen und Alarmanlage entschärfen. (B1, 29, 50-51)
52. Verriegeln und Sichern, Alarmanlage schärfen, Innenlicht einschalten, Neigungsalarmgeber und Innenraumschutz ausschalten (B1, 29, 52-56)
53. Sie können jetzt folgende Einstellungen für die Fondraum-Klimaanlage machen:
    - Temperatur einstellen
    - Luftmenge einstellen
    - Ausschalten (B2, 167, 10-15)

54. Folgende Einstellungen können Sie wählen:
   - STUFE 1 (Sport)
     Starker Seitenhalt und schneller Gegendruck der Seitenkissen des Sitzes
   - STUFE 2 (Komfort)
     Schwacher Seitenhalt und langsamer Gegendruck der Seitenkissen des Sitzes (B2, 143, 3-14)
55. Folgende Fahrzeugniveaus können Sie einstellen:
   Normal für normale Strecken:
   Die Kontrollleuchte ist aus
   Erhöht für Schneeketten-Betrieb oder für sehr schlechte Strecken:
   Die Kontrollleuchte ist an (B2, 202, 6-12)

Der Gesamtsatz in 47 setzt sich aus zwei parataktisch verbundenen Hauptsätzen (1. und 2. Teilsatz) und einem eingliedrigen Nominalsatz (3. Teilsatz) zusammen. Der nominale Teilsatz „Shiftlock“ folgt auf einen Gedankenstrich und nominalisiert, was in den verbalen Hauptsätzen beschrieben wird. In den Beispielen 48 und 49 nominalisiert der letzte Teilsatz „Interlock“ – mittels Gedankenstrich abgetrennt – bzw. „Kickdown“ – in Klammern dargestellt – ebenfalls den in den Verbalsätzen beschriebenen Inhalt. Es liegt hier jeweils eine parataktisch-hypotaktische Satzkombination in Verbindung mit einem Nominalsatz vor. In 48 handelt es sich um einen Gesamtsatz aus zwei parataktisch gereihten verbalen Finalsätzen (1. und 2. Teilsatz) und einem verbalen Hauptsatz (3. Teilsatz), der vierte Teilsatz ist ein eingliedriger Nominalsatz. In 49 wird der zweite Konditionalsatz parzelliert, beim ersten Teilsatz liegt ein verbaler Hauptsatz vor, der zweite und dritte Teilsatz geben zwei parataktisch gereihte Konditionalsätze an, der letzte Teilsatz ist ein eingliedriger Nominalsatz. Im Beispiel 50 ist eine Nominal-/Verbalsatzkombination aus drei Teilsätzen gegeben: Ein verbaler Hauptsatz (1. Teilsatz des Gesamtsatzgefüges) ist mit einem verbalen Objektsatz (2. Teilsatz des Gesamtsatzgefüges) verbunden; zudem existiert ein eingliedriger Nominalsatz („eingelegter Rückwärtsgang“), der als eingeklammerte Parenthese gestaltet ist und die notwendige Bedingung signalisiert. In den Beispielen 51, 52 und 53 handelt es sich beim „Entriegeln“, „Komfortöffnen“, „Verriegeln“, „Sichern“ und „Ausschalten“ aufgrund der Großschreibung um Konversionen von Infinitiven, die eine Aktion benennen. In 51 liegt ein Gesamtsatz aus drei monosyndetisch gereihten Hauptsätzen vor. Die ersten beiden Teilsätze sind eingliedrige Nominalsätze, die mit einem einfachen Verbalsatz verbunden werden. In 52 sind der erste und zweite Teilsatz eingliedrige Nominalsätze, die syndetisch verbunden sind; beim dritten, vierten und fünften Teilsatz liegen einfache Verbalsätze vor, die asyndetisch gereiht sind. In 53 sind die einfachen Verbalsätze „Temperatur einstellen" und „Luftmenge einstellen" und der eingliedrige Nominalsatz „Ausschalten" keine Attribute zum Nukleus „Einstellungen" im ersten verbalen Teilsatz, da einerseits Verbalsätze, andererseits jedoch ein Nominalsatz „Ausschalten" existieren. Es handelt sich hierbei um drei parataktisch verbundene Verbalsätze (1., 2. und 3. Teilsatz des Gesamtsatzgefüges) in Kombination mit einem eingliedrigen Nominalsatz (4. Teilsatz des Gesamtsatzgefüges). In 54 bestimmt das Layout die Syntax: Es handelt sich um einen einfachen Verbalsatz als ersten Teilsatz in Verbindung mit zwei zweigliedrigen Nominalsätzen als zweiten „STUFE 1 (Sport) [/] Starker Seitenhalt und schneller Gegendruck der Seitenkissen des Sitzes" und dritten Teilsatz „STUFE 2 (Komfort) [/] Schwacher Seitenhalt und langsamer Gegendruck der Seitenkissen des Sitzes". Das jeweils erste Satzglied des Nominalsatzes besteht aus einem Nukleus „STUFE 1" bzw. „STUFE 2" und einer Apposition „Sport" bzw. „Komfort" und verweist auf die *conditio.* Das jeweils zweite Satzglied des Nominalsatzes setzt sich aus gereihten Nuklei mit Attribuierungen zusammen und benennt die *consequentia.* In 55 bestimmt ebenfalls das Layout die Syntax: Ein einfacher Verbalsatz bildet den ersten Teilsatz; ein zweigliedriger Nominalsatz „**Normal** [/] für normale Strecken" folgt als zweiter Teilsatz; als dritter Teilsatz tritt ein einfacher Verbalsatz auf „Die Kontrollleuchte ist aus"; als vierter Teilsatz ist ein zweigliedriger Nominalsatz „**Erhöht** [/] für Schneeketten-Betrieb oder für sehr schlechte Strecken" vertreten; der letzte Teilsatz gibt einen einfachen Verbalsatz an „Die Kontrollleuchte ist an". Bei den Nominalsätzen wird das jeweils erste Satzglied großgeschrieben und mittels Fettdruck hervorgehoben; es verweist auf die Einstellungsmöglichkeit; das jeweils zweite Satzglied besteht aus einem Nukleus mit Attribuierungen „für normale Strecken" bzw. gereihten Nuklei mit Attribuierungen „für Schneeketten-Betrieb oder für sehr schlechte Strecken" und benennt die Verwendungsmöglichkeit der Fahrzeugniveaus. Mit den einfachen Verbalsätzen „Die Kontrollleuchte ist aus" bzw. „Die Kontrollleuchte ist an", die durch Großschreibung eingeleitet werden, ist als weitere Funktion der Niveauzustand markiert. Am Ende des Gesamtsatzes ersetzt das Layout die Interpunktion – es wird kein Punkt gesetzt. Insgesamt kommen bei den komplexen Verbalsätzen und Nominal-/Verbalsatzkombinationen die Nebensatztypen in der folgenden Häufigkeit in den Textexemplaren vor:

Tab. 10: Nebensatztypen in den Sätzen des Textkorpus in B1 und B2

	Konditional	Objekt	Final	Temporal	Attribut	Andere
B1	38 %	19,2 %	12 %	10 %	8,8 %	12 %
B2	51,8 %	12,2 %	4,4 %	21,3 %	5,5 %	4,9 %

Der Konditionalsatz wird in beiden Betriebsanleitungen mit einem Anteil von 38 % (B1) bzw. 51,8 % (B2) am häufigsten genutzt, um notwendige Bedingungen anzugeben. Danach folgen Objektsätze (B1: 19,2 %; B2: 12,2 %), Temporalsätze (B1: 10 %; B2: 21,3 %), Attributsätze (B1: 8,8 %; B2: 5,5 %) und Finalsätze (B1: 12 %; B2: 4,4 %). Andere Nebensatztypen kommen alle mit einem Anteil von 4 % und weniger vor, relativ häufig ist noch der Modalsatz mit 4 % (B1) bzw. 2,9 % (B2) vertreten. Repräsentative Beispiele für Nebensatztypen sind:

56. Sollten sich demnach Startschwierigkeiten ergeben: ca. 20 Sekunden lang anlassen. (B1, 55, 33-35)
57. Die Front-Airbags schützen bei einem Frontaufprall, bei dem die Schutzwirkung der Sicherheitsgurte alleine nicht mehr ausreichen würde. (B1, 50, 8-11)
58. Drücken Sie etwa sechs Sekunden gleichzeitig auf die Tasten [Abbildung der Taste] und [Abbildung der Taste], bis die Batterie-Kontrollleuchte (1) zweimal blinkt. (B2, 76, 3-6)
59. Benutzen Sie deshalb sonst nicht verwendete Zentralschlüssel etwa einmal im Jahr für eine längere Fahrt, damit der Akku aufgeladen wird. (B1, 28, 13-16)
60. Stellen Sie sicher, dass der Motor an ist. (B2, 206, 2-3)
61. Monat und Jahr für den fälligen Bremsflüssigkeitswechsel können Sie sich anzeigen lassen, indem Sie während der Anzeige des nächstfälligen Services den rechten Knopf in der Instrumentenkombination drücken. (B1, 70, 20-25)

In den Beispielen 56-61 finden sich Hypotaxen aus einem verbalen Hauptsatz und Nebensatz. Der Konditionalsatz als erster Teilsatz kommt in 56 vor. In den Beispielen 57, 58, 59, 60 und 61 bilden die Nebensätze jeweils den zweiten Teilsatz der hypotaktischen Satzkombination. Als Nebensatztypen sind Attribut- (57), Temporal- (58), Final- (59), Objekt- (60) und Modalsätze (61) vertreten.

In Betriebsanleitungen wird der Leser über die Satzart sehr stark zur Handlung aufgefordert, was für beide Betriebsanleitungen zutrifft. Verwendet werden der Imperativ der Einzelanrede (62, 63, 64), der Infinitivsatz, der als imperativische Ersatzform eine generelle Handlungsanweisung ist (65, 66), Aussagesätze mit Modalverben (67, 68, 69), sowie Passiv-Paraphrasen mit *sein + zu + Infinitiv* (70).

62. Positionieren Sie dazu auf eine Funktion im Untermenü. (B2, 128, 21-22)
63. Achten Sie deshalb auf ausreichenden Freiraum! (B2, 81, 19-20)
64. Bei Störungen wenden Sie sich bitte an Ihren BMW Service. (B1, 29, 47-49)
65. Zur Reduzierung der Blendwirkung von hinten bei Nachtfahrten Knopf drehen. (B1, 49, 2-5)
66. Kofferraumdeckel öffnen (B2, 81, 14)
67. Sie müssen ihn erst wieder mit dem Notschlüssel entriegeln (B2, 81, 24-26)
68. Elektrische Fenster und das Schiebe-Hebedach können Sie auch über das Türschloss bedienen. (B1, 32, 20-22)
69. Das zulässige Zug-Gesamtgewicht darf nicht überschritten werden. (B1, 109, 22-24)
70. Bei Wohnwagenbetrieb sind die Einschaltzeiten der Stromverbraucher mit Rücksicht auf die Kapazität der Fahrzeugbatterie kurz zu halten. (B1, 110, 2-5)

Der Imperativsatz tritt in den Beispielen 62-64 auf. Bei den infinitivischen Imperativen (65-66) besteht die Besonderheit, dass sie in Form eines Aussagesatzes erscheinen, jedoch in Betriebsanleitungen eine primäre Aufforderungsfunktion besitzen. Modalsätze mit Aufforderungscharakter treten in 67-69 auf. Charakteristisch für diese Form sind die mehrteiligen Prädikate, deren finiter Teil eine Form der Modalverben „müssen", „können" oder die negierte Form des Verbs „dürfen" darstellt. In 70 liegt ein Modalitätssatz vor, d.h., eine Passivkonstruktion aus einer finiten Präsens-Form des Verbs „sein" und einer Infinitivform (mit „zu") eines anderen Verbs.

Die statistischen Ergebnisse zur Untersuchung der Satzarten in den Sätzen des Textkorpus werden in Tab. 11 zusammengestellt.

Tab. 11: Satzarten in den Sätzen des Textkorpus in B1 und B2

	Imperativ	Infinitivischer Imperativ	Modalsatz als Ersatzform	Aussage (primär)
B1	3,4 %	33,6 %	7,7 %	55,3 %
B2	32,6 %	3,1 %	10,4 %	53,9 %

Wie Tab. 11 zeigt, verteilen sich die Sätze des Textkorpus fast ausschließlich zu gleichen Teilen auf den Aufforderungssatz (B1: 44,7 %; B2: 46,1 %) und den Aussagesatz (B1: 55,3 %; B2: 53,9 %). In B2 bestehen die Aufforderungssätze überwiegend (zu 32,6 %) aus Imperativen und zu einem verschwindend geringen Anteil aus infinitivischen Imperativen (3,1 %). Anders als in B2 zeichnet sich in B1 eine Tendenz ab, bevorzugt auf infinitivische Imperative (33,6 %) zurückzugreifen; der Anteil an Imperativen liegt bei nur 3,4 %. Weiter finden sich Modalsätze in beiden Betriebsanleitungen mit einem Anteil von 7,7 % (B1) bzw. 10,4 % (B2). Modalitätssätze als imperativische Ersatzform spielen hingegen in Betriebsanleitungen eher keine Rolle.

4.1.4 Satzglieder und lexikalische Merkmale

Für die Analyse der Satzglieder bzw. Lexik werden die folgenden zentralen Themenkomplexe aufgegriffen: „Öffnen und Schließen" (B1, 28-40; B2, 74-87), „Getriebe" (B1, 57-63; B2, 144-150), „Motor" (B1, 121-127; B2, 245-253) sowie „Reifen und Räder" (B1, 117-120; B2, 254-260). Insgesamt werden in B1 790 und in B2 1.233 Satzglieder und Satzgliedteile in den Wortschatzbereichen „Hersteller", „Benutzer", „Auto", „Autoteile" und „Autofunktion" erfasst. Die Themen reichen aus, um einen mit den anderen Textexemplaren vergleichbaren Wortschatzumfang zu erhalten. Die statistischen Ergebnisse der Verteilung der Satzglieder und Satzgliedteile in den Wortschatzbereichen zeigt Tab. 12.:

Tab. 12: Wortschatzbereiche im Textkorpus in B1 und B2

	Hersteller	Benutzer	Auto	Autoteile	Autofunktion
B1	3,9 %	13,8 %	7,7 %	57,2 %	17,3 %
B2	2,3 %	30,7 %	7,6 %	50,2 %	9,2 %

Mit 50,2 % nimmt der Wortschatzbereich „Autoteile" den größten Anteil aller Begriffe in den Sätzen des Textkorpus in B2 ein. In B1 sind es bis zu 57,2 % aller Begriffe, die dem Wortschatzbereich „Autoteile" zugeordnet werden können. Hier ist die Vielfalt der genutzten Begriffe am größten. Es gibt verschiedene Bezeichnungen für:

- Auto-Teile: Display, Multifunktions-Display, Airbags, Front-Airbags, Sitze, Vordersitze, Rücksitze, Kindersitze, Einzelsitze, Schlüssel, Notschlüssel, KEYLESS-GO-Schlüssel, Lenkrad, Multifunktions-Lenkrad, Spiegel, Innenspiegel, Außenspiegel, Kosmetikspiegel, Tür, Fahrertür, Beifahrertür, Schalter, Lichtschalter, Kombischalter, Schließschalter, Kofferraumschalter, Taste, Programmwahltaste, Zentralverriegelungstaste, Öffnungstaste, Schließtaste, KEYLESS-GO-Taste, Lehne, Fondlehne, Multikonturlehne, Schloss, Kofferraumschloss, Zündschloss, Räder, Antriebsräder, Vorderräder, Hinterräder, Reserverad, Deckel, Kofferraumdeckel, Heizung, Sitzheizung, Heckscheibenheizung, Lenkradheizung, Warnanlage, Einbruch-Diebstahl-Warnanlage, Scheinwerfer-Reinigungsanlage, Scheibenwaschanlage, Waschanlage, Zündanlage, Fondraum-Klimaanlage, Xenon-

Lampe, Blinkerlampe, Halogenlampe, Heckscheibenrollo, Sonnenschutzrollo, Motor, Dieselmotor, Benzinmotor, 6- und 8-Zylindermotor, Motorhaube, Motoröl, Motorraum, Cockpit, Kombi-Instrument, Blinker, Reifen, Sicherheitsgurte, Kupplung, Getriebe, Automatikgetriebe, Siebengang-Automatikgetriebe, sequenzielles manuelles Getriebe (SMG) u.a.

Begriffe zum Wortschatzbereich „Autofunktion" können mit einem Anteil von 9,2 % (B2) bzw. 17,3 % (B1) ermittelt werden. Hier sind die folgenden Bezeichnungen nachweisbar:

– Autofunktionen: Funktion, KEYLESS-GO-(Funktion), Anklappfunktion, Grundfunktionen, Abstands-Warnfunktion, Memory-Funktion, Servoschließung, Komfortschließung, Kofferraumfernschließung, Fahrzeugelektronik, Motor-Elektronik, Kindersicherung, Mechanismus, Schaltung, Scheinwerfer-Aufschaltung, Tipp-Schaltung, Lenkradschaltung, Getriebeschaltung, Klimatisierungsautomatik, Aufrollautomatik, Cruise Modus, Bediensystem, Fahrsicherheitssysteme, Fahrsysteme, Zuheizsystem, Regelsysteme, Dachträgersysteme, TV-System, Notrufsystem, ABS (Anti-Blockier-System), Automatikprogramm, Schaltprogramm, ESP (Elektronisches Stabilitäts-Programm), Wahlhebelstellung (D/N), Gaspedalstellung, Parkstellung, Zündschloss-Stellung, Gang, Rückwärtsgang, Vorwärtsgang, Abschleppschutz, Innenraumschutz, AUDIO, TEL, NAVI, DISTRONIC (DTR), TEMPOMAT, SPEEDTRONIC, COMAND (Cockpit Management and Data System), AIRMATIC (Adaptive Intelligent Ridecontrol), Active Body Control (ABC), SPEED-LIMITER, TELEAID (Telematic Alarm Identification on Demand), LINGUATRONIC, BAS (Brems-Assistant), Park Distance Control PDC, Cornering Brake Control (CBC), Kickdown u.a.

Die Begriffe in den Wortschatzbereichen „Autoteile" und „Autofunktion" tauchen in der Regel als Simplizia (Sitze, Schlüssel, Tür, Schalter, Taste, Heizung, Funktion, System usw.) und Determinativkomposita aus zwei (Kindersitze, Fahrertür, Lichtschalter, Schließtaste, Memory-Funktion usw.), drei (Programmwahltaste, Heckscheibenheizung, Scheibenwaschanlage, Sonnenschutzrollo, Abstands-Warnfunktion, Fahrsicherheitssysteme usw.) und vier (Siebengang-Automatikgetriebe usw.) Grundmorphemen auf. Dabei werden die Konstituenten aufgrund besserer Lesbarkeit häufig durch Bindestriche voneinander abgetrennt (z.B. Fondraum-Klimaanlage). Weiter sind im Wortschatzbereich „Autofunktion" die meisten fachsprachlichen Begriffe vorhanden – die Erstkonstituenten (z.B. Memory-Funktion, KEYLESS-GO-Funktion) bzw. alle Konstituenten (z.B. Adaptive Intelligent Ridecontrol, Park Distance Control) bestehen dabei aus sekundärsprachlichen Grundmorphemen. Diese werden entweder im Text erläutert und/oder durch Abbildungen (z.B. von Tastatursymbolen) visualisiert. In B2 werden Fachbegriffe in einem Fachwortverzeichnis zusätzlich erklärt. Weiter finden sich im Wortschatzbereich „Autofunktion“ Abkürzungswörter und Kurzwörter. Abkürzungswörter treten häufiger in Form von linearen Initialabkürzungen wie z.B. ESP für Elektronisches Stabilitäts-Programm, ABS für Anti-Blockier-System, ABC für Active Body Control, PDC für Park Distance Control, CBC für Cornering Brake Control auf. Hier verweist jede Initiale auf ein Grundmorphem. Zusätzlich treten bei den Abkürzungswörtern vereinzelt Silbenwörter auf, bei denen die interne phonologische Struktur der Simplizia dem appellativischen Wortschatz (im Englischen) entspricht (z.B. COMAND für Cockpit Management and Data System, AIRMATIC für Adaptive Intelligent Ridecontrol usw.). DTR (DISTRONIC) ist eine Kombinationsform, d.h., eine Konstruktion aus Konsonanten, die in diesem Fall aus Anfang und Mitte der Vollform stammen. Weiter sind Kurzwörter als Kopfform (NAVI für Navigation, TEL für Telefon usw.) vorhanden.

Begriffe im Wortschatzbereich „Auto“ werden mit einem Anteil von 7,6 % (B2) bzw. 7,7 % (B1) ermittelt. Für Begriffe zum „Auto“ gibt es im Vergleich zu den Begriffen der Wortschatzbereiche „Autoteile“ und „Autofunktion“ keine vielfältig genutzten Begriffe. Es werden in der Regel nur die Bezeichnungen „Auto“ bzw. „Fahrzeug“ genannt.

Während in B2 sehr häufig (30,7 %) ein „Benutzer“ erwähnt wird, erscheint dieser in B1 nur mit einem Anteil von 13,8 %. Hier gibt es insgesamt nur wenige Begriffe, aus denen sich der Wortschatzbereich zusammensetzt:

– Benutzer: Sie, Fahrer, Beifahrer, Besitzer, Fahrzeuginsassen, Ihr Fahrzeug u.a.

Die (potentiellen) Leser werden durch die Verwendung von Personalpronomen der 3. Person Plural (Höflichkeitsform) direkt angesprochen. Teilweise werden die Begriffe „Fahrer“, „Beifahrer“, „Besitzer“ und „Fahrzeuginsasse“ verwendet. Einen Sonderfall stellt die Bezeichnung „Ihr Auto“ dar. Hier findet über das Possessivpronomen bzw. Attribut „Ihr“ eine indirekte Benutzeransprache statt.

Verschwindend gering ist der Anteil der Begriffe zum „Hersteller“ (B1: 3,9 %; B2: 2,3 %). Ein „Hersteller“ verweist auf einen Gesprächs-

bzw. Ansprechpartner in Form einer Dienststelle wie „BMW Service", „Mercedes-Benz Service-Stützpunkt" oder er führt sich selbst mit der 1. Person Plural „wir" ein.

– Hersteller: Mercedes-Benz, Mercedes-Benz Service-Stützpunkt, BMW, BMW AG, Mobiler Service, BMW Service, wir, unsere Bitte, Hersteller u.a.

Bei der Verteilung des Subjekts über die Wortschatzbereiche zeigt sich folgendes Bild:

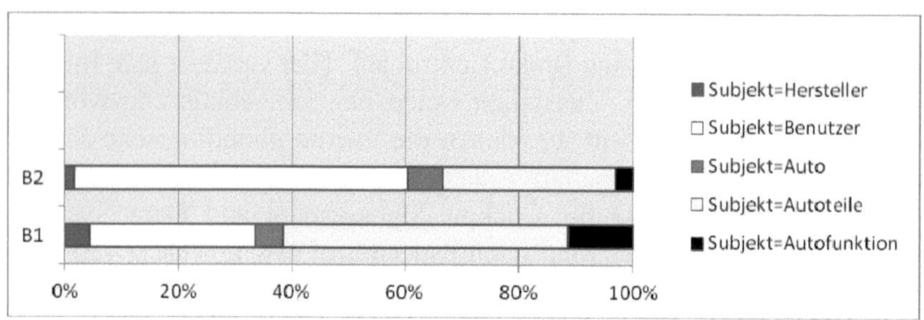

Abb. 66: Verteilung des Subjekts in den Wortschatzbereichen in B1 und B2

Während in B2 mit einem Anteil von 58,9 % der „Benutzer" überdurchschnittlich zum Subjekt des Satzes wird, sind in B1 lediglich 29,1 % aller Subjekte „Benutzer". Der hohe Anteil der „Benutzer" als Subjekt in B2 lässt sich auf die häufig genutzte Satzstruktur „Imperativ + Subjekt + Präpositionalobjekt" zurückführen, z.B. „Drücken Sie auf die Taste [Abbildung der Taste] (B2, 75,7)". In B1 wird hingegen bevorzugt auf die Satzstruktur „Akkusativobjekt + imperativischer Infinitiv" zurückgegriffen, z.B. „Taste drücken" (B1, 30, 25). In dieser Form fehlt der „Benutzer" völlig, die Subjektstelle wird syntaktisch nicht besetzt.

In B1 erscheinen als Subjekt die „Autoteile" am häufigsten (50 %) (1), in B2 sind 30,3 % aller Subjekte „Autoteile" (2).

1. Leuchtet **die Kontrollleuchte** auf, [...] (B1, 63, 5)
2. [...], wenn **der Motor** von Hand durchgedreht wird.[121] (B2, 146, 10-11)

Zusätzlich kommen 5,1 % aller Subjekte in B1 (3) bzw. 6,2 % aller Subjekte in B2 (4) als „Auto" vor:

3. [...], in den Positionen für Vorwärtsfahrt fährt **das Fahrzeug** jedoch nur noch mit eingeschränkter Gangwahl. (B1, 63, 8-11)

121 Hier und im Folgenden: Hervorhebungen durch die Autorin.

4. Ist der KEYLESS-GO-Schlüssel gültig, entriegelt **Ihr Fahrzeug**
   - die Türen
   - den Kofferraumdeckel
   - die Tankklappe (B2, 77, 28-32)

Der Wortschatzbereich „Autofunktion" nimmt bei den Subjekten in B1 einen größeren Anteil von 11,4 % ein (5), in B2 entfallen lediglich 3 % der Subjekte auf die „Autofunktion" (6):

5. Wenn Sie es wünschen, verriegelt **die Zentralverrieglung** automatisch, sobald Sie losfahren. (B1, 33, 6-8)
6. Wenn Sie den Motor erneut starten, wird **das zuletzt gewählte Automatik-Schaltprogramm (S oder C)** eingeschaltet. (B2, 150, 37-40)

Der „Hersteller" wird in 4,3% (B1) (7) bzw. 1,6% (B2) (8) aller Fälle zum Subjekt.

7. **BMW** empfiehlt, nur Räder und Reifen zu verwenden, die BMW für den entsprechenden Fahrzeugtyp freigegeben hat [...] (B1, 119, 2-5)
8. **Mercedes-Benz** empfiehlt Ihnen hierfür einen Mercedes-Benz Service Stützpunkt. (B2, 260, 22-23)

4.1.5 Rolle der Semantik bei der Ermittlung der Verbvalenz

Den folgenden Analysen der Verbvalenz wird in beiden Betriebsanleitungen das Kapitel „Bedienen/Bedienung im Detail" ohne Tabellen zugrunde gelegt. Insgesamt werden in B1 852 und in B2 1.770 Verben untersucht. Diese Verben werden den Wortschatzbereichen „Benutzer", „Auto", „Autoteile", „Autofunktion", „Benutzer + Autoteile", „Benutzer + Autofunktion" „Autoteile + Autofunktion" sowie „Benutzer + Autoteile + Autofunktion" zugeordnet.

Die statistischen Ergebnisse zu den Verben und ihren Wertigkeiten sind in Tab. 13 erfasst.

Tab. 13: Wertigkeiten der Verben in B1 und B2

	Einwertig	Zweiwertig	Dreiwertig	Vierwertig	Fünfwertig
B1	2,3 %	58 %	31,1 %	8 %	0,6 %
B2	4,7 %	51,9 %	35,1 %	7,9 %	0,4 %

Einwertige Verben werden in B2 (4,7 %) etwas stärker eingesetzt als in B1 (2,3 %). Die Wortschatzbereiche werden durch die lexikalische Besetzung der E_N ermittelt:

1. Wenn Sie es wünschen, verriegelt die Zentralverriegelung automatisch, sobald/**Sie**/losfahren.[122] (B1, 33, 6-8)
2. Ohne dass **Sie**/eingreifen müssen, bewegt sich das Fahrzeug mit etwa doppelter Schrittgeschwindigkeit. (B1, 81, 7-9)
3. Wenn **Kinder**/mitfahren, dann sollten Sie die Fondbedienung der Scheiben, der Sitze und des Zigarettenanzünders sperren (B2, 178, 41-43)
4. Bremsen/**Sie**. (B2, 184, 16)
5. Steht/**das Fahrzeug**, geht der Zeiger auf Null. (B1, 68, 22-23)
6. Sie können den Kofferraumdeckel nur öffnen, wenn das **Fahrzeug**/steht. (B2, 83, 7-8)
7. Die Antriebsräder können die Haftung verlieren und das **Fahrzeug**/kann schleudern. (B2, 144, 45-47)
8. [...], bis **der Kofferraumdeckel**/entriegelt und öffnet. (B1, 76, 19-20)
9. Drücken Sie die Kopfstütze in die Führungen, bis **sie**/einrastet. (B2, 91, 14-15)
10. **Beide Fond-Kopfstützen**/klappen ab. (B2, 98, 34)
11. **Beide Spiegel**/klappen ein. (B2, 153, 14)
12. **Alle Blinkleuchten**/blinken. (B2, 106, 4)
13. Wenn dann/erneut/**Störungen**/auftreten, werden diese wieder im Fehlerspeicher abgelegt. (B2, 126, 25-27)

Der Anteil der einwertigen Verben im Wortschatzbereich „Benutzer“ (1-4) ist in B2 mit 13,1 % insgesamt höher als in B1 (10 %). Im Wortschatzbereich „Auto“ (5-7) werden in B2 mit einem Anteil von 10,7 % einwertige Verben eingesetzt, in B1 tritt in einem Fall ein einwertiges Verbum im Wortschatzbereich „Auto“ auf. Bei den einwertigen Verben bilden diejenigen den größten Anteil, die dem Wortschatzbereich „Autoteile“ (B1: 85 %; B2: 69 %) zuzuordnen sind (8-12). Einwertige Verben im Wortschatzbereich „Autofunktion“ gibt es nur in B2 zu 7,1 % (13). Bei den einwertigen Verben *losfahren, eingreifen, mitfahren, bremsen, stehen, schleudern, entriegeln, öffnen, einrasten, abklappen, einklappen, blinken* und *auftreten* dokumentiert sich eine generelle Tätigkeit, ohne dass in Durchführungsart, Richtungsangabe oder Personenbezug spezifiziert wird. Demnach enthalten die Inhaltsseiten der Verben jeweils das Sem ‚in genereller Weise‘. Die Verben bilden den Verbalsatztypus E_N-V.

Einwertige Verben wie z.B. *mitfahren, bremsen, stehen, schleudern* und *einrasten* treten in der Regel als gemeinsprachliche Verben auf, die sich in der Inhaltsseite und Verbvalenz nicht vom Gebrauch in anderen Kommunikationsbereichen unterscheiden. Zum Verbum *mitfahren* ist im großen Wörterbuch der deutschen Sprache der angegebene Kontext *(du*

122 Hier und im Folgenden: Hervorhebungen durch die Autorin. Es handelt sich um das Verbum, welches unterstrichen wird. Durch Fettdruck markierte Satzglieder sind Ergänzungen.

kannst [bei mir] mitfahren) mit dem Semem „mit anderen zusammen [in deren Fahrzeug] fahren“ (D, XI, 2606) identisch. Weiter ist bei U. Engel-H. Schumacher zum Verbum *bremsen* das Beispiel *(Berta bremst (das Auto.))* (E/S, 154) mit dem hier vorhandenen Kontext vergleichbar. Zum Verbum *stehen* existiert im großen Wörterbuch der deutschen Sprache ebenfalls eine vergleichbare Inhaltsseite „nicht mehr in Funktion, in Betrieb sein, stillstehen“ mit dem Beispiel *(die Räder stehen)* (D, XIII, 3716). Auch das Verbum *schleudern* zeigt im großen Wörterbuch der deutschen Sprache mit dem Semem „im Fahren mit heftigem Schwung [abwechselnd nach rechts oder links] aus der Spur rutschen“ und dem Beispiel *(in der Kurve fing der Wagen plötzlich an zu schleudern)* (D, XIII, 3379) eine ähnliche Verwendung wie in der Betriebsanleitung. Für das Verbum *einrasten* ist im großen Wörterbuch der deutschen Sprache ein technikgebundener Kontext *(der Knopf muss erst richtig einrasten)* mit dem Semem „in eine ineinander greifende Haltevorrichtung (o.Ä.) hineingleiten, sich dort festhaken, einschnappen“ (D, III, 969) gegeben – ähnlich bei G. Wahrig mit dem Semem „ineinander greifen und sich dadurch befestigen“ (W, 395).

Rund die Hälfte aller Verben ist zweiwertig. Durch die lexikalische Besetzung der E_N und/oder E_A ist ein Bezug zum „Benutzer“ gegeben. Im Wortschatzbereich „Benutzer“ finden sich im Mittel 8,1 % der zweiwertigen Verben. Diese Gruppe besteht u.a. aus den Verben *einklemmen, verletzen, gefährden, zurückschalten* und *einparken.*

14. Den Schließvorgang beobachten und sicherstellen, dass/**niemand**/eingeklemmt wird. (B1, 30, 34-36)
15. **Sie** [= die Kinder]/können/**sich**/verletzen. (B2, 175, 14)
16. **Sie**/gefährden/sonst/**sich und andere**. (B2, 138, 37)
17. Sie beschleunigen aus höheren Gängen, z.B. bei Überholmanövern, indem/**Sie**/**manuell**/zurückschalten. (B1, 59, 11-13)
18. [...], wenn/**Sie**/**rückwärts**/einparken. (B1, 74, 2-3)

In 14, 15 und 16 konstituieren die Verben *einklemmen, verletzten* und *gefährden* den zweiwertigen Verbalsatztypus E_N-V-E_A. Als E_A erscheinen die Indefinitpronomina „niemand“ und „andere“ bzw. das Reflexivum „sich“, wodurch das Sem ‚persongerichtet‘ markiert wird. Als E_N ist in 15 und 16 das Anredepronomen „Sie“ vertreten, welches einen Bezug zum „Benutzer“ herstellt. Neben dem Verbalsatztypus E_N-V-E_A lässt sich der Typus E_N-V-E_{Adv} feststellen (17, 18). Die lexikalische Besetzung der zweiten Leerstelle durch die Modaladverbiale „manuell“ und „rückwärts“ repräsentiert das Sem ‚in spezifischer Weise‘.

Zweiwertige Verben sind mit einem verschwindend geringen Anteil von 1,7 % im Wortschatzbereich „Auto" gegeben. Diese Gruppe umfasst u.a. die Verben *verriegeln, abstellen* und *anfahren.*

19. Sie können sich als Quittierung dafür, dass/**das Fahrzeug**/richtig/verriegelt/wird, ein Signal einstellen lassen. (B1, 29, 20-23)
20. Wenn/**das Fahrzeug**/längere Zeit/abgestellt/war, [...] (B2, 77, 36-37)
21. **Das Fahrzeug**/fährt/**vorwärts und rückwärts**/sanfter/an. (B2, 148, 15-16)

Die zweiwertigen Verben *verriegeln* und *abstellen* konstituieren den zweiwertigen Verbalsatztypus E_N-V-E_A (19, 20). Die lexikalische Besetzung der E_A erfolgt durch die Bezeichnung „Fahrzeug", die einen Bezug zum Wortschatzbereich „Auto" herstellt und auf das Sem ‚objektorientiert' verweist. In 20 gibt das Temporaladverbial „längere Zeit" keinen notwendigen Zeitbezug an; das Satzglied wird als Angabe gewertet. Das Verbum *anfahren* (21) bildet den Satztypus E_N-V-E_{Adv}. Als E_N erscheint das „Fahrzeug"; die E_{Adv} wird durch das Satzglied „vorwärts/rückwärts" eingenommen. Durch die zweite Leerstellenbesetzung wird die Zielgerichtetheit dokumentiert; das Semem des Verbums *anfahren* erhält das Sem ‚zielgerichtet'.

Zweiwertige Verben, die dem Wortschatzbereich „Autoteile" zuzuordnen sind, dominieren in B1 zu 60,7 %; in B2 ist der Anteil mit 28,2 % deutlich geringer.

22. Entriegelt bzw. verriegelt werden/gemeinsam/
Türen
Heckklappe
Tankklappe. (B1, 28, 29-33)
23. **Die Innenleuchte**/herausnehmen/, hinter die Öffnung greifen und die Abdeckung herausdrücken. (B1, 40, 19-21)
24. **Taste**/drücken, [...]. (B1, 44, 16)
25. **Heckklappe**/öffnen. (B1, 29, 57)
26. **Handbremse**/anziehen. (B1, 55, 37)
27. **Mittelarmlehne**/herausklappen (B1, 105, 13)
28. **Kofferraumdeckel**/öffnen (B2, 76, 26)
29. **Kofferraum**/schließen (B2, 84, 22)
30. **Fahrdynamische Sitze**/ein-/ausschalten (B2, 90, 5-6)

Die Verben *verriegeln, entriegeln, herausnehmen, drücken, öffnen, anziehen, herausklappen, schließen, einschalten* und *ausschalten* bilden den Verbalsatztypus E_N-V-E_A (22-30). Das Sem ‚objektorientiert' wird durch die lexikalische Besetzung der zweiten Leerstelle durch „Autoteile" wie „Türen" (22), „Heckklappe" (22, 25), „Tankklappe" (22), „Innenleuchte" (23), „Taste" (24), „Handbremse" (26), „Mittelarmlehne"

(27), „Kofferraumdeckel“ (28) oder „Kofferraum“ (29) ausgedrückt. Zum Verbum *drücken* ist bei U. Engel-H. Schumacher (E/S, 163) und im großen Wörterbuch der deutschen Sprache (D, II, 872) eine Zweiwertigkeit *(Er drückt die Klingel/auf die Klingel; auf einen Knopf drücken)* mit dem Semem „einen Druck auf etw. ausüben“ zu verzeichnen, was mit dem hier analysierten Befund übereinstimmt. Jedoch fehlt auch hier die Möglichkeit der Valenzerhöhung (vgl. Beispiele 107 und 113). Im großen Wörterbuch der deutschen Sprache ist zum Verbum *anziehen* der Kontext *(eine Handbremse anziehen)* (D, I, 265) mit dem hier vorkommenden Beispiel vergleichbar; auch G. Helbig-W. Schenkel *(Der Mechaniker zieht die Schrauben an)* (H/S, 277) geben einen ähnlichen Kontext an.

Der Anteil der zweiwertigen Verben im Wortschatzbereich „Autofunktion“ ist in beiden Textexemplaren ungefähr gleich hoch und liegt im Mittelwert bei 13,2 %.

31. Die Schiebeblende bei angehobenem Dach nicht gewaltsam schließen, sonst wird/**der Mechanismus**/beschädigt. (B1, 39, 45-48)
32. Wenn/**ESP**/abgeschaltet oder gestört ist: (B2, 147, 27-28)
33. **Die Lenkradschaltung**/ist eingeschaltet. (B2, 149, 28-29)
34. Beachten Sie daher die folgenden Hinweise, sonst/kann/**die Schutzfunktion der Sicherheitssysteme**/beeinträchtig sein. (B1, 41, 8-11)
35. **Sportprogramm**/wählen (B1, 60, 24)
36. [...], um **die KEYLESS-GO-Funktion**/zu aktivieren. (B2, 77, 36-39)
37. **DISTRONIC**/ausschalten (B2, 188, 24)
38. **ASC+ T**/optimiert/**die Fahrstabilität und die Traktion**, [...] (B1, 75, 2-3)
39. **ASC+ T**/enthält/**die Funktionen Automatische Differenzialbremse ADB und Cornering Brake Control CBC**. (B1, 75, 7-9)

In den Beispielen 31-37 wird als E_A eine „Autofunktion“ genannt. Die lexikalischen Besetzungen der zweiten Leerstelle durch „Mechanismus“ (31), „ESP“ (32), „Lenkradschaltung“ (33), „Schutzfunktion der Sicherheitssysteme“ (34), „Sportprogramm“ (35) „KEYLESS-GO-Funktion“ (36) oder „DISTRONIC“ (37) charakterisieren die Inhaltsseiten der Verben, aus denen jeweils das Sem ‚objektorientiert‘ abgeleitet werden kann. In den Beispielen 38 und 39 erscheinen als E_N „Autofunktionen“ wie „ASC+ T“.

In B2 überwiegen die zweiwertigen Verben im Wortschatzbereich „Benutzer + Autoteile“ mit einem Anteil von 33,3 %, in B1 liegt der Anteil bei lediglich 6,9 %.

40. Benutzen/**Sie**/deshalb/**sonst nicht verwendete Zentralschlüssel**/etwa einmal im Jahr/für eine längere Fahrt,/damit der Akku aufgeladen wird. (B1, 28, 13-16)
41. **Sie**/können/**die Fensterheber**/noch bis zu 15 Minuten/bedienen, [...] (B1, 38, 2-3)
42. **Sie**/können/**den Kofferraum**/öffnen. (B2, 77, 21)
43. Schließen/**Sie**/**den Kofferraumdeckel** (B2, 77, 2)
44. Tippen/**Sie**/**den Drehknopf**/kurz/an. (B2, 108, 29)
45. Das Schiebedach fährt nach vorne, bis/**Sie**/**den Schalter**/loslassen. (B2, 175, 24-25)
46. Drücken/**Sie**/**auf die Taste [Abbildung]**. (B2, 75, 7)

Die Verben *benutzen, bedienen, öffnen, schließen, antippen, loslassen* und *drücken* konstituieren die zweiwertigen Verbalsatztypen E_N-V-E_A (40-45) bzw. E_N-V-E_{pA} (46). Die E_N wird vom „Benutzer“ besetzt, der ausschließlich über das Anredepronomen „Sie“ angesprochen wird. Die E_A bzw. E_{pA} wird mit „Autoteilen“ besetzt. Durch die zweite Leerstellenbesetzung E_A erweisen sich alle Verben als ‚objektorientiert‘. In 40 geben die Satzglieder „etwas einmal im Jahr“, „für eine längere Fahrt“ sowie der Finalsatz „damit der Akku aufgeladen wird“ lediglich zusätzliche, nicht notwendige Angaben an, sodass sie nicht als Ergänzungen gewertet werden.

In den Wörterbüchern (D, I, 255/ W, 183) ist zum Verbum *antippen* mit der Beschreibung „leicht und kurz berühren“ im Kontext *(Ihre Fingerspitzen tippen unschlüssig die Bedientasten des Gebäudes an)* eine vergleichbare Inhaltsseite mit dem hier analysierten Befund gegeben.

Die zweiwertigen Verben im Wortschatzbereich „Benutzer + Autofunktion“ zeigen einen verschwindend geringen Anteil von 5 %.

47. **Die schlüsselabhängige Speicherung**/können/**Sie**/ausschalten (B2, 100, 20-21)
48. Schalten/**Sie**/**das COMAND**/ein und [...] (B2, 118, 10)
49. **Sie**/können/sonst/**die Aufrollautomatik**/beschädigen. (B2, 155, 24-25)
50. [...], wenn/**Sie**/**den Rückwärtsgang bzw. die Wählhebelpositionen R**/ einlegen. (B1, 74, 24-25)
51. Drücken/**Sie**/danach/innerhalb von drei Sekunden/**auf eine der Speicherpositionen 1, 2 oder 3**. (B2, 101, 6-8)
52. Fahren/**Sie**/zur Aufrechterhaltung der Fahrstabilität/möglichst immer/**mit eingeschalteter ASC+ T**. (B1, 75, 46-48)

Die Verben *ausschalten, einschalten, beschädigen, einlegen, drücken* und *fahren* bilden die Verbalsatztypen E_N-V-E_A (47-50), E_N-V-E_{pA} (51) oder E_N-V-E_{pD} (52). Die semantische Differenzierung ergibt sich aus den unterschiedlichen Besetzungen der Leerstellen. Als E_N kommt ausnahmslos der „Benutzer“ vor, der in der Anredeform „Sie“ erwähnt wird. An die zweite Leerstelle treten „Autofunktionen“. Die Beispiele 47-51 erweisen sich durch die zweite Leerstellenbesetzung als ‚objektorientiert‘. Im Beispiel 52 gibt die E_{pD} „mit eingeschalteter ASC+ T“ die Art und Weise der Handlung an, wodurch sich das Sem ‚in spezifischer Weise‘ ergibt. Die Adverbiale „innerhalb von drei Sekunden“ in 51 und „zur Aufrechterhaltung der Fahrstabilität“ in 52, die nur zusätzliche Angaben zum Zeitbezug bzw. Zweck anzeigen, erweisen sich als nicht notwendig.

Im Wortschatzbereich „Autoteile + Autofunktion“ kommen zweiwertige Verben mit einem verschwindend geringen Anteil von 4,9 % in B2 bzw. 1,8 % in B1 vor:

53. Darüber hinaus/bietet/**sie** [= die Fernbedienung]/**zwei zusätzliche Funktionen**: (B1, 29, 4-5)
54. Darauf achten, dass das Handy mit der Rückseite an der Ablage anliegt, um **die Funktion der seitlichen Tasten**/zu gewährleisten. (B1, 102, 18-21)
55. Vor Fahrtbeginn/**die Funktion der Heckleuchten des Anhängers**/prüfen. (B1, 110, 6-8)

Die Verben *bieten* (53), *gewährleisten* (54) und *prüfen* (55) konstituieren den Verbalsatztypus E_N-V-E_A. In 53 erscheint als E_N die Bezeichnung „Fernbedienung“, wodurch ein Bezug zum Wortschatzbereich „Autoteile“ hergestellt wird. Als E_A ist die „Autofunktion“ erwähnt. In den Beispielen 54 und 55 treten an die zweite Leerstelle E_A die Wortschatzbereiche „Autofunktion“ und „Autoteile“. Die E_A wird ausdrucksseitig durch einen Nukleus und ein postnukleares Genitivattribut ausgedrückt, wobei die „Autofunktion“ durch den Nukleus „Funktion“ und die „Autoteile“ durch die postnuklearen Genitivattribute „der seitlichen Tasten“ bzw. „der Heckleuchten des Anhängers“ gekennzeichnet werden. Die Sememe der Verben enthalten das Sem ‚objektorientiert‘.

In 1/3 aller Fälle sind dreiwertige Verben gegeben. Im Wortschatzbereich „Auto“ finden sich dreiwertige Verben nur an wenigen Stellen. Im Mittelwert sind lediglich 1,9 % aller dreiwertigen Verben dem Wortschatzbereich „Auto“ zuzuordnen.

56. Fahrzeugschlüssel deswegen immer mitnehmen, damit/**das Fahrzeug**/jederzeit/wieder/**von außen**/geöffnet werden kann. (B1, 29, 28-31)
57. Wenn **das Fahrzeug**/vorher/**zentral**/verriegelt war, brauchen Sie nur den Kofferraumdeckel wieder zu schließen. (B2, 76, 37-38)
58. Die Kontrollleuchte blinkt, wenn/**das Fahrzeug**/**automatisch**/gebremst wird. (B1, 81, 28-29)

Die Verben *öffnen, verriegeln* und *bremsen* erhalten den Verbalsatztypus E_N-V-E_A-E_{Adv}. Die Sememe der Verben enthalten die Semkombination ‚objektorientiert und zugleich zielgerichtet' (56) bzw. ‚in spezifischer Weise objektorientiert' (58, 59). Der Wortschatzbereich „Auto" wird in 56 durch die Besetzung der zweiten Leerstelle E_A „Fahrzeug" angegeben, wodurch das Sem ‚objektorientiert' markiert wird. Als dritte Leerstelle E_{Adv} fungiert ein Richtungshinweis „von außen", wodurch das Sem ‚zielgerichtet' repräsentiert wird. Die Dreiwertigkeit des Verbums *öffnen* entsteht, indem zum zweiwertigen objektorientierten Gebrauch eine dritte Ergänzung hinzukommt, die die Richtung angibt. Wie in Beispiel 56 werden die Sätze in den Textexemplaren häufig von Passivkonstruktionen bestimmt, die ermöglichen, auf das Subjekt bzw. auf die Nennung des Benutzers zu verzichten. In 57 und 58 werden die E_A durch die Bezeichnung „Fahrzeug" und die E_{Adv} durch das Modaladverbial „zentral" bzw. „automatisch" eingenommen. Die lexikalischen Besetzungen der Leerstellen markieren die Seme ‚objektorientiert' und ‚in spezifischer Weise'.

Ähnlich wie bei den zweiwertigen Verben überwiegen in B1 im Wortschatzbereich „Autoteile" die dreiwertigen Verben mit 49,4 %, in B2 sind lediglich 9,5 % aller dreiwertigen Verben diesem Wortschatzbereich zuzuordnen:

59. **Klemmhebel/nach unten/**<u>klappen</u> (B1, 48, 6)
60. **die Abdeckklappe**/in die Führung/einschieben/und/**nach oben**/<u>andrücken</u>. (B1, 108, 46-48)
61. **Schalter/oben bzw. unten/**<u>drücken</u> (B2, 43, 25)
62. **Taste/nach unten oder oben/**<u>schieben</u> (B2, 45, 13-14)
63. **Das Schiebedach**/wird/**hinten**/<u>abgesenkt</u>. (B2, 175, 34-35)
64. **das Schiebedach**/<u>bewegt</u>/**sich/automatisch**. (B1, 39, 17-18)
65. **Die Heckscheibenheizung**/<u>schaltet</u>/**sich/automatisch**/<u>ab</u>. (B1, 92, 27-28)
66. **Das Schiebedach und bei Bedarf die Abdeckung**/<u>öffnen</u>/**sich,/bis Sie den Schalter loslassen**. (B2, 175, 18-20)
67. **Das Schiebedach**/<u>fährt</u>/**nach vorne/,bis Sie den Schalter loslassen**. (B2, 175, 24-25)
68. **Der Außenspiegel Fahrerseite und der Innenspiegel**/<u>blenden</u>/**automatisch**/<u>ab</u>/**,wenn gleichzeitig**
die Zündung eingeschaltet ist
einfallendes Scheinwerferlicht auf den Sensor im Innenspiegel trifft
(B2, 151, 20-25)

In den Sätzen des Textkorpus ist festzustellen, dass häufig die Notwendigkeit einer Richtungsangabe gegeben ist. Dies geschieht durch die Verwendung der dreiwertigen Verben *klappen* (59), *andrücken* (60), *drücken* (61), *schieben* (62) und *absenken* (63), in denen die „Zielgerichtetheit" durch die lexikalische Besetzung der dritten Leerstelle E_{Adv} „nach unten", „nach oben", „oben/unten" oder „hinten" realisiert wird. Der Bezug zum Wortschatzbereich „Autoteile" wird durch die zweite Ergänzung E_A, die durch Bezeichnungen wie „Klemmhebel" (59), „Abdeckklappe" (60), „Schalter" (61), „Taste" (62) und „Schiebedach" (63) eingenommen wird, gekennzeichnet. Die Sememe der Verben erhalten demnach die Semkombination ‚objektorientiert und zugleich zielgerichtet'. Es ergibt sich in den Beispielen 59-63 der dreiwertige Satztypus E_N-V-E_A-E_{Adv}. Die Verben *bewegen* (64) und *abschalten* (65) konstituieren ebenfalls den Verbalsatztypus E_N-V-E_A-E_{Adv}. Die Dreiwertigkeit entsteht, indem die Seme ‚objektorientiert' und ‚in spezifischer Weise' kombiniert auftreten. Als E_N erscheinen „Autoteile". Bei der E_A handelt es sich um das Reflexivum „sich", welches auf das Sem ‚objektorientiert' verweist. Aufgrund der Substitutionsmöglichkeit der zweiten Leerstelle erweisen sich die Verben *bewegen* und *abschalten* hier als partimreflexiv. Die spezifische Durchführungsart dokumentiert sich im Satzglied „automatisch". In 66 erweitert sich das zweiwertige objektorientierte *öffnen* um das Sem ‚ergebnisorientiert', das durch die Angabe des Temporalsatzes gekennzeichnet wird. Der Bezug zum Wortschatzbereich „Autoteile" wird durch die lexikalische Besetzung der zweiten Leerstelle E_A mit dem Reflexivum „sich" hergestellt. Das Verbum *öffnen* bildet den Verbalsatztypus E_N-V-E_A-E_{TEM}. Das Verbum *fahren* (67) konstituiert den Satztypus E_N-V-E_{Adv}-E_{TEM}. Dabei erscheint als E_N die Bezeichnung „Schiebedach", wodurch ein Bezug zum Wortschatzbereich „Autoteile" hergestellt werden kann. Als E_{Adv} ist eine Richtungsangabe „nach vorne" gegeben. An die dritte Leerstelle E_{TEM} tritt ein Temporalsatz, der das Ergebnis konkretisiert und sich in der Betriebsanleitung als notwendig erweist. Die lexikalischen Besetzungen der Leerstellen charakterisieren die Inhaltsseite des Verbums, aus denen die Seme ‚zielgerichtet' und ‚ergebnisorientiert' abgeleitet werden können. Das Verbum *abblenden* (68) konstituiert den Verbalsatztypus E_N-V-E_{Adv}-E_{KON}. Das Semem des Verbums entsteht durch die Semkombination ‚in spezifischer Weise bedingungsgebunden'. Der Wortschatzbereich „Autoteile" wird durch die lexikalische Besetzung der E_N angegeben. Das Sem ‚in spezifischer Weise' richtet sich nach dem Satzglied „automatisch". Die Notwendigkeit einer Spezifizierung der Bedingung geschieht durch die Verwendung des Konditionalsatzes.

Im Valenzwörterbuch von G. Helbig-W. Schenkel wird das Verbum *sich bewegen* mit der vergleichbaren Inhaltsseite „von der Stelle bringen“ im Kontext *(Der Schlafende bewegt sich)* (H/S, 249) behandelt – ähnlich U. Engel-H. Schumacher *(Das Kind bewegt sich (natürlich).)* (E/S, 150). Jedoch fehlen Angaben zu kfz-sprachlichen Sememen und somit die Möglichkeit einer Valenzerhöhung durch das Hinzutreten des Sems ‚in spezifischer Weise‘.

Im Wortschatzbereich „Autofunktion“ werden dreiwertige Verben mit einem deutlich geringeren Anteil von 5,4 % festgestellt:

69. Über ca. 60 km/h/wird/**HDC**/**automatisch**/deaktiviert. (B1, 81, 23-24)

Als Beispiel dient das Verbum *deaktivieren* (69), dessen Semem aus der Kombination der Seme ‚objektorientiert‘ und ‚in spezifischer Weise‘ zusammengesetzt wird. Als E_A wird die Funktion „HDC“ genannt, die E_{Adv} besteht aus dem Satzglied „automatisch“. Das Verbum *deaktivieren* konstituiert den Verbalsatztypus E_N-V-E_A-E_{Adv}. In der Passivkonstruktion wird die E_N nicht besetzt; für die Analyse der Semantik der Verbvalenz wird jedoch der Passivsatz in einen Aktivsatz transformiert, so dass als E_N ein „Benutzer“ angenommen wird.

Im Wortschatzbereich „Benutzer + Autoteile“ dominieren in B2 die dreiwertigen Verben mit 53,7 %, in B1 liegt der Anteil bei 9,1 %:

70. **Die Seitenscheiben**/können/**Sie**/**elektrisch** öffnen und schließen. (B2, 178, 20-21)
71. **Durch wiederholtes Drücken der Taste**/können/**Sie**/**die Spiegel**/an- und abklappen. (B1, 48, 17-19)
72. Öffnen/**Sie**/**die Seitendüsen**/**mit dem Regler (10)**/und/drehen/Sie/diese/auf die Seitenscheiben. (B2, 162, 5-7)
73. Schieben/**Sie**/**den Schalter (1)**/für etwa fünf Sekunden/**nach oben**. (B2, 91, 12-13)
74 Tippen/**Sie**/**den TEMPOMAT-Hebel**/kurz/**in Pfeilrichtung** (4). (B2, 183, 15-16)
75. Öffnen/Sie/die Seitendüsen/mit dem Regler (10)/und/drehen/**Sie**/**diese**/**auf die Seitenscheiben**. (B2, 162, 5-7)
76. Drücken/**Sie**/**den Kofferraumdeckel**/**an das Schloss**. (B2, 86, 7-8)
77. Ziehen/**Sie**/**den Notschlüssel**/**aus dem Schlüssel**. (B2, 77, 4-5)
78. Ziehen/**Sie**/**das Sonnenschutzrollo**/**am Zughaken (2)**/heraus. (B2, 155, 15-16)
79. Heben/**Sie**/**den Deckel**/**am Griff vorne**/an, um das Ablagefach zu öffnen. (B2, 220, 3-4)
80. Drücken/**Sie**/etwa sechs Sekunden gleichzeitig/**auf die Tasten [Abbildung der Taste] und [Abbildung der Taste]**/**, bis die Batterie-Kontrollleuchte (1) zweimal blinkt**. (B2, 75, 31-34)

Die Verben *öffnen/schließen* in 70 konstituieren den dreiwertigen Verbalsatztypus E_N-V-E_A-E_{Adv}. Die Dreiwertigkeit entsteht dadurch, dass zum zweiwertigen ‚objektorientierten' Gebrauch eine dritte Ergänzung hinzukommt, die die spezifische Durchführungsart angibt. Das Sem ‚in spezifischer Weise' richtet sich nach dem Satzglied „elektrisch". Als E_N erscheint der „Benutzer". Ein Bezug zum Wortschatzbereich „Autoteile" wird durch die lexikalische Besetzung der E_A „Seitenscheiben" realisiert. Die Seme der Verben *an-/abklappen* und *öffnen* in den Beispielen 71 und 72 setzen sich ebenfalls aus der Semkombination ‚in spezifischer Weise (mit besonderen Instrumenten) und zugleich objektorientiert' zusammen. Als E_N kommt konstant der „Benutzer" vor. Das Sem ‚objektorientiert' wird durch die lexikalische Besetzung der E_A („die Spiegel", „die Seitendüsen") repräsentiert. An die dritte Leerstelle tritt eine E_{pA} „durch wiederholtes Drücken der Taste" oder E_{pD} „mit dem Regler", die das Sem ‚in spezifischer Weise (mit besonderen Instrumenten)' kennzeichnen. Die Verben bilden die dreiwertigen Satztypen E_N-V-E_A-E_{pA} (71) und E_N-V-E_A-E_{pD} (72). Weiter ist in den Sätzen des Textkorpus festzustellen, dass häufig die Notwendigkeit einer Richtungsangabe gegeben ist. Dies geschieht unter Verwendung des dreiwertigen *schieben* (73), *tippen* (74), *drehen* (75), *drücken* (76), *ziehen* (77), *herausziehen* (78) und *anheben* (79). Die Verben bilden die Verbalsatztypen E_N-V-E_A-E_{Adv} (73), E_N-V-E_A-E_{pA} (74, 75, 76) und E_N-V-E_A-E_{pD} (77, 78, 79). Das Sem ‚zielgerichtet' wird durch die lexikalische Besetzung der dritten Leerstelle E_{Adv} „nach oben" (73), E_{pA} „in Pfeilrichtung (4)" (74), „auf die Seitenscheiben" (75), „an das Schloss" (76) und E_{pD} „aus dem Schlüssel" (77), „am Zughaken (2)" (78) und „am Griff vorne" (79) repräsentiert. Dabei sind die unterschiedlichen Kasus von der Wahl der Präposition abhängig und haben keinen Einfluss auf die Inhaltsseite des Verbs. Ein Bezug zum „Benutzer" bzw. zu den „Autoteilen" wird konstant durch die lexikalische Besetzung der E_N bzw. E_A erreicht. Die Sememe der Verben enthalten die Semkombination ‚objektorientiert und zugleich zielgerichtet'. Im Beispiel 80 entsteht die Dreiwertigkeit des Verbums *drücken,* indem die Seme ‚objektorientiert' und ‚ergebnisorientiert' kombiniert auftreten. Die E_N wird auf den „Benutzer" festgelegt. Die E_{pA} wird durch die Bezeichnung „auf die Tasten [Abbildung der Taste] und [Abbildung der Taste]" besetzt und gibt das Sem ‚objektorientiert' an. Weiter wird durch die dritte Ergänzung E_{TEM} die Notwendigkeit einer Zielangabe gegeben. Das Temporaladverbiale „etwa sechs Sekunden gleichzeitig" ist als zusätzliche Information zu werten. Das Verbum *drücken* konstituiert den dreiwertigen Verbalsatztypus E_N-V-E_{pA}-E_{TEM}.

Zum Verbum *schließen* existiert bei G. Helbig-W. Schenkel eine in der Betriebsanleitung vorkommende vergleichbare Zweiwertigkeit *(Der Freund schließt die Tür)* (H/S, 385) – so auch im großen Wörterbuch der deutschen Sprache *(einen Kofferraum schließen)* (D, XIII, 3381) mit der Inhaltsseite „bei einer Sache bewirken, dass sie nach außen abgeschlossen, zu ist". Die Möglichkeit des dreiwertigen Gebrauchs durch das Hinzutreten des Sems ‚in spezifischer Weise' wird in den Wörterbüchern jedoch nicht aufgenommen. Im großen Wörterbuch der deutschen Sprache ist zum Verbum *tippen* mit der Beschreibung „etw. mit der Finger-, Fußspitze, einen dünnen Gegenstand irgendwo leicht und kurz berühren, leicht anstoßen" im Kontext *(er tippte kurz aufs Gaspedal)* (D, IX, 3910) – ähnlich bei G. Wahrig mit dem Semem „mit dem Finger oder mit der Zehe, dem Fuß leicht berühren" – keine spezifische Richtungsangabe gegeben. Eine potentielle Übertragungsmöglichkeit der Verwendungsweise gemeinsprachlicher Bezeichnungen auf den Kommunikationsbereich der Kraftfahrzeugtechnik sowie eine Valenzerhöhung werden in den Wörterbüchern nicht aufgezeigt.

Dreiwertige Verben verteilen sich im Wortschatzbereich „Benutzer + Autofunktion" zu 3,4 % (B1) bzw. 9,3 % (B2):

81. Schalten/**Sie**/nur/dann/**in den Rückwärtsgang**/, **wenn das Fahrzeug steht**. (B2, 150, 12-13)
82. Rufen/**Sie**/**die Memory-Funktion**/nur/ab/,**wenn das Fahrzeug steht**. (B2, 100, 23-24)
83. **PDC**/unterstützt/**Sie**/,**wenn Sie rückwärts einparken**. (B1, 74, 2-3)
84. Lösen/**Sie**/**die Servoschließung**/nicht/**durch Hantieren am Schlossmechanismus**/aus. (B2, 86, 12-14)

Das Verbum *schalten* (81) bildet den Verbalsatztypus E_N-V-E_{pA}-E_{KON}. Die E_N wird vom „Benutzer" eingenommen. An die zweite Leerstelle E_{pA} „in den Rückwärtsgang" tritt der Richtungsbezug. Die E_{KON} gibt die notwendige Bedingung an. Das Semem des Verbums *schalten* enthält die Semkombination ‚zielgerichtet und bedingungsgebunden'. Das Verbum *abrufen* (82) konstituiert den Verbalsatztypus E_N-V-E_A-E_{KON}. Als E_N erscheint konstant der „Benutzer". Die lexikalische Besetzung der zweiten Leerstelle E_A „die Memory-Funktion" stellt einen Bezug zum Wortschatzbereich „Autofunktion" her und signalisiert das Sem ‚objektorientiert'. Die dritte Leerstelle E_{KON} verweist auf die Notwendigkeit einer Bedingung hin, aus der das Sem ‚bedingungsgebunden' abgeleitet werden kann. Das Semem des Verbums *abrufen* wird aus den Semen ‚objektorientiert' und ‚bedingungsgebunden' zusammengesetzt. Das Verbum *unterstützen* in 83 bildet den Satztypus E_N-V-E_A-E_{KON}. Ein Bezug zum Wortschatzbereich „Autofunktion“ wird durch die lexikalische Besetzung der E_N „PDC“ realisiert. Die E_A wird durch den „Benutzer“ eingenommen. Die E_{KON} gibt die notwendige Bedingung dieser Handlung an. Wichtig für die Feststellung der Verbsemantik ist die lexikalische Besetzung der zweiten und dritten Leerstelle. Demnach enthält das Semem des Verbums *unterstützen* die Semkombination ‚persongerichtet und zugleich bedingungsgebunden‘. Das Semem des Verbums *auslösen* (84) wird durch die Kombination der Seme ‚objektorientiert‘ und ‚in spezifischer Weise‘ zusammengesetzt. Das Sem ‚objektorientiert‘ ergibt sich aus der Besetzung der zweiten Leerstelle mit einer „Autofunktion“. Die dritte Leerstelle richtet sich nach dem Satzglied „durch Hantieren am Schlossmechanismus“, wodurch das Sem ‚in spezifischer Weise‘ gekennzeichnet wird. Das Verbum bildet den Verbalsatztypus E_N-V-E_A-E_{pA}.

Relativ häufig tauchen dreiwertige Verben in B1 im Wortschatzbereich „Autoteile + Autofunktion“ (14,3 %) auf, in B2 wird lediglich ein Anteil von 3,2 % ermittelt:

85. **Spiegel-Umschalter 1/in Stellung Fahrerspiegel/**bringen (B1, 47, 10-11)
86. **Wählhebel/in Stellung P oder N/**bringen (B1, 55, 44-45)
87. Taste/drücken/oder/**den Zündschlüssel/in Stellung 1/**drehen. (B1, 32, 15-16)
88. Drücken Sie so lange auf die entsprechende Speicherposition **1**, **2** oder **3**, bis **sich/Sitze, Lenkrad und Spiegel/auf die abgerufene Position/**bewegt haben. (B2, 101, 12-15)

Die Verben *bringen* (85, 86), *drehen* (87) und *bewegen* (88) konstituieren den Verbalsatztypus E_N-V-E_A-E_{pA}. Durch die lexikalische Besetzung der E_A „Spiegel-Umschalter 1“, „Wählhebel“ oder „Zündschlüssel“ ist ein Bezug zum Wortschatzbereich „Autoteile“ gegeben. In 88 erweist sich das Verbum *bewegen* aufgrund der Substitutionsmöglichkeit der zweiten Leerstelle E_A als partimreflexiv. Als E_N erscheinen die „Autoteile“ „Sitze, Lenkrad und Spiegel“. In den Beispielen wird die dritte Leerstelle E_{pA} durch „Autofunktionen“ eingenommen, welche zugleich eine Richtungsangabe bietet. Die Sememe der Verben weisen demnach die Semkombination ‚objektorientiert und zugleich zielgerichtet‘ auf.

Dreiwertige Verben im Wortschatzbereich „Benutzer + Autoteile + Autofunktion“ sind in B1 mit einem Anteil von 3,8 % vertreten, in B2 ist der Anteil von 12,7 % deutlich höher:

89. Wenn/**Sie/den Zündschlüssel/in Stellung 0/**drehen, [...] (B1, 84, 20-21)
90. Wenn **Sie/den Lichtschalter/auf eine andere Position/**drehen, schaltet sich das entsprechende Licht ein. (B2, 133, 21-23)
91. 10 Sekunden, nachdem **Sie/den Wählhebel/in Stellung D/**gebracht haben. (B2, 101, 26-27)

92. **Sie**/können/**die automatische Luftverteilung/mit der AUTO-Taste**/wieder/einschalten. (B1, 96, 29-31)
93. Schalten /**Sie/die automatische Verriegelung/mit den Tasten [Abbildung der Taste] oder [Abbildung der Taste]**/EIN oder AUS. (B2, 137, 1-3)
94. **Durch wiederholtes Drücken der Taste**/können/**Sie/verschiedene Heizwirkungen**/abrufen. (B1, 47, 28-30)
95. **Mit der Komfortschließung**/können/**Sie/Seitenscheiben und Schiebedach**/gleichzeitig /schließen. (B2, 179, 44-46)
96. **Sie**/können/**das Zuheizsystem/nur bei laufendem Motor**/ein- und ausschalten. (B2, 169, 29-30)

Die Beispiele *drehen* (89, 90) und *bringen* (91) sind den Beispielen 85-87 im Wortschatzbereich „Autoteile + Autofunktion" ähnlich. Zusätzlich wird hier der „Benutzer" als E_N genannt, wodurch die Beispiele 89-91 dem Wortschatzbereich „Benutzer + Autoteile + Autofunktion" zuzuordnen sind. Die Dreiwertigkeit der Verben *einschalten* (92), *ein- und ausschalten* (93), *abrufen* (94) und *schließen* (95) entsteht, indem die Seme ‚objektorientiert' und ‚in spezifischer Weise (mit besonderen Instrumenten)' kombiniert auftreten. Das Sem ‚objektorientiert' richtet sich nach der lexikalischen Besetzung der zweiten Leerstelle E_A durch „die automatische Luftverteilung" (92), „die automatische Verriegelung" (93), „verschiedene Heizwirkungen" (94) oder „Seitenscheiben und Schiebedach" (95), wodurch ein Bezug zum Wortschatzbereich „Autofunktion" (92-94) bzw. „Autoteile" (95) hergestellt werden kann. Die lexikalische Besetzung der dritten Leerstelle E_{pD} „mit der AUTO-Taste" (92), „mit den Tasten [Abbildung der Taste] oder [Abbildung der Taste]" (93), „mit der Komfortschließung" (95) bzw. E_{pA} „durch wiederholtes Drücken der Taste" (94) verweist auf den Wortschatzbereich „Autoteile" (92-94) bzw. „Autofunktion" (95) und gibt das Sem ‚in spezifischer Weise mit besonderen Instrumenten' (92, 93, 95) bzw. ‚in spezifischer Weise' (94) an. Die unterschiedlichen Kasus sind jeweils von der Wahl der Präposition abhängig und haben keinen Einfluss auf die Inhaltsseite des Verbums. Als Besonderheit werden für das Beispiel 93 die Affixoide „ein" und „aus" beim Verbum *ein- und ausschalten* als Abbildungen der Tasten [EIN] oder [AUS] dargestellt. Als E_N erscheint konstant der „Benutzer". Die Verben konstituieren die Verbalsatztypen E_N-V-E_A-E_{pD} (92, 93, 95) und E_N-V-E_A-E_{pA} (94). Im Beispiel 96 drücken die Verben *ein- und ausschalten* eine ‚objektorientierte und zugleich bedingungsgebundene' Aktion aus. Die E_N zeigt den „Benutzer" an. Das Sem ‚objektorientiert' richtet sich nach dem Satzglied „das Zuheizsystem". Die notwendige Bedingung ist durch die E_{pD} „bei laufendem Motor" gegeben. Es entsteht der Verbalsatztypus E_N-V-E_A-E_{pD}.

Der Anteil der vierwertigen Verben ist in beiden Betriebsanleitungen ungefähr gleich und liegt jeweils bei rund 8 %. Allen vierwertigen Verben ist gemein, dass sie zum größten Teil auch als drei- und zweiwertige Verben vorkommen. Im Wortschatzbereich „Auto" findet sich in B2 ein vierwertiges *verriegeln:*

97. **Wenn Sie nach dem Entriegeln des Fahrzeugs weder eine Tür noch den Kofferraumdeckel öffnen**/,verriegelt/**sich**/**das Fahrzeug**/nach etwa 40 Sekunden/**wieder automatisch**. (B2, 75, 14-18)

Beim Verbum *verriegeln* (97) erweitert sich der zweiwertige objektorientierte Gebrauch um eine E_{Adv} und eine E_{KON}, die die spezifische Durchführungsart und die notwendige Bedingung spezifizieren. Das Semem des zweiwertigen *verriegeln* im Wortschatzbereich „Auto" wird so um die Seme ‚in spezifischer Weise' und ‚bedingungsgebunden' erweitert. Die E_N verweist auf das Satzglied „das Fahrzeug". Als E_A erscheint ein Reflexivum, welches das Sem ‚objektorientiert' markiert. Es entsteht der vierwertige Verbalsatztypus E_N-V-E_A-E_{Adv}-E_{KON}. Das Temporaladverbiale „nach etwa 40 Sekunden" erweist sich hier als zusätzliche Angabe.

Im Wortschatzbereich „Autoteile" tauchen in B1 deutlich mehr vierwertige Verben auf (27,9 %) als in B2 (5 %):

98. **Wählhebel/nach rechts/in Richtung C**/tippen. (B1, 58, 56-57)
99. **An einer Fondtür/den Sicherungshebel/nach unten**/schieben. (B1, 52, 18-19)
100. **Den Zentralschlüssel/nach links/bis zum Anschlag**/drehen (B1, 34, 19-20)
101. **Kopfstütze/bis zum Anschlag/nach oben**/ziehen (B1, 44, 14-15)
102. **Ablage/bis zum Einrasten/nach unten**/drücken. (B1, 102, 11-12)
103. **Sie** [= die Warnblinkanlage]/schaltet /**sich**/**automatisch**/ein/,**wenn ein Airbag ausgelöst wurde**. (B2, 105, 18-20)
104. **Wenn das Schiebedach bei der Regenschließung blockiert**/,öffnet/**es**/**sich**/nicht/**automatisch**/wieder. (B2, 177, 8-10)

Die Verben *tippen* (98) und *schieben* (99) bilden die vierwertigen Verbalsatztypen E_N-V-E_A-E_{Adv}-E_{pA} (98) und E_N-V-E_A-E_{Adv}-E_{pD} (99). Während im dreiwertigen Gebrauch der Richtungsbezug nur durch eine Leerstelle ausgedrückt wird, wird hier die Zielgerichtetheit durch zwei Leerstellen E_{Adv} „nach rechts" bzw. „nach unten" und E_{pA} „in Richtung C" bzw. E_{pD} „an der Fondtür" eingenommen. Die unterschiedlichen Kasus ergeben sich durch die Rektion der Präposition. Das Sem ‚objektorientiert' wird wie im zweiwertigen Gebrauch durch die E_A repräsentiert, deren lexikalische Besetzung einen Bezug zum Wortschatzbereich „Autoteile“ herstellt. In den Beispielen 100, 101 und 102 konstituieren die Verben *drehen* (100), *ziehen* (101) und *drücken* (102) den Verbalsatztypus E_N-V-E_A-E_{Adv}-E_{pD}. Die Sememe der Verben erhalten die Semkombination ‚objektorientiert, zielgerichtet und zugleich ergebnisorientiert‘. Das Sem ‚objektorientiert‘ richtet sich nach der lexikalischen Besetzung der zweiten Leerstelle E_A. Die Richtungsangabe wird durch die E_{Adv} gegeben. Das Sem ‚ergebnisorientiert‘ ergibt sich aus der lexikalischen Besetzung der $E_{pD.}$ In den Beispielen 103 und 104 bilden die Verben *einschalten* und *öffnen* den vierwertigen Verbalsatztypus E_N-V-E_A-E_{Adv}-E_{KON}. Die Vierwertigkeit der Verben entsteht, indem die Seme ‚in spezifischer Weise‘, ‚bedingungsgebunden‘ und ‚objektorientiert‘ kombiniert auftreten. Das Sem ‚in spezifischer Weise‘ wird durch die E_{Adv} „automatisch“ ausgedrückt. Die notwendige Bedingung richtet sich nach der $E_{KON.}$ Als E_A ist das Reflexivum vertreten, welches das Sem ‚objektorientiert‘ angibt. Als E_N erscheinen die Personalpronomen „sie“ (103) und „es“ (104), die die Autoteile „die Warnblinkanlage“ (103) und „das Schiebedach“ (104) ersetzen. Aufgrund der Substitutionsmöglichkeit der zweiten Leerstelle erweisen sich die Verben *einschalten* und *öffnen* als partimreflexiv. Für das Verbum *drehen* ist im großen Wörterbuch der deutschen Sprache eine semantische Ähnlichkeit *(du musst den Schalter nach rechts drehen, den Knopf zur Seite drehen)* mit der Inhaltsseite „durch eine Drehbewegung in eine bestimmte andere Richtung bringen“ (D, II, 862) vorhanden; so ähnlich bei G. Wahrig mit der Verbsemantik „um eine Achse oder einen Punkt bewegen, in eine andere Richtung bringen“. Jedoch wird das Sem ‚zielgerichtet‘, das potenziell weitere kfz-sprachliche Verwendungsweisen erweitert, wodurch ein vierwertiger Gebrauch entstehen kann, nicht angegeben. Beim Verbum *öffnen* ist im großen Wörterbuch der deutschen Sprache mit dem Semem „geöffnet werden“ und dem Kontext *(die Tür öffnete sich automatisch)* (D, XI, 2788) eine vergleichbare Dreiwertigkeit gegeben. Die Möglichkeit des vierwertigen Gebrauchs durch das Hinzutreten des Sems ‚bedingungsgebunden‘ wird nicht erwähnt. Der zweiwertige Gebrauch *(die Tür öffnen)* (D, VI, 2788) – ähnlich bei U. Engel-H. Schumacher im Kontext *(Der Hausmeister öffnet die Tür)* (E/S, 231) – entspricht dem hier analysierten Befund mit dem Verbalsatztypus E_N-V-E_A.

Im Wortschatzbereich „Autofunktion“ finden sich im Durchschnitt lediglich 4 % der vierwertigen Verben. Als Beispiel dient das Verbum *ausschalten:*

105. **Die DISTRONIC**/schaltet/sich/automatisch/aus/,**wenn Sie auf die Parkbremse treten Sie langsamer als 30 km/h fahren ESP regelt oder Sie ESP ausschalten Sie den Wählhebel während der Fahrt auf N stellen.** (B2, 191, 32-42)

Ähnlich wie die Verben *einschalten* und *öffnen* in 103 und 104 bildet das Verbum *ausschalten* (105) durch die Kombination der Seme ‚objektorientiert', ‚in spezifischer Weise' und ‚bedingungsgebunden' den Verbalsatztypus E_N-V-E_A-E_{Adv}-E_{KON}. Ein Bezug zum Wortschatzbereich „Autofunktion" wird durch die lexikalische Besetzung der E_N „DISTRONIC" hergestellt.

Das zweiwertige *ausschalten (den Motor ausschalten)* mit der Inhaltsseite „durch Bedienen eines Schalters o.Ä. abstellen" (D, I, 406) im großen Wörterbuch der deutschen Sprache entspricht dem zweiwertigen Gebrauch in der Betriebsanleitung mit dem Verbalsatztypus E_N-V-E_A. Die Möglichkeit der Dreiwertigkeit mit der Inhaltsseite „durch einen Schalter in bestimmter Weise außer Betrieb gesetzt werden" (D, I, 406) im Kontext *(die Maschine schaltet sich von selbst, automatisch aus)* ist ebenfalls gegeben. Ein vierwertiges *ausschalten* durch das Hinzutreten des Sems ‚bedingungsgebunden' wird jedoch nicht angegeben.

Der Anteil der vierwertigen Verben im Wortschatzbereich „Benutzer + Autoteile" ist in B2 deutlich höher (50,7 %) als in B1 (4,4 %):

106. Drücken/**Sie/die Wippe (10) oder (8)**/so lange/**nach oben/, bis das Display die gewünschte Temperatur anzeigt.** (B2, 160, 22-24)
107. Drücken/**Sie/den Flaschenhalter (3)/in Pfeilrichtung/, bis er einrastet.** (B2, 223, 12-13)
108. Schieben/**Sie/den Schalter (1)/nach oben/, bis die Kopfstütze ganz ausgefahren ist.** (B2, 91, 6-8)
109. Ziehen/**Sie/den Aschenbecher/etwas nach hinten/, bis Sie den Einsatz nach oben herausnehmen können.** (B2, 225, 23-25)
110. Tippen/**Sie/den Wählhebel/nach rechts/in Richtung D+.** (B2, 145, 7-8)
111. **Wenn der Motor aus ist**/, schalten/**Sie/mit der Taste/die Standheizung**/ ein- und aus. (B2, 169, 30-32)
112. Tippen/**Sie/bei geöffnetem Dach/den Schalter/in Richtung Anheben**/ an, so fährt das Dach in die Endposition von Anheben. (B1, 39, 35-38)
113. Drücken/**Sie/den Kofferraumdeckel/mit dem ausfahrbaren Kofferraumgriff (2)/bis zum ersten Einrasten in das Schloss.** (B2, 2-5)

Die Verben *drücken* (106, 107), *schieben* (108) und *ziehen* (109) konstituieren die vierwertigen Verbalsatztypen E_N-V-E_A-E_{Adv}-E_{TEM} (106, 108, 109) und E_N-V-E_A-E_{pA}-E_{TEM} (107). Durch die vierte Leerstelle E_{TEM} erweitert sich die Semkombination ‚objektorientiert und zugleich zielgerichtet‘ des dreiwertigen Gebrauchs um das Sem ‚ergebnisorientiert‘. Als E_N erscheint konstant der „Benutzer“. Das Sem ‚objektorientiert‘ richtet sich nach der lexikalischen Besetzung der E_A. Die dritte Leerstelle E_{Adv} bzw. E_{pA} gibt den Richtungsbezug an. Das vierwertige *tippen* in 110 entsteht dadurch, dass die Zielgerichtetheit durch zwei Leerstellen E_{Adv} und E_{pA} spezifiziert wird. Es konstituiert den Verbalsatztypus E_N-V-E_A-E_{Adv}-E_{pA}. Dieses Beispiel ist dem Verbum *tippen* in 98 – **Wählhebel/ nach rechts/in Richtung C**/tippen (B1, 58, 56-57) – vergleichbar. Es ändert sich lediglich die Zugehörigkeit des Wortschatzbereiches. Hier, im Beispiel 110, findet sich *tippen* im Wortschatzbereich „Benutzer + Autoteile“. Aufgrund der Satzstruktur „Imperativ + Subjekt + Objekt“ erscheint der „Benutzer“ als E_N. Im Vergleich zum Beispiel 98 fehlt ein „Benutzer“ aufgrund der Satzgliedreihenfolge „Objekt + imperativischer Infinitiv“. Der vierwertige Verbalsatztypus E_N-V-E_A-E_{pD}-E_{KON} ist in 111 vorhanden. Bei den Verben *einschalten* und *ausschalten* erweitert sich der zweiwertige objektorientierte Gebrauch um eine E_{pD} und E_{KON}, die zum einen die Durchführungsart mit besonderen Instrumenten und zum anderen die notwendige Bedingung spezifizieren. Die Sememe der Verben erhalten die Semkombination ‚in spezifischer Weise mit besonderen Instrumenten objektorientiert und bedingungsgebunden‘. Das Verbum *antippen* in 112 bildet den vierwertigen Verbalsatztypus E_N-V-E_A-E_{pD}-E_{pA}. Die Vierwertigkeit entsteht, indem die Seme ‚objektorientiert‘, ‚bedingungsgebunden‘ und ‚zielgerichtet‘ kombiniert auftreten. Als E_N erscheint konstant der „Benutzer“. Die lexikalische Besetzung der E_A stellt einen Bezug zum Wortschatzbereich „Autoteile“ her und markiert das Sem ‚objektorientiert‘. Die Zielgerichtetheit wird durch die E_{pA} „in Richtung Anheben“ ausgedrückt. Das Sem ‚bedingungsgebunden‘ richtet sich nach dem Satzglied „bei geöffnetem Dach“. In 113 bildet das Verbum *drücken* den Verbalsatztypus E_N-V-E_A-E_{pD}-E_{pD}, dessen Semem eine Kombination der Seme ‚objektorientiert‘, ‚in spezifischer Weise mit besonderen Instrumenten‘ und ‚ergebnisorientiert‘ enthält. Als E_N ist der „Benutzer“ vorhanden. Die E_A wird mit der Bezeichnung „den Kofferraumdeckel“ besetzt und signalisiert das Sem ‚objektorientiert‘. Das Sem ‚in spezifischer Weise mit besonderen Instrumenten‘ ergibt sich aus der E_{pD} „mit dem ausfahrbaren Kofferraumgriff“. Das Ergebnis richtet sich nach dem Satzglied „bis zum ersten Einrasten in das Schloss“.[123]

123 „in das Schloss“ wird als Attribut zu „Einrasten“ aufgefasst, da die Elemente nicht sinnvoll verschiebbar sind.

U. Engel-H. Schumacher verzeichnen zum Verbum *schieben* im Kontext *(Hans schiebt sein Auto (in die Garage))* (E/S, 242) eine obligatorische Zweiwertigkeit und eine fakultative Dreiwertigkeit; im großen Wörterbuch der deutschen Sprache ist eine Dreiwertigkeit im Beispiel *(den Tisch ans Fenster schieben)* mit der Inhaltsseite „durch Ausüben von Druck von der Stelle bewegen" (D, XII, 3350) gegeben, die dem dreiwertigen Gebrauch in der Betriebsanleitung vergleichbar ist. Die Möglichkeit der Valenzerhöhung zur Vierwertigkeit durch das Sem ‚ergebnisorientiert' wird nicht erwähnt. Ähnlich geben Engel und Schumacher zum Verbum *ziehen* eine Dreiwertigkeit *(Der Mann zog das Kind aus dem Wasser)* (E/S, 304) an – so ist auch im großen Wörterbuch der deutschen Sprache der Kontext *(einen Stuhl an den Tisch ziehen)* mit der Inhaltsseite „hinter sich her in der eigenen Bewegungsrichtung in gleichmäßiger Bewegung fortbewegen" (D, X, 4628) dem analysierten Befund ähnlich; die Möglichkeit der Vierwertigkeit durch das Hinzutreten des Sems ‚ergebnisorientiert' wird nicht angegeben.

In B1 verteilen sich vierwertige Verben am häufigsten auf den Wortschatzbereich „Autoteile + Autofunktion" (36,8 %), in B2 liegt der Anteil bei lediglich 2,9 %:

114. **Dieser Spiegel**/blendet/automatisch/stufenlos/ab/und/schaltet/**automatisch**/ **in den klaren, nicht abdunkelnden Modus/, wenn Sie den Rückwärtsgang bzw. die Wählhebelposition R einlegen**. (B1, 49, 8-12)
115. **Den Wählhebel/erst bei laufendem Motor, Zündschlüsselstellung 2,/ aus der Position P**/herausnehmen. (B1, 54, 26-28)
116. **Die Scheibenwaschdüsen**/werden/**in Zündschlüsselstellung 2/automatisch**/beheizt. (B1, 65, 23-25)

Das vierwertige *schalten* (114) bildet den Verbalsatztypus E_N-V-E_{Adv}-E_{pA}-E_{KON}. Die lexikalische Besetzung der E_N stellt einen Bezug zum Wortschatzbereich „Autoteile" her. Die E_{Adv} „automatisch" bezeichnet die Durchführungsart. Bei der lexikalischen Besetzung der E_{pA} handelt es sich um die Bezeichnung „in den klaren, nicht abdunkelnden Modus", wodurch ein Bezug zum Wortschatzbereich „Autofunktion" gegeben wird und das Sem ‚zielgerichtet' abgeleitet werden kann. Die notwendige Bedingung wird durch die E_{KON} ausgedrückt. Das Semem des Verbums *schalten* enthält die Semkombination ‚in spezifischer Weise zielgerichtet und zugleich bedingungsgebunden'. Das vierwertige *herausnehmen* (115) bildet den Verbalsatztypus E_N-V-E_A-E_{pD}-E_{pD} und kennzeichnet eine ‚objektorientierte und zugleich zielgerichtete und bedingungsgebundene' Aktion. Dabei wird der Aspekt der Zielgerichtetheit durch die lexikalische Besetzung der E_{pD} „aus der Position P" angegeben. Das semantische Merkmal ‚bedingungsgebunden‘ wird aus der E_{pD} „erst bei laufendem Motor, Zündschlüsselstellung 2“ abgeleitet. Die E_{A} markiert weiterhin das Sem ‚objektorientiert‘. Die E_{pD} „erst bei laufendem Motor, Zündschlüsselstellung 2“ kennzeichnet semantisch die ‚notwendige Bedingung‘; syntaktisch ist aufgrund des unterschiedlichen Referenzbezugs „erst bei laufendem Motor“ das Modaladverbiale und „Zündschlüsselstellung 2“ eine Parenthese in Nominalform. In 116 bildet das Verbum *beheizen* den vierwertigen Verbalsatztypus E_{N}-V-E_{A}-E_{pD}-E_{Adv}, dessen Semem sich aus der Kombination der Seme ‚in spezifischer Weise objektorientiert‘ und ‚bedingungsgebunden‘ zusammensetzt. Das Sem ‚objektorientiert‘ richtet sich nach der lexikalischen Besetzung der E_{A}. Die spezifische Durchführungsart wird durch die E_{Adv} „automatisch“ angegeben. Die E_{pD} signalisiert die notwendige Bedingung „in Zündschlüsselstellung 2“.

1/3 der vierwertigen Verben in B2 ist im Wortschatzbereich „Benutzer + Autoteile + Autofunktion“ gegeben, in B1 liegt der Anteil mit 17,6 % darunter:

117. **Mit der Komfortschließung**/können/**Sie/das Schiebedach/zusammen mit den Seitenscheiben**/schließen. (B2, 177, 25-27)
118. Positionieren/**Sie/die Auswahlmarkierung/mit der Taste [Abbildung der Taste] oder [Abbildung der Taste]/auf das Untermenü KOMBI-INST.** (B2, 130, 30-32)

In 117 ist der Verbalsatztypus E_{N}-V-E_{A}-E_{pD}-E_{pD} vorhanden. Als E_{N} taucht der „Benutzer“ auf. Als E_{A} „das Schiebedach“ und E_{pD} „zusammen mit den Seitenscheiben“ werden „Autoteile“ genannt – diese repräsentieren das Sem ‚objektorientiert‘. Die E_{pD} „mit der Komfortschließung“ wird durch eine „Autofunktion“ eingenommen, die Leerstelle signalisiert das Sem ‚in spezifischer Weise mit besonderen Instrumenten‘. Das Verbum *positionieren* (118) bildet den Verbalsatztypus E_{N}-V-E_{A}-E_{pD}-E_{pA}. Als E_{N} erscheint konstant der „Benutzer“. Das Sem ‚objektorientiert‘ richtet sich nach dem Satzglied „die Auswahlmarkierung“. Die E_{pA} „auf das Untermenü KOMBI-INST.“ gibt das semantische Merkmal „zielgerichtet“ an und verweist auf den Wortschatzbereich „Autofunktionen“. Als E_{pD} „mit den Tasten [Abbildung der Taste] oder [Abbildung der Taste]“ kommen „Autoteile“ vor, die das Sem ‚in spezifischer Weise mit besonderen Instrumenten‘ dokumentieren. Das Semem des Verbums *positionieren* beinhaltet folglich die Semkombination ‚in spezifischer Weise mit besonderen Instrumenten objektorientiert und zugleich zielgerichtet‘.

Verschwindend gering ist der Anteil der fünfwertigen Verben (B1: 0,6 %; B2: 0,4 %) in den Textexemplaren. Im Wortschatzbereich „Autoteile“ finden sich in zwei Fällen fünfwertige Verben:

119. **Ist die automatische Fahrlichtsteuerung aktiviert**/, wird/**das Abblendlicht/beim Einschalten des Nebelscheinwerfers/automatisch**/eingeschaltet. (B1, 87, 14-18)
120. **Vom Kofferraum aus/die Ladeklappe/mit den Magnethaltern/an der Unterseite der Hutablage**/befestigen. (B1, 105, 28-30)

Die Kombination der Seme ‚objektorientiert‘, ‚in spezifischer Weise‘, ‚konditionsgebunden‘ führt beim Verbum *einschalten* (119) zur Konstitution des Verbalsatztypus E_N-V-E_A-E_{pD}-E_{Adv}-E_{KON}. Das Sem ‚in spezifischer Weise‘ entsteht durch die lexikalische Besetzung der E_{Adv} „automatisch“. Die E_{KON} markiert die erste Bedingung der Aktion, die E_{pD} „beim Einschalten des Nebelscheinwerfers“ die zweite Bedingung der Aktion. Als E_A erscheint die Bezeichnung „das Abblendlicht“, welche einen Bezug zum Wortschatzbereich „Autoteile“ herstellt und das Sem ‚objektorientiert‘ markiert. Das Verbum *befestigen* (120) wird hier ebenfalls fünfwertig realisiert und konstituiert mit der Semkombination ‚in spezifischer Weise mit besonderen Instrumenten objektorientiert und zielgerichtet mit Anfangs- und Endpunkt‘ den Verbalsatztypus E_N-V-E_A-E_{pD}-E_{pD}-E_{pD}. Das Sem ‚objektorientiert‘ wird aus der E_A abgeleitet. Aus der E_{pD} „mit den Magnethaltern“ ergibt sich die spezifische Art und Weise der Handlung. Die Zielgerichtetheit wird hier durch zwei Leerstellen besetzt; die E_{pD} „vom Kofferraum aus“ gibt den Anfangspunkt und die E_{pD} „an der Unterseite der Hutablage“ den Endpunkt der Zielgerichtetheit an.

Im großen Wörterbuch der deutschen Sprache ist zum Verbum *einschalten* eine ähnliche Inhaltsseite „durch eine automatische Schaltung in Betrieb gesetzt werden“ im Kontext *(die Alarmanlage schaltet sich sofort ein, wenn...)* (D, III, 973) gegeben; G. Wahrig gibt zum Verbum *einschalten* ebenfalls eine vergleichbare Inhaltsseite „durch Schalten in Gang bringen“ (W, 396) an. Beide Wörterbücher erwähnen jedoch nicht die Möglichkeit einer Valenzerhöhung durch einen drei-, vier- oder fünfwertigen Gebrauch. Zum Verbum *befestigen* ist das Semem „an etw. anbringen, festmachen“ (D, II, 484) bzw. „festmachen, festbinden“ (W, 245) im Kontext *(einen Haken, ein Plakat befestigen)* in den Wörterbüchern gegeben. Aufgrund der besonderen kfz-sprachlichen Seme ‚in spezifischer Weise‘ und ‚zielgerichtet‘ kann in der Textsorte Betriebsanleitung eine Valenzerhöhung festgestellt werden, die im großen Wörterbuch der deutschen Sprache nicht belegt ist.

Mit einem Beleg ist in B1 ein fünfwertiges Verbum im Wortschatzbereich „Autofunktion“ vertreten:

121. **Das System**/wird/**in Zündschlüsselstellung 2/automatisch**/immer dann nach ca. 2 Sekunden aktiviert/**, wenn Sie den Rückwärtsgang bzw. die Wählhebelpositionen R einlegen**. (B1, 74, 21-25)

Das Verbum *aktivieren* (121) konstituiert den fünfwertigen Verbalsatztypus E_N-V-E_A-E_{pD}-E_{Adv}-E_{KON}. Die semantische Differenzierung ergibt sich aus den unterschiedlichen Besetzungen der Leerstellen: In der E_A „das System“ ist das Sem ‚objektorientiert‘ vorhanden; die spezifische Durchführungsart wird aus der E_{Adv} „automatisch“ abgeleitet; die E_{pD} „in Zündschlüsselstellung 2“ und E_{KON} dokumentieren die notwendigen Bedingungen der Handlung.

Im Kontext *(durch dieses Präparat wird die Drüsentätigkeit aktiviert)* (D, I, 156) mit dem Semem „aktiv machen, die Wirkung von etw. verstärken“ wird zwar die zweite Leerstelle E_A durch eine „Funktion“ besetzt, jedoch wird im großen Wörterbuch der deutschen Sprache eine fachsprachliche Fünfwertigkeit dieses Verbums durch Hinzutreten der Seme ‚in spezifischer Weise‘ und ‚konditionsgebunden‘ nicht erwähnt. Bei G. Wahrig wird ähnlich verfahren („in Tätigkeit setzen“) (W, 152).

In B2 finden sich im Wortschatzbereich „Benutzer + Autoteile“ folgende fünfwertige Verben:

122. Leiten/**Sie**/deshalb/gegebenenfalls/**mit dem Luftverteilerschalter/den Luftstrom/aus dem Fußraum/in einen anderen Bereich des Fahrzeuginnenraums**. (B2, 157, 9-12)
123. Drücken /**Sie/den Deckel (1)/an der Markierung**/leicht/**nach vorne/, bis er sich selbsttätig schließt**. (B2, 216, 7-9)

Das fünfwertige *leiten* (122) führt zum Verbalsatztypus E_N-V-E_A-E_{pD}-E_{pD}-E_{pA}. Das Semem enthält die Semkombination ‚in spezifischer Weise mit besonderen Instrumenten objektorientiert und zugleich zielgerichtet mit Anfangs- und Endpunkt‘. Als E_N erscheint der „Benutzer“. Das Sem ‚objektorientiert‘ wird aus der E_A „den Luftstrom“ entnommen. Die spezifische Durchführungsart ergibt sich aus der E_{pD} „mit dem Luftverteilerschalter“. Die Richtungsangaben besetzen hier zwei Leerstellen: Die E_{pD} „aus dem Fußraum“ zeigt den Anfangspunkt und die E_{pA} „in einen anderen Bereich des Fahrzeuginnenraums“ den Endpunkt der Richtung an. Das Verbum *drücken* (123) bildet den Verbalsatztypus E_N-V-E_A-E_{pD}-E_{Adv}-E_{TEM}, dessen Semem sich aus der Kombination der Seme ‚objektorientiert‘, ‚zielgerichtet‘ und ‚ergebnisorientiert‘ zusammensetzt. Als E_N wird konstant der „Benutzer“ genannt. Die lexikalische Besetzung der E_A stellt den Bezug zum Wortschatzbereich „Autoteile" her und markiert das Sem ‚objektorientiert'. Im Vergleich zum vierwertigen Gebrauch wird hier die Zielgerichtetheit durch zwei Leerstellen, die E_{pD} „an der Markierung" und E_{Adv} „nach vorne", besetzt. Die E_{TEM} dokumentiert das Sem ‚ergebnisorientiert'.

G. Helbig-W. Schenkel verzeichnen zum Verbum *leiten* eine Dreiwertigkeit *(Der Chemiker leitet das Gas durch ein Rohr)* (H/S, 295); in den Wörterbüchern existiert ein vergleichbarer Kontext *(Erdöl, Gas durch Röhre leiten)* (D, VI, 240) bzw. *(Dampf, Gas, Wasser durch Rohre leiten)* (W, 815). Zwar werden die Leerstellen E_N, E_A und E_{pA} in den Beispielen durch vergleichbare Seme besetzt, jedoch ist in den Wörterbüchern ein fünfwertiger Gebrauch des Verbums *leiten* nicht angegeben.

Repräsentative Beispiele für fünfwertige Verben im Wortschatzbereich „Benutzer + Autoteile + Autofunktion" sind:

124. Wenn/**Sie/den Wählhebel/aus der Position D/nach links/in die Schaltgasse M/S**/bringen, [...] (B1, 61, 4-6)
125. **Wenn Sie wieder die Automatic nutzen wollen**/, bringen/**Sie/den Wählhebel/nach rechts/in die Position D**. (B1, 61, 12-14)

Die Kombination der verschiedenen an der Handlungsfolge beteiligten Faktoren führt beim Verbum *bringen* (124), das den Satztypus E_N-V-E_A-E_{pD}-E_{Adv}-E_{pA} bildet, zu einer Fünfwertigkeit. Als E_N und E_A kommen die Faktoren „Benutzer" und „Autoteile" vor. Die Zielgerichtetheit wird durch drei Leerstellen besetzt, die den Anfangspunkt E_{pD} „aus der Position D", die Richtung E_{Adv} „nach links" und den Endpunkt E_{pA} „in die Schaltgasse M/S" repräsentieren. Das fünfwertige *bringen* in 125 konstituiert den Verbalsatztypus E_N-V-E_A-E_{Adv}-E_{pA}-E_{KON}. Als E_N und E_A erscheinen konstant die Faktoren „Benutzer" und „Autoteile". Die Zielgerichtetheit wird durch zwei Leerstellen, die E_{Adv} „nach rechts" und E_{pA} „in die Position D", realisiert. Die E_{KON} verweist auf die notwendige Bedingung.

Die Angabe eines dreiwertigen *bringen (Geschütze in Stellung bringen)* (D, II, 663) mit der Inhaltsseite „an einen bestimmten Ort schaffen, tragen, befördern" im großen Wörterbuch der deutschen Sprache ist dem Verbum *bringen* in den Betriebsanleitungen nicht vergleichbar. Es existieren hier kfz-gebundene Seme, die durch ihre Kombination zu einer Valenzerhöhung bis zur Fünfwertigkeit führen.

Zu anderen Wortschatzbereichen zählen das fünfwertige *ver- und entriegeln:*

126. **Mit den Zentralverriegelungstasten**/können/**Sie/das Fahrzeug/von innen/zentral**/ver- oder entriegeln. (B2, 87, 2-4)

Die Verben *verriegeln* und *entriegeln* (126) konstituieren den fünfwertigen Verbalsatztypus E_N-V-E_A-E_{pD}-E_{Adv}-E_{Adv}, dessen Semem sich aus den Semen ‚objektorientiert', ‚zielgerichtet', ‚in spezifischer Weise' und ‚in spezifischer Weise mit besonderen Instrumenten' zusammensetzt. Als E_N und E_A erscheinen die Faktoren „Benutzer" und „Auto". Die E_{pD} „mit den Zentralverriegelungstasten" spezifiziert die Durchführungsart mit besonderen Instrumenten; auch die E_{Adv} „zentral" gibt eine weitere Spezifizierung der Durchführungsart an. Die Zielgerichtetheit wird durch die E_{Adv} „von innen" belegt.

In den Wörterbüchern (D, IX, 4261; W, 1338) ist zum Verbum *verriegeln* eine Zweiwertigkeit im Kontext *(die Türen, Fenster verriegeln)* mit dem Semem „mit einem Riegel verschließen" festzustellen, die mit dem kfz-sprachlichen Gebrauch und dem Verbalsatztypus E_N-V-E_A in der Betriebsanleitung vergleichbar ist. Jedoch wird die Möglichkeit einer fachsprachlichen Valenzerhöhung dieses Verbums durch Hinzutreten der Seme ‚in spezifischer Weise' und ‚zielgerichtet' nicht ausgeführt. Ähnlich ist beim *entriegeln* im Kontext *(eine Tür entriegeln)* (D, III, 1045) eine mit der Inhaltsseite „die Verriegelung aufheben, einen Riegel zurückschieben" vergleichbare Zweiwertigkeit zu verzeichnen; so auch bei G. Wahrig mit dem Semem „aufriegeln, durch Beseitigung des Riegels öffnen" (W, 419). Die Möglichkeit der Valenzerhöhung wird jedoch nicht erkannt.

Die statistischen Ergebnisse der Verben in den einzelnen Wortschatzbereichen finden sich in Tab. 14.

Tab. 14: Wortschatzbereiche der Verben in B1 und B2

	B1	B2
Benutzer	4,2 %	5,8 %
Auto	2,2 %	1,6 %
Autoteile	55 %	21,6 %
Autofunktion	10,8 %	8,3 %
Benutzer + Autoteile	7,2 %	40,3 %
Benutzer + Autofunktion	3,4 %	6,5 %
Autoteile + Autofunktion	8,5 %	3,9 %
Benutzer + Autoteile + Autofunktion	2,8 %	7,2 %
Andere	5,9 %	4,8 %

Über die Hälfte aller Verben in B2 entfällt auf den Wortschatzbereich „Autoteile" (55 %), in B2 ergeben diese Verben nur einen Anteil von 21,6 %. In B2 überwiegen Verben, die dem Wortschatzbereich „Benutzer + Autoteile" zuzuordnen sind (40,3 %), in B1 liegt der Anteil dieser

Verben deutlich darunter (7,2 %). Dies lässt sich darauf zurückführen, dass in B2 Aufforderungen in der Regel in der Satzgliedreihenfolge „Imperativ + Subjekt + Präpositionalobjekt" – z.B. „Drücken Sie auf die Taste [Abbildung]" – gegeben werden. In B1 werden Aufforderungen in der Form „Akkusativobjekt + imperativischer Infinitiv" – z.B. „Taste drücken" ausgedrückt. Die Aufforderung an den Leser wird hier strikt objektbezogen ausgeführt, auf die Benutzeransprache wird verzichtet. Diese Form der Aufforderung rückt den zu bedienenden Gegenstand in den Mittelpunkt. Mit dem ersten Satzglied wird der Gegenstand bezeichnet, mit dem Infinitiv die Art der Handlung charakterisiert. Der Anteil an Verben des Wortschatzbereiches „Autofunktion" ist in beiden Betriebsanleitungen ungefähr gleich hoch und liegt bei jeweils 10,8 % (B1) bzw. 8,3 % (B2). Der Anteil an Verben des Wortschatzbereiches „Benutzer + Autofunktion" am Gesamtanteil der Verben ist mit 3,4 % (B1) bzw. 6,5 % (B2) etwas geringer. 8,5 % (B1) bzw. 3,9 % (B2) der Verben kommen im Wortschatzbereich „Autoteile + Autofunktion" vor. Verben, die im Wortschatzbereich „Benutzer + Autoteile + Autofunktion" ermittelt werden, sind in B2 (7,2 %) mit einem höheren Anteil nachweisbar als in B1 (2,8 %). Verben des Wortschatzbereiches „Benutzer" werden in beiden Betriebsanleitungen mit einem relativ geringen Anteil festgestellt (B1: 4,2 %; B2: 5,8 %). Der Anteil an Verben im Wortschatzbereich „Auto" ist in beiden Betriebsanleitungen am geringsten und liegt im Mittelwert bei 1,9 %.

4.1.6 Zusammenfassung

Die Betriebsanleitungen enthalten Informationen und Hinweise zur Fahrzeugbedienung und wenden sich an private Käufer, entsprechend heterogen ist die Zielgruppe. Allerdings kann zwischen den Zielgruppen beider Textexemplare unterschieden werden: Die Mercedes S-Klasse gehört zur Kategorie Oberklassewagen und kann sich nur von privaten Benutzern mit überdurchschnittlichem Verdienst geleistet werden; die BMW 3er-Modelle sind Mittelklassewagen, entsprechend ist die Zielgruppe weniger eingeschränkt. Während beide Textexemplare in der makrostrukturellen Untersuchung ähnliche Merkmale aufweisen, lassen sich im Rahmen der Analyse der Syntax, Lexik und Verbvalenz Unterschiede herausarbeiten.

Makrostruktur. Die Textexemplare weisen fast identische Initiatoren und Terminatoren auf. Jedoch ist B2 bezogen auf die Makrostruktur „Kapitel" deutlich umfangreicher als B1, bedingt durch eine zunehmende

Funktionsvielfalt des Oberklassewagens. B2 besteht aus acht Kapiteln, in B1 sind nur sechs Kapitel festzustellen. B1 enthält neben der Kapitelüberschrift zwei weitere Überschriftenformen, die auf die Makrostrukturen „Unterkapitel 1. Grades“ und „Unterkapitel 2. Grades“ verweisen. In B2 sind neben der Kapitelüberschrift vier Überschriftenformen zu erkennen, die auf die Makrostrukturen „Unterkapitel 1. Grades“, „Unterkapitel 2. Grades“, „Unterkapitel 3. Grades“ und „Unterkapitel 4. Grades“ hinweisen. Die Überschriftenformen lassen sich drucktechnisch durch unterschiedliche Hervorhebungen wie Fettdruck und größere Schriftart und durch Gliederungssymbole unterscheiden. In den Makrostrukturen der Absätze, die den Unterkapiteln zugeordnet werden, kommen Aufzählungen von Sätzen oder Nuklei eines Satzglieds vor, die mit Zeilenumbruch, Einrückung, Aufzählungszeichen, Nummerierungen oder Spiegelstrichen angeordnet werden. Diese Untergliederung dient in der Regel der Erklärung von Handlungsschritten in einer bestimmten chronologischen Abfolge.

Text-Bild-Kombination. In beiden Betriebsanleitungen wird auf die Möglichkeit der Text-Bild-Kombination häufig zurückgegriffen. In B2 werden häufig Tastatursymbole in Sätzen eingebettet und weisen damit einen engen, für den Leser gut nachvollziehbaren Bezug zur syntaktischen Umgebung auf.

Bei der Anordnung der Bilder im Textkorpus wird in beiden Textexemplaren im Schwerpunkt auf jeweils eine bis zwei unterschiedliche Anordnungsvarianten der Text-Bild-Kombinationen zurückgegriffen: Die Abbildungen werden entweder zwischen zwei Textteilen eingebettet oder stehen über dem dazugehörigen Textteil. Dabei verlaufen Textteil und Bild spaltenübergreifend.

Bildgesteuerte Text-Bild-Kombinationen finden sich bei den Überblicksdarstellungen, die in der Regel am Anfang des Textexemplars den Leser mit einzelnen Bedienelementen vertraut machen. Textgesteuerte Text-Bild-Kombinationen werden deutlich häufiger eingesetzt; die Varianten „Textteil und Abbildung“ und „Begriff im Satz und an der Abbildung“ werden dabei bevorzugt genutzt. Erstere stellt eine Referenzbildung ausschließlich über die räumliche Nähe von Textteil und Bild her, einen direkten Verweis gibt es nicht. Bei der Variante „Begriff im Satz und an der Abbildung“ enthält die Abbildung Verweiselemente (Linie und Nummer), um die einzelnen Bedienelemente bzw. Bedienvorgänge zu erklären.

Die Text-Bild-Funktion ist in beiden Betriebsanleitungen instruktiv bzw. deskriptiv-instruktiv. Nahezu alle Abbildungen sind detaillierte räumliche Zeichnungen, in B1 sind sie in Schwarz-Weiß, in B2 farbig dargestellt. Das Kapitel „Technische Daten“ weist in beiden Textexemplaren eine charakteristische Kapitelstruktur als Tabelleninformation auf.

Syntax: In beiden Betriebsanleitungen verteilen sich fast genauso viele Überschriften pro Seite. Überschriften bestehen zum überwiegenden Teil aus isoliert gebrauchten einfachen Nominalsätzen; andere Satztypen lassen sich in sehr geringem Umfang nachweisen. Relativ hoch ist der Anteil an einfachen Verbalsätzen in B2. Die isoliert gebrauchten einfachen Nominalsätze werden überwiegend eingliedrig nur mit einem Nukleus gebildet, relativ häufig sind isoliert gebrauchte einfache Nominalsätze aus einem Satzglied, bestehend aus einem substantivischen Nukleus mit weiteren Attribuierungen. Bei den Attribuierungen überwiegt deutlich das pränukleare Adjektivattribut. Nahezu alle Überschriften sind Aussagesätze.

Die Absätze werden syntaktisch durch spezifische Aufbauprinzipien und lexikalische Besetzungen von Satzgliedern und ihre Verwendung in Nominal- und Verbalsätzen und durch besondere Gesamtsatzstrukturen bestimmt. In beiden Betriebsanleitungen gibt es im Mittelwert 12,6 Sätze pro Seite. Bei der syntaktischen Analyse der Sätze im Textkorpus ist festzustellen, dass Regelungen der Interpunktion in einigen Fällen uneinheitlich sind. Zur Unterscheidung der Satztypen und Satzarten sind primär semantische Bezüge sowie das Layout entscheidend. Hervorhebungen von Satzgliedern und Teilsätzen werden durch besondere Interpunktion markiert. Weiter werden Nuklei eines Satzglieds- und Satzgliedteils sowie Teilsätze mittels Zeilenumbruch, Einrückung und Aufzählungszeichnen markiert und für den Leser optisch strukturiert. Insgesamt überwiegen isoliert gebrauchte einfache Verbalsätze und aus zwei Teilsätzen bestehende Parataxen und Hypotaxen. Parataktisch-hypotaktische Satzkombinationen kommen deutlich seltener vor. Der Gebrauch von isoliert gebrauchten einfachen Nominalsätzen sowie Nominal-/Verbalsatzkombinationen ist für beide Betriebsanleitungen mit einem deutlich geringeren Anteil festzustellen. Die Sätze des Textkorpus verteilen sich fast ausschließlich zu gleichen Teilen auf den Aufforderungssatz (B1: 44,7 %; B2: 46,1 %) und den Aussagesatz (B1: 55,3 %; B2: 53,9 %). Dabei dominieren in B1 bei den Aufforderungssätzen die infinitivischen Imperative, in B2 die Imperative. Deutlich seltener werden Modalsätze eingesetzt. Modalitätssätze kommen kaum vor. Bei den Nebensatzarten wird am häufigsten auf Konditionalsätze zurückgegriffen, danach folgen die Objekt- und Temporalsätze.

Satzglieder und lexikalische Merkmale. Insgesamt überwiegt in den Satzgliedern der Wortschatzbereich „Autoteile". Hier ist die Vielfalt der Bezeichnungen am größten. Relativ häufig enthalten die Satzglieder und Satzgliedteile den Wortschatzbereich „Autofunktion". Die Begriffe der Wortschatzbereiche „Autoteile" und „Autofunktion" werden in der Regel durch Simplizia bzw. Determinativkomposita gebildet. Im Wortschatzbereich „Autofunktion" sind Abkürzungen und Kurzwörter häufig nachzuweisen. In B2 ist der Anteil der Begriffe zum Wortschatzbereich „Benutzer" mit rund 30 % relativ hoch. Entsprechend hoch ist der Anteil des „Benutzers" bei den Subjekten: In 58,9 % aller Fälle wird er zum Subjekt eines Satzes. Der hohe Anteil der „Benutzer" als Subjekt in B2 lässt sich auf die Satzstruktur „Imperativ + Subjekt + Objekt" zurückführen. In B1 fehlt in der Form „Akkusativobjekt + imperativischer Infinitiv" der „Benutzer" völlig. Hier erscheinen Begriffe im Wortschatzbereich „Benutzer" lediglich mit einem Anteil von 13,8 %. Bei den Subjekten entfällt knapp 1/3 auf diesen Wortschatzbereich. Der „Benutzer" wird in beiden Betriebsanleitungen fast immer direkt über das „Sie" angesprochen.

Verbvalenz. In besonderer Weise werden die Betriebsanleitungen durch eine spezifische Verbauswahl und die mit ihnen gebildeten Verbalsatztypen charakterisiert. Die Verben erhalten ihren Bezug zum Kommunikationsbereich Kraftfahrzeugtechnik durch die lexikalischen Besetzungen der Leerstellen. Diese wirken sich auf die Inhaltsseite der Verben aus, bestimmen deren Verbvalenz und die mit ihnen konstituierbaren Verbalsatztypen. Die Valenzen der Verben werden von einer begrenzten Anzahl von Semen und Semkonstellationen bestimmt. In beiden Betriebsanleitungen kommen ein- bis fünfwertige Verben vor. Den Schwerpunkt bilden die zwei- und dreiwertigen Verben. Weiter zeigen sich die Verben in den Betriebsanleitungen in kfz-sprachlich gebundenen Valenzerhöhungen durch das Vorkommen vier- und fünfwertiger Verben. Dabei ist die Anzahl der die Verbvalenz bestimmenden und verändernden Seme begrenzt. In hoher Frequenz ermittelt werden die Seme ‚objektorientiert', ‚zielgerichtet' und ‚in spezifischer Weise'; weniger häufig treten die Seme ‚generelle Tätigkeit', ‚ergebnisorientiert' und ‚konditionsgebunden' auf. Unter dem Aspekt der Verbvalenz und ihrer Vorkommenshäufigkeit bilden die zweiwertigen Verben das Zentrum, die objektorientierte Seme besitzen, z.B. *verriegeln, entriegeln, drücken, öffnen, schlie-*

ßen, einschalten, ausschalten, abschalten, antippen und *stören.* Auch zum Zentralbereich zählen die dreiwertigen Verben, die dadurch entstehen, dass zu den zweiwertigen objektorientieren Verben jeweils das Sem ‚zielgerichtet' bzw. ‚in spezifischer Weise' hinzutritt. Es handelt sich dann um ‚objektorientierte und zugleich zielgerichtete' *(u.a. klappen, drücken, schieben, absenken, tippen, drehen* und *heben)* bzw. ‚in spezifischer Weise objektorientierte' Aktionen *(u.a. öffnen, schließen, anklappen, abklappen* und *deaktivieren).* Zur Peripherie gehören die zweiwertigen Verben mit dem Sem ‚zielgerichtet' *(fahren)* sowie die einwertigen Verben mit dem Sem ‚generelle Tätigkeit' *(u.a. mitfahren, eingreifen, bremsen, schleudern, einrasten)* sowie die dreiwertigen Verben aus der Semkombination ‚objektorientiert und zugleich ergebnisgebunden' *(z.B. öffnen, drücken),* ‚zielgerichtet und zugleich ergebnisgebunden' *(z.B. fahren),* ‚in spezifischer Weise bedingungsgebunden' *(z.B. abblenden),* ‚objektorientiert und zugleich konditionsgebunden' *(z.B. abrufen, einschalten, ausschalten)* und ‚persongerichtet und zugleich bedingungsgebunden' *(unterstützen).* Funktionell erweiterte und vierwertig realisierte Verben bilden im Vergleich zu den zwei- und dreiwertigen Verben eine kleinere Gruppe. Sie entstehen dadurch, dass die Seme ‚in spezifischer Weise', ‚objektorientiert' und ‚konditionsgebunden' *(u.a. verriegeln, einschalten, ausschalten, öffnen)* bzw. ‚objektorientiert', ‚zielgerichtet' und ‚bedingungsgebunden' *(u.a. antippen, herausnehmen)* kombiniert werden. Vereinzelt kommt zusätzlich das Sem ‚ergebnisorientiert' zu den dreiwertigen ‚objektorientierten' und zugleich ‚zielgerichteten' Verben hinzu *(u.a. drücken, schieben, ziehen).* Gelegentlich wird die Zielgerichtetheit durch zwei Leerstellen besetzt *(u.a. tippen, drehen, ziehen).* In der Peripherie entstehen vierwertige Verben durch die Semkombinationen ‚in spezifischer Weise objektorientiert und zugleich zielgebunden' *(u.a. positionieren)* und ‚in spezifischer Wiese zielgerichtet und zugleich bedingungsgebunden' *(u.a. schalten).* Die Verben *einschalten, befestigen, aktivieren, leiten, drücken, bringen, verriegeln* und *entriegeln* werden in den Textexemplaren fünfwertig gebraucht. Sie beschreiben die Handlung in exakter Form und entstehen in den meisten Fällen dadurch, dass die Zielgerichtetheit mit Anfangs- und Endpunkt durch zwei bis drei Leerstellen eingenommen wird und zusätzlich zu den Semen ‚objektorientiert' und ‚in spezifischer Weise' *(befestigen, leiten, verriegeln, entriegeln)* oder ‚objektorientiert' und ‚ergebnisgebunden' *(drücken)* bzw. ‚bedingungsgebunden' *(bringen)* hinzutritt. Das fünfwertige Verbum *einschalten* entsteht durch die Semkombination ‚in spezifischer

Weise objektorientiert und bedingungsgebunden‘, wobei das Sem ‚bedingungsgebunden‘ durch zwei Leerstellen besetzt wird.

Im Textkorpus sind die meisten Verben gemeinsprachlich, bei denen kein inhaltsseitiger Unterschied und keiner in der Verbvalenz existieren. Zu ihnen gehören u.a. die Verben *mitfahren, bremsen, stehen, schleudern, einrasten, verriegeln, entriegeln, drücken, öffnen, anziehen, schließen, einschalten, ausschalten, aktivieren, antippen* und *schieben.* Der Bezug zum Kommunikationsbereich der Kraftfahrzeugtechnik entsteht erst durch spezifische Leerstellenbesetzungen. Dabei wird häufig als E_N ein „Benutzer“ genannt. Als E_A erscheint ein objektorientiertes Lexem, welches den Wortschatzbereichen „Auto“, „Autoteile“ oder „Autofunktion“ zuzuordnen ist. Die Annahme situationsloser Satzäußerungen, wie sie in den Wörterbüchern vorkommen, wird dem kfz-sprachlichen Befund nicht gerecht. Zwar gibt es gemeinsprachliche Kontexte, die durchaus mit kfz-sprachlichen vergleichbar sind, allerdings ersetzen diese nicht die notwendige Ausdifferenzierung textsortengebundener kfz-sprachlicher Sememe durch spezifische Leerstellenbesetzungen. Weiter existieren textsortengebundene Valenzerhöhungen durch spezifische Semkombinationen, die in die Wörterbücher nicht aufgenommen werden. Die hinzutretenden Seme erweisen sich im Kommunikationsbereich Kraftfahrzeugtechnik und in den Betriebsanleitungen als notwendig. Die Verben enthalten neben dem gemeinsprachlichen Gebrauch kfz-spezifische Valenzen und Sememe. Zu dieser Subgruppe gehören u.a. die Verben *verriegeln, entriegeln, drücken, öffnen, schließen, ausschalten, aktivieren, schieben, tippen, ziehen, bringen, drehen, befestigen* und *leiten.* Fachsprachliche Verben sind im Kapitel „Bedienung im Detail/Bedienen im Detail“ nicht vorhanden. In anderen Themenkomplexen wie z.B. „Reifen und Räder“ werden sie an wenigen Stellen eingesetzt – z.B. das zweiwertige Verbum *auswuchten* (B1, 120, 20) – zu dem im großen Wörterbuch der deutschen Sprache die Inhaltsseite „sich drehende Teile von Maschinen, Fahrzeugen so ausbalancieren, dass sie sich einwandfrei um ihre Achse drehen“ mit dem technikgebundenen Kontext *(grundsätzlich bei jedem Wagen die Räder statisch und dynamisch auswuchten zu lassen)* (D, I, 428) existiert.

4.2 Werkstatthandbücher

4.2.1 Makrostrukturelle Analyse

Allgemeine Merkmale. Die Textexemplare unterscheiden sich sehr deutlich im Umfang. WH1 hat 213 Seiten. In WH2 werden 9.335 PowerPoint-Folien gezählt, wobei jede Folie einer Seite entspricht. In beiden Textexemplaren wird ein Hochformat in DIN A4 genutzt. Das Textkorpus ist ein- bis zweispaltig strukturiert.

Abb. 67: Initiator „Deckblatt" in WH1

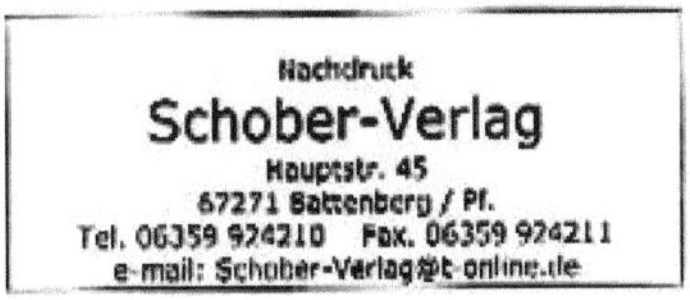

Nachdruck
Schober-Verlag
Hauptstr. 45
67271 Battenberg / Pf.
Tel. 06359 924210 Fax. 06359 924211
e-mail: Schober-Verlag@t-online.de

Abb. 68: Initiator „Schutzblatt" in WH1

Makrostrukturen in WH1. In WH1 besteht das Initiatorenbündel aus dem Deckblatt (Abb. 67), Schutzblatt (Abb. 68), Titelblatt (Abb. 69) und Vorwort (Abb. 70). Auf dem Deckblatt sind als Initiatorenteile die Bezeichnung des Textexemplars als „Reparaturanleitung" und die Nennung des Herstellers mit Logo (Abb. 67) aufgeführt. Diese sind durch Hervorhebungen in größerer und fetterer Schrift vom folgenden Textteil des Werkstatthandbuchs zu unterscheiden. Das Schutzblatt enthält die Angabe zum Verlag; auf dem Titelblatt, welches als Hauptinitiator fungiert, werden das Textexemplar als „Instandsetzungs-Anleitung" genannt und die Angaben zu den BMW 3er-Modellen aufgeführt; in der unteren rechten Ecke sind das Logo und die Nennung des Herstellers positioniert. Besonders anzumerken ist, dass die Bezeichnung des Textexemplars zum einen als „Reparaturanleitung" auf dem Deckblatt und zum anderen als „Instandsetzungs-Anleitung" auf dem Titelblatt genannt ist. Direkter Terminator ist das letzte Kapitel zur Wagenpflege.

INSTANDSETZUNGS-ANLEITUNG

ZUR ARBEITSPREISLISTE FÜR

B M W

KRAFTWAGEN

320 - 321 - 326 - 327 - 327/8 - 328 - 335

BAYERISCHE MOTOREN WERKE AG
Kundendienstabteilung Wagen Räder
MÜNCHEN

Abb. 69: Initiator „Titelblatt" in WH1

Vorwort

Jede Arbeit, die nicht nach einem ganz bestimmten Plan ausgeführt wird, ergibt keine Dauer- sondern Zufallserfolge! Genau wie jede Werkstatt nach Eintreffen eines Wagens zunächst einen Befund aufnehmen muß, um dann planmäßig an die Behebung der Fehler herangehen zu können, genau so können wirkliche Erfolge bei den einzelnen Arbeitsvorgängen auch nur dann erzielt werden, wenn diese nach eingehend geprüften, genau festgelegten Richtlinien durchgeführt werden.

Güte und Leistungsfähigkeit einer Werkstatt werden nicht nur durch die Größe derselben, oder durch die Zahl der Gefolgschaftsmitglieder bestimmt, sondern ausschlaggebend ist immer der Wert des einzelnen. Mit anderen Worten: **Die wesentlichste Voraussetzung für eine gleichmäßig gute Arbeit ist eine gut geschulte Gefolgschaft.**

Die beste Schulung ist die Teilnahme an Werkkursen, denen deshab ausschlaggebende Bedeutung zukommt und von möglichst vielen Monteuren besucht werden sollten.

Die vorliegende Instandsetzungsanleitung dient dazu, den Geschulten die Möglichkeit zu geben, das Gelernte zu wiederholen und gleichzeitig solche Monteure anlernen zu können, die noch nicht an einem Werkkurs teilnehmen konnten. Darüber hinaus soll diese Instandsetzungsanleitung, und das ist der Hauptgrund der Herausgabe, ganz allgemein Grundlage und Richtlinie für gleichmäßige gute, weil planmäßige Arbeit sein.

Werden die Anweisungen in allen Teilen genau befolgt und in jedem Wiederholungsfall eingeschaltet, so wird das Ergebnis immer und überall ein gleich gutes sein.

Es ist wohl selbstverständlich, daß eine weitere Voraussetzung für gute Arbeit eine richtige Werkstattplanung ist. Wenn die Werkstatt in Größe und Lichtverhältnissen nicht den ‚Erfordernissen entspricht, so kann keine Ordnung und Sauberkeit herrschen, was wiederum erforderlich ist, wenn einwandfreie Arbeit geleistet werden soll.

Abb. 70: Initiator „Vorwort" in WH1

Textgliederungsprinzipien. WH1 enthält zehn Kapitel: „Motor" (Abb. 71), „Kraftstoffanlage" (Abb. 72), „Getriebe" (Abb. 73), „Vorderachse" (Abb. 74), „Hinterachse" (Abb. 75), „Bremsen (Räder)" (Abb. 76), „Lenkung" (Abb. 77), „Aufbau" (Abb. 78), „Elektrische Ausrüstung" (Abb. 79) und „Wagenpflege" (Abb. 80). Die Makrostruktur „Kapitel" wird dadurch gekennzeichnet, dass sie einen eigenen Initiator, ein Inhaltsverzeichnis, enthält, welches vor jedes Kapitel platziert ist und in dem die Überschriften, die auf die Makrostruktur Unterkapitel 1. Grades verweisen, aufgegriffen werden. Vor diesen Überschriften sind Nummern- und Buchstaben-Bezeichnungen (M1, K1 usw.) zu erkennen. Diese weisen auf die einzelnen Instandsetzungsvorgänge nach der Arbeitspreisliste für BMW-Wagen hin:

Inhaltsübersicht für Gruppe „Motor"

		Seite
M 1	Motor aus Fahrgestell aus- und einbauen einschließlich Nebenarbeiten . . .	1— 4
M 1/335	Motor aus Fahrgestell aus- und einbauen einschließlich Nebenarbeiten . . .	5— 8
M 2	Instandsetzung des kompletten Motors	9—10
M 3-M 4	Kurbelwelle und Pleuel neu lagern	11—12
M 5	Nockenwellenlager egalisieren, Lager erneuern, Nockenwelle einpassen . .	13—16
M 6	Ventile einstellen	17—18
M 7-M 9	Schwinghebel mit Lagerwelle ausbauen, einbauen und instandsetzen . . .	19—20
M 10-M 11	Zylinderkopf aus- und einbauen, Ventile einschleifen	21—28
M 12	Seitliches Abdeckblech für Zylinderblock abdichten	29—30
M 13	Sämtliche Kolben aus- und einbauen ohne Nebenarbeiten	31—34

Abb. 71: Inhaltsverzeichnisinitiator für das Kapitel „Motor" in WH1

Inhaltsübersicht für Gruppe „Kraftstoffanlage"

		Seite
K 1/K 3	Vergaser Allgemein	81—82
K 1/K 3	Vergaser 327/8, 328	83—84
K 1/K 3	Vergaser 335	85—86
K 4/K 5	Kraftstoff-Förderpumpe ausbauen, einbauen und instandsetzen	87—88
K 6/K 7	Kraftstoffbehälter aus- und einbauen, Kraftstoffleitung reinigen	89—90

Abb. 72: Inhaltsverzeichnisinitiator für das Kapitel „Kraftstoffanlage" in WH1

Inhaltsübersicht für Gruppe „Getriebe"

		Seite
G 1	Getriebe vollständig überholen	91— 92
G 2	Getriebe aus- und einbauen	93— 94
G 3/G 8	„Hurth"-Getriebe instandsetzen	95—102
G 3/G 8	„ZF"-Getriebe instandsetzen	103—106
G 9/G 10	Gewebescheibe oder Gelenkwelle aus- und einbauen	107—108

Abb. 73: Inhaltsverzeichnisinitiator für das Kapitel „Getriebe" in WH1

Inhaltsübersicht für Gruppe „Vorderachse"

		Seite
V 1	Vorderachse aus- und einbauen	109—110
V 2	Radlagerung abdichten	111—114
V 3/V 4	Achsschenkelbolzen aus- und einbauen, neu lagern	115—118
V 5/V 6	Stoßdämpferöl kontrollieren; Stoßdämpfer auf Wirkung prüfen und nachstellen .	119—120
V 7/V 8	Vorderen Stoßdämpfer ausbauen, einbauen und instandsetzen	121—122
V 9/V 10	Vordere Blattfeder aus- und einbauen, Federaugen ausbuchsen	123—124

Abb. 74: Inhaltsverzeichnisinitiator für das Kapitel „Vorderachse" in WH1

Inhaltsübersicht für Gruppe „Hinterachse"

		Seite
H 1	Hinterachse aus Fahrgestell aus- und einbauen	125—126
H 2/H 3	Hinterachse instandsetzen	127—134
H 4/H 5	Radlagerung und Achswellen ausbauen, einbauen und abdichten	135—138
H 6	Federlaschen aus- und einbauen, neu abdichten, Kugelbolzen nachpassen .	139—140
H 7	Kugelkopf nachpassen	141—142
H 8	Abstützungsgummilager auswechseln	143—146
H 10/H 11	Stoßdämpfer ausbauen, einbauen und instandsetzen. Baum. 320, 321, 327, 328	147—148

Abb. 75: Inhaltsverzeichnisinitiator für das Kapitel „Hinterachse" in WH1

Inhaltsübersicht für Gruppe „Bremsen" (Räder)

		Seite
B 1	Handbremse nachstellen	169—170
B 3/B 4	Bremse neu entlüften, Bremsbacken neu belegen, Bremstrommel aufpassen	171—176
B 5/B 6	Lagerung der Bremsbetätigung instandsetzen	177—178
B 7	Rad mit Bereifung auswuchten	179—180

Abb. 76: Inhaltsverzeichnisinitiator für das Kapitel „Bremsen (Räder)" in WH1

Inhaltsübersicht für Gruppe „Lenkung"

		Seite
L 1	Lenkung aus- und einbauen	181—182
L 2	Ausgebaute Lenkung instandsetzen	183—184
L 4/L 6	Lenksäule mit Lenkrad auswechseln	185—186
L 7	Vorspur prüfen und einstellen	187—188

Abb. 77: Inhaltsverzeichnisinitiator für das Kapitel „Lenkung" in WH1

Inhaltsübersicht für Gruppe „Aufbau"

		Seite
A 1/A 2	Kotflügel aus- und einbauen	189—190
A 3/A 4	Türschloß auswechseln	191—192

Abb. 78: Inhaltsverzeichnisinitiator für das Kapitel „Aufbau" in WH1

Inhaltsübersicht für Gruppe „Elektr. Ausrüstung"

		Seite
E 1/E 5	Zündeinstellung überprüfen und einstellen	193—194
E 6/E 7	Anlasser aus- und einbauen, Eingriffsabstand einstellen	195—196
E 8/E 9	Lichtmaschine aus- und einbauen	197—198
E 10/E 12	Batterie ausbauen, prüfen und laden	199—200
E 13	Scheinwerfer einstellen	201—202

Abb. 79: Inhaltsverzeichnisinitiator für das Kapitel „Elektrische Ausrüstung" in WH1

Inhaltsübersicht für „Wagenpflege"

		Seite
W 1/W 2	Wagenpflege	213

Abb. 80: Inhaltsverzeichnisinitiator für das Kapitel „Wagenpflege" in WH1

Die Überschriften, die im Inhaltsverzeichnisinitiator aufgegriffen werden und auf das Unterkapitel 1. Grades hinweisen, sind im Textkorpus drucktechnisch durch Fettdruck und eine Leerzeile vom übrigen Textteil hervorgchobcn („Ventile einstellen").

M6 **Ventile einstellen**

A. SPEZIALWERKZEUGE

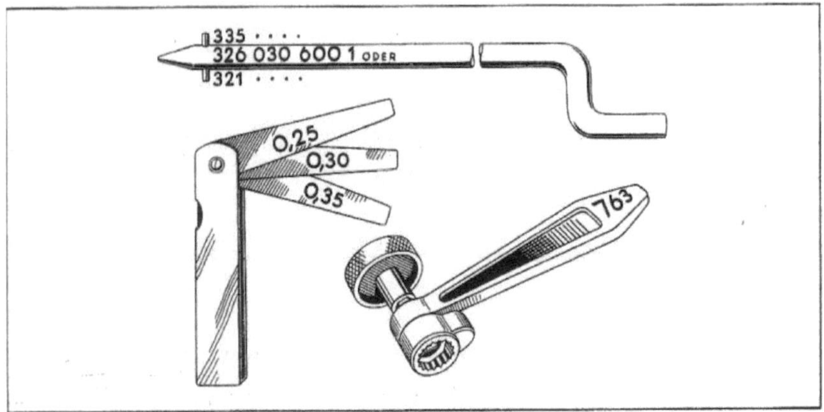

Abb. 81: Markierung für die Makrostruktur Unterkapitel 1. Grades in WH1

Jedes Unterkapitel 1. Grades wird in vier Unterkapitel 2. Grades unterteilt: Am Anfang jeden Vorganges ist unter A angegeben, ob und welches Spezialwerkzeug für die Durchführung des betreffenden Vorganges benötigt wird. Die Passungen und Maße sind jeweils unter B zusammengestellt. Unter C ist der Auseinanderbau und unter D der Zusammenbau in Bild und Schrift in den einzelnen Stufen dargestellt. Die Überschriften, die auf das Unterkapitel 2. Grades verweisen, sind durch Fettdruck markiert und in Druckbuchstaben dargestellt (Abb. 82, 83).

A. SPEZIALWERKZEUGE

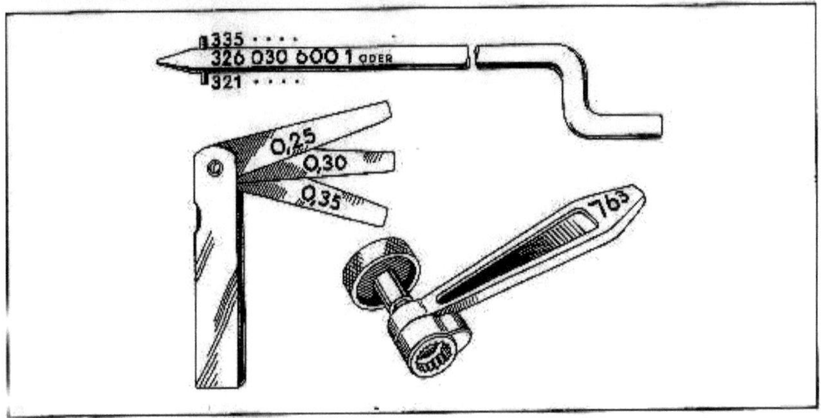

B. PASSUNGEN UND MASSE

Ventilspiel bei kaltem Motor — siehe Tabelle Vg. 1

C. AUSFÜHRUNG

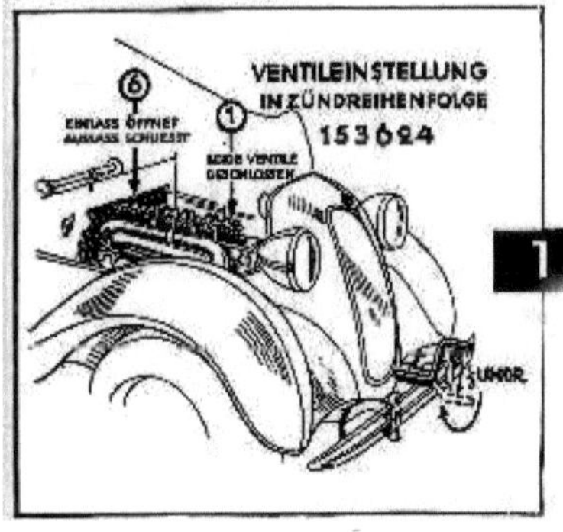

1

Baumuster	Einlaß	Auslaß
320, 321, 326, 327	0,30	0,30
328, 317/8	0,10	0,15
355	0,30	0,30

Anmerkung: Das Ventilspiel soll nicht bei laufendem Motor mit der Blattlehre geprüft und eingestellt werden, da erstens die Meßgenauigkeit fehlt und zweitens die Blattlehre schon bei einmaliger Prüfung beschädigt wird.

Ventilhaube abnehmen, Motor mit der Handkurbel durchdrehen, bis die Ventile von Zylinder 6 wechseln, folglich bei Zylinder 1 beide Ventile geschlossen sein müssen. (Kolben von Zylinder 6 und 1 stehen dabei auf OT). In dieser Stellung werden die Ventile von Zylinder 1 geprüft und eingestellt.

Abb. 82: Markierung für die Makrostruktur Unterkapitel 2. Grades in WH1

D. ZUSAMMENBAU

Der Zusammenbau wird in umgekehrter Reihenfolge vorgenommen. Beim Einsetzen der Gummistollen ist zu beachten, daß die Metallüberlappung bei beiden Stollen nach vorne, in Fahrtrichtung gesehen, steht (siehe auch Vorgang 7). Die Gelenkwelle muß nach Zeichen zusammengesetzt werden (siehe Vorgang 6)

Abb. 83: Markierung für die Makrostruktur Unterkapitel 2. Grades in WH1 (Forts.)

Die Unterkapitel 3. Grades werden durch Überschriften eingeleitet, die durch Fettdruck markiert sind („Getriebe ausbauen“) (Abb. 84).

Getriebe ausbauen.

Ausführung: Vordersitze und Teppiche herausnehmen; Bodenbretter abschrauben, rechtes herausnehmen; linkes lokkern; Getriebe-Tunnel herausnehmen; Seilrolle für Bremse am Gabelstück abschließen; Gelenkwelle ohne Gewebescheibe am Getriebe-Mitnehmer entsichern, abflanschen und ablegen (Gelenkwelle mit Gewebescheibe ausbauen); Betätigung der Kupplung am Getriebehebel abschließen; Getriebeauflage hinten, sowohl am Getriebe als auch am Rahmen-Querträger abschrauben; Getriebe am Motor abflanschen, etwas abheben und herausnehmen.

Abb. 84: Markierung für die Makrostruktur Unterkapitel 3. Grades in WH1

Makrostrukturen in WH2. WH2 erhält als Initiatorenbündel ein Deckblatt (Abb. 85) und Vorwort. Auf dem Deckblatt existieren als Initiatorenteile die Bezeichnung des Textexemplars als „Werkstatt-Information" und die Nennung des Herstellers mit Logo. Weiter werden auf dem Deckblatt die Autotypen „Limousine (normal und lang), Coupé (260 SE bis 560 SEC)", das Baujahr 1979-1991 sowie nur auf der CD die Themengebiete „Motor", „Getriebe", „Fahrwerk", „Aufbau", „Elektrik" und „Klimatisierung" aufgeführt und das Auto abgebildet.[124] Die Abbildung nimmt die gesamte obere Hälfte des Deckblatts ein:

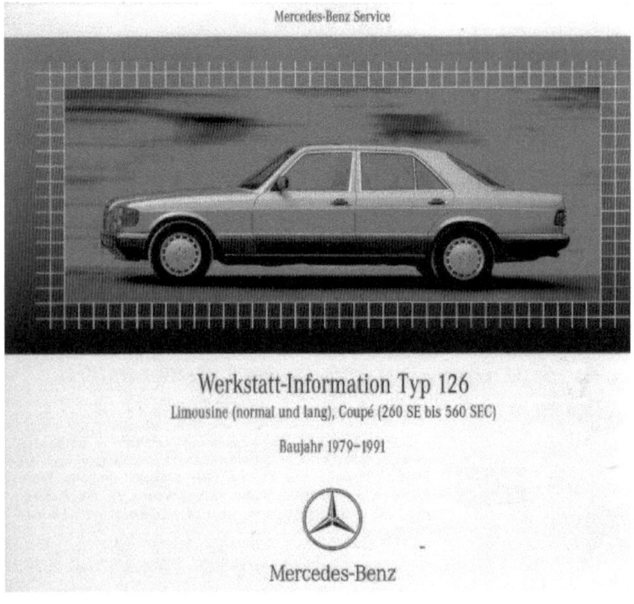

Abb. 85: Initiator „Deckblatt" in WH2

124 Da die CD textgeschützt ist, können Angaben zum Vorwort und zu den Themengebieten nicht gemacht werden.

Das Textkorpus nach dem Initiatorenbündel enthält acht Kapitel und Unterkapitel auf vier weiteren Gliederungsebenen, wobei die Kapitel (Abb. 86) und das Unterkapitel 1. (Abb. 87), 2. (Abb. 88) und 3. Grades (Abb. 89) jeweils durch ein Inhaltsverzeichnis eingeleitet werden, das als Initiator für die entsprechenden Kapitel und Unterkapitel fungiert. Um zu den gewünschten Kapiteln und Unterkapiteln zu gelangen, muss der Nutzer auf die entsprechenden Tasten im Menü klicken. Die Abb. 86-93 zeigen zur Veranschaulichung den Pfad vom Kapitel „Reparaturanleitungen" → Unterkapitel 1. Grades „Motor Mechanik" → Unterkapitel 2. Grades „Motor 103"→ Unterkapitel 3. Grades. D.h., klickt der Leser auf das Kapitel „Reparaturanleitungen", wird er zu den Unterkapiteln 1. Grades innerhalb dieses Kapitels geführt; klickt er weiter auf das Unterkapitel 1. Grades „Motor Mechanik", wird er zu den Unterkapiteln 2. Grades innerhalb des Unterkapitels 1. Grades „Motor Mechanik" geführt; klickt er auf das Unterkapitel 2. Grades „Motor 103", wird er zu den Unterkapiteln 3. Grades geführt. Hier kann er u.a. auf die Unterkapitel 3. Grades „Motor aus-, einbauen", „Zylinderkopfhaube aus-, einbauen", „Zylinderbohrungen messen, bohren, honen" und „Gewindebohrungen für Zylinderkopfschraube instand setzen" gelangen:

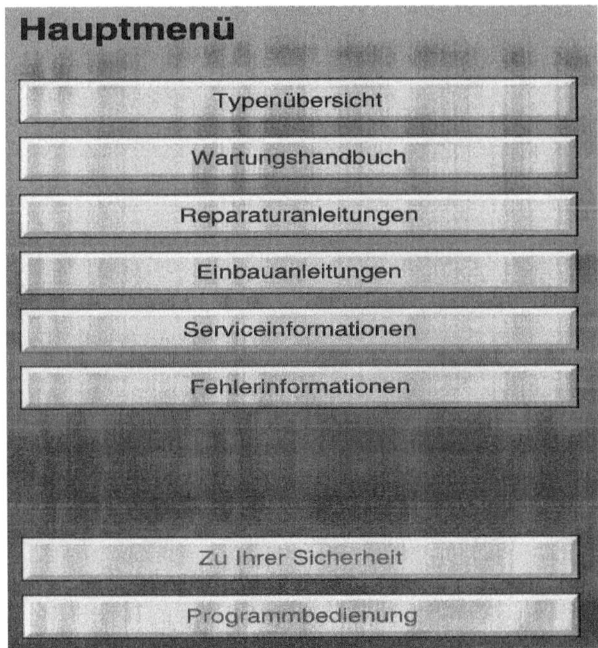

Abb. 86: Inhaltsverzeichnisinitiator für die Kapitel in WH2

Reparaturanleitungen

Motor Mechanik

Motor Verbrennung

Getriebe

Fahrwerk

Aufbau

Elektrik

Klimatisierung

Abb. 87: Inhaltsverzeichnisinitiator für die Unterkapitel 1. Grades in WH2

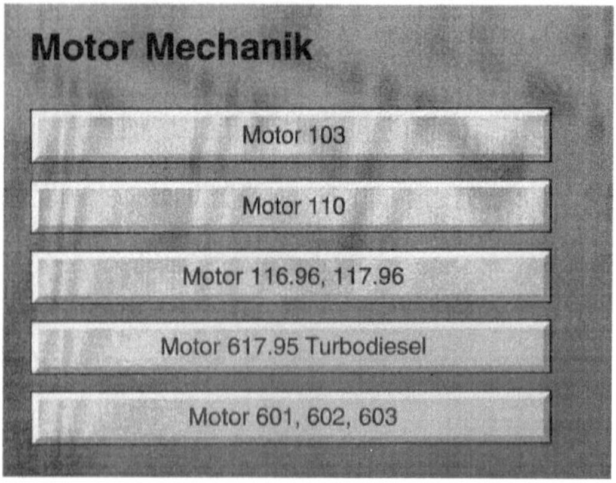

Motor Mechanik

Motor 103

Motor 110

Motor 116.96, 117.96

Motor 617.95 Turbodiesel

Motor 601, 602, 603

Abb. 88: Inhaltsverzeichnisinitiator für die Unterkapitel 2. Grades in WH2

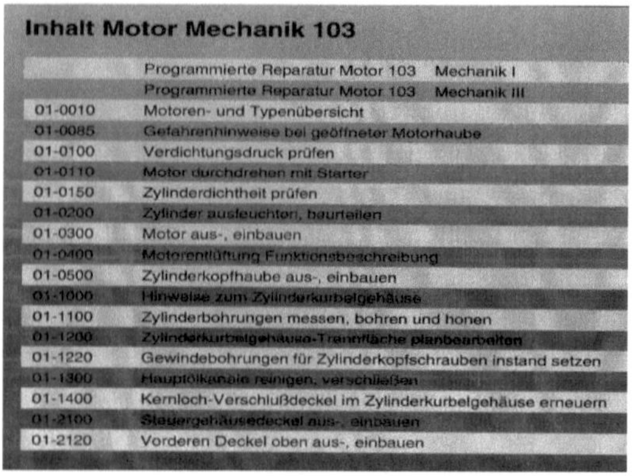

Inhalt Motor Mechanik 103

	Programmierte Reparatur Motor 103	Mechanik I
	Programmierte Reparatur Motor 103	Mechanik III
01-0010	Motoren- und Typenübersicht	
01-0085	Gefahrenhinweise bei geöffneter Motorhaube	
01-0100	Verdichtungsdruck prüfen	
01-0110	Motor durchdrehen mit Starter	
01-0150	Zylinderdichtheit prüfen	
01-0200	Zylinder ausleuchten, beurteilen	
01-0300	Motor aus-, einbauen	
01-0400	Motorentlüftung Funktionsbeschreibung	
01-0500	Zylinderkopfhaube aus-, einbauen	
01-1000	Hinweise zum Zylinderkurbelgehäuse	
01-1100	Zylinderbohrungen messen, bohren und honen	
01-1200	Zylinderkurbelgehäuse-Trennfläche planbearbeiten	
01-1220	Gewindebohrungen für Zylinderkopfschrauben instand setzen	
01-1300	Hauptölkanäle reinigen, verschließen	
01-1400	Kernloch-Verschlußdeckel im Zylinderkurbelgehäuse erneuern	
01-2100	Steuergehäusedeckel aus-, einbauen	
01-2120	Vorderen Deckel oben aus-, einbauen	

Abb. 89: Inhaltsverzeichnisinitiator für die Unterkapitel 3. Grades in WH2

01–0300 Motor aus-, einbauen

Vorausgegangene Arbeiten:
Motorraumverkleidung unten ausgebaut (Wartungshandbuch Band 2, Arb.-Pos. 5190).
Luftfilter ausgebaut (09–1051).
Kühler ausgebaut (20-4200).
Visco-Lüfterkupplung ausgebaut (20-3120).

Arbeits-Nr. der Arbeitstexte und Arbeitswerte bzw. Standardtexte und Richtzeiten:
01–2400, 01–2800

A. Typ 124 und 124 4MATIC

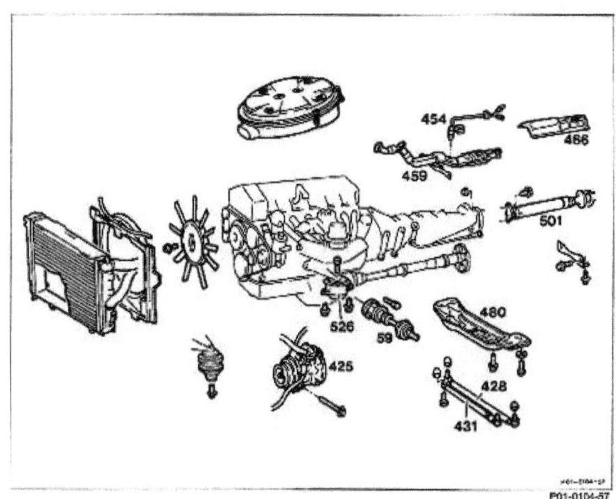

Abb. 90: Unterkapitel 3. Grades „Motor aus-, einbauen“ in WH2

01–0500 Zylinderkopfhaube aus-, einbauen

Vorausgegangene Arbeit:
Gefahrenhinweise bei geöffneter Motorhaube (01-0085)

Arbeits-Nr. der Arbeitstexte und Arbeitswerte bzw. Standardtexte und Richtzeiten
01–5070

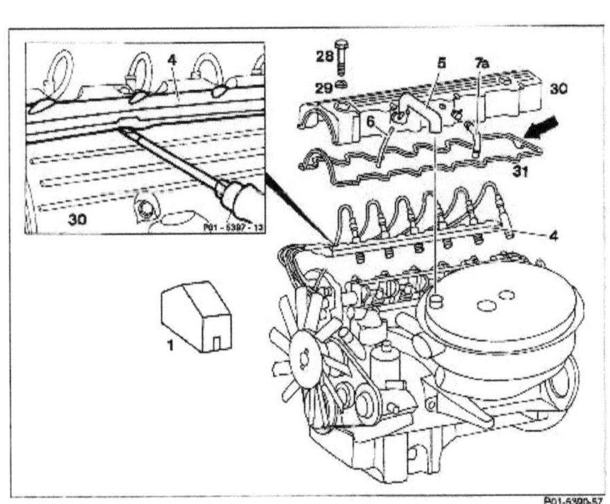

Abb. 91: Unterkapitel 3. Grades „Zylinderkopfhaube aus-, einbauen“ in WH2

01–1100 Zylinderbohrungen messen, bohren und honen

Arbeits-Nr. der Arbeitstexte und Arbeitswerte bzw. Standardtexte und Richtzeiten

Zuordnung Kolben – Zylinder

Normalmaß (Serie) Motor	Gruppen Nr. [1]	1. Ausführung		Gr.-Kennbuchstabe [2]	2. Ausführung	
		Kolben-⌀	Zylinder-⌀		Kolben-⌀	Zylinder-⌀
103.94 ⌀ 82,90 mm	0	82,868 82,882	82,898 82,908	A	82,873 82,879	82,900 82,906
	1	82,878 82,892	82,908 82,918	X	82,878 82,886	82,906 82,912
	2	82,888 82,902	82,918 82,928	B	82,885 82,891	82,912 82,918
103.98 [3] ⌀ 88,50 mm	0	88,469 88,481	88,498 88,508	A	88,473 88,479	88,500 88,506
	1	88,479 88,491	88,508 88,518	X	88,478 88,486	88,506 88,512
	2	88,489 88,501	88,518 88,528	B	88,485 88,491	88,512 88,518

[1] 1. Ausführung in Gruppen-Nummern (1, 2, 3).
[2] 2. Ausführung in Gruppen-Kennbuchstaben (A, X, B).
[3] Motor 103.983 AMG 3.2 Normalmaß Zylinder-⌀ 89.68-89,59 mm. Kolben-⌀ 89,95 mm
Die Gruppen-Nummern bzw. Gruppen-Kennbuchstaben befinden sich auf dem Kolbenboden und sind in die Trennfläche des Zylinder-Kurbelgehäuses eingeschlagen.

Abb. 92: Unterkapitel 3. Grades „Zylinderbohrungen messen, bohren, honen“ in WH2

01–1220 Gewindebohrungen für Zylinderkopfschrauben instand setzen

Vorausgegangene Arbeit:
Zylinderkopf ausgebaut (01-4150)

Arbeits-Nr. der Arbeitstexte und Arbeitswerte bzw. Standardtexte und Richtzeiten

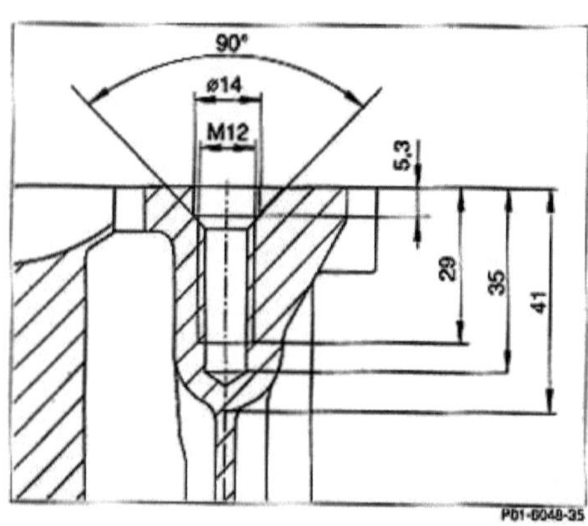

Bohrung .... aufbohren, Kernlochbohrtiefe beachten.
HELI-COIL-Gewinde .... schneiden.
HELI-COIL-Gewindeeinsatz .... eindrehen.

Abb. 93: Unterkapitel 3. Grades „Gewindebohrungen für Zylinderkopfschraube instand setzen“ in WH2

Im Textkorpus treten Überschriften auf, die auf die Unterkapitel 3. und 4. Grades verweisen. Erstere sind durch Fettdruck und größere Schrift gekennzeichnet und im Textkorpus unterstrichen („Kurbelwelle aus-, einbauen“) (Abb. 94). Letztere sind durch Fettdruck hervorgehoben („Aus-, einbauen“) (Abb. 95):

03–1800 Kurbelwelle aus-, einbauen

Vorausgegangene Arbeiten:
Motor ausgebaut (01-0300).
Ölpumpe ausgebaut (18-2100).
Abschlußdeckel ausgebaut (01-2220).
Spannschiene ausgebaut (05-3300).
Führungsschiene ausgebaut (05-3350).

Abb. 94: Markierung der Makrostruktur Unterkapitel 3. Grades in WH2

Aus-, einbauen

1 Motor 103.984 Ölabweisblech ausbauen.

2 Pleuellagerdeckel abschrauben, ausbauen.

3 Kurbelwellenlagerdeckel abschrauben, ausbauen.

4 Kurbelwelle aus-, einbauen.

Abb. 95: Markierung der Makrostruktur Unterkapitel 4. Grades in WH2

Direkte Terminatoren sind die beiden letzten Kapitel „Sicherheitshinweise“ (Abb. 96) und „Programmbedienung“ (Abb. 97). Das Programm wird durch das „Schließen-Symbol“ rechts oben auf der Bildlaufleiste beendet. Dies kann ebenfalls als weiterer Terminator gewertet werden.

Sicherheitshinweise (Gefahrensituationen)

Um Körperverletzungen auszuschließen, sowie die Beeinträchtigung der Betriebs- und Verkehrssicherheit des Fahrzeugs oder Beschädigungen am Fahrzeug als Folge unsachgemäßen Arbeitens zu vermeiden, sind diese Hinweise sorgfältig zu lesen und uneingeschränkt zu befolgen!

Zwangsläufig ist es der DaimlerChrysler AG nicht möglich, alle Situationen, die für den Ausführenden Verletzungsrisiken zur Folge haben könnten, in letzter Konsequenz zu bewerten. Es ist daher dringend notwendig, daß jeder, der Instandsetzungsarbeiten an Mercedes-Benz Personenwagen ausführt, sich unter Anwendung seiner Fachkunde davon überzeugt, daß seine eigene Sicherheit nicht gefährdet wird und das Fahrzeug durch die gewählte Instandsetzungsweise keine negative Beeinträchtigung, insbesondere sicherheitstechnischer Art, erfährt.

Es wird daher ausdrücklich darauf hingewiesen, daß alle Arbeiten der beschriebenen Arbeitsvorgänge nur unter Beachtung der gültigen Richtlinien und Vorschriften der örtlich zuständigen Behörden, des Gesundheits-, des Unfall- und des Umweltschutzes durchzuführen sind.

Abb. 96: Kapitel „Sicherheitshinweise“ in WH2

Programmbedienung

1 Einführung

1.1 Allgemeines

Die CD enthält die Werkstatt-Information für den Typ 126 und ist nach Baugruppen des Fahrzeuges geordnet. Über eine Menüstruktur ist ein gezieltes Abrufen der gewünschten Arbeitsbeschreibungen möglich.

1.2 Hinweise

Diese Programmbedienung ist aus mehreren Seiten aufgebaut. Sie blättern jeweils eine Seite weiter, indem Sie die „Bild ↓"-Taste auf Ihrer Tastatur drücken. Eine Seite zurück gelangen Sie mit der „Bild ↑"-Taste.
Bestimmte Themen können Sie direkt durch Anklicken im Inhaltsverzeichnis aufrufen.

Abb. 97: Kapitel „Programmbedienung" in WH2

4.2.2 Text-Bild-Kombinationen

In beiden Textexemplaren gibt es Text-Bild-Kombinationen auf fast jeder Seite. Insgesamt werden in WH1 358 und WH2 255 Text-Bild-Kombinationen ohne Tabelleninformationen gezählt. Durchschnittlich verteilen sich in WH1 1,7 und WH2 2,3 Abbildungen auf jeder Seite. Bei allen Abbildungen handelt es sich um Schwarz-Weiß-Bilder. In WH1 werden dabei in nahezu allen Fällen detaillierte räumliche Zeichnungen eingesetzt (98 %) (Abb. 98). Einfache Strichzeichnungen sind in sieben Fällen nachzuweisen (2 %) (Abb. 99). In WH2 dominiert ebenfalls die detaillierte räumliche Zeichnung zu 56,1 % (Abb. 100); 43,9 % der Abbildungen sind Fotografien (Abb. 101).

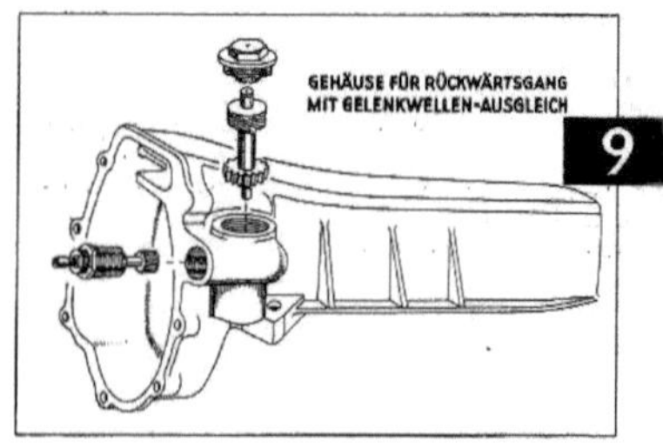

GEHÄUSE FÜR RÜCKWÄRTSGANG
MIT GELENKWELLEN-AUSGLEICH
9
Ausführung für Getriebe mit Gelenkwellenausgleich: Der Arbeitsvorgang ist der gleiche wie Vorgang 8.

Abb. 98: Illustrationsart „detaillierte räumliche Zeichnung", WH1, 99

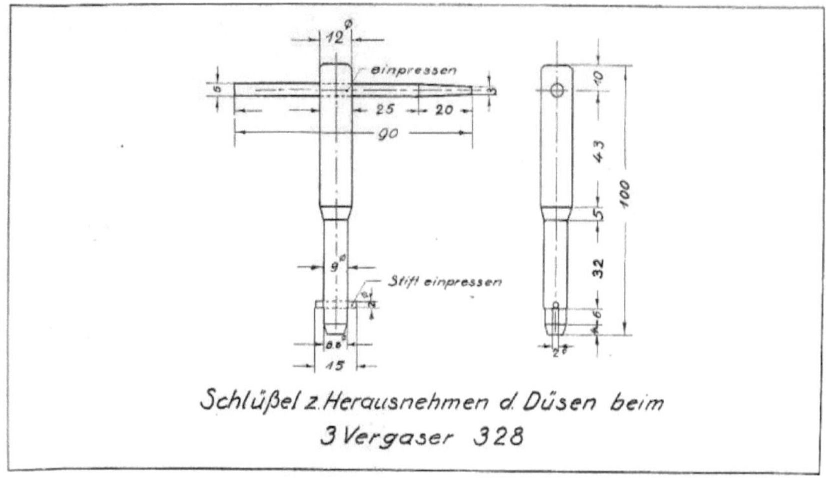

Abb. 99: Illustrationsart „einfache Strichzeichnung“, WH1, 83

7 Öl aus dem Vorratsbehälter der Lenkhelfpumpe mit der Handpumpe absaugen.

Einbauhinweis
Druckölpumpe entlüften (46–4080).

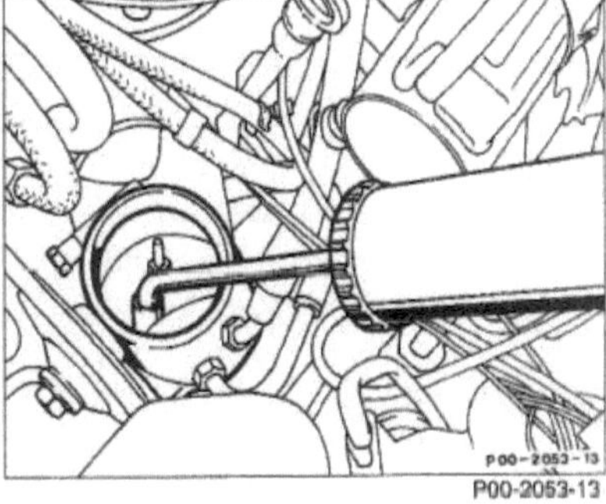

Abb. 100: Illustrationsart „detaillierte räumliche Zeichnung“, WH2, Motor Mechanik 103, Motor aus- und einbauen, 7

12 Gelenkwelle so am Getriebe abschrauben, daß die Gelenkscheibe an der Gelenkwelle bleibt.

13 Gelenkwelle soweit es das Zwischenlager und das Klemmstück zulassen, nach hinten drücken.

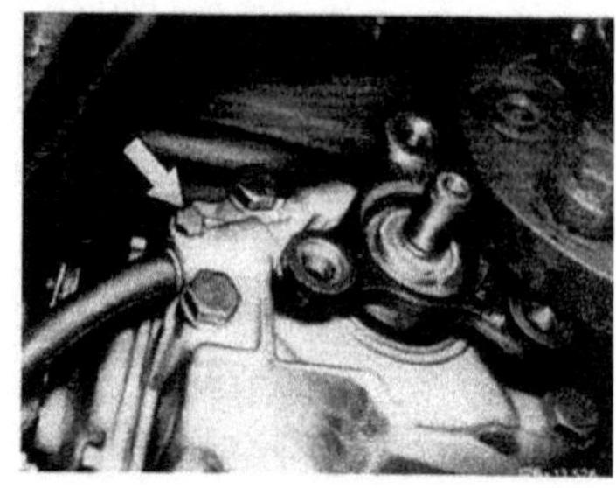

14 Antriebswelle für den Tachometer am hinteren Getriebedeckel lösen und abschrauben.

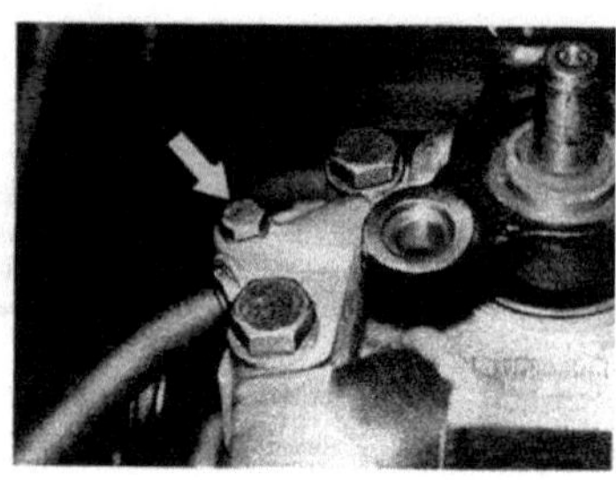

26-020 / 15

Abb. 101: Illustrationsart „Fotografie", WH2, Getriebe/Mechanisches Getriebe/Mechanisches Getriebe 716.0, 716.1, Mechanisches Getriebe aus- und einbauen, 15

Anordnung. Für die Anordnung von Text-Bild-Kombinationen zeigt sich, dass in beiden Textexemplaren auf eine Horizontalanordnung zurückgegriffen wird. In WH1 sind nahezu alle Abbildungen in der Variante „Textteil und davor Abbildung (links)" (Abb. 102); in WH2 in der Kombination „Textteil und danach Abbildung (rechts)" angeordnet (Abb. 103). Dabei werden der Bedienschritt erklärt und die dazugehörige Abbildung links davor bzw. rechts daneben gezeigt:

6

Getriebe ausbauen.

Ausführung: Vordersitze und Teppiche herausnehmen; Bodenbretter abschrauben, rechtes herausnehmen; linkes lokkern; Getriebe-Tunnel herausnehmen; Seilrolle für Bremse am Gabelstück abschließen; Gelenkwelle ohne Gewebescheibe am Getriebe-Mitnehmer entsichern, abflanschen und ablegen (Gelenkwelle mit Gewebescheibe ausbauen); Betätigung der Kupplung am Getriebehebel abschließen; Getriebeauflage hinten, sowohl am Getriebe als auch am Rahmen-Querträger abschrauben; Getriebe am Motor abflanschen, etwas abheben und herausnehmen.

Abb. 102: Die Anordnungsvariante „Textteil und davor Abbildung (links)", WH1, 3

37 Schutzplatte (Pfeil) zwischen Aggregateraumwand und Motor einsetzen.

38 Getriebe mit Wagenheber oder Grubenlift abstützen.

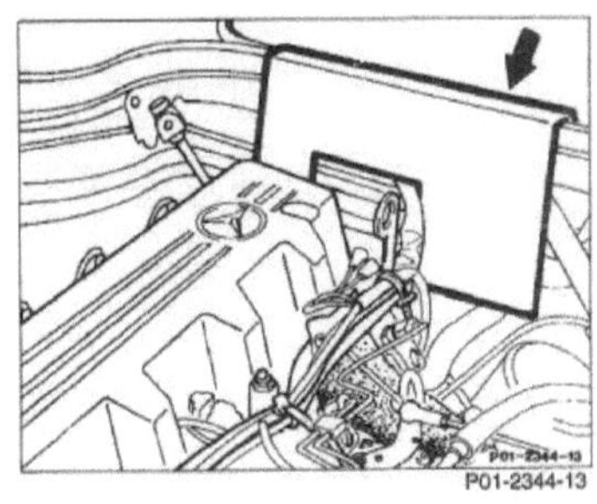

Abb. 103: Die Anordnungsvariante „Textteil und danach Abbildung (rechts)", WH2, Motor Mechanik, Motor 103, Motor aus-, einbauen, 13

Zusätzlich kommen zu 14 % (WH1) bzw. 15 % (WH2) bildgesteuerte Abbildungen vor, die in der Regel eine Übersicht mit vielen Details der Arbeitswerkzeuge und Autoteile darstellen (Abb. 104). An den einzelnen Details sind erweiterte Informationen und Maße enthalten oder über die Darstellungsformen „Linie und Nummer" bzw. „Linie und Bezeichnung" werden die Arbeitswerkzeuge und Autoteile benannt. Die Aufgabe der Überblickszeichnungen ist es, den Leser mit den Arbeitswerkzeugen vertraut zu machen, die für die Reparatur von entsprechenden Autoteilen wie z.B. der Motorhaube benötigt werden.

A. SPEZIALWERKZEUGE

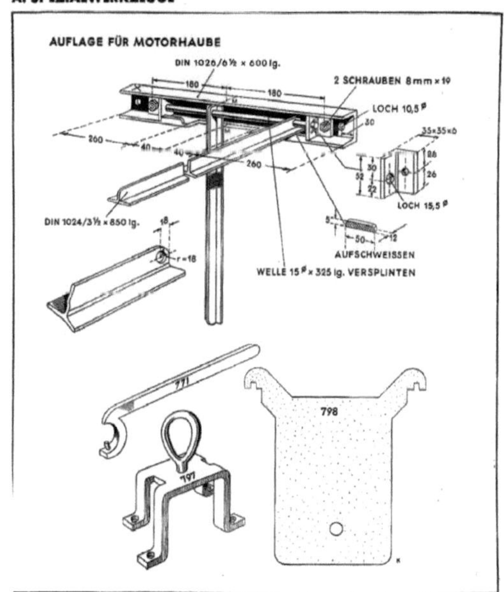

Abb. 104: Übersicht „Spezialwerkzeuge", bildgesteuert, WH1, 1

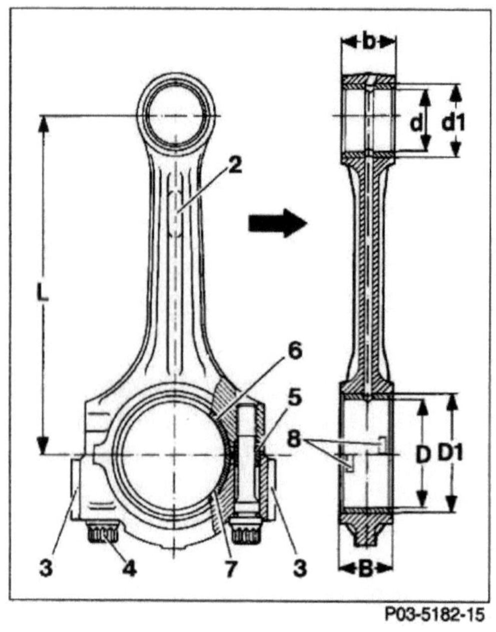

2	Kennzeichnung	6	Pleuellagerschale oben
3	Gewichtsausgleich unten	7	Pleuellagerschale unten
4	Pleuelschraube M9×1	8	Fixiernasen Lagerschale
5	Paßhülse	Pfeil	Fahrtrichtung

Abb. 105: Übersicht „Spezialwerkzeuge", bildgesteuert, WH2, Motor Mechanik/Motor 103, Pleuel instandsetzen, auswinkeln und lagern, 1

Textgesteuerte Text-Bild-Kombinationen. Die statistischen Ergebnisse zur Auswertung der textgesteuerten Text-Bild-Kombinationen sind in Abb. 106 gezeigt:

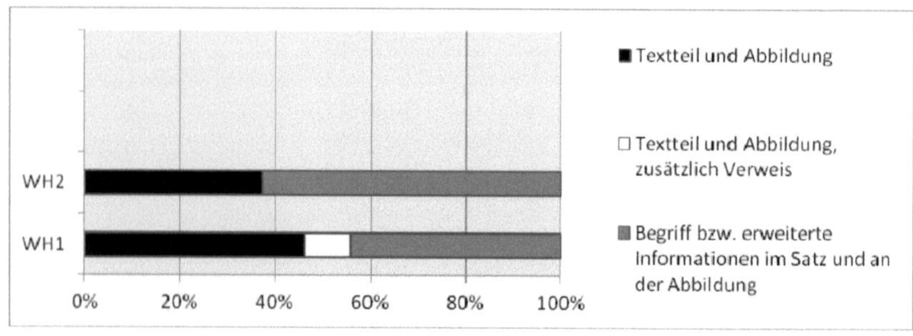

Abb. 106: Textgesteuerte Text-Bild-Kombinationen in WH1 und WH2

Bei den textgesteuerten Text-Bild-Kombinationen werden die Varianten „Textteil und Abbildung“ (WH1: 55,8 %; WH2: 37,3 %) (Abb. 107) und „Begriff bzw. erweiterte Informationen im Satz und an der Abbildung“ (WH1: 44,2 %; WH2: 62,7 %) in beiden Textexemplaren genutzt (Abb. 108.).

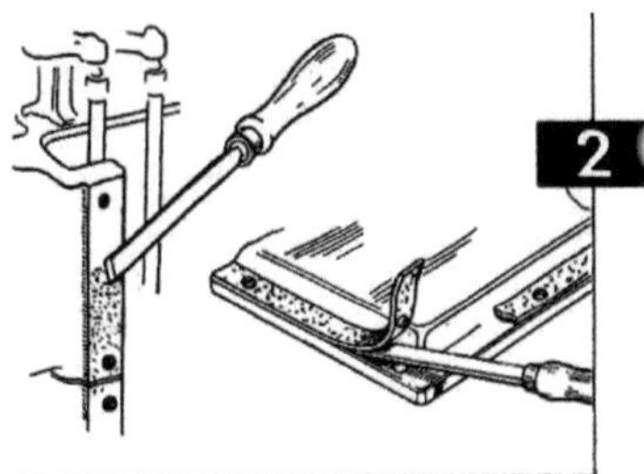

Dichtflächen am Motorblock mit Flachschaber reinigen. Motor abdecken, daß keine Dichtungsteilchen in den Motor fallen; ebenso ist die Dichtung am Deckel zu entfernen und die Dichtfläche sauber abzurichten.

Abb. 107: Die textgesteuerte Variante „Textteil und Abbildung“, WH1, 29

Bei der Anordnungsform „Textteil und Abbildung“ wird die Referenz zwischen Textteil und Bild ausschließlich durch die räumliche Zusammenstellung ohne direkte Verweise deutlich.

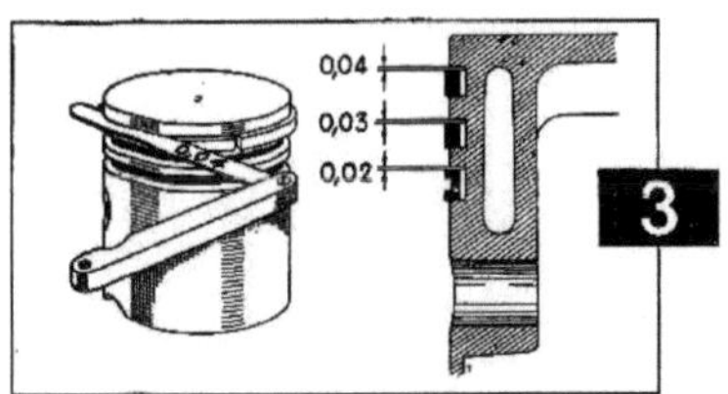

Kolbenringspiel in den Nuten nachmessen. Das Spiel soll betragen:
für den oberen Kolbenring: 0,04 mm,
für den mittleren: 0,03 mm,
und für den unteren: 0,02 mm.

Abb. 108: Die textgesteuerte Variante „Begriff im Satz und an der Abbildung“ (Abbildung beinhaltet Bezeichnung, die in einem Satz aufgegriffen wird), WH1, 37

4MATIC

35 Vorderachswellen (59) ausbauen. Zum Lösen der sechs Schrauben (mikroverkapselt) Fußbremse betätigen.
Vorderachswellen so weit wie möglich zusammenschieben und in dieser Stellung mit einem Draht fixieren.
Vorderachswelle auf Querlenker ablegen, Anziehdrehmoment beachten.

Hinweis
Inneres Gelenk nicht zu weit auseinanderziehen und abwickeln, um ein Herausfallen der nadelgelagerten Tripodengelenkrollen von den Zapfen am Tripodenkreuz zu verhindern.

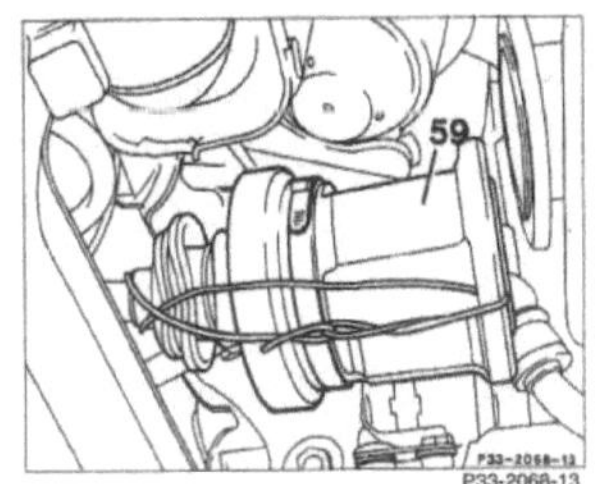

Abb. 109: Die textgesteuerte Variante „Begriff im Satz und an der Abbildung“ (Linie und Nummer), WH2, Motor Mechanik/Motor 103, Motor aus-, einbauen, 13

Bei der Variante „Begriff im Satz und an der Abbildung“ handelt es sich um eine Darstellungsform, bei der die Abbildung eine Bezeichnung oder erweiterte Informationen beinhaltet, die dann im darauffolgenden Textteil aufgegriffen werden. Die Abb. 108 enthält Zahlenwerte (0,04 mm/ 0,03 mm/0,02 mm), die im darauffolgenden Textteil aufgenommen werden. In der Abb. 109 wird die interne Text-Bild-Verknüpfung durch die Darstellungsmittel „Linie und Nummer“ an den einzelnen Elementen des Autos erzeugt.

In WH1 existiert zu 17,4 % der Anordnung „Textteil und Abbildung“ zusätzlich ein direkter Anbindungs- bzw. Suchverweis (Abb. 110).

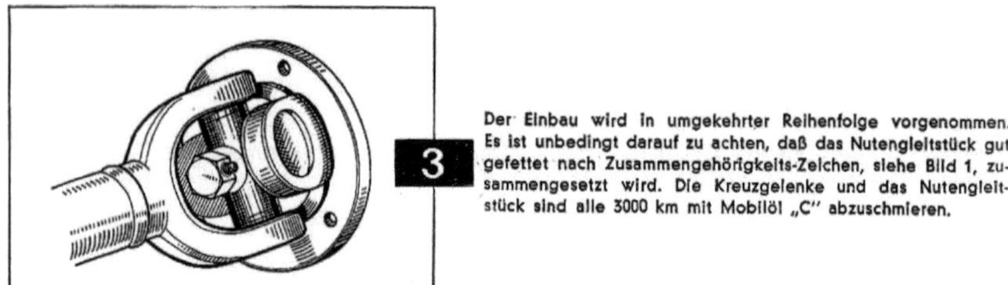

Abb. 110: Die textgesteuerte Variante „Textteil und Abbildung; zusätzlich Verweis“, WH1, 108

Bei dieser Variante wird die Referenz zwischen Textteil und Abbildung durch die räumliche Nähe erreicht. Zusätzlich wird im Textteil auf eine Abbildung, hier durch den Suchverweis („siehe Bild 1“), verwiesen.

Text-Bild-Funktion. Die statistischen Ergebnisse werden in Abb. 111 zusammengefasst.

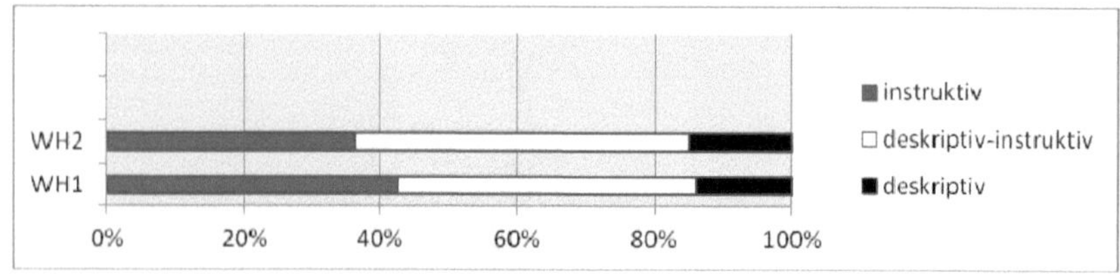

Abb. 111: Text-Bild-Funktionen in WH1 und WH2

Nahezu alle Text-Bild-Kombinationen (85,6 %) werden instruktiv bzw. deskriptiv-instruktiv eingesetzt, d.h., zur Unterstützung von Handlungsanweisungen verwendet:

VENTILBEARBEITUNG (neue Methode)

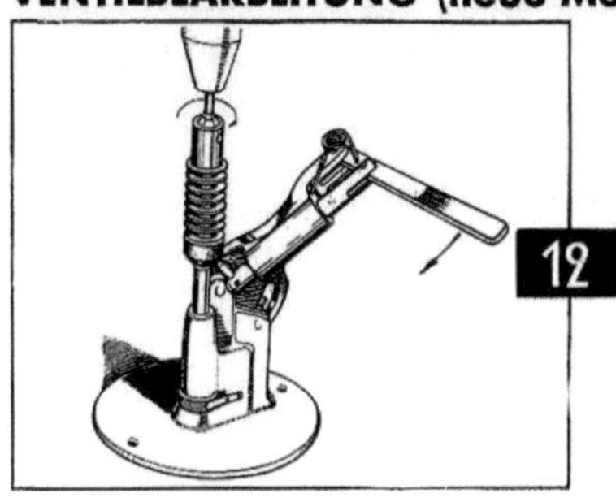

12 Vor jedem Schleifen ist der Zentropunkt-Schleifstein abzuziehen, bis die Schleiffläche ein gleichmäßig graues Bild zeigt (auch neue Steine).

Abb. 112: Text-Bild-Funktion: instruktiv (Pfeile), WH1, 26

3 Nutmutter bzw. Sechskantmutter auf der Hauptwelle vorn am Gleichlaufkörper für den 3. und 4. Gang mit dem Zapfenschlüssel lösen.

4 Gleichlaufkörper (11) für den 3. und 4. Gang von der Hauptwelle abnehmen.

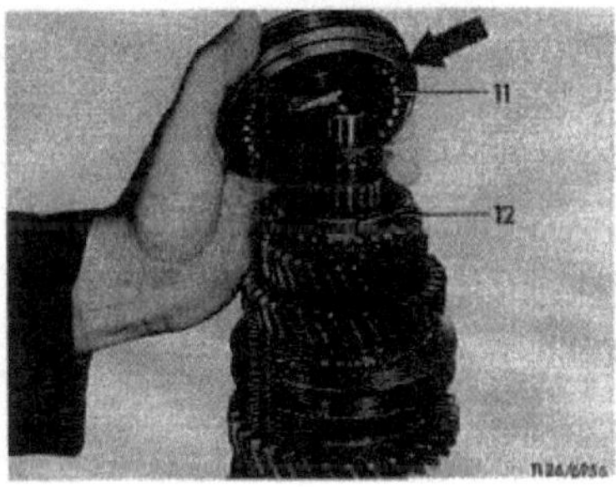

Abb. 113: Text-Bild-Funktion: instruktiv (Hände einer Person), WH2, Getriebe/Mechanisches Getriebe/Mechanisches Getriebe 716.0, 716.1, Hauptwelle zerlegen und zusammenbauen, 2

Bei den instruktiven Abbildungen handelt es sich um dynamisierte Bilder, in denen Pfeile Bewegungsabläufe darstellen (Abb. 112). Die Handlungserklärung unterstützende Abbildungen zeigen auch Hände von einer Person, die verschiedene Durchführungen demonstriert (Abb. 113).

Bei der deskriptiv-instruktiven Text-Bild-Funktion wird in der Abbildung ein Sachverhalt visuell dargestellt (z.B. die Benennung des Massekabels über die Verweisform „Linie und Nummer“), im dazugehörigen Textteil wird zur Handlung aufgefordert (z.B. „Massekabel am Getriebe abschrauben“.) (Abb. 114).

30 Massekabel (149) am Getriebe abschrauben.

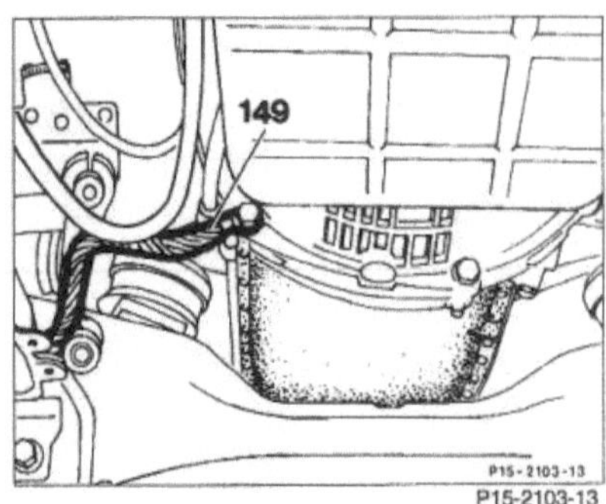

Abb. 114: Text-Bild-Funktion: deskriptiv-instruktiv, WH2, Motor Mechanik 103, Motor aus- und einbauen, 13

14,5 % der Abbildungen haben eher deskriptiven Charakter (Abb. 115). Es handelt sich dabei um Überblickszeichnungen der Spezialwerkzeuge.

A. SPEZIALWERKZEUGE

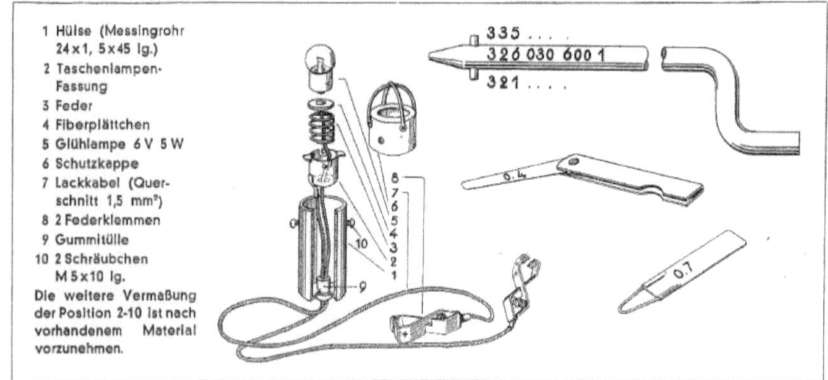

Abb. 115: Text-Bild-Funktion: deskriptiv, WH1, 193

Tabelleninformation. In beiden Textexemplaren spielt die Makrostruktur „Tabelleninformation“ neben den Abbildungen eine wichtige Rolle zur Darstellung der Maße bzw. Abmessungen von Autoteilen. Die Tabelleninformationen sind in der Regel mehrspaltig und in zwei Hauptkategorien, die durch die vertikale und horizontale Anordnung dargestellt werden, unterteilt und haben folgende Anordnungsmöglichkeiten:

Tab. 15: Anordnungsmöglichkeiten der Tabelleninformationen in WH1 und WH2

vertikal	horizontal
Baumuster	Durchmesser der Lagerbuchsen; Laufspiel der Lager; Hupfzapfenabmessungen; Gelenkwellenausführungen

D. ZUSAMMENBAU

Baumuster:	Durchmesser der Lagerbuchsen							
	I		II		III		IV	
	Auß. Ø	Inn. Ø	Auß. Ø	Inn. Ø	Auß. Ø	Inn. Ø	Auß. Ø	Inn. Ø
320—328	42,5	37	43	36,5	43,5	36	44	32
335	47	35	46,5	32	46	32	46	32

Abb. 116: Tabelleninformation „Baumuster – Durchmesser der Lagerbuchsen", WH1, 15

4.2.3 Syntax

4.2.3.1 Syntax der Überschriften

Innerhalb der syntaktischen Analyse der Überschriften werden die Überschriftenformen, die im Inhaltsverzeichnis aufgegriffen werden, getrennt von solchen untersucht, die nicht im Inhaltsverzeichnis vorkommen.[125] Insgesamt werden in WH1 418 auf 213 Seiten und in WH2 295 Überschriften auf 112 Seiten analysiert.

Überschriften, die im Inhaltsverzeichnis aufgegriffen werden, setzen sich aus isoliert gebrauchten einfachen Nominalsätzen (1-4), einfachen (5-6) und komplexen Verbalsätzen (7-11) und Nominal-/Verbalsatzkombinationen zusammen (12).

1. Kupplungs- und Bremsbetätigung (WH1, 41, 1)
2. Instandsetzung des kompletten Motors (WH1, 9, 1)
3. Hinweise zum Zylinderkopf (WH2, Motor Mechanik 103, 01-4000)
4. Motorlüftung Funktionsbeschreibung (WH2, Motor Mechanik 103, 01-0400)
5. Handbremse nachstellen (WH1, 169, 1)
6. Zylinderdichtheit prüfen (WH2, Motor Mechanik 103, 01-0150)
7. Lenkung aus- und einbauen (WH1, 181, 1)
8. Motor aus-, einbauen (WH2, Motor Mechanik 103, 01-0300)
9. Kipphebel mit Lagerwelle ausbauen, einbauen und instandsetzen (WH1, 19, 1-2)
10. Zylinderbohrungen messen, bohren und honen (WH2, Motor Mechanik 103, 01-1100)

125 Zur ausführlichen Analyse zur Funktion der Überschriften siehe Kapitel 4.2.1.

11. Federlaschen aus- und einbauen, neu abdichten, Kugelbolzen nachpassen (WH1, 139, 1-2)
12. Nockenwellen-Lagerbohrungen aufbohren (Reparaturstufe) (WH2, Motor Mechanik 103, 01-4190)

Das Beispiel 1 zeigt einen eingliedrigen Nominalsatz mit gereihten Nuklei ohne Attribuierung. Der Nominalsatz verweist auf eine Aktion „Kupplungs- und Bremsbetätigung“. Eingliedrige Nominalsätze mit Attribuierung finden sich in den Beispielen 2-3. Als Attribuierungstypen sind das postnukleare Genitivattribut (2) und das postnukleare Präpositionalattribut (3) vorhanden. Ferner taucht in 4 ein zweigliedriger Nominalsatz auf, dessen kommunikative Funktion es ist, die Aktion „Motorlüftung“ mit der Rubrik „Funktionsbeschreibung“ zu verbinden.

In 5 und 6 werden die Überschriften aus isoliert gebrauchten einfachen Verbalsätzen gebildet. Komplexe Verbalsätze sind in 7-11 nachweisbar. In 7 und 8 handelt es sich um eine Parataxe aus zwei Teilsätzen, wobei im jeweils zweiten Teilsatz das Akkusativobjekt „Lenkung“ bzw. „Motor“ aufgrund von Vorerwähntheit elliptisch ausgelassen wird. In 7 sind die Teilsätze syndetisch, in 8 asyndetisch gereiht. Parataxen aus drei Teilsätzen tauchen in 9 und 10 auf. Dabei sind die Teilsätze monosyndetisch gereiht. In 11 handelt es sich um eine Parataxe aus vier Teilsätzen. Die Teilsätze behandeln aufeinander bezogene Sachverhalte. Ein Gesamtsatz aus einem einfachen verbalen Teilsatz und einem in Klammern dargestellten eingliedrigen Nominalsatz erscheint in 12, wobei der Nominalsatz die notwendige Bedingung kennzeichnet.

Bei den Überschriften, die im Inhaltsverzeichnis aufgenommen werden, handelt es sich ausnahmslos um Aussagesätze.

In den Abb. 117 und 118 sind die statistischen Ergebnisse der Untersuchung der Satztypen dargestellt.

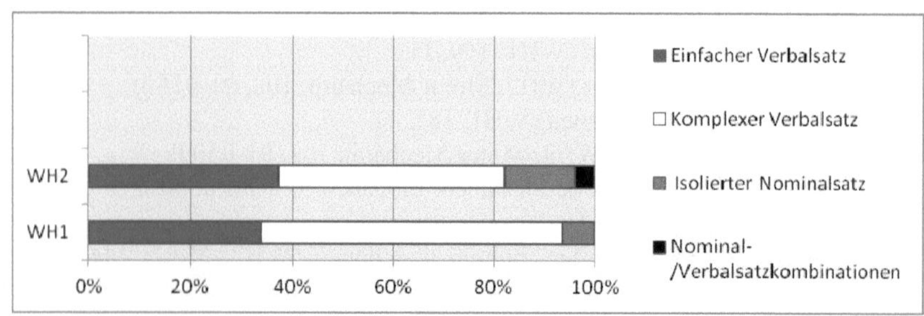

Abb. 117: Satztypen in den Überschriften (aufgenommen im Inhaltsverzeichnis) in WH1 und WH2

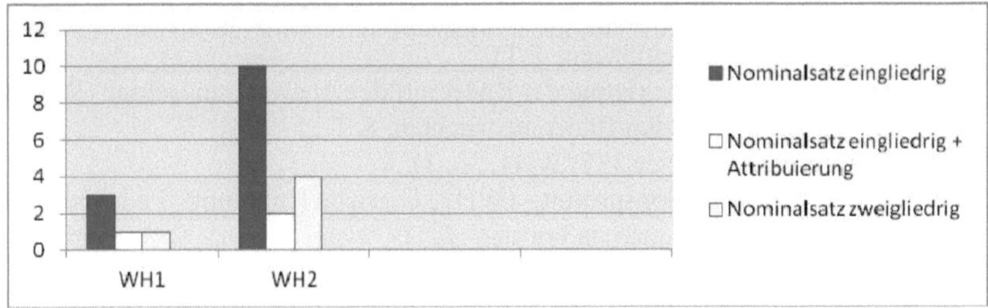

Abb. 118: Nominalsatztypen in den Überschriften (aufgenommen im Inhaltsverzeichnis) in WH1 und WH2

Bei den Satztypen zeigt sich deutlich, dass komplexe Verbalsätze in WH1 mit einem Anteil von 59,7 % und in WH2 mit einem Anteil von 45 % dominieren. Bei den komplexen Verbalsätzen handelt es sich in beiden Textexemplaren um parataktische Satzkombinationen aus zwei, drei und vier Teilsätzen. Auch einfache Verbalsätze kommen relativ häufig vor: In WH1 werden einfache Verbalsätze mit einem Anteil von 33,8 % und in WH2 von 37,2 % eingesetzt. Isoliert gebrauchte einfache Nominalsätze werden in WH2 (14 %) häufiger genutzt als in WH1 (6,5 %). Zusätzlich wird in WH2 in fünf Fällen auf Nominal-/Verbalsatzkombinationen zurückgegriffen.

Isoliert gebrauchte einfache Nominalsätze werden am häufigsten eingliedrig eingesetzt (insgesamt 15 Belege). Insgesamt fünf zweigliedrige Nominalsätze finden sich in den Textexemplaren. Daneben gibt es eingliedrige Nominalsätze aus einem substantivischen Nukleus mit weiteren Attribuierungen. Es handelt sich in WH1 um das postnukleare Genitivattribut, in WH2 um das postnukleare Präpositionalattribut.

Bei den Überschriften, die nicht im Inhaltsverzeichnis auftreten, lassen sich folgende Formen nachweisen:

13. Achtung! (WH2, Getriebe/Mechanisches Getriebe/Mechanisches Getriebe 716.0, 716.1/Mechanisches Getriebe aus- und einbauen, 5, 4)
14. Einbauen (WH2, Getriebe/Mechanisches Getriebe/Mechanisches Getriebe 716.0, 716.1/Mechanisches Getriebe aus- und einbauen, 5, 10)
15. Aus-, Einbauen (WH2, Getriebe/Kupplung, Pedalanlage/Kupplung aus-, einbauen und prüfen, 2, 3)
16. Reinigen der Kraftstoffpumpe (WH1, 88, 1)
17. Stoßdämpfereinstellung für Werkstattgebrauch. (WH1, 119, 24)
18. Werkzeuge zur Selbstanfertigung (WH2, Motor Mechanik/Motor 103/ Motor aus-, einbauen, 4, 8)
19. Neue Methode (WH1, 179, 5)

20. Handelsübliche Werkzeuge bzw. Prüfgeräte (WH2, Motor Mechanik/Motor 103/Motor aus-, einbauen, 4, 1)
21. Zentrierung und Befestigung der Räder auf der Auswuchtmaschine (WH2, Fahrwerk/Räder, Reifen/Räder auswuchten, 8, 1-2)
22. Ausführung Baumuster 335 (WH1, 33, 1)
23. Nach Einbau Funktionsprüfung (WH2, Getriebe/Kupplung, Pedalanlage/Kupplung aus-, einbauen und prüfen, 7, 1)
24. **Seitenspiel**
    im Paßlager vorne (WH1, 14, 10-11)
25. **Einbaulänge**
    der Ventilfedern (WH1, 22, 10-11)
26. Getriebe ausbauen. (WH1, 3, 3)
27. Pleuel zum Ausreiben aufspannen (WH1, 52, 8)
28. Federlaschen zerlegen und zusammenbauen. (WH1, 140, 35)
29. Aus-, einbauen (WH2, Motor Mechanik/Motor 103/Kurbelwelle aus-, einbauen, 3, 2)
30. Pleuel prüfen und richten – alte Methode (WH1, 51, 5)

Eingliedrige Nominalsätze ohne Attribuierung sind den Beispielen 13, 14 und 15 zu entnehmen. In 13 gibt der eingliedrige Nominalsatz einen Ausrufesatz an, der die Funktion erhält, eine Warnung für eine besondere Gefahr zu kennzeichnen. Es handelt sich in den Beispielen 14 und 15 um ein Satzglied aus einem Nukleus bzw. gereihten Nuklei, wobei die Nuklei Konversionen von Infinitiven sind. Es wird eine Aktion benannt. Eingliedrige Nominalsätze mit Attribuierung finden sich in den Beispielen 16-20. Als Attribuierungstypen werden das postnukleare Genitivattribut (16), das postnukleare Präpositionalattribut (17, 18) sowie das pränukleare Adjektivattribut (19, 20) zum Nukleus hinzugefügt.

Weiter treten zweigliedrige Nominalsätze in den Textexemplaren auf (21-23). In 21 handelt es sich beim ersten Satzglied um eine Aktion mit Aktionsgegenstand „Zentrierung und Befestigung der Räder“, das zweite Satzglied kennzeichnet den Ortsbezug „auf der Auswuchtmaschine“. Die Satzglieder in 22 geben die Nennung „Ausführung“ und Spezifizierung „Baumuster 335“ an. In 23 erhält das erste Satzglied einen Zeitbezug „Nach Einbau“, das zweite Satzglied kennzeichnet die Aktion „Funktionsprüfung“.

In den Beispielen 24 und 25 dienen die Überschriften als Satzglied „**Seitenspiel**“ eines zweigliedrigen Nominalsatzes (24) bzw. als Nukleus „**Einbaulänge**“ eines eingliedrigen Nominalsatzes mit Attribuierung. Die Überschriften werden durch Fettdruck, Zeilenumbruch und ggf. Einrückung markiert, der darauf folgende Satzteil wird klein weitergeschrieben. Die Nominalsätze verweisen auf die Passungen und Maße der Autoteile.

Bei den Verbalsätzen handelt es sich um einfache (26, 27) Verbalsätze und um aus zwei Teilsätzen syndetisch (28) und asyndetisch (29) verbundene Parataxen. In 30 besteht der Gesamtsatz aus zwei syndetisch gereihten verbalen Teilsätzen und einem eingliedrigen Nominalsatz, der durch einen Gedankenstrich von den Verbalsätzen abgrenzt ist und auf die Arbeitsweise („alte Methode") verweist.

Nahezu alle Überschriften in Werkstatthandbüchern sind Aussagesätze, in WH2 werden zusätzlich in acht Fällen Ausrufesätze eingesetzt, die die Funktion erhalten, die Monteure besonders auf den Arbeitsschritt aufmerksam zu machen und so vor einer möglichen Gefahr zu warnen.

In der Tab. 16 sind die statistischen Ergebnisse der Untersuchung der Satztypen zusammengefasst.

Tab. 16: Satztypen in den Überschriften in WH1 und WH2

	Isolierter NoS	Einfacher VS	Komplexer VS	Nominal-/Verbalsatz-kombination
WH1	85 %	13,8 %	0,6 %	0,6 %
WH2	99,4 %	–	0,6 %	–

Bei den Satztypen überwiegt der isoliert gebrauchte einfache Nominalsatz mit 85 % in WH1, in WH2 sind mit einer Ausnahme alle isoliert gebrauchte einfache Nominalsätze. Hier kommt lediglich noch eine Parataxe aus zwei Teilsätzen vor. In WH1 finden sich zu den isoliert gebrauchten einfachen Nominalsätzen noch vier Parataxen aus zwei Teilsätzen und 47 einfache Verbalsätze; dies entspricht einem Anteil von 13,8 % in WH1. Nominal-/Verbalsatzkombinationen können in zwei Fällen nachgewiesen werden.

In Tab. 17 und Abb. 119 ist die Verteilung der Nominalsatztypen und Attribuierungstypen zu sehen.

Tab. 17: Nominalsatztypen in den Überschriften in WH1 und WH2

	NoS eingliedrig	NoS eingliedrig + Attribuierung	NoS zweigliedrig	Nukleus/Satzglied eines NoS
WH1	83,4 %	10,3 %	4,1 %	2,1 %
WH2	83 %	15,2 %	1,8 %	–

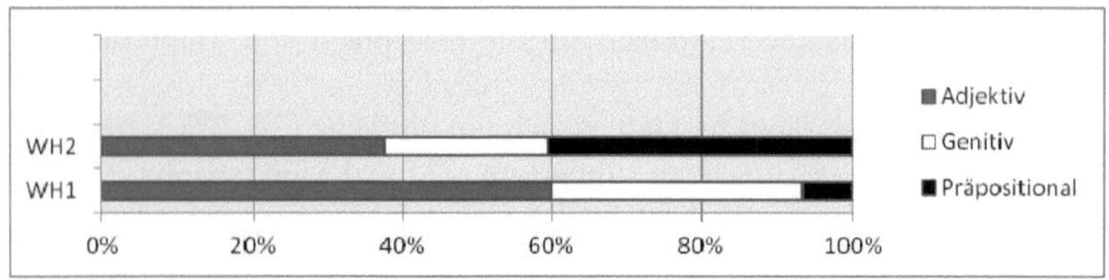

Abb. 119: Attribute in den Nominalsatztypen (eingliedrig) in WH1 und WH2

Isoliert gebrauchte einfache Nominalsätze werden fast ausschließlich eingliedrig (WH1: 83,4 %; WH2: 83 %) gebraucht. Eingliedrige Nominalsätze mit Attribuierungen können in WH1 mit 10,3 % und WH2 mit 15,2 % nachgewiesen werden. Vereinzelt finden sich zweigliedrige Nominalsätze (insgesamt 15 Mal). In insgesamt sechs Fällen kommt in WH1 ein Nukleus bzw. Satzglied eines Nominalsatzes vor. Nominalsätze mit Attribuierungen werden in WH1 zu 60 % durch einen substantivischen Nukleus und ein pränukleares Adjektivattribut gebildet. Danach folgt mit 33,3 % ein substantivischer Nukleus mit einem postnuklearen Genitivattribut. In zwei Fällen findet sich in WH1 ein postnukleares Präpositionalattribut. In WH2 dominieren die postnuklearen Präpositionalattribute mit einem Anteil von 40,6 %, relativ häufig sind auch pränukleare Adjektivattribute (37,5 %) und postnukleare Genitivattribute (21,9 %) nachzuweisen.

4.2.3.2 Syntax der Absätze

Insgesamt werden in WH1 978 und WH2 822 Sätze im Textkorpus ohne Überschriften, Initiatoren bzw. Terminatoren untersucht. Im Mittel gibt es in WH1 8,7 und WH2 7,3 Sätze pro Seite.

Für die Verteilung der Sätze auf die Satztypen des isoliert gebrauchten einfachen Verbalsatzes, des komplexen Verbalsatzes, des isoliert gebrauchten einfachen Nominalsatzes und der Nominal-/Verbalsatzkombination werden für WH1 und WH2 die in Abb. 120 dargestellten Ergebnisse ermittelt.

Dabei zeigt sich für beide Werkstatthandbücher ein Schwerpunkt der Satztypen bei den isoliert gebrauchten einfachen Verbalsätzen und den komplexen Verbalsätzen. In WH1 werden einfache Verbalsätze zu 43,5 % festgestellt; in WH2 bis zu 52,9 %. Der Anteil an komplexen Verbalsätzen ist in beiden Textexemplaren ungefähr gleich und liegt im Mittelwert bei ca. 40 %. In WH1 kommen mit einem Anteil von 13,5 % isoliert gebrauchte einfache Nominalsätze vor; in WH2 sind diese seltener vorhanden. Mit einem verschwindend geringen Anteil sind Nominal-/ Verbalsatzkombinationen nachweisbar (WH1: 1,1 %; WH2: 0,6 %).

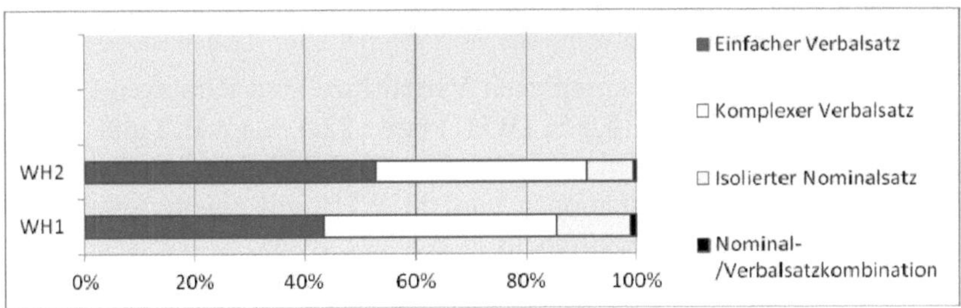

Abb. 120: Satztypen in den Sätzen des Textkorpus in WH1 und WH2

Bei den isoliert gebrauchten einfachen Nominalsätzen bilden die eingliedrigen Nominalsätze mit einem Anteil von 46,3 % (1) und die zweigliedrigen Nominalsätze mit einem Anteil von 45,6 % (2-3) den Schwerpunkt. Ferner gibt es dreigliedrige Nominalsätze mit einem geringeren Anteil von 8,2 % (4-5).

1. Achtung! (WH1, 97, 41)
2. Serviceventil in Teststellung. (WH2, Motor Mechanik/Motor 103/Motor aus-, einbauen, 16, 3)
3. Zulässige Maßabweichung 0,03 mm. (WH1, 15, 3)
4. Nach dem Entlüften Serviceventil wieder in Betriebsstellung. (WH2, Motor Mechanik/Motor 103/Motor aus-, einbauen, 16, 6-7)
5. Zulässiger Schlag
vor dem Schleifen bis 0,1 mm
nach dem Schleifen bis 0,03 mm. (WH1, 24, 12-14)

Das Beispiel 1 gibt einen eingliedrigen Nominalsatz ohne Attribuierung an, der einen Ausrufesatz darstellt. Im zweigliedrigen Nominalsatz in 2 wird der Aktionsgegenstand „Serviceventil" mit seiner Funktion „in Teststellung" verbunden. In 3 verweisen die Satzglieder auf die Nennung „Zulässige Maßabweichung" und Spezifizierung in Maßeinheiten „0,03 mm". Das Beispiel 4 zeigt einen dreigliedrigen Nominalsatz an, dessen Satzglieder den Zeitpunkt „Nach dem Entlüften", den Aktionsgegenstand „Serviceventil" und die Funktion „wieder in Betriebsstellung" kennzeichnen. In 5 sind zwei dreigliedrige Nominalsätze („Zulässiger Schlag [/] **vor** dem Schleifen [/] bis 0,1 mm" und „Zulässiger Schlag [/] **nach** dem Schleifen [/] bis 0,03 mm") vorhanden, wobei das Satzglied „Zulässiger Schlag" im zweiten Nominalsatz aufgrund der Vorerwähntheit ausgelassen wird. Die Satzglieder werden durch Zeilenumbruch hervorgehoben. Ferner werden die Präpositionen „**vor**" bzw. „**nach**" durch

Fettdruck markiert. Bei den Satzgliedern sind die Nennung „Zulässiger Schlag“, der Zeitpunkt „vor dem Schleifen“ bzw. „nach dem Schleifen“ und die Spezifizierung in Maßeinheiten „bis 0,1 mm“ bzw. „bis 0,03 mm“ gegeben.

Über die Hälfte aller komplexen Verbalsätze sind Parataxen (WH1: 60,5 %; WH2: 70,3 %). 18,3 % (WH1) bzw. 22,4 % (WH2) aller komplexen Verbalsätze werden aus Hypotaxen gebildet. Auf parataktisch-hypotaktische Satzkombinationen wird in WH1 mit einem Anteil von 21,2 % häufiger zurückgegriffen als in WH2 (7,3 %):

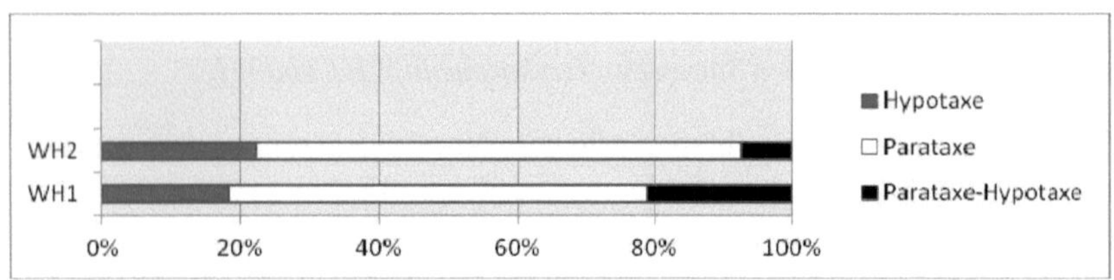

Abb. 121: Komplexe Verbalsätze in den Sätzen des Textkorpus in WH1 und WH2

Bei den Parataxen überwiegen mit 77 % (WH1) bzw. 82,3 % (WH2) die jeweiligen Satzkombinationen aus zwei Teilsätzen (6-7). Parataxen mit drei Teilsätzen sind mit einem Anteil von 17,3 % (WH1) bzw. 14,5 % (WH2) vertreten (8-9). Parataxen mit vier (10-11) und fünf (12) Teilsätzen tauchen mit einem verschwindend geringen Anteil auf. Repräsentative Beispiele sind:

6. Masseleitung an Batterie ab-, anmontieren. (WH2, Motor Mechanik/Motor 103/Motor aus-, einbauen, 1, 13)
7. Nach einem aufgetretenen Lagerschaden müssen die Pleuel ausgebaut und evtl. vorhandene Späne aus den Pleuelbohrungen und den Kurbelwellen- und Zylinderkurbelgehäuse-Ölkanälen entfernt werden. (WH2, Motor Mechanik/Motor 103/Kurbelwelle aus-, einbauen, 2, 10-14)
8. Kühlmittel einfüllen, Korrosions-Frostschutzmittel prüfen und richtigstellen. (WH2, Motor Mechanik/Motor 103/Motor aus-, einbauen, 3, 12-13)
9. Getriebe am Motor abflanschen, etwas abheben und herausnehmen. (WH1, 3, 12-13)
10. Kraftstoffleitungen ab-, anmontieren und verschließen, vorher Tankverschluß kurz öffnen. (WH2, Motor Mechanik/Motor 103/Motor aus-, einbauen, 2, 9-10)
11. Gelenkwelle ohne Gewebescheibe am Getriebe-Mitnehmer entsichern, abflanschen und ablegen (Gelenkwelle mit Gewebescheibe ausbauen) (WH1, 3, 7-9)

12. Windflügel, Luftfilter, Kühlwasser-Fernthermometer, Auspuffrohr, Kraftstoffleitung, Kipphebel mit Welle und Zündspule abschrauben, Motor-Seitendeckel lockern, Kühlwasserschlauch entfernen, Vergaserbetätigung abklemmen bzw. aushängen. (WH1, 23, 6-11)

In 6 und 7 handelt es sich jeweils um einen Gesamtsatz aus zwei verbalen Teilsätzen, die asyndetisch (6) und syndetisch (7) durch die Konjunktion „und" verbunden sind. Parataxen aus drei Teilsätzen finden sich in 8 und 9; die Teilsätze sind monosyndetisch verbunden. Die Beispiele 10 und 11 geben Parataxen aus vier Teilsätzen an. Die jeweils ersten drei Teilsätze der Gesamtsätze erhalten das Akkusativobjekt „Kraftstoffleitungen" (10) bzw. „Gelenkwelle ohne Gewebescheibe am Getriebe-Mitnehmer" (11), das im jeweils zweiten und dritten Teilsatz aufgrund der Vorerwähntheit elliptisch ausgelassen wird. In 11 ist der letzte Teilsatz in Klammern gesetzt. Eine Parataxe aus fünf Teilsätzen findet sich in 12. Die Teilsätze der Parataxen dokumentieren eine chronologische Handlungsabfolge.

Bei den Hypotaxen überwiegen mit rund 92 % (WH1) bzw. 94,3 % (WH2) die jeweiligen Satzkombinationen aus zwei Teilsätzen (13, 14). Neben den Verbindungen aus zwei Teilsätzen kommt es auch zu Kombinationen aus drei Teilsätzen (15-17), in WH2 gibt es zusätzlich eine Hypotaxe aus vier Teilsätzen (18).

13. Zeigen die Lagerbuchsen der Steuerwelle Verschleiß über 0,1mm, so sind diese auszuwechseln. (WH1, 15, 16-17)
14. Tankverschluß des Kraftstoffbehälters kurz öffnen, um Druck abzubauen. (WH2, Motor Mechanik/Motor 103/Motor aus-, einbauen, 7, 20-21)
15. Werden zur Beurteilung des Fahrzeuges Testräder verwendet, so müssen sich diese in einem Zustand befinden, der eine sichere Diagnose zuläßt. (WH2, Fahrwerk/Räder, Reifen/Räder auswuchten, 9, 29-32)
16. Um Herausspringen der Federn zu vermeiden, wird in den Bohrkopf ein Stab eingespannt, der durch den Bohrtisch hindurchgeht. (WH1, 27, 9-11)
17. Insbesondere vermeiden, daß die erste Radschraube angezogen wird, ehe die anderen mindestens angelegt sind. (WH2, Fahrwerk/Räder, Reifen/Räder ab-, anmontieren, 8, 12-15)
18. Um die Gewähr zu haben, daß bei gelöster Bremse das Rücklaufloch für das Bremsöl zum Hauptbremszylinder jederzeit frei steht, ist unbedingt erforderlich, daß das Bremspedal vor dem Andruck gegen den Bremszylinder ein gewisses Spiel aufweist. (WH1, 175, 22-25)

In 13 wird ein Konditionalsatz mit Verberststellung mit einem Hauptsatz verbunden. Die Teilsätze bezeichnen dabei die Informationsabfolge *conditio – consequentia.* In 14 tritt ebenfalls eine hypotaktische Verbindung aus zwei Teilsätzen auf. Der erste Teilsatz ist der Hauptsatz des Gesamtsatzes, beim zweiten Teilsatz handelt es sich um einen Finalsatz. Die Teilsätze erhalten die kommunikative Funktion, die „Aktion“ mit dem „Ziel“ bzw. mit der „Motivation der Handlung“ zu verbinden. In den Beispielen 15-17 sind Gesamtsätze aus drei Teilsätzen gegeben. Beispiel 15 zeigt als ersten Teilsatz einen Konditionalsatz mit Verberststellung, als zweiten Teilsatz den Hauptsatz und als dritten Teilsatz einen Attributsatz, der dem Nukleus „Zustand“ des Hauptsatzes untergeordnet ist. Dabei verweisen die Teilsätze auf die logische Verbindung von *conditio* versus *consequentia*. In 16 fungiert der erste Teilsatz als Finalsatz, der zweite Teilsatz als Hauptsatz und der dritte Teilsatz als Attributsatz. Die Teilsätze kennzeichnen das „Ergebnis“ und die „Aktion“. Im Beispiel 17 ist der erste Teilsatz der Hauptsatz; beim zweiten Teilsatz handelt es sich um einen Objektsatz, der dem Hauptsatz untergeordnet ist; der dritte Teilsatz tritt als Temporalsatz auf, der vom Verbum finitum „angezogen wird“ des Objektsatzes abhängig ist. Die ersten beiden Teilsätze benennen die „Aktion“, der dritte Teilsatz verweist auf den „Zeitbezug“. Eine Hypotaxe aus vier Teilsätzen ist in 18 gegeben. Der erste Teilsatz ist ein Finalsatz; der zweite Teilsatz ist ein Attributsatz, der dem Nukleus „Gewähr“ des Finalsatzes untergeordnet ist; der dritte Teilsatz ist ein Hauptsatz; der vierte Teilsatz fungiert als Subjektsatz des Hauptsatzes. Dabei erhalten die Teilsätze die kommunikative Funktion, eine Handlungsanweisung mit dem Ziel dieser Handlung zu verbinden.

Bei den parataktisch-hypotaktischen Satzkombinationen liegt der Schwerpunkt mit 83,9 % (WH1) bzw. 82,6 % (WH2) auf Satzkombinationen mit drei Teilsätzen (19, 20). Mit einem Anteil von 11,5 % (WH1) bzw. 8,7 % (WH2) an allen parataktisch-hypotaktischen Satzkombinationen werden vier Teilsätze miteinander verbunden (21, 22, 23). Fünf Teilsätze sind mit insgesamt fünf Belegen nachweisbar (24). In einem Fall kommt es zu Bildungen mit sechs Teilsätzen in WH1 (25).

19. Schmierölleitung am Verteilergetriebe beim Schrägstellen des Motors nicht anstoßen oder belasten, weil sie dadurch undicht werden kann. (WH2, Motor Mechanik/Motor 103/Motor aus-, einbauen, 5, 8-10)
20. Bei einem Motortausch müssen diese Teile unbedingt entfernt werden, da sie sonst durch Gasschwindungen im Auspuffsystem in die Zylinder zurückpulsiert werden und erneut zu einem Motorschaden führen können. (WH2, Motor Mechanik/Motor 103/Motor aus-, einbauen, 5, 15-19)
21. Das Ventilspiel soll nicht bei laufendem Motor mit der Blattlehre geprüft und eingestellt werden, da erstens die Meßgenauigkeit fehlt und zweitens die Blattlehre schon bei einmaliger Prüfung beschädigt wird. (WH1, 17, 6-9)

22. Ist die Auflagefläche für die Mitnehmerscheibe im Schwungrad riefig, so sind die Befestigungsschrauben der Schwungscheibe zu entsichern, zu lösen und die Schwungscheibe auszubauen. (WH1, 40, 17-20)
23. Kupplungsscheibe mit dem Zentrierdorn zum Rillenkugellager in der Kurbelwelle zentrieren, danach Kupplungsdruckplatte ansetzen und die Befestigungsschrauben nacheinander so lange um jeweils 1 bis 1 ½ Umdrehungen anziehen bis die Druckplatte festgezogen ist. (WH2, Getriebe/ Kupplung, Pedalanlage/Kupplung aus-, einbauen und prüfen, 2-7)
24. Einen Gang einlegen, dann Getriebe waagerecht in die Kupplung einfahren und dabei die Getriebehauptwelle hin- und herdrehen, bis die Keilprofile der Antriebswelle und Kupplungsscheibe übereinstimmen. (WH2, Getriebe/Mechanisches Getriebe/Mechanisches Getriebe 716.0, 716.1/Mechanisches Getriebe aus- und einbauen, 12, 5-9)
25. Ist der Kupplungsbelag abgenutzt (bis auf die Nietenköpfe ist äußerste Verschleißgrenze) oder mit Fett oder Öl verschmiert, so sind die Beläge abzunieten und neue aufzunieten (Bremsbackennietpresse benutzen). (WH1, 40, 31-34)

In 19 werden zwei syndetisch gereihte Hauptsätze (1. und 2. Teilsatz) mit einem Kausalsatz (3. Teilsatz) verbunden. Die Teilsätze kennzeichnen den Kommunikationsrahmen „Aktion + Begründung". Ein Hauptsatz als erster Teilsatz mit zwei syndetisch verbundenen Kausalsätzen ist in 20 gegeben. Die Teilsätze erhalten wie in 19 ebenfalls die kommunikative Funktion, eine „Aktion" mit der „Begründung dieser Aktion" zu verbinden. In 21 liegt eine aus vier Teilsätzen gebildete parataktisch-hypotaktische Satzkombination vor, bestehend aus zwei syndetisch gereihten Hauptsätzen (1. und 2. Teilsatz) und zwei syndetisch gereihten Kausalsätzen (3. und 4. Teilsatz). Die Teilsätze stellen ebenfalls eine Relation zwischen „Aktion" und „Begründung" her. Im Beispiel 22 erscheint der erste Teilsatz als Konditionalsatz mit Verberststellung, der zweite, dritte und vierte Teilsatz sind monosyndetisch gereihte Hauptsätze. Für die Teilsätze ist die logische Beziehung von *conditio* versus *consequentia* kennzeichnend. In 23 werden drei gereihte Hauptsätze (1., 2. und 3. Teilsatz) mit einem Temporalsatz (4. Teilsatz) verbunden. Dabei werden durch die Hauptsätze eine chronologische Handlungsabfolge und durch den Temporalsatz das Ergebnis erfasst. Die Chronologie der Aktionen wird durch das Adverbial „danach" im 2. Teilsatz verstärkt. Ein Gesamtsatz aus fünf Teilsätzen ist in 24 nachweisbar, bestehend aus vier Hauptsätzen (1., 2., 3. und 4. Teilsatz) und einem Temporalsatz (5. Teilsatz). Ähnlich wie in 23 verstärken die Adverbiale „dann" und „dabei" im 2. und 3. Teilsatz die chronologische Handlungsabfolge. Die Sätze signalisieren die „Aktion mit Ergebnisbezug". Ein Gesamtsatz aus sechs Teilsätzen findet sich in 25. Dabei werden zwei syndetisch gereihte Konditionalsätze (1. und 3. Teilsatz des Gesamtsatzgefüges) und zwei syndetisch gereihte Hauptsätze (4. und 5. Teilsatz) verbunden, zusätzlich existieren eine in Klammern dargestellte Parenthese als zweiter Teilsatz („bis auf die Nietenköpfe ist äußerste Verschleißgrenze") und ein in Klammern dargestellter Nachsatz als sechster Teilsatz des Gesamtsatzgefüges („Bremsbackennietpresse benutzen"). Die Konditionalsätze kennzeichnen dabei die *conditio,* die Hauptsätze die *consequentia.* Weiter werden durch die Parenthese die Begründung und durch den Nachsatz eine Handlungsaufforderung hinzugefügt.

Bei den Nominal-/Verbalsatzverbindungen stellen die Verbindungen, die aus einem Nominalsatz und einem einfachen Verbalsatz bestehen, in WH1 einen Anteil von 54,5 % dar; in WH2 gibt es ausschließlich solche Kombinationen aus zwei Teilsätzen (26). Weiterhin finden sich in WH1 noch Nominal-/Verbalsatzverbindungen, die aus vier Teilsätzen gebildet werden (27). In einem Fall ist ein Gesamtsatz aus acht Teilsätzen nachweisbar (28). Repräsentative Beispiele sind:

26. Hydraulische Anlage durch Umlegen des Hebels (Teststellung) am Serviceventil drucklos machen. (WH2, Motor Mechanik/Motor 103/Motor aus-, einbauen, 6, 12-14)
27. Hierauf wird der Kolbenbolzen auf den Zapfen des Führungsbolzens aufgesteckt und in die Kolbenbolzenbohrung eingeschoben (Handballdruck), bis der Abstand von den Sicherungsnuten im Kolben beiderseitig gleich ist. (WH1, 32, 30-34)
28. Ist das Spiel am Fußbremshebel zu groß oder zu klein (Normalspiel 3-5 mm) so ist das linke Bodenbrett herauszunehmen, die Gummimanschette am Hauptbremszylinder zu lösen und zurückzustreifen, die Gegenmutter am Einstellgestänge zu lösen und das Einstellgestänge nachzustellen, bis das richtige Pedalspiel hergestellt ist. (WH1, 175, 26-32)

Der Gesamtsatz in 26 setzt sich aus einem einfachen verbalen Teilsatz und einem eingliedrigen Nominalsatz als in Klammern gestaltete Parenthese zusammen, wobei der nominale Teilsatz eine Funktion bestimmt. In 27 ist eine Nominal-/Verbalsatzkombination aus vier Teilsätzen gegeben. Es werden zwei syndetisch gereihte Hauptsätze mit einem Temporalsatz verbunden, zusätzlich existiert ein eingliedriger Nominalsatz („Handballdruck"), der in Klammern gesetzt ist und die Bedingung markiert. Die verbalen Teilsätze signalisieren die Handlung und das Ergebnis. Der Gesamtsatz in 28 besteht aus einem Konditionalsatz mit Verberststellung (1. Teilsatz), einem zweigliedrigen Nominalsatz „Normalspiel [/] 3-5 mm" (2. Teilsatz) und fünf gereihten Hauptsätzen (3., 4., 5.,

6. und 7. Teilsatz) sowie einem Temporalsatz (8. Teilsatz des Gesamtsatzgefüges). Der Konditionalsatz markiert die erste Bedingung; der Temporalsatz gibt das Ergebnis an; bei den Hauptsätzen ist eine chronologische Handlungsabfolge gegeben; der als Parenthese dargestellte Nominalsatz, dessen Satzglieder aus einer Nennung („Normalspiel") und Spezifizierung in Maßeinheiten („3-5 mm") bestehen, fungiert als zweite Bedingung.

Insgesamt kommen bei den komplexen Verbalsätzen und Nominal-/ Verbalsatzkombinationen die Nebensatztypen in der folgenden Häufigkeit in den Textexemplaren vor:

Tab. 18: Nebensatztypen in den Sätzen des Textkorpus in WH1 und WH2

	Temporal	Konditional	Objekt	Konsekutiv	Andere
WH1	27,5 %	26,1 %	14,5 %	12,3 %	19,6 %
WH2	21 %	17 %	14 %	15 %	33 %

Bei den Nebensatztypen wird der Temporalsatz (WH1: 27,5 %; WH2: 21 %) am häufigsten genutzt. Danach folgen der Konditionalsatz (WH1: 26,1 %; WH2: 17 %), der Objektsatz (WH1: 14,5 %; WH2: 14 %) und der Konsekutivsatz (WH1: 12,3 %; WH2: 15 %). Relativ häufig sind noch der Kausalsatz in WH2 (14 %) und der Attributsatz in WH1 (8,7 %) nachweisbar. Repräsentative Beispiele sind:

29. Motor vorne abheben, bis die Riemenscheibe der Kurbelwelle und die Schwungscheibe frei hängt [...] (WH1, 3, 18-19)
30. Beim Getriebe mit Rückwärtsgang-Synchronisierung sind keine Zahngeräusche hörbar, wenn der Rückwärtsgang bei stehendem Fahrzeug geschaltet wird. (WH2, Getriebe/Kupplung, Pedalanlage/Kupplung aus-, einbauen und prüfen, 7, 10-13)
31. Motordirigent so einstellen, daß der Motor waagerecht angehoben werden kann. (WH2, Motor Mechanik/Motor 103/Motor aus-, einbauen, 13, 17-18)
32. Bei einem Motorschaden, bei dem Kolben, Ventile usw. beschädigt sind, können Teile bis vor dem Katalysator bzw. Vorkatalysator gelangen. (WH2, Motor Mechanik/Motor 103/Motor aus-, einbauen, 5, 11-14)
33. Insbesondere vermeiden, daß die erste Radschraube angezogen wird, ehe die anderen angelegt sind. (WH2, Fahrwerk/Räder, Reifen/Räder ab-, anmontieren, 8, 12-15)
34. Das Ventilspiel soll nicht bei laufendem Motor mit der Blattlehre geprüft und eingestellt werden, da erstens die Meßgenauigkeit fehlt und zweitens die Blattlehre schon bei einmaliger Prüfung beschädigt wird. (WH1, 17, 6-9)

In den Beispielen 29-32 finden sich Hypotaxen aus einem verbalen Hauptsatz und einem Nebensatz. Als Nebensatztypen sind Temporal- (29), Konditional- (30), Konsekutiv- (31) und Attributsätze (32) vorhanden. In 33 tritt eine Hypotaxe aus drei Teilsätzen auf. Ein Objektsatz findet sich beim zweiten Teilsatz, der dritte Teilsatz ist ein Temporalsatz. Eine parataktisch-hypotaktische Satzkombination ist in 34 gegeben: Dabei ist ein Kausalsatz als dritter und vierter Teilsatz nachweisbar.

Die statistischen Ergebnisse zur Untersuchung der Satzarten sind in der Tab. 19 zusammengefasst.

Tab. 19: Satzarten in den Sätzen des Textkorpus in WH1 und WH2

	Infinitivischer Imperativ	Modalsatz	Modalitätssatz	Aussage	Ausruf
WH1	47,9 %	6,9 %	9,3 %	35,6 %	0,3 %
WH2	75,9 %	5,2 %	0,5 %	18,1 %	0,2 %

Wie Tab. 19 zeigt, verteilen sich die Sätze des Textkorpus am häufigsten auf den Aufforderungssatz. Beide Textexemplare nutzen bevorzugt infinitivische Imperative zur Formulierung von Aufforderungen (35-36). In WH1 werden diese zu 47,9 % genutzt; in WH2 sind ¾ aller Sätze infinitivische Imperative. Modalsätze sind noch zu 6,9 % (WH1) bzw. 5,2 % (WH2) vorhanden und werden meist mit „dürfen“ (37) und „müssen“ (38) gebildet. Daneben finden sich Modalitätssätze (39-40), wobei diese in WH1 mit einem Anteil von 9,3 % häufiger eingesetzt werden als in WH2. Hier ist der Anteil von 0,5 % verschwindend gering. In 38 sind zwei Aufforderungsformen vorhanden: Beim ersten Teilsatz handelt es sich um einen Modalsatz, der zweite Teilsatz zeigt einen Modalitätssatz an. In 40 tritt eine besondere Regelung der Interpunktion auf: Das Akkusativobjekt und der infinitive Prädikatsteil werden durch einen Doppelpunkt hervorgehoben; dies wird durch die Großschreibung nach dem Doppelpunkt unterstrichen. Auf Imperativsätze wird weitgehend verzichtet. Aussagesätze sind zu 35,6 % (WH1) bzw. 18,1 % (WH2) vertreten. In insgesamt fünf Fällen gibt es Ausrufesätze in den Sätzen des Textkorpus (41). Es handelt sich dabei meist um isoliert gebrauchte einfache Nominalsätze:

35. Getriebeschalthebel ausbauen. (WH1, 7, 9)
36. Masseleitung an Batterie abmontieren. (WH2, Motor Mechanik/Motor 103/Motor aus-, einbauen, 6, 2)
37. Arbeit darf nur mit leichtem Schleifdruck vorgenommen werden, sonst geht die Härtung verloren. (WH1, 25, 2-4)

38. Bei einer Kupplungsdruckplatte ohne Anlaufring muß ein selbstzentrierendes Ausrücklager montiert werden, ebenso ist bei einer Kupplungsdruckplatte mit Anlaufring nur das bisherige Ausrücklager zu verwenden. (WH2, Getriebe/Kupplung, Pedalanlage/Kupplung aus-, einbauen und prüfen, 4, 5-9)
39. Bei Verschleiß über 0,1 mm oder stärkeren Laufriefen ist die Steuerwelle auszuwechseln. (WH1, 15, 9-10)
40. Anschließend sind: Die Distanzhülse, das vordere Kugellager mit der Kugelabdeckscheibe und die Riemenscheibennabe aufzusetzen. (WH1, 68, 25-27)
41. Achtung! (WH1, 97, 41)

4.2.4 Satzglieder und lexikalische Merkmale

Bei der Analyse der Satzglieder und der lexikalischen Merkmale des Textkorpus werden in WH1 2.248 und WH2 1.935 Satzglieder und Satzgliedteile in den Wortschatzbereichen „Hersteller", „Auto", „Autoteile" und „Autofunktion" erfasst. Tab. 20 zeigt die Verteilung der Satzglieder über die Wortschatzbereiche.

Tab. 20: Wortschatzbereiche in den Sätzen des Textkorpus in WH1 und WH2

	Hersteller	Auto	Autoteile	Autofunktion
WH1	0,8 %	0,7 %	97,7 %	0,8 %
WH2	0,3 %	1,3 %	96 %	2,4 %

Nahezu alle Satzglieder sind dem Wortschatzbereich „Autoteile" zuzuordnen. 97,7 % aller Satzglieder in WH1 und 96 % aller Satzglieder in WH2 sind in diesem Wortschatzbereich vertreten. Im Wortschatzbereich „Autoteile" ist die Vielfalt der genutzten Bezeichnungen am größten. Hier kann zwischen Begriffen unterschieden werden, die die Autoteile selbst oder Werkzeuge zur Reparatur von Autoteilen beschreiben:

- Autoteile: Motor, Motorhaube, Motorblock, Getriebe, Getriebeschalthebel, Kurbelwelle, Gelenkwelle, Pleuel, Pleuelstangen, Ventil, Überdruckventil, Ölwanne, Ölpumpe, Kupplung, Lamellenkupplung Riemenscheibe, Zündspule u.a.
- Werkzeuge: Handwerkszeug, Spezialwerkzeug, Hochspannungskabel, Motor-Hebevorrichtung, Blattlehre, Handkurbel, Befestigungsmuttern, Ansaugleitung, Entlüftungsrohr, Flachschaber u.a.

Andere Wortschatzbereiche in den Sätzen des Textkorpus finden sich lediglich in der Peripherie. Entsprechend selten finden sich Bezeichnungen für:

- Autofunktion: Zündeinstellung, Bremsnachstellung, Bremswirkung, Gang, 4MATIC u.a.
- Auto: BMW Kraftwagen, Limousine, Fahrzeuge u.a.
- Hersteller: Automobil-Hersteller, Bayerische Motoren Werke AG, Werkstatt u.a.

Beide Textexemplare verzichten auf einen „Benutzer". Im Vorwort werden an wenigen Stellen die „Mitarbeiter" als „Gefolgschaftsmitglieder" und „Vertreter" einbezogen oder über das Personalpronomen „Sie" direkt angesprochen. Durch die häufige Nutzung der Satzstruktur „Objekt + infinitivischer Imperativ" – z.B. „Motor herausheben" (WH1, 7, 10) – werden der zu bedienende Gegenstand bzw. die „Autoteile" in den Mittelpunkt gerückt. Auch in Modalitätssätzen in der Form „etwas ist zu tun" – z.B. „Bei Unstimmigkeiten sind die Pleuel beiderseitig am Schaftrücken nachzuarbeiten" (WH1, 53, 23-24) – werden ein „Benutzer" und „Mitarbeiter" nicht erwähnt. Weiter werden Aussagesätze in den Textexemplaren häufiger in der Passivkonstruktion „etwas wird getan" formuliert – z.B. „Das Pleuel wird gleichmäßig unterlegt" (WH1, 52, 6); in dieser Satzgliedreihenfolge können die „Autoteile" als Subjekt ermittelt werden, auf den „Benutzer" wird ganz verzichtet.

4.2.5 Rolle der Semantik bei der Ermittlung der Verbvalenz

Für die Analyse der Verbvalenz werden in WH1 1.146 und WH2 993 Verben analysiert. In Werkstatthandbüchern spielen lediglich solche Verben eine Rolle, die dem Wortschatzbereich „Autoteile" zuzuordnen sind. Insgesamt entfallen in WH1 97,1 % und in WH2 96,2 % aller Verben auf diesen Wortschatzbereich. Andere Wortschatzbereiche tauchen mit einem verschwindend geringen Anteil auf.

Die statistischen Ergebnisse zu den Verben und ihren Wertigkeiten sind in Tab. 21 erfasst.

Tab. 21: Wertigkeiten der Verben in WH1 und WH2

	Einwertig	Zweiwertig	Dreiwertig	Vierwertig	Fünfwertig	Sechswertig
WH1	0,2 %	49,4 %	41,3 %	8,1 %	1 %	0,1 %
WH2	0,6 %	43,1 %	41,8 %	11,4 %	3,1 %	–

Einwertige Verben werden mit einem durchschnittlichen Anteil von 0,4 % eingesetzt. Als Beispiel dient das Verbum *kippen:*

1. Beim Herausschrauben der letzten Radschraube an Leichtmetall-Scheibenrädern drauf achten, daß/**das Rad**/nicht/kippt, da sonst das Rad be-

schädigt wird. (WH2, Fahrwerk/Reifen, Räder/Räder ab-, anmontieren, 6, 8-11)

Das Verbum *kippen* (1) bezeichnet eine generelle Tätigkeit, ohne dass diese in Durchführungsart, Richtungsangabe oder Personenbezug spezifiziert wird. Das Semem erhält das Sem ‚in genereller Weise'. *Kippen* bildet den einwertigen Verbalsatztypus E_N-V.

Das hier analysierte einwertige *kippen* entspricht dem in den Wörterbüchern aufgenommene *kippen (der Schrank kippt)* mit der Inhaltsseite „sich neigen, das Übergewicht bekommen [u. umfallen, herunterfallen, stürzen]" (D, VI, 2117; W, 733).

Den Schwerpunkt bilden die zweiwertigen Verben mit einem Anteil von 49,4 % (WH1) bzw. 43,1 % (WH2). Repräsentative Beispiele sind:

2. **Gelenkwelle**/abmontieren. (WH2, Reparaturanleitung/Motor Mechanik/ Motor 103/Motor ein- und ausbauen, 10, 17)
3. **Batterie**/abklemmen (WH1, 2, 4-5)
4. **Motor-Hebevorrichtung**/aufschrauben. (WH1, 2, 22)
5. **Vorderräder**/abnehmen (WH1, 181, 7)
6. **Bremsbeläge**/abnieten/und/**neue**/aufnieten (WH1, 173, 1)
7. **Ventilsitze**/fräsen/und/nacharbeiten. (WH1, 24, 4)

Die Verben *abmontieren* (2), *abklemmen* (3), *aufschrauben* (4), *abnehmen* (5), *abnieten/aufnieten* (6) und *fräsen/nacharbeiten* (7) bilden den zweiwertigen Verbalsatztypus E_N-V-E_A. Durch die lexikalische Besetzung der zweiten Leerstelle durch „Autoteile" wie „Gelenkwelle", „Batterie", „Motor-Hebevorrichtung", „Vorderräder", „Bremsbeläge" und „Ventilsitze" wird das Sem ‚objektorientiert' etabliert.

Zum Verbum *abmontieren* ist in den Wörterbüchern eine Zweiwertigkeit *(ein Rad [vom Auto], eine Antenne abmontieren/einen Teil von der Maschine abmontieren)* mit dem Semem „[einen Teil von] etw. mit technischen Hilfsmitteln entfernen" (D, I, 93; W, 133) zu verzeichnen. Dies entspricht dem hier auftretenden Befund. Ähnlich ist zum Verb *abklemmen* mit dem Beispiel *(die Verteilerklappe abklemmen)* (D, I, 86; W, 132) ein vergleichbarer Befund mit dem Verbalsatztypus E_N-V-E_A begründet; die Möglichkeit der Valenzerhöhung durch das Hinzutreten des Sems ‚zielgerichtet' wird in den Wörterbüchern jedoch nicht umgesetzt (siehe Beispiel 8). Auch zum Verbum *fräsen* ist in den Wörterbüchern der Kontext *(Holz, Metall u.Ä. mit einer Fräse [= Maschine, mit deren Hilfe Werkstücke spanabhebend geformt werden können] bearbeiten)* (D, III, 1301; W, 496) mit dem hier vorkommenden Beispiel vergleichbar. Beim Verbum *nieten* ist ein vergleichbarer Befund mit der Inhaltsseite „einen Nagel umschlagen, breit schlagen/Nägel mit Köpfen versehen“ und dem Kontext *(Bleche, Eisenplatten nieten)* (D, VI, 2743; W, 924) gegeben; Angaben zu den Präfixoidbildungen *abnieten* und *aufnieten* werden in den Wörterbüchern jedoch nicht gemacht.

Dreiwertige Verben sind mit einem Anteil von 41,3 % (WH1) bzw. 41,8 % (WH2) vorhanden:

8. **Massekabel/an der Batterie**/abklemmen. (WH2, Getriebe/Mechanisches Getriebe/Mechanisches Getriebe 716.0, 716.1/ Mechanisches Getriebe aus- und einbauen, 2, 2)
9. **Massekabel (149)/am Getriebe**/abschrauben. (WH2, Motor Mechanik/ Motor 103/ Motor ein- und ausbauen, 11, 13)
10. **Stecker (327)/am Drehstromgenerator**/abziehen. (WH2, Motor Mechanik/ Motor 103/ Motor ein- und ausbauen, 9, 11-12)
11. **Getriebe/am Motor**/abflanschen, etwas abheben und herausnehmen. (WH1, 3, 12-13)
12. **Gelenkwelle ohne Gewebescheibe/am Getriebe-Mitnehmer**/entsichern, abflanschen und ablegen (WH1, 3, 7-8)
13. **Führungsbolzen der Zahnstange/aus Gehäuse**/entfernen. (WH1, 183, 17-18)
14. **An der rechten Vorderradseite**/wird/ebenfalls/**die kleine Verschlußschraube der Entlüftungsbohrung**/entfernt (WH1, 174, 23-24)
15. **Handbremshebel/in der fünften Raste**/arretieren (WH1, 169, 8-9)
16. **Am Bremszylinder des linken Vorderrades**/wird/**die kleine Verschlußschraube der Entlüftungsbohrung**/(sitzt über dem Anschluß des Bremsschlauches)/herausgeschraubt [...] (WH1, 174, 18-21)
17. **Die Reibahle**/darf /**nur in Pfeil-(Schnitt-)Richtung**/gedreht werden. (WH1, 53, 19)
18. **Kotflügel/mit Schutzdecken**/abdecken (WH1, 2, 2)
19. **verzahnte Bremshebelwelle/mit langem Bremshebel**/herausklopfen. (WH1, 178, 4-5)
20. Das Nachwuchten der Räder am Fahrzeug ist nur sinnvoll, wenn/**die Räder/stationär**/ausgewuchtet sind und einen guten Rundlauf aufweisen. (WH2, Fahrzeug/Räder, Reifen/Reifen auswuchten, 8, 36-38)
21. **Stimmt die Spureinstellung**, so/ist/**die Klemm-Mutter**/kräftig/nachzuziehen und die Schutzmanschette wieder zu befestigen. (WH1, 187, 30-32)

In den Sätzen des Textkorpus ist festzustellen, dass häufig die Notwendigkeit einer Richtungsangabe gegeben ist. Dies geschieht durch die Verwendung der dreiwertigen Verben *abklemmen* (8), *abschrauben* (9), *abziehen* (10), *abflanschen* (11), *entsichern* (12), *entfernen* (13, 14), *arretieren* (15), *herausschrauben* (16) und *drehen* (17), in denen die „Zielgerichtetheit“ durch die lexikalische Besetzung der dritten Leerstelle E_{pD} „an der Batterie“ (8), „am Getriebe“ (9), „am Drehstromgenerator“ (10),

„am Motor“ (11), „am Getriebe-Mitnehmer“ (12), „aus Gehäuse“ (13), „an der rechten Vorderradseite“ (14), „in der fünften Raste“ (15), „am Bremszylinder des linken Vorderrades“ (16) und E_{pA} „in Pfeil-(Schnitt-) Richtung“ (17) etabliert wird. Der Bezug zum Wortschatzbereich „Autoteile“ und das Sem ‚objektorientiert‘ werden durch die zweite Ergänzung E_A, die durch Bezeichnungen wie „Massekabel“, „Stecker“, „Getriebe“, „Handbremshebel“ und „Reibahle“ eingenommen wird, ausgedrückt. Die Sememe der Verben erhalten demnach die Semkombination ‚objektorientiert und zugleich zielgerichtet‘. Es ergeben sich die dreiwertigen Verbalsatztypen E_N-V-E_A-E_{pD} (8-16) und E_N-V-E_A-E_{pA} (17). Die Verben *abdecken* (18), *herausklopfen* (19) und *auswuchten* (20) konstituieren die Verbalsatztypen E_N-V-E_A-E_{pD} (18, 19) und E_N-V-E_A-E_{Adv} (20). Die Dreiwertigkeit entsteht, indem die Seme ‚objektorientiert‘ und ‚in spezifischer Weise (mit besonderen Instrumenten)‘ kombiniert auftreten. Das Sem ‚objektorientiert‘ wird durch die lexikalische Besetzung der zweiten Leerstelle E_A begründet. Das Sem ‚in spezifischer Weise (mit besonderen Instrumenten)‘ richtet sich nach der dritten Leerstelle E_{pD} „mit Schutzdecken“ (18) und „mit langem Bremshebel“ (19) bzw. E_{Adv} „stationär“ (20). Das Verbum *nachziehen* im Beispiel (21) konstituiert den Verbalsatztypus E_N-V-E_A-E_{KON}. Das Semem des Verbums entsteht durch die Semkombination ‚objektorientiert und zugleich bedingungsgebunden‘. Der Wortschatzbereich „Autoteile“ und das Sem ‚objektorientiert‘ werden durch die lexikalische Besetzung der E_A mit der Bezeichnung „Klemm-Mutter“ gekennzeichnet. Die Notwendigkeit einer Spezifizierung der Bedingung geschieht durch die Verwendung des Konditionalsatzes. Das Modaladverbial „kräftig“ gibt lediglich eine zusätzliche Information an.

In den Wörterbüchern existiert zum Verbum *arretieren* eine Zweiwertigkeit *(bewegliche Teile eines Geräts arretieren)* mit der Inhaltsseite „sperren, blockieren“; in diesem Befund ist durch das Hinzutreten des Sems ‚zielgerichtet‘ jedoch auch eine Dreiwertigkeit möglich. Der in den Wörterbüchern vorhandene dreiwertige Gebrauch des Verbums *abdecken (einen Schacht [mit Brettern] abdecken)* mit der Inhaltsseite „[zum Schutz] mit etw. Bedeckendem versehen, zudecken, bedecken, verdecken“ (D, I, 68; W, 128) entspricht dem hier analysierten Befund mit dem Verbalsatztypus E_N-V-E_A-E_{pD}. Zum Verbum *auswuchten* existiert in den Wörterbüchern ein technikgebundenes Semem „(Technik) sich drehende Teile von Maschinen, Fahrzeugen so ausbalancieren, dass sie sich einwandfrei um ihre Achse drehen“ im Beispiel *(grundsätzlich bei jedem Wagen alle Räder <statisch und dynamisch> auswuchten las-*

sen) (D, I, 428; W, 225); der dreiwertige Gebrauch entspricht dem hier analysierten Befund. In den Werkstatthandbüchern gibt es zum Verbum *abflanschen* eine begründete Dreiwertigkeit; in die Wörterbücher ist die Präfixoidbildung nicht aufgenommen, es existiert lediglich das Simplex *flanschen* mit dem Semem „(ein Rohr od. eine Welle) mit einem Flansch versehen)“, wobei *Flansch* „als Verbindung od. Anschluss dienende ringförmige Verbreiterung am Ende eines Rohrs oder einer Welle“ beschrieben wird (D, III, 1252; W, 481). Für das Verbum *drehen* ist im großen Wörterbuch der deutschen Sprache eine semantische Ähnlichkeit *(du musst den Schalter nach rechts drehen, den Knopf zur Seite drehen)* mit der Inhaltsseite „durch eine Drehbewegung in eine bestimmte andere Richtung bringen“ (D, II, 862) mit dem hier dreiwertigen Gebrauch vorhanden; so ähnlich bei G. Wahrig mit der Verbsemantik „um eine Achse oder einen Punkt bewegen, in eine andere Richtung bringen“.

Relativ häufig sind vierwertige Verben vertreten, in WH2 wird auf solche häufiger zurückgegriffen (11,4 %), in WH1 sind 8,1 % aller Verben vierwertig:

22. **Schraube (523)/am linken und rechten vorderen Motorlager/von unten**/herausdrehen (WH2, Motor Mechanik/Motor 103/Motor ein- und ausbauen, 14, 6-7)
23. Ebenso/wird/**die Hauptwelle/von oben/in das Gehäuse**/eingelegt. (WH1, 106, 39-40)
24. Sodann/wird/**die Pleuelstange/von unten/durch die Zylinderbohrung**/eingeführt (WH1, 32, 27-28)
25. **Die geschmiedeten Pleuel**/werden/**axial/in den Kolben**/geführt (WH2, Motor Mechanik/Motor 103/Kurbelwelle aus-, einbauen, 2, 17-18)
26. Zum besseren Einführen/werden/**die Kugeln/mit einem Spannband/gegen die Federn/gedrückt**. (WH1, 105, 26-27)
27. **Entlüfter/am Hinterachsmittelstück**/so lange/öffnen/, **bis das Hydrauliköl blasenfrei austritt**. (WH2, Motor Mechanik/Motor 103/Motor ein- und ausbauen, 16, 20-21)
28. **Motor/vorne**/anheben/, **bis die Riemenscheibe der Kurbelwelle und die Schwungscheibe frei hängt** (WH1, 3, 18-19)
29. **Die Spannbacken für das Kolbenbolzenauge**/werden/**zur Mitte**/zusammengeschoben,/**bis das Pleuel etwa 1 mm Seitenspiel hat**. (WH1, 50, 14-16)
30. Anschließend/wird/**das Pleuel/in Pfeilrichtung**/geschwenkt/, **bis die Kontrollachse wenigstens auf eine der horizontalen Meßflächen aufliegt**. (WH1, 50, 18-20)
31. **Getriebe-Zwischenflansch/mit Preßstoffhammer**/so weit/abklopfen/, **bis Schaltgabelachsen freigelegt sind**. (WH1, 97, 37-39)

32. **Getriebe/erst nach hinten/kippen/, wenn die Antriebswelle mit Sicherheit aus der Kupplungsscheibennabe herausgezogen ist.** (WH2, Getriebe/Mechanisches Getriebe/Mechanisches Getriebe 716.0, 716,1/Mechanisches Getriebe aus- und einbauen, 5, 5-7)
33. **Ist die Entlüftung beendet**, so/wird/**an der linken Vorderradseite/das Entlüftungsventil**/wieder/geschlossen (WH1, 175, 2-4)
34. **Das Ventilspiel/soll/nicht bei laufendem Motor/mit der Blattlehre/**geprüft und eingestellt werden, da erstens die Meßgenauigkeit fehlt und zweitens die Blattlehre schon bei einmaliger Prüfung beschädigt wird. (WH1, 17, 6-9)

Die Verben *herausdrehen* (22), *einlegen* (23) und *einführen* (24) bilden den vierwertigen Verbalsatztypus E_N-V-E_A-E_{pD}-E_{Adv} (22) und E_N-V-E_A-E_{pA}-E_{Adv} (23, 24). Die Vierwertigkeit entsteht dadurch, dass der objektorientierte Gebrauch um die Zielgerichtetheit erweitert wird, die durch zwei Leerstellen E_{pD} „am linken und rechten vorderen Motorlager" (22) bzw. E_{pA} „in das Gehäuse" (23) und „durch die Zylinderbohrung" (24) sowie die E_{Adv} „von unten" (22, 24), „von oben" (23) ausgedrückt wird. Die unterschiedlichen Kasus ergeben sich durch die Rektion der Präposition. Das Sem ‚objektorientiert' wird durch die lexikalische Besetzung der E_A repräsentiert. In den Beispielen 25 und 26 bilden die Verben *führen* und *drücken* den Verbalsatztypus E_N-V-E_A-E_{Adv}-E_{pA} (25) und E_N-V-E_A-E_{pD}-E_{pA} (26). Die Sememe der Verben erhalten die Semkombination ‚in spezifischer Weise objektorientiert und zugleich zielgerichtet' (25) bzw. ‚in spezifischer Weise mit besonderen Instrumenten objektorientiert und zugleich zielgerichtet' (26). Das Sem ‚objektorientiert' richtet sich nach der lexikalischen Besetzung der zweiten Leerstelle E_A „die geschmiedeten Pleuel" und „die Kugeln". Die Richtungsangabe wird durch die E_{pA} „in den Kolben" und „gegen die Federn" gegeben. Das Sem ‚in spezifischer Weise (mit besonderen Instrumenten)' ergibt sich aus der lexikalischen Besetzung der E_{Adv} „axial" (25) bzw. der E_{pD} „mit einem Spannband" (26). In den Beispielen 27-30 bilden die Verben *öffnen, anheben, zusammenschieben* und *schwenken* die vierwertigen Verbalsatztypen E_N-V-E_A-E_{pD}-E_{TEM} (27, 29), E_N-V-E_A-E_{Adv}-E_{TEM} (28) und E_N-V-E_A-E_{pA}-E_{TEM} (30). Die Vierwertigkeit der Verben entsteht, indem die Seme ‚objektorientiert', ‚zielgerichtet' und ‚ergebnisorientiert' kombiniert auftreten. Das Sem ‚objektorientiert' wird durch die lexikalische Besetzung der E_A „Entlüfter" (27), „Motor" (28), „die Spannbacken" (29) und „das Pleuel" (30) ausgedrückt. Das Sem ‚zielgerichtet' ist auf die E_{pD} „am Hinterachsmittelstück" (27) und „zur Mitte" (29), E_{Adv} „vorne" (28) und E_{pA} „in Pfeilrichtung" (30) zurückzuführen. Der notwendige Ergänzungssatz E_{TEM} gibt das Sem ‚ergebnisorientiert' an. Das vierwertige *abklopfen* in 31 bildet den Satztypus E_N-V-E_A-E_{pD}-E_{TEM}. Das Sem ‚objektorientiert' wird durch die lexikalische Besetzung der E_A „Getriebe-Zwischenflansch" ermittelt. Die E_{pD} „mit Preßstoffhammer" markiert das Sem ‚in spezifischer Weise mit besonderen Instrumenten'. Der notwendige Temporalsatz realisiert das Sem ‚ergebnisorientiert'. Die Verben *kippen* und *schließen* in den Beispielen 32 und 33 konstituieren die Verbalsatztypen E_N-V-E_A-E_{Adv}-E_{KON} (32) und E_N-V-E_A-E_{pD}-E_{KON} (33). Die Sememe der Verben setzen sich aus der Semkombination ‚objektorientiert und zugleich zielgerichtet und bedingungsgebunden' zusammen. Die E_A wird weiterhin mit „Autoteilen" besetzt, wodurch sich das Sem ‚objektorientiert' ergibt. In der E_{Adv} „erst nach hinten" bzw. der E_{pD} „an der linken Vorderradseite" etabliert sich das Sem ‚zielgerichtet'. Die notwendige Bedingung lässt sich durch die E_{KON} feststellen. Im Beispiel 34 wird bei den Verben *prüfen* und *einstellen* der Verbalsatztypus E_N-V-E_A-E_{pD}-E_{pD} festgestellt. Die Vierwertigkeit entsteht durch die Semkombination ‚in spezifischer Weise (mit besonderen Instrumenten) objektorientiert und zugleich bedingungsgebunden'. Die Durchführungsart ist in der E_{pD} „mit der Blattlehre" nachweisbar. Die notwendige Bedingung kann durch die lexikalische Besetzung der E_{pD} „nicht bei laufendem Motor" begründet werden. Die Besetzung der E_A realisiert das Sem ‚objektorientiert'.

Für das Verbum *herausdrehen* ist im großen Wörterbuch der deutschen Sprache der Kontext *(die Birne [aus der Fassung] herausdrehen)* mit der Inhaltsseite „durch Drehen entfernen" (D, IV, 174) gegeben; das Sem ‚zielgerichtet', das potentiell für weitere kfz-sprachliche Verwendungsweisen erweiterbar ist, wodurch ein vierwertiger Gebrauch entsteht, wird nicht angegeben. Beim Verbum *einlegen* ist in den Wörterbüchern mit dem Semem „(etw. für einen bestimmten Zweck, Geeignetes, Passendes, Vorgesehenes) in etw. [hinein]legen" und dem Kontext *(Geld, Bilder in einen Brief einlegen)* (D, III, 962; W, 393) eine Dreiwertigkeit gegeben. Die Möglichkeit des vierwertigen Gebrauchs durch zusätzliche Konkretisierung des Richtungsbezugs wird nicht erwähnt. Zum Verbum *anheben* ist in den Wörterbüchern ein zweiwertiger und dreiwertiger Gebrauch *(einen Schrank anheben/ein kleines Stück in die Höhe heben)* zu verzeichnen; die Möglichkeit des vierwertigen Gebrauchs durch das Hinzutreten des Sems ‚ergebnisorientiert' wird nicht aufgeführt. Zum Verbum *einstellen* ist durch das Hinzutreten der Seme ‚in spezifischer Weise' und ‚konditionsgebunden' eine Vierwertigkeit begründbar; in den Wörterbüchern werden nur ein zweiwertiger *(ein*

Fernglas einstellen) und dreiwertiger Gebrauch *(eine Kamera auf die richtige Entfernung einstellen)* mit der Inhaltsseite „(ein technisches Gerät) in bestimmter Weise stellen, regulieren" (D, III, 983; W, 399) einbezogen. Zum Verbum *drücken* ist bei U. Engel-H. Schumacher (E/S, 163) und im großen Wörterbuch der deutschen Sprache (D, II, 872) eine Zweiwertigkeit *(Er drückt die Klingel/auf die Klingel; auf einen Knopf drücken)* mit dem Semem „einen Druck auf etw. ausüben" vorhanden. Es fehlt die Möglichkeit des vierwertigen Gebrauchs durch das Hinzutreten der Seme ‚in spezifischer Weise' und ‚zielgerichtet'. Das Verbum *öffnen* ist im großen Wörterbuch der deutschen Sprache mit dem Kontext *(die Tür öffnen)* (D, VI, 2788) zweiwertig – so ähnlich bei U. Engel-H. Schumacher im Kontext *(Der Hausmeister öffnet die Tür)* (E/S, 231) – die fachsprachliche Möglichkeit der Valenzerhöhung wird jedoch nicht angegeben. Zum Verbum *schließen* existiert bei G. Helbig-W. Schenkel eine Zweiwertigkeit *(Der Freund schließt die Tür)* (H/S, 385) – so auch im großen Wörterbuch der deutschen Sprache *(einen Kofferraum schließen)* (D, XIII, 3381) mit der Inhaltsseite „bei einer Sache bewirken, dass sie auch nach außen abgeschlossen, zu ist" – die Möglichkeit des vierwertigen Gebrauchs durch das Hinzutreten der Seme ‚zielgerichtet' und ‚konditionsgebunden' wird in die Wörterbücher nicht aufgenommen.

Fünfwertige Verben sind in WH2 mit einem Anteil von 3,1 %, in WH1 von 1 % nachweisbar.

35. [...] sodann /wird/**der Motor/vorne/in Fahrtrichtung/nach links**/gedreht und langsam herausgehoben. (WH1, 4, 1-2)
36. **Kurbelwelle** aus der Lagerung herausnehmen/, **an der Schwungscheibe/zwischen Weichmetallbacken/in den Schraubstock**/einspannen (WH1, 59, 21-23)
37. **Die Räder**/sollen/**auf der Radauswuchtmaschine**/nicht/**durch Radbefestigungsschrauben/am Lochkreis**/zentriert werden (WH2, Fahrwerk/Räder, Reifen/Reifen auswuchten, 8, 5-8)
38. Laschen des Plastikklips (518) zusammendrücken und **Klip/mit dem Bowdenzug (403)/nach hinten/durch den Halter**/schieben. (WH2, Motor Mechanik, Motor 103, Motor ein- und ausbauen, 8, 6-8)
39. Beim Montieren ist darauf zu achten, daß/**die Kupplungsdruckplatte/gleichmäßig und gratfrei/in den Einpaß/am Schwungrad**/eingezogen wird. (WH2, Getriebe/Kupplung, Pedalanlage/Kupplung aus-, einbauen und prüfen, 3, 11-13)
40. **Das schräggestellte Getriebe/waagerecht/nach hinten/aus der Rundpaßzentrierung und der Kupplung**/herausziehen und dann nach unten abnehmen. (WH2, Getriebe/Mechanisches Getriebe/ Mechanisches Getriebe 716.0, 716,1/ Mechanisches Getriebe aus- und einbauen, 5, 1-3)

41. **Hauptwelle/in achsialer Richtung/nach hinten und vorne**/leicht/klopfen/, **bis die Bundlager vom Gehäuse abstehen**. (WH1, 104, 43-45)
42. **Pleuelstange/am Kolbenbolzenauge/in den verstellbaren Haltebolzen (1)**/einsetzen/, **bis die Stirnseite auf dem Ansatz aufliegt**. (WH1, 52, 9-11)
43. **Lenkungskupplung**/so weit/**auf dem Zweifachprofil der unteren Lenkspindel (Wellrohr)/nach oben**/schieben/, **bis sie nicht mehr in die Kerbverzahnung des Lenkgetriebes greift**. (WH2, Fahrwerk, Lenkung, Lenkung, Lenkgetriebe aus-, einbauen, 4, 11-14)
44. **Nehmerzylinder**/abschrauben/und/**mit der Leitung**/so weit/**nach hinten**/ziehen/, **bis die Druckstange aus dem Kupplungsgehäuse frei wird.** (WH2, Getriebe/Mechanisches Getriebe/ Mechanisches Getriebe 716.0, 716,1/ Mechanisches Getriebe aus- und einbauen, 16, 5-7)

Die Kombination der verschiedenen an einer Handlungsfolge beteiligten Faktoren führt bei den Verben *herausheben* (35) und *einspannen* (36), die die Verbalsatztypen E_N-V-E_A-E_{Adv}-E_{pA}-E_{Adv} (35) und E_N-V-E_A-E_{pD}-E_{pD}-E_{pA} (36) bilden, zu einer Fünfwertigkeit. Als E_A kommt weiterhin der Faktor „Autoteile" vor, der das Sem ‚objektorientiert' markiert. Die Zielgerichtetheit wird durch drei Leerstellen besetzt, die den Anfangspunkt E_{Adv} „vorne" bzw. E_{pD} „an der Schwungscheibe", die Richtung E_{pA} „in Fahrtrichtung" bzw. E_{pD} „zwischen Weichmetallbacken" und den Endpunkt E_{Adv} „nach links" bzw. E_{pA} „in den Schraubstock" repräsentieren. Die Verben *zentrieren, schieben, einziehen* und *herausziehen* in den Beispielen 37-40 konstituieren die Verbalsatztypen E_N-V-E_A-E_{pD}-E_{pA}-E_{pD} (37), E_N-V-E_A-E_{pD}-E_{Adv}-E_{pA} (38), E_N-V-E_A-E_{Adv}-E_{pA}-E_{pD} (39) und E_N-V-E_A-E_{Adv}-E_{Adv}-E_{pD} (40). Die semantische Differenzierung ergibt sich aus den unterschiedlichen Besetzungen der Leerstellen: Durch die lexikalische Besetzung der E_A ist weiterhin das Sem ‚objektorientiert' vorhanden. Bei diesen Verben führen die E_{pA} „durch Radbefestigungsschrauben" (37), E_{pD} „mit dem Bowdenzug" (38) bzw. E_{Adv} „gleichmäßig und gratfrei" (39) und „waagerecht" (40) zur Festlegung des Sems ‚in spezifischer Weise'. Die Zielgerichtetheit wird durch zwei Leerstellen besetzt. Die E_{pD} „auf der Radauswuchtmaschine" und „am Lochkreis" in 37, die E_{Adv} „nach hinten" und E_{pA} „durch den Halter" in 38, die E_{pA} „in den Einpaß" und E_{pD} „am Schwungrad" in 39 sowie die E_{Adv} „nach hinten" und E_{pD} „aus der Rundpaßzentrierung und der Kupplung" in 40 geben Richtungsangaben an. Die Verben *klopfen, einsetzen* und *schieben* in den Beispielen 41-43 bilden die Verbalsatztypen E_N-V-E_A-E_{pD}-E_{Adv}-E_{TEM} (41, 43) und E_N-V-E_A-E_{pD}-E_{pA}-E_{TEM} (42), deren Sememe sich aus der Kombination der Seme ‚objektorientiert', ‚zielgerichtet' und ‚ergebnisorientiert' zusammensetzen. Die lexikalische Besetzung der E_A

stellt den Bezug zum Wortschatzbereich „Autoteile“ her und markiert das Sem ‚objektorientiert‘. Die Zielgerichtetheit wird durch zwei Leerstellen besetzt. Die E_{Adv} „nach hinten und vorne“ und E_{pD} „in achsialer Richtung“ in 41, die E_{pD} „am Kolbenbolzenauge“ und E_{pA} „in den verstellbaren Haltebolzen (1)“ in 42 und die E_{pD} „auf dem Zweifachprofil der unteren Lenkspindel (Wellrohr)“ und E_{Adv} „nach oben“ in 43 signalisieren die Richtungsangaben. Mit der E_{TEM} ist das semantische Merkmal ‚ergebnisorientiert‘ realisiert. Das fünfwertige *ziehen* im Beispiel 44 führt zum Verbalsatztypus E_N-V-E_A-E_{pD}-E_{Adv}-E_{TEM}. Das Semem enthält die Semkombination ‚in spezifischer Weise mit besonderen Instrumenten objektorientiert und zugleich zielgerichtet und ergebnisorientiert‘. Das Sem ‚objektorientiert‘ ergibt sich aus der lexikalischen Besetzung der E_A. Die spezifische Durchführungsart signalisiert die E_{pD} „mit der Leitung“. Die Richtungsangabe ist auf die E_{Adv} „nach hinten“ zurückzuführen. Der notwendige Ergänzungssatz führt zum Sem ‚ergebnisorientiert‘.

In den Wörterbüchern existiert zum Verbum *herausschieben* die Inhaltsseite „von dort drinnen hierher nach draußen schieben“ (D, IV, 1746; W, 621). Die Möglichkeit der Valenzerhöhung bis zur Fünfwertigkeit wird nicht angegeben. Ähnlich ist beim *einspannen* im Kontext *(ein Werkstück [in den Schraubstock] einspannen)* (D, III, 998; W, 398) kein fünfwertiger Gebrauch aufgeführt, der im Textkorpus jedoch durch die Spezifizierung der Richtungsangabe möglich ist. In den Wörterbüchern ist zum Verbum *zentrieren* die Inhaltsseite „um einen Mittelpunkt herum anordnen/auf die Mitte einstellen“ (D, X, 4613; W, 1422) festzustellen. Zur Möglichkeit einer fachsprachlichen Valenzerhöhung dieses Verbums wird nichts ausgeführt. Zum Verbum *einziehen* wird im großen Wörterbuch der deutschen Sprache das Beispiel *(einen Faden [in die Nadel] einziehen)* mit dem Semem „durch Hineinziehen an einer bestimmten Stelle einfügen“ (D, III, 994) dokumentiert. Im Textkorpus ist jedoch ein fünfwertiger Gebrauch durch das Hinzutreten der Seme ‚in spezifischer Weise‘ und ‚zielgerichtet‘ begründbar. In den Wörterbüchern lässt sich zum Verbum *herausziehen* die Inhaltsseite „von dort drinnen hier nach draußen ziehen“ mit den Beispielen *(die Schublade herausziehen/einen Dorn aus dem Fuß herausziehen)* (D, IV, 1748; W, 622) erkennen. Die Möglichkeit der fachsprachlichen Valenzerhöhung durch das Hinzutreten der Seme ‚in spezifischer Weise‘ und ‚zielgerichtet‘ wird nicht angegeben. Im großen Wörterbuch der deutschen Sprache existiert zum Verbum *klopfen* die Verbsemantik „durch Klopfen in etw. treiben“ im Kontext *(einen Nagel in die Wand klopfen)* (D, VI, 2150). Im Werkstatthandbuch gibt es hier kfz-gebundene Seme, die durch ihre

Kombination zu einer Valenzerhöhung bis zur Fünfwertigkeit führen, was in den Wörterbüchern jedoch nicht angegeben wird. Helbig und Schenkel setzen beim Verbum *einsetzen* im Kontext *(Er setzt eine Sicherung ein. Sie setzt ein Stück Stoff in das Kleid ein)* eine Zweiwertigkeit und Dreiwertigkeit an; ähnlich im großen Wörterbuch der deutschen Sprache im Beispiel *(Fenster einsetzen; Ärmel in ein Kleid einsetzen)* mit der Verbsemantik „[als Teil] in etw. setzen, hineinbringen, einfügen, einarbeiten" – die Möglichkeit des fünfwertigen Gebrauchs durch das Hinzutreten der Seme ‚zielgerichtet' und ‚ergebnisorientiert' wird nicht aufgeführt. U. Engel-H. Schumacher verzeichnen zum Verbum *schieben* im Kontext *(Hans schieb sein Auto (in die Garage))* (E/S, 242) eine obligatorische Zweiwertigkeit und eine fakultative Dreiwertigkeit; im großen Wörterbuch der deutschen Sprache ist eine Dreiwertigkeit im Beispiel *(den Tisch ans Fenster schieben)* mit der Inhaltsseite „durch Ausüben von Druck von der Stelle bewegen) (D, XII, 3350) gegeben; die Möglichkeit der fachsprachlichen Valenzerhöhung zur Fünfwertigkeit durch die Seme ‚in spezifischer Weise' und ‚zielgerichtet' ist nicht aufgenommen. Ähnlich geben Engel und Schumacher zum Verbum *ziehen* eine Dreiwertigkeit *(Der Mann zog das Kind aus dem Wasser)* (E/S, 304) an – so ist auch im großen Wörterbuch der deutschen Sprache der Kontext *(einen Stuhl an den Tisch ziehen)* mit der Inhaltsseite „hinter sich her in der eigenen Bewegungsrichtung in gleichmäßiger Bewegung fortbewegen" (D, X, 4628) gegeben; die Möglichkeit der fachsprachlichen Valenzerhöhung durch das Hinzutreten der Seme ‚in spezifischer Weise', ‚zielgerichtet' und ‚ergebnisorientiert' wird nicht angegeben.

In einem Fall lässt sich ein sechswertiges Verbum erkennen:

45. **Sicherungsring/an der Riemenscheibenseite/mit einer Spitzzange/aus der Nute/im Wasserpumpengehäuse**/<u>entfernen</u>. (WH1, 68, 3-5)

Das Verbum *entfernen* (45) bildet den sechswertigen Verbalsatztypus E_N-V-E_A-E_{pD}-E_{pD}-E_{pD}-E_{pD}. Das Sem ‚objektorientiert' wird weiterhin durch die E_A gekennzeichnet. Bei *entfernen* führt die E_{pD} „mit der Spitzenzange" zur Festlegung des Sems ‚in spezifischer Weise'. Die Zielgerichtetheit wird durch drei Leerstellen E_{pD} „an der Riemenscheibe", E_{pD} „aus der Nute" und E_{pD} „im Wasserpumpengehäuse" konkretisiert. In den Wörterbüchern ist zum Verbum *entfernen* mit der Inhaltsseite „wegbringen, beseitigen" im Kontext *(das Schild wurde entfernt)* (D, III, 1034; W, 414) eine vergleichbare Zweiwertigkeit festzustellen; die Möglichkeit der fachsprachlichen Valenzerhöhung und des sechswertigen Gebrauchs wird in den Wörterbüchern jedoch nicht erwähnt.

4.2.6 Zusammenfassung

Die Textexemplare werden für die Reparatur von Automobilen in Werkstätten angeschafft. Sie enthalten Wartungs- und Instandsetzungsanleitungen an BMW 3er-Modellen bzw. Mercedes-Benz-Fahrzeugen. Beide Textexemplare wenden sich an Monteure mit abgeschlossener Berufsausbildung und fachspezifischen Kenntnissen; entsprechend homogen ist die Zielgruppe.

Makrostruktur. Die Werkstatthandbücher weisen fast identische Initiatoren und Terminatoren auf. Sie variieren jedoch stark im Umfang und liegen als unterschiedliches Medium vor. WH1 enthält zehn Kapitel, die in die Unterkapitel 1., 2. und 3. Grades unterteilt werden. Die Makrostruktur „Kapitel" wird dadurch gekennzeichnet, dass sie einen eigenen Initiator, ein Inhaltsverzeichnis, enthält, welches vor jedes Kapitel platziert ist und in dem die Überschriften, die auf die Makrostruktur „Unterkapitel 1. Grades" verweisen, aufgegriffen werden. WH2 enthält acht Kapitel und Unterkapitel auf vier weiteren Gliederungsebenen, wobei die Kapitel und das Unterkapitel 1., 2. und 3. Grades jeweils durch ein Inhaltsverzeichnis eingeleitet werden, das als Initiator für die entsprechenden Kapitel und Unterkapitel fungiert.

Text-Bild-Kombinationen. Text-Bild-Kombinationen spielen in beiden Textexemplaren zur Erklärung von Bedienschritten eine wichtige Rolle, wie ihre hohe Frequenz zeigt. Es gibt in WH1 1,7 und in WH2 2,3 Text-Bild-Kombinationen auf jeder Seite.

Bei der Anordnung der Bilder im Textkorpus wird in beiden Textexemplaren im Schwerpunkt auf jeweils eine bevorzugte Anordnungsvariante der Text-Bild-Kombination zurückgegriffen: In WH1 dominiert die Variante „Textteil und davor Abbildung (links)", in WH2 überwiegt die Anordnungsform „Textteil und danach Abbildung (rechts)".

Bildgesteuerte Text-Bild-Kombinationen finden sich bei den Überblickszeichnungen, die am Anfang eines Themenkomplexes den Leser mit einzelnen Werkzeugen vertraut machen.

Textgesteuerte Text-Bild-Kombinationen werden deutlich häufiger eingesetzt. Eine Referenz zwischen Text und Bild wird durch die räumliche Nähe (teilweise mit zusätzlichem Anbindungs- und Suchverweis) geschaffen; bevorzugt sind an der Abbildung Bezeichnungen und erweiterte Informationen enthalten, die im darauf folgenden Textteil aufgegriffen werden.

Die Text-Bild-Funktion ist hauptsächlich instruktiv bzw. deskriptiv-instruktiv. Bei allen Abbildungen handelt es sich um Schwarz-Weiß-Bilder. In WH1 werden dabei in nahezu allen Fällen detaillierte räumliche Zeichnungen eingesetzt. In WH2 lassen sich detaillierte räumliche Zeichnungen und Fotografien erkennen.

Syntax. Überschriften, die im Inhaltsverzeichnis aufgegriffen werden, lassen sich als komplexe und einfache Verbalsätze in größerem Umfang nachweisen. Solche, die nicht im Inhaltsverzeichnis auftauchen, bestehen zum überwiegenden Teil aus isoliert gebrauchten einfachen Nominalsätzen. Diese werden hauptsächlich eingliedrig nur aus einem substantivischen Nukleus gebildet, solche mit Attribuierungen sind deutlich seltener. Bei den Attribuierungstypen finden sich das pränukleare Adjektivattribut, das postnukleare Präpositionalattribut und das postnukleare Genitivattribut. Nahezu alle Überschriften sind Aussagesätze.

Insgesamt verteilen sich in WH1 mehr Sätze pro Seite als in WH2. In beiden Textexemplaren überwiegen einfache und komplexe Verbalsätze. Bei den komplexen Verbalsätzen sind aus zwei Teilsätzen bestehende Parataxen am häufigsten nachzuweisen. Parataktisch-hypotaktische Satzkombinationen kommen deutlich seltener vor. Auch der Gebrauch von isoliert gebrauchten einfachen Nominalsätzen sowie Nominal-/Verbalsatzkombinationen ist für beide Textexemplare mit einem deutlich geringeren Anteil festzustellen. Insgesamt dominieren Aufforderungssätze. Hierbei werden insgesamt infinitivische Imperative bevorzugt genutzt, teilweise lassen sich Modal- und Modalitätssätze feststellen. Bei den Nebensatzarten wird am häufigsten auf Temporal-, Konditional-, Objekt- und Konsekutivsätze zurückgegriffen.

Satzglieder und lexikalische Merkmale. Nahezu alle Satzglieder sind dem Wortschatzbereich „Autoteile" zuzuordnen. Hierfür können die Begriffsgruppen *Autoteile* und *Werkzeuge* identifiziert werden. Beide Textexemplare verzichten auf eine Benutzeransprache. Dies geschieht durch die häufige Nutzung der Satzstruktur „Objekt + imperativischer Infinitiv".

Verbvalenz. In den Werkstatthandbüchern kommen ein- bis sechswertige Verben vor. Den Schwerpunkt bilden die zwei- und dreiwertigen Verben. Weiter zeigen sich bei vielen Verben in den Textexemplaren kfz-sprachlich gebundene Valenzerhöhungen durch das Vorkommen vier-, fünf- und sechswertiger Verben. In hoher Frequenz treten die Seme ‚objektorientiert' und ‚zielgerichtet' auf; weniger häufig sind die Seme ‚generelle Tätigkeit', ‚ergebnisorientiert' und ‚konditionsgebunden' vorhanden. Unter dem Aspekt der Verbvalenz und ihrer Vorkommenshäufigkeit bilden die zweiwertigen objektorientierten Verben das Zentrum, z.B. *abmontieren, abklemmen, aufschrauben, abnehmen, abnieten, auf-*

nieten, fräsen und *nacharbeiten.* Ebenfalls zum Zentralbereich zählen die dreiwertigen Verben, deren Sememe aus der Kombination der Seme ‚objektorientiert' und ‚zielgerichtet' zusammengesetzt sind. Es handelt sich u.a. um die Verben *abklemmen, abschrauben, abziehen, abflanschen, entsichern, entfernen, arretieren, herausschrauben* und *drehen.* Zur Peripherie gehören die dreiwertigen Verben mit der Semkombination ‚in spezifischer Weise (mit besonderen Instrumenten) objektorientiert' (z.B. *abdecken, herausklopfen, auswuchten*) und ‚objektorientiert und zugleich konditionsgebunden' (z.B. *nachziehen*) sowie die einwertigen Verben mit dem Sem ‚generelle Tätigkeit' (z.B. *kippen*). Funktionell erweiterte und vierwertig realisierte Verben bilden im Vergleich zu den zwei- und dreiwertigen Verben eine kleinere Gruppe. Sie entstehen dadurch, dass die Seme ‚objektorientiert', ‚in spezifischer Weise' und ‚zielgerichtet' (u.a. *führen, drücken*), die Seme ‚objektorientiert', ‚zielgerichtet' und ‚ergebnisorientiert' (u.a. *öffnen, anheben, zusammenschieben, schwenken*), die Seme ‚objektorientiert', ‚zielgerichtet' und ‚konditionsgebunden' (u.a. *kippen, schließen*) sowie die Seme ‚objektorientiert', ‚in spezifischer Weise' und ‚konditionsgebunden' (u.a. *prüfen, einstellen*) kombiniert auftreten. Vereinzelt enthält ein Semem die Semkombination ‚in spezifischer Weise mit besonderen Instrumenten objektorientiert und zugleich ergebnisorientiert', wie zum Beispiel beim Verbum *abklopfen.* Gelegentlich wird die Zielgerichtetheit durch zwei Leerstellen konkretisiert (u.a. *herausdrehen, einlegen, einführen*). Eine Fünfwertigkeit ist bei den Verben *herausschieben, einspannen, zentrieren, schieben, einziehen, herausziehen, klopfen, einsetzen, schieben* und *ziehen* vorhanden. Sie beschreiben die Handlung in exakter Form und entstehen in den meisten Fällen dadurch, dass die Zielgerichtetheit durch zwei bis drei Leerstellen ausgedrückt und spezifiziert wird und zusätzlich zum Sem ‚objektorientiert' (u.a. *herausschieben, einspannen*) bzw. zur Semkombination ‚in spezifischer Weise objektorientiert' (u.a. *zentrieren, schieben, einziehen, herausziehen*) bzw. ‚objektorientiert und zugleich ergebnisorientiert' (u.a. *klopfen, einsetzen, schieben*) hinzutritt. Das fünfwertige *ziehen* entsteht durch die Semkombination ‚in spezifischer Weise mit besonderen Instrumenten objektorientiert, zielgerichtet und zugleich ergebnisorientiert'. Im Textkorpus ist nur ein sechswertiges Verbum vorhanden: Das sechswertige *entfernen* enthält neben einer ‚in spezifischer Weise mit besonderen Instrumenten objektorientierten' Verwendungsweise die Spezifizierung der Zielgerichtetheit, was durch die lexikalische Besetzung von drei Leerstellen erfolgt.

Im Textkorpus sind die meisten Verben gemeinsprachlich, bei denen kein inhaltsseitiger Unterschied und keiner in der Verbvalenz existieren. Zu ihnen gehören u.a. die Verben *kippen, abmontieren, abklemmen, fräsen, arretieren, drehen* und *abdecken.* Der Bezug zum Kommunikationsbereich der Kfz-Technik entsteht erst durch spezifische Leerstellenbesetzungen. Dabei erscheint häufig als E_A ein objektorientiertes Lexem. Weiter existieren textsortengebundene Valenzerhöhungen durch spezifische Semkombinationen, die in die Wörterbücher nicht aufgenommen werden. Die hinzutretenden Seme erweisen sich im Kommunikationsbereich Kraftfahrzeugtechnik und in den Werkstatthandbüchern als notwendig. Die Verben enthalten neben dem gemeinsprachlichen Gebrauch kfz-spezifische Valenzen und Sememe. Zu dieser Subgruppe gehören u.a. die Verben *herausdrehen, einlegen, drücken, öffnen, anheben, einstellen, herausschieben, einspannen, zentrieren, schieben, einziehen, herausziehen, klopfen, einsetzen, ziehen* und *entfernen.* Fachsprachliche Verben sind nur in vereinzelten Fällen nachweisbar, so beim zweiwertigen *auswuchten,* zu dem in den Wörterbüchern ein technikgebundenes Semem „sich drehende Teile von Maschinen, Fahrzeugen so ausbalancieren, dass sie sich einwandfrei um ihre Achse drehen“ angegeben wird (D, I, 428).

4.3 Lehrbücher

4.3.1 Makrostrukturelle Analyse

Allgemeine Merkmale. Der Umfang der Lehrbücher schwankt zwischen 504 Seiten (L1) und 1.319 Seiten (L2). Beide Lehrbücher sind im Format DIN A4 angeordnet. Es wird Hochformat genutzt. In L1 ist das Textkorpus zweispaltig, in L2 einspaltig strukturiert. Das Sachwortregister ist in zwei bis vier Spalten gegliedert.

Initiatoren und Terminatoren. In beiden Lehrbüchern gibt es ein Initiatorenbündel aus dem Deckblatt (Abb. 122, 123), Titelblatt (Abb. 124, 125), Schutzblatt (Abb. 126, 127), Vorwort (Abb. 128, 129) und Inhaltsverzeichnis (Abb. 130, 131). Als Initiatorenteile auf dem Deckblatt dienen die Nennung des Buchtitels am oberen Rand (L1) bzw. in der Mitte des Deckblatts (L2) sowie die Angabe des Verlages am unteren rechten (L1) bzw. linken (L2) Rand. Zusätzlich existiert in L2 die Kennzeichnung des Textexemplars als „Fachbuch“. Die Initiatorenteile auf dem Deckblatt sind durch besondere drucktechnische Gestaltungsmerkmale wie Fettdruck, größere Schrift und andere Schriftfarbe vom folgenden Textteil der Lehrbücher zu unterscheiden. Weiter enthält das Deckblatt farbige Abbildungen, auf denen Kraftfahrzeuge bzw. Personen zu sehen sind. Auf dem Titelblatt in L1 erscheinen die Autoren und der Titel des Textexemplars, welcher drucktechnisch durch größere Schriftart und andere Schriftfarbe vom folgenden Textteil abgehoben ist. Weiter treten Angaben zur Auflage, zur Bestellnummer und zum Verlag auf. In L2 gibt das Titelblatt ebenfalls ein Autorenteam, den Titel des Textexemplars in größerer und fetterer Schriftart sowie die Auflage und den Verlag an. Auf dem Schutzblatt zeigt sich in beiden Lehrbüchern die Internetadresse, das Erscheinungsjahr sowie die Verlagsadresse und die ISBN-Nummer; ferner wird auf den Copyrightschutz verwiesen. In L1 erscheint zusätzlich ein Bildquellenverzeichnis. Alle Informationen auf dem Schutzblatt sind in deutlich kleinerer Schrift gestaltet.

Abb. 122: Initiator „Deckblatt" in L1

Abb. 123: Initiator „Deckblatt“ in L2

Kurt-Jürgen Berger, Michael Braunheim, Eckhard Brennecke, Hans-Christian Ehlers, Gerd Helms, Die Indlekofer, Hans Werner Janke, Joachim Lemm , Rainer Thiele

Berater: Felizian Krenn

Technologie Kraftfahrzeugtechnik

Grund- und Fachbildung

2., durchgesehene Auflage

Bestellnummer 92250

Bildungsverlag EINS – Gehlen

Abb. 124: Initiator „Titelblatt" in L1

Ralf Deußen / Volkert Schlüter / Jörg Schmidt /
Axel Sprenger / Carl-Heinz Zobel

Meisterwissen im Kfz-Handwerk

3., aktualisierte und bearbeitete Auflage

Vogel Buchverlag

Abb. 125: Initiator „Titelblatt" in L2

Bildquellenverzeichnis

Wir danken den nachfolgend aufgeführten Firmen, die den Verlag mit Bildmaterial und Informationen unterstützt haben:

3K-Warner Turbosystems, Kirchheimbolanden
Adam Opel, Rüsselsheim
Allianz Zentrum für Sicherheit, Ismaning
APA Autozubehör, Fellbach/Stuttgart
ARAL, Bochum
AUDI, Ingolstadt
Automobiltechnische Zeitschrift, Wiesbaden
AVL Deutschland, Mainz-Kastel
BASF, Ludwigshafen
Bayerische Motoren Werke, München
Behr, Stuttgart
Beissbarth, München
Beru, Ludwigsburg
C. & E. Fein, Stuttgart
Citroën Deutschland, Köln
Conrad Electronic, Hirschau (97.2 a, b, d)
Continental Teves, Frankfurt/M.
D & W, Frankfurt/M.
DaimlerChrysler, Stuttgart
Demet Deutsche Edelmetall Recycling, Alzenau
Elma, Singen
J. Eberspächer, Esslingen
EPCOS, München
Federal-Mogul, Nürnberg
Fiat, Frankfurt/M.
GETRAG, Ludwigsburg
GKN Service International, Rösrath
Haeger Handels GmbH, Essen
Hella, Lippstadt
Jaguar Deutschland, Kronberg
Knecht Filterwerke, Stuttgart
Krafthand Verlag, Bad Wörishofen
KS Aluminium Technologie, Neckarsulm
Ludwig Hunger Werkzeug- und Maschinenfabrik
LUK, Bühl
Michelin, Karlsruhe
MMC Auto Deutschland, Trebur
MOTAIR TURBOLADER, Köln
OMCN, Radevormwald
Peugeot, Saarbrücken
Rheinmetall, Düsseldorf
Rheinwerbung, Köln
Robert Bosch, Stuttgart
Sachs Handel, Schweinfurt
Scania Deutschland, Koblenz
Teroson, Heidelberg
Thyssen Krupp Stahl, Duisburg
Varta, Hannover
VEGE-Motoren, Spijkenisse/Holland
VEPA, Sindelfingen
Verlag Automobil Wirtschaft, Gaimersheim
Volkswagen, Wolfsburg
Volvo Trucks, Dietzenbach
WAECO, Emsdetten
ZF Friedrichshafen, Friedrichshafen
ZIPPO, Offenburg

www.bildungsverlag1.de

Gehlen, Kieser und Stam sind unter dem Dach des Bildungsverlages EINS zusammengeführt.

Bildungsverlag EINS
Sieglarer Straße 2, 53842 Troisdorf

ISBN 3-441-92250-6

Abb. 126: Initiator „Schutzblatt“ in L1

Weitere Informationen:
www.vogel-buchverlag.de

Die 1. Auflage erschien unter dem Titel *Die Meisterprüfung im Kfz-Handwerk*.

ISBN 978-3-8343-3103-8
3. Auflage. 2007

Printed in Germany

Umschlaggrafik: AVL Ditest, Graz
Satzherstellung und Reproduktionen der Abbildungen: Schreibservice Angelika Arnold

Abb. 127: Initiator „Schutzblatt" in L2

Vorwort

Die „Technologie Kraftfahrzeugtechnik" dient der Erstausbildung in einem kraftfahrzeugtechnischen Beruf. Die Auswahl der Themen orientiert sich an den einschlägigen Ausbildungsrichtlinen und Lehrplänen.

Was sind die **herausragenden Merkmale** des Buches?

Neugewichtung der Inhalte
- Reduzierung der allgemeinen metalltechnischen Grundlagen.
- Aufwertung der modernen zukunftsweisenden Techniken.
- Angemessene Berücksichtigung der Elektrotechnik/Elektronik/Steuerungstechnik.

Neuausrichtung der Inhalte
- Vermittlung der metalltechnischen Grundlagen an kfz-spezifischen Inhalten.
- Berücksichtigung neuer, praxisrelevanter Inhalte, z. B. Strategien zur Prüftechnik, Fehlersuche, Inspektion, Wartung, Instandsetzung, Montage und Demontage.
- Nutzung der Systemtheorie für die Analyse der komplexen Kfz-Systeme.
- Schulung einer kunden- und serviceorientierten Verhaltensweise (Marketing).
- Einbindung der Betriebsorganisation und des Rechnungswesens.

Die Konzeption im Einzelnen
- **Konzentrierung** auf die Vermittlung von **Basiswissen.** Ausgehend von Abbildungen und anderen Materialien wird das Basiswissen **exemplarisch erarbeitet.**
- Es folgt jeweils ein optisch auffallend gestalteter **„Überblick"**, in dem Varianten vorgestellt werden. Gleichzeitig wird mit dem „Überblick" eine **fachsystematische Struktur** erarbeitet und Übersicht geschaffen.
- **Exkurse** bieten Sonderthemen.
- Rechnerische Ansätze sind eingebunden, sofern sie unmittelbar dem Verständnis der technologischen Zusammenhänge dienen.
- Die einfache, schülergerechte Fachsprache und die kurzen Leselängen erleichtern das Verständnis. Praxisnahe Darstellungen motivieren zur Erschließung der Inhalte.

Das vorliegende Buch ist Teil einer **Werkreihe** für den berufsbezogenen Unterricht. Es ist eigenständig einsetzbar, wird aber sinnvoll durch die weiteren Titel der Werkreihe ergänzt. Die Verknüpfung zu den benachbarten Büchern erfolgt mithilfe von Piktogrammen am oberen Seitenrand.

Die Piktogramme stehen für folgende Titel:

Technische Mathematik
Kraftfahrzeugtechnik

Technische Kommunikation
Kraftfahrzeugtechnik
Grundbildung

Technische Kommunikation
Kraftfahrzeugtechnik
Fachbildung

Das jeweils angegebene Stichwort finden Sie im Stichwortverzeichnis des entsprechenden Buches. Damit ist ein schneller Zugriff auf ergänzende Darstellungen oder berufstypische Anwendungen möglich. Dies erleichtert die Verknüpfung der Inhalte bei einem integrativen, **handlungsorientierten Lernverfahren.**

Die Werkreihe umfasst auch **Arbeitsbücher.** Sie bieten Projekte mit handlungsorientierten Problemstellungen – ebenfalls mit Verknüpfungen durch Piktogramme. Außerdem steht ein **Tabellenbuch** als umfassende Nachschlagequelle zur Verfügung.

Die Verfasser

Abb. 128: Initiator „Vorwort" in L1

Vorwort

Eine Meisterprüfung setzt Meisterwissen voraus. Meisterwissen ist aber auch dann hilfreich, wenn man gar keine Meisterprüfung ablegen möchte.

Das vorliegende Fachbuch mit dem Titel *Meisterwissen im Kfz-Handwerk* ist ein neu gestaltetes und erweitertes Werk, das in direkter Folge zum bekannten und erfolgreichen Fachbuch «Die Meisterprüfung im Kfz-Handwerk» steht.

Es ist ein unverzichtbares Nachschlagewerk für derzeitige und künftige Fachkräfte im Kfz-Bereich, das sicher auch interessierte Autofahrer anspricht.

Dieses Fachbuch spiegelt die Entwicklungen der Fahrzeug- und Motorentechnologie wider, wobei die Elektronik einen Schwerpunkt bildet.

Hinzu kommen entsprechende gesetzliche Bestimmungen und Verordnungen.

Das neue Nachschlagewerk ist ein hilfreicher Begleiter für den Fachmann in der Praxis sowie bei der beruflichen Aus- und Fortbildung.

Da dieses Fachbuch unterrichtsbegleitend eingesetzt werden kann, richtet es sich auch an die Absolventen von Meister-, Techniker- und Ingenieurschulen. Der Lernende oder Studierende wird die ausführlichen Erläuterungen sicherlich zu schätzen wissen.

Die fachlich dargestellte Bandbreite umfasst folgende Kapitel:

- ❑ Motoren,
- ❑ Kraftstoffeinspritzung,
- ❑ Kraftübertragung,
- ❑ Fahrwerk,
- ❑ Bremsen,
- ❑ Elektrik und Elektronik,
- ❑ Klimatisierung.

Weitere Themen sind

- ❑ Werkstoffe, Lager, Gewinde sowie Kraft- und Schmierstoffe.

Als Meister und langjährig praktizierende Ausbilder im weit gefächerten Kfz-Bereich ist es unsere Motivation, ein umfassendes und leicht verständliches Fachbuch anzubieten.

In diesem Sinne wünschen wir allen interessierten Lesern, dass dieses Werk das persönliche technische Wissen erweitert bzw. beim beruflichen Werdegang wie auch in der Praxis hilfreich sein kann.

Ihr Autoren-Team

Abb. 129: Initiator „Vorwort“ in L2

1 Grundlagen der Prüftechnik 9
1.1 Messen 9
1.1.1 Längenmessung 10
▷ Überblick: Messschieberarten 12
▷ Überblick: Längenmessung 13
1.1.2 Winkelmessung 15
1.1.3 Indirektes Messen 15
1.2 Lehren 16
1.2.1 Formlehren 16
1.2.2 Maßlehren 16
1.3 Prüffehler 17
1.3.1 Systematische Fehler 17
1.3.2 Zufällige Fehler 17
1.4 Toleranzen und Passungen 17
1.4.1 Toleranzen 17
1.4.2 Passungen 17
1.4.3 Toleranzsysteme 18
1.4.4 Passsysteme 18
1.5 Anreißen 19
1.5.1 Reißnadel 19
1.5.2 Anreißvorgang 19
1.5.3 Körner 20

2 Grundlagen der Fertigungstechnik 21
▷ Überblick: Fertigungsverfahren 21
2.1 Urformen 21
▷ Überblick: Urformverfahren 23
2.2 Umformen 24
▷ Überblick: Umformverfahren 26
▷ Exkurs: Kräfte 27
2.3 Trennen 28
2.3.1 Zerteilen 28
▷ Exkurs: Hebelübersetzung 29
2.3.2 Spanen von Hand 30
▷ Überblick: Spanen von Hand 33
2.3.3 Spanen mit Maschinen 35
▷ Überblick: Spanen mit Maschinen 39
▷ Exkurs: Reibung 41
2.4 Fügen 42
2.4.1 Schraubenverbindungen 42
▷ Exkurs: Gewindeinstandsetzung 46
▷ Überblick: Schraubenarten 47
▷ Überblick: Mutternarten 48
▷ Überblick: Schraubensicherungen 49
2.4.2 Stift- und Bolzenverbindungen 51
▷ Überblick: Stift- und Bolzenverbindungen ... 51
2.4.3 Wellen-Naben-Verbindungen 53
▷ Überblick: Wellen-Naben-Verbindungen ... 53
2.4.4 Lötverbindungen 56
▷ Überblick: Lote und Flussmittel 57
2.4.5 Schweißverbindungen 59
▷ Überblick: Schweißverfahren 60
2.4.6 Klebverbindungen 62
2.4.7 Nietverbindungen 63
▷ Überblick: Nietarten 63
▷ Überblick: Fügeverfahren 64
2.5 Beschichten 64
2.6 Stoffeigenschaften ändern 64

3 Grundlagen der Werkstofftechnik 65
3.1 Einteilung der Werkstoffe 65
3.2 Anforderungen an Werkstoffe 65
▷ Überblick: Werk-, Hilfs- und Betriebsstoffe in der Kraftfahrzeugtechnik 66
3.3 Werkstoffeigenschaften 67
3.3.1 Physikalisch-mechanische Eigenschaften 67
3.3.2 Chemische Eigenschaften 68
3.4 Werkstoffauswahl und -bezeichnung 69
3.5 Legierungsbestandteile 69
3.6 Aufbau metallischer Werkstoffe 70
3.7 Wärmebehandlung von Stahl 70
3.8 Nichteisenmetalle (NE-Metalle) 71
3.9 Kunststoffe 72
3.9.1 Thermoplaste 72
3.9.2 Duroplaste 73
3.9.3 Elastomere 73
▷ Überblick: Kunststoffe in der Kraftfahrzeugtechnik 73

4 Grundlagen der Systemanalyse 74
4.1 Funktionseinheiten 74
4.1.1 System Kraftfahrzeug 74
4.1.2 Einrichtungen im System Kraftfahrzeug . 74
4.1.3 Baugruppen im System Kraftfahrzeug ... 75
4.1.4 Elemente im System Kraftfahrzeug 75
4.2 Stoffumsetzende Maschinen 76
4.3 Energieumsetzende Maschinen 77
4.4 Informationsumsetzende Maschinen 79
▷ Überblick: Bauarten von Sensoren 80
▷ Überblick: Bauarten von Aktoren (Aktuatoren) 81

5 Grundlagen der Elektrotechnik 82
5.1 Der elektrische Stromkreis 82
5.1.1 Elektrischer Strom 83
5.1.2 Elektrische Spannung 84
5.1.3 Elektrischer Widerstand 84
5.2 Elektrische Größen messen und berechnen . 86
5.2.1 Messung elektrischer Größen 86
▷ Überblick: Messung elektrischer Größen ... 87
5.2.2 Berechnung elektrischer Größen 88
5.3 Elektrische Schaltungen 89
▷ Überblick: Schaltungsarten 89
5.4 Wirkungen der Elektrizität 92
▷ Überblick: Gleichstrommotoren 93
▷ Exkurs: Wirkung des elektrischen Stromes auf den Menschen 93
▷ Exkurs: Schutzmaßnahmen gegen gefährliche Körperströme 94
5.5 Wichtige elektrische Bauelemente 95
5.5.1 Halbleiterbauelemente 95
▷ Überblick: Wichtige Halbleiterbauelemente . 96

Abb. 130: Initiator „Inhaltsverzeichnis“ (Auszug) in L1

Inhaltsverzeichnis

Vorwort 5

1 Allgemeine Grundlagen für die Meisterprüfung 17

2 Verbrennungsmotoren 25
2.1 Kurbeltrieb 41
2.1.1 Kurbelwellen 42
2.1.2 Gleitlager 49
2.1.3 Pleuel 54
2.1.4 Kolben 56
2.1.5 Kolbenringe 65
2.1.6 Kolbenbolzen 68
2.1.7 Schwungscheibe 69
2.1.8 Zylinder 69
2.1.9 Zylinderköpfe 72
2.2 Ventiltrieb 74
2.2.1 Steuerzeiten von Viertaktmotoren 74
2.2.2 Variable Steuerzeiten 78
2.2.3 Überprüfung der Steuerzeiten 91
2.2.4 Ventile 97
2.2.5 Ventilführungen 104
2.2.6 Ventilfedern 105
2.2.7 Ventildrehvorrichtungen 105
2.2.8 Ventilspiel 106
2.2.9 Desmodromische Ventilsteuerung 109
2.3 Arbeitsverfahren bei Kfz-Motoren 110
2.3.1 Viertakt-Ottomotor 110
2.3.2 Zweitakt-Ottomotor 114
2.3.3 Kompressionsdruckprüfung 117
2.3.4 Druckverlusttest 119
2.3.5 Ungleichförmigkeit des Motors 120
2.3.6 Drehschwingungsdämpfer 120
2.3.7 Zweimassenschwungrad 121
2.3.8 Ausgleichswellen 124
2.3.9 Motoraufhängung 125

Abb. 131: Initiator „Inhaltsverzeichnis" (Auszug) in L2

Das Terminatorenbündel bilden der Buchdeckel (Abb. 132, 133) sowie ein Sachwort- (Abb. 134) bzw. Stichwortverzeichnis (Abb. 135). Auf dem Buchdeckel in L1 sind als Terminatorenteile die Bezeichnung des Verlags und die ISBN-Nummer angegeben; in L2 dienen als Terminatorenteile auf dem Buchdeckel die Internetadresse des Verlages, die ISBN-Nummer und die Auflage sowie eine Kurzbeschreibung des Lehrbuches. In L2 findet sich als weiterer Terminator Werbung für andere Produkte des Verlages (Abb. 136).

Abb. 132: Terminator „Buchdeckel" in L1

Das bekannte und bewährte Standardwerk wurde komplett den heutigen Anforderungen angepasst.
Es bietet umfassendes Fachwissen für die Praxis, die Berufsausbildung (Mechatroniker) und Vorbereitung auf die Meisterprüfung zum Kfz-Techniker.

- Aktuelles zum Ablauf der Meisterprüfung
- Motoren
- Benzin- und Dieseleinspritzung
- Kraftübertragung, Fahrwerk, Bremsen
- Kfz-Elektrik, -Elektronik
- Werkstoffkunde, Kraft- und Schmierstoffe
- Aktualisierungen/Weitere Informationen über den Onlineservice **InfoClick**

www.vogel-buchverlag.de

Abb. 133: Terminator „Buchdeckel" in L2

Sachwortverzeichnis 501

Druckfestigkeit 67
Druckgesteuerte Benzineinspritzung 175
Druckgießen 23
Druckluftbremsanlage 381
Druckluftversorgungsanlage 104, 381
Druckregler, Differenzdruck- 164
Drucksensor 264
Druckumlaufschmierung 244 f.
Druckverlustprüfung 217
Dualzahl 118
Duo-Duplexbremse 368
Durchhärten 67
Duroplaste 72 f.
Düsennadel 272
Dynastarter 400

E

EBV 376 ff.
ECVT-Getriebe 320 ff.
EDC 345 f.
Edelstähle 71
EDV-Anwendungsgebiete 470
Effektive Leistung 134 f.
E-Gas 279, 376
EGS 316
Eigendiagnose 172
Einfacher Planetenradsatz 310
Eingabegerät 121
Eingangssignal (Sensoren) 80
Einheitskontenrahmen 479
Einpressen 55
Einrückrelais 394 f.
Einspritzmengenregelung 273, 279
Einspritzventil 165 f.
Einspritzzeit 166
Einzelkosten 480
Eisenwerkstoffe 66
Elastizität 68
Elastomer 72 f.
Elektrische Größen 87
Elektrische Leistung 162 f.
Elektrische Schaltungen 89 ff.
Elektrischer Stromkreis 82 ff.
Elektrochemische Korrosion 68, 236
Elektrolüfter 233, 240
Elektromagnetisches Feld 108, 185 f.
Elektronen 83
Elektronische Dämpferregelung 346
Elektronische Dieselregelung 278
Elektronische Getriebesteuerung 316, 321
Elektronische Ladedruckregelung 154
Elektronische Zündung 194
Elektropneumatische Zentralverriegelung 413 ff.
Elektrotechnik 82 ff.
Emission 456
Endmaße 13
Energie 77
Energiefluss (Diagramm) 128, 234
Energieversorgung 383
Energieversorgungsanlage 383
Energiewandlungskette 130
Erdgasbetrieb (CNG) 174
ESP 376 ff.
EVA-Prinzip 79, 117, 169, 271
Expansionsventil 423, 427
Expertensystem 125

F

Fahrdynamikregelung 376
Fahrlichtregelung 406
Fahrschaubild 297
Fahrtwindkühlung 240
Fahrwerk 325 ff.
Fahrwerk
- Radstellung 336
- Achsvermessung 349 f.
- Federung 340 f.
FCKW 427
Federbein 344
Federringe 49
Federung 340 ff
Federverbindungen 53
Fehlerspeicher 109
Feilen 33
Felgen 327 ff.
Felgenbezeichnungen 327
Ferrocoat-Kolben 215, 221
Fertigungskontrolle 494
Fertigungstechnik 21 ff.
Festigkeit 67
Festplattenlaufwerk 122
Feststellbremse 351, 368
Feuersteg 221
Flammhärten 70 f.
Flügelmutter 48
Flüssigkeitskühlung 232
Förderende 273
Förderhub 273, 279 ff.
Foren 115
Formpressen 23
Formwellen 54
Fräsen 39
Freiwinkel 30
Fremdfertigung 494
Frequenz 149
Frischölschmierung 286
Frontantrieb 296
Frontenmodul 72
Frostschutzpumpe 381
Fügen 42 ff.
Fühlerlehre 16
Führungsaufgaben 466
Führungsrolle 471
Füllscheibe 360
Füllungsgrad 132
Funktionselement 75
Funktionstabelle 99

G

Gasdruckdämpfer 344
Gasentladungslampe 402
Gasfederung 342
Gasschmelzschweißen 60
Gaswechsel 132
Gefahrstoffverordnung 253
Gefrierschutzmittel 235 ff., 243
Gefüge 70
Gelenk 335
Gelenkwelle (Kardanwelle) 303
Gemeinkosten 480 f.
Gemeinkostenzuschlagssatz 482 f.
Gemisch 138 ff.
Gemischbildung 271
Gemischbildung bei Ottomotoren 138 ff.
Gemischbildung, innere 269
Generator 86 ff.
Generatorbauarten 391
Genormte Schaltsymbole 83
Gerippebauweise 434
Gesetzlicher Datenschutz 125
Getriebeschema 319, 323
Gewährleistung 499
Gewindelehren 16
Gewindearten 43
Gewindeformen 44
Gewindeinstandsetzung 46
Gewindeschneiden 34, 39
Gewindestifte 47
Gewinn- und Verlustrechnung 478
Gierratensensor 379
Gießen 21 f.
Gießverfahren 23
Glasbruchsensor 411
Gleichdruckverbrennung 269
Gleichlaufgelenk 304
Gleichrichtung 95 ff.
Gleichstromgenerator 391
Gleichstrommotor 92 f., 392 f.
Gleitfunkenkerze 191
Gleitlager 244
Glühstiftkerze 274
Glühzeitsteuerung 274 f.
GMR 376 ff.
GPS 420 f.
Grenzlehren 16
G-Rotorpumpe 161
Gruppengetriebe 321
Gurtstraffer 416 f.

H

Haarlineal 16
Halbautomatische Getriebe 319
Halbleiter 95 f.
Halbleiterwerkstoffe 66
Hallgeber 178, 195 f.
Härte 67
Härtende Kunststoffe 73
Hartlote 58
Hartmetall 66, 69
Hauptfunktion 75, 98
Hauptsammler 150
Hauptstromfilter 245, 251
Hauptzylinder 360 f.
Hebel 77
Hebelübersetzung 29
Heckantrieb 296
Heckbeleuchtung 405
Heißfilm-Luftmassenmesser 144 f.
Heizflansch 275
Heizwert 130
HF-Funkfernbedienung 413 f.
HIGH-Signal 107, 113
Hilfsbremsanlage 351
Hilfskraftlenkung 349
Hilfsstoffe 66
Hochdruckprüfung (Hydraulische Bremse) 370
Hochfrequenz-NE-Scheider 463
Höhenspiel 225
Hohlventile 212
Honen 40
HTML-Format 115 f.
Hubkolbenmotor 131
Hubraum 214
Hubverhältnis 223
Hutmutter 48
Hybridantrieb 284
Hybridfilter (Klima) 425
Hydraulikplan 76, 100, 378
Hydraulische Getriebesteuerung 315
Hydraulische Übersetzung 77
Hydraulischer Spritzversteller 280
Hydropneumatische Federung 342
Hydrostößel 208

I

Imagepflege 498
Impulsfrequenz 166
Indirekte Steuerung 102
Induktion 185 f.
Induktivgeber (Drehzahl, Bezugsmarke) 80
Informationsquellen 493
Informationsumsetzende Systeme 79
Infrarot-Innenraumüberwachung 415
Injektor 273
Innenkühlung 210
Innenleistung 152
Innenmessgerät 14
Innenraumüberwachung 410
Instanzen 465
In-Tank-Pumpen 160 f.
Interferenzschalldämpfer 261
Intermittierende Einspritzung 175
Internet 115 f.
Inventar 477

Abb. 134: Terminator „Sachwortverzeichnis" (Auszug) in L1

Stichwortverzeichnis

2/2-Wege-Ventile 807
2-Ventil-Technik 129
3/3-Wege-Ventile 806
3-Ventil-Technik 129
3/4-floating 678
3/4-floating-Antriebsachse 679
4-Gang-Automatikgetriebe 554
4-Ventil-Technik 129
5-Gang-Automatikgetriebe 557
5-Ventil-Technik 129
7-Gang-Automatikgetriebe 568

A
a/n-Steuerung 270
A/B-Klassen-Öle 1237
A/D-Wandler 249, 339
Abblendrelais 1053
Abfall- und Reststoffüberwachungs-Verordnung 1254
Abfallbestimmungs-Verordnung 1254
Abfallgesetz (AbfG) 1254
Abgasanlage 162
Abgase 189, 190
Abgasemissionen 1264
Abgasgegendruck 320
Abgasgrenzwerte Dieselmotoren 326
Abgasgrenzwerte Ottomotoren 192
Abgasnachbehandlung 189
–, Dieselmotoren 315
–, Nfz-Dieselmotoren 324
Abgasnachbehandlungsmaßnahmen 191
Abgasrückführmenge 192, 303
Abgasrückführung 246, 361, 477
–, äußere 246
–, Dieselmotoren 317
–, innere 87, 246
–, Ottomotoren 192
–, Prüfen 362
Abgasrückführventil 192
Abgastemperatur, Geber 306
Abgastrübungsmessung 367, 421
Abgasturbolader 132, 174
– mit Bypass 132
– ohne Bypass 132
Abgaszusammensetzung 189
Abhubweg 497
Abkühlgeschwindigkeit 1172
Ablagerungen 1264
Ablaufdrossel 409
Abregelbohrung 464
Abregeldrehzahl 372f., 397
Abriebindikatoren 708
Abrollkegel 630
ABS 795, 1204
– für Nutzfahrzeuge 903
–, geschlossenes 803
– mit elektronischer Differentialsperre (EDS) 820
–, offenes 804
Abschaltklappe 364, 456
Abschaltventil, elektromagnetisches (ELAB) 427
Abschirmung 999
Abschleppen von Kfz 592
– mit vollautomatischen Getrieben 593
Abschrecken 1171
Absolutdruck 232
Absorption 162
ABS-Radsensoren 415
Abstellen des Motors 427
Abstellventil, elektromagnetisches (ELAB) 469, 474
AC 922
ACEA 1236
– -Spezifikation 1236
Achsabstand 629
Achsen 674
Achsmodulator 908
Achswellenräder 612
Ackermann'sches Prinzip 646
Acrylglas (PMMA) 1197, 1203
Acrylnitril-Butadien-Styrol (ABS) 1204
Additive gegen Vereisung 1266
Adhäsion 1191
Adressierung 956
–, inhaltsbezogene 252

Abb. 135: Terminator „Stichwortverzeichnis" (Auszug) in L2

Abb. 136: Terminator „Werbung“ in L2

Textgliederungsprinzipien in L1. L1 enthält 21 Kapitel: In den Kapiteln 1-7 werden Grundlagen der Prüftechnik (Abb. 137), Grundlagen der Fertigungstechnik (Abb. 138), Grundlagen der Werkstofftechnik (Abb. 139), Grundlagen der Systemanalyse (Abb. 140), Grundlagen der Elektrotechnik (Abb. 141), Grundlagen der Steuerungstechnik (Abb. 142) und Grundlagen der Informationstechnik (Abb. 143) erläutert. Die Kapitel 8-17 behandeln die Funktionen der Autoteile Ottomotor (Abb. 144), Dieselmotor (Abb. 145), Triebwerk (Abb. 146), Fahrwerk (Abb. 147), Bremsanlage (Abb. 148), Energieversorgungsanlage (Abb. 149), Startanlage (Abb. 150), Lichtanlage (Abb. 151), Sicherheits- und Komfortelektronik (Abb. 152) und Karosserie (Abb. 153). Die Kapitel 18-21 geben zusätzliche Informationen zum Arbeitsschutz, Umweltschutz und

Recycling (Abb. 154), zur Betriebs- und Arbeitsorganisation (Abb. 155), zum Rechnungswesen und Controlling (Abb. 156) und Marketing (Abb. 157), die keinen direkten Bezug zum Kommunikationsbereich der Kraftfahrzeugtechnik haben.

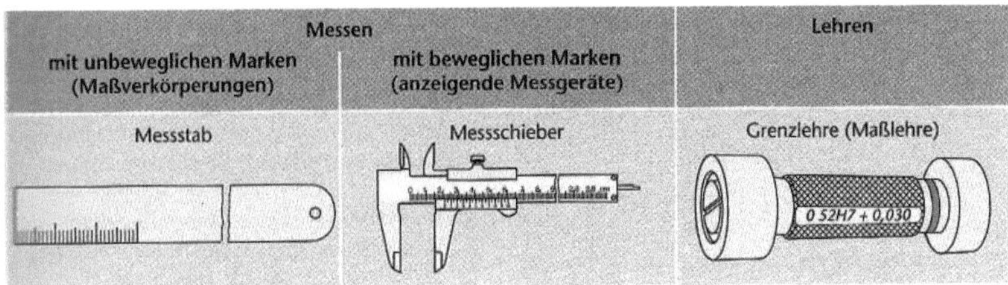

Messen		Lehren
mit unbeweglichen Marken (Maßverkörperungen)	mit beweglichen Marken (anzeigende Messgeräte)	
Messstab	Messschieber	Grenzlehre (Maßlehre)

9.1 Einteilung der Prüfverfahren

1 Grundlagen der Prüftechnik

Prüfen ist der Vergleich von Soll- und Istzustand. Prüfen ohne Hilfsmittel wird als **subjektives Prüfen** bezeichnet. Im technischen Bereich werden nur selten subjektive Prüfmethoden angewandt, da die Ergebnisse von persönlichen Eindrücken und Vorurteilen abhängen und je nach Person sehr unterschiedlich ausfallen können (Bild 9.2).
Objektives Prüfen geschieht immer mithilfe eines Prüfmittels, z. B. eines Messschiebers zur Messung der Ventilfederlänge (Bild 9.3). Die Prüfverfahren werden in Messen und Lehren mit den entsprechenden Prüfmitteln (Tab. 9.1) unterteilt.

9.2 Subjektives Prüfen

1.1 Messen

Messen kann man mit **Maßverkörperungen** (z. B. Messstab) oder **anzeigenden Messgeräten** (z. B. Messschieber (Tab. 9.1). Die Messgenauigkeit ebenso wie die Fertigungsgenauigkeit ist nur so genau wie nötig zu wählen, weil sonst die Kosten unnötig steigen (Bild 9.4). Ein Messergebnis besteht immer aus einem Zahlenwert und einer Einheit, z. B. Meter. Die messbaren Basiseinheiten sind im SI-System genormt (Tab. 9.5).

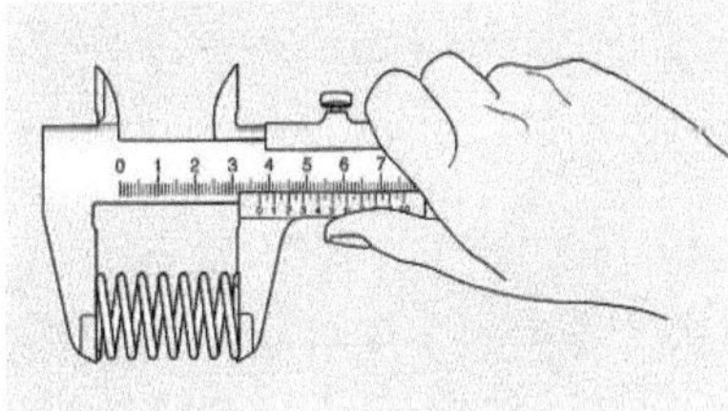

9.3 Längenmessung an der Ventilfeder

Basisgröße		SI-Basiseinheit	
Name	Zeichen	Name	Zeichen
Länge	l	Meter	m
Zeit	t	Sekunde	s
Masse	m	Kilogramm	kg
Temperatur	T	Kelvin	K
Stromstärke	I	Ampere	A
Stoffmenge	n	Mol	mol
Lichtstärke	I	Candela	cd

9.5 Basisgrößen und Basiseinheiten

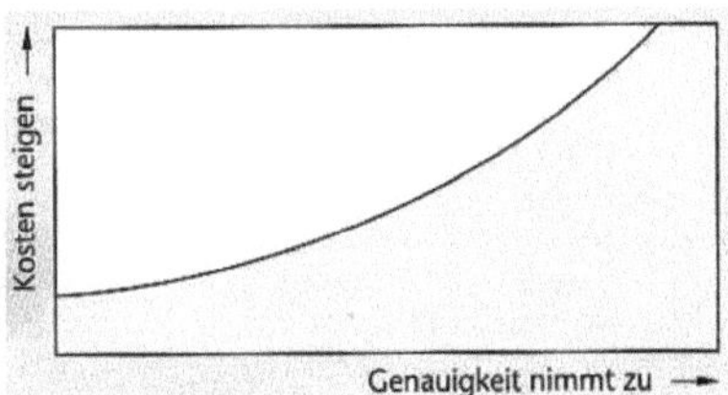

9.4 Kostenaufwand für zunehmende Genauigkeit

Abb. 137: Kapitel „Grundlagen der Prüftechnik“, L1

2 Grundlagen der Fertigungstechnik

Für die Produktion eines Kraftfahrzeuges sind vielfältige Fertigungsverfahren nötig. Nach DIN 8580 werden die Fertigungsverfahren in sechs Hauptgruppen unterteilt (siehe Überblick).

2.1 Urformen

Beim Urformen wird ein fester Körper aus formlosem Stoff erzeugt. Dies kann durch Erzeugung von Zusammenhalt des Stoffes in flüssigem, pastösem oder pulverförmigem Zustand erfolgen. Das Urformen soll hier am Beispiel des Gießens erläutert werden.

Urformen durch Schwerkraftgießen

Flüssiger Werkstoff wird in den Hohlraum einer Form

21.1 Schwerkraftgießen im Kastenguss

Abb. 138: Kapitel „Grundlagen der Fertigungstechnik“, L1

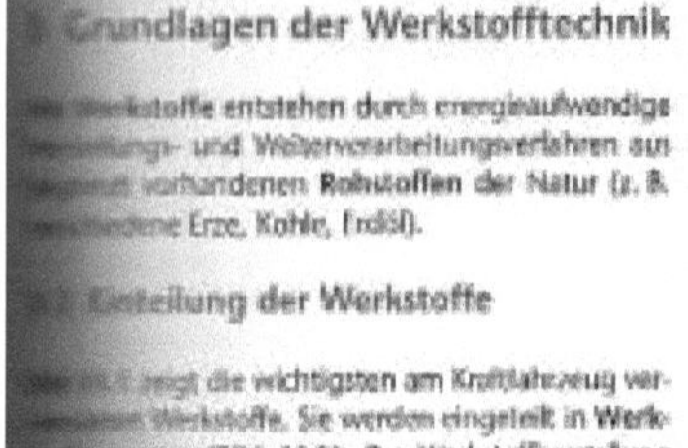

Grundlagen der Werkstofftechnik

...stoffe entstehen durch energieaufwendige ...ungs- und Weiterverarbeitungsverfahren aus ... vorhandenen Rohstoffen der Natur (z. B. ...ene Erze, Kohle, Erdöl).

...teilung der Werkstoffe

... zeigt die wichtigsten am Kraftfahrzeug ver... Werkstoffe. Sie werden eingeteilt in Werk...

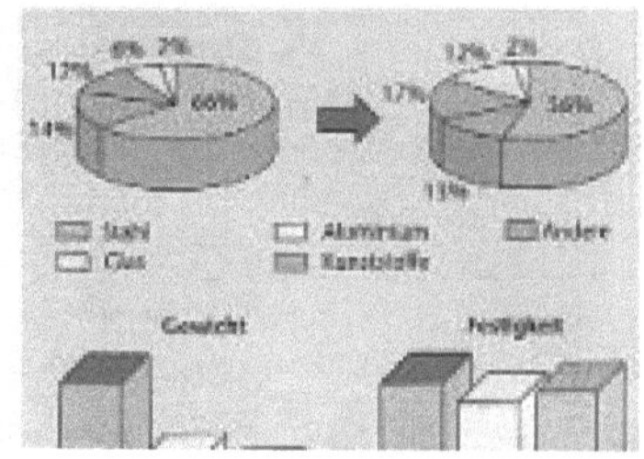

Abb. 139: Kapitel „Grundlagen der Werkstofftechnik“, L1

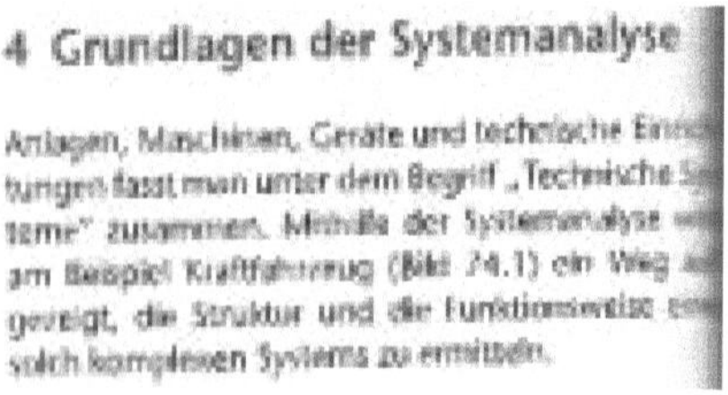

4 Grundlagen der Systemanalyse

Anlagen, Maschinen, Geräte und technische Ein... tungen fasst man unter dem Begriff „Technische S... teme“ zusammen. Mithilfe der Systemanalyse ... am Beispiel Kraftfahrzeug (Bild 74.1) ein Weg ... gezeigt, die Struktur und die Funktionsweise ... solch komplexen Systems zu ermitteln.

Abb. 140: Kapitel „Grundlagen der Systemanalyse“, L1

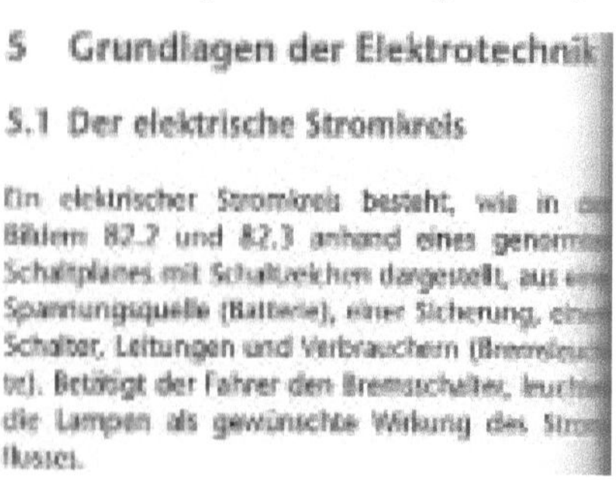

5 Grundlagen der Elektrotechnik

5.1 Der elektrische Stromkreis

Ein elektrischer Stromkreis besteht, wie in d... Bildern 82.2 und 82.3 anhand eines genorm... Schaltplanes mit Schaltzeichen dargestellt, aus e... Spannungsquelle (Batterie), einer Sicherung, ei... Schalter, Leitungen und Verbrauchern (Bremsleuc... te). Betätigt der Fahrer den Bremsschalter, leuch... die Lampen als gewünschte Wirkung des Str... flusses.

Abb. 141: Kapitel „Grundlagen der Elektrotechnik“, L1

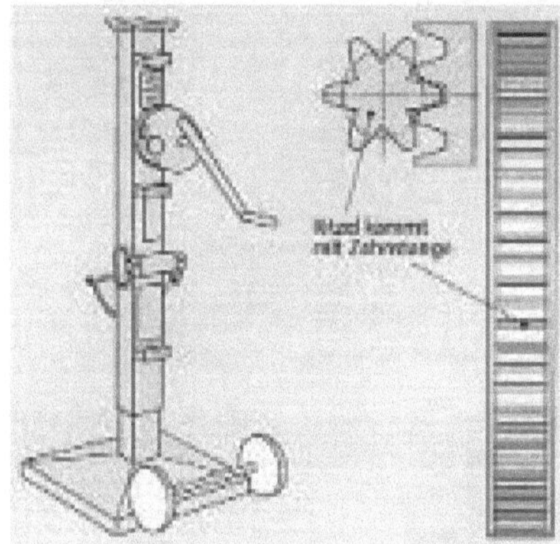

6 Grundlagen der Steuerungstechnik

Entsprechend der vielfältigen Funktion komple Systeme und dem vernetzten Zusammenw mehrerer Systeme bedarf es einer Vielzahl von Ste rungs- und Regelungsvorgängen. Am Beispiel Hubgeräte (Werkstattbereich) sollen die untersch lichen Steuerungen bei hauptsächlich mechan elektromechanisch, elektrisch, elektronisch, hyd lisch, elektrohydraulisch, pneumatisch und elek pneumatisch arbeitenden Hub-Gerätschaften (Sig fluss) aufgezeigt werden.

Aufgabe der Steuerung

Eine Steuerung soll

Abb. 142: Kapitel „Grundlagen der Steuerungstechnik", L1

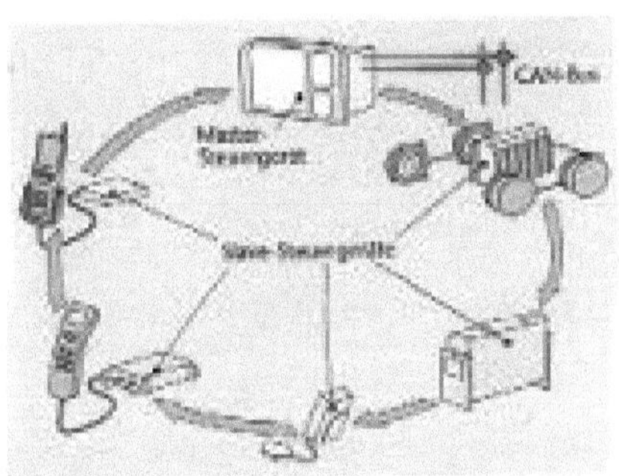

112.2 Ringförmiges Kommunikationsgerätenetz

7 Grundlagen der Information technik

7.1 Datenkommunikation

Sternförmige Netzwerke. Bild 112.1 zeigt d le, sternförmige LAN-Netzwerk eines große hauses. *Jede Arbeitsstation, z. B. Monteur-A* platz und Teileverkaufs-Rechner, sog. Clienten, an eine Vermittlungsstelle – einen Server (Dien ter) über Hub – angeschlossen. Dies ist ein sehr tungsfähiger Zentralrechner, der in einem Netz Bereitstellung von Daten, Programmen (z. B. Händlerinformationssystem) und Rechenleistun

Abb. 143: Kapitel „Grundlagen der Informationstechnik", L1

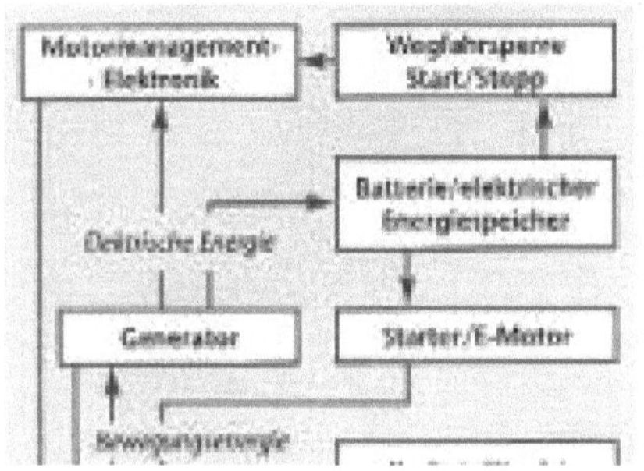

8 Ottomotor

Bild 126.1 zeigt ein Fahrzeug mit Frontmotor. Motor bildet ein Gegengewicht zum Fahrzeug und zur Zuladung im Fahrzeugheck. Dadurch e sich eine günstige Gewichtsverteilung.
Neben einer Verbesserung der Gewichtsvert sind auch erhöhte Sicherheit und günstige Be barkeit Gründe dafür, dass einige Baugruppen trennt vom eigentlichen Motoraggregat im F zeug verteilt sind. Versorgungs- und Datenleitun verbinden diese Bauteile mit dem Ottomotor (S

Abb. 144: Kapitel „Ottomotor", L1

9 Dieselmotor

Als Verbrennungs-Wärmekraftmaschine mit Hubkolben-Viertaktmotor, Mehrventiler, elektronischer Regelung u.a. nähern sich Diesel- und Ottomotor in den Baugruppen sehr einander an. Wenn auch die Bauteile des Dieselmotors höheren Belastungen ausgesetzt und damit massiver gebaut sind, so betrachten wir beim TDI-Beispielmotor (Bild 267.1) lediglich die Besonderheiten des Dieselmotors.

9.1 Vergleich Dieselmotor/Ottomotor

Verbrauch: Der Diesel verbraucht durchschnittlich 15 %, im Teillastbereich sogar 30 % weniger Kraftstoff als der Ottomotor (Bild 267.2).

Schadstoffe: Sehr hohe NO_x- und Ruß-Partikel-Emission beim Diesel zwingen zu aufwendigen Zusatzsystemen und schwefelarmem Kraftstoff, um strenge zukünftige Abgasvorschriften zu erfüllen (Bild 267.3).

267.2 Drei-Zylinder-TDI, das erste 3-Liter-Auto

Schadstoff	Euro 2 (aktuell)	Euro 3 (Stufe 2000)	Euro 4 (Stufe 2005)
Kohlenstoff-monoxid CO	1,060	0,64	0,50
Kohlenwasserstoffe und Stickoxide	0,771	0,56	0,30
Kohlenwasserstoffe (allein)	–	(0,11)	(0,05)
Stickoxide	0,566	0,50	0,25
Partikel	0,080	0,05	0,025

267.3 Abgasgrenzwerte für EU Stufe 3 und 4

Abb. 145: Kapitel „Dieselmotor“, L1

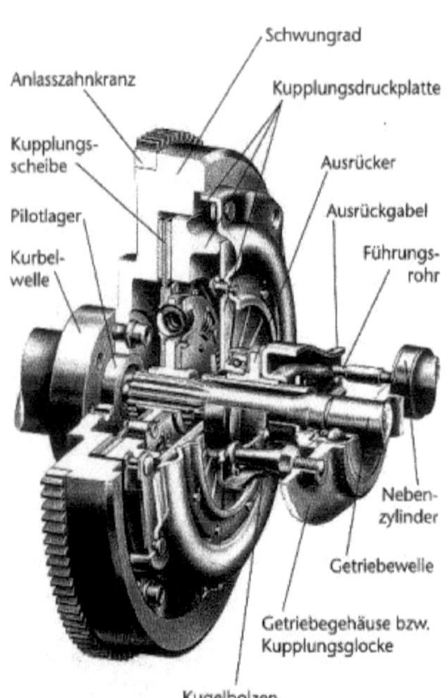

288.2 Membranfederkupplung

10 Triebwerk

10.1 Funktion und Struktur des Triebwerks

Das Triebwerk hat nach Bild 288.1 die Aufgabe, das Motordrehmoment auf die Antriebsräder zu übertragen.
Die im Bild dargestellte Antriebsart nennt man **Standardantrieb.**

10.2 Kupplung

10.2.1 Aufbau und Aufgaben einer Kupplung
Die in Bild 288.2 abgebildete Einscheiben-Trockenkupplung mit Membranfeder soll im Folgenden exemplarisch abgehandelt werden, da sie heute überwiegend im Fahrzeugbau verwendet wird.

Die Aufgaben der Kupplung sind:
- Trennkupplung zum Gangwechsel,
- Drehmoment schlupffrei übertragen,
- Rutschkupplung zum ruckfreien Anfahren,
- Überlastungsschutz innerhalb der Kraftübertragung,
- Drehschwingungen der Kurbelwelle dämpfen und Getriebegeräusche verringern.

Abb. 146: Kapitel „Triebwerk“, L1

Fahrwerk

Funktion und Struktur des Fahrwerks

... Fahrwerk (Bilder 325.1 und 325.2) soll für die ... die größtmögliche Fahrsicherheit und den ... Komfort gewährleisten.
... sichere Haltung der Räder bei allen Fahrzustän- ... (Beschleunigen, Bremsen und Lenken) und ... bedingungen (Straßenzustand, Fahrbahn- ... und Witterungseinflüsse) muss gewährleistet ...

... Fahrkomfort und damit letztlich für die ...

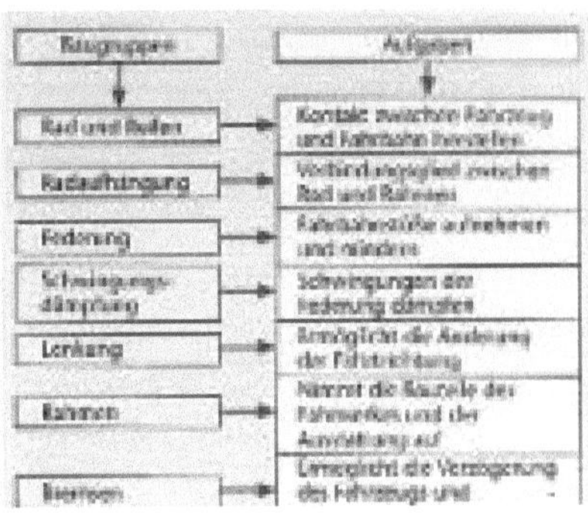

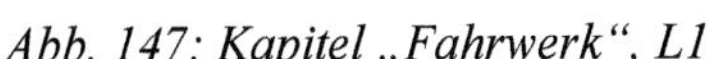

Abb. 147: Kapitel „Fahrwerk“, L1

12 Bremsanlage

12.1 Hydraulische und mechanische Bremsanlage

Der schwach motorisierte Mittelklassewagen (Bild 351.1) ist trotz Diagonal-Bremskreis-Aufteilung auf der Vorderachse mit Scheibenbremsen und auf der Hinterachse mit Trommelbremsen bestückt, deren Bremsdruck ein lastabhängiger Bremsdruckregler steuert.

12.1.1 Gesetzliche Vorgaben

Die Bremsanlage des dargestellten Farzeuges der Klasse M_1, mit einem zulässigen Gesamtgewicht >1 t <3,5 t (nach EG-Richtlinie 71/320 und ECE-Regelung 13) besteht aus folgenden Anlagenteilen (Bild 351.2):

- der muskelkraftbetätigten, hydraulisch übertragenden **Betriebsbremsanlage** (Fußbremse), die durch eine unterdruckbetätigte **Hilfsbremsanlage** (Bremskraftverstärker) unterstützt wird und als **Zweikreisbremsanlage** (zwei vollständig getrennte Leitungsstränge) auf je zwei Räder wirkt (im Beispiel VL, HR und VR, HL) und
- der muskelkraftbetätigten, unabhängigen **Feststellbremsanlage** (Handbremse), die mechanisch auf die Räder einer Achse anspricht.

Den Bremsvorgang zeigen Bremsleuchten an.

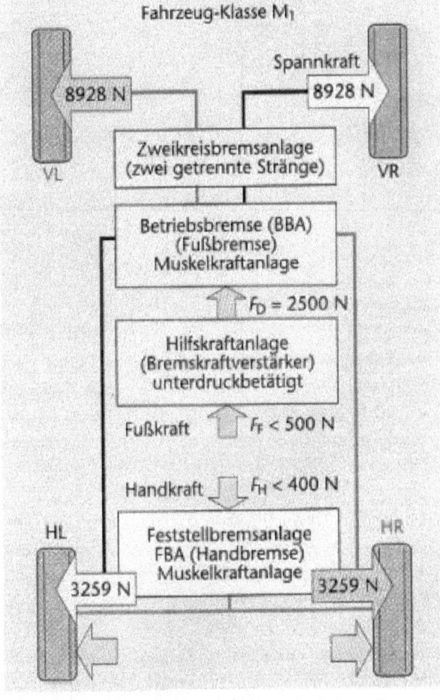

351.2 Wandel von kleiner Fuß-Handkraft in große Spannkraft an den Radzylindern der Räder durch Betriebs-, Hilfs- und Feststellbremsanlage

Abb. 148: Kapitel „Bremsanlage“, L1

13 Energieversorgungsanlage

Bei laufendem Motor (Bild 383.1) versorgt der Generator die gesamte elektrische Anlage mit Strom und lädt die Bleibatterie als Energiespeicher auf. Die Bleibatterie dient als Energiespender bei stehendem Motor und beim Starten. Als Beispiel wird hier die wartungsfreie Batterie (Bild 383.2) erläutert.

13.1 Wartungsfreie Batterie

Die Batterie speichert beim Laden die elektrische Energie durch eine chemische Reaktion der Bleiplat-

383.1 Energieversorgungsanlage

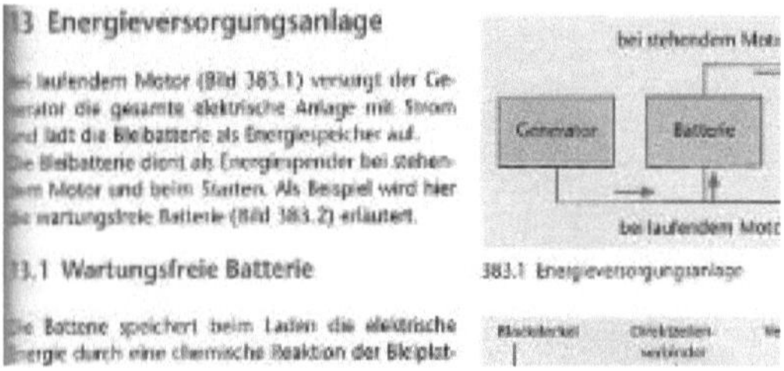

Abb. 149: Kapitel „Energieversorgungsanlage", L1

14 Startanlage

Verbrennungsmotoren können nicht aus eigener Kraft anlaufen. Der Motor muss deshalb auf Mindestdrehzahl gebracht werden. Bei Ottomotoren beträgt diese etwa 80/min, bei Dieselmotoren 120/min. Bei Kleinmotoren (Zweiräder, Motorsägen etc.) sind noch mechanische Starter üblich (Kurbelstarter, Kickstarter, Seilzugstarter), werden aber zunehmend durch elektrische Starter oder Starter-Generator-Kombinationen ersetzt.

392.1 Aufbau einer Startanlage

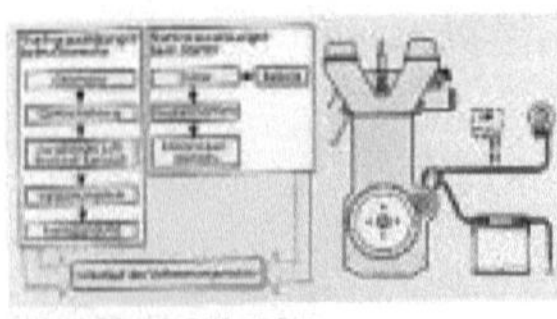

Abb. 150: Kapitel „Startanlage", L1

15 Lichtanlage

Die Lichtanlage (Bild 401.1) als Teil der elektrischen Anlage wird von der Batterie mit Energie gespeist und vom Fahrer gesteuert. Die Lichtanlage ist das zentrale aktive Sicherheitselement bei Dunkelheit. An die Beleuchtungs- und Signaleinrichtungen werden dabei folgende Anforderungen gestellt:

- Bau- und Betriebsvorschriften einhalten, die durch Genehmigungszeichen (Bild 401.2) dokumentiert sind.
- Blendung anderer Verkehrsteilnehmer ausschließen.

401.2 Genehmigungszeichen ECE-Prüfzeichen

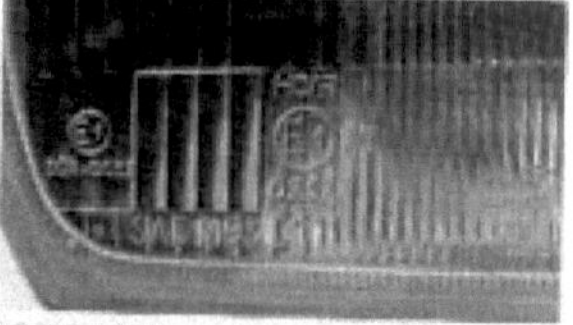

Abb. 151: Kapitel „Lichtanlage", L1

Sicherheits- und Komfortelektronik

Der beispielartig vorgestellte Pkw (Bild 409.1) ist mit einer großen Anzahl von vernetzten Diebstahl-, Sicherheits- und Komfortsystemen ausgestattet (Bild ...).

...en der Sicherheitssysteme: Diebstahlwarn... mit Innenraumüberwachung und Abschlepp-

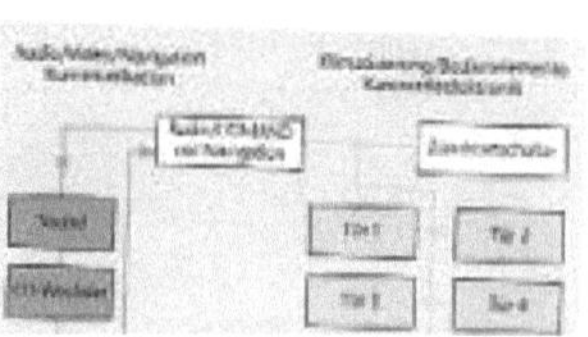

Abb. 152: Kapitel „Sicherheits- und Komfortelektronik", L1

Karosserie

Struktur und Funktion

Moderner Pkw hat eine selbsttragende Karosserie (Bild 429.1). Um ihm die notwendige Stabilität zu geben, werden die Teile des Aufbaus mit den geklebten Scheiben zu einem verwindungs- und biegesteifen System zusammengefügt. Türen, Hauben, Stoßfänger sind daran jedoch nicht beteiligt.

Selbsttragende Karosserie

bedeutend leichter als die klassische Rahmen-

EXKURS CAD und FEM

CAD (computer-aided-Design/Drafting) ist rechnerunterstütztes Entwerfen/Konstruieren mit einem Grafik- und Informationssystem.
Das CAD-Modell liefert die Grundlage für die FE-Gitterstruktur.
Die FE-Methode (Finite Elemente Methode) zerlegt das Objekt in eine hinreichende Anzahl berechenbarer Einzelobjekte. Es ergibt sich ein feinmaschiges Netz. Die Knoten des Netzwerkes beschreiben in ihrer Gesamtheit die äußere Struktur der Karosserie. Die Linien stehen für mathematische Beziehungen. Sie verknüpfen die Knoten miteinander.

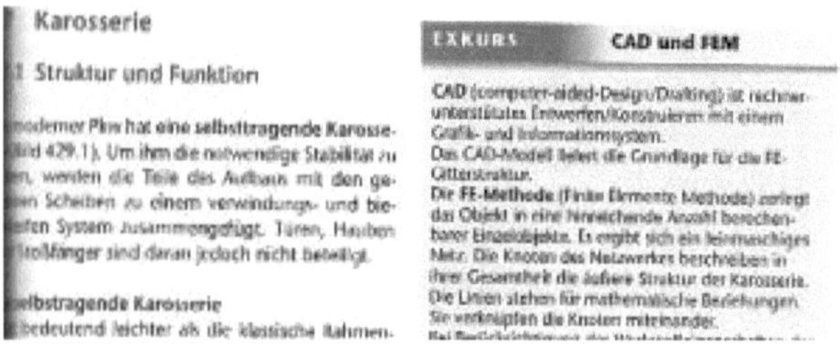

Abb. 153: Kapitel „Karosserie", L1

18 Arbeitsschutz, Umweltschutz, Recycling

Die drei Bereiche Arbeitsschutz, Umweltschutz und Recycling stellen den Menschen auch im Betrieb ins Zentrum (Bild 435.1).
Seine Gesundheit und körperliche Unversehrtheit, seine Umwelt und seine Zukunft werden durch europäische und nachgeschaltete nationale Gesetze (Bild 435.2), Verordnungen und Richtlinien geschützt.

Die drei Bereiche sollen hier am Recyclingprozess eines Altautos beispielhaft erläutert werden.

Jährlich fallen in Deutschland etwa 3 Millionen Altautos an. Würde man die Autowracks aufeinanderlegen, entstünde nach einem Jahr ein Turm von 4.500 km Höhe. Stoßstange an Stoßstange könnte man mit den Autowracks alle 40 Monate einen Ring um die Erde spannen. Diese Beispiele sollen verdeutlichen, dass wir es uns nicht leisten können, die Altautos nur zu entsorgen. Der Kreislauf vollzieht sich dabei im Allgemeinen nach Bild 453.3.

453.1 Der Mensch im Zentrum

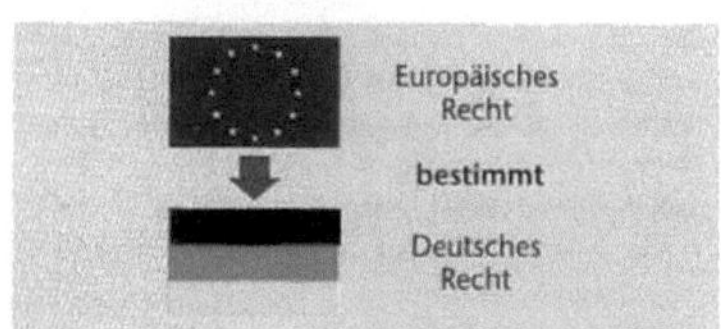

453.2 Europäisierung des Rechts

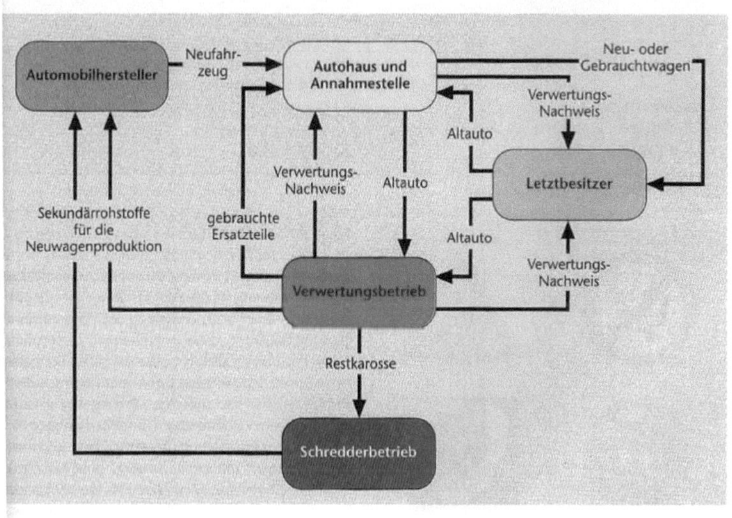

453.3 Autorecycling – Kreislauf

Abb. 154: Kapitel „Arbeitsschutz, Umweltschutz, Recycling", L1

19 Betriebs- und Arbeitsorganisation

Jeder in der Ausbildung befindliche Kfz-Mechaniker sollte nicht nur über technisches Wissen verfügen, sondern auch ein Grundverständnis für betriebswirtschaftliches Denken und Handeln erwerben, um zu

Abb. 155: Kapitel „Betriebs- und Arbeitsorganisation", L1

20 Rechnungswesen und Controlling

Neben den technischen Kenntnissen und Fähigkeiten der Betriebsführung wird der richtige Umgang mit Betriebsdaten in Zukunft immer wichtiger. Wachsende Konkurrenz und steigende Kosten zwingen zur genauen Erfolgsbeobachtung und Preiskalkulation. Die Existenz des Autohauses Wulf und seiner Arbeitsplätze kann langfristig nur dann gesichert werden, wenn die Zusammenhänge des Rechnungswesens im Betrieb möglichst genau gekannt werden. Nur so ist der Geschäftsführer der Firma Wulf ständig über die Wirtschaftlichkeit seines Betriebes informiert und kann bei bedrohlichen Entwicklungen schnellstens die erforderlichen Gegenmaßnahmen einleiten. Ein Gesamtüberblick über das betriebliche Rechnungswesen und seine Möglichkeiten ist Bild 475.1 zu entnehmen.

20.1 Buchführung

Je nach Größe und Struktur des Kfz-Betriebes können die Anforderungen durch betriebliche Erfordernisse (z. B. genaue Kostenaufschlüsselung aus kalkulatorischen Gründen), gesetzliche Vorschriften (z. B. Buchführungspflicht im Handelsgesetzbuch, Abgabenverordnungen über Mindestaufzeichnungen für Steuerzwecke) sowie Bestimmungen in den Steuergesetzen an die Buchführung sehr unterschiedlich sein. Da das Autohaus Wulf im verflossenen Steuerjahr

- einen Gesamtumsatz von mehr als 250 000 EUR beziehungweise
- ein Betriebsvermögen von mehr als 62 500 EUR beziehungsweise
- einen Gewinn aus dem Gewerbebetrieb von mehr als 24 000 EUR aufzuweisen hatte, ist es **zur doppelten Buchführung verpflichtet.**

20.1.1 Doppelte Buchführung

Dieses Buchführungssystem ermittelt den betrieblichen Erfolg des Autohauses auf zwei getrennten Buchführungskreisen durch folgende Aufstellungen:

- **Bilanz.** Es erfolgt ein Vergleich der Vermögensteile zu Beginn und am Schluss des Buchungszeitraumes. Dazu gehören auch vorbereitend die Inventur und die Inventarlistenerstellung.
- **Gewinn- und Verlustrechnung.** Es erfolgt die gegenseitige Verrechnung der Aufwendungen und Erträge zur Ermittlung von **Gewinn** oder **Verlust.**

Dadurch erhält das Autohaus insgesamt eine geschlossene Darstellung des wertmäßigen Betriebsablaufes. Die doppelte Buchführung setzt zwar umfangreiche Buchführungsarbeiten voraus, liefert damit aber auch wesentliche Grundlagen für die übrigen Bereiche des betrieblichen Rechnungswesens.

Abb. 156: Kapitel „Rechnungswesen und Controlling", L1

21 Marketing

Die Zeiten großer Wachstumsraten für Kfz-Betriebe sind vorüber. Durch geringere Nachfragen nach Neuwagen, verringertem Ersatzbedarf wegen größerer Langlebigkeit der Automobile und längerer Wartungsintervalle wurde es in den letzten beiden Jahren auch für das Autohaus Wulf immer schwieriger, sich auf dem Markt zu behaupten. Nur durch den Einsatz eines **Marketingkonzeptes** ist es dem Autohaus Wulf heute noch möglich, den verschlechterten Absatzbedingungen beim Neu- und Gebrauchtwagengeschäft und im Ersatzteil- und Zubehörhandel sowie einer verringerten Auslastung der Werkstätten entgegenzuwirken.

Dies erfordert vom Autohaus Innovationsfähigkeit. Denn Ideen und Tatendrang, Mut zu Wagnis und Risiko, etwas anderes zu machen als die Konkurrenz, zeichnen heute einen erfolgreichen Betrieb aus. Dabei ist oft die „Idee" (die Marketingmaßnahme) und ihre zügige Umsetzung das entscheidende, das den Erfolg begründet. Denn in der Wirtschaft gilt:

Nicht die Großen fressen die Kleinen, sondern die Schnelleren die Langsameren.

Häufig wird Marketing in Kfz-Betrieben mit „Werbung für Produkte oder Dienstleistungen" übersetzt. Dies stimmt nur teilweise, denn neben der klassischen Medienwerbung umfasst Marketing im Autohaus Wulf unter anderem (Aufstellung 486.1) auch noch kundenfreundlichen Service und zusätzliche Dienstleistungen, mit denen sich das Autohaus von Konkurrenten abhebt. Damit könnten auch alle Mitarbeiter des Autohauses einen wichtigen Beitrag zum Marketing leisten, denn nur wenn sie die Marketing-Aktionen voll mittragen, werden diese erfolgreich sein und nicht ins Gegenteil umschlagen.

Die Leitlinien des Marketinggesamtkonzeptes aber müssen vom Geschäftsführer geplant und umgesetzt werden. Deshalb ist **Marketing Chefsache.**

*Marketing bedeutet somit die **Konzeption, Planung, Ausführung und Kontrolle** aller Aktivitäten eines Kfz-Betriebes, die die Beschaffung und den Absatz von Produkten und Dienstleistungen betreffen.*

Marketing beinhaltet dabei, wie Bild 486.2 zeigt, drei wichtige Aufgabenbereiche.

21.1 Marketingplanung

Grundlage für die Verwirklichung der Marketingkonzeption im Autohaus Wulf bildet eine marktorientierte Planung:

***Marketingplanung** umfasst die Vorbereitung aller Maßnahmen, die die Wettbewerbsfähigkeit des Betriebes, seiner Produkte und Dienstleistungen am Markt verbessert.*

Die Marketingplanung erfolgt dabei nach einem Beziehungschema aus

- Informationsgewinnung,
- Zielsetzung,
- Marketing-Mix,
- Umsetzung und Kontrolle,

deren einzelne Komponenten Bild 487.1 zu entnehmen sind.

Abb. 157: Kapitel „Marketing", L1

Die Kapitel sind in Unterkapitel 1., 2. und 3. Grades unterteilt. Die Überschriften, die auf die Kapitel (z.B. „Grundlagen der Prüftechnik") (Abb. 158) und die Unterkapitel 1. Grades (z.B. „Messen) (Abb. 159) hinweisen, sind durch Dezimalnummerierung, Fettdruck, andere Schriftfarbe, größere Schrift und Leerzeile von den übrigen Textteilen abgehoben. Solche, die auf die Unterkapitel 2. Grades (z.B. „Längenmessung“) (Abb. 160) verweisen, sind durch andere Schriftfarbe, Fettdruck und zusätzliche Dezimalnummerierung an dritter Stelle gekennzeichnet. Überschriftenformen, die auf die Unterkapitel 3. Grades (z.B. „Typische Messfehler mit dem Messschieber“) (Abb. 161) verweisen, sind durch Fettdruck hervorgehoben, haben keine Dezimalnummerierung und sind im Unterschied zu den anderen Überschriftenformen nicht im Inhaltsverzeichnis aufgenommen.

1 Grundlagen der Prüftechnik

Prüfen ist der Vergleich von Soll- und Istzustand. Prüfen ohne Hilfsmittel wird als **subjektives Prüfen** bezeichnet. Im technischen Bereich werden nur selten subjektive Prüfmethoden angewandt, da die Ergebnisse von persönlichen Eindrücken und Vorurteilen abhängen und je nach Person sehr unterschiedlich ausfallen können (Bild 9.2).

Abb. 158: Markierung der Makrostruktur Kapitel in L1

1.1 Messen

Messen kann man mit **Maßverkörperungen** (z. B. Messstab) oder **anzeigenden Messgeräten** (z. B. Messschieber (Tab. 9.1). Die Messgenauigkeit ebenso wie die Fertigungsgenauigkeit ist nur so genau

Abb. 159: Markierung der Makrostruktur Unterkapitel 1. Grades in L1

1.1.1 Längenmessung

Längen werden in Metern (m) gemessen. Diese Längeneinheit wurde 1983 durch die Generalkonferenz für Maße und Gewichte international als SI-Einheit definiert (SI: Abkürzung von Système International d'Unités – Internationales Einheiten-System).

Abb. 160: Markierung der Makrostruktur Unterkapitel 2. Grades in L1

Typische Messfehler mit dem Messschieber

Die am häufigsten auftretenden Messfehler sind **Parallaxenfehler** (Bild 11.2). Sie entstehen durch schräges Ablesen. Die in Bild 11.3 dargestellten Bauarten erleichtern das korrekte Ablesen.
Kippfehler (Bild 11.4) kommen durch Spiel im Messgerät und zu hohem Messdruck zustande.
Unsauberkeiten am Werkstück oder Messgerät und **Verkanten** der beiden sind ebenfalls häufige Fehlerursachen.

Abb. 161: Markierung der Makrostruktur Unterkapitel 3. Grades in L1

Textgliederungsprinzipien in L2. L2 enthält 10 Kapitel: Im ersten Kapitel werden allgemeine Grundlagen für die Meisterprüfung dargestellt (Abb. 162); die Kapitel 2-8 verweisen auf die Verbrennungsmotoren (Abb. 163), die Gemischbildung und Verbrennung bei Ottomoren (Abb. 164) bzw. Dieselmotoren (Abb. 165), die Kraftübertragung (Abb. 166), das Fahrwerk (Abb. 167), die Fahrzeugbremsen (Abb. 168) und die Kraftfahrzeug-Elektrik/-Elektronik (Abb. 169); in den letzten beiden Kapiteln werden allgemeine Grundlagen der Werkstoffkunde (Abb. 170) und Kraft- und Schmierstoffe (Abb. 171) behandelt.

1 Allgemeine Grundlagen für die Meisterprüfung

Auszüge der gesetzlichen Grundlagen aus der Handwerksordnung zum Thema Meisterprüfung und Meistertitel

Meisterprüfung in einem zulassungspflichtigen Handwerk

§ 45

(1) Als Grundlage für ein geordnetes und einheitliches Meisterprüfungswesen für zulassungspflichtige Handwerke kann das Bundesministerium für Wirtschaft und Arbeit im Einvernehmen mit dem Bundesministerium für Bildung und Forschung durch Rechtsverordnung, die nicht der Zustimmung des Bundesrates bedarf, bestimmen,
   1. welche Fertigkeiten und Kenntnisse in den einzelnen zulassungspflichtigen Handwerken zum Zwecke der Meisterprüfung zu berücksichtigen (Meisterprüfungsberufsbild A) und
   2. welche Anforderungen in der Meisterprüfung zu stellen sind.

(2) Durch die Meisterprüfung ist festzustellen, ob der Prüfling befähigt ist, ein zulassungspflichtiges Handwerk meisterhaft auszuüben und selbstständig zu führen sowie Lehrlinge ordnungsgemäß auszubilden.

(3) Der Prüfling hat in vier selbstständigen Prüfungsteilen nachzuweisen, dass er wesentliche Tätigkeiten seines Handwerks meisterhaft verrichten kann (Teil I), die erforderlichen fachtheoretischen Kenntnisse (Teil II), die erforderlichen betriebswirtschaftlichen, kaufmännischen und rechtlichen Kenntnisse (Teil III) sowie die erforderlichen berufs- und arbeitspädagogischen Kenntnisse (Teil IV) besitzt.

(4) Bei der Prüfung in Teil I können in der Rechtsverordnung Schwerpunkte gebildet werden. In dem schwerpunktspezifischen Bereich hat der Prüfling nachzuweisen, dass er wesentliche Tätigkeiten in dem von ihm gewählten Schwerpunkt meisterhaft verrichten kann. Für den schwerpunktübergreifenden Bereich sind die Grundfertigkeiten und Grundkenntnisse nachzuweisen, die die fachgerechte Ausübung auch dieser Tätigkeiten ermöglichen.

Abb. 162: Kapitel „Allgemeine Grundlagen für die Meisterprüfung" in L2

2 Verbrennungsmotoren

Kraftfahrzeuge werden im Regelfall durch Verbrennungsmotoren angetrieben. Sie sind unter folgenden Begriffen bekannt:

- ❑ Ottomotoren (Erfinder Nikolaus August Otto),
- ❑ Dieselmotoren (Erfinder Rudolf Diesel).

Bei der Verbrennung von Benzin, Diesel, Erdgas, Flüssiggas, Biodiesel (Rapsöl) oder Wasserstoff entsteht Wärme. Die daraus resultierende Ausdehnung der Verbrennungsgase erzeugt den Druck, der die Kolben treibt.

Im Verbrennungsmotor wird also ruhende (potenzielle) Energie in Bewegungsenergie (kinetische Energie) umgewandelt.

Je nach Bewegungsrichtung der angetriebenen Kolben unterscheidet man

- ❑ Hubkolbenmotoren,
- ❑ Kreiskolbenmotoren (Erfinder Ernst Felix Wankel).

Mit Blick auf das Arbeitsverfahren unterscheidet man

- ❑ Viertaktmotoren,
- ❑ Zweitaktmotoren.

Aktuelle Verbrennungsmotoren (Viertaktmotoren) bestehen aus mehreren Systemen, die automatisch zusammenarbeiten:

- ❑ Kurbeltrieb und Ventilsteuerung,
- ❑ Schmiersystem und Kühlsystem,
- ❑ Gemischbildner und Zündsystem.

Abb. 163: Kapitel „Verbrennungsmotoren" in L2

3 Gemischbildung und Verbrennung bei Ottomotoren

Gemischbildung

Man unterscheidet bei den Ottomotoren – wie auch bei den Dieselmotoren – zwischen äußerer und innerer Gemischbildung. Die überwiegend angewendete äußere Gemischbildung wurde früher durch Vergaser und heute nur noch durch Einspritzung des Kraftstoffs in den Ansaugkanal bewerkstelligt. Die innere Gemischbildung liegt vor, wenn der Kraftstoff direkt in die Zylinder eingespritzt wird. Dieses Verfahren hat den Vorteil, dass der Wirkungsgrad und somit der Kraftstoffverbrauch fast auf den des Dieselmotors abgesenkt werden kann.

Abb. 164: Kapitel „Gemischbildung und Verbrennung bei Ottomotoren“ in L2

4 Gemischbildung und Verbrennung bei Dieselmotoren

Beim Dieselmotor wird erst am Ende des Verdichtungstaktes durch das Hochdruck-Einspritzsystem der Kraftstoff mit hohem Druck (bis ca. 2050 bar) über die Einspritzdüse in 2 bis 3 Stufen fein zerstäubt in die 500 bis 900 °C heiße Luft des Verbrennungsraumes gespritzt. Der Einspritzzeitpunkt ist dabei drehzahl- und lastabhängig. Er liegt bei Volllast und hoher Drehzahl bei ca. 20 bis 35 °KW vor OT und bei Leerlaufdrehzahl etwa im OT. Nach dem Verdampfen des in der 1. bzw. 2. Stufe eingespritzten kleineren Kraftstoffanteils (1,5 bis 2,0 mm³) und Vermischen mit der Ansaugluft (in-

Abb. 165: Kapitel „Gemischbildung und Verbrennung bei Dieselmotoren“ in L2

5 Kraftübertragung

Als Kraftübertragung bezeichnet man sämtliche Bauteile des Kraftfahrzeugs, die dazu dienen, die »Dreharbeit« (das Drehmoment) des Motors auf die Antriebsräder zu übertragen.

Die Kraftübertragung besteht aus folgenden Teilen:

- Kupplung, Wechselgetriebe, Verteilergetriebe (bei Allradantrieb), Gelenkwellen (Kardanwellen),
- Winkelgetriebe, Ausgleichsgetriebe und bei Schwerstlast-Kraftfahrzeugen Radvorgelegeantrieb.

Abb. 166: Kapitel „Kraftübertragung“ in L2

6 Fahrwerk

Hierunter versteht man alle Teile, die das Fahrverhalten des Kraftfahrzeugs bestimmen bzw. beeinflussen. Dies sind:

- die Lenkgeometrie (oder Lenkungsgeometrie),
- die Achsen bzw. Radaufhängungen mit den zugehörigen Feder- und Dämpfungselementen,
- die Arten der Lenkungen bzw. Lenkgetriebe,
- Räder und Reifen.

Abb. 167: Kapitel „Fahrwerk“ in L2

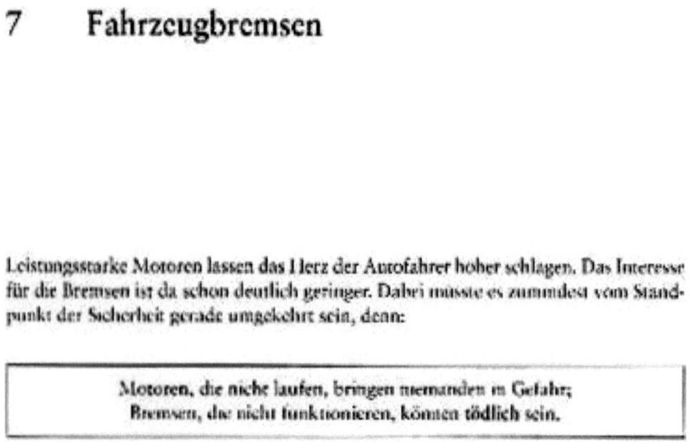

7 Fahrzeugbremsen

Leistungsstarke Motoren lassen das Herz der Autofahrer höher schlagen. Das Interesse für die Bremsen ist da schon deutlich geringer. Dabei müsste es zumindest vom Standpunkt der Sicherheit gerade umgekehrt sein, denn:

> **Motoren, die nicht laufen, bringen niemanden in Gefahr;**
> **Bremsen, die nicht funktionieren, können tödlich sein.**

Abb. 168: Kapitel „Fahrzeugbremsen" in L2

8 Kraftfahrzeug-Elektrik/-Elektronik

Die Entwicklung der Kraftfahrzeug-Elektrik/-Elektronik in unseren Fahrzeugen nimmt, bedingt durch die Komfortwünsche der Kunden und den gesetzlichen Vorgaben, weiterhin rapide zu. Das Berufsbild der Kfz-Branche wurde bisher in Kfz-Mechanik und der Kfz-Elektronik unterteilt. Das hatte zur Folge, dass die meisten elektrischen Arbeiten von einem Kfz-Elektriker bzw. Servicetechniker durchgeführt wurden. In den letzten Jahren hat sich das Anforderungsprofil, speziell an den Kfz-Mechaniker, stark geändert, so dass es erforderlich wurde, beide Berufe zu vereinen (Kfz-Techniker). Die Grundlagen der Elektrik sind die unabdingbare Voraussetzung für ein erfolgreiches

Abb. 169: Kapitel „Kraftfahrzeug-Elektrik/-Elektronik" in L2

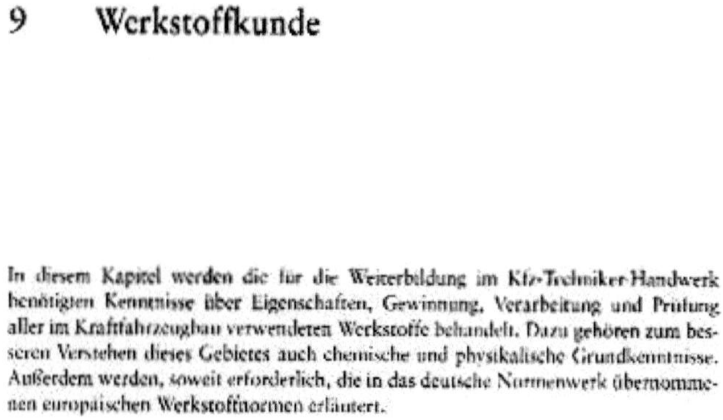

9 Werkstoffkunde

In diesem Kapitel werden die für die Weiterbildung im Kfz-Techniker-Handwerk benötigten Kenntnisse über Eigenschaften, Gewinnung, Verarbeitung und Prüfung aller im Kraftfahrzeugbau verwendeten Werkstoffe behandelt. Dazu gehören zum besseren Verstehen dieses Gebietes auch chemische und physikalische Grundkenntnisse. Außerdem werden, soweit erforderlich, die in das deutsche Normenwerk übernommenen europäischen Werkstoffnormen erläutert.

Abb. 170: Kapitel „Werkstoffkunde" in L2

10 Kraft- und Schmierstoffe

10.1 Grundlagen

10.1.1 Entstehung des Erdöls

Erdöl ist aus großen Mengen mariner Kleinstlebewesen, vor allem Algen, in den Urmeeren entstanden. Nach ihrem Absterben sanken sie zu Boden und verwesten. Unter Ausschluss von Sauerstoff bildete sich zusammen mit Gesteinsresten ein Faulschlamm. In dem so genannten Muttergestein entstanden vor 100 bis 400 Millionen Jahren unter hohem Druck und hoher Temperatur Erdöl und Erdgas. Die im Muttergestein entstandenen flüssigen und gasförmigen Kohlenwasserstoffe wurden durch hohen Druck verdrängt und wanderten im Laufe von Jahrmillionen in feinporige Schichten, das Speichergestein. Es kann wie ein Schwamm betrachtet werden, der neben dem Erdöl auch noch Erdgas und Wasser enthält. Bei der Förderung werden die zwei Arten Eruptivförderung und die Pumpförderung unterschieden.

Eruptivförderung: Steht die Lagerstätte unter hohem Erdgasdruck, schießt das Erdöl beim Anbohren nach oben.

Pumpförderung: Herrscht kein Lagerstättendruck vor, werden Tiefpumpen eingebaut, die das Öl hochpumpen.

Bedingt durch das feinporige Speichergestein, ist es nur möglich, ca. 50 % des Erdöls einer Lagerstätte zu gewinnen. Je nach Lagerstätte und Fundort hat das Erdöl eine unterschiedliche Zusammensetzung.

Abb. 171: Kapitel „Kraft- und Schmierstoffe" in L2

Die Kapitel werden in die Unterkapitel 1., 2. und 3. Grades unterschieden. Überschriften, die auf die Makrostrukturen Kapitel (z.B. „Verbrennungsmotoren") (Abb. 172) und Unterkapitel 1. Grades (z.B. „Wechselgetriebe") (Abb. 173) hinweisen, sind durch Dezimalnummerierungen, Fettdruck, größere Schrift und eine Leerzeile von den übrigen Textteilen abgehoben. Überschriftenformen, die auf die Unterkapitel 2. Grades (z.B. „Gleichachsige Getriebe") (Abb. 174) verweisen, unterscheiden sich durch eine Dezimalnummerierung an der dritten Stelle und Fettdruck. Solche, die die Unterkapitel 3. Grades (z.B. „Getriebebauarten") (Abb. 175) einleiten, sind durch Fettdruck markiert, haben keine Dezimalnummerierung und sind nicht im Inhaltsverzeichnis aufgenommen.

2 Verbrennungsmotoren

Kraftfahrzeuge werden im Regelfall durch Verbrennungsmotoren angetrieben. Sie sind unter folgenden Begriffen bekannt:

Abb. 172: Markierung der Makrostruktur Kapitel in L2

5.2 Wechselgetriebe

Aufgabe des Wechselgetriebes ist es, dafür zu sorgen, dass an den Antriebsrädern die jeweils erforderliche Antriebskraft zur Verfügung steht.

Beim Anfahren – Übergang aus dem Stillstand in den Zustand der Bewegung – ist das größte Antriebsmoment an den Antriebsrädern bei gleichzeitig niedrigster Drehzahl (praktisch $n = 0$) erforderlich.

Abb. 173: Markierung der Makrostruktur Unterkapitel 1. Grades in L2

5.2.1 Gleichachsige Getriebe

Antrieb und Abtrieb liegen in der gleichen Achse (Mittellinie; Bild 5.25). Die *Ausgangsdrehrichtung* des Getriebes ist *gleich* der *Eingangsdrehrichtung*. Das Getriebe hat *drei* Wellen:

Abb. 174: Markierung der Makrostruktur Unterkapitel 2. Grades in L2

Getriebebauarten
Am Kraftfahrzeug werden unterschieden:

❑ gleichachsige Getriebe und
❑ ungleichachsige Getriebe.

Abb. 175: Markierung der Makrostruktur Unterkapitel 3. Grades in L2

Bei den Absatzstrukturen, die den Unterkapiteln zugeordnet werden, kann es zu Aufzählungen von Teilsätzen (1) sowie Nuklei von Satzgliedern (2) und Satzgliedteilen (3) kommen, die mit Zeilenumbruch und Aufzählungszeichen angeordnet werden. Diese Untergliederung dient der inhaltlichen Strukturierung eines Lernaspekts in Teilaspekte und erleichtert somit den Lern- und Verstehensprozess:

1. Kühlsysteme sind so ausgelegt, dass
   - die Betriebstemperatur des Motors möglichst schnell erreicht und
   - bei allen Betriebszuständen möglichst konstant gehalten wird. (L2, 148, 6-8)
2. Am Kraftfahrzeug werden unterschieden:
   - gleichachsige Getriebe und
   - ungleichachsige Getriebe. (L2, 510, 7-9)
3. Die drei wichtigsten Größen
   - **Strom**,
   - **Spannung** und
   - **Widerstand**

   finden sich in jedem elektrischen Stromkreis. (L1, 82, 11-15)

Um die Behaltensleistung zu verstärken, werden in beiden Textexemplaren Absatzstrukturen der Merksätze optisch markiert. In L1 werden sie durch Fettdruck hervorgehoben und kursiv gesetzt (Abb. 176); in L2 werden sie umrahmt (Abb. 177).

Katalysatoren sind Stoffe, die durch ihre Anwesenheit chemische Reaktionen auslösen und/oder beschleunigen, ohne sich dabei selbst zu verändern.

Abb. 176: Merksätze, L1, 259

> **Die Laufrichtung eines Kfz bei Geradeausfahrt wird stets durch die Spurstellung für Hinterräder bestimmt!**

Abb. 177: Merksätze, L2, 511

Endet ein Themenkomplex, wird nur in L1 für den Lerner ein Aufgaben- und Fragenkatalog erstellt. Diese Fragen dienen der Wiederholung und Festigung des Erlernten:

1 *Welche Bauteile bilden das Motorgehäuse?*
2 *Warum verdrängen auch in dieser Baugruppe Aluminiumlegierungen die bewährten Gusswerkstoffe?*
3 *Der Zylinderkopf des V6-Motors wird geplant (0,2 mm). Wie groß ist das neue Verdichtungsverhältnis, wenn keine Kopfdichtung mit Übermaß verwendet wird?*
4 *Wie wird ein Motorblock in Lokasil-Technik gefertigt?*
5 *Was verstehen Sie unter „Open-Deck"-Zylinderkurbelgehäuse?*
6 *Wann und wie wird eine Kompressionsprüfung durchgeführt?*
7 *Was ist die Aufgabe der Kurbelgehäuseentlüftung?*
8 *Erstellen Sie einen Arbeitsplan zur Zylinderinnenausmessung!*
9 *Geben Sie für Ihr Fahrzeug die Herstellervorschrift für die Zylinderkopfbefestigung an!*

Abb. 178: Aufgaben- und Fragenkatalog, L1, 219

4.3.2 Text-Bild-Kombinationen

Insgesamt gibt es in L1 1.298 und in L2 1.226 Text-Bild-Kombinationen ohne Tabellen, Diagramme und Symbole. Durchschnittlich verteilen sich in L1 2,6 und in L2 0,9 Text-Bild-Kombinationen auf jeder Seite.

Illustrationsart. Es finden sich detaillierte räumliche Zeichnungen (Abb. 179), Strichzeichnungen (Abb. 180, 181) und Fotografien (Abb. 182) in den Textexemplaren.

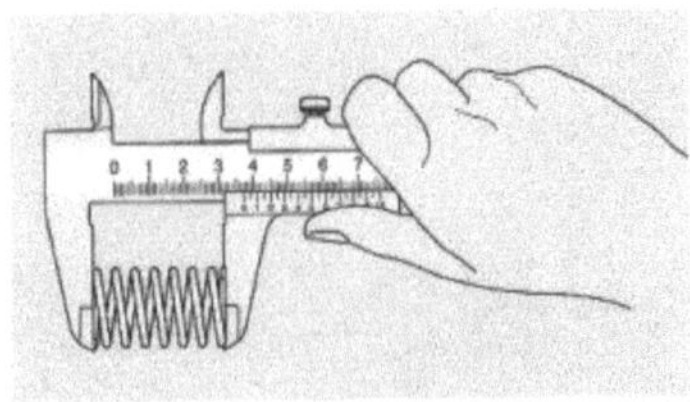

9.3 Längenmessung an der Ventilfeder

Abb. 179: Illustrationsart „detaillierte räumliche Zeichnung", L1, 9

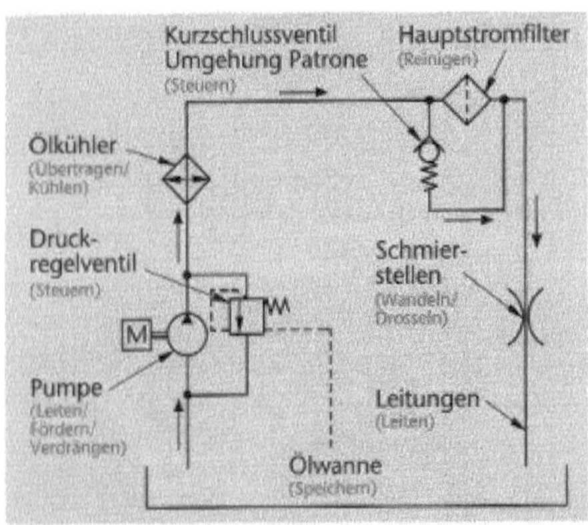

76.2 Hydraulikplan „Schmierung“ nach DIN ISO1219

Abb. 180: Illustrationsart „Strichzeichnung“, L1, 76

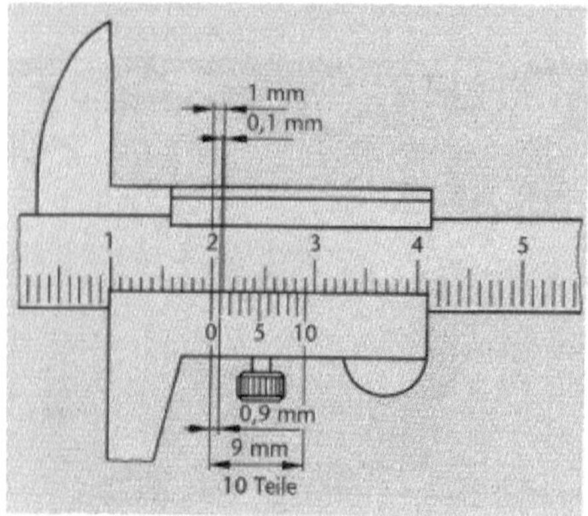

10.2 Zehntel-Nonius

Abb. 181: Illustrationsart „Strichzeichnung“, L1, 10

16.3 Fühlerlehre

Abb. 182: Illustrationsart „Fotografie“, L1, 16

Die statistischen Ergebnisse zur Untersuchung der Illustrationsarten sind in Abb. 183 dargestellt.

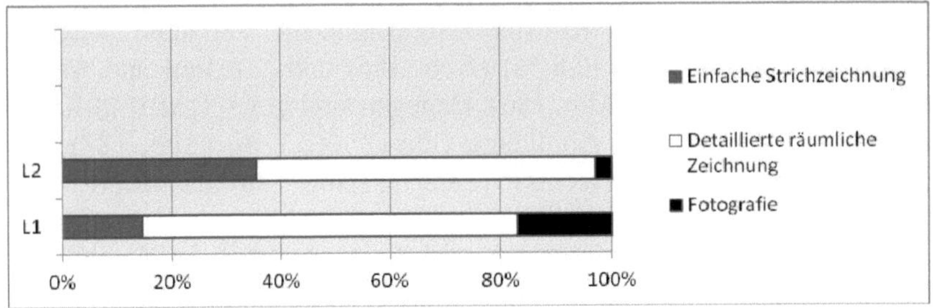

Abb. 183: Illustrationsarten in L1 und L2

In L2 gibt es fast ausschließlich nur Schwarz-Weiß-Bilder, ein verschwindend geringer Anteil von 1,3 % aller Abbildungen ist farbig. In beiden Textexemplaren sind detaillierte räumliche Zeichnungen am häufigsten vorzufinden. In L1 sind sie zu 68,4 % vorhanden, in L2 sind 2/3 aller Abbildungen detaillierte räumliche Zeichnungen. Strichzeichnungen, die in der Regel Schaltpläne darstellen, gibt es in L2 mehr als doppelt so viele wie in L1. 14,6 % aller Abbildungen in L1 sind einfache Strichzeichnungen, in L2 wird zu 35,6 % auf diese Illustrationsart zurückgegriffen. Fotografien werden in L1 zu 16,9 % genutzt, in L2 werden sie kaum eingesetzt (2,9 %). In L1 sind fast alle Abbildungen farbig dargestellt, knapp 1/10 aller Bilder sind in Schwarz-Weiß.

Anordnung. Wie Abb. 184 zeigt, fällt für die Anordnung von Text-Bild-Kombinationen auf, dass bei häufiger Nutzung von Text-Bild-Kombinationen in beiden Textexemplaren zwei bis maximal drei Varianten bevorzugt werden:

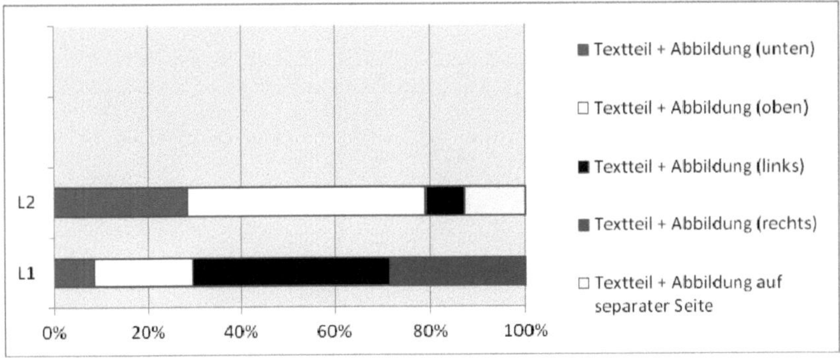

Abb. 184: Anordnung der Text-Bild-Kombinationen in L1 und L2

In L1 wird besonders auf eine Horizontalanordnung, in L2 auf eine Vertikalanordnung zurückgegriffen. In L2 dienen zur direkten Erklärung von Sachverhalten in der Kraftfahrzeugtechnik die Varianten „Textteil und Abbildung (oben)“ (50,8 %) (Abb. 185) und „Textteil und Abbildung (unten)“ (28,3 %) (Abb. 186). Dagegen sind in L1 Text-Bild-Kombinationen „Textteil und Abbildung (links)“ (42,1 %) (Abb. 187) und „Textteil und Abbildung (rechts)“ (28,2 %) (Abb. 188) als Hauptvarianten vorhanden. Bei den Varianten „Textteil und Abbildung (links)“ bzw. „Textteil und Abbildung (rechts)“ wird der Sachverhalt im Textteil erläutert und die zugehörige Abbildung davor bzw. daneben gezeigt. Bei den Varianten „Textteil und Abbildung (oben)“ bzw. „Textteil und Abbildung (unten)“ wird die zugehörige Abbildung über bzw. unter dem Textteil gezeigt. In L1 stehen Textteil und Abbildung auf der gleichen Seite, in L2 können die Text-Bild-Kombinationen über zwei Seiten hinweg verlaufen. Bei den Text-Bild-Kombinationen, bei denen der Textteil davor oder über der Abbildung steht, ist der Textteil der wesentliche Informationsträger. Neben den Hauptvarianten wird in L1 relativ häufig auf die Kombinationsart „Textteil und Abbildung (oben)“ (21,3 %) zurückgegriffen. Auf die Variante „Textteil und Abbildung (unten)“ entfallen 8,3 % aller Text-Bild-Kombinationen. Als Nebenvarianten wird in L2 die Kombinationsart „Textteil und Abbildung (links)“ (8,3 %) eingesetzt. In 12,6 % aller Fälle nimmt die Abbildung eine gesamte Seite ein, der dazugehörige Textteil steht entweder auf den vorigen oder nachfolgenden Seiten (Abb. 189). In L1 wird diese Variante kaum verwendet (0,2 %).

Bild 4.50
Common-Rail-Injektor (Bosch)

a) Injektor geschlossen (Ruhestand)
b) Injektor geöffnet (Einspritzung)
1 Kraftstoffrücklauf
2 elektrischer Anschluss
3 Magnetspule der Ansteuereinheit
4 Kraftstoffzulauf (Hochdruck) vom Rail
5 Ventilkugel
6 Ablaufdrossel
7 Zulaufdrossel
8 Ventilsteuerraum
9 Ventilsteuerkolben
10 Zulauf zur Düse
11 Düsennadel

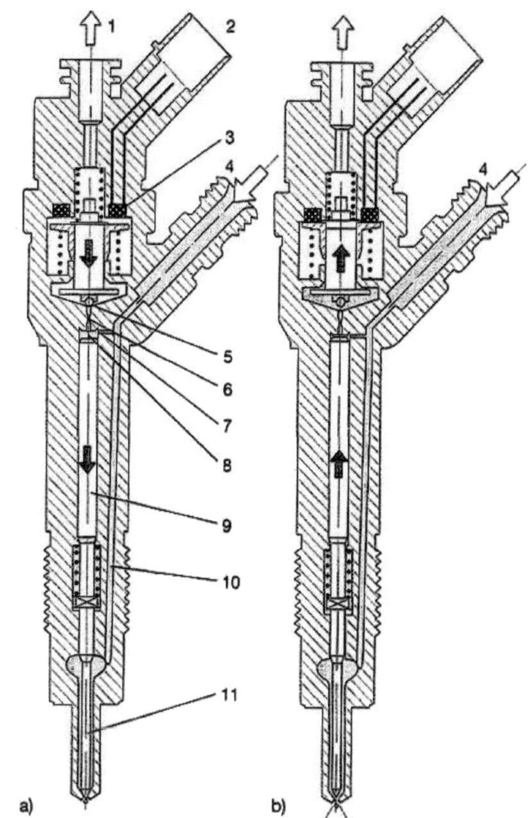

Der Kraftstoff gelangt vom Kraftstoffzulauf (4) über den Zulaufkanal (10) zur Düse und gleichzeitig über die Zulaufdrossel (7) in den Ventilsteuerraum (8). Der Ventilsteuerraum wird bei geöffnetem Magnetventil bzw. abgehobener Ventilkugel (5) über die Ablaufdrossel (6) mit dem Kraftstoffrücklauf (1) verbunden. Bei geschlossener Ablaufdrossel ist die hydraulische Kraft von oben auf den Ventilkolben (9) mit Unterstützung der Düsenfeder größer als die Kraft, die von der Druckschulter der Düsennadel (mit kleinerer Fläche) nach oben wirkt. Dadurch und durch die Kraft der Düsenfeder wird die Düsennadel mit auf ihren Sitz gepresst und dichtet den Zulaufkanal (10) zum Verbrennungsraum ab. Beim Ansteuern des Magnetventils durch das Motorsteuergerät wird die Ventilkugel (5) von ihren Sitz gehoben und die Ablaufdrossel geöffnet. Durch den abfließenden Kraftstoff sinkt der Druck im Ventilsteuerraum (8) und somit die hydraulische Kraft auf den Ventilsteuerkolben. Sobald diese hydraulische Kraft

Dieseleinspritzsysteme mit elektronischer Regelung (EDC) 409

Abb. 185: Anordnung „Textteil + Abbildung (oben)", L2, 409

5.1.7 Die selbst nachstellende Kupplung

Als SAC-Kupplung (SAC bedeutet Self Adjusting Clutch) bezeichnet man eine Membranfeder-Reibungskupplung mit Verschleißnachstellung. Die Vorteile dieser Bauform sind gleich bleibende Ausrückkräfte über die Lebensdauer der Kupplungsscheibe, weil die Lage der Membranfeder sich nicht verändert, und höhere Verschleißreserve der Kupplungsscheibe. Im Vergleich mit einer konventionellen Kupplung besteht die SAC-Kupplung (Bild 5.21a) aus einer Sensortellerfeder, Verstellring mit Rampen und Druckfedern, Anschlag für Ausrückweg und Zusatzfeder.

Die Lagerung der Membranfeder ist nicht starr ausgeführt, sondern erfolgt durch die Sensortellerfeder und den Verstellring. Die Kraft der Sensortellerfeder wirkt gegen die Membranfeder und ist so bemessen, dass bei normaler Ausrückkraft die Membranfeder an den Verstellring gepresst wird. Wird aufgrund von Belagverschleiß die Kraft der Membranfeder größer als die der Sensortellerfeder, hebt die Membranfeder vom Verstellring ab. Der Verstellring wird von den Druckfedern entlang der Rampen im Gehäusedeckel verdreht. Der Belagverschleiß ist somit ausgeglichen, und die Kräfte sind wieder gleich gestellt. Der Anschlag für den Ausrückweg begrenzt den Weg des Ausrücklagers und verhindert ein unbeabsichtigtes Nachstellen des Verstellringes (Bild 5.21 b). Die Zusatzfeder wirkt ab einem genau festgelegten Weg der Membranfeder entgegen und sorgt für einen gleichmäßigen Kraftverlauf beim Aus- und Einkuppeln. Bei Ersatz oder Reparatur muss der Verstellring vor dem Einbau zurückgedreht werden.

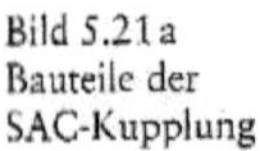
Bild 5.21 a
Bauteile der
SAC-Kupplung

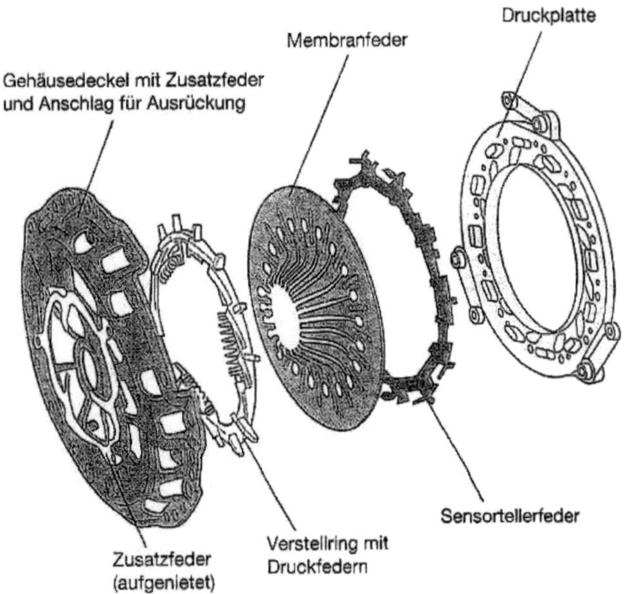

Abb. 186: Anordnung „Textteil + Abbildung (unten)“, L2, 505

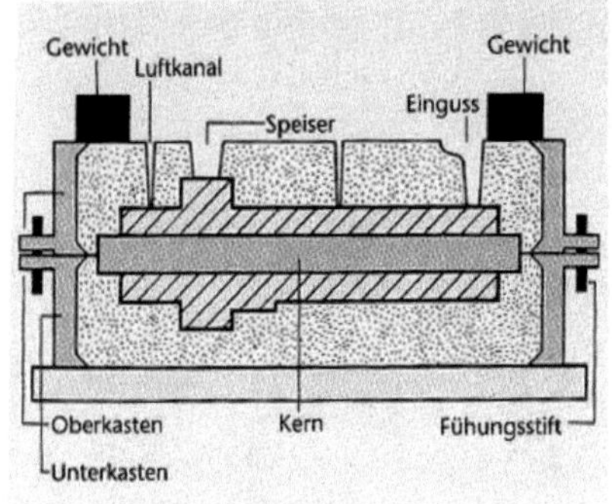

22.1 Gussform mit eingelegtem Kern

Gießen mit verlorenen Formen

Verlorene Formen (Bild 22.1) können nur für einen Guss verwendet werden. Beim Kastenguss werden Formkästen aus Gusseisen, Stahl oder Aluminium verwendet. Führungsstifte sorgen dafür, dass Ober- und Unterkasten passgenau aufeinander sitzen.

Zur Herstellung der Form wird die untere Modellhälfte auf eine ebene Platte gelegt und die Formkastenhälfte darübergesetzt. Sie wird mit Bindemittel (z. B. Ton, Wasserglas oder Kunstharz) vermischtem Quarz- oder Schamottesand aufgefüllt und dieser festgestampft.

Nach dem Umdrehen der Unterform wird die zweite Modellhälfte durch Führungsstifte genau passend auf das Modellunterteil gelegt. Der Oberkasten wird aufgesetzt und ebenfalls mit Sand gefüllt und dieser

Abb. 187: Anordnung „Textteil + Abbildung (links)“, L1, 22

■ **Arbeitsplan:**

Durchgangsprüfung

- Anschlussleitung an Kerze lösen (parallel!).
- Wendelunterbrechung mit Ohmmeter von Glühkerzenklemme nach Masse püfen.

Stromaufnahme prüfen

- Mit einer Strommesszange wird an der Zuleitung beim Vorglühen die Gesamt- und die Einzelstromaufnahme gemessen.
- Achtung: Stromaufnahme fällt zu Beginn des Vorglühens von etwa 60 auf über 40 Ampere wegen wärmeabhängigem Widerstand ab!

Glühfunktion

- Glühstiftkerze ausbauen, Sichtkontrolle, an 12-V-Batterie anklemmen und Glühstab beobachten (nur begrenzte Zeit prüfen).
- U.U. nochmals Strommesszange verwenden und Stromdurchgang messen (Bild 275.2).

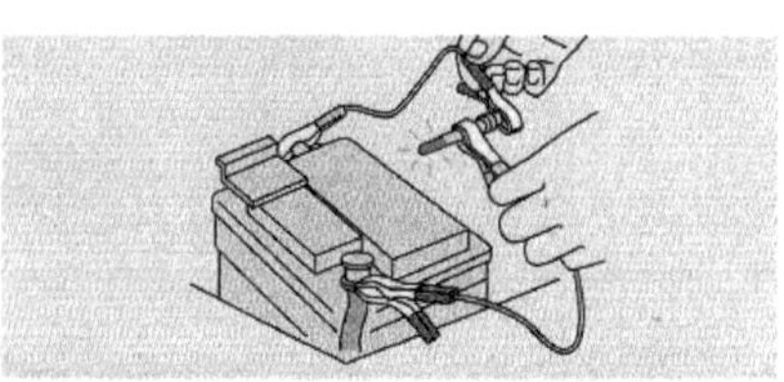

275.2 Glühfunktion prüfen

- ■ Materialschwächung durch Alterung (Wechselfrist überschritten).
- ■ Diffuses Abspritzverhalten von Einspritz- oder Injektordüsen (vom Spritzstrahl zerstört).
- ■ Zu früher Einspritzbeginn (Glührohr versprödet).
- ■ Motorüberhitzung durch zu frühen Spritzbeginn, verkokte oder nicht dicht schließende Düsen, Ölverbrennung (Ölzieher) z.B. bei zu hohem Motorölstand.

275.3 Fehlerursachen beschädigter Glühstiftkerze

Abb. 188: Anordnung „Textteil + Abbildung (rechts)“, L1, 275

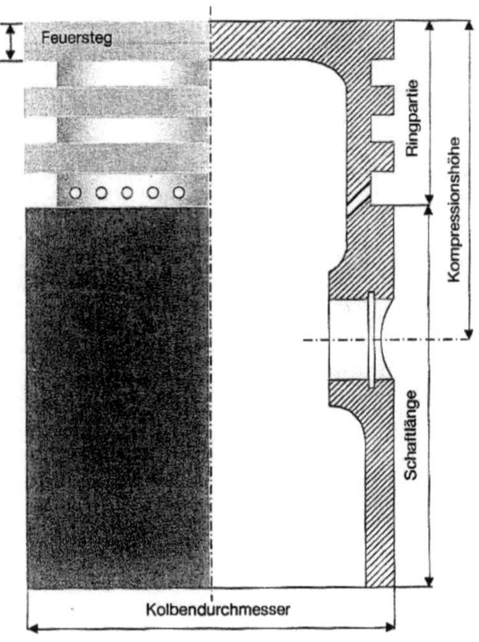

Bild 2.46 Hauptabmessungen eines Kolbens

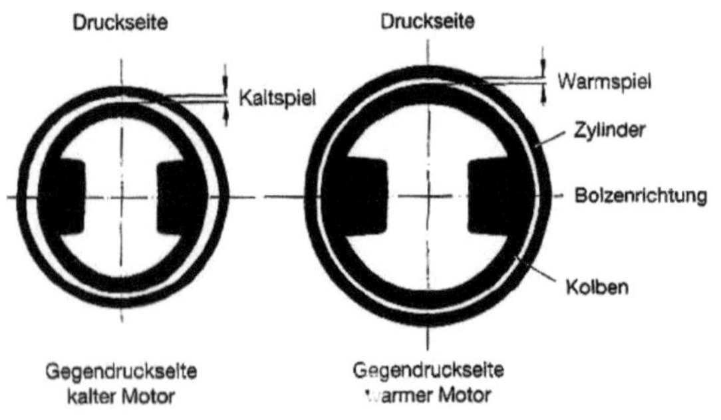

Bild 2.47 Prinzip der Regelwirkung

Kurbeltrieb 59

Abb. 189: Anordnung „Abbildung auf separater Seite", L2, 59

Textgesteuerte Text-Bild-Kombination. Nahezu alle Abbildungen in beiden Textexemplaren werden durchnummeriert und weisen einen Untertitel auf. Wie schon bei der Anordnung der Text-Bild-Kombinationen wird auch bei den textgesteuerten Text-Bild-Kombinationen auf eine bis zwei bevorzugte Formen zurückgegriffen (Abb. 190).

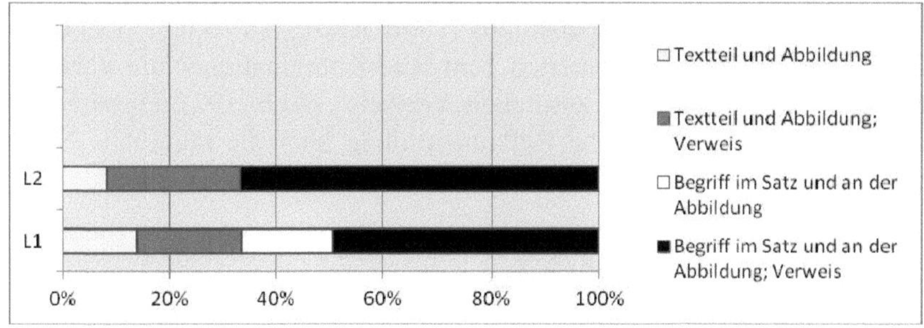

Abb. 190: Textgesteuerte Text-Bild-Kombinationen in L1 und L2

Beide Lehrbücher nutzen bevorzugt zu 49,1 % (L1) bzw. 66,6 % (L2) die Variante „Begriff im Satz und an der Abbildung, zusätzlich Verweis“ (Abb. 191). Es handelt sich dabei um Bezeichnungen, Nummern, Buchstaben und Zahlenwerte an einzelnen Elementen des Autos. Es kommt innerhalb der Abbildung zu einer internen Text-Bild-Verknüpfung mit Texterklärungen. L1 nutzt bevorzugt das Verweiselement *Linie und Bezeichnung,* L2 greift häufig auf die Variante *Linie und Nummer* zurück. Häufig sind Begriffe bzw. Informationen direkt am Bild enthalten (Abb. 191). Diese Texterklärungen werden wiederum zur Erklärung eines Sachverhalts im folgenden Textteil aufgegriffen. Es handelt sich bei den Abbildungen um Schaltpläne, Schemata, Benennungen, Abmessungen und Erklärungen von Autoteilen. Zusätzlich existiert ein direkter Verweis, in fast allen Fällen handelt es sich um den Determinationsverweis. Teilweise wird die Referenz zwischen Textteil und Abbildung durch den Anbindungs- und Suchverweis hergestellt.

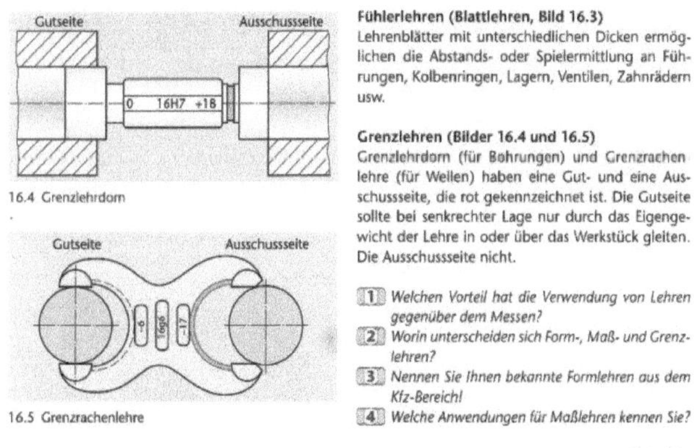

16.4 Grenzlehrdorn

16.5 Grenzrachenlehre

Fühlerlehren (Blattlehren, Bild 16.3)
Lehrenblätter mit unterschiedlichen Dicken ermöglichen die Abstands- oder Spielermittlung an Führungen, Kolbenringen, Lagern, Ventilen, Zahnrädern usw.

Grenzlehren (Bilder 16.4 und 16.5)
Grenzlehrdorn (für Bohrungen) und Grenzrachenlehre (für Wellen) haben eine Gut- und eine Ausschussseite, die rot gekennzeichnet ist. Die Gutseite sollte bei senkrechter Lage nur durch das Eigengewicht der Lehre in oder über das Werkstück gleiten. Die Ausschussseite nicht.

1 *Welchen Vorteil hat die Verwendung von Lehren gegenüber dem Messen?*
2 *Worin unterscheiden sich Form-, Maß- und Grenzlehren?*
3 *Nennen Sie Ihnen bekannte Formlehren aus dem Kfz-Bereich!*
4 *Welche Anwendungen für Maßlehren kennen Sie?*

Abb. 191: Textsteuerung: Begriff am Bild, aufgenommen im Textteil, zusätzlich Verweis, L1, 16

Die Textexemplare nutzen ebenfalls relativ häufig, zu 19,6 % (L1) bzw. 25,1 % (L2) aller textgesteuerten Text-Bild-Kombinationen die Variante „Textteil und Abbildung, zusätzlich Verweis" (Abb. 192). Diese Form der Verknüpfung stellt eine Referenzbildung über die räumliche Nähe von Textteil und Bild her, zusätzlich existiert ein direkter Verweis.

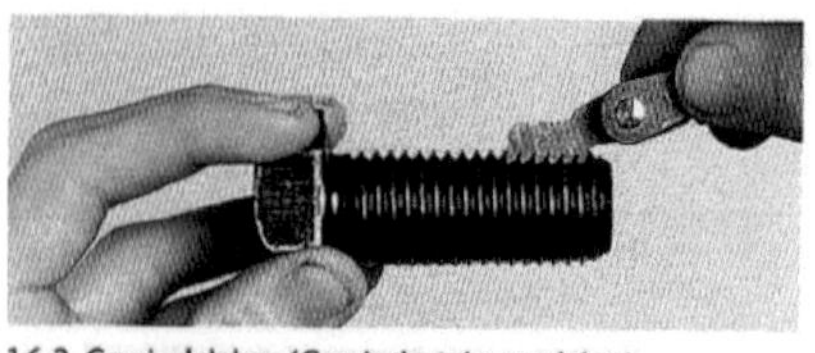

16.2 Gewindelehre (Gewindesteigungslehre)

Nockenwellenradlehre (Opel) zur Einstellung von Bremskolbenstellung und Nockenwellenstellung.

Haarlineal, Winkel (Bild 16.1)
Sie werden rechtwinklig auf das Werkstück aufgesetzt. Gegen die Lichteinstrahlung betrachtet, sollte der Lichtspalt möglichst klein und gleichmäßig sein.

Gewindelehren (Bild 16.2)
Mit Gewindesteigungslehren kann nur die Gewindesteigung unterschiedlicher Gewindedurchmesser durch Vergleichen ermittelt werden. Mit Gewindelehrdorn (für Innengewinde) und Gewindelehrring (für Außengewinde) wird Maßgenauigkeit, Form und Steigung eines Gewindedurchmessers geprüft.

Abb. 192: Textsteuerung: Textteil und Abbildung, zusätzlich Verweis, L1, 16

Weiterhin gibt es in beiden Textexemplaren ebenfalls die Variante „Textteil und Abbildung", jedoch ohne zusätzlichen Verweis (Abb. 193). Diese Form tritt in L1 in 14 % und in L2 in 8,3 % aller Fälle auf. In L1 findet sich diese Variante in den Tabelleninformationen „Überblick" und „Exkurs", in L2 in der Tabelleninformation „Strom- und Spannungsarten". In den Tabelleninformationen „Überblick" und „Exkurs" in L1 ist neben der Variante „Textteil und Abbildung" die Form „Begriff im Satz und an der Abbildung, ohne Verweis" gegeben (Abb. 194). Sie bilden im Gesamtanteil 17,2 % aller textgesteuerten Text-Bild-Kombinationen in L1.

Tabelle 8.3 (Fortsetzung)

Symbol	Bedeutung
	Abzweigung und Kreuzung mit leitender Verbindung
	Stecker (Steckerstift) und Steckdose (Steckerhülse) DIN 40713
	Steckverbindung, mehrpolig (auch Steckerleisten) DIN 40713
	Trennstelle, allgemein und umlegbar. DIN 40713
Erde, Masse, Antenne DIN 40712	

Abb. 193: Textsteuerung: Textteil und Abbildung, ohne Verweis, L2, 941

Doppelkonussynchronisation, Dreikonussynchronisation

Doppelkonussynchronisation
Die Grundfunktion dieser Synchronisation ist der beschriebenen Sperrsynchronisation ZF-B identisch.
Anwendung findet die Doppelkonussynchronisation in modernen Schaltgetrieben für Nutzfahrzeuge.
Vorteil: In der Reibeinrichtung ist ein Zwischenring hinzu gekommen, sodass über doppelte Reibflächenpaarungen der Gleichlauf erreicht wird. Dadurch wird ein schnelleres und leichteres Synchronisieren erreicht.

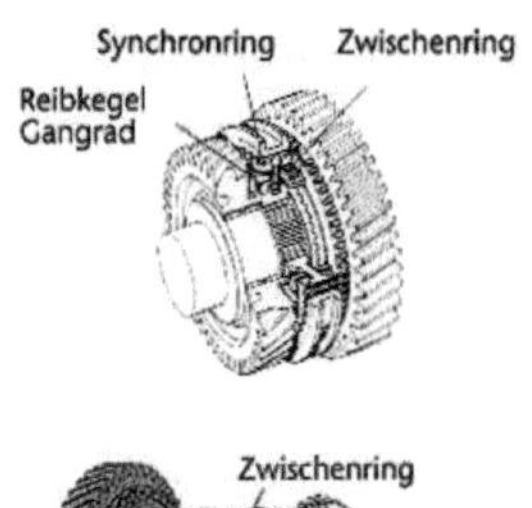

Dreikonussynchronisation
Bei der Dreikonussynchronisation ist neben einem zusätzlichen Zwischenring ein zweiter Synchronring eingebaut. Der Gleichlauf wird somit über drei Kegelreibflächen erreicht. Die Grundfunktion ist die gleiche wie beim ZF-B.
Vorteil: Noch schnelleres und leichteres Synchronisieren.
Anwendung: Bei Pkw-Schaltgetrieben im 1. bis 2. Gang.

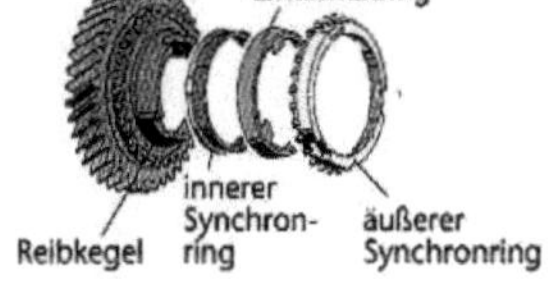

Abb. 194: Textsteuerung: Begriff im Satz und an der Abbildung (interne Text-Bild-Verknüpfung durch Linie und Bezeichnung), ohne Verweis, L1, 301

Text-Bild-Funktion: Nahezu alle Text-Bild-Kombinationen dienen deskriptiven Zwecken (98,7%) (Abb. 195), d.h., es werden lediglich Sachverhalte beschrieben, Handlungsanweisungen sind nicht gegeben.

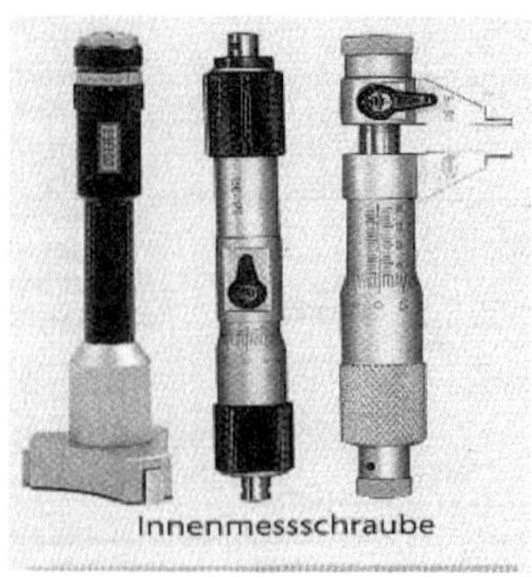

Abb. 195: Text-Bild-Funktion: deskriptiv, L1, 13

Tabelleninformation. Die Makrostruktur „Tabelleninformation“ ist in der Regel mehrspaltig strukturiert und durch eine vertikale und horizontale Anordnung geprägt. In Abb. 196 werden in der vertikalen Anordnung die Gruppen der Weichlote ihren Kurzzeichen, Zusammensetzungen, Schmelzbereichen und Verwendungen in der horizontalen Anordnung zugeordnet.

ÜBERBLICK	Weichlote			
Gruppe	Kurzzeichen	Zusammensetzung	Schmelzbereich	Verwendung
A Blei-Zinn- und Zinn-Blei-Weichlote	L-PbSn40Sb (antimonhaltig)	40 % Sn; bis 2,4 % Sb; Rest Pb	186 bis 225 °C	Kühlerbau, Klempnerlot
	L-Sn50Pb (Sb) (antimonarm)	50 % Sn; bis 0,5 % Sb; Rest Pb	183 bis 215 °C	Verzinnung, Feinlötungen
	L-Sn63Pb (antimonfrei)	63 % Sn; Rest Pb	183 °C	Elektrotechnik, gedruckte Schaltungen
B Zinn-Blei-Weichlote mit Cu- oder Ag-Zusatz	L-Sn60PbCu2	60 % Sn; 2 % Cu; Rest Pb	183 bis 190 °C	Elektrogerätebau, Elektronik, gedruckte Schaltungen
	L-Sn63PbAg	63 % Sn; bis 1,4 % Ag; Rest Pb	183 bis 215 °C	Elektrogerätebau, Elektronik, gedruckte Schaltungen
C Sonderweichlote	L-SnAg5	3 bis 5 % Ag; Rest Sn	221 bis 240 °C	Kupferrohrinstallation, Edelstähle
	L-SnSb5	4,5 bis 5,5 % Sb; Rest Sn	183 bis 215 °C	Kupferrohrinstallation

Abb. 196: Die Makrostruktur „Tabelleninformation“ in L1

In vielen Fällen zeigen die Tabelleninformationen eine Überblicksdarstellung zu einem bestimmten Themenkomplex (Abb. 197). Diese Überblicksdarstellung ist farblich markiert und enthält i.d.R. Text-Bild-Kombinationen. In Abb. 197 werden in der vertikalen Anordnung im Überblick Bilder, Funktionsmerkmale/Unterscheidungsmerkmale, Vorteile, Nachteile und Anwendungsmöglichkeiten den Kupplungsarten Schraubenfederkupplung, Zweischeiben-Trockenkupplung und Lamellenkupplung/Nasskupplung in der horizontalen Anordnung zugeordnet.

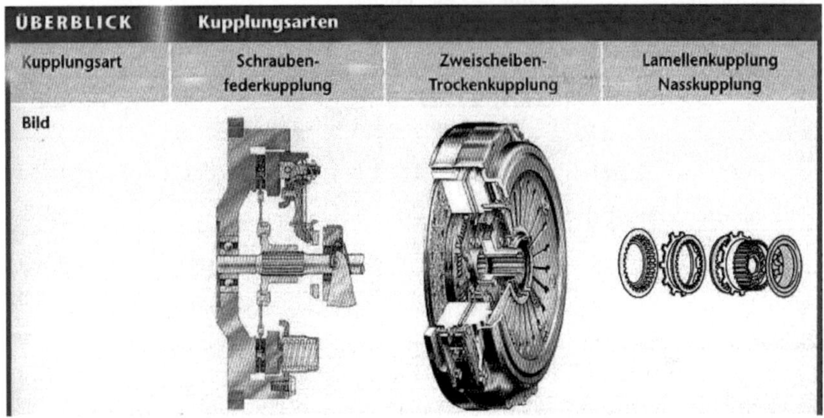

ÜBERBLICK	Kupplungsarten		
Kupplungsart	Schrauben-federkupplung	Zweischeiben-Trockenkupplung	Lamellenkupplung Nasskupplung
Bild			

Abb. 197: Tabelleninformation „Überblick“, L1, 295

Weiter gibt es Tabelleninformationen, die als Exkurse Sonderthemen behandeln und einen praxisnahen Bezug zu den Lerninhalten aufweisen (Abb. 198). Sie sind ebenfalls farbig markiert und weisen eine ähnliche Anordnung wie die Überblicksdarstellungen auf.

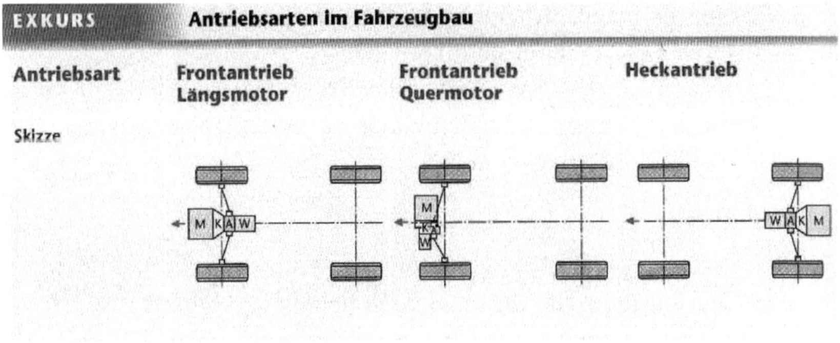

EXKURS	Antriebsarten im Fahrzeugbau		
Antriebsart	Frontantrieb Längsmotor	Frontantrieb Quermotor	Heckantrieb
Skizze	M K A W	M K A W	W A K M

Abb. 198: Tabelleninformation „Exkurs“, L1, 296

Tab. 22 zeigt weitere Anordnungsmöglichkeiten der Tabelleninformationen in beiden Textexemplaren.

Tab. 22: Anordnungsmöglichkeiten der Tabelleninformationen in L1 und L2

Bereiche	Zuordnungen
Basisgrößen	Name – Zeichen
Schaltsymbole	Leitungsverbindungen – Bedeutung – Schaltsymbole – Kennzeichnung
Abmessungen	Steigungswinkel verschiedener Gewinde – Gewindebezeichnung – Steigung in mm
Werkstoffkunde	Werkstoff – Gleitreibungszahl
	Werkstoff – Leitfähigkeit – elektrischer Widerstand
Formeln/Berechnungen	Elektrische Größe – Berechnung
Stoffeigenschaften	Gruppe der Weich- und Hartlote – Kurzzeichen – Zusammensetzung – Verwendung
	Felgenart – Benennung – Bezeichnung
Fehlersuche	Problem/Gründe – Ursachen – Abhilfe
	Fehlercode – Funktion – Fehlerart
	Sensor – Auswirkungen bei Ausfall

4.3.3 Syntax

4.3.3.1 Syntax der Überschriften

Bei der syntaktischen Analyse der Überschriften werden diejenigen, die im Inhaltsverzeichnis vorkommen, von solchen getrennt untersucht, die nicht im Inhaltsverzeichnis enthalten sind.[126]

Insgesamt kommen in beiden Lehrbüchern 2.502 Überschriften vor, die sich wie in Tab. 23 dargestellt verteilen.

Tab. 23: Verteilung der Überschriften in L1 und L2

	L1	L2
Seitenanzahl	504	1319
Überschriften	1.114	1.388
Überschriften/Seite	2,2	1,1

Bei den Überschriften, die im Inhaltsverzeichnis vorkommen, ist festzuhalten, dass mit wenigen Ausnahmen alle isoliert gebrauchte einfache Nominalsätze sind (1-19). In L1 sind lediglich in drei Fällen ein isoliert gebrauchter einfacher Verbalsatz (20, 21) und in einem Fall eine parataktische Satzkombination aus zwei Teilsätzen (22) belegt. Repräsentative Beispiele sind:

1. Messen (L1, 9, 14)
2. Prüfen und Warten (L1, 216, 20)

126 Zur ausführlichen Analyse der Funktionen von Überschriften siehe Kapitel 4.3.1.

3. Grundlagen der Prüftechnik (L1, 9, 1)
4. Einstellung und Betätigung der Kupplung (L2, 501, 5)
5. Elektromagnetische Kupplung (L1, 320, 28)
6. Hydrodynamische Kupplung (L2, 535, 1)
7. Benzin-Direkteinspritzung (strahlgeführt) (L2, 307, 24)
8. Anforderungen an Werkstoffe (L1, 65, 19)
9. Härten, Anlassen und Vergüten von Stahl (L2, 1170, 12)
10. Datenfernübertragung (DFÜ) (L1, 115, 1)
11. Leuchtweitenregelung (LWR) (L2, 1073, 6)
12. Primärstromkreis-Bauteil Zündspule (L1, 185, 1)
13. System Kraftfahrzeug (L1, 74, 23)
14. Spanen mit Maschinen (L1, 35, 1)
15. Direkteinspritzung am Ottomotor (L1, 173, 1)
16. Einrichtungen im System Kraftfahrzeug (L1, 74, 33)
17. Hilfsmittel bei der Fehlersuche in elektrischen Anlagen (L2, 936, 19)
18. Überblick: Längenmessung (L1, 13, 1)
19. Überblick: Spanen von Hand (L1, 30, 1)
20. Stoffeigenschaften ändern (L1, 64, 9)
21. Generatorbauteile prüfen (L1, 390, 1)
22. Elektrische Größen messen und berechnen (L1, 86, 1-2)

Eingliedrige Nominalsätze ohne Attribuierung zeigen die Beispiele 1 und 2. In 1 besteht der einfache Nominalsatz aus einem Satzglied mit einem substantivischen Nukleus, in 2 aus zwei gereihten substantivischen Nuklei, wobei in den Beispielen die Nuklei Konversionen von Infinitiven sind. Eingliedrige Nominalsätze mit Attribuierung finden sich in den Beispielen 3-13. Als Attribuierungstypen sind die postnuklearen Genitivattribute (3, 4), die pränuklearen (5, 6) und postnuklearen (7) Adjektivattribute, die postnuklearen Präpositionalattribute (8, 9) sowie die Appositionen (10, 11, 12, 13) zu belegen. Die Nominalsätze verweisen i.d.R. auf Aktionen (1, 2), Autoteile und -funktionen (5, 6, 7, 11, 12, 13), physikalische Verfahren (9) sowie Methoden und Standards (10).

Ferner sind zweigliedrige Nominalsätze (14, 15, 16) vorhanden. In 14 markiert das erste Satzglied „Spanen“ den Trennvorgang, das zweite Satzglied „mit Maschinen“ verweist auf die Art und Weise der Aktion. In 15 erklären die Satzglieder den technischen Vorgang („Direkteinspritzung“) mit Ortsbezug („am Ottomotor“). Die Satzglieder in 16 benennen den Gegenstand („Einrichtungen“) und den Ortsbezug („im System Kraftfahrzeugtechnik“).

In 17 tritt ein dreigliedriger Nominalsatz auf. Hier kennzeichnen die Satzglieder „Hilfsmittel [/] bei der Fehlersuche [/] in elektrischen Anlagen“ die Funktionen Gegenstand, Aktion und Ort.

In den Beispielen 18 und 19 treten Gesamtsätze aus zwei Nominalsätzen auf, die mittels Doppelpunkt abgegrenzt sind. Zwei eingliedrige Nominalsätze werden in 18 verbunden. In 19 handelt es sich beim ersten Teilsatz um einen eingliedrigen Nominalsatz, der zweite Teilsatz tritt als zweigliedriger Nominalsatz auf. Der jeweils erste nominale Teilsatz „Überblick“ in 18 und 19 verweist auf die Rubrik; in 18 verweist der zweite nominale Teilsatz „Längenmessung“ auf die Aktion; in 19 benennen die Satzglieder des zweigliedrigen Nominalsatzes „Spanen [/] von Hand“ den Trennvorgang und die spezifische Durchführungsart.

Überschriften aus isoliert gebrauchten einfachen Verbalsätzen werden in den Beispielen 20 und 21 gebildet. Ein komplexer Verbalsatz ist in 22 nachzuweisen. Es handelt sich um eine Parataxe aus zwei Teilsätzen, wobei im zweiten Teilsatz das Akkusativobjekt „elektrische Größen“ aufgrund von Vorerwähntheit elliptisch ausgelassen wird.

Bei den Überschriften handelt es sich um Aussagesätze.

Nominalsatztypen und Attribuierungstypen verteilen sich wie folgt:

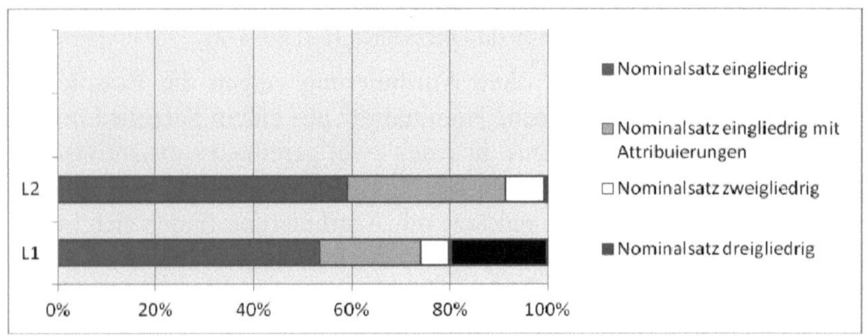

Abb. 199: Nominalsatztypen in den Überschriften (aufgenommen im Inhaltsverzeichnis) in L1 und L2

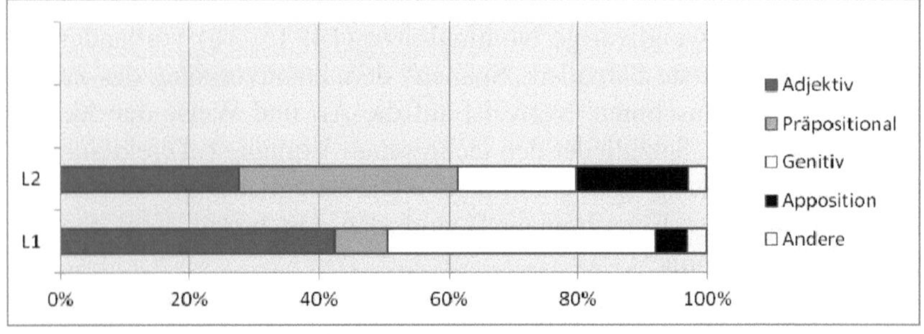

Abb. 200: Attribute in den Nominalsatztypen (eingliedrig) in L1 und L2

Über die Hälfte aller Nominalsätze besteht aus einem substantivischen Nukleus ohne weitere Attribuierungen (L1: 53,6 %; L2: 58,9 %). Nominalsätze aus einem substantivischen Nukleus und weiteren Attribuierungen sind zu 20,3 % (L1) bzw. 32,3 % (L2) vertreten. Deutlich seltener finden sich zweigliedrige Nominalsätze (L1: 5,8 %; L2: 8,1 %). In insgesamt vier Fällen sind dreigliedrige Nominalsätze vorhanden. Weiter gibt es Gesamtsätze, die aus einer Kombination zweier Nominalsätze bestehen. Diese Kombinationsart ist in L1 zu knapp 1/5 vertreten; in L2 ist der Anteil verschwindend gering.

Bei den substantivischen Nuklei mit Attribuierungen sind sechs verschiedene Typen gegeben. Am häufigsten wird ein substantivischer Nukleus mit Adjektivattribut genutzt (L1: 42,6 %; L2: 27,7 %). Bei den Adjektivattributen sind mit einer Ausnahme alle pränuklear; in einem Fall erscheint ein postnukleares Adjektivattribut. Danach folgen in der Häufigkeit die substantivischen Nuklei mit postnuklearem Präpositionalattribut (L1: 8 %; L2: 33,5 %) bzw. mit postnuklearem Genitivattribut (L1: 41,6 %; 18,5 %). Auf Appositionen wird in L2 (17,3 %) häufiger zurückgegriffen als in L1 (5 %). Andere Typen kommen mit einem Anteil von 1,7 % und weniger vor.

Überschriften, die nicht im Inhaltsverzeichnis aufgenommen werden, setzen sich aus isoliert gebrauchten einfachen Nominalsätzen (23-47) sowie einfachen (48-52) und komplexen Verbalsätzen (53, 54) zusammen. In wenigen Fällen ist die Überschrift Satzglied des Satzes (55-59). Repräsentative Beispiele sind:

23. Leistung und Arbeit (L1, 88, 21)
24. Saugrohrtemperaturfühler (L2, 347, 1)
25. Vorglühen (L2, 1089, 20)
26. Ermittlung der gestreckten Länge (L1, 26, 1)
27. Zählreihenfolge der Zylinder (L2, 37, 1)
28. Ziehender Schnitt (L1, 29, 1)
29. Nasse Zylinderlaufbuchsen (L2, 167, 29)
30. Statisches Auswuchten (L1, 333, 11)
31. Außenbordmotoren, wassergekühlt (L2, 1241, 29)
32. Tiefbettfelge symmetrisch (L1, 328, 1)
33. Berechnungen zur Resonanzaufladung (L1, 152, 1)
34. Unterschiede zwischen Otto- und Dieselmotoren (L2, 29, 1)
35. Erklärungen zu den Begriffen: Förderbeginn, Spritzbeginn und Spritzverzug (L2, 372, 15)
36. Hydraulisch-elektronische Getriebesteuerung (EGS) (L1, 316, 1-2)
37. Bauteil Kraftstoffförderpumpe (L1, 161, 1)
38. Gießen mit verlorenen Formen (L1, 22, 1)

39. Reduktion des Aluminiumoxids durch Schmelzflusselektrolyse (L2, 1183, 3)
40. Umformen durch Schwerkraftgießen (L1, 21, 12)
41. Variable Ventilsteuerung bei Toyota (L2, 86, 1)
42. Stationäre Wuchtung an der Radwuchtmaschine (L2, 725, 5)
43. Schweißnähte an Werkstücken von großer Dicke (L1, 60, 1)
44. Kraftverlauf 1. Gang, Wählhebelstellung „D“ (L1, 313, 12)
45. Kraftverlauf 3. Gang, Wählhebelstellung „D“, mechanisch mit Überbrückungskupplung (L1, 314, 1-2)
46. 2. Takt: Verdichtungshub (L2, 111, 12)
47. Fehlersuche: Geräusche, Leckagen (L1, 238, 32)
48. Die Kupplung rutscht (L2, 502, 12)
49. Schon beim Autobau ans Ende denken (L2, 1261, 1)
50. Universalwinkelmesser ablesen (L1, 15, 13)
51. Wie gelangen die Daten zum Microprozessor? (L1, 109, 23)
52. Welches System hat den Fehler gesetzt? (L2, 209, 17)
53. Säurestand kontrollieren und ergänzen (L1, 384, 36)
54. Ventilöffnungszeit prüfen, Herstellerangaben beachten! (L1, 166, 27-28)
55. **Die selbsttragende Karosserie**
    - ist bedeutend leichter als die klassische Rahmenbauweise,
    - übernimmt die Tragfunktion für die Vorder- und für die Hinterachse,
    - bietet die Anlenkpunkte für den Motor,
    - ermöglicht ein vorteilhaftes Erscheinungsbild,
    - erlaubt ein hohes Maß an Sicherheit. (L1, 429, 9-16)
56. **Schraubverbindungen**
    sind kraftschlüssige, lösbare Verbindungen mit Schrauben, Muttern und Sicherungen. (L1, 64, 1-3)
57. **Einstellen der Spur**
    erfolgt durch Ändern der Länge der Spurstangen. (L2, 642, 1-2)
58. **Federspeicherbremsen**
    - werden für die FBA und HBA verwendet;
    - dürfen nicht für die BBA verwendet werden;
    - [...] (L2, 870, 1-3)
59. **Cracken**
    nennt man das Spalten (Aufbrechen) von schwersiedenden (langkettigen) Kohlenwasserstoffmolekülen unter Druck und hoher Temperatur (ca. 500 °C) in kurzkettige (leichtsiedende) Kohlenwasserstoffe (z.B. Benzine und Gase; Tabelle 10.2). (L2, 1231, 1-4)

Eingliedrige Nominalsätze ohne Attribuierung sind den Beispielen 23-25 zu entnehmen. Die Nominalsätze setzen sich dabei aus einem Satzglied mit einem substantivischen Nukleus (24, 25) bzw. aus zwei gereihten substantivischen Nuklei (23) zusammen. Eingliedrige Nominalsätze mit

Attribuierung finden sich in den Beispielen (26-36). Als Attribuierungstypen lassen sich die postnuklearen Genitivattribute (26, 27), die pränuklearen (28, 29, 30) und postnuklearen (31, 32) Adjektivattribute, die postnuklearen Präpositionalattribute (33-35) und die Appositionen (36, 37) nachweisen. In 35 sind die Attribute „Förderbeginn, Spritzbeginn und Spritzverzug" zum Nukleus „Begriffen" mittels Doppelpunkt hervorgehoben. Die Nominalsätze kennzeichnen i.d.R. Autoteile (24, 29, 31, 32, 37), eine Auswuchttechnik (30) sowie Getriebearten und Schaltstrategien (36).

Zweigliedrige Nominalsätze finden sich in den Beispielen 38-43. In 38, 39 und 40 handelt es sich beim ersten Satzglied um den Vorgang „Gießen", „Reduktion des Aluminiumoxids" und „Umformen", das zweite Satzglied beschreibt die spezifische Durchführungsart „mit verlorenen Formen", „durch Schmelzflusselektrolyse" und „durch Schwerkraftgießen". In 41 und 42 benennen die Satzglieder den Vorgang („Variable Ventilsteuerung" bzw. „Stationäre Wuchtung") mit Ortsbezug („bei Toyota" bzw. „an der Radwuchtmaschine"). In 43 kennzeichnen die Satzglieder „Schweißnähte [/] an Werkstücken von großer Dicke" die Funktionen Gegenstand mit Ortsbezug.

In 44 ist ein dreigliedriger, in 45 ein viergliedriger Nominalsatz gegeben. In 44 verweisen die Satzglieder „Kraftverlauf [/] 1. Gang [/], Wählhebelstellung ‚D'" auf die Nennung und Spezifizierung sowie Autofunktion. Der Nominalsatz in 45 ist dem in 44 ähnlich, zusätzlich wird ein weiteres Satzglied „mit Überbrückungskupplung" hinzugefügt, das die spezifische Art und Weise kennzeichnet; „mechanisch" ist als ein postnukleares Adjektivattribut zu „Wählhebelstellung" zu interpretieren. Ein Gesamtsatz aus zwei eingliedrigen Nominalsätzen findet sich in 46 und 47, wobei die Teilsätze mittels Doppelpunkt voneinander getrennt sind und die Nennung und Spezifizierung markieren. Bei den Verbalsätzen handelt es sich um einfache (48-52) und aus zwei Teilsätzen bestehende Parataxen (53, 54). In den Beispielen 55-59 sind die Überschriften jeweils Satzglieder des Gesamtsatzes, welche eindeutig mittels Fettdruck (**„Die selbsttragende Karosserie"**, **„Schraubenverbindungen"**, **„Einstellen der Spur"**, **„Federspeicherbremsen"**, **„Cracken"**) markiert sind; nach der Überschrift wird der Gesamtsatz mittels Zeilenumbruch und ggf. Einrückung weitergeführt. Es handelt sich bei den Satzgliedern um das Subjekt (55, 56, 57, 58) bzw. Objekt (59) von isoliert gebrauchten einfachen Sätzen (56, 57) bzw. Teilsätzen eines Gesamtsatzes (55, 58, 59). Die isoliert gebrauchten einfachen Sätze bzw. Gesamtsätze kennzeichnen eine Erklärung zu den Funktionen der Autoteile (55, 56, 58), zu einer Aktion (57) und zu einem fachsprachlichen Begriff (59).

In L1 werden neun und in L2 fünf Ergänzungsfragen (51, 52) gestellt. In einem Fall ist in L1 ein Ausrufesatz zu verzeichnen (54), um vor einer möglichen Gefahr zu warnen. In der Tab. 24 sind die statistischen Ergebnisse zur Untersuchung der Satztypen zusammengefasst.

Tab. 24: Satztypen in den Überschriften in L1 und L2

	Isolierter NoS	Einfacher VS	Komplexer VS	Satzglied
L1	94,2 %	4 %	0,3 %	1,4 %
L2	98 %	1,4 %	–	0,5 %

Bei den Satztypen zeigt sich ebenfalls deutlich, dass isoliert gebrauchte einfache Nominalsätze überwiegen. Mit lediglich 4 % (L1) bzw. 1,4 % (L2) kann ein isoliert gebrauchter einfacher Verbalsatz verzeichnet werden. Komplexe Verbalsätze tauchen nur in zwei Fällen in L1 auf; es handelt sich dabei um Parataxen aus zwei Teilsätzen. Ebenfalls selten ist ein Satzglied als Überschrift zu finden.

In den Abb. 201 und 202 ist die Verteilung der Nominalsatztypen und Attribuierungstypen dargestellt.

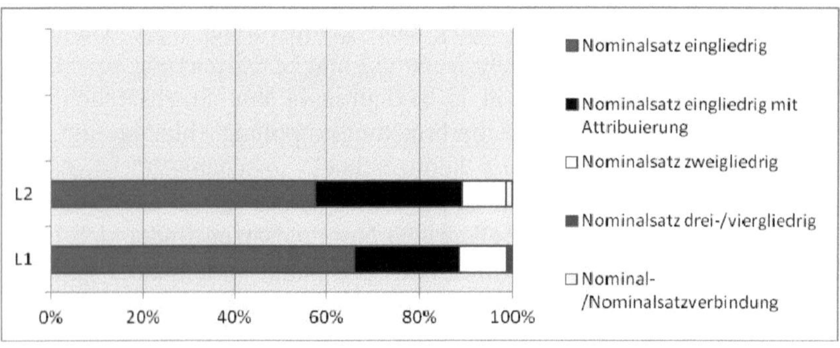

Abb. 201: Nominalsatztypen in den Überschriften in L1 und L2

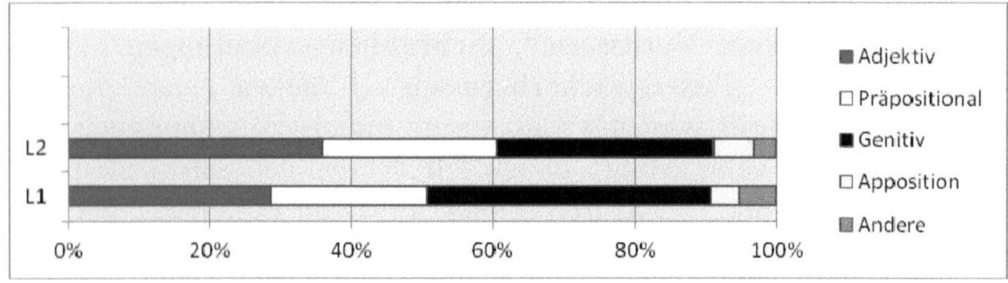

Abb. 202: Attribute in den Nominalsatztypen (eingliedrig) in L1 und L2

Isoliert gebrauchte einfache Nominalsätze werden überwiegend eingliedrig aus einem substantivischen Nukleus gebildet (L1: 66,1 %; L2: 57,5 %). Nominalsätze aus einem substantivischen Nukleus mit weiteren Attribuierungen sind zu 22,5 % (L1) bzw. 31,6 % (L2) gegeben. Knapp 10 % sind zweigliedrig. Insgesamt vier dreigliedrige und zwei viergliedrige Nominalsätze finden sich in L1. Verbindungen zweier Nominalsätze sind in 12 Fällen in L2 zu belegen, in L1 finden sie nur einmal Verwendung. Nominalsätze mit Attribuierungen werden dabei zu 28,7 % (L1) bzw. 36 % (L2) aus einem substantivischen Nukleus und einem Adjektivattribut gebildet. Danach folgen mit 40 % (L1) bzw. 30,6 % (L2) ein substantivischer Nukleus mit einem postnuklearen Genitivattribut und mit 22 % (L1) bzw. 24,6 % (L2) ein substantivischer Nukleus mit einem postnuklearen Präpositionalattribut. Deutlich seltener finden sich Appositionen (L1: 4 %; L2: 5,7 %). Andere Typen sind mit einem Anteil von 1,9 % und seltener vorhanden.

4.3.3.2 Syntax der Absätze

Insgesamt werden 3.068 Sätze im Textkorpus ohne Überschriften und Initiatoren bzw. Terminatoren ausgewertet. Im Mittel gibt es in L1 20,3 Sätze auf jeder Seite; in L2 verteilen sich pro Seite 16,2 Sätze. Die Tab. 26 zeigt die Verteilung der Sätze in den Textexemplaren.

Tab. 25: Anzahl der Sätze pro Seite in Lehrbüchern

	L1	L2
Seitenanzahl	80	88
Anzahl der Sätze	1.646	1.422
Sätze pro Seite	20,3	16,2

Bei der syntaktischen Analyse der Sätze im Textkorpus ist festzustellen, dass Regelungen der Interpunktion in einigen Fällen uneinheitlich sind. Zur Unterscheidung der Satztypen und Satzarten sind primär semantische Bezüge sowie das Layout entscheidend. Hervorhebungen von einem Satzglied (1) bzw. von Nuklei eines Satzglieds (2) sowie von einem Satzgliedteil (3) bzw. von Nuklei eines Satzgliedteils (4) werden durch besondere Mittel der Interpunktion markiert:

1. Die Ölpumpe ist – wie auch die Ölpumpe des Motors – mit einem Überdruckventil ausgerüstet. (L2, 559, 25-26)
2. Ungeeignet sind: Mineralwasser, Regenwasser, Meerwasser, Solenwasser, Abwasser und Brackwasser. (L2, 149, 25-26)
3. Beide Getriebearten werden auch als Aphongetriebe – besonders leise laufend – bezeichnet. (L2, 513, 3-4)

4. Drei der vier in Bild 310.3 dargestellten Getriebeteile des Planetenradsatzes werden zur Erzeugung der Übersetzungen beaufschlagt: das Sonnenrad, das Hohlrad und der Planetenträger. (L1, 310, 19-22)

In 1 wird das Modaladverbiale „wie auch die Ölpumpe des Motors“ durch Gedankenstriche hervorgehoben. In 2 werden sechs gereihte Nuklei des Subjekts „Mineralwasser, Regenwasser, Meerwasser, Solenwasser, Abwasser und Brackwasser“ durch einen Doppelpunkt markiert. Im Beispiel 3 wird das postnukleare Adjektivattribut „besonders leise laufend“ zum Nukleus „Aphongetriebe“ durch Gedankenstriche vom übrigen Satz abgehoben. Im Beispiel 4 handelt es sich um einen isoliert gebrauchten einfachen Verbalsatz, wobei Appositionen in Fernstellung zum Nukleus „Getriebeteile“ existierten: Die Nuklei „das Sonnenrad, das Hohlrad und der Planetenträger“ werden mittels Doppelpunkt hervorgehoben und an das Ende des Satzes gestellt.

Weiter kommt es innerhalb der Absätze zu Aufzählungen von Nuklei eines Satzgliedteils (5), Satzglieds (6) sowie von Teilsätzen (7, 8).

5. Der hydrodynamische Drehmomentwandler nach dem Trikot-System besteht aus drei Schaufelrädern:
   - Pumpenrad, mit Gehäuse fest verbunden,
   - Turbinenrad, mit Getriebeantriebswelle fest verbunden,
   - Leitrad, auch Stützrad- oder Reaktionsrad genannt, mit Freilauf. (L2, 536, 8-12)
6. Am Kraftfahrzeug werden unterschieden:
   - gleichachsige Getriebe und
   - ungleichachsige Getriebe. (L2, 510, 7-9)
7. Kühlsysteme sind so ausgelegt, dass
   - die Betriebstemperatur des Motors möglichst schnell erreicht und
   - bei allen Betriebszuständen möglichst konstant gehalten wird. (L2, 148, 6-8)
8. Ungeeignete Kühlmittel können
   - Ölkühler verstopfen, so die Öltemperatur erhöhen und zum Motorschaden führen,
   - Kühlerschläuche so angreifen, dass sie platzen. (L2, 150, 26-28)

Die Aufzählungen werden mit Zeilenumbruch, Einrückung und Aufzählungszeichen dargestellt und somit für den Lerner optisch strukturiert. In 5 handelt es sich um einen einfachen Verbalsatz, in dem die Nuklei eines Satzgliedteils aufgezählt werden; sie fungieren als Appositionen in Fernstellung zu „Schaufelrädern“ und sind selbst durch postnukleare Adjektivattribute bzw. ein Präpositionalattribut („mit Freilauf“) erweitert. In 6 werden zwei gereihte und durch pränukleare Adjektivattribute erweiterte

Nuklei des Subjekts aufgezählt und entsprechend hervorgehoben. Im Beispiel 7 handelt es sich um eine parataktisch-hypotaktische Satzkombination, bestehend aus einem Hauptsatz (1. Teilsatz) und zwei syndetisch gereihten Nebensätzen (2. und 3. Teilsatz), wobei die Nebensätze mittels Aufzählungszeichen dargestellt werden. In 8 liegt ein Gesamtsatz aus fünf Teilsätzen vor, der sich aus vier Hauptsätzen (1., 2., 3. und 4. Teilsatz) sowie einem Konsekutivsatz (5. Teilsatz) zusammensetzt. Dabei erhalten die Hauptsätze das gleiche Subjekt „Ungeeignete Kühlmittel" sowie den gleichen Prädikatsteil „können", die im zweiten, dritten und vierten Hauptsatz aufgrund der Vorerwähntheit elliptisch ausgelassen und optisch als übergeordnet in der ersten Zeile dargestellt werden. Die Teilsätze werden mittels Zeilenumbruch und Aufzählungszeichen markiert. Die ersten drei Hauptsätze sind inhaltlich aufeinander bezogen und stehen in einer Zeile. Der vierte Hauptsatz und der Konsekutivsatz stehen ebenfalls in einer Zeile, sodass die inhaltlichen Beziehungen der Teilsätze auf diese Weise auch optisch markiert sind.

In einigen Fällen können innerhalb eines Gesamtsatzes sowohl Nuklei eines Satzgliedteils als auch Teilsätze zusammen aufgezählt und entsprechend markiert werden:

9. Je nach Motorbelastung und Fahrgeschwindigkeit ergeben sich drei Wirkungsbereiche:
    - Wandlerbereich, in dem die Drehmomentsteigerung stattfindet. Er reicht vom Anfahren aus dem Stand bis zum Erreichen des Kupplungspunktes;
    - Kupplungsbereich, in dem der Wandler ohne Wirkung des Leitrades als hydrodynamische Kupplung arbeitet;
    - Bremsbereich. (L2, 537, 3-8)

Der Gesamtsatz in 9 setzt sich aus einem einfachen Verbalsatz (1. Teilsatz), zwei Attributsätzen (2. und 4. Teilsatz) und einer verbalen Parenthese (3. Teilsatz) zusammen. Die Appositionen „Wandlerbereich", „Kupplungsbereich" und „Bremsbereich" zum Nukleus „Wirkungsbereiche" werden mittels Aufzählungszeichen hervorgehoben. Die dazugehörige Erklärung zum „Wandlerbereich" und „Kupplungsbereich" als Attributsatz und ggf. als Parenthese steht unmittelbar nach den genannten Wirkungsbereichen. Nach dem ersten Attributsatz wird ein Punkt gesetzt; die Parenthese beginnt mit der Großschreibung und endet mit einem Semikolon; nach dem zweiten Attributsatz wird ein Semikolon gesetzt; das Ende des Gesamtsatzes wird durch einen Punkt nach „Bremsbereich" markiert.

Eine weitere syntaktische Besonderheit lässt sich in 10 erkennen:

10. Die Aufgaben der Kupplung sind:
    - Trennkupplung zum Gangwechsel,
    - Drehmoment schlupffrei übertragen,
    - Rutschkupplung zum ruckfreien Anfahren,
    - Überlastungsschutz innerhalb der Kraftübertragung,
    - Drehschwingungen der Kurbelwelle dämpfen und Getriebegeräusche verringern. (L1, 288, 15-22)

Hier handelt es sich um einen isoliert gebrauchten einfachen Verbalsatz, dessen Prädikativ mittels Aufzählungszeichen dargestellt und durch einen Doppelpunkt markiert ist. Das Prädikativ ist komplex aufgebaut und besteht aus Abfolgen von Nuklei und Infinitivsätzen, deren Zusammenfassung in einem Prädikativ ungewöhnlich ist. Durch die Wahl des Numerus beim Subjekt „Die Aufgaben der Kupplung" und bei der Kopula „sind" scheidet die Möglichkeit aus, verschiedene Sätze anzusetzen. Der Zusammenhang zwischen den Teilen des Prädikativs ist eher semantisch als syntaktisch geprägt.

Für die Verteilung der Sätze auf die Satztypen des isoliert gebrauchten einfachen Verbalsatzes, des komplexen Verbalsatzes, des isoliert gebrauchten einfachen Nominalsatzes und der Nominal-/Verbalsatzverbindungen werden in Abb. 203 die Ergebnisse dargestellt.

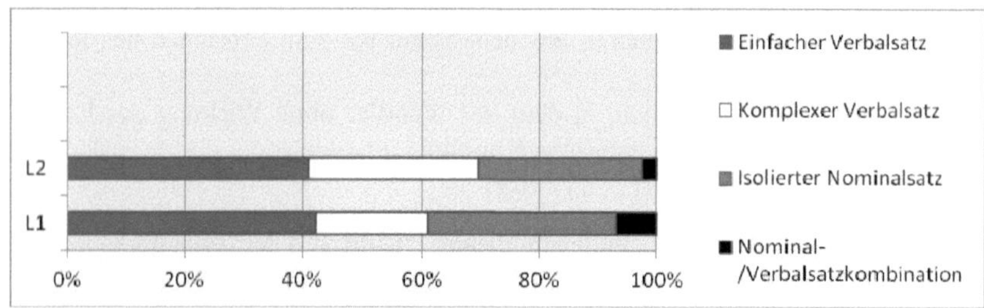

Abb. 203: Satztypen in den Sätzen des Textkorpus in Lehrbüchern

Dabei fällt der hohe Anteil an einfachen Verbalsätzen in beiden Lehrbüchern auf. In L1 dominiert der einfache Verbalsatz zu 42,2 %, in L2 zu 40,8 % aller Sätze. Mit einem Anteil von 18,8 % (L1) bzw. 28,9 % (L2) kommen komplexe Verbalsätze vor. Relativ häufig erscheinen in beiden Textexemplaren Aufzählungen in Form von Nominalsätzen. Dies bedingt die hohen prozentualen Anteile an den Nominalsätzen von 32,2 % (L1) bzw. 28 % (L2). Weiter sind in den Lehrbüchern Sachverhalte in Form von Nominal-/Verbalsatzkombinationen vorhanden. Durch diese

Nominal-/Verbalsatzverbindungen werden sehr kurze, stichwortartige Erklärungen möglich. In L1 werden sie zu 6,8 % genutzt, in L2 ist der Anteil mit 2,3 % geringer.

Bei den isoliert gebrauchten einfachen Nominalsätzen überwiegen eingliedrige Nominalsätze (11, 12, 13, 14). Es gibt weiterhin zwei- (15, 16,) und dreigliedrige Nominalsätze (17). Teilweise sind Gesamtsätze aus zwei Nominalsätzen in den Textexemplaren vorhanden (18):

11. schlupffreie Übertragung großer Drehmomente (L2, 491, 7)
12. Gehäuse für Kupplung beim Einbau auf der Schwungscheibe verzogen. (L2, 503, 6)
13. Vorteile dieses Systems: problemloses Anfahren, kein Abwürgen des Motors, kein Ruckeln beim Lastwechsel, kein Gaswegnehmen beim Schalten. (L2, 508, 21-22)
14. Einzige Kältemittel-Wiederaufbereitung bundesweit (L1, 237, c)
15. Kräftewandlung am Kurbeltrieb (L1, 220, c)
16. Falsche Kupplung eingebaut (L1, 293, 10)
17. Verstärkte Oxidschichtbildung bei Aluminium durch dauerhaft hohe Kühlmitteltemperaturen. (L1, 236, 3-5)
18. Blasgeräusche im Öleinfüllstutzen oder in der Ölpeilstaböffnung: Kolben, Kolbenringe defekt. (L1, 217, 23-24)

In 11 tritt ein eingliedriger Nominalsatz in der Form „pränukleares Adjektivattribut + substantivischer Nukleus + postnukleares Genitivattribut“ auf. Der einfache Nominalsatz verweist dabei auf einen physikalischen Vorgang in der Kraftfahrzeugtechnik. Im Beispiel 12 erhält der adjektivische Nukleus „verzogen“ weitere Attribute; eine Umformungsprobe führt zum Satz „beim Einbau auf der Schwungscheibe verzogenes Gehäuse für Kupplung“. In 13 hat der Nukleus „Vorteile“ neben dem Genitivattribut „dieses System“ weitere nachgestellte Attribute, die Appositionen „problemloses Anfahren, kein Abwürgen des Motors, kein Ruckeln beim Lastwechsel, kein Gaswegnehmen beim Schalten“, die mittels Doppelpunkt markiert sind. In 14 ist „bundesweit“ ein postnukleares Adjektivattribut zu „einzige Kältemittel-Wiederaufbereitung“; der Nominalsatz kennzeichnet den Vorgang mit Ortsbezug.

In einem zweigliedrigen Nominalsatz (15) werden der Vorgang mit Ortsbezug „Kräfteumwandlung [/] am Kurbeltrieb“ bzw. der Aktionsgegenstand mit Ergebnis „Falsche Kupplung [/] eingebaut“ (16) benannt. Durch die Zweigliedrigkeit wird der Vorgang stärker betont. In 17 verweisen die Satzglieder des dreigliedrigen Nominalsatzes auf den Vorgang „Verstärkte Oxidschichtbildung“, den Ortsbezug „bei Aluminium“ sowie den Grund „durch dauerhaft hohe Kühlmitteltemperaturen“. Bei dem Beispiel 18 handelt es sich um einen Gesamtsatz aus einem zweigliedrigen „Blasgeräusche [/] im Öleinfüllstutzen oder in der Ölpeilstaböffnung“ und einem eingliedrigen nominalen Teilsatz „Kolben, Kolbenringe defekt“, wobei die Teilsätze durch einen Doppelpunkt voneinander abgegrenzt sind und die logische Beziehung von *conditio* versus *consequentia* markieren.

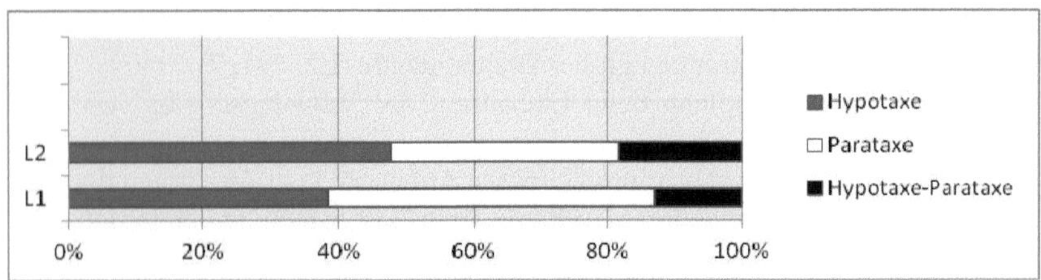

Abb. 204: Komplexe Verbalsätze in den Sätzen des Textkorpus in Lehrbüchern

Bei den komplexen Verbalsätzen ist der Anteil an Hypotaxen und Parataxen sehr hoch. In L1 gibt es Hypotaxen zu 38,4 %, in L2 zu 47,7 %. Parataxen treten mit einem Anteil von 48,7 % (L1) bzw. 34,1 % (L2) auf. Der Anteil der parataktisch-hypotaktischen Satzkombinationen am Gesamtanteil der Satzkonstitutionen ist mit 12,9 % (L1) bzw. 18,2 % (L2) deutlich geringer (Abb. 204).

Bei den Parataxen überwiegen mit 87,5 % die jeweiligen Satzkombinationen aus zwei Teilsätzen (19-22). Parataxen mit drei Teilsätzen (23) gibt es in L2 mit einem Anteil von 6,4 %, in L1 bis zu 13,2 %. In L2 ist in einem Fall eine Parataxe aus sechs Teilsätzen nachzuweisen (26). In L1 finden sich in drei Fällen Parataxen aus vier Teilsätzen (24), vereinzelt kommen in L1 Parataxen mit bis zu fünf (25) und sieben Teilsätzen vor (27). Repräsentative Beispiele sind:

19. Dazu benötigt die Kupplung Betriebstemperatur, vor der Prüfung muss also eine kurze Fahrt mit mehreren Kuppelvorgängen durchgeführt werden. (L2, 504, 22-24)
20. Der Zylinderkopf begrenzt den Verbrennungsraum und bestimmt Größe und Bauart des nahezu ganzen Kompressionsraums. (L1, 213, 27-29)
21. Die Schaufeln des vom Freilauf (8) festgehaltenen Leitrades (7) – es kann sich nur in Motorrichtung mitdrehen – stellen sich dem vom Turbinenrad (5) abfließenden Flüssigkeitsstrom (S) entgegen. (L2, 538, 13-15)
22. Chlorverbindungen im Trinkwasser (250 mg/l Chlorid sind laut Trinkwasserverordnungen zulässig) führen bei hohen Temperaturen zu „Holzwurmeffekt“. (L1, 236, 24-27)
23. Motor laufen lassen, auskuppeln und großen Gang einlegen. (L2, 504, 26)

24. In jeder Kolbennut befindet sich ein Sicherungsstift als Verdrehsicherung, so können Ringe nicht in Zylinderschlitzen gleiten, ausfedern und einhaken. (L1, 287, 17-20)
25. Motor mit Druckluft durch den Kühler ausblasen, Kühlkreis mit Wasser füllen, verschließen, Motor 2 min laufen lassen, Wasser ablassen. (L1, 237, 26-28)
26. Die treibenden Scheiben sind meist mit Außenmitnehmern versehen und axial verschiebbar, aber drehfest in einem Kupplungskorb gelagert; die getriebenen Scheiben meist mit Innenmitnehmern versehen und axial verschiebbar, aber drehfest auf einer Nabe angebracht. (L2, 506, 8-11)
27. Das Motorgehäuse soll
    - zusammen mit dem Kolben den Verbrennungsraum bilden und den Kolben führen,
    - hohen Temperaturen und großen Wärmespannungen durch schnelle Temperaturwechsel ohne große Wärmedehnung standhalten und die Wärme schnell an das Kühlmittel abführen,
    - bei hohem Verbrennungsdruck und Kolbenreibung durch hohe Verschleißfestigkeit und Formsteifigkeit und gute Gleiteigenschaften auch bei Notlauf eine hohe Standzeit erzielen,
    - korrosionsfest gegenüber Kraftstoff und Verbrennungsrückständen sein und möglichst geringes Eigengewicht aufweisen. (L1, 213, 9-22)

In 19 und 20 handelt es sich jeweils um einen Gesamtsatz aus zwei verbalen Teilsätzen, die asyndetisch (19) bzw. syndetisch (20) verbunden sind. Durch die Teilsätze werden zwei aufeinander bezogene Handlungen dokumentiert, die sich inhaltlich ergänzen. In 21 und 22 liegt ebenfalls ein Gesamtsatz aus zwei verbalen Teilsätzen vor; es existiert in beiden Beispielen jeweils eine durch Gedankenstriche (21) bzw. in Klammern dargestellte (22) Parenthese, die Sachverhalte zum „Leitrad“ bzw. zu den „Chlorverbindungen im Trinkwasser“ näher erläutert. Eine Parataxe aus drei Teilsätzen findet sich in 23; die Teilsätze sind monosyndetisch gereiht und kennzeichnen eine chronologische Handlungsabfolge. Beispiel 24 gibt eine Parataxe aus vier Teilsätzen an, die ebenfalls monosyndetisch miteinander verbunden sind. Die Teilsätze verweisen auf aufeinander bezogene Handlungen, die sich inhaltlich ergänzen. Eine Parataxe aus fünf Teilsätzen ist in 25 gegeben; die Teilsätze sind dabei asyndetisch gereiht und verweisen auf eine chronologische Handlungsabfolge. In 26 handelt es sich um eine parataktische Satzkombination aus sechs Teilsätzen, die syndetisch und asyndetisch gereiht sind. Bezogen auf die „treibenden Scheiben“ und die „getriebenen Scheiben“ existiert zwischen den ersten drei und den letzten drei Teilsätzen eine durch ein Semikolon gesetzte Zäsur. Im Beispiel 27 liegt ein Gesamtsatz aus sieben Teilsätzen vor, die mittels Aufzählungszeichen hervorgehoben werden. Dabei erhalten die Hauptsätze das gleiche Subjekt „Das Motorgehäuse“ sowie den gleichen Prädikatsteil „soll“, die in den Teilsätzen aufgrund der Vorerwähntheit elliptisch ausgelassen und optisch als übergeordnet in der ersten Zeile dargestellt werden. Die Teilsätze in den Beispielen 26 und 27 stellen aufeinander bezogene Sachverhalte dar.

Bei den Hypotaxen überwiegen mit 87 % die jeweiligen Satzkombinationen aus zwei Teilsätzen (28, 29). Bei den Hypotaxen kommt es neben den Verbindungen aus zwei Teilsätzen auch zu Hypotaxen aus drei Teilsätzen (30, 31), wobei diese einen Anteil von nur 11,9 % darstellen. In insgesamt vier Fällen tauchen Hypotaxen aus vier Teilsätzen auf (32).

28. Zum Gangwechsel muss durch Auskuppeln die Antriebslast von der Mitnehmerverzahnung der Zahnräder oder der Schaltmuffe genommen werden, um das Schalten in ein anderes Zahnradpaar zu ermöglichen. (L2, 492, 4-6)
29. Befindet sich das Fahrzeug in Bewegung, wird der Fuß vom Kupplungspedal genommen. (L2, 492, 17-18)
30. Ist zusätzlich ein Vordämpfer verbaut, übernimmt dieser zunächst die Dämpferfunktion, bevor der Hautdämpfer zu arbeiten beginnt. (L2, 498, 27-28)
31. Ein Kristallgemisch eignet sich gut als Lagermetall, da die harten Körner des Zinns besonders tragfähig sind, während die weichen Bleibestandteile zur Schmierung beitragen. (L1, 227, 35-38)
32. Damit nicht gleichzeitig zwei Gänge geschaltet werden können, was ein Blockieren des Getriebes zur Folge hätte, sind zwischen den Schaltstangen Schaltsperren und Gangarretierungen angeordnet, die in entsprechenden Bohrungen des Gehäuses geführt sind. (L2, 525, 2-4)

In 28 und 29 treten Hypotaxen aus einem verbalen Haupt- und Nebensatz auf; als Nebensatztypen finden sich in 28 ein Finalsatz als zweiter Teilsatz und in 29 ein Konditionalsatz als erster Teilsatz. Die Teilsätze verweisen auf die Informationsabfolge *Handlung – Motivation* (28) bzw. *conditio – consequentia* (29). In den Beispielen 30 und 31 sind Gesamtsätze aus drei Teilsätzen gegeben. Beispiel 30 zeigt als ersten Teilsatz einen Konditionalsatz, als zweiten Teilsatz einen Hauptsatz und als dritten Teilsatz einen Temporalsatz an, der vom Verbum finitum des Hauptsatzes abhängig ist. Die ersten beiden Teilsätze benennen die kommunikative Funktion *conditio-consequentia*, der letzte Teilsatz verweist auf den Zeitbezug. In 31 liegt beim ersten Teilsatz ein Hauptsatz, beim zweiten Teilsatz ein Kausalsatz und beim dritten Teilsatz ein Verhältnissatz, ein Adversativsatz, vor; wobei die Nebensätze den Grund und den Gegensatz kennzeichnen. Im Beispiel 32 sind Hypotaxen aus vier Teilsätzen vorhanden. Es handelt sich beim ersten Teilsatz um einen Finalsatz, beim zweiten Teilsatz um einen weiterführenden Nebensatz, beim dritten Teilsatz um einen Hauptsatz und beim vierten Teilsatz um einen Attributsatz. Der weiterführende Nebensatz ist im Gesamtsatzgefüge vom Finalsatz abhängig; der Attributsatz ist dem Nukleus „Schaltsperren und Gangarretierungen" des Hauptsatzes untergeordnet. Die ersten beiden Teilsätze verweisen auf den Zweck der Handlung, die letzten beiden Teilsätze kennzeichnen die Handlung.

Bei parataktisch-hypotaktischen Satzkombinationen liegt der Schwerpunkt mit 72,8 % auf Satzkombinationen mit drei Teilsätzen (33, 34). Mit einem Anteil von 10 % (L1) bzw. 25,3 % (L2) an allen parataktisch-hypotaktischen Satzkombinationen werden vier Teilsätze zusammengefügt (35, 36); vereinzelt finden sich Gesamtsätze aus fünf (37) und sechs Teilsätzen (38, 39, 40). Repräsentative Beispiele sind:

33. Sie [= Trockenkupplungen] haben ihren Namen daher, weil sie nicht im Ölbad, sondern trocken laufen. (L2, 492, 31-32)
34. Dies ist nur möglich, wenn die Dichtung die richtige Dicke aufweist, das richtige Anzugsdrehmoment und die richtige Positionierung bei der Montage erfährt. (L1, 214, 39-41)
35. Sobald der Motor aber seine Betriebstemperatur erreicht hat, muss er vor Überhitzung geschützt, also gekühlt werden, um keinen Schaden zu nehmen. (L2, 148, 2-4)
36. Bei betriebswarmem Fahrzeug Kupplung treten, 3 bis 4s warten, damit die Zahnräder im Getriebe still stehen, dann den Rückwärtsgang einlegen. (L2, 504, 33-34)
37. Sollen einzelne ersetzt werden, müssen neue Ringe vorsichtig mittels Kolbenringzange gespreizt und aufgezogen werden, sonst verlieren sie die Vorspannung und können brechen. (L1, 225, 37-40)
38. Es ist jedoch nicht sinnvoll, da der Motor seine Betriebstemperatur möglichst schnell erreichen soll, der ständig laufende Lüfter dem aber entgegenwirkt, der permanente Lüfterlauf selbst bei Betriebstemperatur des Motors gar nicht erforderlich ist, aber zusätzlich Kraftstoff kostet und die verfügbare Leistung reduziert. (L2, 154, 16-19)
39. Das **Zweimassenschwungrad** als Ganzes soll
    - durch Erhöhung des Massenträgheitsmoments des Getriebes Schwingungen des Motors vom Getriebe fernhalten (ohne die zu schaltende Masse zu vergrößern),
    - Triebwerksteile schonen, leichteres Schalten ermöglichen, Getriebe und Karosseriegeräusche mindern und niedrige Motordrehzahl erlauben. (L1, 230, 14-21)

40. Die Common-Rail-Anlage soll

- einen hohen und in weiten Grenzen frei wählbaren Einspritzdruck erzeugen (etwa von 250 bis 1350 bar) und auf die Zylinder verteilen,
- unabhängig von der Druckerzeugung durch Einspritzsteuerung, Mehrfachspritzung im Verdichtungs- und im Arbeitstakt ermöglichen, durch Voreinspritzung (Piloteinspritzung) den Brennraum vorwärmen, sodass das Gemisch weich, geräuscharm und mit gesenkten Stickoxiden verbrennt,
- durch Hochdruck-Einspritzen einer geregelten Dieselmenge in die heiße, vorverdichtete Luft das Gemisch in kurzer Zeit vollständig vermischen. (L1, 270, 7-20)

In den Beispielen 33 und 34 sind parataktisch-hypotaktische Satzkombinationen aus drei Teilsätzen gegeben, wobei als erster Teilsatz der Hauptsatz und als zweiter und dritter Teilsatz Nebensätze erscheinen. In 33 handelt es sich bei den Nebensätzen um Kausalsätze, in 34 um Konditionalsätze, die den Grund bzw. die Bedingung angeben. Parataktisch-hypotaktische Satzstrukturen aus vier Teilsätzen finden sich in 35 und 36. In 35 handelt es sich beim ersten Teilsatz um einen Temporalsatz, beim zweiten und dritten Teilsatz um Hauptsätze und beim vierten Teilsatz um einen Finalsatz. Durch die Teilsätze werden die Bezüge *Zeit, Handlung* und *Motivation* verbunden. In 36 werden drei Hauptsätze als erster, zweiter und vierter Teilsatz des Gesamtsatzgefüges und ein Finalsatz als dritter Teilsatz miteinander verbunden. Durch die Teilsätze wird eine chronologische Handlungsabfolge begründet, verstärkt durch das Satzglied „dann" im vierten Teilsatz. Im Beispiel 37 liegt eine parataktisch-hypotaktische Satzkombination aus fünf Teilsätzen vor, bestehend aus einem Konditionalsatz (1. Teilsatz) und vier gereihten Hauptsätzen (2, 3, 4. und 5. Teilsatz des Gesamtsatzgefüges). Der Konditionalsatz verweist auf die Bedingung; der zweite und dritte Teilsatz (Hauptsätze) fungieren als Handlungsanweisung; der vierte und fünfte Teilsatz (Hauptsätze) geben die Konsequenz bei Nichtbeachten der Handlungsanweisung an. In 38, 39 und 40 sind Gesamtsätze aus sechs Teilsätzen gegeben. In 38 kommt als erster Teilsatz der Hauptsatz vor; beim zweiten, dritten, vierten, fünften und sechsten Teilsatz handelt es sich um Kausalsätze. Der Hauptsatz und die Nebensätze kennzeichnen die Informationsabfolge *Aussage – Begründung*. In 39 und 40 sind die Teilsätze mittels Aufzählungszeichen hervorgehoben, wobei in 39 der Begriff **„Zweimassenschwungrad"** drucktechnisch mittels Fettdruck hervorgehoben wird. Die Gesamtsätze bestehen jeweils aus fünf gereihten Hauptsätzen und einem Nebensatz. In 39 handelt es sich beim Nebensatz um einen

Modalsatz als zweiten Teilsatz und in 40 um einen Konsekutivsatz als fünften Teilsatz des jeweiligen Gesamtsatzgefüges. Die Teilsätze in 39 und 40 geben aufeinander bezogene Handlungen an, die sich inhaltlich ergänzen. Zusätzlich wird durch den Modalsatz die spezifische Durchführungsart und den Konsekutivsatz die Folge der Handlungen markiert.

Bei den Nominal-/Verbalsatzkombinationen stellen die Verbindungen, die aus einem Nominalsatz und einem einfachen Verbalsatz bestehen, mit 59,8 % den größten Anteil aller Typen dar (41-44). Kombinationen aus drei Teilsätzen (45, 46, 47) sind in L1 mit einem Anteil von 23,2 % und in L2 mit einem Anteil von 33,3 % vertreten. Weiterhin gibt es in L2 Verbindungen aus vier (48) und sechs Teilsätzen (50); in L1 sind vereinzelt Nominal-/Verbalsatzkombinationen aus 4 (49), 6 (51), 8 (52), 10 (53) und 13 Teilsätzen (54) nachzuweisen. Repräsentative Beispiele sind:

41. Ein- und Auslassventile stehen sich gegenüber (Querstromkopf). (L1, 214, 6-7)
42. Blasgeräusche Ansaugkrümmer: Einlassventile sind undicht. (L1, 217, 19-20)
43. Der Ausgleichsbehälter soll, an höchster Stelle sitzend, durch integrierten Luftpuffer Volumenänderungen des Kühlmittels (Erwärmen, Abkühlen) und Druckschwankungen ausgleichen. (L1, 242, 30-33)
44. **Merkmale Brennstoffzelle**: geringe Geräusche, höherer Wirkungsgrad als konventionelle Motoren, nahezu keine Schadstoffemission vor Ort, geringe Wärmeentwicklung, hoher Preis, Tanks plus Apparatur erfordern zusätzlichen Stauraum. (L1, 285, 33-37)
45. Niederdruckguss ist teuer, hohe Temperatur der Schmelze, Problem der Si-Vorausscheidung beim Erstarren, hohe Anforderung an Bearbeitung (hart). (L1, 219, 8-12)
46. Blasgeräusche aus nebeneinander liegenden Zündkerzenbohrungen: Kopfdichtung zwischen den beiden Zylindern durchgebrannt (kann in diesem Fall bei Zylinder 6 nicht sein). (L1, 217, 28-31)
47. Wenn auch durch die große Schräglage des V-Motors von 45° gemindert, wechselt der Kolben vom Verdichtungs- zum Arbeitstakt die Zylinderanlageseite, was Kolbenkippen und damit Geräusche verursacht. (L1, 223, 20-24)
48. Im eingekuppelten Zustand sorgt eine hinter dem Kolben des Nehmerzylinders angeordnete Feder dafür, dass das Ausrücklager immer spielfrei an der Druckplatte anliegt und ständig mitläuft (Selbstnachstellung). (L2, 502, 5-7)
49. Solange es geöffnet ist, wird Kraftstoff in den Brennraum gespritzt, da der Gegendruck auf den Injektorkolben von oben fehlt (Differenzdruck). (L1, 272, 45-49)

50. Außer bei der Porsche-Synchronisierung erfolgt das <Auf-Gleichlauf-Bringen> durch konische Synchronringe, die beim Betätigen des Schalthebels auf einen passenden Gegenkonus des Kupplungskörpers des Gangrades aufgeschoben werden und durch Reibung das Gangrad abbremsen (Hinaufschalten) bzw. beschleunigen (Zurückschalten). (L2, 519, 1-4)
51. Gemisch aus G12 (rot) und destilliertem Wasser auffüllen, Entlüftung beachten, warm laufen lassen, Probefahrt, Kühlmittelstand prüfen, gegebenenfalls ergänzen. (L1, 237, 30-33)
52. Messen der Leckölmenge, Leckölleitungen abziehen, dafür Prüfleitungsstücke aufstecken, in Prüfgefäß geben, Motor kurz laufen lassen, vergleichen (nicht Diesel über Motor laufen lassen, sonst wird Motorwäsche fällig!). (L1, 276, 20-24)
53. Die Pumpenumlaufkühlung soll
    - helfen, die Motor-Betriebstemperatur schnell und gleichmäßig zu erreichen und einzuhalten
    - die Bauteile vor Überhitzung schützen (begrenzte Warmfestigkeit) durch Ableiten der überschüssigen Wärmemenge an
        - die Umgebungsluft,
        - einen Wärmespeicher,
        - den Wärmetauscher der wählhebelgesteuerten konventionellen Heizung oder ungesteuert an den Wärmetauscher der Klimatisierungsautomatik,
    - übermäßig starke Erwärmung der Frischgase verhindern (verbesserter Füllungsgrad und Minderung von unkontrollierter Fremdzündung),
    - eine zu große Erwärmung des Schmieröls und damit eine Veränderung der Schmieröleigenschaften verhindern (Ölaltern, Viskosität),
    - zusätzlich Motorgeräusche dämpfen. (L1, 232, 10-28)
54. Der Kolben soll
    - das Kurbelgehäuse beweglich mit geringem Spiel gegen den Verbrennungsraum abdichten (Brenngase aus dem Brennraum und Öl aus dem Kurbelgehäuse),
    - beim Ansaugtakt den notwendigen Unterdruck erzeugen, das angesaugte Luft-Kraftstoff-Gemisch verdichten und die Abgase aus dem Verbrennungsraum ausstoßen,
    - die bei der Verbrennung entstehende Kolbenkraft aufnehmen und an Kolben und Pleuelstange mit geringen Reibverlusten weiterleiten,
    - die Verbrennungswärme aufnehmen und schnell an Motoröl und Zylinder ableiten, ohne sich selbst zu stark zu verformen,
    - nur eine geringe Masse aufweisen, um als beschleunigte und verzögerte Masse die Kurbelwelle nicht zu Schwingungen anzuregen und die Lager nicht zusätzlich zu belasten. (L1, 221, 8-26)

In den Beispielen 41, 42, 43 und 44 sind Nominal-/Verbalsatzkombinationen aus zwei Teilsätzen vorhanden. In 41 wird ein einfacher Verbalsatz mit einem in Klammern dargestellten nominalen Teilsatz „Querstromkopf" verbunden, der als Parenthese den Inhalt des Verbalsatzes nominalisiert. Im Beispiel 42 werden ein zweigliedriger Nominalsatz, der die Nennung „Blasgeräusche" und die Spezifizierung „Ansaugkrümmer" angibt, und ein einfacher Verbalsatz verbunden. Die Teilsätze sind dabei durch einen Doppelpunkt abgetrennt und bezeichnen die *conditio* und die *consequentia*. Im Beispiel 43 erhält die Nominal-/Verbalsatzkombination ein Modaladverbiale „an höchster Stelle sitzend" im ersten Teilsatz, das durch Kommata abgetrennt ist, und eine in Klammern dargestellte Parenthese aus einem eingliedrigen Nominalsatz „Erwärmen, Abkühlen", welcher ausdrucksseitig aus Konversionen von Infinitiven besteht und inhaltsseitig auf physikalische Vorgänge verweist. In 44 ist der erste Teilsatz des Gesamtsatzgefüges ein eingliedriger Nominalsatz „Merkmale Brennstoffzelle", der drucktechnisch mittels Fettdruck hervorgehoben ist. Die weiteren Begriffe „geringe Geräusche, höherer Wirkungsgrad als konventionelle Motoren, nahezu keine Schadstoffemission vor Ort, geringe Wärmeentwicklung, hoher Preis" dienen als Attribute (Appositionen) in Fernstellung zu „Merkmale". Beim letzten Teilsatz handelt es sich um einen einfachen Verbalsatz. Drucktechnisch wird der Nukleus durch einen Doppelpunkt von den Attributen und dem Verbalsatz abgegrenzt. In den Beispielen 45, 46 und 47 sind Nominal-/Verbalsatzkombinationen aus drei Teilsätzen vertreten. In 45 ist der erste Teilsatz ein einfacher Verbalsatz; der zweite Teilsatz besteht aus einem Nominalsatz mit gereihten Nuklei „hohe Temperatur der Schmelze, Problem der Si-Vorausscheidung beim Erstarren, hohe Anforderung an Bearbeitung", die begründen, warum der Niederdruckguss teuer ist; der letzte Teilsatz ist ein eingliedriger Nominalsatz „hart", der drucktechnisch in Klammern dargestellt ist und eine Wertung angibt. In 46 werden zwei nominale Teilsätze verbunden, die mittels Doppelpunkt hervorgehoben sind und die kommunikative Funktion *conditio* versus *consequentia* benennen; zusätzlich existiert ein in Klammern dargestellter verbaler Nachsatz. In 47 findet sich ein abhängiger nominaler Modalsatz als erster Teilsatz mit einem Hauptsatz (2. Teilsatz) und einem weiterführenden Nebensatz (3. Teilsatz). Der abhängige nominale Modalsatz hat den Nukleus „gemindert" mit weiteren vorangestellten Attributen „auch durch die große Schräglage des V-Motors von 45°". Der nominale Teilsatz und die verbalen Teilsätze verweisen auf den Kommunikationsrahmen *conditio-consequentia.* In den Beispielen 48 und 49 liegen Nominal-/Verbalsatzkombinationen aus drei verbalen Teilsätzen und einem in Klammern darstellten nominalen Teilsatz („Selbstnachstellung", „Differenzdruck“) vor, der den Inhalt der verbalen Teilsätze nominalisiert. Im Beispiel 48 handelt es sich bei den verbalen Teilsätzen um einen Hauptsatz (1. Teilsatz) und zwei syndetisch gereihte Objektsätze (2. und 3. Teilsatz), die auf das Korrelat „dafür“ im Hauptsatz verweisen; im Beispiel 49 handelt es sich um einen Temporalsatz als ersten Teilsatz, einen Hauptsatz als zweiten Teilsatz und einen Kausalsatz als dritten Teilsatz. In den Beispielen 50 und 51 ist jeweils eine Nominal-/ Verbalsatzkombination aus sechs Teilsätzen vorhanden. Im Beispiel 50 wird ein verbaler Hauptsatz mit drei gereihten verbalen Attributsätzen verbunden; zusätzlich erscheinen zwei in Klammern darstellte Parenthesen als eingliedrige Nominalsätze („Hinaufschalten“; „Zurückschalten“), die ausdrucksseitig Konversionen von Infinitiven sind und inhaltsseitig die notwendige Bedingung angeben. In 51 werden fünf verbale Hauptsätze (1., 2., 3., 5. und 6. Teilsatz) mit einem nominalen Hauptsatz „Probefahrt“ (4. Teilsatz) verbunden. Die Teilsätze kennzeichnen eine chronologische Handlungsabfolge. Der in Klammern dargestellte Ausdruck „rot“ ist ein postnukleares Adjektivattribut zum Nukleus „Gemisch“. Im Beispiel 52 ist ein Gesamtsatz, bestehend aus einem eingliedrigen Nominalsatz (1. Teilsatz) und sieben verbalen Teilsätzen (2., 3., 4., 5., 6., 7. und 8. Teilsatz), vorhanden. Die ersten sechs Teilsätze verweisen auf die chronologische Handlungsabfolge; die letzten beiden Teilsätze sind in Klammern dargestellt und geben eine Handlungsanweisung und die Konsequenz bei Nichtbeachten dieser Handlungsanweisung an. In den Beispielen 53 und 54 werden die Teilsätze optisch mittels Aufzählungszeichen strukturiert. In 53 setzt sich der Gesamtsatz aus sechs gereihten verbalen Hauptsätzen (1., 4., 6., 8., 9. und 10. Teilsatz) unter Einschluss zweier Nominalsätze als Parenthese zusammen, die den fünften („begrenzte Warmfestigkeit“) und siebten Teilsatz („verbesserter Füllungsgrad und Minderung von unkontrollierter Fremdzündung“) des Gesamtsatzgefüges bilden. Weiter existieren zwei Infinitivsätze als zweiter und dritter Teilsatz des Gesamtsatzgefüges. Dabei werden im 4. verbalen Teilsatz gereihte Nuklei des Satzgliedteils mittels Aufzählungszeichen und Einrückung markiert. Im 9. Teilsatz gibt es zum Nukleus „Schmieröleigenschaften“ weitere Attribute in Fernstellung „Ölaltern, Viskosität“, die postnuklear zum Nukleus gesetzt und in Klammern dargestellt sind. Im Beispiel 54 besteht die Nominal-/Verbalsatzkombination aus neun parataktisch verbundenen verbalen Hauptsätzen (1., 3., 4., 5., 6., 7., 8., 9. und 11. Teilsatz) unter Einschluss eines Nominalsatzes als Parenthese (2. Teilsatz). Weiter existieren ein verbaler Modalsatz (Restriktivsatz) als zehnter Teilsatz und zwei verbale Finalsätze als 12. und 13. Teilsatz des Gesamtsatzgefüges. Die Teilsätze in 53 und 54 kennzeichnen aufeinander folgende Sachverhalte, die sich inhaltlich ergänzen.

Die Verteilung der Nebensatztypen wird wie folgt zusammengefasst:

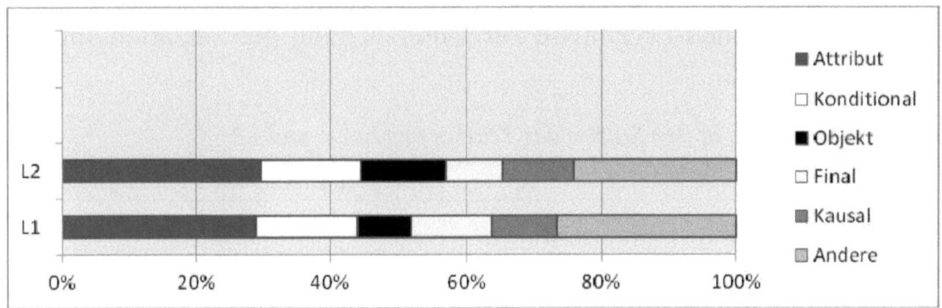

Abb. 205: Nebensatztypen in den Sätzen des Textkorpus in L1 und L2

Der Attributsatz wird mit einem Anteil von 29,3 % am häufigsten genutzt. Seltener werden ein Konditionalsatz (14,9 %), ein Kausalsatz (10,1 %), ein Objektsatz (10,2 %) und ein Finalsatz (10,2 %) eingesetzt. Die anderen Formen kommen alle mit einem Anteil von 9,6 % und weniger vor. Relativ häufig ist noch der weiterführende Nebensatz mit 9,6 % in L1 nachzuweisen. Repräsentative Beispiele sind:

55. Zwischen der Schwungscheibe des Motors (1) und der Anpressplatte aus Spezialgusseisen (2), die durch das Gehäuse (3) mit der Schwungscheibe drehfest, aber axial verschiebbar ist, befindet sich die Kupplungsscheibe (4). (L2, 493, 4-6)
56. Wurde ein Getriebe vollständig zerlegt, ist beim Zusammenbau zu beachten, dass Schaltsperren und Schaltarretierungen nicht vergessen werden! (L2, 525, 17-18)
57. Ein Kristallgemisch eignet sich gut als Lagermetall, da die harten Körner des Zinns besonders tragfähig sind, während die weichen Bleibestandteile zur Schmierung beitragen. (L1, 227, 35-38)
58. Zum Gangwechsel muss durch Auskuppeln die Antriebslast von der Mitnehmerverzahnung der Zahnräder oder der Schaltmuffe genommen werden, um das Schalten in ein anderes Zahnradpaar zu ermöglichen. (L2, 492, 4-6)
59. Um mehr Sicherheit gegen Dampfbildung (Sieden) zu bekommen, hält das Überdruckventil im Ausgleichsbehälterdeckel einen Überdruck bis zu +0,5 bar (absolut 1,5 bar), was bei reinem Wasser einem Siedepunkt von 111° entspricht, der jedoch durch Zugabe von Frostschutzmittel (50/50) auf etwa 120°C ansteigt. (L1, 243, 3-9)

Ein Attributsatz findet sich in 55 als zweiter Teilsatz der hypotaktischen Satzkombination. Ein Konditionalsatz tritt in 56 als erster Teilsatz des Gesamtsatzgefügtes auf; ein Objektsatz ist als dritter Teilsatz vorhanden, der vom Verbum finitum des zweiten Teilsatzes, dem Hauptsatz, abhängig ist. Ein Kausalsatz ist in 57 als zweiter Teilsatz vertreten. Ein Finalsatz ist in 58 als zweiter Teilsatz vorhanden. Im Beispiel 59 kommt als dritter Teilsatz ein weiterführender Nebensatz vor.

Die statistischen Ergebnisse zur Untersuchung der Satzarten sind in Tab. 26 gegeben.

Tab. 26: Satzarten in den Sätzen des Textkorpus in L1 und L2

	L1	L2
Aussage	1.437	1.401
Ergänzungsfrage	66	2
Entscheidungsfrage	9	–
Ausruf	8	2
Imperativ	31	–
Infinitivischer Imperativ	77	8
Modalsatz	17	8
Modalitätssatz	1	1

Nahezu alle Sätze des Textkorpus sind Aussagesätze (L1: 87,4 %; L2: 98,5 %). Aufforderungssätze sind dagegen selten (L1: 7,6 %; L2: 1,2 %). Dabei treten verschiedene Formen der Aufforderungssätze auf: Der imperativische Infinitiv (60) ist in L1 zu 5 % und in L2 zu 0,6 % vertreten; der Modalsatz tritt in beiden Lehrbüchern mit einem durchschnittlichen Anteil von 0,8 % auf (61, 62); auf den Imperativ wird nur in L1 zu 1,9 % zurückgegriffen (63); in L2 und L1 wird jeweils ein Modalitätssatz genutzt (64). In L1 werden in insgesamt 4 % aller Fälle Ergänzungsfragen (65), in L2 in zwei Fällen eine Ergänzungsfrage gestellt (66). Entscheidungsfragen sind nur in L1 nachzuweisen (67). Ausrufesätze haben in L1 einen Anteil von 0,5 % (68), in L2 werden zwei Ausrufesätze ermittelt (69). Der relativ höhere Anteil an Ergänzungsfragen und Imperativen in L1 ist darauf zurückzuführen, dass am Ende jedes Themenkomplexes dem Lerner Wissen abgefragt wird, um das Erlernte zu festigen.

60. Standprüfung durchführen. (L2, 504, 22)
61. Beim Herunterschalten muss das Gangrad durch Zwischengas beschleunigt werden. (L2, 299, 38-39)
62. Der Ringstoß muss wegen besserer Feinabdichtung versetzt angeordnet werden. (L1, 225, 44-45)
63. *Erstellen Sie einen Arbeitsplan zur Zylinderinnenausmessung!* (L1, 219, 69-70)

64. Bei der Ölstandskontrolle sowie beim Ölwechsel im Automatikgetriebe sind unbedingt die Herstellerangaben zu beachten. (L2, 563, 31-32)
65. *Was ist die Aufgabe der Kurbelgehäuseentlüftung?* (L1, 219, 68)
66. Wann <*rutscht*> *eine Kupplung durch?* (L2, 504, 21)
67. Liegt etwa Batteriespannung an Schalterkontakten? (L1, 241, 4-5)
68. Die Einbaulage des Thermostaten beachten! (L1, 239, a)
69. Ein zu hoher Anteil an Frostschutzmittel verringert die Kühlwirkung! (L2, 150, 9)

4.3.4 Satzglieder und lexikalische Merkmale

In die Analyse der Satzglieder bzw. der lexikalischen Merkmale fließen insgesamt 5.291 Begriffe aus den als relevant erkannten fünf Wortschatzbereichen „Hersteller", „Benutzer", „Auto", „Autoteile" und „Autofunktion" ein. Die Abb. 206 zeigt ihre Verteilung.

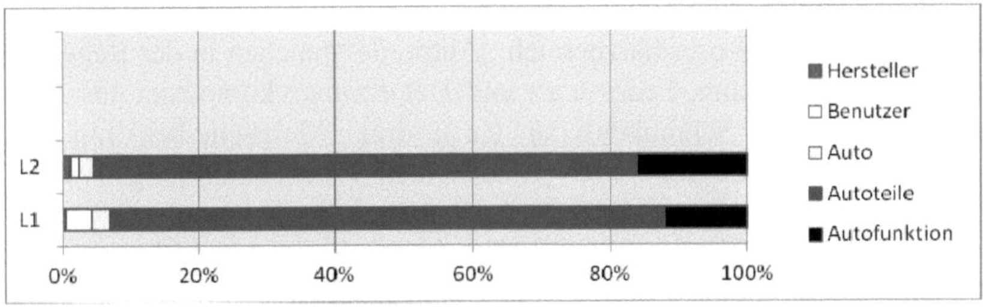

Abb. 206: Wortschatzbereiche in den Sätzen des Textkorpus in Lehrbüchern

Bei den objektbezogenen Wortschatzbereichen überwiegen in beiden Lehrbüchern Begriffe bzw. Satzglieder zu den „Autoteilen". Insgesamt entfallen 80,4 % aller Begriffe in diesen Wortschatzbereich. Die Vielfalt der genutzten Begriffe ist hier am größten. Dies ist darauf zurückzuführen, dass in den Lehrbüchern komplexe Vorgänge erklärt werden. Dazu gehört die detaillierte Benennung einzelner Teile, wie zum Beispiel unterschiedlicher Kupplungsarten:

> Sie sind als **Lamellen- oder Mehrscheibenkupplungen** ausgeführt. Hierbei werden mehrere Scheiben – **statt nur einer Kupplungsscheibe bei der Einscheibenkupplung** – zur Übertragung des Drehmoments herangezogen. [...] **Bei Nasskupplungen** läuft **die Lamellenkupplung** teilweise im Ölbad (Öl geringer Viskosität, keinesfalls Getriebeöl), **bei Halbnasskupplungen** läuft **die Kupplung** nur im Ölnebel, sie taucht selbst nicht in das Öl ein. (L2, 506, 2-15)[127]

127 Hervorhebungen durch die Autorin.

Entsprechend finden sich in den Textexemplaren Begriffe wie

– Autoteile: Kupplung, Trennkupplung, Membranfederkupplung, Einscheiben-Trockenkupplung, Lamellenkupplung, Mehrscheibenkupplung, Nasskupplung, Magnetpulverkupplung, Visco-Lüfterkupplung, Tellerfederkupplung, Scheibenfederkupplung, Wandlerüberbrückungskupplung, Viscokupplung, Haldex-Kupplung, Verbrennungsmotor, Leichtmetall-Motor, Ottomotor, Viertakt-Ottomotor, Zweitakt Ottomotor, Einzylindermotor, Fahrzeugbremsen, Handbremse, Scheibenbremse, Trommelbremse, Feder, Schraubenfeder-, Tangentialblattfeder, Dreieckblattfeder, Wasserpumpe, Außenzahnradpumpe, Ölpumpe, Kraftstoffförderpumpe, Bosch-Axialkolben-Verteilereinspritzpumpe (VE), Sicherheitsschulter, Felgenaußenschulter, Felgeninnenschulter, Tiefbettfelge, Steilschulterfelge, Trilexfelge, Diebstahlwarnanlage, Scheinwerfer-Reinigungsanlage, Heißfilmluftmassenmesser u.a.

Die Begriffe im Wortschatzbereich „Autoteile" tauchen in der Regel als Simplizia (Kupplung, Feder u.a.) und Determinativkomposita aus zwei (Trennkupplung, Schraubenfeder u.a.), drei (Mehrscheibenkupplung, Leichtmetall-Motor u.a.), vier (Einscheiben-Trockenkupplung, Außenzahnradpumpe u.a.) und fünf (z.B. Heißfilmluftmassenmesser) Grundmorphemen auf. Dabei werden die Konstituenten aufgrund besserer Lesbarkeit häufig mittels Bindestrichen voneinander abgetrennt (z.B. Viertakt-Ottomotor).

Deutlich seltener (13,9 %) sind Begriffe dem Wortschatzbereich „Autofunktion" zuzuordnen. Bezeichnungen für den Wortschatzbereich „Autofunktion" finden sich in den folgenden Begriffen wieder:

– Autofunktion: Fahrdynamikfunktion, Kupplungsfunktion, Stand-by-Control (SBC), Antiblockiersystem (ABS), Elektronisch-pneumatische Schaltung (EPS), Sensotronic Brake Control (SBC), Antriebsschlupfregelung (ASR), Motorschleppmomentregelung (MSR), Elektronisches Stabilitätsprogramm (ESP), Elektronisch geregeltes Bremssystem (EBS) u.a.

Im Wortschatzbereich „Autofunktion" sind die meisten fachsprachlichen Begriffe vorhanden (z.B. Stand-by-Control (SBC)). Weiter finden sich Abkürzungswörter, die häufiger in Form von linearen Initialabkürzungen wie z.B. ASR für Antriebsschlupfregelung, MSR für Motorschleppmomentregelung sowie ESP für Elektronisches Stabilitätsprogramm auftreten. Hier verweist jede Initiale auf ein Grundmorphem.

Innerhalb des Lehrbuchs werden Begriffe zum Wortschatzbereich „Auto“ mit weniger variantenreicheren Möglichkeiten wie „Fahrzeug“, „Nutzfahrzeug“, „LKW“, „Omnibus“, „Kompaktwagen“, „Kleinwagen“, „Sportwagen“ u.a. bezeichnet. Im Durchschnitt entfallen auf diesen Wortschatzbereich lediglich 2,5 % aller Begriffe.

Bei den subjektbezogenen Begriffen entfallen in L1 3,6 % und in L2 1,3 % aller Begriffe auf den Wortschatzbereich „Benutzer“. In L1 wird der „Benutzer“ häufiger durch das Anredepronomen „Sie“ angesprochen; in beiden Textexemplaren tritt auch das Indefinitpronomen „man“ auf. Gelegentlich wird auf die Bezeichnungen „Fahrer“ bzw. „Autofahrer“ zurückgegriffen.

Verschwindend gering ist der Anteil der Begriffe zum „Hersteller“. In L1 können 0,5 % und in L2 1,1 % aller Begriffe diesem Wortschatzbereich zugeordnet werden. In der Regel führt er sich selbst mit der 1. Person Plural „wir“ oder mit „Automobilhersteller“ und „Wettbewerber“ ein; gelegentlich wird auf den Namen der Dienststelle wie „BMW“ und „Mercedes Benz“ zurückgegriffen.

Bei der Verteilung des Subjekts in Sätzen über die Wortschatzbereiche zeigt sich folgendes Bild:

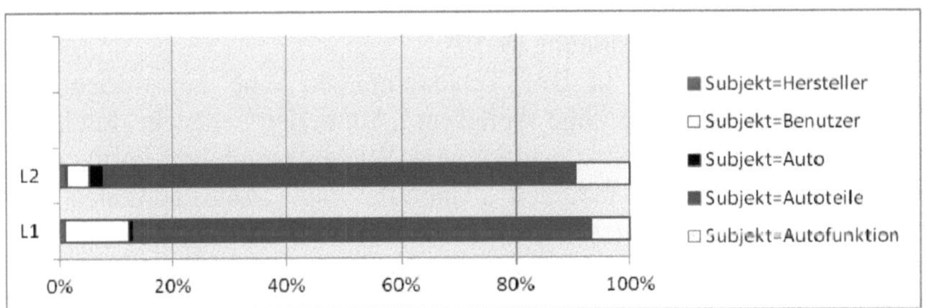

Abb. 207: Verteilung des Subjekts in Sätzen über die Wortschatzbereiche in Lehrbüchern

Als Subjekt können alle Wortschatzbereiche ermittelt werden:

1. Sobald **der Motor** aber seine Betriebstemperatur erreicht hat, muss er vor Überhitzung geschützt, also gekühlt werden, um keinen Schaden zu nehmen. (L2, 148, 2-4)
2. **Die Kupplung** stellt eine lösbare Verbindung zwischen Motor und Schaltgetriebe dar. (L1, 289, 1-2)
3. Bei seitlicher Bewegung nach links wird **die Leergangstellung** geschaltet. (L2, 529, 1)

4. Zusätzlich zu der adaptiven Getriebesteuerung ermöglicht **die Porsche-Tiptronic** engagierten Automatikfahrern, die Gänge manuell zu schalten. (L1, 318, 2-4)
5. **Ein Kraftfahrzeug** benötigt zum Anfahren, Beschleunigen und in Steigungen eine hohe Durchzugskraft (L1, 297, 3-4)
6. Genau da liegt das Problem, wenn **Fahrzeuge** mit Wasserkühlung große Höhenlagen überwinden müssen. (L2, 151, 12-13)
7. Beschreiben **Sie** die Wirkungsweise der hydraulischen Kupplungsbetätigung! (L1, 295, 78-79)
8. Das Rutschen der Kupplung beim Anfahren bewirkt **der Fahrer** durch allmähliches <Kommenlassen> der Kupplung. (L2, 492, 14-15)
9. Hier haben **wir** eine komfortable Betätigung. (L1, 291, 9)
10. Im Zusammenhang mit dem Einbau von stufenlosen Automatikgetrieben verwenden **einige Hersteller** zwischen Motor und Getriebe eine so genannte Magnetpulverkupplung. (L2, 507, 2-4)

Dabei werden die Begriffe zu den „Autoteilen" mit einem Anteil von durchschnittlich 81,4 % aller Subjekte genutzt (1-2). Eine „Autofunktion" wird in lediglich 8,1 % (3-4), das „Auto" in 1,8 % aller Fälle zum Subjekt (5-6). Bei den subjektbezogenen Begriffen wendet sich L1 deutlich häufiger an den „Benutzer" als Subjekt (11,2 %) (7) als L2 (4 %) (8). Verschwindend gering tritt der „Hersteller" auf; als Subjekt findet er in 1,2 % aller Fälle Erwähnung (9-10).

Insgesamt herrscht in den Textexemplaren eine objektorientierte Struktur. Der insgesamt hohe Anteil an „Autoteilen" entsteht durch die häufig eingesetzten Passivkonstruktionen. Wie aufgrund ihrer Form zu erwarten ist, finden sich lediglich „Autoteile" und „Autofunktionen" als Subjekt. Auf den „Benutzer" wird in den meisten Fällen verzichtet. In L1 ist das Anredepronomen „Sie" die häufigste Form der Benutzeranrede. Dies geschieht durch Imperativsätze in der Satzgliedreihenfolge „Imperativ + Subjekt + Objekt", in der ein „Benutzer" als Subjekt hervortritt.

4.3.5 Rolle der Semantik bei der Ermittlung der Verbvalenz

Insgesamt werden in beiden Lehrbüchern 1.576 Verben in den Wortschatzbereichen „Autoteile", „Autofunktion" sowie „Autoteile + Autofunktion" ausgewertet.

Die statistischen Ergebnisse zu den Verben und ihren Wertigkeiten sind in Abb. 208 erfasst:

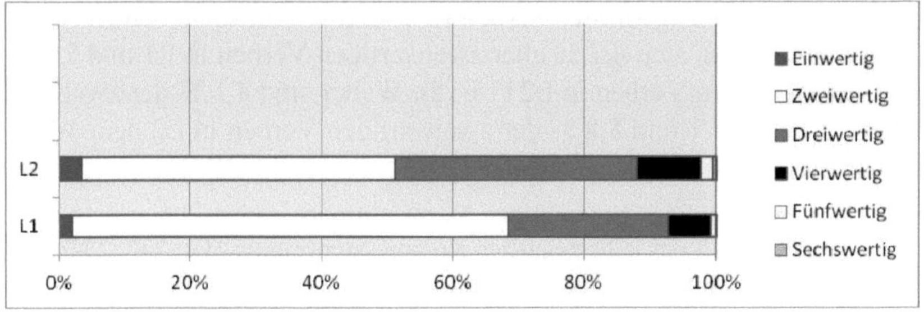

Abb. 208: Wertigkeiten der Verben in Lehrbüchern

Einwertige Verben gibt es im Durchschnitt zu 2,8 %. In L2 finden sich einwertige Verben zu 72,4 % im Wortschatzbereich „Autoteile“; zu 27,6 % sind die einwertigen Verben anderen Wortschatzbereichen zuzuordnen. In L1 werden einwertige Verben lediglich im Wortschatzbereich „Autoteile“ ermittelt. Repräsentative Beispiele sind:

1. **Das Lager**/läuft/somit/ständig/mit. (L1, 290, 30)
2. würgt/**der Motor**/ab, d.h., die Motordrehzahl fällt sehr schnell auf Null ab, ist die Kupplung in Ordnung. (L1, 292, 24-26)
3. Wann/rutscht/**eine Kupplung**? (L1, 295, 77)
4. Wann/<rutscht> /**eine Kupplung**/durch? (L2, 504, 21)

Bei den einwertigen Verben *mitlaufen, abwürgen, rutschen* und *durchrutschen* (1-4) dokumentiert sich eine generelle Tätigkeit, ohne dass in Durchführungsart oder Personenbezug spezifiziert wird. Demnach enthalten die Inhaltsseiten der Verben jeweils das Sem ‚in genereller Weise‘. Die Verben bilden den Verbalsatztypus E_N-V. Ein Bezug zum Wortschatzbereich „Autoteile“ wird durch die lexikalische Besetzung der E_N mit den Bezeichnungen „das Lager“, „der Motor“ oder „eine Kupplung“ hergestellt.

Einwertige Verben wie z.B. *abwürgen* treten als gemeinsprachliche Verben auf, die in der Inhaltsseite und Verbvalenz sich nicht vom Gebrauch in anderen Kommunikationsbereichen unterscheiden. Im großen Wörterbuch der deutschen Sprache ist zum Verbum *abwürgen* das Beispiel *(den Motor abwürgen)* und das Semem „(ugs.) (den Kfz-Motor) durch Einlegen eines zu großen Ganges oder zu schnelles Loslassen der Kupplung beim Anfahren oder durch Unterlassen des Auskuppeln beim Anhalten zum Stillstand bringen“ (D, I, 124) mit dem hier vorhandenen Befund vergleichbar.

Knapp die Hälfte aller Verben in L2 und 2/3 in L1 sind zweiwertig. Im Mittel können 79,5 % aller zweiwertigen Verben dem Wortschatzbereich „Autoteile“ zugeordnet werden (5-14). Im Wortschatzbereich „Autofunktion“ finden sich 4,7 % aller zweiwertigen Verben in L1 und 7,5 % aller zweiwertigen Verben in L2 (15-18). Weiter sind 4,1 % der zweiwertigen Verben in L1 und 8,8 % der zweiwertigen Verben in L2 dem Wortschatzbereich „Autoteile + Autofunktion“ zuzuordnen (19-21):

5. **Der Zylinderkopf**/begrenzt/**den Verbrennungsraum** und bestimmt Größe und Bauart des nahezu ganzen Kompressionsraums. (L1, 213, 27-29)
6. **Das Turbinenrad**/treibt/**das Pumpenrad**/und/damit/den Motor/an, wodurch dessen Bremskraft ausgenutzt wird. (L2, 540, 3-4)
7. Kupplung A ist geschlossen, **das hintere Hohlrad des Simpson-Planetenradsatzes**/wird angetrieben. (L2, 556, 1-2)
8. **Motor**/laufen lassen, auskuppeln und großen Gang (4. oder 5. Gang) einlegen (L1, 292, 19-20)
9. Dies kann beim Heraufschalten durch Zwischenkuppeln geschehen, indem/**das Losrad**/abgebremst wird. (L1, 299, 36-38)
10. Um Spring- und Taumelbewegungen des Rades aufgrund von ungleich verteilten Massen im Rad zu beseitigen/,werden/**Räder**/ausgewuchtet. (L1,333,2-4)
11. **Der Ausdrücker (19)**/drückt/**gegen die Membranzunge (4)**, wodurch die Membranfeder kippt und die Anpressplatte (3) entlastet wird. (L1, 289, 23-26)
12. **Kupplungsscheibe**/klemmt/**auf der Getriebewelle** (L1, 294, 5-7)
13. **Nabe der Kupplungsscheibe**/klemmt/**auf der Nutung der Antriebswelle**. (L2, 504, 11)
14. **Antriebswelle**/fluchtet/nicht/**genau mit der Kurbelwelle**. (L2, 504, 4)
15. Beim Betätigen des Bremspedals wird sie gelöst, um/**die ABS-Wirkung**/ nicht/zu behindern. (L1, 319, 15-16)
16. **Glühfunktion**/prüfen (L1, 275, b)
17. Zur Erleichterung des Schaltens und zur Auswahl des richtigen Ganges/ wurde/im Lkw-Bereich/**die EPS**/entwickelt (Mercedes-Benz). (L2, 527, 12-13)
18. Motor/laufen lassen, auskuppeln/und/**großen Gang**/einlegen. (L2, 504, 26)
19. **Die tellerförmige, von innen radial geschlitzte Membranfeder oder Tellerfeder (4)**/dient/nicht nur zur Erzeugung der Anpresskraft/, sondern/ übernimmt/auch/gleichzeitig/**die Funktion des Ausrückmechanismus**. (L1, 289, 12-16)
20. **Eine tellerförmige, von innen radial geschlitzte Membranfeder, auch Belleville-Feder genannt**/, dient/nicht/nur der Erzeugung der Anpresskraft/, sondern/übernimmt/auch/gleichzeitig/**die Funktion des Ausrückmechanismus**. (L2, 493, 27-29)
21. **Eine eigendiagnosefähige Kontrolllampe**/blinkt/**bei Fehlfunktion**. (L1, 274, 7-8)

Die Verben *begrenzen, antreiben, auskuppeln, abbremsen, auswuchten* und *drücken* bilden die Verbalsatztypen E_N-V-E_A (5-10) und E_N-V-E_{pA} (11). Das Sem ‚objektorientiert' wird durch die lexikalische Besetzung der zweiten Leerstelle durch „Autoteile" wie „Verbrennungsraum", „Pumpenrad", „Losrad", „Motor" oder „Räder" ausgedrückt. Als E_N erscheinen „Autoteile" wie „das Turbinenrad" (6) und „der Ausdrücker (19)" (11). Die Verben *klemmen* (12, 13) und *fluchten* (14) konstituieren den Verbalsatztypus E_N-V-E_{pD}. Durch die zweite Leerstelle „auf der Getriebewelle", „auf der Nutung der Antriebswelle" und „genau mit der Kurbelwelle" wird das Sem ‚zielgerichtet' realisiert. Als E_N treten „Autoteile" wie „Kupplungsscheibe" (12), „Nabe der Kupplungsscheibe" (13) und „Antriebswelle" (14) auf. In den Beispielen 15-18 wird als E_A eine „Autofunktion" wie „ABS-Wirkung", „Glühfunktion", „die EPS" und „großen Gang" genannt. Die lexikalische Besetzung der zweiten Leerstelle charakterisiert die Inhaltsseiten der Verben, aus denen jeweils das Sem ‚objektorientiert' erfolgt. Die Verben *übernehmen* (19, 20) und *blinken* (21) geben die Verbalsatztypen E_N-V-E_A (19, 20) und E_N-V-E_{pD} (21) an, deren Sememe die Seme ‚objektorientiert' (19, 20) bzw. ‚bedingungsgebunden' (21) erhalten. Auffällig ist, dass die Sätze in den Beispielen 19 und 20 fast identisch, jedoch in zwei unterschiedlichen Lehrbüchern nachzuweisen sind. In 19/20 und 21 erscheint als E_N die Bezeichnung „eine tellerförmige, von innen radial geschlitzte Membranfeder oder Tellerfeder (4)" bzw. „eine eigendiagnosefähige Kontrolllampe", wodurch ein Bezug zum Wortschatzbereich „Autoteile" hergestellt wird. Als E_A bzw. E_{pD} ist die Autofunktion („die Funktion des Ausrückmechanismus", „bei Fehlfunktion") gegeben. In 21 erscheinen als E_N „Autoteile" („eine eigendiagnosefähige Kontrolllampe").

Zum Verbum *auskuppeln* ist im großen Wörterbuch der deutschen Sprache ein vergleichbares Semem „durch Bedienung der Kupplung die Verbindung von Motor und Getriebe aufheben" im Kontext *(vor dem Schalten muss ausgekuppelt werden)* (D, I, 393) gegeben. Auch zum Verbum *abbremsen* existiert im großen Wörterbuch der deutschen Sprache ein vergleichbarer Kontext *(der Fahrer konnte gerade noch abbremsen/die Fallgeschwindigkeit auf 400km/h abbremsen)* mit dem Semem „die Geschwindigkeit [von etw.] herabsetzen, bis zum Stillstand verringern" (D, I, 66). Zum Verbum *drücken* ist bei U. Engel-H. Schumacher (E/S, 163) und im großen Wörterbuch der deutschen Sprache (D, II, 872) ein zweiwertiger Gebrauch *(Er drückt die Klingel/auf die Klingel; auf einen Knopf drücken)* mit dem Semem „einen Druck auf etw. ausüben" zu verzeichnen, welches dem hier analysierten Befund vergleichbar ist. Jedoch ist auch hier die Möglichkeit der fachsprachlichen Valenzerhöhung zur Drei- und Vierwertigkeit, die in den Lehrbüchern gegeben ist, nicht erwähnt. Zum Verbum *auswuchten* existiert in den Wörterbüchern ein technikgebundenes Semem „(Technik) sich drehende Teile von Maschinen, Fahrzeugen so ausbalancieren, dass sie sich einwandfrei um ihre Achse drehen" im Beispiel *(grundsätzlich bei jedem Wagen alle Räder <statisch und dynamisch> auswuchten lassen)* (D, I, 428; W, 225). Beim Verbum *klemmen* verzeichnet G. Wahrig das Beispiel *(ein Stück Holz in einen Spalt klemmen)* mit dem Semem „in etw., zwischen etw. zwängen" (W, 740) – ähnlich im großen Wörterbuch der deutschen Sprache mit dem Kontext *(den Fuß zwischen die Tür klemmen)* (D, V, 2143); die Beispiele stimmen mit dem hier analysierten Befund überein.

Relativ häufig sind dreiwertige Verben vorhanden: 24,3 % (L1) bzw. 36,9 % (L2) der Verben sind dreiwertig. Bei den dreiwertigen Verben sind im Mittel 83,4 % im Wortschatzbereich „Autoteile" (22-33) vertreten. Auf den Wortschatzbereich „Autofunktion" kommen durchschnittlich 3,3 % aller dreiwertigen Verben (34, 35). Im Wortschatzbereich „Autoteile + Autofunktion" wird 8,5 % aller dreiwertigen Verben zurückgegriffen (36-38). Repräsentative Beispiele sind:

22. **Die Schiebemuffe (5)/**wird**/in Richtung des zu schaltenden Gangrades/**verschoben. (L1, 300, 10-11)
23. **Der Rasterbolzen (2)/**drückt**/den Synchronring (1)/an den Reibkegel des Gangrades (8).** (L1, 300, 12-13)
24. **Die Stirnflächen der Sperrstücke/**drücken**/den Synchronring (5)/auf den Reibkegel (K) des Gangrades (6).** (L2, 519, 19-20)
25. **Zwischen Anpressplatte (2) und Druckfedern (6)/**sind**/Isolierscheiben (7)/**eingebaut, um Wärmeübertragung auf die Federn zu verhindern. (L2, 493, 13-14)
26. **Zwischen dem Nabenteil und dem belagtragenden Scheibenteil/**sind**/ Schraubenfedern/**angeordnet, die die Drehschwingungen des Motors dämpfen, Geräusche verringern und ein weiches Anfahren ermöglichen. (L1, 290, 6-10)
27. **Das Sonnenrad/**dreht**/die kurzen Planetenräder (4)/in entgegengesetzter Drehrichtung.** (L2, 553, 8-9)
28. **Das hintere Sonnenrad (7)/**wird/kräftefrei/**entgegen der Eingangsdrehrichtung/**mitgedreht. (L2, 554, 27-28)
29. **Den Synchronring/auf den Reibkegel des Gangrades/**auflegen und leicht andrücken. (L2, 521, 6)
30. **Die genuteten Kupplungsreibbeläge/**werden**/auf die Kupplungsscheibe/**aufgenietet und/oder geklebt. (L2, 499, 3-4)

31. Der Kraftfluss für den 3. Gang ergibt sich, wenn/**das Gangrad z_6/mit dem Zahnrad z_1**/verbunden wird. (L1, 298, 18-19)
32. **Scheibe/mit Spezialwerkzeug**/zentrieren (L1, 292, 28)
33. **Der V6-Motor**/ist/**mit einem Zweimassenschwungrad (ZMS)**/ausgerüstet. (L1, 230, 2-3)
34. **Der 1. Gang**/wird eingelegt/, **wenn der Schalthebel über die Schaltgabeln das Gangrad z_4, das drehfest, aber verschiebbar auf der Hauptwelle gelagert ist, mit dem Vorlegerad z_3 in Eingriff gebracht wird.** (L1, 298, 10-13)
35. **Bei seitlicher Bewegung nach links**/wird/**die Leergangstellung**/geschaltet. (L2, 529, 1)
36. **Alle Vorwärtsgänge**/werden/**durch Verschieben von Klauenmuffen = Schaltmuffen**/geschaltet. (L2, 513, 7-8)
37. **Vollautomatische Getriebe – in der Folge Automatikgetriebe genannt –** /sind/**mit drei, vier oder fünf Vorwärtsgängen und einem Rückwärtsgang**/ausgerüstet. (L2, 534, 5-6)
38. Neuerdings/werden/auch/**Automatikgetriebe/mit 6 oder 7 Vorwärtsgängen**/verbaut. (L2, 534, 6-7)

In den Sätzen des Textkorpus ist festzustellen, dass häufig auf die Notwendigkeit einer Richtungsangabe hingewiesen wird. Dies geschieht durch die Verwendung der dreiwertigen Verben *verschieben* (22), *drücken* (23, 24), *einbauen* (25), *anordnen* (26), *drehen* (27), *mitdrehen* (28), *auflegen* (29), *aufnieten/kleben* (30) und *verbinden (31)*, bei denen die „Zielgerichtetheit“ durch die lexikalische Besetzung der dritten Leerstelle E_{pA} „in Richtung des zu schaltenden Gangrades“ (22), „an den Reibkegel des Gangrades (8)“ (23), „auf den Reibkegel (K) des Gangrades“ (24, 29), „auf die Kupplungsscheibe“ (30) und E_{pD} „zwischen Anpressplatte (2) und Druckfedern (6)“ (25), „zwischen dem Nabenteil und dem belagtragenden Scheibenteil“ (26), „in entgegengesetzter Drehrichtung“ (27), „entgegen der Eingangsdrehrichtung“ (28) und „mit dem Zahnrad z_1“ (31) realisiert wird. Das Sem ‚objektorientiert‘ und ein Bezug zum Wortschatzbereich „Autoteile“ werden durch die zweite Ergänzung E_A, die durch Bezeichnungen wie „Schiebemuffe“ (22), „Synchronring“ (23, 24, 29), „Isolierscheiben“ (25), „Schraubenfedern“ (26), „die kurzen Planetenräder (4)“ (27), „Das hintere Sonnenrad (7)“ (28) und „die genuteten Kupplungsbeläge“ (30) eingenommen wird, ausgedrückt. Als E_N erscheinen die Bezeichnungen „der Rasterbolzen“ (23), „die Stirnflächen der Sperrstücke“ (24) und „das Sonnenrad“ (27), die einen Bezug zum Wortschatzbereich „Autoteile“ herstellen. Die Sememe der Verben erhalten demnach die Semkombination ‚objektorientiert und zugleich zielgerichtet‘. Es ergeben sich in den Beispielen 22-30 die

Satztypen E_N-V-E_A-E_{pA} (22, 23, 24, 29, 30) und E_N-V-E_A-E_{pD} (25, 26, 27, 28, 31). Die Verben *zentrieren* und *ausrüsten* in den Beispielen 32-33 konstituieren den dreiwertigen Verbalsatztypus E_N-V-E_A-E_{pD}. Die Dreiwertigkeit entsteht, indem die Seme ‚objektorientiert' und ‚in spezifischer Weise' kombiniert auftreten. Als E_A erscheinen „Autoteile" wie „Scheibe" (32) und „der V6-Motor" (33), wodurch das Sem ‚objektorientiert' realisiert wird. Die spezifische Durchführungsart dokumentiert sich in der E_{pD} „mit Spezialwerkzeug" (32) und „mit einem Zweimassenschwungrad (ZMS)" (33). Die Verben *einlegen* und *schalten* in den Beispielen 34 und 35 bilden die Verbalsatztypen E_N-V-E_A-E_{KON} (34) und E_N-V-E_A-E_{pD} (35), dessen Sememe sich aus der Kombination der Seme ‚objektorientiert' und ‚bedingungsgebunden' zusammensetzen. Als E_A wird die Funktion „1. Gang" (34) bzw. „Leergangstellung" (35) genannt, wodurch das Sem ‚objektorientiert' markiert wird; in der E_{KON} bzw. E_{pD} ist die notwendige Bedingung gegeben. Die Verben *schalten* (36), *ausrüsten* (37) und *verbauen* (38) konstituieren die Verbalsatztypen E_N-V-E_A-E_{pA} (36) und E_N-V-E_A-E_{pD} (37, 38). Durch die lexikalische Besetzung der E_A „alle Vorwärtsgänge" (36), „vollautomatische Getriebe" (37) und „Automatikgetriebe" (38) wird das Sem ‚objektorientiert' realisiert und ein Bezug zum Wortschatzbereich „Autofunktion" (36) bzw. „Autoteile" (37, 38) hergestellt. Als dritte Leerstelle E_{pA} „durch Verschieben von Klauenmuffen = Schaltmuffen" (36) und E_{pD} „mit drei, vier oder fünf Vorwärtsgängen und einem Rückwärtsgang" (37) bzw. „mit 6 oder 7 Vorwärtsgängen" (38) wird die spezifische Durchführungsart gekennzeichnet sowie ein Bezug zum Wortschatzbereich „Autoteile" (36) bzw. „Autofunktion" (37, 38) gegeben. Die Sememe der Verben, die dem Wortschatzbereich „Autoteile + Autofunktion" zuzuordnen sind, erhalten die Semkombination ‚in spezifischer Weise objektorientiert'. Für das Verbum *drehen* ist im großen Wörterbuch der deutschen Sprache eine semantische Ähnlichkeit *(du musst den Schalter nach rechts drehen, den Knopf zur Seite drehen)* mit der Inhaltsseite „durch eine Drehbewegung in eine bestimmte andere Richtung bringen" (D, II, 862) mit dem dreiwertigen Gebrauch vorhanden; auch bei G. Wahrig existiert mit der Verbsemantik „um eine Achse oder einen Punkt bewegen, in eine andere Richtung bringen" ein vergleichbarer Befund. Beim Verbum *nieten* ist ein vergleichbarer Befund mit der Inhaltsseite „einen Nagel umschlagen, breit schlagen/Nägel mit Köpfen versehen" und dem Kontext *(Bleche, Eisenplatten nieten)* (D, VI, 2743; W, 924) gegeben; Angaben zu den Präfixbildungen *abnieten* und *aufnieten* werden in den Wörterbüchern jedoch nicht gemacht. In den Wörterbüchern ist zum Verbum *zentrieren* die Inhaltsseite „um einen Mittelpunkt herum anordnen/auf die Mitte einstellen“ (D, X, 4613; W, 1422) festzustellen. Im Textkorpus existieren ein dreiwertiges *zentrieren* durch die Semkombination ‚in spezifischer Weise objektorientiert‘ und ein vierwertiges *zentrieren* durch die Semkombination ‚in spezifischer Weise objektorientiert und zielgerichtet‘. Zum Verbum *einbauen* verzeichnet G. Wahrig eine Zweiwertigkeit *(einen neuen Motor einbauen)* mit der Verbsemantik „durch Einbau einfügen“ (W, 388); die Möglichkeit einer fachsprachlichen Valenzerhöhung durch das Sem ‚zielgerichtet‘ wird nicht aufgeführt. Ähnlich ist zum Verbum *schalten* im großen Wörterbuch der deutschen Sprache mit dem Semem „ein Gerät, eine technische Anlage o.Ä. durch Betätigen eines Schalters in einen bestimmten (Betriebs)zustand versetzen“ der Kontext *(ein Gerät auf <aus> schalten)* (D, VII, 3317) angegeben; im hier analysierten Befund ist zusätzlich das Sem ‚bedingungsgebunden‘ vorhanden. Zum Verbum *ausrüsten* gibt es im großen Wörterbuch der deutschen Sprache eine vergleichbare Dreiwertigkeit *(Wagentypen, die wahlweise mit zwei oder mit vier Türen ausgerüstet werden können)* mit dem Semem „mit etw. aussehen, ausstatten, was zur Erfüllung einer bestimmten Aufgabe notwendig oder nützlich ist“.

Vierwertige Verben sind in L2 häufiger nachzuweisen als in L1: In L2 sind knapp 1/10 aller Verben vierwertig, in L1 werden vierwertige Verben mit einem Anteil von 6,5 % genutzt. Alle vierwertigen Verben mit einer Ausnahme in L1 tauchen im Wortschatzbereich „Autoteile“ auf (39-52), in einem Fall findet sich ein vierwertiges Verbum im Wortschatzbereich „Autofunktion“ (53). In L2 sind 91 % aller vierwertigen Verben auf den Wortschatzbereich „Autoteile“ bezogen, in 5 Fällen sind sie im Wortschatzbereich „Autoteile + Autofunktion“ (54) vorhanden. Repräsentative Beispiele sind:

39. Gangräder sind immer Losräder, **sie**/sind/also/**drehbar aber nicht verschiebbar**/**auf der Hauptwelle**/gelagert. (L1, 299, 25-27)
40. **Sie** [= die Kupplungsscheibe]/ist/**auf der Nabe der Antriebswelle (2)**/**drehfest aber verschiebbar**/gelagert. (L1, 289, 9-10)
41. Die Schaltmuffe (1), **die**/**auf dem Synchronkörper (2)**/**drehfest, aber axial verschiebbar**/angeordnet ist, wird beim Schaltvorgang aus der Mittelstellung (Leerlaufstellung) in Richtung auf die Mitnehmerverzahnung (Z) des Gangrades (6) verschoben. (L2, 519, 14-17)
42. **Der Wandler**/ist/**in der Motorkurbelwelle**/**mittig**/zentriert und auf der Freilaufstütze (9) mit einem durch die Getriebeflüssigkeit geschmierten Gleitlager gelagert. (L2, 536, 29-31)

43. Bei hydraulischen Kupplungsbetätigungseinrichtungen/wird/**der Ausrücker/zentral/auf einem Führungsrohr**/geführt [...] (L1, 290, 26-28)
44. **Durch die Verdrehung**/werden/**die angeschrägten Zähne der Sperrverzahnung (5)/gegen die angeschrägten Zähne der Schaltmuffe (1)**/ gepresst/und/ein Weiterschieben/verhindert. (L2, 520, 1-3)
45. Eingekuppelter Zustand. **Die Anpressplatte**/wird/**durch die Membranfeder (4)/gegen die Kupplungsscheibe**/und/diese/gegen das Schwungrad (13)/gepresst. (L1, 289, 17-20)
46. **Die Schaltmuffe**/ist/**drehfest, aber axial verschiebbar/mit dem Synchronkörper**/verbunden. (L2, 522, 11-12)
47. Zum Gangwechsel/muss/**durch Auskuppeln/die Antriebslast/von der Mitnehmerverzahnung der Zahnräder oder der Schaltmuffe**/genommen werden,/um das Schalten in ein anderes Zahnradpaar zu ermöglichen. (L2, 492, 4-6)
48. **Die Kurbelwelle**/soll/
    - **den größeren Teil des Drehmomentes/über das Schwungrad/an die Kupplung**/weiterleiten, [...] (L1, 228, 9-10)
49. **Die Schaltmuffe**/kann/**sich**/jetzt/**über den Synchronring/auf den Schaltkranz des Gangrades**/schieben. (L1, 301, 42-44)
50. **Er** [= der Kolben]/drückt/**die Bremsflüssigkeit/über die Verbindungsleitung/zum Nehmerzylinder**. (L2, 502, 2-3)
51. **Das Öl**/fließt/**von der Turbinenwelle/durch den Raum hinter dem Kolben/in den Raum vor dem Kolben**. (L1, 309, 31-33)
52. **Beim Hinaufschalten**/muss/**das Losrad/durch Zwischenkuppeln**/abgebremst/beim Zurückschalten durch Zwischengasgeben beschleunigt werden. (L2, 516, 5-7)
53. **Die Motorsignale**/werden/**über CAN-Bus/an die EGS** [= Hydraulisch-elektronische Getriebesteuerung]/übertragen. (L1, 316, 14-15)
54. **Wird der Gang herausgenommen**,/drückt/**die Ringfeder/den Synchronring/in seine Ausgangsstellung**/zurück. (L2, 522, 25-26)

Die Verben *lagern, anordnen, zentrieren, führen, pressen, verbinden* und *nehmen* in den Beispielen 39-47 bilden die vierwertigen Verbalsatztypen E_N-V-E_A-E_{Adv}-E_{pD} (39, 40, 41, 42, 43, 46), E_N-V-E_A-E_{pA}-E_{pA} (44, 45) und E_N-V-E_A-E_{pA}-E_{pD} (47). Die Vierwertigkeit der Verben entsteht, indem die Seme ‚objektorientiert', ‚in spezifischer Weise' und ‚zielgerichtet' kombiniert auftreten. Als E_A sind „Autoteile" vertreten, wodurch das Sem ‚objektorientiert' angegeben wird. Das Sem ‚in spezifischer Weise' wird durch die E_{Adv} „drehbar aber nicht verschiebbar" (39), „drehfest aber verschiebbar" (40), „drehfest, aber axial verschiebbar" (41, 46), „mittig" (42), „zentral" (43) und E_{pA} „durch die Verdrehung" (44) und „durch Auskuppeln" (47) ausgedrückt. Die Zielgerichtetheit richtet sich nach der vierten Leerstelle E_{pD} „auf der Hauptwelle" (39),

„auf der Nabe der Antriebswelle“ (40), „auf dem Synchronkörper (2)“ (41), „in der Motorkurbelwelle“ (42), „auf einem Führungsrohr“ (43), „von der Mitnehmerverzahnung der Zahnräder oder der Schaltmuffe“ (47) und E_{pA} „gegen die angeschrägten Zähne der Schaltmuffe“ (44). Die Verben *weiterleiten, schieben* und *drücken* bilden die vierwertigen Verbalsatztypen E_N-V-E_A-E_{pA}-E_{pA} (48, 49) und E_N-V-E_A-E_{pA}-E_{pD} (50). Im vierwertigen Gebrauch wird der Richtungsbezug durch zwei Leerstellen E_{pA} „über das Schwungrad“ und „an die Kupplung“ (48), E_{pA} „über den Synchronring“ und „auf den Schaltkranz des Gangrades“ (49) sowie E_{pA} „über die Verbindungsleitung“ und E_{pD} „zum Nehmerzylinder“ (50) eingenommen, die jeweils das Zwischen- und das Endziel andeuten. Die unterschiedlichen Kasus ergeben sich durch die Rektion der Präpositionen. Das Sem ‚objektorientiert‘ wird durch die zweite Leerstelle E_A repräsentiert. Als E_N kommen „Autoteile“ wie „Kurbelwelle“ (48), „Schaltmuffe“ (49) und das Personalpronomen „er“ (50) vor, welches den „Kolben“ ersetzt. Gelegentlich wird die Zielgerichtetheit durch drei Leerstellen besetzt: Als Beispiel dient das Verbum *fließen* in 51, das den vierwertigen Verbalsatztypus E_N-V-E_{pD}-E_{pA}-E_{pA} bildet. Dabei markiert die E_{pD} „von der Turbinenwelle“ den Anfangspunkt; die E_{pA} „durch den Raum hinter dem Kolben“ die Richtung und die E_{pA} „in den Raum hinter dem Kolben“ den Endpunkt der Zielgerichtetheit. Als E_N erscheint die Bezeichnung „das Öl“. In 52 bildet das Verbum *abbremsen* den Verbalsatztypus E_N-V-E_A-E_{pD}-E_{pA}. Das Semem des Verbums erhält die Semkombination ‚in spezifischer Weise objektorientiert und zugleich bedingungsgebunden‘. Das Sem ‚objektorientiert‘ richtet sich nach der lexikalischen Besetzung der zweiten Leerstelle E_A „das Losrad“. Die spezifische Durchführungsart ist durch die E_{pA} „durch Zwischenkuppeln“ gegeben. Die lexikalische Besetzung der E_{pD} „beim Hinaufschalten“ signalisiert das Sem ‚bedingungsgebunden‘. In 53 bildet das Verbum *übertragen* durch die Kombination der Seme ‚objektorientiert‘ und ‚zielgerichtet mit Anfangs- und Endpunkt‘ den vierwertigen Verbalsatztypus E_N-V-E_A-E_{pA}-E_{pA}. Das Sem ‚objektorientiert‘ richtet sich nach der zweiten Leerstelle E_A; die Zielgerichtetheit wird durch die Leerstellen E_{pA} „über CAN-Bus“ und E_{pA} „an die EGS“ repräsentiert. Ein Bezug zum Wortschatzbereich „Autofunktion“ wird durch die lexikalische Besetzung der E_A „Motorsignale“, E_{pA} „über CAN-Bus“ und E_{pA} „an die EGS“, hergestellt. Das Verbum *zurückdrücken* in 54 ist dem Wortschatzbereich „Autoteile + Autofunktion“ zuzuordnen: Die Bezeichnungen „Ringfeder“ und „Synchronring“ stellen einen Bezug zum Wortschatzbereich „Autoteile“ her; die Bezeichnung „Ausgangsstellung“ gibt einen Verweis zum

Wortschatzbereich „Autofunktion“ an. Das Verbum *zurückdrücken* konstituiert den Verbalsatztypus E_N-V-E_A-E_{pA}-E_{KON}, dessen Semem sich aus der Semkombination ‚objektorientiert und zugleich zielgerichtet und bedingungsgebunden‘ zusammensetzt. Das Sem ‚objektorientiert‘ richtet sich nach der E_A „den Synchronring“; die Zielgerichtetheit erfolgt aus der E_{pA} „in seine Ausgangsstellung“; die notwendige Bedingung aus der $E_{KON.}$ Als E_N erscheint „die Ringfeder“, die einen Bezug zum Wortschatzbereich „Autoteile“ herstellt.

U. Engel-H. Schumacher verzeichnen zum Verbum *schieben* im Kontext *(Hans schiebt sein Auto (in die Garage))* (E/S, 242) eine obligatorische Zweiwertigkeit und eine fakultative Dreiwertigkeit; im großen Wörterbuch der deutschen Sprache ist eine Dreiwertigkeit im Beispiel *(den Tisch ans Fenster schieben)* mit der Inhaltsseite „durch Ausüben von Druck von der Stelle bewegen“ (D, XII, 3350) gegeben. Die Möglichkeit einer fachsprachlichen Valenzerhöhung zur Vierwertigkeit wird nicht erwähnt. Zu den Verben *lagern, pressen* und *weiterleiten* ist in den Wörterbüchern lediglich eine Zweiwertigkeit vorhanden; die Möglichkeit einer fachsprachlichen Valenzerhöhung durch die Ausdifferenzierung des Richtungsbezug und der Durchführungsart wird in den Wörterbüchern nicht behandelt. Zum Verbum *lagern* verzeichnet G. Wahrig den Kontext *(Ware, Nahrungsmittel lagern)* und das Semem „längere Zeit aufbewahren“ (W, 798); zum Verbum *pressen* wird das Beispiel *(eine Pflanze pressen)* mit dem Semem „durch Druck oder mittels der Presse bearbeiten“ (W, 998) genannt; zum Verbum *weiterleiten* gibt G. Wahrig den Kontext *(ein Gepäckstück weiterleiten)* und die Inhaltsseite „weiterbefördern“ (W, 1386) an. Zum Verbum *fließen* wird im großen Wörterbuch der deutschen Sprache eine Zweiwertigkeit *(das Wasser fließt spärlich [aus der Leitung]* mit dem Semem „(von flüssigen Stoffes, bes. Wasser) sich gleichmäßig u. ohne Stocken fortbewegen“ angegeben (D, II, 1262); ähnlich ist auch G. Wahrigs Semem „sich fortbewegen (von Flüssigkeiten)“ (W, 484); in dem analysierten Kontext wird durch Ausdifferenzierung der Zielgerichtetheit eine fachsprachliche Vierwertigkeit signalisiert. Für das Verbum *nehmen* setzen Helbig/Schenkel eine Dreiwertigkeit *(der Mann nimmt das Motorrad in das Haus)* (H/S, 319) an, aus der die Seme ‚objektorientiert‘ und ‚zielgerichtet‘ abgeleitet werden können; auch für das Verbum *führen* ist im großen Wörterbuch der deutschen Sprache eine Dreiwertigkeit *(das Glas an die Lippen führen)* (D, III, 1337) nachzuweisen.

Auf fünfwertige Verben wird in L2 ebenfalls häufiger zurückgegriffen – hier finden sich in 15 Fällen fünfwertige Verben, in L1 tauchen in

5 Fällen fünfwertige Verben auf. Im Durchschnitt sind 80 % aller fünfwertigen Verben dem Wortschatzbereich „Autoteile“ zuzuordnen (55-60); vereinzelt treten fünfwertige Verben im Wortschatzbereich „Autoteile + Autofunktion“ (61-65) auf.

55. **Das im Wandler befindliche Öl/**wird**/durch die Rotation im Pumpenrad/von innen/nach außen/**geschleudert. (L1, 308, 31-33)
56. **Durch die Zentrifugalkraft/**wird**/das Öl/durch eine Öffnung am äußeren Rand der Zwischenscheibe (4)/zum Vorratsraum/**zurückgeleitet. (L2, 155, 35-36)
57. **Die Kupplungsscheibe (4)**/ist/**über Nuten- oder Kerbverzahnung ihrer Nabe (8)/axial verschiebbar, aber drehfest/mit der Antriebswelle (9) des Getriebes**/verbunden. (L2, 493, 15-16)
58. **Bei geschlossenem Ventil**/wird/**Kraftstoff**/zur Kühlung/**vom Vorlauf**/durch die Kanäle/**zum Rücklauf**/gespült. (L1, 282, 2-3)
59. **Das größte Drehmoment, etwa das Zweifache des Motordrehmoments**/, wird/**vom Turbinenrad (5)/über die Antriebswelle (6)/an das nachfolgende mechanische Planetengetriebe**/ abgeben/,**wenn das Fahrzeug und damit das Turbinenrad (5) stehen, während der Motor mit Vollgas das Pumpenrad antreibt**. (L2, 539, 1-4)
60. **Das mittig im Flügelrad befindliche Kühlmittel**/wird/**durch Rotation und Flügelkontur/über Fliehkraft/nach außen**/beschleunigt, wo es durch die spiralförmige Gehäusewand in die gewünschte Strömungsrichtung gelenkt wird. (L1, 238, 27-31)
61. **Die Kupplungsscheibe (4)**/wird/frei/und/verschiebt/**sich**/mit ihrer Nabe (8)/**axial/auf der Antriebswelle des Getriebes (9)**/so weit/**bis sie zwischen Schwungscheibe (1) und Anpressplatte (2) frei läuft**. (L2, 493, 18-21)
62. **Im ersten Gang in Wählhebelstellung <1>**/erfolgt/**der Kraftfluss/von der Antriebswelle (1)/über die eingerückte Kupplung (11)/auf das Sonnenrad (3)**. (L2, 553, 25-26)
63. **Die Schaltmuffe (2)**/wird/**aus der Mittellage (Leerlaufstellung)/auf der Führungsmuffe (1)**/verschoben/**, bis ihre Verzahnung in die Mitnehmerverzahnung des Kupplungskörpers (8) am Gangrad (9) eingreift.** (L2, 523, 11-13)
64. **Im eingekuppelten Zustand**/wird/**die Anpressplatte (2)/durch mehrere Schraubenfedern (6)/gegen die Kupplungsscheibe**/und/diese/gegen die Schwungscheibe (1)/gepresst. (L2, 493, 21-23)
65. **Die Schaltmuffen**/werden/**beim Schalten der Gänge/durch die Schaltgabel/auf die Schaltverzahnung des entsprechenden Gangrades**/verschoben [...] (L1, 298, 43-45+ 299, 1)

Die Verben *schleudern, zurückleiten* und *verbinden* in den Beispielen 55-57 führen zu den fünfwertigen Verbalsatztypen E_N-V-E_A-E_{pA}-E_{Adv}-

E_{Adv} (55), E_N-V-E_A-E_{pA}-E_{pA}-E_{pD} (56) und E_N-V-E_A-E_{Adv}-E_{pA}-E_{pD} (57). Die Sememe der Verben erhalten die Semkombination ‚in spezifischer Weise objektorientiert und zugleich zielgerichtet mit Anfangs- und Endpunkt'. Das Sem ‚objektorientiert' wird durch die E_A bezeichnet. Die spezifische Durchführungsart erfolgt aus der E_{pA} „durch die Rotation im Pumpenrad" (55), E_{pA} „durch die Zentrifugalkraft" (56) und E_{Adv} „axial verschiebbar, aber drehfest" (57). Die Richtungsangaben besetzen zwei Leerstellen: Die E_{Adv} „von innen" (55), E_{pA} „durch eine Öffnung am äußeren Rand der Zwischenscheibe" (56) und E_{pA} „über Nuten- oder Kerbverzahnung ihrer Nabe (8)" (57) zeigen das Zwischenziel und die E_{Adv} „nach außen" (55), E_{pD} „zum Vorratsraum" (56) und E_{pD} „mit der Antriebswelle (9) des Getriebes" (57) den Endpunkt der Richtung an. Die Verben *spülen* und *abgeben* in 58 und 59 konstituieren die Verbalsatztypen E_N-V-E_A-E_{pD}-E_{pD}-E_{pD} (58) und E_N-V-E_A-E_{pA}-E_{pA}-E_{KON} (59) und markieren eine Aktion, die ‚objektorientiert', ‚bedingungsgebunden' und zugleich ‚zielgerichtet mit Anfangs- und Endpunkt' ist. Die Bedingung wird durch das Satzglied „bei geschlossenem Ventil" (58) bzw. den notwendigen Konditionalsatz (59) hervorgehoben; die Spezifizierung der Richtung stellen die Satzglieder „vom Vorlauf" und „zum Rücklauf" (58) sowie „über die Antriebswelle (6)" und „an das nachfolgende Planetengetriebe" (59) dar. Das Satzglied in 58 „durch die Kanäle" wird als Angabe gewertet, da die Beschreibung „vom Vorlauf zum Rücklauf" bereits diesen Weg vorgibt. Das Satzglied in 58 „zur Kühlung" wird ebenfalls als Angabe gewertet, es beschreibt lediglich den Zweck der Handlung näher. Das Sem ‚objektorientiert' ist durch die E_A gegeben. Das Verbum *beschleunigen* in 60 bildet den fünfwertigen Satztypus E_N-V-E_A-E_{pA}-E_{pA}-E_{Adv}. Als E_A kommt die Bezeichnung „das mittig im Flügelrad befindliche Kühlmittel" vor, wodurch das Sem ‚objektorientiert' markiert wird. Die Zielgerichtetheit wird durch die E_{Adv} „nach außen" repräsentiert. Die spezifische Durchführungsart wird in diesem Beispiel durch zwei Leerstellen E_{pA} „durch Rotation und Flügelkontur" und E_{pA} „über Fliehkraft" besetzt. Das Verbum *verschieben* in 61 bildet den Verbalsatztypus E_N-V-E_A-E_{Adv}-E_{pD}-E_{TEM}, dessen Semem sich aus der Kombination der Seme ‚objektorientiert', ‚in spezifischer Weise', ‚zielgerichtet' und ‚ergebnisorientiert' zusammensetzt. Als E_N erscheint die „Kupplungsscheibe (4)"; als E_A ist das Reflexivum „sich" vorhanden, das das Sem ‚objektorientiert' markiert. Das Sem ‚in spezifischer Weise' richtet sich nach dem Satzglied „axial". Die E_{pD} „auf der Antriebswelle des Getriebes (9)" signalisiert die Zielgerichtetheit. Die E_{TEM} bezeichnet das Sem ‚ergebnisorientiert'. Das Verbum *erfolgen* in 62 wird ebenfalls fünfwertig realisiert und konstituiert den Verbalsatztypus E_N-V-E_{pD}-E_{pD}-E_{pA}-E_{pA}. Als E_N erscheint die Bezeichnung „der Kraftfluss". Die E_{pD} „im ersten Gang in Wählhebelstellung <1>" zeigt die notwendige Bedingung an und stellt einen Bezug zum Wortschatzbereich „Autofunktion" her. Die Zielgerichtetheit wird hier durch drei Leerstellen markiert; die E_{pD} „von der Antriebswelle (1)" gibt den Anfangspunkt an; die E_{pA} „über die eingerückte Kupplung (11)" markiert die Richtung; die E_{pA} „auf das Sonnenrad (3)" markiert den Endpunkt der Zielgerichtetheit. In 63 sind andere Seme an der Fünfwertigkeit des Verbums *verschieben* beteiligt. Die E_A „die Schaltmuffe" markiert das Sem ‚objektorientiert'. Die E_{pD} „aus der Mittellage (Leerlaufstellung)" und E_{pD} „auf der Führungsmuffe" kennzeichnen den Ausgangspunkt und die Zielgerichtetheit und den Wortschatzbereich „Autoteile + Autofunktion". Die E_{TEM} signalisiert das Sem ‚ergebnisorientiert'. Das Verbum *verschieben* in 63 bildet den Verbalsatztypus E_N-V-E_A-E_{pD}-E_{pD}-E_{TEM}. Die Kombination der verschiedenen an einer Handlungsfolge beteiligten Faktoren führt auch beim Verbum *pressen* (64), das den Satztypus E_N-V-E_A-E_{pD}-E_{pA}-E_{pA} konstituiert, zu einer Fünfwertigkeit. Als E_A kommt die Bezeichnung „die Anpressplatte" vor, die einen Bezug zum Wortschatzbereich „Autoteile" herstellt. Die Zielgerichtetheit wird durch die E_{pA} „gegen die Kupplungsscheibe" repräsentiert. Die E_{pA} „durch mehrere Schraubenfeder" signalisiert die spezifische Durchführungsart. Die notwendige Bedingung erfolgt aus der E_{pD} „im eingekuppelten Zustand", dessen lexikalische Besetzung einen Bezug zum Wortschatzbereich „Autofunktion" herstellt. Auch beim Verbum *verschieben* in 65 führt die Kombination der Seme ‚in spezifischer Weise', ‚objektorientiert', ‚bedingungsgebunden' und ‚zielgerichtet' zu einer Fünfwertigkeit mit dem Verbalsatztypus E_N-V-E_A-E_{pD}-E_{pA}-E_{pA}. Als E_A sind „Autoteile" gegeben. Die notwendige Bedingung zeigt sich in der E_{pD} „beim Schalten der Gänge", dessen lexikalische Besetzung einen Bezug zum Wortschatzbereich „Autofunktion" darstellt. Die Zielgerichtetheit wird durch die Leerstelle E_{pA} „auf die Schaltverzahnung des entsprechenden Gangrades" gekennzeichnet. Die spezifische Durchführungsart wird durch die E_{pA} „durch die Schaltgabel" realisiert.

Zum Verbum *verschieben* lässt sich im großen Wörterbuch der deutschen Sprache eine Zwei- *(der Teppich verschiebt sich immer wieder)* und Dreiwertigkeit *(den Schrank um einige Zentimeter verschieben)* mit dem Semem „an eine andere Stelle, einen anderen Ort schieben" (D, IX, 4267) erkennen. In den Lehrbüchern ist neben einem dreiwertigen *verschieben* jedoch auch ein fachsprachliches fünfwertiges *verschieben* durch die Semkombination ‚in spezifischer Weise objektorientiert und zugleich zielgerichtet und ergebnisorientiert‘ nachzuweisen, was im Wörterbuch jedoch nicht aufgeführt ist. Im großen Wörterbuch der deutschen Sprache sind zum Verbum *schleudern* die Inhaltsseite „[in einer drehenden Bewegung heraus] mit kräftigem Schwung werfen, durch die Luft fliegen lassen“ und der Kontext *(den Speer schleudern/der Hammerwerfer schleuderte den Hammer 60m weit)* dargestellt; die Möglichkeit einer fachsprachlichen Valenzerhöhung zur Fünfwertigkeit wird jedoch nicht belegt. Zum Verbum *zurückleiten* ist im Wörterbuch das Semem „wieder an den Ausgangsort leiten“ im Kontext *(durch dieses Zeichen wird man auf die Autobahn zurückgeleitet)* (D, X, 4679) gegeben; eine fachsprachliche Fünfwertigkeit wie im Lehrbuch wird nicht verzeichnet. Zum Verbum *beschleunigen* ist das Semem „die Geschwindigkeit eines Körpers innerhalb einer Zeiteinheit ändern“ im Kontext *(die Fahrt beschleunigen)* ermittelt; aufgrund der besonderen kfz-sprachlichen Seme ‚in spezifischer Weise‘ und ‚zielgerichtet‘ kann in der Textsorte Lehrbuch eine fachsprachliche Valenzerhöhung ermittelt werden, die hier nicht belegt ist. Zum Verbum *abgeben* werden im großen Wörterbuch der deutschen Sprache die Verbsemantik „etw. dem zuständigen Empfänger [od. jmdm., der es an den Empfänger weiterleitet] geben, übergeben, aushändigen“ und das Beispiel *(er gab die Waren beim Nachbarn für mich ab)* (D, I, 78) dargestellt; eine fachsprachliche Fünfwertigkeit dieses Verbums wird jedoch nicht erwähnt.

Sechswertige Verben sind nur in L2 mit zwei Belegen und nur im Wortschatzbereich „Autoteile“ vorhanden (66-67):

66. Schnitt durch Porsche-Synchronisierung mit den beiden zugeordneten Zahnrädern (9), **die/durch das Verschieben der Schaltmuffe (2) nach links oder rechts**/wahlweise/**über die Führungsmuffe (1)/mit der Getriebewelle (10)/drehfest**/verbunden werden können. (L2, 523, a-c)
67. [...], **das** [= das Gang- oder Losrad]**/durch seine Mitnehmerverzahnung/ über die Schaltmuffe (12) und deren Nabe, den Synchronkörper/, mit der Getriebehauptwelle/drehfest**/verbunden ist. (L2, 510, 35-36 und 511, 1)

Das Verbum *verbinden* in den Beispielen 66 und 67 bildet den sechswertigen Verbalsatztypus E_N-V-E_A-E_{pA}-E_{pA}-E_{pD}-E_{Adv}. Die Sechswertigkeit entsteht, indem die spezifische Durchführungsart und die Zielgerichtetheit jeweils durch zwei Leerstellen besetzt werden: Die E_{pA} „über die Führungsmuffe (1)“ (66) und E_{pD} „mit der Getriebewelle (10)“ (66) sowie die E_{pA} „über die Schaltmuffe (12) und deren Nabe, den Synchronkörper“ (66) und E_{pD} „mit der Getriebehauptwelle“ (67) zeigen jeweils das Zwischenziel und das Endziel. Die spezifische Durchführungsart erfolgt aus der E_{Adv} „drehfest“ (66) und E_{pA} „durch das Verschieben der Schaltmuffe (2) nach links oder rechts“ (66) bzw. „durch seine Mitnehmerverzahnung“ (67). Die E_A kennzeichnet das Sem ‚objektorientiert‘.

Zum Verbum *verbinden* existiert im großen Wörterbuch der deutschen Sprache das Semem „[zu einem Ganzen] zusammenfügen“ mit dem Beispiel *(zwei Bretter [mit Leim, mit Schrauben] miteinander verbinden)* (D, IX, 4184). Zwar können aus dem genannten Beispiel die Seme ‚objektorientiert‘ und ‚in spezifischer Weise‘ entnommen werden, jedoch werden in den Lehrbüchern die spezifische Durchführungsart und die Zielgerichtetheit ausdifferenziert, so dass neben einem dreiwertigen *verbinden,* ein vier-, fünf- und sechswertiges Verbum festzustellen ist. Die Möglichkeit einer fachsprachlichen Valenzerhöhung ist im Wörterbuch nicht angegeben.

In den Beispielen 68 und 69 ist für das Verbum *pressen* eine ähnliche Satzstruktur realisiert.

68. **Im eingekuppelten Zustand**/wird/**die Anpressplatte (2)/durch mehrere Schraubenfedern (6)/gegen die Kupplungsscheibe**/und/diese/gegen die Schwungscheibe (1)/gepresst. (L2, 493, 21-23)
69. Eingekuppelter Zustand. **Die Anpressplatte**/wird/**durch die Membranfeder (4)/gegen die Kupplungsscheibe**/und/diese/gegen das Schwungrad (13)/gepresst. (L1, 289, 17-20)

Die Beispiele treten in L1 und L2 auf. Das Verbum *pressen* wird in 68 fünfwertig, in 69 vierwertig realisiert, obwohl beide Beispiele eine fast identische Verbsemantik aufweisen. Die Fünfwertigkeit in 68 wird durch die E_A „die Anpressplatte“, die E_{pA} „durch mehrere Schraubenfedern (6)“ und E_{pA} „gegen die Kupplungsscheibe“ sowie durch das Hinzutreten der E_{pD} „im eingekuppelten Zustand“ signalisiert. In 69 hingegen wird die notwendige Bedingung „eingekuppelter Zustand“ vom Verbalsatz abgetrennt und als isoliert gebrauchter einfacher Nominalsatz realisiert; wodurch für *pressen* in 69 das Sem ‚bedingungsgebunden‘ fehlt.

Zusammenfassend werden die statistischen Ergebnisse der Verben in den einzelnen Wortschatzbereichen in Tab. 27 dargestellt.

Tab. 27: Verben in den Wortschatzbereichen in den Lehrbüchern

	Autoteile	Autofunktion	Autoteile + Autofunktion	Andere
L1	83 %	4,2 %	5 %	7,8 %
L2	81,2 %	4,6 %	8,1 %	6 %

Bei der Einteilung der Verben nach Wortschatzbereichen ist deutlich, dass die „Autoteile“ mit einem Anteil von 83 % (L1) bzw. 81,2 % (L2) überwiegen. Seltener finden sich Verben im Wortschatzbereich „Autofunktion". Im Durchschnitt sind 4,4 % aller Verben diesem Wortschatzbereich zuzuordnen. Verben im Wortschatzbereich „Autoteile + Autofunktion" sind in L2 mit 8,1 % öfter vertreten als in L1 mit 5 %. Die übrigen Wortschatzbereiche kommen mit einem Anteil von 2,7 % und weniger vor.

4.3.6 Zusammenfassung

Beide Lehrbücher werden von einem fachspezifischen Autorenteam verfasst. Angesprochen werden Leser mit einem entsprechenden Bildungsstand bzw. beruflichen Hintergrund. L1 wendet sich an Erstausbilder in einem kraftfahrzeugtechnischen Beruf. L2 ist ein Nachschlagewerk für Fachkräfte im Kfz-Bereich und kann unterrichtsbegleitend eingesetzt werden. Es richtet sich an Studierende und Absolventen von Meister-, Techniker- und Ingenieurschulen sowie auch an interessierte Autofahrer. Während die Textexemplare in der Makrostruktur noch ähnliche Merkmale aufweisen, lassen sich im Rahmen der Analysen zur Syntax, Lexik und Verbvalenz Unterschiede herausarbeiten.

Makrostruktur. Beide Lehrbücher unterscheiden sich deutlich im Umfang und weisen fast identische Initiatoren und Terminatoren auf. Als Initiatorenbündel gibt es ein Deckblatt, Schutzblatt, Titelblatt, Vorwort und Inhaltsverzeichnis. Der Buchdeckel sowie ein Sachwort- bzw. Stichwortverzeichnis sind Terminatoren der Lehrbücher. In L1 sind 21, in L2 10 Kapitel gegeben, die in die Unterkapitel 1., 2. und 3. Grades unterteilt sind. Überschriften, die die Kapitel und die Unterkapitel verschiedenen Grades einleiten, sind drucktechnisch voneinander abgehoben.

Text-Bild-Kombinationen. Bei der Anordnung der Bilder im Textkorpus wird in L1 auf die Varianten „Textteil und Abbildung (links)" und „Textteil und Abbildung (rechts)" zurückgegriffen; in L2 sind als Hauptvarianten die Anordnungsmöglichkeiten „Textteil und Abbildung (oben)" und „Textteil und Abbildung (unten)" nachzuweisen. Bei den textgesteuerten Text-Bild-Kombinationen wird bevorzugt die Variante „Abbildung und Bezeichnung im Satz, zusätzlich Verweis" genutzt. Hier enthält die Abbildung Verweiselemente (Linie und Nummer); es kommt innerhalb der Abbildung zu einer internen Text-Bild-Verknüpfung mit Texterklärungen. Diese Abbildung mit Texterklärungen ist wiederum in einen anderen Textteil eingebettet. Zusätzlich existiert ein Determinations-, Anbindungs- oder Suchverweis. Weiter ist die Referenz zwischen

Textteil und Bild über die räumliche Nähe bzw. Anordnung hergestellt. Auch hier existiert zusätzlich ein direkter Verweis.

Die Text-Bild-Funktion ist in beiden Lehrbüchern beschreibend. In beiden Textexemplaren treten detaillierte räumliche Zeichnungen am häufigsten auf. Weiter finden sich Strichzeichnungen, die in der Regel Schaltpläne darstellen, sowie Fotografien. In L1 sind die Abbildungen farbig, in L2 in Schwarz-Weiß dargestellt.

Syntax. Überschriften werden in beiden Textexemplaren überwiegend aus isoliert gebrauchten einfachen Nominalsätzen gebildet. Nahezu alle eingesetzten Nominalsätze werden aus eingliedrigen Typen ohne Attribuierung oder mit Attribuierung, bestehend aus einem substantivischen Nukleus mit postnuklearem Genitivattribut oder pränuklearem Adjektivattribut, gebildet. Nahezu alle Überschriften sind Aussagesätze. Bei den Absätzen lässt sich bei den Sätzen eine Dominanz der isoliert gebrauchten einfachen Verbalsätze feststellen. Relativ häufig werden komplexe Verbalsätze und isoliert gebrauchte einfache Nominalsätze verwendet. Die komplexen Sätze werden hauptsächlich aus Parataxen und Hypotaxen gebildet. Parataktisch-hypotaktische Satzkombinationen kommen deutlich seltener vor. Bei allen komplexen Verbalsätzen wird überwiegend auf Bildungen aus zwei Teilsätzen zurückgegriffen. An einigen Stellen lassen sich in L1 auch Bildungen mit bis zu 7 Teilsätzen finden. Bei den Nominalsätzen kommen ein- bis dreigliedrige Typen vor, wobei eingliedrige Typen den größten Anteil an allen Nominalsätzen darstellen. Die Nominal-/Verbalsatzverbindungen werden überwiegend aus einem Nominalsatz und einem einfachen Verbalsatz gebildet. In einem Fall kommt es zur Bildung aus 13 Teilsätzen. Den größten Anteil aller Sätze stellen Aussagesätze dar. In L1 treten zudem Imperativsätze, infinitivische Imperativsätze und Modalsätze auf. An einigen Stellen werden Ergänzungs- und Entscheidungsfragen gestellt. Bei den Nebensatztypen werden am häufigsten Attribut-, Konditional- und Objektsätze gebraucht.

Satzglieder und lexikalische Merkmale. Insgesamt überwiegt der Wortschatzbereich „Autoteile“ in den einzelnen Satzgliedern. Hier ist die Vielfalt der Bezeichnungen am größten. Dabei werden die Begriffe zu den „Autoteilen“ mit einem Anteil von durchschnittlich 81,4 % in den Subjekten genutzt. Verschwindend gering ist der Anteil des „Benutzers“. L1 wendet sich deutlich häufiger an den „Benutzer“ als Subjekt (11,2 %) als L2 (4 %). Die Benutzeransprache erfolgt direkt über das „Sie“ der Anrede oder indirekt über das Indefinitpronomen „man“.

Insgesamt herrscht in den Textexemplaren eine objektorientierte Struktur. Der hohe Anteil an „Autoteilen" wird aufgrund der häufig eingesetzten Passivkonstruktionen hervorgehoben. Wie aufgrund ihrer Form zu erwarten ist, finden sich lediglich „Autoteile" und „Autofunktionen" als Subjekte. Auf den „Benutzer" wird in dieser Satzstruktur verzichtet.

Verbvalenz. Im Textkorpus kommen ein- bis sechswertige Verben vor. Den Schwerpunkt bilden die zwei- und dreiwertigen Verben. Weiter zeigen sich die Verben in den Lehrbüchern in kfz-sprachlich gebundenen Valenzerhöhungen durch das Vorkommen vier-, fünf- und sechswertiger Verben. In hoher Frequenz treten die Seme ‚objektorientiert', ‚zielgerichtet' und ‚in spezifischer Weise', weniger häufig die Seme ‚generelle Tätigkeit', ‚bedingungsgebunden' und ‚ergebnisorientiert' auf. Unter dem Aspekt der Verbvalenz und ihrer Vorkommenshäufigkeit bilden die zweiwertigen Verben das Zentrum, die objektorientierte Seme besitzen, z.B. *auskuppeln, abbremsen, drücken, auswuchten, prüfen* und *einlegen.* Auch zum Zentralbereich zählen die dreiwertigen Verben, die dadurch entstehen, dass die Seme ‚objektorientiert' und ‚zielgerichtet' (z.B. *verschieben, drücken, einbauen, anordnen, drehen, aufnieten, verbinden*) bzw. ‚objektorientiert' und ‚in spezifischer Weise' (u.a. *zentrieren, ausrüsten, schalten, verbauen*) kombiniert auftreten. Zur Peripherie gehören die zweiwertigen Verben mit dem Sem ‚zielgerichtet' *(klemmen, fluchten)* und ‚bedingungsgebunden' *(blinken)* sowie die einwertigen Verben mit dem Sem ‚generelle Tätigkeit' (u.a. *mitlaufen, abwürgen*) und die dreiwertigen Verben aus der Semkombination ‚objektorientiert und zugleich bedingungsgebunden' *(einlegen, schalten).* Funktionell erweiterte und vierwertig realisierte Verben bilden im Vergleich zu den zwei- und dreiwertigen Verben eine kleinere Gruppe. Sie entstehen dadurch, dass die Seme ‚objektorientiert', ‚in spezifischer Weise' und ‚zielgerichtet' (u.a. *anordnen, zentrieren, führen, verbinden*), ‚objektorientiert', ‚in spezifischer Weise' und ‚bedingungsgebunden' *(abbremsen)* sowie ‚objektorientiert', ‚zielgerichtet' und ‚bedingungsgebunden' *(zurückdrücken)* kombiniert auftreten. Gelegentlich wird die Zielgerichtetheit durch zwei bis drei Leerstellen besetzt (u.a. *schieben, drücken, übertragen*). Eine Fünfwertigkeit konnte durch die Verben *schleudern, zurückleiten, spülen, beschleunigen, verschieben, verbinden, erfolgen, pressen, abgeben* belegt werden. Sie beschreiben die Handlung in exakter Form und entstehen in den meisten Fällen dadurch, dass die Zielgerichtetheit mit Anfangs- und Endpunkt durch zwei bis drei Leerstellen eingenommen wird und zusätzlich die Seme ‚objektorientiert' und ‚in spezifischer Weise' *(schleudern,* *zurückleiten, verbinden),* ‚objektorientiert‘ und ‚bedingungsgebunden‘ *(spülen, pressen, verschieben, abgeben)* und ‚objektorientiert‘ und ‚ergebnisorientiert‘ *(verschieben)* bzw. ‚bedingungsgebunden‘ *(erfolgen)* hinzutreten. In zwei Fällen wird die spezifische Durchführungsart durch zwei bzw. drei Leerstellen signalisiert, die durch die Seme ‚objektorientiert‘ und ‚zielgerichtet‘ *(beschleunigen)* ergänzt wird. In einem Fall besteht das Semem des sechswertigen *verschieben* aus der Semkombination ‚in spezifischer Weise objektorientiert und zugleich zielgerichtet und ergebnisorientiert‘. Weiter ist beim Verbum *verbinden* eine Sechswertigkeit festzustellen. Hier werden die Zielgerichtetheit und die spezifische Durchführungsart jeweils durch zwei Leerstellen angegeben.

Im Textkorpus sind die meisten Verben gemeinsprachlich, bei denen kein inhaltsseitiger Unterschied und keiner in der Verbvalenz zum fachsprachlichen Gebrauch existieren. Zu ihnen gehören u.a. die Verben *mitlaufen, laufen, abwürgen, abbremsen, drücken* und *übernehmen.* Der Bezug zum Kommunikationsbereich der Kraftfahrzeugtechnik entsteht erst durch spezifische Leerstellenbesetzungen. Weiter gibt es textsortengebundene Valenzerhöhungen durch spezifische Semkombinationen, die in den Wörterbüchern zur Gegenwartsprache nicht vorkommen. Die hinzutretenden Seme erweisen sich im Kommunikationsbereich der Kraftfahrzeugtechnik und in den Lehrbüchern als notwendig. Die Verben besitzen neben dem gemeinsprachlichen Gebrauch kfz-spezifische Valenzen und Sememe. Zu dieser Subgruppe gehören u.a. die Verben *verbinden, abgeben, verschieben, pressen, anordnen, zentrieren* und *drücken.* Fachsprachliche Verben werden an wenigen Stellen eingesetzt – z.B. die zweiwertigen Verben *auswuchten* und *auskuppeln,* zu denen in den Wörterbüchern ein technikgebundener Kontext angegeben wird.

4.4 Testberichte

4.4.1 Makrostrukturelle Analyse

Allgemeine Merkmale. Die Testberichte sind alle im Format DIN A4 gedruckt. Je nach Einzel-, Doppel- oder Vergleichstest unterscheiden sie sich im Umfang. T2 (Doppeltest) und T3 (Einzeltest) sind weniger umfangreich als die anderen Tests und bestehen aus vier Seiten; T1, T4 und T5 (Vergleichstests) sind fünf bis sechs Seiten lang.

Abb. 209: Initiator „Deckblatt", T5

Initiatoren und Terminatoren. Als allgemeiner Initiator gilt das Deckblatt der Zeitschrift. Es enthält farbige Abbildungen der Testautos, den Titel der Zeitschrift, Auszüge aus dem Inhaltsverzeichnis sowie das Erscheinungsdatum (Abb. 209).

Als direkter Initiator der Testberichte gilt ein Überschriftengefüge (Abb. 210, 211), welches aus dem Rubrikentitel, der Artikelüberschrift und dem Untertitel besteht. Der Rubrikentitel verweist direkt auf die Textsorte und ist am oberen Rand des Textexemplars positioniert, z.B. „FAHRBERICHT BMW 330d" (T3), „VERGLEICHSTEST AUDI A8 3.0 TDI, BMW 730d, Mercedes S 320 CDI" (T4). Der Rubrikentitel ist durch typographische Mittel wie kleinere Schriftgröße als die Artikelüberschrift sowie durch Fettdruck und ein grau unterlegtes Feld vom folgenden Textteil hervorgehoben. Danach folgt die Artikelüberschrift, die mittels Fettdruck und größerer Schrift markiert ist.

Abb. 210: Initiator „Überschriftengefüge“, T3

Abb. 211: Initiator „Überschriftengefüge“, T4

ichte Handlingvorteile
rrscht Flaute. Gut für

ebe im Benziner beweg-
halthebel im 318d-Test-
ner. Offenbar gibt es in
bei BMW spürbare Se-
gen.
dessen ist das Fazit
hrvergleich eindeutig:
n der mit dem d. Dass
heit doch nicht ganz so
afür sorgt dann der Kos-
600 Euro Aufpreis für
. kein Pappenstiel. Hin-
Festkosten (Steuer und
die ebenfalls erheblich
r schlagen. Nicht ganz
Diesel-Vergnügen.
Wer weniger als 30 000
Jahr abspult, der fährt
uf jeden Fall günstiger.
re da ja noch die Vari-
um sich mit dem 318i
n selbst ein 320i noch
r ist als der schwächste
ramm? Stimmt schon:
ch?

Text: Wolfgang König
Fotos: Hans-Dieter Seufert

GESAMTERGEBNIS

Fahrzeugtyp	(Maximalpunktzahl)	BMW 318d	BMW 318i
Karosserie			
Innenmaße	(10)	8	8
Raumgefühl	(10)	8	8
Kofferraum	(10)	4	4
Zuladung	(5)	1	2
Funktionalität	(10)	7	7
Serienausstattung	(10)	5	5
Zusatzausstattung	(5)	5	5
Sicherheitsausstatt. (passiv)	(25)	16	16
Qualitätsanmutung	(15)	13	13
SUMME	**(100)**	**67**	**68**
Bediensicherheit			
Rundumsicht/Übersichtl.	(10)	8	8
Bedienbarkeit	(20)	17	17
Licht	(10)	7	7
Instrumente	(10)	9	9
SUMME	**(50)**	**41**	**41**
Fahrkomfort			
Federung leer	(25)	17	17
Federung beladen	(15)	11	11
Sitze vorn	(20)	17	17
Sitze hinten	(10)	8	8
Klimatisierung	(10)	7	7
Innengeräusch-Messwerte	(5)	5	5
Geräuscheindruck	(15)	13	12
SUMME	**(100)**	**78**	**77**
Antrieb			
Laufkultur	(10)	7	7
Durchzugskraft	(10)	8	4
Leistungsentfaltung	(5)	2	4
Schaltung/Getriebeabstuf.	(10)	8	9
Beschl./Höchstgeschw.	(20)	10	11
Elastizität	(20)	4	1
Testverbrauch	(20)	13	8
Reichweite	(5)	4	3
SUMME	**(100)**	**56**	**47**
Fahrsicherheit			
Fahrsicherheit leer	(20)	19	19
Fahrsicherheit beladen	(15)	13	13
Fahrdynamik-Test	(5)	4	5
Sicherheitsausst. (aktiv)	(15)	6	6
Handling	(15)	13	14
Lenkung	(10)	10	10
Wendekreis	(5)	2	2
Traktion/Wintertaugl.	(10)	8	8
Geradeauslauf/Windempf.	(5)	5	5
SUMME	**(100)**	**80**	**82**
Bremsen			
Bremsweg leer (100 km/h)	(10)	8	8
Bremsweg beladen (")	(10)	8	8
Bremsweg warm bel. (")	(10)	8	8
Bremsweg aus 160 km/h	(5)	4	4
Pedalgefühl	(5)	5	5
µ-split-Stabilität	(5)	4	4
µ-split-Bremsweg	(5)	3	3
SUMME	**(50)**	**40**	**40**
Eigenschaftswertung	**(500)**	**362**	**355**
Umwelt			
Minimalverbrauch	(20)	13	11
Emissionsverhalten	(10)	9	8
Leergewicht	(10)	6	7
Stand- und Fahrgeräusch*	(10)	10	7
SUMME	**(50)**	**38**	**33**
Kosten			
Grundpreis*	(25)	20	25
Aufpreisgestaltung	(5)	3	3
Wiederverkaufschancen	(10)	8	8
Festkosten für 5 Jahre*	(15)	10	15
Wart./Rep. 100 000 km*	(15)	14	15
Kraftstoff 100 000 km*	(20)	20	12
Garantie	(10)	5	5
SUMME	**(100)**	**80**	**83**
Gesamtwertung	**(650)**	**480**	**471**

1. BMW 318d:
Mit dem durchzugstarken und kultivierten Diesel macht das Fahren mehr Freude, abgesehen davon, dass er das Tankbudget schont. Die Gesamtkosten sind freilich höher, da lohnt sich die Sache nur für Vielfahrer.

2. BMW 318i:
Für den Benziner spricht in erster Linie der deutlich niedrigere Preis. Nachteil: Mangels Drehmoment muss er sich ganz schön plagen, und man muss öfter an die Tankstelle – rund zwei Liter Mehrverbrauch.

* Bester erhält volle Punktzahl

Abb. 212: Terminatorenbündel „Tabelleninformation" und „Autornennung", T2

Die Überschrift soll Interesse wecken, neugierig machen und den Leser provozieren: „ZUR KLASSE, BITTE“ (T4), „DREI AGAIN“ (T3). Rubrikentitel und Artikelüberschriften sind in Majuskeln gedruckt. Danach folgt ein Untertitel, der einen oder mehrere Sätze umfasst und kurz das Thema bzw. den Untersuchungsschwerpunkt einführt, z.B. „Schöner, schlauer, sparsamer: So soll der BMW Dreier im Mittelklasse-Clan wieder ganz vorn mitmischen. Fahrbericht des 330d mit neuem Dreiliter-Diesel.“ (T3) sowie „Höchster Fahrgenuss und trotzdem keine Ebbe in der (Sprit-)Kasse? Der neue BMW 730d versucht sich in dieser Kombination – ebenso wie der Audi A8 3.0 TDI und der Mercedes S 320 CDI, jetzt als Blue Efficiency“ (T4). In Verbindung mit Rubrikentitel, Artikelüberschrift und Untertitel gibt es außerdem eine große Farbfotografie der zu untersuchenden Modelle, die thematisch zur Artikelüberschrift passt und ebenfalls zum Lesen motivieren soll.

Als direkte Terminatorenbündel existieren mit Ausnahme von T3 eine Tabelleninformation sowie die Nennung des Autors (Abb. 212). Die Tabelleninformation fasst die Gesamtergebnisse zusammen und enthält eine Gesamtbeurteilung der Testautos. Die Tabelleninformation ist mehrspaltig strukturiert; in der vertikalen Anordnung werden die Kategorien Karosserie, Bediensicherheit, Fahrkomfort, Antrieb, Fahrsicherheit, Bremsen, Umwelt und Kosten den Autotypen in der horizontalen Anordnung zugeordnet. T3 enthält lediglich eine Gesamtbeurteilung im letzten Absatz sowie die Autorennennung als Terminator. Eine Tabelleninformation als Terminator ist hier nicht gegeben. Indirekter Terminator ist der Beginn eines neuen Artikels auf dieser oder der Folgeseite.

Textgliederungsprinzipien. Die Testberichte werden in jeweils 7-20 Absätzen strukturiert. Im ersten Absatz ist eine kurze Einführung gegeben, die indirekt das Thema einleitet und wie die Artikelüberschriften den Leser neugierig macht und ihn provoziert, z.B. „Lassen Sie uns einen theoretischen Kontrapunkt setzen – gegen Flauten-Prognosen, Krisen-Gefühl und Spar-Rhetorik“ (T4, 34, 11-14), „Image bedeutet, dass die Tube wichtiger ist als die Zahnpasta – die Erkenntnis ist nicht neu, aber zeitlos, ganz besonders bezogen auf die Welt der Autos“ (T2, 77, 1-5). In T1 erfolgt in der Einführung eine kurze metaphorische Beschreibung der Atmosphäre, z.B. „Das schneeweiße A3-Cabrio steht auf dem Parkplatz der Rennstrecke Paul Ricard. Ein frischer Wind pfeift, aber wenigstens ziehen kaum Wolken über den Himmel“ (T1, 23, 4-7). Nach der Einführung folgt in den folgenden Absätzen die Beschreibung der Testobjekte. Anschließend werden wichtige positive und negative Gesamtergebnisse für einzelne Modelle tabellarisch dargestellt, ergänzt um eine Gesamtbewertung und eine explizite Empfehlung für die einzelnen Modelle unter bestimmten Kaufkriterien (z.B. Kosten, Leistung und Umwelt), die i.d.R. in den letzten beiden Absätzen gegeben sind. Das Textexemplar in der ADACmotorwelt enthält zudem Überschriften, die durch Leerzeilen und größere Schrift vom Fließtext abgegrenzt sind, z.B. „Beim Audi-Cabrio hat der Himmel eine echte Chance" (T1) (Abb. 213). Sie dienen hauptsächlich der Auflockerung des Fließtextes und führen die jeweils unterschiedlichen Modelle ein bzw. verweisen auf die entsprechenden Absätze:

Beim Audi-Cabrio hat der Himmel eine echte Chance

Le Castellet, Südfrankreich: Das schneeweiße A3-Cabrio steht auf dem Parkplatz der Rennstrecke Paul Ricard. Ein frischer Wind pfeift, aber wenigstens ziehen

Abb. 213: Markierung der Absätze in T1

Das Textkorpus ist zwei- und dreispaltig und als Fließtext angeordnet. Wichtige Aussagen werden mittels Fettdruck markiert und vom übrigen Textkorpus abgehoben. In jedem Textexemplar gibt es mindestens eine Abbildung der Testautos, die als Beweissicherung für festgestellte Mängel oder positive Testergebnisse dient. Es handelt sich bei allen Abbildungen um Farbfotografien (siehe Abschnitt 4.4.2.).

4.4.2 Text-Bild-Kombinationen

In den Testberichten gibt es insgesamt 79 Text-Bild-Kombinationen. Auffällig ist die hohe Anzahl von 42 Text-Bild-Kombinationen in T4 und T5. Dies entspricht 2/3 aller Text-Bild-Kombinationen. Auch unter Berücksichtigung der Text-Bild-Kombinationen pro Seite finden sich in T4 und T5 deutlich mehr Abbildungen als in anderen Testberichten. Die Tab. 28 und 29 stellen die Verteilung der Text-Bild-Kombinationen dar.

Tab. 28: Anzahl der Text-Bild-Kombinationen in Testberichten

	T1	T2	T3	T4	T5	Gesamt
Text-Bild-Kombination	12	9	9	21	21	72
Tabelle	1	2	–	2	2	7
in %	16,5 %	13,9 %	11,4 %	29,1 %	29,1 %	100 %

Tab. 29: Verteilung der Text-Bild-Kombinationen in Testberichten pro Seite

	T1	T2	T3	T4	T5
Seiten	6	4	4	5	5
TB/Seite	2	2,25	2,25	4,2	4,2
Tabelle/Seite	0,2	0,5	-	0,4	0,4
Gesamt/Seite	2,2	2,75	2,25	4,6	4,6

Es handelt sich dabei immer um farbige Fotografien von Autos bzw. Autoteilen. Auf 13 Abbildungen sind Menschen bzw. Hände, die ein Auto bedienen, zu sehen (Abb. 214, 215).

Abb. 214: Farbfotografie mit Person, T3

Abb. 215: Farbfotografie mit Händen, T3

Abb. 216: Farbfotografie (kontaktiv), T1, 22-23

Abb. 217: Farbfotografie (kontaktiv), T4, 34-35

In den Testberichten gibt es keine klare Anordnung der Bilder. Text-Bild-Kombinationen passen sich dem Layout des Testberichts an. Struktur und Vorkommen der Text-Bild-Kombinationen sind jedoch in allen Testberichten ähnlich. Auf der ersten bzw. den ersten beiden Seiten erscheinen werbende Fotografien (Abb. 216, 217), die mit der Artikelüberschrift und dem Untertitel den Leser neugierig machen sollen, so z.B. in T1, wo zur Überschrift „Frühlingserwachen“ die Fahrzeugmodelle vor idyllischem, pittoreskem Hintergrund abgebildet sind (Abb. 216). Diese Bilder sind im Vergleich zu den anderen Abbildungen größer bzw. sie nehmen fast die ganze Seite ein. Sie wirken daher werbend und sind bildgesteuert. Auf den nächsten Seiten tauchen Abbildungen auf, die nur Teile des Testautos, d.h., Menütasten, Navigationsgerät, Sitze u.a. zeigen. Mit den Abbildungen sind neben der Nennung der Automarke kurze Beschreibungen über oder unter dem Bild verbunden, die im Fließtext aufgegriffen und um erweiterte Informationen ergänzt werden (Abb. 218, 219).

Abb. 218: Die textgesteuerte Variante „Begriff im Satz und an der Abbildung“, T4, 38

und zeigen von schwarzem Kunststoff geprägte Schlichtheit.

Im Mercedes dominiert Funktionalität. Das Schema seiner Bedienung ist besonders logisch aufgebaut und macht auch Novizen keine Probleme. Audis MMI-System ist da eine Generation zurück, und der BMW-Testwagen, obwohl nur mit einer Schlichtversion ohne Bildschirm ausgerüstet, schickt den Fahrer am ehesten auf Irrwege. Da zeigt sich, wie schnell der Fortschritt auf diesem Gebiet unterwegs ist.

Die bequemen Sitze bieten dem Fahrer bei allen dreien eine Sitzposition, die sich nicht von der normaler Limousinen unterscheidet

Zu spüren aber ist er auch anderswo. Der schon viel gelobte BMW-Diesel glänzt zwar immer noch mit den besten Fahrleistungen und dem niedrigsten Verbrauch, aber er präsentiert sich im jüngsten Vergleich als rauer Bursche, dessen Dieselgeräusch allgegenwärtig bleibt. Die Audi-Maschine hat viel dazugelernt. Modernisierte Einspritztechnik verhilft ihr zu einem ruhigen Lauf, allerdings liegt der Verbrauch deutlich höher als beim X3.

Der GLK verbraucht soviel wie der Q5. Das verwundert, denn schließlich sitzt hier die jüngste Diesel-Entwicklung mit zwei Turboladern unter der Haube. In Ansprechverhalten und Laufkultur ist der Mercedes-Motor spitze, aber der Schriftzug Blue Efficiency auf den vorderen Kotflügeln weckt Erwartungen, die nicht erfüllt werden. Warum? Der Mercedes ist nicht nur der schwerste der Vergleichskonkurrenten, er ist auch der einzige, den es nur mit automatischem Getriebe gibt.

Über die Qualitäten des Siebengang-Aggregats muss man nicht mehr viele Worte verlieren. Mit seiner höchst unauffälligen Arbeitsweise gehört es zum Besten, was es auf diesem Gebiet gibt. Die Sechsgang-Schaltungen von BMW und Audi fallen allerdings ebenfalls

Abb. 219: Die textgesteuerte Variante „Begriff im Satz und an der Abbildung", T5, 66

Tabelleninformation. Mit Ausnahme von T3 (Einzeltest) gibt es in allen Testberichten eine bis zwei Tabellen, die die „Technischen Daten" (Abb. 220) und „Gesamtergebnisse" (Abb. 221) zusammenfassen.

TECHNISCHE DATEN UND MESSWERTE

Fahrzeugtyp		Audi A8 3.0 TDI Quattro	BMW 730d	Mercedes S 320 CDI Blue Efficiency
Motorbauart/Zylinderzahl		V/6	Reihe/6	V/6
Hubraum	cm³	2967	2993	2987
Leistung	kW (PS) bei 1/min	171 (233) 4000	180 (245) 4000	173 (235) 3600
max. Drehm.	Nm bei 1/min	450 bei 1400	540 bei 1750	540 bei 1600
Schadstoffeinstufung		Euro 4	Euro 5	Euro 4
CO_2-Ausstoß	g/km	224	192	199
Leergewicht/Zuladung	kg	1945/485	1936/569	2018/532
Länge × Breite × Höhe	mm	5062 × 1894 × 1444	5072 × 1902 × 1479	5076 × 1871 × 1473
Radstand	mm	2944	3070	3035
Wendekreis links/rechts	m	12,1/12,2	11,7/11,6	11,8/11,7
Gepäckraum	L/VDA	500	500	560

Abb. 220: Tabelleninformation „Technische Daten und Messwerte", T4, 36

ERGEBNISSE

Fahrzeugtyp	(Maximalpunktzahl)	BMW 730d	Mercedes S 320 CDI Blue Effic.	Audi A8 3.0 TDI Quattro
▶ **KAROSSERIE**				
Innenmaße	(10)	10	10	9
Raumgefühl	(10)	9	10	9
Kofferraum	(15)	6	7	6
Zuladung	(10)	6	5	3
Funktionalität	(10)	7	8	7
Instrumente	(10)	10	9	8
Rundumsicht	(15)	7	8	6
Zusatzausstattung	(5)	5	4	3
Qualitätsanmutung	(15)	14	14	13
SUMME	(100)	74	75	64
▶ **SICHERHEIT**				
Passive Sicherheitsaustattung	(15)	9	12	10
Aktive Sicherheit	(15)	10	8	6
Licht	(10)	9	7	9
Bedienbarkeit	(15)	14	13	11
Bremsweg leer (100 km/h)	(10)	7	6	6
Bremsweg kalt beladen (")	(5)	3	3	3
Bremsweg warm beladen (")	(10)	7	7	6
Verzögerung 190 km/h	(5)	4	4	4
Pedalgefühl	(5)	5	4	4
µ-split-Stabilität	(5)	5	5	5
µ-split-Bremsweg	(5)	4	4	3
SUMME	(100)	77	73	67
▶ **FAHRKOMFORT**				
Federung leer	(25)	21	23	18
Federung beladen	(15)	14	14	12
Sitze vorn	(20)	19	20	17
Sitze hinten	(10)	8	10	8
Klimatisierung	(10)	10	10	10
Innengeräusch-Messwerte*	(10)	9	10	10
Geräuscheindruck	(10)	8	9	7
SUMME	(100)	89	96	82

Abb. 221: Tabelleninformation „Ergebnisse", T4, 40

Die Tabelleninformationen sind mehrspaltig und in zwei Hauptkategorien, die durch die vertikale und horizontale Anordnung dargestellt werden, unterteilt.

Tab. 30: Anordnung der Tabelleninformationen

Kategorie	vertikal	horizontal
„Technische Daten“	Hubraum, Leistung, Drehmoment, CO_2-Ausstoß, Leergewicht, Länge x Breite x Höhe, Beschleunigung, Bremsweg u.a.	Fahrzeugmodelle
„Ergebnisse“	Karosserie, Bediensicherheit, Fahrkomfort, Antrieb, Umwelt, Kosten u.a.	

4.4.3 Syntax

4.4.3.1 Syntax der Überschriften

Insgesamt werden 26 Überschriften untersucht. Die Testberichte weisen zwischen 0,8 und 1,25 Überschriften pro Seite auf, im Mittel 1,1 Überschriften. T1, T2 und T3 liegen etwas über dem Durchschnittswert, T4 und T5 etwas unter dem Durchschnittswert bei der Verteilung der Überschriften pro Seite. Die Tab. 31 und 32 zeigen ihre Verteilung.

Tab. 31: Anzahl aller Überschriften in Testberichten

	T1	T2	T3	T4	T5	Gesamt
Überschriften	7	5	5	4	5	26
in %	26,9 %	19,2 %	19,2 %	15,4 %	19,2 %	100 %

Tab. 32: Anzahl der Überschriften pro Seite in Testberichten

	T1	T2	T3	T4	T5	Gesamt
Seitenzahl	6	4	4	5	5	24
Überschriften/Seite	1,2	1,25	1,25	0,8	1,0	1,1

Überschriften bestehen aus isoliert gebrauchten einfachen Nominalsätzen (1-6), einem Gesamtsatz aus zwei Nominalsätzen (7), aus einfachen (8) und komplexen Verbalsätzen (9) sowie Nominal-/Verbalsatzkombinationen im zweiten Satz von Beispiel (10).

1. Frühlingserwachen (T1, 22, 6)
2. Schöner, schlauer, sparsamer (T3, 26, 2)
3. Ein Vergleich der Vierzylinder-Diesel. (T5, 64, 4)
4. Zahl der Wahl (T2, 76, 1-3)
5. Fahrbericht des 330d mit neuem Dreiliter-Diesel (T3, 26, 4)
6. Fahrbericht BMW 330d (T3)

7. Höchster Fahrgenuss und trotzdem keine Ebbe in der (Sprit-)Kasse? (T4, 34, 3-5)
8. Der Mercedes SLK geht in die nächste Generation (T1, 26, 42-43)
9. Die neuen Einsteigermodelle heißen 318i und 318d und bieten gegenüber den entsprechenden 320-Versionen deutliche Preisvorteile. (T2, 76, 6-12)
10. Höchster Fahrgenuss und trotzdem keine Ebbe in der (Sprit-)Kasse? Der neue BMW 730d versucht sich in dieser Kombination – ebenso wie der Audi A8 3.0 TDI und der Mercedes S 320 CDI, jetzt als Blue Efficiency. (T4, 3-10)

Eingliedrige Nominalsätze ohne Attribuierung zeigen die Beispiele 1-2. In 1 besteht der einfache Nominalsatz aus einem Satzglied mit einem substantivischen Nukleus, in 2 aus drei gereihten adjektivischen Nuklei. Die Nominalsätze wecken dabei Neugier und Interesse beim Leser, geben jedoch keinen Hinweis zum Kommunikationsbereich Kraftfahrzeugtechnik. In 1 handelt es sich um eine Metapher, die auf eine Jahreszeit verweist. In 2 sind positiv konnotiere Eigenschaften zum Testmodell vorhanden. Eingliedrige Nominalsätze mit Attribuierung finden sich in den Beispielen 3-5. In 3 wird auf den Typ „pränukleares Pronominalattribut + substantivischer Nukleus + postnukleares Genitivattribut" zurückgegriffen. Es wird auf eine Aktion mit Aktionsgegenstand verwiesen. Der Typus „substantivischer Nukleus + postnukleares Genitivattribut" taucht in 4 auf. „Zahl der Wahl" lässt sich als Wortspiel zu „Qual der Wahl" interpretieren. Das Beispiel 5 weist neben einem postnuklearen Genitivattribut „des 330d" zu „Fahrbericht" ein postnukleares Präpositionalattribut „mit neuem Dreiliter-Diesel" auf, das sich auf den Nukleus „330d" bezieht. Der Nominalsatz benennt dabei die Textsorte mit dem Testgegenstand. Ferner ist in 6 ein zweigliedriger Nominalsatz vorhanden. Das erste Satzglied „Fahrbericht" verweist auf die Textsorte, das zweite Satzglied „BMW 330d" benennt das Testmodell. In 7 ist ein Gesamtsatz aus einem eingliedrigen Nominalsatz „höchster Fahrgenuss" und einem dreigliedrigen Nominalsatz „trotzdem [/] keine Ebbe [/] in der (Sprit-)Kasse" anzusetzen. Die nominalen Teilsätze kennzeichnen die logische Beziehung von *conditio* versus *consequentia*. In 8 und 9 werden die Überschriften aus isoliert gebrauchten einfachen (8) und komplexen (9) Verbalsätzen gebildet. Es handelt sich beim komplexen Verbalsatz um eine Parataxe aus zwei Teilsätzen (9), wobei im zweiten Teilsatz das Subjekt „die neuen Einsteigermodelle" aufgrund von Vorerwähntheit elliptisch ausgelassen wird. Die Teilsätze verweisen auf zusammenhängende Sachverhalte, die sich inhaltlich ergänzen. Eine Nominal-/Verbalsatzkombination ist im zweiten Gesamtsatz in 10 vorhanden.

Beim ersten Teilsatz handelt es sich um einen Verbalsatz „der neue BMW 730d versucht sich in dieser Kombination – ebenso wie der Audi A8 3.0 TDI und der Mercedes S 320 CDI“, wobei das Subjekt aus gereihten Nuklei „BMW 730d“, „Audi A8 3.0 TDI“ und „Mercedes S 320 CDI“ besteht, die mittels Gedankenstrichen voneinander abgetrennt sind; beim zweiten Teilsatz handelt es sich um einen zweigliedrigen Nominalsatz „jetzt [/] als Blue Efficiency“. Der Verbalsatz gibt eine Information mit Qualitätsmerkmalen zu den Testmodellen an, die Satzglieder des Nominalsatzes benennen den Zeitpunkt („jetzt“) und die Zusatzleistung in Form neuer Funktionalität der Modelle („als Blue Efficiency“).

Nahezu alle Überschriften sind Aussagesätze. In jeweils zwei Fällen wird auf eine Ergänzungs- (11) bzw. Entscheidungsfrage (12) zurückgegriffen. Es handelt sich dabei um Untertitel, die durch die Fragestellung provozieren und Interesse wecken sollen oder es wird eine rhetorische Frage formuliert, die der Leser in dieser oder ähnlicher Form stellen könnte und die im Anschluss direkt beantwortet wird. Nur einmal konnte ein Aufforderungssatz festgestellt werden (13). Repräsentative Bespiele sind:

11. Aber welchen nehmen: Diesel oder Benziner? (T2, 76, 12-145)
12. Bieten die Fortschritt gegenüber dem bewährten X3 und BMW? (T5, 64, 3-4)
13. Zur Klasse, Bitte (T4, 34, 1-2)

Bei der Verteilung der Überschriften auf die Typen des isoliert gebrauchten einfachen Verbalsatzes, des komplexen Satzes, des isoliert gebrauchten einfachen Nominalsatzes und der Nominal-/Verbalsatzkombination ergibt sich die in der folgenden Abbildung dargestellte Übersicht.

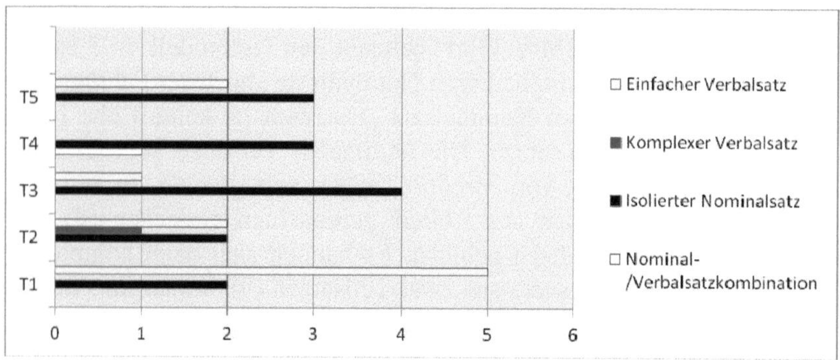

Abb. 222: Satztypen in den Überschriften in Testberichten

Pro Textexemplar gibt es nicht mehr als drei Satztypen in den Überschriften. Deutlich wird, dass besonders häufig auf den einfachen Verbalsatz (38,5 %) und den isoliert gebrauchten einfachen Nominalsatz (55,8 %) zurückgegriffen wird. Isoliert gebrauchte einfache Nominalsätze kommen in allen Testberichten vor. Einfache Verbalsätze sind mit Ausnahme von T4 ebenfalls in allen Testberichten nachweisbar. Komplexe Verbalsätze sowie Nominal-/Verbalsatzkombinationen tauchen jeweils nur einmal in T2 und T4 auf. Beim komplexen Verbalsatz handelt es sich um eine aus zwei Teilsätzen verbundene Parataxe.

In Abb. 223 ist die Verteilung der Nominalsatztypen in den Überschriften zu sehen.

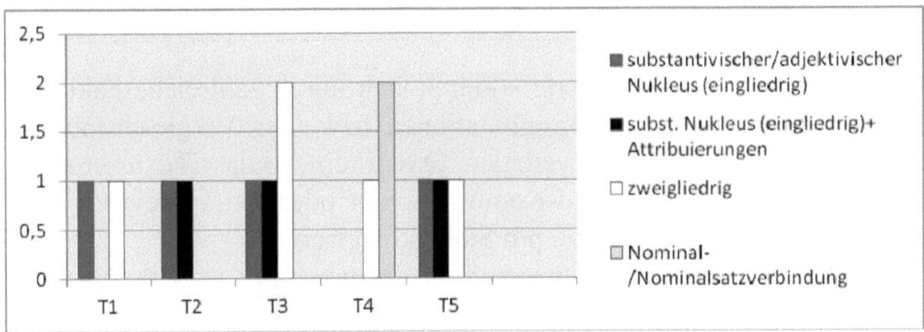

Abb. 223: Nominalsatztypen in den Überschriften in Testberichten

In T1, T2 und T5 finden sich zwei unterschiedliche Nominalsatztypen in den Überschriften, in T3 und T5 kommen drei unterschiedliche Varianten vor. In insgesamt vier Fällen ist ein eingliedriger Nominalsatz aus einem substantivischen bzw. adjektivischen Nukleus nachzuweisen. In insgesamt 3 Fällen findet sich ein Nominalsatz aus einem substantivischen Nukleus und weiteren Attribuierungen. Zweigliedrige Nominalsätze gibt es mit insgesamt 5 Belegen. In zwei Fällen ist ein Gesamtsatz aus zwei Nominalsätzen vorhanden.

4.4.3.2 Syntax der Absätze

Im Rahmen der syntaktischen Analyse der Absätze werden 494 Sätze analysiert. Die Tab. 33 zeigt die Verteilung der Sätze in den Testberichten:

Tab. 33: Anzahl der Sätze des Textkorpus in Testberichten

	T1	T2	T3	T4	T5
Anzahl der Sätze	171	72	52	95	104
in %	34,6 %	14,6 %	10,5 %	19,2 %	21,1 %

Anhand der vorhergehenden Tabelle wird die unterschiedliche Länge der jeweiligen Testberichte – Einzel-, Doppel- oder Vergleichstest (drei Modelle) – deutlich. Das Textexemplar (T3), das sich mit einem Modell beschäftig, ist deutlich kürzer als die Textexemplare, die einen vergleichenden Test beschreiben. Innerhalb der vergleichenden Tests enthält der Doppeltest (T2) weniger Sätze als solche, die drei Modelle in Betracht ziehen (T1, T4, T5). Als besonders umfangreich fällt T1 mit 34,6 % auf.

Tab. 34: Anzahl der Sätze des Textkorpus pro Seite in Testberichten

	T1	T2	T3	T4	T5
Seitenzahl	6	4	4	5	5
Sätze/S.	28,5	18	13	19	20,8

Diese unterschiedlichen Werte erklären sich durch zahlreiche Faktoren. Die Größe der Text-Bild-Kombinationen bzw. der Vergleichstabellen schränkt den Raum für den verbalen Textteil ein, so dass Textexemplare mit großflächigen Text-Bild-Kombinationen oder umfangreichen Vergleichstabellen weniger Sätze pro Seite aufweisen.

Für die Verteilung der Sätze auf die Satztypen des isoliert gebrauchten einfachen Verbalsatzes, des komplexen Verbalsatzes, des isoliert gebrauchten einfachen Nominalsatzes, der Nominal-/Verbalsatzverbindungen und des selbständig gebrauchten einfachen Nebensatzes werden in Abb. 224 die Ergebnisse dargestellt.

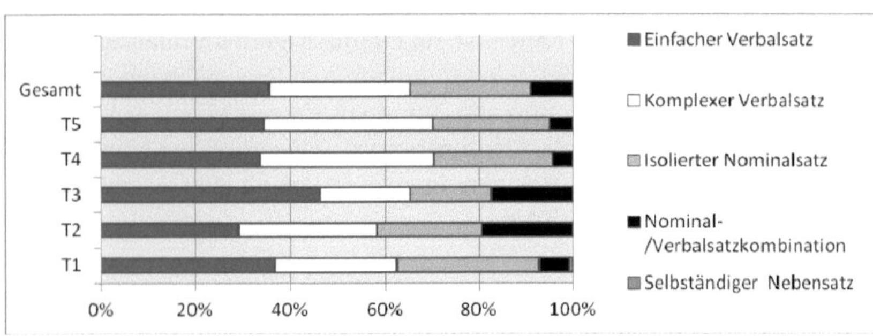

Abb. 224: Satztypen in den Sätzen des Textkorpus in Testberichten

Insgesamt werden isoliert gebrauchte einfache Verbalsätze mit einem Anteil von 35,6 % und komplexe Verbalsätze mit einem Anteil von 29,8 % eingesetzt. In 1/4 aller Fälle finden sich isoliert gebrauchte einfache Nominalsätze. Auf Nominal-/Verbalsatzverbindungen wird zu 8,7 % zurückgegriffen. In einem Fall konnte ein selbständig gebrauchter einfacher Nebensatz ermittelt werden. Die Verwendung der Satztypen innerhalb einzelner Textexemplare ist Schwankungen unterworfen.

So sind in T3 mit einem Anteil von 46,2 % überdurchschnittlich viele isoliert gebrauchte einfache Verbalsätze zu finden; in T2 dagegen werden einfache Verbalsätze unterdurchschnittlich zu 29,2 % eingesetzt. Alle übrigen Testberichte liegen im durchschnittlichen Bereich bei 33,7 % (T4), 34,6 % (T5) und 36,8 % (T1). Ähnlich wie bei den isoliert gebrauchten einfachen Verbalsätzen ist auch die Verwendung komplexer Verbalsätze unterschiedlich. Etwas über dem Durchschnitt sind T4 mit 36,8 % und T5 mit 35,6 %; in T3 sind lediglich 1/5 aller Fälle komplexe Verbalsätze. Bei den Nominal-/Verbalsatzkombinationen ist eine häufige Verwendung in T2 (19,4 %) und T3 (17,3 %) vorhanden. In T4 (4,2 %) und T5 (4,8 %) wird hingegen selten auf entsprechende Nominal-/Verbalsatzverbindungen zurückgegriffen. Isoliert gebrauchte einfache Nominalsätze in den Testberichten unterliegen geringeren Schwankungen. Mit einem Anteil von 30,4 % werden sie in T1 am häufigsten eingesetzt, der geringste Anteil von 17,3 % ist in T3 festzustellen.

Isoliert gebrauchte einfache Nominalsätze sind in 68,5 % aller Fälle eingliedrig (1); es gibt weiterhin zwei- (2) und dreigliedrige (3, 4) Nominalsätze. In 5 existiert ein Gesamtsatz aus einem Partikelsatz und einem Nominalsatz. Ein Gesamtsatz aus zwei Nominalsätzen ist in den Beispielen 6-9 vorhanden. Die Nominalsätze werden hauptsächlich für die Benennung der Abbildungen verwendet.

1. Mercedes SLK (T1, 23, a)
2. Kofferraum mit Durchlademöglichkeit. (T1, 28, 48-49)
3. Kopfstützen im Fond zu niedrig. (T1, 28, 50-51)
4. Neue Assistenzsysteme (Spurwarner) über Knöpfe am Armaturenbrett aktivierbar (T4, 40, i-l)
5. Ja, sogar ein sehr guter SLK. (T1, 29, 26-27)
6. Prima: das gut abgestufte, leicht schaltbare Sechsganggetriebe. (T1, 26, 13)
7. Spielerei: Wahltasten für das Ansprechen von Lenkung und Motor (T5, 67, f-g)
8. Ebenfalls erhältlich: der SLK 280 (41858 €), der SLK 350 (46975 €) sowie der SLK 55 AMG (69050 €). (T1, 29, 32-36)
9. **Okay, dann ran an den neuen i-Drive-Controller.** Kleiner als bisher, mit einem Drehring ausgerüstet und von direkten Funktionstasten umzingelt. (T3, 27, 42-46)

Ein eingliedriger Nominalsatz verweist häufig auf den Testgegenstand „Mercedes SLK“ (1). In einem zweigliedrigen Nominalsatz wird ein Testgegenstand mit Zusatzleistungen „Kofferraum [/] mit Durchlademöglichkeit" genannt (2). Im Beispiel 3 verweisen die Satzglieder auf den Testgegenstand „Kopfstützen", den Ortsbezug „im Fond" und die Wertung „zu niedrig". Der dreigliedrige Nominalsatz im Beispiel 4 beschreibt die außersprachliche Realität, indem er Relationen zwischen dem Testgegenstand „Neue Assistenzsysteme (Spurwarner)", der Art und Weise der Handlung „über Knöpfe am Armaturenbrett" und dem Ergebnis „aktivierbar" herstellt. Im Beispiel 5 drückt der aus einer Interjektion bestehende Partikelsatz „Ja" eine Wertung aus, der im Nominalsatz „sogar ein sehr guter SLK" der Testgegenstand folgt. Bei dem Beispiel in 6 handelt es sich um einen Gesamtsatz aus zwei nominalen eingliedrigen Teilsätzen; wobei der erste nominale Teilsatz eine Wertung „Prima" ausdrückt, der zweite nominale Teilsatz benennt den Testgegenstand „das gut abgestufte, leicht schaltbare Sechsganggetriebe". Ein Gesamtsatz aus einem nominalen eingliedrigen Teilsatz „Spielerei" und einem nominalen zweigliedrigen Teilsatz „Wahltasten [/] für das Ansprechen von Lenkung und Motor" tritt in 7 auf, wobei die Teilsätze den Kommunikationsrahmen *Nennung (mit Wertung) – Spezifizierung* darstellen. Beispiel 8 ist ein Gesamtsatz aus vier Teilsätzen. Der erste Teilsatz besteht aus zwei Satzgliedern „ebenfalls erhältlich [/] der SLK 280, der SLK 350 sowie der SLK 55 AMG", wobei das erste Satzglied ein pränukleares Adverbattribut „ebenfalls" zum Nukleus „erhältlich" enthält und das zweite Satzglied aus 3 gereihten substantivischen Nuklei besteht. Den drei gereihten Nuklei wird jeweils ein Nominalsatz als Parenthese zugeordnet („41858 €", „46975 €", „69050 €"), der den Preis der jeweiligen Autotypen angibt. Beispiel 9 zeigt ebenfalls einen Gesamtsatz aus zwei nominalen Teilsätzen an. Der erste Teilsatz „Okay" drückt einen Ausruf aus; beim zweiten Teilsatz „dann ran an den neuen i-Drive-Controller. Kleiner als bisher, mit einem Drehring ausgerüstet und von direkten Funktionstasten umzingelt" wird der Testgegenstand ausgedrückt, wobei hier eine Parzellierung von Satzgliedteilen (postnuklearen Adjektivattributen) „Kleiner als bisher, mit einem Drehring ausgerüstet und von direkten Funktionstasten umzingelt" existiert. Drucktechnisch ist der Gesamtsatz ohne die Parzellierung durch Fettdruck hervorgehoben. Eine Umformungsprobe führt zum Gesamtsatz „Okay, dann ran an den neuen, kleineren als bisher mit einem Drehring ausgerüsteten und von direkten Funktionstasten umzingelten i-Drive-Controller".

Bei den Verbalsätzen sind einfache Verbalsätze häufiger (35,6 %) nachweisbar als komplexe Verbalsätze (29,8 %). Repräsentative Beispiele für isoliert gebrauchte einfache Verbalsätze sind:

10. Lassen Sie uns einen theoretischen Kontrapunkt setzen – gegen Flauten-Prognosen, Krisen-Gefühl und Spar-Rhetorik. (T4, 34, 11-14)
11. Nach Druck auf den Knopf meldet sich der neue Reihensechszylinder-Dieselmotor des 330d. Wie seine Geschwister in 325d und 335d mit knapp drei Liter Hubraum, jedoch neu entwickelt. Leichter, sauberer, stärker. (T3, 29, 14-19)

Im Beispiel 10 wird das Satzglied „gegen Flauten-Prognosen, Krisen-Gefühl und Spar-Rhetorik" ans Ende des einfachen Verbalsatzes gesetzt und durch einen Gedankenstrich hervorgehoben. In 11 findet sich eine Parzellierung des Satzglieds „wie seine Geschwister in 325d und 335d mit knapp drei Liter Hubraum" und des Satzgliedteils (postnuklearen Adjektivattributs) „Leichter, sauberer, stärker". Eine Umformungsprobe führt zum Satz „Nach Druck auf den Knopf meldet sich der neue Reihensechszylinder-Dieselmotor des 330 wie seine Geschwister in 325d und 335d mit knapp drei Liter Hubraum, jedoch neu, leichter, sauberer, stärker entwickelt".

Bei den komplexen Verbalsätzen sind in den Testberichten die Hypotaxen (40,1 %) und Parataxen (41 %) zu fast gleichen Anteilen vorhanden. Der Anteil der parataktisch-hypotaktischen Satzkombinationen am Gesamtanteil der Satzverbindungen ist mit einem durchschnittlichen Anteil von 19 % deutlich geringer:

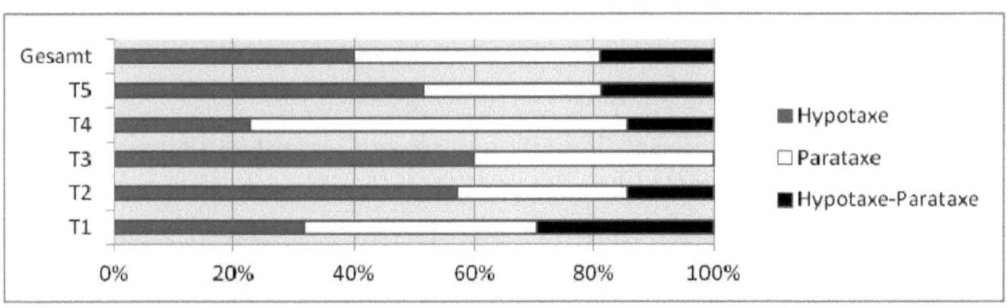

Abb. 225: Komplexe Verbalsätze in den Sätzen des Textkorpus in Testberichten

Die Verteilung der Hypotaxen, Parataxen und parataktisch-hypotaktischen Strukturen ist Schwankungen unterworfen. Während in T3 keine parataktisch-hypotaktischen Satzkombinationen vorkommen, wird in T1 (29,5 %) hingegen am häufigsten dieser Satztypus realisiert. T4 weist eine hohe Anzahl an Parataxen (62,9 %) auf; durch einen hohen Anteil an Hypotaxen fallen T2 (57,1 %), T3 (60 %) und T5 (51,4 %) auf.

Bei den Parataxen überwiegen mit 81,7% die jeweiligen Satzkombinationen aus zwei Teilsätzen (12, 13). Parataxen mit drei Teilsätzen gibt es mit einem Anteil von 13,3 % (14-17). Parataxen mit vier Teilsätzen treten mit einem verschwindend geringen Anteil auf (18, 19). Repräsentative Beispiele sind:

12. Zur Verfügung steht Ihnen das Brutto-Jahresgehalt eines Besserverdieners, zur Wahl die besten aller Limousinen – Audi A8, BMW Siebener und Mercedes S-Klasse jeweils als Basis-Diesel. (T4, 34, 15-20)
13. Sie [= die Federung] lässt den BMW über tiefe Absätze stolpern und über Stakkato-Querfugen stuckern – selbst im Modus Comfort des dreifach verstellbaren Stoßdämpfers. (T4, 38, 17-21)
14. Die neuen Instrumente des Mercedes SLK sind übersichtlich gestaltet, die Bedienung ist funktionell, das neue Dreispeichen-Sportlenkrad mit Multifunktionstasten lässt sich horizontal und vertikal verstellen (T1, 24, s-y)
15. Vor allem die Federung des BMW ist schnell überfordert, kleine Unebenheiten werden kaum gefiltert, lange Bodenwellen führen zu abrupten Vertikalbewegungen der Karosserie. (T5, 66, 77-82)
16. Die Abdeckklappe hinter den Rücksitzen öffnet sich, das Stoffverdeck faltet sich ordentlich zusammen und verschwindet in seinem gut abgedichteten Kasten. (T1, 24, 48-52)
17. So muss der 318i-Motor ohne das Schaltsaugrohr des 320i auskommen, und der 318d begnügt sich mit einem kleineren Turbolader – das macht die Sache dann schon komplizierter. (T2, 77, 41-46)
18. Dessen ruppiger TDI wirkt wie aus einer früheren Zeit – den Wettstreit zwischen 730d und S 320 CDI betrachtet der A8 3.0 TDI als Zaungast; als Günstigster im Test gewinnt er nur das Kostenkapitel und endet abgeschlagen auf dem letzten Platz. (T4, 40, 1-7)
19. Die alte Nummer zieht immer noch: von vorne einschüchtern, zackig vorbeiziehen, und dann nur noch von hinten gesehen werden. (T3, 27, 24-27)

In 12 und 13 handelt es sich jeweils um einen Gesamtsatz aus zwei verbalen Teilsätzen, die asyndetisch (12) und syndetisch (13) verbunden sind. In 12 werden im zweiten Teilsatz das numerusinkongruente, aber semantisch begründete Prädikat „stehen" und das Dativobjekt „Ihnen" aufgrund von Vorerwähntheit elliptisch ausgelassen; weiter existieren zum Nukleus „Limousinen" die Attribute „Audi A8, BMW Siebener und Mercedes S-Klasse jeweils als Basis-Diesel", die durch einen Gedankenstrich hervorgehoben sind. Es wird auf die Preiskategorie des Oberklassewagens verwiesen; indirekt wird der Preis für die Wagen Audi A8, BMW Siebener und Mercedes S-Klasse durch einen Vergleich mit einem Brutto-Jahresgehalt eines Besserverdieners genannt, so dass auch die Zielgruppe dadurch eingeschränkt wird. In 13 wird das Satzglied „selbst im Modus Comfort des dreifach verstellbaren Stoßdämpfers" ebenfalls mittels besonderer Interpunktion (Gedankenstrich) markiert und aus der Satzklammer ausgeklammert; im zweiten Teilsatz werden das Subjekt „Sie“ (= die Federung), das Akkusativobjekt „den BMW“ und der Prädikatsteil „lässt“ aufgrund von Vorerwähntheit elliptisch ausgelassen. Eine Parataxe aus drei Teilsätzen findet sich in den Beispielen 14-17. In 14 und 15 sind die Teilsätze asyndetisch; in 16 monosyndetisch gereiht; in 17 werden die ersten beiden Teilsätze durch die Konjunktion „und“ verbunden; der dritte Teilsatz fungiert als Nachsatz, der durch einen Gedankenstrich hervorgehoben ist. Beispiel 14 stellt die Bedienung und Funktionalität neuer Autoteile des Mercedes SLK dar. Weiter hebt das Beispiel 15 das negative Testergebnis zur Funktionalität der Federung des BMW hervor. Beispiele 18 und 19 bestehen jeweils aus einer Parataxe aus vier Teilsätzen. In 18 wird der erste Teilsatz durch einen Gedankenstrich mit dem zweiten Teilsatz verbunden; nach dem zweiten Teilsatz wird ein Semikolon zur Zäsurmarkierung gesetzt; der dritte und vierte Teilsatz werden durch die Konjunktion „und“ syndetisch gereiht. Nach der Zäsur wird das Fazit gegeben. Im Beispiel 19 wird nach dem ersten Teilsatz ein Doppelpunkt gesetzt; nach dem Doppelpunkt folgt dann die Kleinschreibung; der zweite, dritte und vierte Teilsatz werden monosyndetisch mittels der Konjunktion „und“ verbunden. Die Teilsätze der parataktischen Satzkombinationen signalisieren aufeinander bezogene Handlungen, die sich inhaltlich ergänzen.

Bei den Hypotaxen kommt es neben den Verbindungen aus zwei Teilsätzen (20), die den größten Anteil von 88,1 % übernehmen, vereinzelt zu Hypotaxen aus drei Teilsätzen (21-24), wobei diese einen Anteil von nur 11,9 % darstellen.

20. Packt den Fahrer dagegen auf griffigem Untergrund die Querdynamik-Lust, so sollte er es in engen Kurven nicht übertreiben: (T4, 36, 14-17)
21. Weil auf ein Blechfaltdach verzichtet wurde, kann die Schulterlinie waagerecht von vorn nach hinten durchlaufen, was den offenen 1er wie einen gestreckten Bootskörper wirken lässt. (T1, 24, 54-59)
22. Dazu gibt es eine ellenlange Liste mit Einzelpositionen, was beweist, dass die Basisausstattung ziemlich karg ist. (T1, 24, 35-38)
23. Selbst wenn man also das Geld und den Willen hätte, in der Luxusklasse shoppen zu gehen, fiele die Entscheidung nicht gerade leicht. (T4, 40, 13-16)
24. Audi betont wie das Vorbild BMW die sportliche Dynamik, während bei Mercedes das neue Mitglied nicht nur mit dem Kürzel GLK zeigt, dass es eine Miniaturausgabe des mächtigen GL sein will. (T5, 64, 22-27)

In 20 tritt eine Hypotaxe aus einem Konditionalsatz mit Verberststellung (1. Teilsatz) und einem Hauptsatz (2. Teilsatz) auf. Die Teilsätze verweisen auf die Informationsabfolge *conditio* versus *consequentia.* In den

Beispielen 21-24 sind Gesamtsätze aus drei Teilsätzen gegeben. Beispiel 21 zeigt als ersten Teilsatz einen Kausalsatz, als zweiten Teilsatz einen Hauptsatz, als dritten Teilsatz einen weiterführenden Nebensatz an. Der Kausalsatz gibt dabei die Begründung an, der Hauptsatz kennzeichnet die Folge, die durch den weiterführenden Nebensatz ergänzt wird. In 22 ist beim ersten Teilsatz der Hauptsatz gegeben, der zweite Teilsatz fungiert als weiterführender Nebensatz, beim dritten Teilsatz handelt es sich um einen Objektsatz, der dem Verbum finitum des weiterführenden Nebensatzes untergeordnet ist. Im Beispiel 23 liegt beim ersten Teilsatz ein Konditionalsatz vor, als zweiter Teilsatz tritt ein Attributsatz auf, der von dem Nukleus „das Geld und den Willen“ des Konditionalsatzes abhängig ist, der dritte Teilsatz fungiert als Hauptsatz. Die Nebensätze verweisen auf die *conditio,* der Hauptsatz auf die *consequentia.* Im Beispiel 24 ist beim ersten Teilsatz der Hauptsatz gegeben, der zweite Teilsatz markiert den Restriktivsatz, beim dritten Teilsatz handelt es sich um einen Objektsatz, der dem Verbum finitum des Restriktivsatzes untergeordnet ist. Durch die Teilsätze werden gegensätzliche Sachverhalte hervorgehoben.

Bei den parataktisch-hypotaktischen Satzkombinationen liegt der Schwerpunkt auf Satzkombinationen mit drei Teilsätzen (78,6 %) (25-28). Mit einem Anteil von 21,4 % an allen parataktisch-hypotaktischen Satzkombinationen werden vier Teilsätze miteinander verbunden (29-31). Repräsentative Beispiele für parataktisch-hypotaktische Satzkombinationen sind:

25. Da der Weg in die küstennahen Berge zunächst auf eine Autobahn führt, schließe ich das Dach während der Fahrt elektrisch – das geht bis 50km/h. (T1, 24, 75-78)
26. Ein Blick in die umfangreiche Preisliste zeigt, dass der neue SLK mindestens 36 503 € kostet – bisher ging es bei 35 938 € los. (T1, 26, 62-65)
27. Er überholt – und starrt dann so lange gebannt in den Rückspiegel, bis er mit einem lauten Knall seinen Vordermann ins Heck rauscht. (T1, 26, 51-54)
28. Davon abgesehen ruht das Mercedes-Getriebe in sich und lässt den Fahrer auf der Drehmomentwelle surfen, während der BMW bei Leistungsanforderung zu hektisch in niedrigere Gänge schaltet. (T4, 38, 52-57)
29. Beim Warten an der Ampel schaltet die Siebengang-Automatik des S 320 CDI zudem selbständig in Stellung N, um den Wandlerverlust zu minimieren – was nur in der Stadt und im Stau gelingen kann, beim Test-Verbrauch aber keinen Vorteil bringt. (T4, 38, 42-48)
30. Er sieht gut aus, provoziert aber keine Geschmacksdiskussionen. Wie der BMW, wobei das auch daran liegt, dass man sich an ihn längst gewöhnt hat. (T5, 65, 5-9)

31. Der BMW wirkt optisch eine Spur kompakter als seine Konkurrenten – auch im Innenraum, was aber nichts an dem gemeinsamen Merkmal aller drei ändert, dass vier Personen komfortabel Platz haben und es mit fünfen eng wird. (T5, 65, 12-18)

In den Beispielen 25-28 liegt jeweils eine parataktisch-hypotaktische Satzkombination aus drei Teilsätzen vor. In 25 handelt es sich beim ersten Teilsatz um einen Kausalsatz, der zweite Teilsatz markiert den Hauptsatz, zusätzlich existiert ein Nachsatz, der durch einen Gedankenstrich hervorhoben wird. Durch die Teilsätze werden die Funktionen *Begründung – Folge – Wertung* benannt. Im Beispiel 26 erscheint als erster Teilsatz der Hauptsatz, der zweite Teilsatz ist ein Objektsatz, zusätzlich gibt es einen Nachsatz, der wie in 25 durch einen Gedankenstrich markiert ist. Der Gesamtsatz verweist dabei auf die Preiserhöhung des SLK. In 27 sind die ersten beiden Teilsätze syndetisch verbundene Hauptsätze, die drucktechnisch durch einen Gedankenstrich abgetrennt sind; der letzte Teilsatz gibt einen Temporalsatz an. Die Hauptsätze benennen die Aktion, der Temporalsatz führt das ironisch präsentierte Ergebnis an. Die Teilsätze in 28 verweisen auf gegensätzliche Sachverhalte. Ausdrucksseitig besteht der Gesamtsatz aus zwei syndetisch verbundenen Hauptsätzen und einem Restriktivsatz. In den Beispielen 29-31 sind parataktisch-hypotaktische Satzkombinationen aus vier Teilsätzen gegeben. In 29 tritt der erste Teilsatz als Hauptsatz auf, der zweite Teilsatz fungiert als Finalsatz, beim dritten und vierten Teilsatz handelt es sich jeweils um zwei parataktisch verbundene weiterführende Nebensätze. Dabei sind die ersten beiden Teilsätze und die letzten beiden Teilsätze durch einen Gedankenstrich voneinander abgegrenzt. Die ersten beiden Teilsätze erläutern das automatische Schalten in Stellung N, die Funktion der weiterführenden Nebensätze ist als Wertung des Autors zu interpretieren. In 30 existiert eine Parzellierung des Satzglieds „Wie der BMW" innerhalb des 2. Teilsatzes. Es handelt sich bei den ersten beiden Teilsätzen um asyndetisch gereihte Hauptsätze, der dritte Teilsatz tritt als weiterführender Nebensatz auf, der vierte Teilsatz zeigt einen Objektsatz, der vom Verbum finitum des weiterführenden Nebensatzes abhängig ist und auf das Korrelat „daran" verweist. Die ersten beiden Teilsätze verweisen auf das Aussehen des Testautos, die letzten beiden Teilsätze stellen die Wertung des Autors dar. Der Gesamtsatz in 31 besteht aus einem Hauptsatz (1. Teilsatz des Gesamtsatzgefüges), einem weiterführenden Nebensatz (2. Teilsatz des Gesamtsatzgefüges) und zwei parataktisch verbundenen Attributsätzen (3. und 4. Teilsatz des Gesamtsatzgefüges), die vom Nukleus „Merkmal" des weiterführenden Nebensatzes abhängig sind und syndetisch mittels der Konjunktion „und“ gereiht sind. Dabei wird im Hauptsatz das Satzglied „auch im Innenraum“ drucktechnisch durch einen Gedankenstrich hervorgehoben. Die ersten beiden Teilsätze ermöglichen es, auf die Optik des Testautos einzugehen, die letzten drei Teilsätze etablieren die persönliche Wertung des Autors zum Testschwerpunkt „Platzmangel“.

Bei den Nominal-/Verbalsatzverbindungen stellen die Verbindungen, die aus einem Nominalsatz und einem einfachen Verbalsatz bestehen, mit 46,5 % den größten Anteil aller Typen dar (32-33). Relativ häufig werden drei Teilsätze miteinander verbunden (39,5 %) (34-36). Vereinzelt gibt es Nominal-/Verbalsatzverbindungen aus vier (9,3 %) (38-41) und fünf (4,7 %) (42-43) Teilsätzen. Repräsentative Beispiele sind:

32. Ein Image, das die Dreier und ihre Treiber von Generation zu Generation überliefern. (T3, 27, 27-29)
33. Klar, dass mit dieser Einstellung das Kapitel Fahreigenschaften an den hoch motivierten BMW geht. Deutlich. (T4, 38, 9-12)
34. Das Windschott – 280€ Aufpreis in der Basisversion Attraction, sonst Serienausstattung – ist schnell montiert und hält mir selbst bei forschem Landstraßentempo lästigen Zug vom Hals. (T1, 23, 31-37)
35. Sehr zu empfehlen sind die Sportsitze (Aufpreis ab 870€) mit guter seitlicher Körperabstützung, die ich auf den kurvenreichen Bergstraßen schätzen lerne. (T1, 24, 21-24)
36. Da macht es offenbar gar nichts, dass die versprochene Freude am Fahren relativ gering ausgeprägt ist – Hauptsache Dreier. (T2, 77, 16-19)
37. Audis MMI-System ist da eine Generation zurück, und der BMW-Testwagen, obwohl nur mit einer Schlichtversion ohne Bildschirm ausgerüstet, schickt den Fahrer am ehestens auf Irrwege. (T5, 66, 6-12)
38. Bevor es auf die kurvigen Bergstraßen geht, öffne ich das Verdeck wieder und setze mit wenigen Handgriffen das Windschott ein (Aufpreis 320 €). (T1, 24, 82-84 und 25, 1)
39. Wem die Magerstufe genügt, der kommt beim 318i trotz gleicher Ausstattung bereits mit 25 750 Euro zum Zug (1900 Euro weniger als ein 320i), der schwächere Diesel kostet 28 350 Euro. (T2, 77, 48-51 und 78, 1-2)
40. Platz eins also für den Mercedes, Platz zwei für den Audi, wobei der geringe Punktunterschied zeigt, dass hier von zwei Autos ähnlich hoher Qualität die Rede ist. (T5, 68, 36-42)
41. Die soll verhindern, dass sich die Oberflächen bei praller Sonne stark aufheizen – angenehm für die Haut, wenn man bei sommerlicher Hitze ins offene Auto einsteigt. (T1, 26, 29-33)
42. Der Drehmomentvorsprung (280 statt 180 Nm) macht Beschleunigungsvorgänge viel unbeschwerter, es darf weniger geschaltet werden, und das

niedrigere Drehzahlniveau sorgt dafür, dass bei gleicher Gangart auch die Ohren weniger belastet werden. (T2, 79, 11-17)

43. Wichtiger als die Leistung ist das hohe Drehmoment von 280 Nm, das der Motor bereits bei niedrigen Drehzahlen (1800/min) entfaltet – ideal, um capriotypisch schaltfaul im hohen Gang durch die Landschaft zu gleiten. (T1, 23, 56-59 und 24, 1-3)

In 32 handelt es sich um einen Gesamtsatz aus einem eingliedrigen Nominalsatz (1. Teilsatz) und einem verbalen Attributsatz (2. Teilsatz), der vom Nukleus „Image" des Nominalsatzes abhängig ist. Im Beispiel 33 werden ebenfalls ein eingliedriger Nominalsatz als erster Teilsatz und ein einfacher Verbalsatz als zweiter Teilsatz verbunden; weiter wird das Satzglied „Deutlich" im zweiten Teilsatz parzelliert. Die Beispiele 34-37 geben Nominal-/Verbalsatzkombinationen aus drei Teilsätzen an. In 34 werden zwei verbale Teilsätze syndetisch durch die Konjunktion „und" gereiht, zusätzlich wird ein dreigliedriger Nominalsatz „280€ Aufpreis [/] in der Basisversion Attraction [/], sonst Serienausstattung" als Parenthese eingeschaltet und durch Gedankenstriche hervorgehoben. Der Nominalsatz verweist auf den Aufpreis bei Zusatzkonditionen. Ein Hauptsatz und ein Attributsatz werden in 35 verbunden, zusätzlich existiert eine in Klammern dargestellte Parenthese in Form eines zweigliedrigen Nominalsatzes „Aufpreis [/] ab 870€", der ebenfalls die Preiskondition angibt. Der Gesamtsatz in 36 setzt sich aus einem verbalen Hauptsatz (1. Teilsatz) und einem Subjektsatz (2. Teilsatz) zusammen, der dem Verbum finitum des Hauptsatzes untergeordnet ist – zusätzlich erscheint ein Nachsatz in Form eines Nominalsatzes, der durch einen Gedankenstrich von den Verbalsätzen abgehoben wird und als eine negative Wertung des Autors aufzufassen ist. In 37 werden zwei verbale Hauptsätze durch die Konjunktion „und" syndetisch gereiht; der Teilsatz „obwohl nur mit einer Schlichtversion ohne Bildschirm ausgerüstet" ist unterschiedlich zu interpretieren. Zum einen ist er einem abhängigen eingliedrigen nominalen Nebensatz zuzusprechen, dessen Nukleus „ausgerüstet" weitere Attribuierungen enthält. Zum anderen ist eine generelle Ellipse des Verbum finitum „ist" aufgrund der analytischen Verbform und der einleitenden Konjunktion und eine Ellipse des Subjekts aufgrund von Vorerwähntheit zu begründen. Auch die Annahme eines postnuklearen Adjektivattributs zum Nukleus „BMW-Testwagen" und damit eine Integration in den 2. Teilsatz ist möglich. In den Beispielen 38-41 sind Nominal-/Verbalsatzkombinationen aus vier Teilsätzen gegeben. In 38 wird ein Temporalsatz als erster Teilsatz mit zwei parataktisch syndetisch gereihten Hauptsätzen (2. und 3. Teilsatz des Gesamtsatzgefüges) verbunden;

zudem existiert ein in Klammern gesetzter Nominalsatz „Aufpreis 320€", der die Preiskondition angibt. In 39 handelt es sich beim ersten Teilsatz um einen Subjektsatz, beim zweiten Teilsatz um einen Hauptsatz, der letzte Teilsatz kann als Nachsatz interpretiert werden; zudem wird ein Nominalsatz „1900 Euro weniger als ein 320i" – als Parenthese und in Klammern realisiert – zwischen dem dritten und vierten Teilsatz verwendet. Der nominale Teilsatz kennzeichnet einen Vergleich des Preises mit einer BMW 3er-Reihe. Im Beispiel 40 zeigen die ersten beiden Teilsätze jeweils einen zweigliedrigen Nominalsatz an („Platz eins also [/] für den Mercedes" bzw. „Platz zwei [/] für den Audi"), der die Gesamtwertung des Vergleichstests darstellt; der dritte Teilsatz fungiert als weiterführender Nebensatz, der vierte Teilsatz tritt als Objektsatz auf, der dem Verbum finitum des weiterführenden Nebensatzes untergeordnet ist. Im Beispiel 41 wird ein Hauptsatz (1. Teilsatz) mit einem Objektsatz (2. Teilsatz), einem nominalen zweigliedrigen Hauptsatz (3. Teilsatz) und einem Konditionalsatz (4. Teilsatz) verbunden; wobei der Nominalsatz „angenehm [/] für die Haut" die Wertung des Autors darstellt und durch einen Gedankenstrich markiert ist. In den Beispielen 42 und 43 sind Nominal-/Verbalsatzkombinationen aus fünf Teilsätzen gegeben. In 42 werden drei verbale Hauptsätze mit einem Objektsatz verbunden; zusätzlich existiert eine in Klammern und als Nominalsatz dargestellte Parenthese („280 statt 180 Nm"). In 43 erscheint als erster Teilsatz der Hauptsatz; der zweite Teilsatz ist ein Attributsatz, der dem Nukleus „Drehmoment" des ersten Teilsatzes untergeordnet ist; weiter wird ein durch Gedankenstrich hervorgehobener nominaler Teilsatz „ideal" mit einem Finalsatz verbunden; zusätzlich erscheint eine in Klammern und als zweigliedriger Nominalsatz „1800/min" gestaltete Parenthese. Die Parenthesen in 42 („280 statt 180 Nm") und 43 („1800/min") konkretisieren den Wert des Drehmomentvorsprungs (42) bzw. der Drehzahlen (43).

In einem Fall findet sich ein selbständig gebrauchter einfacher Nebensatz:

44. Wer trotzdem gern schaltet: Das gut auf den Motor abgestimmte Sechsganggetriebe lässt sich leicht und präzise bedienen. (T1, 24, 3-6)

Der selbständig gebrauchte einfache Nebensatz wird mit einem Relativpronomen „wer" eingeleitet. Da nach dem Doppelpunkt die Großschreibung folgt, wird der einfache Verbalsatz – der dem Doppelpunkt folgt – nicht in den Gesamtsatz integriert. Beide Sätze sind inhaltsseitig nach dem Typ *conditio* versus *consequentia* aufeinander bezogen.

Insgesamt kommen bei den komplexen Verbalsätzen und Nominal-/ Verbalsatzkombinationen die Nebensatztypen in der folgenden Häufigkeit in den Textexemplaren vor:

Tab. 35: Nebensatztypen in den Sätzen des Textkorpus in Testberichten

	Attribut	Objekt	Konditional	Subjekt	Temporal	Final	Weiterf. NeS	Andere
T1	22 %	12,2 %	9,8 %	9,8 %	7,3 %	4,9 %	14,6 %	19,5 %
T2	20 %	6,7 %	26,7 %	20 %	–	6,7 %	13,3 %	6,7 %
T3	40 %	10 %	10 %	–	20 %	10 %	–	10 %
T4	11,8 %	35,3 %	17,6 %	5,9 %	5,9 %	5,9 %	11,8 %	5,9 %
T5	38,9 %	25 %	–	5,6 %	8,3 %	2,8 %	19,4 %	–
Ges.	26,9 %	18,5 %	10,1 %	8,4 %	7,6 %	5 %	14,3 %	9,2 %

Wie die Tab. 35 zeigt, kommen in Testberichten am häufigsten Attributsätze in 26,9 % aller Fälle vor. Relativ häufig sind mit 18,5 % aller Fälle Objektsätze vorhanden. Danach folgen in der Häufigkeit die weiterführenden Nebensätze (14,3 %), Konditionalsätze (10,1 %), Subjektsätze (8,4 %), Temporalsätze (7,6 %) und Finalsätze (5 %). Dabei sind besonders Attribut-, Objekt- und Konditionalsätze sehr unterschiedlich verteilt. Viele Attributsätze kommen in T3 (40 %) und T5 (38,9 %) vor, in T4 sind sie seltener (11,8 %) vertreten. Objektsätze erscheinen in T4 mit einem überdurchschnittlichen Anteil von 35,3 %; in T2 wird selten auf Objektsätze (6,7 %) zurückgegriffen. Konditionalsätze sind in T2 mit einem überdurchschnittlichen Anteil von 26,7 % vertreten, T5 verzichtet auf diesen Nebensatztypus. Repräsentative Beispiele für Nebensatztypen sind:

45. Nachdem die Konkurrenz gezeigt hat, wie man die krass-revolutionäre Idee menschenfreundlich evolutioniert, zieht BMW nach. (T3, 27, 50-53)
46. Wer nachdrücklich zu beschleunigen beabsichtigt, muss viel im Sechsganggetriebe rühren und die Drehzahlreserven des Vierzylindermotors mobilisieren, was die Sache auch akustisch ziemlich stressig macht. (T2, 78, 12-18)
47. Vorbei ist es mit dem Dogma des patentierten, zentralen Dreh-Drück-Stellers, der alles können muss. (T3, 27, 47-50)
48. Wenn 129 PS wie im 318i ein Gewicht von 1,43 Tonnen in Fahrt bringen müssen, dann geht das logischerweise nicht Knall auf Fall. (T2, 78, 5-9)
49. Um die Vorteile der breiteren Hinterachsspur herauszuarbeiten, benötigt man dann endgültig die Jungs der Testabteilung mit ihren GPS-Messgeräten. (T3, 29, 80-84)

Im Beispiel 45 ist eine Hypotaxe aus drei Teilsätzen gegeben. Im Beispiel 46 existiert eine parataktisch-hypotaktische Struktur aus vier Teilsätzen. In 45 ist der Temporalsatz als erster Teilsatz vorhanden, der Objektsatz ist als zweiter Teilsatz vertreten, der Hauptsatz tritt als dritter Teilsatz auf. In 46 erscheint der Subjektsatz als erster Teilsatz, ein Hauptsatz wird als zweiter und dritter Teilsatz markiert, der weiterführende Nebensatz findet sich als vierter Teilsatz. In den Beispielen 47-49 finden sich Hypotaxen aus einem verbalen Hauptsatz und einem Nebensatz. In 47 kommt der Nebensatz als zweiter Teilsatz vor. In den Beispielen 48 und 49 lassen sich Nebensätze als erster Teilsatz der hypotaktischen Satzkombination feststellen. Als Nebensatztypen sind Attribut- (47), Konditional- (48) und Finalsätze (49) festzustellen. Der Konditional- und der Finalsatz nehmen eine präpositive Position ein.

Die statistischen Ergebnisse zur Untersuchung der Satzarten werden in folgender Tabelle zusammengefasst:

Tab. 36: Satzarten in den Sätzen des Textkorpus in Testberichten

	Aussage	Imperativ	Modalsatz als imperativische Ersatzform	Entscheidungsfrage	Ergänzungsfrage
T1	164	–	1	3	3
T2	68	–	–	–	4
T3	46	–	–	3	3
T4	91	2	–	1	1
T5	103	–	–	–	1
Ges.	471	2	1	7	12

Wie aus Tab. 36 deutlich wird, sind nahezu alle Sätze des Textkorpus Aussagesätze. Gelegentlich wird neben den Aussagesätzen auf andere Satzarten zurückgegriffen:

50. Lassen Sie uns einen theoretischen Kontrapunkt setzen – gegen Flauten-Prognosen, Krisen-Gefühl und Spar-Rhetorik. (T4, 34, 11-14)
51. Wegen des seitlich eingeengten Raums sollten Sie sich allerdings keine Langstrecken antun. (T1, 23, 44-47)
52. Was wird dafür mehr geboten? (T1, 26, 65-66)
53. Und wie fühlt sich der neue Dreiliter an? (T3, 29, 44-45)
54. Doch ist der neue SLK wirklich so aufregend? (T1, 26, 57-58)
55. Neuer SLK, guter SLK? (T1, 29, 26)
56. Sozial verträglich? (T4, 34, 28)

In insgesamt drei Fällen treten Aufforderungssätze auf, die sich aus imperativischen Ersatzformen (50) und Modalsätzen (51) zusammensetzen. Die Aufforderungssätze sind dabei jedoch selten als direkte Handlungsanweisung zu verstehen, sondern vielmehr als dringende Empfehlung oder Tipps. In insgesamt 12 Fällen wird eine Ergänzungsfrage (52, 53) formuliert. In insgesamt 7 Fällen werden Entscheidungsfragen (54-56) gestellt, die häufiger in nominaler Form (55, 56) erscheinen. Hier handelt es sich um Fragen, die der Leser so oder in ähnlicher Form formulieren würde und die direkt im Anschluss beantwortet werden.

4.4.4 Satzglieder und lexikalische Merkmale

Im Rahmen der Analyse der Satzglieder und der lexikalischen Merkmale werden insgesamt 851 Satzglieder und Satzgliedteile in den Wortschatzbereichen „Hersteller", „Autor", „Benutzer", „Auto", „Autoteile" und „Autofunktion" erfasst. Tab. 37 bietet einen Überblick über die Verteilung der Satzglieder auf das Textkorpus.

Tab. 37: Anzahl der Satzglieder in den Wortschatzbereichen in Testberichten

	T1	T2	T3	T4	T5	Gesamt
Satzglieder	270	101	109	196	175	851
in %	31,7 %	11,9 %	12,8 %	23 %	20,6 %	100 %

In absoluten Zahlen finden sich in T1 die meisten, in T2 die wenigsten Satzglieder und Satzgliedteile mit einer Lexik aus den Wortschatzbereichen. Die Verteilung der Satzglieder und Satzgliedteile über die Wortschatzbereiche zeigt die Abb. 226.

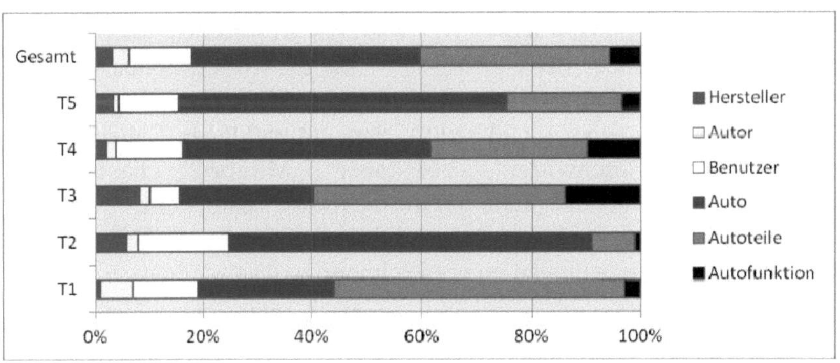

Abb. 226: Wortschatzbereiche in den Sätzen des Textkorpus in Testberichten

Insgesamt werden Begriffe aus dem Wortschatzbereich „Auto" mit einem Anteil von 41,8 % und Begriffe aus dem Wortschatzbereich „Autoteile" mit einem Anteil von 34,5 % am häufigsten eingesetzt. In lediglich 5,8 % aller Fälle finden sich Satzglieder aus dem Wortschatzbereich „Autofunktion". Auf den „Benutzer" wird relativ häufig zurückgegriffen: 11,5 % aller Begriffe entfallen auf diesen Wortschatzbereich. Der Anteil der Begriffe aus den Wortschatzbereichen „Hersteller“ und „Autor“ ist ungefähr gleich hoch und liegt im Mittelwert bei jeweils ca. 3,2 %. Die Verwendung der Begriffe in den Wortschatzbereichen innerhalb einzelner Textexemplare ist jedoch Schwankungen unterworfen. So dominieren in T2 (66,3 %), T4 (45,4 %) und T5 (60 %) überdurchschnittlich viele Begriffe aus dem Wortschatzbereich „Auto“. In T1 (53 %) und T3 (45,9 %) hingegen überwiegen Begriffe, die dem Wortschatzbereich „Autoteile“ zuzuordnen sind. In T3 (13,8 %) und T4 (9,7 %) sind überdurchschnittlich viele Begriffe zur „Autofunktion“ zu finden, wohingegen in T2 der Anteil mit 1 % verschwindend gering ist. Auffällig ist die Verwendung der Begriffe zum „Autor“ in T1, zum „Benutzer“ in T2 und zum „Hersteller“ in T3: Hier tauchen deutlich überdurchschnittlich viele Begriffe in diesen Wortschatzbereichen auf. Ein „Hersteller“ spielt in T1, ein „Benutzer“ in T3 und ein „Autor“ in T2, T3, T4 und T5 kaum eine Rolle.

Für das Auto finden sich Synonyme, bei denen die Namen der Modelle „der Audi A3 2.0 TSFI“, „der Mercedes SLK 200“ oder der „318d“ direkt genannt werden. Daneben gibt es aber auch Bezeichnungen, die sich auf eine bestimmte Klasse beziehen wie „S-Klasse“, „Dreier-Reihe“ oder generell als „die neue Generation“, „Einsteigermodelle“, „Premium-Auto“ und „Edelmarke“. Oft wird die Eigenschaft der Modelle in den Bezeichnungen markiert – wie „der Kompakte“, „der Elegante“, „der Sportliche“, „der Günstigste“ – die als Konversionen von Adjektiven erscheinen. In einem Fall wird die Konkurrenz, d.h., das nicht getestete Auto, benannt („Golf 2.0“). Personifizierungen finden sich in den Begriffen „Geschwister“, „Vorgänger“, „Mitglied“. Die Bezeichnung „Testauto“ verweist sogar auf die Textsorte Testbericht.

Bei den „Autoteilen“ und „Autofunktionen“ sind zum Teil sehr detaillierte Teile-Benennungen zu verzeichnen:

– Autoteile: Heck, Fond, Motor, Verdeck, Akustikverdeck, Dach, Schiebedach, Blechfaltdach, Kopfstützen, Sitze, Rücksitze, Sportsitze, Dreiliter-Diesel, Doppelquer-Längslenker, Schraubenfeder, Stoßdämpfer, Abgasturbolader, Cockpit, Schalter, Navigationsgerät, Lenkrad, Dreispeichen-Sportlenkrad, Multifunktionstasten, Windschutzscheibe, Rückspiegel, Schalthebel, Gangwählhebel, Kühlwassertemperaturanzeige u.a.
– Autofunktion: Gang, Lenkung, ESP, Sechsgangautomatik, Klappmechanismus, Traktionskontrolle, Körperabstützung, Motorenprogramm,

Stabilitätsprogramm, i-Drive-Bedienung, LED-Technik, Einspritztechnik, Adaptiv-Technik, Telematik, Blue Performance, Runflat- und Energiesparfunktion, Fernlichtassistent, Modus Comfort, Stellung N u.a.

Die Begriffe in den Wortschatzbereichen „Autoteile“ und „Autofunktion“ tauchen in der Regel als Simplizia (u.a. Heck, Sitze, Fond, Motor, Technik) und Determinativkomposita aus zwei (u.a. Schiebedach, Kopfstützen, Motorenprogramm), drei (u.a. Blechfaltdach, Fernlichtassistent, Energiesparfunktion) und vier (u.a. Doppelquer-Längslenker, Kühlwassertemperaturanzeige) Grundmorphemen auf. Dabei werden die Konstituenten zur besseren Lesbarkeit häufig durch Bindestriche voneinander abgetrennt (z.B. Dreiliter-Diesel, Adaptiv-Technik). Im Wortschatzbereich „Autofunktion“ sind die meisten fachsprachlichen Begriffe vorhanden – die Erstkonstituenten (z.B. i-Drive-Bedienung, Runflatfunktion) bestehen dabei aus sekundärsprachlichen Grundmorphemen. Diese werden dem Leser allerdings nicht erläutert; es wird ein größeres Vorwissen der Leser vorausgesetzt. Weiter sind im Wortschatzbereich „Autofunktion“ häufiger Begriffe, die qualitative Merkmale des Autos beschreiben. Diese Qualitätsmerkmale sind in der Regel Testschwerpunkte in den Testberichten, so z.B. die Runflat- und Energiesparfunktion und Allradantrieb xDrive. In der Regel wird auf „Autofunktionen“ nur eingegangen, wenn diese ganz neu sind oder sich einzelne Autos in Vergleichstests durch diese Funktionen von anderen unterscheiden.

Deutlich seltener sind Begriffe in den Wortschatzbereichen „Hersteller“, „Autor“ und „Benutzer“ in den einzelnen Textexemplaren nachweisbar. Am häufigsten sind hier Begriffe rund um den „Benutzer“ festzustellen. Selten wird der „Benutzer“ über das Anredepronomen „Sie“ angesprochen, häufiger wird unpersönlich auf das Indefinitpronomen „man“ und das Frage-/Relativpronomen „wer“ in der dritten Person zurückgegriffen. Alternativ erscheinen die Indefinitpronomina „manche“ und „jedermann“. Oft wird der „Benutzer“ in den Rollen „Fahrgäste“, „Passagiere“, „Kunde“, „Käufer“, „Fahrer“, „Beifahrer“, „Vordermann“, „Sitzender“, „Eigentümer“, „Familie“, „Sensible“, „Schwergewichter“, „Novizen“, „Drei-Pilot“ bis hin zu „weniger seismisch Begabte“ dargestellt.

„Autor“ und „Hersteller“ werden zusammen lediglich mit einem durchschnittlichen Anteil von 6,4 % erwähnt. Der „Autor“ bzw. die „Autoren“ sprechen nahezu ausschließlich in „ich“-Form bzw. „wir“-Form von sich; in einem Fall wird von den „Jungs“ (Prüfer) gesprochen. Als Terminator erscheint der Prüfer als vollständiger Name wie z.B. „Wolfgang König". Der „Hersteller" wird in der Regel über die Automobilmarken „Audi", „BMW", „Mercedes" angegeben, teilweise wird er über die Begriffe „Treiber", „Teilnehmer" oder auch die „Konkurrenz" benannt.

Die Satzgliedfunktion Subjekt verteilt sich über alle Wortschatzbereiche:

1. In den Gesamtkapiteln ziehen **S-Klasse** und **Siebener** somit weit davon. (T4, 36, 2-5)
2. **Die bequemen Sitze** bieten dem Fahrer bei allen dreien eine Sitzposition, [...] (T5, 66, a-e)
3. **Sein Klappmechanismus** funktioniert nicht nur im Stand, sondern bis Tempo 30. (T1, 23, 22-24)
4. Aber lacht auch **der Fahrer**? (T2, 78, 5)
5. Im Windschatten der längst akzeptierten Designrevolution widmet sich **BMW** beim großen Dreier-Facelift nun intensiv den Details von Limousine und Touring. (T3, 27, 1-6)
6. **Ich** steige ein und ziehe am Schalter in der Mittelkonsole. (T1,23,13-14)

Insgesamt entfallen 37,1 % und 30,3 % der Subjekte auf die Wortschatzbereiche „Auto" (1) bzw. „Autoteile" (2). Auf den Wortschatzbereich „Autofunktion" (3) wird lediglich in 5,4 % aller Fälle zurückgegriffen. Bei den subjektbezogenen Begriffen wird der „Benutzer" in 19,5 % aller Fälle zum Subjekt (4); der „Hersteller" (5) bzw. „Autor" (6) stellen einen Anteil von 4,8 % bzw. 2,8 % aller Subjekte dar.

Die Testberichte zeichnen sich durch einen an die Umgangssprache (7) angelehnten Stil aus:

7. In knappe Kommandos übersetzt wird daraus: „Mach ihn mal von vorn, so mit Haube und Niere, seitliche Mitzieher wegen der Schatteneffekte und von hinten. Denk an die neuen Leuchten, jetzt in Rot und mit LED-Technik." (T3, 27, 17-23)

Vor allem Kritik wird in komische bis ironische Formulierungen verpackt (8-10):

8. Im Gegensatz zur Summe der Evolutionsvorteile des frischen Dreiers: Die registrieren schon weniger seismisch Begabte. (T3, 29, 85-88)
9. Dazu passt, dass der Audi nur 485 Kilogramm transportieren darf; vier Schwergewichte mit Reisegepäck dürften den A8 bereits überfordern. (T4, 35, 31-35)
10. „Platz eins also für den Mercedes, Platz zwei für den Audi, wobei der geringe Punktunterschied zeigt, dass hier von zwei Autos ähnlich hoher Qualität die Rede ist. Der BMW kommt da nicht mehr ganz mit. In diesem Fall spielt das Alter eben doch eine Rolle." (T5, 68, 36-44).

Darüber hinaus kommen gelegentlich sprachliche Figuren wie Vergleiche (11-12) oder Personifizierungen (13-14) vor. Diese Stilmittel tragen dazu bei, relativ „trockene“ technische Berichte aufzulockern, dem Leser komplizierte Sachverhalte einfach zu vermitteln und das Thema auf entspannte Weise näherzubringen.

11. Binnen zwölf Sekunden faltet sich das vollautomatische dreilagige „Akustikverdeck“ wie ein Z hinter die Rücksitze mit den auffällig hochragenden Überrollbügeln. (T1, 23, 14-19)
12. Weil auf ein Blechfaltdach verzichtet wurde, kann die Schulterlinie waagerecht von vorn nach hinten durchlaufen, was den offenen 1er wie einen gestreckten Bootskörper wirken lässt. (T1,24,54-59)
13. Das Auto wird deswegen nicht nervöser, [...] (T1, 26, 81-82)
14. Wenig zurückhaltend betritt auch der Audi A8 3.0 TDI mit seinem Platz-da- jetzt- komm- ich- Schlund die Szene. (T4, 35, 21-23).

Am Anfang der Textexemplare wird das Leitthema genannt, jedoch provokativ geäußert, um Spannung zu erzeugen (15-17).

15. Image bedeutet, dass die Tube wichtiger ist als die Zahnpasta- [...] (T2, 77, 1-2)
16. Jetzt wird evolutioniert: Im Windschatten der längst akzeptierten Designrevolution widmet sich BMW beim großen Dreier-Facelift nun intensiv den Details von Limousine und Touring. (T3, 27, 6)
17. Lassen Sie uns einen theoretischen Kontrapunkt setzen – gegen Flauten-Prognosen, Krisen-Gefühl und Spar-Rhetorik. Lassen Sie uns fantasieren: Zur Verfügung steht Ihnen das Brutto-Jahresgehalt eines Besserverdieners, [...] (T4, 34, 11-17)

4.4.5 Rolle der Semantik bei der Ermittlung der Verbvalenz

In den Testberichten werden insgesamt 273 Verben in den Wortschatzbereichen „Hersteller“, „Benutzer“, „Auto“, „Autoteile“, „Autofunktion“ analysiert. In absoluten Zahlen finden sich in T1 die meisten, in T2 und T3 die wenigsten Verben in den Wortschatzbereichen.

Tab. 38: Anzahl der Verben in den Wortschatzbereichen in Testberichten

	T1	T2	T3	T4	T5	Gesamt
Verben in den Wortschatzbereichen	86	35	36	64	52	273
in %	31,5 %	12,8 %	13,2 %	23,4 %	19 %	100 %

Die Verteilung der Wertigkeiten der Verben zeigt die Tab. 39.

Tab. 39: Wertigkeiten der Verben in Testberichten

	Einwertig	Zweiwertig	Dreiwertig
T1	7 %	74,4 %	16 %
T2	8,6 %	82,9 %	8,6 %
T3	8,3 %	77,8 %	13,9 %
T4	7,8 %	89,1 %	3,1 %
T5	–	90,4 %	9,6 %
Gesamt	6,2 %	82,4 %	11,4 %

Bei den Wertigkeiten der Verben zeigt sich ein relativ homogenes Bild. Es gibt lediglich ein-, zwei- und dreiwertige Verben, wobei in T5 auf einwertige Verben ganz verzichtet wird. Verben mit mehr als drei Ergänzungen sucht man vergebens. Zweiwertige Verben dominieren in allen Testberichten. Im Durchschnitt entfallen 82,4 % auf Verben mit zwei Ergänzungen. Dreiwertige Verben finden sich in 11,4 % aller Fälle. Auf einwertige Verben wird mit einem Anteil von 6,2 % zurückgegriffen. Die Wortschatzbereiche werden durch die lexikalische Besetzung der E_N ermittelt:

1. Während/**andere**/noch/herumprogrammieren, [...] (T3, 29, 5-7)
2. Auch das bestens abgestimmte und sichere Fahrwerk bereitet Freude – egal/ob/**man**/bummelt oder die Kurventauglichkeit testet. (T1, 26, 17-20)
3. Deren Servopumpe läuft nur mit, wenn/**der Fahrer**/lenkt. (T4, 38, 40-42)
4. In den Gesamtkapiteln Karosserie und Sicherheit/ziehen/**S-Klasse** und **Siebener**/somit/weit/davon. (T4, 36, 2-5)
5. Die Fahrwerkcharakteristik erlaubt es, dass/**das elektronische Stabilitätsprogramm DSC**/erst spät/einsetzen muss. (T1, 26, 20-23)

3/4 aller einwertigen Verben sind den Wortschatzbereichen „Hersteller" (23,5 %) (1) und „Benutzer" (52,9 %) (2, 3) zuzuordnen. Im Wortschatzbereich „Auto" (4) gibt es mit zwei Belegen einwertige Verben. In einem Fall wird ein einwertiges Verbum im Wortschatzbereich „Autofunktion" (5) ermittelt. Bei den einwertigen Verben *herumprogrammieren, bummeln, lenken, davon ziehen* und *einsetzen* dokumentiert sich eine generelle Tätigkeit, ohne dass in Durchführungsart, Richtungsangabe oder Personenbezug spezifiziert wird. Demnach enthalten die Inhaltsseiten der Verben jeweils das Sem ‚in genereller Weise'. Die Verben bilden den Verbalsatztypus E_N-V.

10 % aller zweiwertigen Verben sind dem Wortschatzbereich „Benutzer" (6) zuzuordnen. Verben, die einen Bezug zum „Hersteller" (7) herstellen, finden sich in 3,1 % aller zweiwertigen Verben. Zweiwertige Verben dominieren zu fast gleichen Anteilen in den Wortschatzberei-

chen „Auto" (28 %) (8) und „Autoteile" (27,1 %) (9-11). Im Wortschatzbereich „Autofunktion" liegt der Anteil bei 4,4 % (12, 13).

6. Mit 7, 9 L/100 km im Durchschnitt/spart /**man**/gegenüber dem 318i/**rund zwei Liter**. (T2, 79, 22-24)
7. Gleiche Punktzahl also für alle, denn/**die Entscheidung**/wird/letztlich/ **vom Hersteller**/diktiert. (T5, 66, 60-62)
8. **Das schneeweiße A3-Cabrio**/steht/**auf dem Parkplatz der Rennstrecke Paul Ricard**. (T1, 23, 4-7)
9. **Das Windschott**/ – 280€ Aufpreis in der Basisversion Attraction, sonst Serienausstattung –/ist/schnell/montiert [...] (T1, 23, 31-34)
10. **Als der Deckel**/**sich**/nach 22 Sekunden/wieder/schließt, [...] (T1, 24, 52-53)
11. **Die Abdeckklappe hinter den Rücksitzen**/öffnet/ **sich**, [...] (T1, 24, 48-49)
12. **Ist der Frontantrieb beim Beschleunigen auf wenig griffigen Boden von der Motorkraft überfordert**/, greift/**die Traktionskontrolle**/etwas hart/ein/und verhindert das Durchdrehen der Räder. (T1, 24, 14-18)
13. Vor allem beim Verbrauch/schlägt/**BMWs Efficient Dynamics**/knapp/ **Blue Efficiency**, [...] (T4, 38, 36-38)

In 6 wird der Bezug zum „Benutzer" durch die lexikalische Besetzung der E_N („man") hergestellt; das Verbum *sparen* konstituiert den Verbalsatztypus E_N-V-E_A. In 7 wird der Verbalsatz in einer Passivkonstruktion formuliert; eine Transformation in den Aktiv führt zum Verbalsatz „[...], denn der Hersteller diktiert letztlich die Entscheidung". Der Bezug zum „Hersteller" wird durch die lexikalische Besetzung der E_N erreicht; das Verbum *diktieren* bildet den zweiwertigen Satztypus E_N-V-E_A. In 8 konstituiert das Verbum *stehen* den Verbalsatztypus E_N-V-E_{pD}. Die lexikalische Besetzung der E_N erfolgt durch die Bezeichnung „das schneeweiße A3-Cabrio", die einen Bezug zum Wortschatzbereich „Auto" herstellt. Die E_{pD} markiert das Sem ‚zielgerichtet'. In 9 gibt das Temporaladverbiale „schnell" keinen notwendigen Zeitbezug an; das Satzglied wird als Angabe gewertet. Als E_A erscheint die Bezeichnung „das Windschott", wodurch sich ein Bezug zum Wortschatzbereich „Autoteile" ergibt und das Sem ‚objektorientiert' signalisiert wird. Das Verbum *montieren* bildet den zweiwertigen Satztypus E_N-V-E_A. In 10 drücken die Satzglieder „nach 22 Sekunden" und „wieder" zusätzliche Informationen aus, die nicht in die Sememstruktur aufgenommen werden. Das Verbum *schließen* konstituiert den Verbalsatztypus E_N-V-E_A. Die E_N wird durch die Bezeichnung „der Deckel" realisiert, die E_A zeigt das Reflexivum „sich" an, wodurch das Sem ‚objektorientiert' dokumentiert wird. Ähnlich verhält es sich in 11: Das Verbum *öffnen* bildet den zweiwertigen Satztypus

E_N-V-E_A; die lexikalische Besetzung der E_N wird durch „die Abdeckklappe hinter den Rücksitzen" ausgedrückt, wodurch ein Bezug zum Wortschatzbereich „Autoteile" hergestellt wird; die E_A wird durch das Reflexivum „sich" besetzt, wodurch das Sem ‚objektorientiert' gekennzeichnet wird. Im Beispiel 12 wird beim Verbum *eingreifen* mit dem Verbalsatztypus E_N-V-E_{KON} die notwendige Bedingung markiert, die aus der E_{KON} erfolgt. Ein Bezug zum Wortschatzbereich „Autofunktion" wird durch die lexikalische Besetzung der E_N durch „die Traktionskontrolle" hergestellt. Das Verbum *schlagen* in 13 konstituiert den Verbalsatztypus E_N-V-E_A. Die Leerstellen werden durch „Autofunktionen" („BMWs Efficient Dynamics"/„Blue Efficiency") besetzt; durch die lexikalische Besetzung der zweiten Leerstelle wird das Sem ‚objektorientiert' markiert.

Zum Verbum *diktieren* ist bei G. Wahrig (W, 352) eine Zweiwertigkeit *(einen Vertrag, Bedingung diktieren)* mit dem Semem „aufzwingen, befehlen" zu verzeichnen, die dem Befund in den Testberichten vergleichbar ist. Für das Verbum *stehen* ist bei G. Wahrig (W, 1197) und G. Helbig-W. Schenkel (H/S, 353) eine identische Verbsemantik „sich in aufrechter Stellung befinden" gegeben. Zum Verbum *montieren* gibt G. Wahrig den Kontext *(einen Gegenstand montieren)* und das Semem „eine Maschine, technische Anlage zusammenbauen" (W, 888) an, die mit dem hier vorkommenden Beispiel identisch sind. Zum Verbum *schließen* existiert bei G. Helbig-W. Schenkel eine im Lehrbuch vorkommende vergleichbare Zweiwertigkeit *(Der Freund schließt die Tür)* (H/S, 385) – das gilt auch für die Angaben im großen Wörterbuch der deutschen Sprache *(einen Kofferraum schließen)* (D, XIII, 3381) mit der Inhaltsseite „bei einer Sache bewirken, dass sie nach außen abgeschlossen, zu ist". Beim Verbum *öffnen* sind im großen Wörterbuch der deutschen Sprache das Semem „geöffnet werden" und der Kontext *(die Tür öffnete sich automatisch)* (D, XI, 2788) gegeben, ähnlich bei U. Engel-H. Schumacher im Kontext *(Der Hausmeister öffnet die Tür)* (E/S, 231), die dem hier analysierten Befund mit dem Verbalsatztypus E_N-V-E_A entsprechen. Im großen Wörterbuch der deutschen Sprache ist zum Verbum *eingreifen* der Kontext *(das Zahnrad greift ins Getriebe ein)* mit dem Semem *„(Technik) [antreibend] in eine entsprechende Vertiefung hineinragen, sich hineinschieben"* erläutert (D, II, 952); es handelt sich hier zwar um eine Zweiwertigkeit, jedoch ist im Textkorpus die notwendige Bedingung angegeben, was hier nicht berücksichtigt wird.

Dreiwertige Verben verteilen sich zu 1/3 im Wortschatzbereich „Autoteile" (14, 15) und zu 1/5 im Wortschatzbereich „Auto" (16). In einem

Fall tritt ein dreiwertiges Verbum im Wortschatzbereich „Benutzer“ (17) auf.

14. Binnen zwölf Sekunden/faltet/**sich/das vollautomatische dreilagige <Akustikverdeck>**/wie ein Z/**hinter die Rücksitze mit den auffällig hochragenden Überrollbügeln**. (T1, 23, 14-19)
15. **Die Bedienknöpfe der Klimatisierung**/sind/**auf der Mittelkonsole**/sehr tief/angeordnet (T1, 24, g-k)
16. [...], aber/**er** [= der BMW-Diesel]/präsentiert/**sich**/im jüngsten Vergleich/ **als rauer Bursche**, [...] (T5, 66, 20-22)
17. [...], **was/den vorn Sitzenden/ein Gefühl schier unbegrenzter Offenheit**/vermittelt. (T1, 23, 39-41)

Das Verbum *falten* in 14 konstituiert den Verbalsatztypus E_N-V-E_A-E_{pA}. Als E_N erscheint die Bezeichnung „das vollautomatische dreilagige <Akustikverdeck>“, wodurch ein Bezug zum Wortschatzbereich „Autoteile“ hergestellt wird. Die E_A wird vom Reflexivum „sich“ besetzt, das das Sem ‚objektorientiert‘ markiert. Die Zielgerichtetheit wird durch die lexikalische Besetzung der E_{pA} („hinter die Rücksitze mit den auffällig hochragenden Überrollbügeln“) gekennzeichnet. Bei *falten* führen somit die E_A und E_{pA} zur Festlegung der Semkombination ‚objektorientiert und zugleich zielgerichtet‘. In 15 bildet das Verbum *anordnen* den dreiwertigen Verbalsatztypus E_N-V-E_A-E_{pD}. Die E_A wird durch die Bezeichnung „die Bedienknöpfe der Klimatisierung“ besetzt, wodurch das Sem ‚objektorientiert‘ entsteht. Die Zielgerichtetheit richtet sich nach der lexikalischen Besetzung der E_{pD} „auf der Mittelkonsole“. Das Semem des Verbums *anordnen* setzt sich aus der Kombination der Seme ‚objektorientiert‘ und ‚zielgerichtet‘ zusammen. In 16 stellt das Verbum *präsentieren* einen Bezug zum Wortschatzbereich „Auto“ durch die lexikalische Besetzung der E_N („er [= der BMW-Diesel]“) her. Die E_A wird durch das Reflexivum „sich“ besetzt, wodurch das Sem ‚objektorientiert‘ realisiert wird. Die E_{Adv} „als rauer Bursche“ dokumentiert das Sem ‚in spezifischer Weise‘. Das Verbum *präsentieren* bildet den dreiwertigen Verbalsatztypus E_N-V-E_A-E_{Adv}. Das Verbum *vermitteln* in 17 bildet den Satztypus E_N-V-E_D-E_A. Ein Bezug zum Wortschatzbereich „Benutzer“ wird durch die lexikalische Besetzung der E_D mit der Bezeichnung „den vorn Sitzenden“ hervorgerufen; das Sem ‚persongerichtet‘ wird dadurch markiert.

Die statistischen Ergebnisse der Verben in den einzelnen Wortschatzbereichen sind in Abb. 227 erfasst.

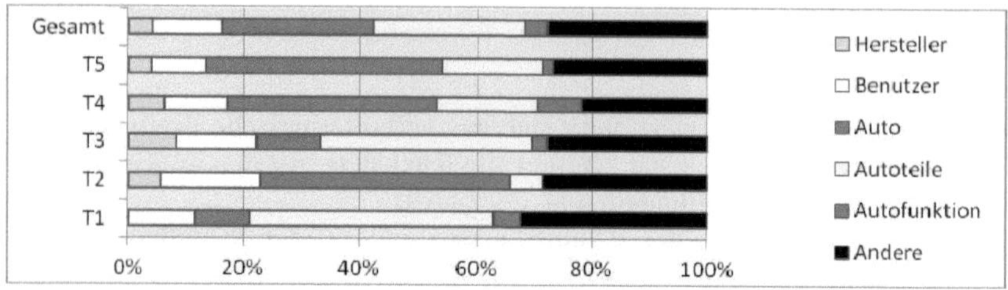

Abb. 227: Wortschatzbereiche der Verben in Testberichten

Insgesamt dominieren in Testberichten Verben in den Wortschatzbereichen „Auto" und „Autoteile" zu jeweils 26 %. Relativ häufig finden sich Verben, die einen Bezug zum „Benutzer" herstellen: 12,1 % aller ermittelten Verben sind diesem Wortschatzbereich zuzuordnen. Seltener finden sich Verben im Wortschatzbereich „Hersteller" und „Autofunktion" zu jeweils 4 %. Die Verteilung der Verben in den Wortschatzbereichen innerhalb einzelner Textexemplare ist Schwankungen unterworfen: So tauchen lediglich die Verben in den Wortschatzbereichen „Benutzer", „Auto", „Autoteile" in allen Testberichten auf. In T1 wird auf Verben im Wortschatzbereich „Hersteller" verzichtet. Besonders auffällig hingegen ist die Nutzung der Verben in den Wortschatzbereichen „Auto" und „Autoteile". So sind in T2 und T5 mit einem Anteil von mindestens 40,4 % überdurchschnittlich viele Verben aus dem Wortschatzbereich „Auto" zu finden. Hingegen enthält T1 mit lediglich 9,3 % deutlich weniger Verben desselben Wortschatzbereiches. Ähnlich wie bei den Verben im Wortschatzbereich „Auto" ist auch die Verwendung der Verben im Wortschatzbereich „Autoteile" unterschiedlich. Während in T1 und T3 mindestens 36,1 % der Verben auf diesen Wortschatzbereich entfallen, enthält T2 kaum Verben dieses Wortschatzbereiches.

4.4.6 Zusammenfassung

Bei den Testberichten werden Vergleichs- und Einzeltests analysiert, wobei die Vergleichstest insgesamt umfangreicher als die Einzeltests ausfallen. Die Testberichte stammen aus Zeitschriften, die allgemeingebildete Leser mit Interesse für aktuelle Trends in Automobilbau und Technik ansprechen. Während auf den Analyseebenen der Makrostruktur keine signifikanten Unterschiede zwischen den Textexemplaren festzustellen sind, ist die Verwendung von Satztypen, lexikalischen Merkmalen und Verbvalenzen in den Absätzen innerhalb einzelner Textexemplare Schwankungen unterworfen.

Makrostrukturelle Merkmale. Die Testberichte enthalten als direkte Initiatoren ein Überschriftengefüge aus dem Rubrikentitel, der Artikelüberschrift und dem Untertitel. Als direkte Terminatoren dienen mit Ausnahme des Einzeltests eine Tabelleninformation, die die Ergebnisse zusammenfasst, und die Autorennennung. Das Textkorpus der Textexemplare ist in 7-20 Absätzen strukturiert, die eine kurze Einleitung, die Beschreibung des Testobjekts, positive und negative Gesamtergebnisse und eine Kaufempfehlung darstellen.

Text-Bild-Kombinationen. Abgebildet werden Testmodelle oder Autoteile, seltener Personen, die das Auto bedienen. Es handelt sich bei allen Abbildungen um farbige Fotografien. Bei den Anordnungsvarianten lässt sich keine Strukturierung erkennen; die Positionierung der Abbildungen wird je nach Layout angepasst. Auf den ersten Seiten gibt es bildgesteuerte, werbende Text-Bild-Kombinationen, die zusammen mit der Artikelüberschrift und dem Untertitel Spannung erzeugen. Die folgenden Abbildungen enthalten am Bild eine kurze Beschreibung, die im Fließtext aufgegriffen und um erweiterte Informationen ergänzt wird. Die Text-Bild-Funktion ist werbend oder werbend-beschreibend.

Syntax. Bei den Überschriften wird häufig auf den einfachen Verbalsatz (38,5 %) und den isoliert gebrauchten einfachen Nominalsatz (55,8 %) zurückgegriffen. Die meisten isoliert gebrauchten einfachen Nominalsätze gehen auf eingliedrige Typen ohne Attribuierungen bzw. eingliedrige Typen, bestehend aus einem substantivischen Nukleus mit weiteren Attribuierungen, zurück. Weiter gibt es zweigliedrige Nominalsätze und Gesamtsätze aus zwei Nominalsätzen. Komplexe Verbalsätze sowie Nominal-/Verbalsatzkombinationen tauchen jeweils nur einmal in T2 und T4 auf. Beim komplexen Verbalsatz handelt es sich um eine aus zwei Teilsätzen verbundene Parataxe. Nahezu alle Überschriften sind Aussagesätze. In jeweils zwei Fällen wird auf eine Ergänzungs- bzw. Entscheidungsfrage zurückgegriffen.

Bei den Absätzen überwiegen die isoliert gebrauchten einfachen Verbalsätze mit einem Anteil von 35,6 % und komplexe Verbalsätze mit einem Anteil von 29,8 %. Bei den komplexen Verbalsätzen sind in den Testberichten die Hypotaxen und Parataxen zu fast gleichen Anteilen von jeweils 40 % vorhanden. Der Anteil an parataktisch-hypotaktischen Satzkombinationen ist mit knapp 20 % deutlich geringer. Bei den Hypotaxen und Parataxen werden zwei und drei Teilsätze, bei den parataktisch-hypotaktischen Strukturen drei und vier Teilsätze miteinander verbunden. Relativ häufig finden sich isoliert gebrauchte einfache Nominalsätze mit einem Anteil von 25 %. Der Gebrauch von Nominal-/Verbalsatzkombinationen fällt im Durchschnitt deutlich geringer aus. In einem Fall ist ein selbständig gebrauchter einfacher Nebensatz gegeben. Innerhalb der Textexemplare ist die Verwendung der Satztypen Schwankungen unterworfen: Überdurchschnittlich viele isoliert gebrauchte einfache Verbalsätze treten in T3 auf; bei den komplexen Verbalsätzen liegen T4 und T5 etwas über dem Durchschnitt; Nominal-/Verbalsatzkombinationen finden in T2 und T3 häufiger Anwendung als in T4 und T5; isoliert gebrauchte einfache Nominalsätze werden in T1 am häufigsten eingesetzt. Nahezu alle Sätze des Textkorpus sind Aussagesätze. Gelegentlich wird neben den Aussagesätzen auf andere Satzarten zurückgegriffen: Aufforderungssätze setzen sich aus imperativischen Ersatzformen und Modalsätzen zusammen; weiter sind Ergänzungs- und Entscheidungsfragen vertreten. Bei den Nebensatzarten wird am häufigsten auf Attributsätze zurückgegriffen.

Satzglieder und lexikalische Merkmale. In den Textexemplaren dominieren Begriffe in den Wortschatzbereichen „Auto“ (41,8 %) und „Autoteile“ (34,5 %). Noch relativ häufig sind Begriffe im Wortschatzbereich „Benutzer“ (11,5 %) gegeben. Die Benutzeransprache erfolgt meist indirekt über das Indefinitpronomen „man“ oder „wer“. Der „Autor“ wird in T1 am stärksten eingebunden; der „Hersteller“ stellt insgesamt einen verschwindend geringen Anteil dar. In den Textexemplaren treten zahlreiche Stilfiguren wie Vergleiche oder Personifizierungen auf. Kritiken werden ironisch und provokativ verpackt und umgangssprachlich formuliert.

Verbvalenz. In den Testberichten kommen ein- bis dreiwertige Verben vor. Den Schwerpunkt bilden die zweiwertigen Verben; ein- und dreiwertige Verben sind peripher. Zweiwertige Verben erhalten die Seme ‚zielgerichtet‘ *(stehen)*, ‚objektorientiert‘ *(montieren, schließen, öffnen, schlagen)* und ‚bedingungsgebunden‘ *(eingreifen)*. Dreiwertige Verben entstehen dadurch, dass die Seme ‚objektorientiert‘ und ‚zielgerichtet‘ *(falten, anordnen)* bzw. ‚objektorientiert‘ und ‚in spezifischer Weise‘ *(präsentieren)* kombiniert auftreten. Einwertige Verben erhalten das Sem ‚in genereller Weise‘. Zu ihnen gehören u.a. die Verben *herumprogrammieren, bummeln, lenken* und *einsetzen*. Im Textkorpus sind alle Verben gemeinsprachlich. Der Bezug zum Kommunikationsbereich Kraftfahrzeugtechnik entsteht durch spezifische Leerstellenbesetzungen.

4.5 Werbebroschüren

4.5.1 Makrostrukturelle Analyse

Allgemeine Merkmale. Die Textexemplare unterscheiden sich deutlich im Umfang und Format. Das Textexemplar von BMW hat das Format DIN A4 und wird im Hochformat genutzt. Die Werbebroschüre zur Mercedes S-Klasse wird im DIN A5-Format gedruckt; es wird im Querformat verwendet. Der Umfang schwankt bei den Textexemplaren zwischen 67 (WB1) und 112 Seiten (WB2).

Abb. 228: Initiator „Deckblatt“ in WB1

Abb. 229: Initiator „Deckblatt" in WB2

Initiatoren und Terminatoren. Die Textexemplare erhalten als Initiatorenbündel das Deckblatt (Abb. 228, 229), ein Inhaltsverzeichnis (Abb. 230, 231) sowie ein Schutzblatt (Abb. 233, 234, 235). In WB2 gibt es ferner ein Vorwort (Abb. 236). Initiatorenteile auf dem Deckblatt sind die Benennung des Autos und die Angabe des Herstellers und/oder das Logo. Die Reihenfolge der Initiatorenteile auf dem Deckblatt wechselt jedoch teilweise. Bei BMW sind sowohl die Benennung des Autos als auch das Logo am oberen linken Seitenrand positioniert. Bei Mercedes-Benz steht die Benennung der S-Klasse am unteren linken Seitenrand; das Logo steht am oberen rechten Seitenrand; der Name des Herstellers befindet sich im unteren rechten Drittel des Deckblatts. Die Initiatorenteile sind durch andere Schriftgröße und/oder fettere Schrift vom folgenden Textteil der Werbebroschüren zu unterscheiden. Ferner wird das werbende Auto als farbige Fotografie abgebildet, die das gesamte Deckblatt einnimmt. In WB1 stehen unterhalb des Inhaltsverzeichnisses erweiterte Informationen zum Auto in Form eines Textteils und einer Tabelleninformation sowie die Internetadresse (Abb. 232). Auf dem Schutzblatt in WB1 erscheinen eine Abbildung der BMW 3er Limousine und ein Werbeslogan. In WB2 besteht das Schutzblatt aus mehreren Seiten. In WB2 existieren als Initiatorenteile auf dem Schutzblatt ein Zitat von Herrn Dr. Dieter Zetsche, Vorstandsvorsitzender der Daimler AG, und weitere Abbildungen des Werbemodells.

Inhalt

Die neue BMW 3er Limousine
04 | 17 Exterieur
18 | 23 Interieur

Technik | BMW EfficientDynamics
24 | 25 BMW EfficientDynamics
26 | 29 Motoren
30 | 31 BMW BluePerformance
32 | 33 Fahrwerk | Aktivlenkung
34 | 35 xDrive
36 | 39 Sicherheit
40 | 43 iDrive
44 | 45 Über BMW

Ausstattung
46 | 49 Farben
50 | 53 Ausstattungsbeispiele
54 | 71 Serien- | Sonderausstattungen
72 | 73 Technische Daten
74 | 75 BMW Zubehör | BMW Individual
76 | 77 BMW Service | BMW Finanzierung

Abb. 230: Initiator „Inhaltsverzeichnis" in WB1

02 | INHALT

Die S-Klasse 08
SICHERHEIT 10
Sicher fahren 12
Nachtsichtassistent 14
DISTRONIC PLUS 16
Bei Gefahr 18
PRE-SAFE® 18
Bei einem Unfall 20
Nach dem Unfall 22
AGILITÄT 26
TrueBlueSolutions 28
Dieselmotoren 30
Benzinmotoren 32
Getriebe 36
Fahrwerk 38
Allradantrieb 4MATIC 40
KOMFORT 44
Die Langversion 46
Sitzkomfort 48
Klimatisierung 50
Bedien- und Anzeigesysteme 52
Einparkhilfen 56
Entertainment 58
AMG 60
S 63 AMG 62
S 65 AMG 64

Meine S-Klasse 68
AUSSTATTUNG 70
Serienausstattung 72
Sonderausstattungen 76
Leichtmetallräder 84
ORIGINAL-ZUBEHÖR 86
MERCEDES-BENZ GUARD 88
designo 90
FARBEN UND MATERIALIEN 94
Lackierungen 96
Polster und Leder 98
Kombinationsmöglichkeiten 100
Hölzer 102
TECHNIK
Technische Daten 104
Abmessungen 108
SERVICE UND PROBEFAHRT 110

Abb. 231: Initiator „Inhaltsverzeichnis" in WB2

www.bmw.de/3erLimousine

Ausstattung des vorgestellten Modells:

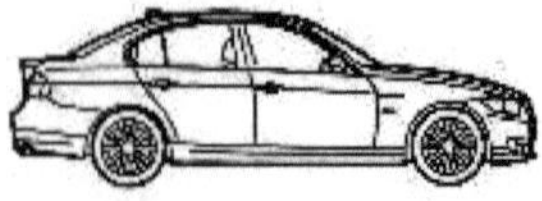

Motor:	Reihen-Sechszylinder-Benziner
Leistung:	225 kW (306 PS)
Felge:	LM-Räder Sternspeiche 287
Außenfarbe:	Bluewater metallic
Polsterung:	Leder Dakota Oyster
Interieurleisten:	Edelholzausführung Nussbaum hell

BMW 335i

Abb. 232: Initiator „Tabelleninformation“ in WB1

Abb. 233: Initiator „Schutzblatt“ in WB1

„Unsere Philosophie ist ganz einfach:
Wir geben unser Bestes für Menschen, die das Beste erwarten.“
Dr. Dieter Zetsche

Abb. 234: Initiator „Schutzblatt“ in WB2

Abb. 235: Initiator „Schutzblatt“ in WB2 (Forts.)

Die Tradition der Innovation.

1959. Mercedes-Benz ist von jeher Vorreiter auf dem Gebiet innovativer Automobiltechnologie. So setzte die „Heckflosse“ Maßstäbe in Sachen Sicherheit - sie war das erste Serienfahrzeug mit Sicherheitsfahrgastzelle und Knautschzonen.

Heute unterstreicht die S-Klasse erneut die Pionierrolle von Mercedes-Benz. Etwa mit dem Nachtsichtassistenten und mit Komfortinnovationen wie dem weiterentwickelten DISTRONIC PLUS, die wieder einmal Maßstäbe setzen. **Weiter denken.**

Abb. 236: Initiator „Vorwort“ in WB2

Als Terminator dient der Buchdeckel in den Textexemplaren (Abb. 237, 238). In WB1 sind als Terminatorenteile auf dem Buchdeckel das Logo sowie die Internetadresse am oberen linken Seitenrand; die ISBN-Nummer sowie Angaben zur Drucklegung am unteren rechten Seitenrand, die nach unten kippend dargestellt sind vorhanden. In WB2 sind auf dem Buchdeckel die Nennung des Herstellers, die Angabe zur Drucklegung, die ISBN-Nummer sowie die Internetadresse am unteren Rand positioniert. Zusätzlich existieren in WB1 der Vermerk „Änderung vorbehalten“ sowie das Verbot des Nachdrucks; weiter wird in WB2 auf die Möglichkeit der Verwertung des Altfahrzeugs bzw. Recyclings verwiesen.

BMW Recycling.

Ihr BMW ist ein Produkt, das Bestandteil eines umfassenden Recyclingkonzepts ist. Was heißt das konkret? Bereits in der Entwicklungsphase eines BMW werden Recyclinganforderungen berücksichtigt. Ein Beispiel dafür ist die Auswahl von Materialien – sie werden so ausgewählt, dass sie ressourcenschonend und umweltverträglich verwertbar sind. Jeder BMW wird so konstruiert, dass er sich nach seinem Autoleben problemlos und wirtschaftlich verwerten lässt. Das Wissen darüber sammeln wir seit 1994 in dem in seiner Form einzigartigen BMW Recycling- und Demontagezentrum (RDZ) bei München. Die BMW Group baut europaweit flächendeckende Rücknahme- und Verwertungsstrukturen auf und setzt dabei, typisch für BMW, hohe Qualitäts- und Umweltstandards. Zur Rückgabe Ihres Altfahrzeugs wenden Sie sich bitte an Ihren BMW Vertragshändler oder Ihre Niederlassung. Dort hilft man Ihnen gern weiter.

Dieser Katalog gibt Modelle, Ausstattungsumfänge und Konfigurationsmöglichkeiten (Serienausstattung und Sonderausstattung) der von der BMW AG für den deutschen Markt gelieferten Fahrzeuge wieder. In anderen Mitgliedsstaaten der Europäischen Union können sich Abweichungen von den in diesem Prospekt beschriebenen Ausstattungsumfängen und Konfigurationsmöglichkeiten in Bezug auf Serien- und Sonderausstattung der einzelnen Modelle ergeben. Bitte informieren Sie sich bei Ihrem BMW Vertragshändler oder Ihrer Niederlassung vor Ort über die angebotenen unterschiedlichen Länderversionen. Änderungen von Konstruktionen und Ausstattungen vorbehalten.
© BMW AG, München/Deutschland. Nachdruck, auch auszugsweise, nur mit schriftlicher Genehmigung von BMW AG, München.

BMW recommends Castrol

Abb. 237: Terminator „Buchdeckel" in WB1

Altfahrzeug-Rücknahme. Der Kreis schließt sich. Wir nehmen Ihre S-Klasse nach einem langen Arbeitsleben zur umweltgerechten Entsorgung gemäß EG-Altfahrzeug-Richtlinie[1] wieder zurück – aber bis dahin ist noch lange Zeit.

[1] Gilt entsprechend den nationalen Vorschriften für Fahrzeuge bis 3,5 t zul. Gesamtgewicht. Die gesetzlichen Anforderungen an eine recycling- und verwertungsgerechte Konstruktion erfüllen die Mercedes-Benz Fahrzeuge bereits seit mehreren Jahren. Zur Rücknahme der Altfahrzeuge steht ein Netz von Rücknahmestellen und Demontagebetrieben zur Verfügung, die Ihr Fahrzeug umweltgerecht verwerten. Dabei werden die Möglichkeiten zur Fahrzeug- und Teileverwertung laufend weiterentwickelt und verbessert. Somit wird die S-Klasse die Erhöhung der gesetzlichen Recyclingquoten auch zukünftig fristgerecht erfüllen. Weitere Informationen erhalten Sie unter **www.mercedes-benz.de** und 00800 1 777 7777.

Zu den Angaben in diesem Katalog: Nach Redaktionsschluss dieser Druckschrift, 15.08.2008, können sich am Produkt Änderungen ergeben haben. Konstruktions- oder Formänderungen, Abweichungen im Farbton sowie Änderungen des Lieferumfangs seitens des Herstellers bleiben während der Lieferzeit vorbehalten, sofern die Änderungen oder Abweichungen unter Berücksichtigung der Interessen des Verkäufers für den Käufer zumutbar sind. Sofern der Verkäufer oder der Hersteller zur Bezeichnung der Bestellung oder des bestellten Kaufgegenstands Zeichen oder Nummern gebraucht, können allein hieraus keine Rechte abgeleitet werden. Die Abbildungen können auch Zubehör und Sonderausstattungen enthalten, die nicht zum serienmäßigen Lieferumfang gehören. Farbabweichungen sind drucktechnisch bedingt. Diese Druckschrift wird international eingesetzt. Aussagen über gesetzliche, rechtliche und steuerliche Vorschriften und Auswirkungen haben jedoch nur für die Bundesrepublik Deutschland zum Zeitpunkt des Redaktionsschlusses dieser Druckschrift Gültigkeit. Fragen Sie daher zu den in anderen Ländern geltenden Vorschriften und Auswirkungen und zum verbindlichen letzten Stand bitte Ihren Mercedes-Benz Verkäufer. **www.mercedes-benz.com**

Abb. 238: Terminator „Buchdeckel" in WB2

Textgliederungsprinzipien. WB1 ist in drei Kapitel und 16 Unterkapitel 1. Grades unterteilt (siehe Abb. 230). Überschriften, die auf die Kapitel verweisen, sind im Inhaltsverzeichnis mittels Fettdruck hervorgehoben („**Die neue BMW 3er Limousine; Technik/BMW EfficientDynamics; Ausstattung**). Solche, die auf die Unterkapitel 1. Grades verweisen, sind im Textkorpus am oberen rechten und linken Rand integriert („Exterieur“) (Abb. 239). Die Kapitel in WB1 verweisen auf das Aussehen, die Technik und Ausstattung des Werbemodells. WB2 enthält 11 Kapitel und 27 Unterkapitel 1. Grades (siehe Abb. 231). Überschriften, die auf die Kapitel verweisen, sind im Inhaltsverzeichnis in Großbuchstaben gestaltet. Solche, die auf die Unterkapitel 1. Grades verweisen, sind im Inhaltsverzeichnis mittels Einrückung markiert. Beide Überschriftenformen sind im Textkorpus am oberen rechten und linken Rand aufgeführt („AGILITÄT/Benzinmotoren“) (Abb. 240). Die Kapitel behandeln folgende Themen: Sicherheit, Agilität, Komfort, AMG, Ausstattung, Original-Zubehör, Mercedes-Benz Guard, designo, Farben und Materialien, Technik, Service und Probefahrt.

Abb. 239: Markierung der Makrostruktur Unterkapitel 1. Grades in WB1

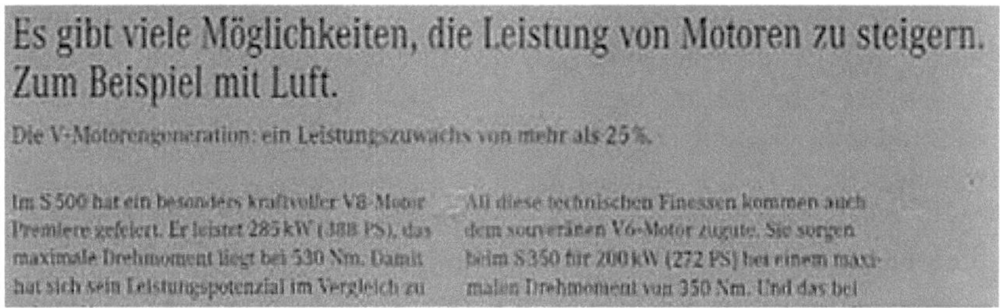

Abb. 240: Markierung der Makrostrukturen Kapitel und Unterkapitel 1. Grades in WB2

Weiter werden in den Textexemplaren die Unterkapitel 1. Grades in Unterkapitel 2. und 3. Grades unterteilt. In WB1 sind die Überschriften, die auf das Unterkapitel 2. Grades hinweisen, durch größere Schrift und eine Leerzeile vom übrigen Textteil hervorgehoben „Der intelligente Allradantrieb xDrive: mit aller Kraft zu noch mehr Fahrfreude." (Abb. 241). Überschriftenformen, die die Unterkapitel 3. Grades einleiten, sind durch Fettdruck markiert („High Precision Injection") (Abb. 242).

Der intelligente Allradantrieb xDrive:
mit aller Kraft zu noch mehr Fahrfreude.

Die neue BMW 3er Limousine begegnet selbst kritischen Fahrsituationen mit größter Sicherheit und Stärke – zum Beispiel dank Fahrwerksregelsystemen wie der Dynamischen Stabilitäts Control (DSC). Um die Traktion und Spurstabilität selbst bei widrigen Fahrbahn- oder Witterungsverhältnissen noch mehr zu steigern, ist auf Wunsch xDrive erhältlich. Der intelligente Allradantrieb von BMW, der die Antriebskraft je nach Grip der Räder variabel zwischen der Vorder- und Hinterachse verteilt. Für die neue BMW 3er Limousine ist xDrive jetzt erstmals auch in Verbindung mit einem Vierzylinder-Dieseltriebwerk erhältlich: Die neue BMW 320d xDrive Limousine setzt damit einen neuen Maßstab in ihrer Klasse bei der Kombination aus wirtschaftlichem, dynamischem und sicherem Fahren. Den Gipfel der Fahrfreude erreichen Sie in der neuen BMW 335i xDrive Limousine, der stärksten allradangetriebenen BMW 3er Limousine aller Zeiten.

Abb. 241: Markierung der Makrostruktur Unterkapitel 2. Grades in WB1

High Precision Injection

Bei dieser Benzindirekteinspritzung der neuesten Generation sind die Piezoinjektoren in unmittelbarer Nähe der Zündkerzen angeordnet. Dort spritzen sie den Kraftstoff mit hohem Druck und äußerster Präzision ein. Durch die zentrale Anordnung der Injektoren wird nur ein Teil des Brennraumes mit einem zündfähigen Benzin-Luft-Gemisch gefüllt, und der Motor kann gerade im häufig genutzten Teillastbereich besonders „mager" und damit effizient betrieben werden.

Abb. 242: Markierung der Makrostruktur Unterkapitel 3. Grades in WB1

In WB2 enthalten die Überschriftenformen, die auf das Unterkapitel 2. Grades verweisen, eine Ober- und Unterziele, wobei die Oberzeile durch größere Schrift und Leerzeile („In Zukunft wird Sie ein Stau nur noch Zeit kosten. Aber keine Nerven mehr.") und die Unterzeile durch eine Leerzeile vom übrigen Textteil abgehoben werden („DISTRONIC PLUS inklusive BAS PLUS – entspannteres Fahren in dichtem Verkehr.") (Abb. 243). Überschriften, die die Unterkapitel 3. Grades einleiten, sind durch Fettdruck markiert („Mercedes-Benz Bank.") (Abb. 244).

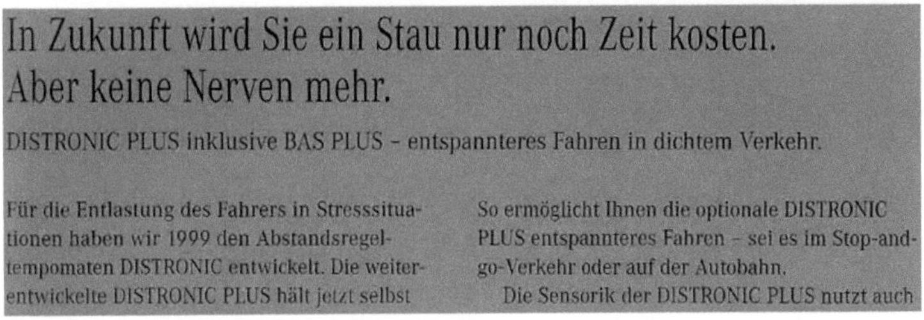

In Zukunft wird Sie ein Stau nur noch Zeit kosten.
Aber keine Nerven mehr.

DISTRONIC PLUS inklusive BAS PLUS - entspannteres Fahren in dichtem Verkehr.

Für die Entlastung des Fahrers in Stresssituationen haben wir 1999 den Abstandsregeltempomaten DISTRONIC entwickelt. Die weiterentwickelte DISTRONIC PLUS hält jetzt selbst

So ermöglicht Ihnen die optionale DISTRONIC PLUS entspannteres Fahren – sei es im Stop-and-go-Verkehr oder auf der Autobahn.
Die Sensorik der DISTRONIC PLUS nutzt auch

Abb. 243: Markierung der Makrostruktur Unterkapitel 2. Grades in WB2

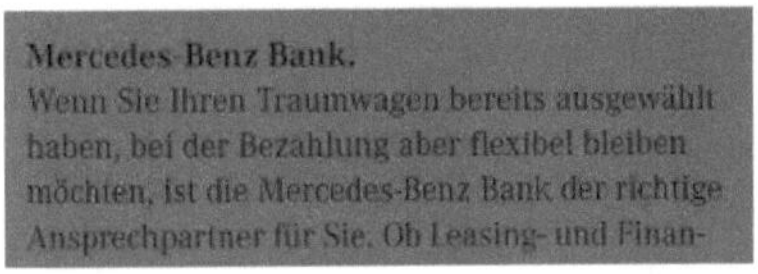

Mercedes-Benz Bank.
Wenn Sie Ihren Traumwagen bereits ausgewählt haben, bei der Bezahlung aber flexibel bleiben möchten, ist die Mercedes-Benz Bank der richtige Ansprechpartner für Sie. Ob Leasing- und Finan-

Abb. 244: Markierung der Makrostruktur Unterkapitel 3. Grades in WB2

4.5.2 Text-Bild-Kombinationen

In WB1 gibt es insgesamt 138 und in WB2 101 Text-Bild-Kombinationen. In WB1 verteilen sich doppelt so viele Text-Bild-Kombinationen auf jeder Seite wie in WB2.

Tab. 40: Text-Bild-Kombinationen in den Werbebroschüren

	WB1	WB2
Seitenanzahl	77	112
Text-Bild-Kombinationen gesamt	138	101
Text-Bild-Kombinationen pro Seite	1,8	0,9

Es handelt sich bei fast allen Abbildungen um Fotografien (Abb. 245). Im Durchschnitt werden zu rund 80 % der Text-Bild-Kombinationen Fotografien eingesetzt, die in der Regel farbig dargestellt sind; in WB2 wird in zwei Fällen auf Schwarz-Weiß-Fotografien zurückgegriffen. Ca. 1/5 aller Text-Bild-Kombinationen sind detaillierte räumliche Zeichnungen (Abb. 246). Hier handelt es sich um Abbildungen in Schwarz-Weiß, in nur drei Fällen werden farbige detaillierte räumliche Zeichnungen verwendet.

Tab. 41: Illustrationsarten in Werbebroschüren

	WB1	WB2
Räumliche Zeichnung farbig	–	3
Räumliche Zeichnung schwarz-weiß	30	15
Fotografie farbig	108	81
Fotografie schwarz-weiß	–	2

Abb. 245: Illustrationsart „Fotografie", WB2, 28

Abb. 246: Illustrationsart „detaillierte räumliche Zeichnungen", WB2, 18

Anordnung. Die statistischen Ergebnisse zur Untersuchung der Anordnung von Text-Bild-Kombinationen werden in Abb. 247 zusammengefasst.

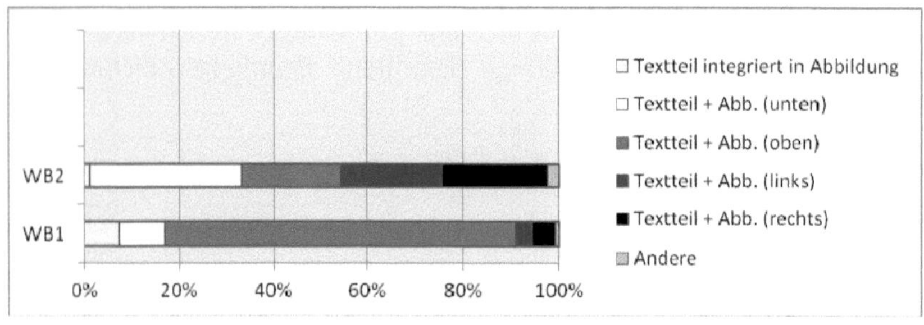

Abb. 247: Anordnung der Text-Bild-Kombinationen in Werbebroschüren

■ Klimaanlage, inkl. Mikrofilter und Umluftschalter, komfortables Innenraumklima zu jeder Jahreszeit, Luftmengenregelung und Luftverteilung manuell einstellbar.

Abb. 248: Anordnungsvariante „Textteil und Abbildung (oben)", WB1, 56

Der BMW 335d. Dieselmotoren gibt es viele. Aber nur wenige, die Maßstäbe setzen. Mit Variable Twin Turbo verfügt der BMW 335d über eine Innovation, die aus dem Sechszylinder ein einzigartiges Triebwerk werden lässt: durchzugsstark, drehfreudig, kraftvoll. Bei niedrigen Drehzahlen spricht er spontan an, bei hohen stellt er eine beeindruckende Leistung zur Verfügung. 210 kW (286 PS) und ein maximales Drehmoment von 580 Nm bei 1.750/min machen den BMW 335d zu einem der sportlichsten Diesel der Welt. Die Höchstgeschwindigkeit beträgt 250 km/h; den Sprint von 0 auf 100 km/h bewältigt dieser BMW in nur 6,0 Sekunden. Hier trifft maximaler Leistungswille auf minimalen Verbrauch: Durchschnittlich beträgt dieser 6,7 Liter auf 100 km.

Der neue BMW 330d[3]**.** Dieser Motor zeigt eindrucksvoll, wie viel Leistung man aus einem Dieseltriebwerk herausholen kann – bei effizientestem Umgang mit dem Kraftstoff. Bereits bei 1.750/min überträgt der Sechszylinder-Dieselmotor mit 180 kW (245 PS) Leistung beeindruckende 520 Nm auf die Kurbelwelle. Das sorgt für entschlossenen Durchzug und souveräne Fahrleistungen: Für den Sprint von 0 auf 100 km/h vergehen nur 6,1 Sekunden, als Höchstgeschwindigkeit erreicht der BMW 250 km/h. Der Durchschnittsverbrauch beträgt 5,7 Liter auf 100 km.

Die Diesel-Direkteinspritzung der dritten Generation injiziert den Kraftstoff über elektrisch angesteuerte Injektoren in den Brennraum. Der Einspritzzeitpunkt ist frei wählbar bei bis zu fünf Einspritzvorgängen je Verbrennungszyklus – dadurch werden die Akustik und das Emissionsverhalten des Motors deutlich verbessert.

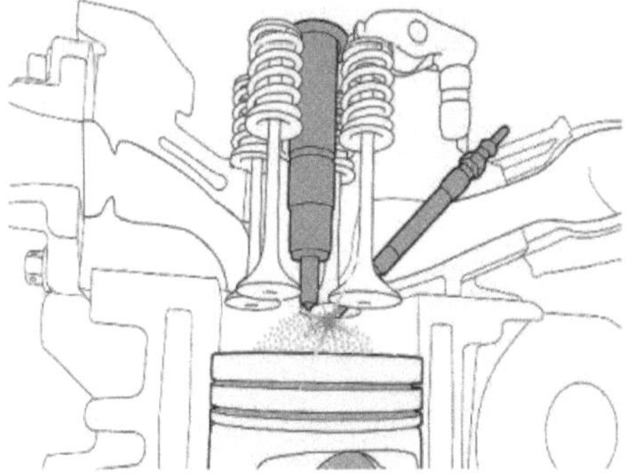

Abb. 249: Anordnungsvariante „Textteil und Abbildung (unten)", WB1, 28

In WB1 dient die Variante „Textteil und Abbildung (oben)“ als Hauptvariante (Abb. 248). Knapp 3/4 aller Text-Bild-Kombinationen in WB1 entfallen auf diese Anordnungsvariante. Relativ häufig findet sich noch die Variante „Textteil und Abbildung (unten)“ mit knapp 10 % (Abb. 249). In WB2 verteilen sich die Varianten „Textteil und Abbildung (unten)“, „Textteil und Abbildung (oben)“, „Textteil und Abbildung (links)“ (Abb. 250) und „Textteil und Abbildung (rechts)“ (Abb. 251) mit fast ähnlichen Anteilen zu durchschnittlich jeweils knapp 1/4 aller Text-Bild-Kombinationen. Dabei können die jeweiligen Text-Bild-Kombinationen über mehrere Spalten hinweg verlaufen. Weiter wird in WB1 in 9 Fällen, in WB2 in einem Fall der Textteil direkt in die Abbildung integriert. Es handelt sich dabei um farbige Fotografien von Automodellen, die eine kontaktive bzw. deskriptiv-kontaktive Funktion aufweisen. Die Bildgestaltung verweist auf werbende Informationen im Text. Die Abb. 252 und 253 in WB1 zeigen einen um eine Kurve fahrenden BMW, der dazugehörige Textteil lautet: „Wenn Sie von Kurven nicht genug bekommen können, [...]“. Also gibt es zwar eine Referenz zwischen Bild und Textteil, der eigentliche Textteil handelt jedoch vom Fahrwerk des Fahrzeuges. Die Aufgabe dieser Anordnungsmöglichkeit ist es, den Leser neugierig zu machen und die Kauflust zu wecken.

Abb. 250: Anordnungsvariante „Textteil und Abbildung (links)“, WB2, 84

Programm ESP®. Das System, das den Wagen bei Schleudergefahr stabilisieren kann, feierte in einem Mercedes Premiere. Auch die Bremssysteme mit Bremsassistent und optionalem BAS PLUS werden immer intelligenter und sorgen im entscheidenden Moment dafür, dass der Bremsweg maßgeblich reduziert werden kann. So wird der Fahrer in Verbindung mit dem Abstandsregeltempomaten DISTRONIC PLUS im Ernstfall auch gewarnt, wenn eine starke Bremsung nötig ist.

Zusätzliche Unterstützung bietet der optionale Totwinkel-Assistent, der unsichtbare Gefahren sichtbar machen kann: Er informiert Sie, sobald sich ein Fahrzeug beim Überholen für 3 Sekunden in Ihrem toten Winkel befindet.

Zu den jüngsten Neuzugängen im Bereich Sicherheit hat sich inzwischen der optionale Nachtsichtassistent gesellt. Damit können Sie nachts Hindernisse früher erkennen. Auch er entspricht also ganz dem Mercedes-Benz Sicherheitskonzept, Unfälle bereits im Vorfeld zu vermeiden.

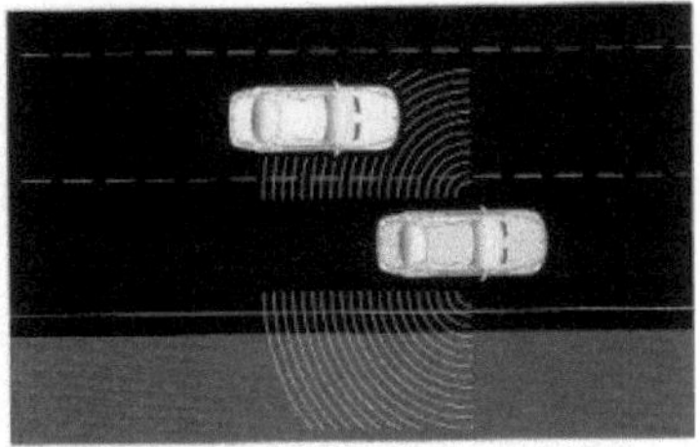

Totwinkel-Assistent

Radarsensoren überwachen die Bereiche seitlich am und hinter dem Fahrzeug. Wenn der Blinker gesetzt ist und ein anderes Fahrzeug in dem überwachten Bereich erkannt wird, warnt ein optisches und akustisches Signal den Fahrer.

Abb. 251: Anordnungsvariante „Textteil und Abbildung (rechts)“, WB2, 13

Abb. 252: Anordnungsvariante „Textteil integriert in Abbildung“, WB1, 8-9

Abb. 253: Anordnungsvariante „Textteil integriert in Abbildung“, WB1, 8-9 (Forts.)

Weiter gibt es im Kapitel „Technische Daten“ bzw. „Abmessungen“ insgesamt drei Abbildungen, die das Auto jeweils in der Vorder-, Rück-, Seiten- und Draufsicht darstellen. Am Auto sind Zahlenwerte eingetragen, die die Maße des Autos kennzeichnen. Der dazugehörige Textteil unterhalb der Abbildung enthält erweiterte Informationen, die nicht in der Abbildung genannt sind (Abb. 254).

Die Langversion der S-Klasse

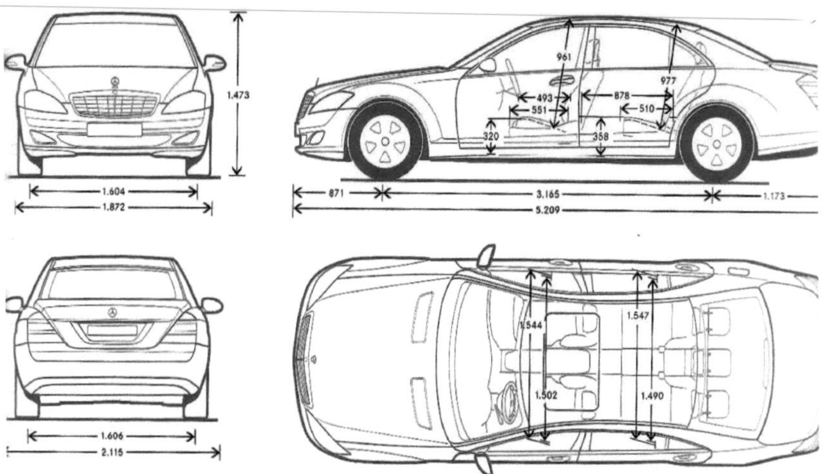

Abb. 254: Abbildung „Die S-Klasse“ (Abmessungen), WB2, 108

Textgesteuerte Text-Bild-Kombination. Bei den textgesteuerten Text-Bild-Kombinationen wird in beiden Werbebroschüren auf zwei Formen zurückgegriffen: WB1 nutzt zu 87,1 % die Variante „Textteil und Abbildung“ und zu 12,9 % die Variante „Begriff im Satz und an der Abbildung“. In WB2 wird ebenfalls die Variante „Textteil und Abbildung“ mit einem Anteil von 70 % bevorzugt eingesetzt, auf die Variante „Begriff im Satz und an der Abbildung“ entfallen 30 % aller textgesteuerten Text-Bild-Kombinationen. Bei der Anordnungsmöglichkeit „Textteil und Abbildung“ wird eine Referenzbildung ausschließlich über die räumliche Nähe von Textteil und Bild hergestellt, einen direkten Verweis gibt es nicht (Abb. 255). Bei der Variante „Begriff im Satz und an der Abbildung“ enthält die Abbildung Verweiselemente (Linie und Bezeichnung, Nummerierung). Es kommt innerhalb der Abbildung zu einer internen Text-Bild-Verknüpfung mit Texterklärungen. Diese Abbildung mit Texterklärungen ist wiederum in einen anderen Textteil eingebettet (Abb. 256, 257).

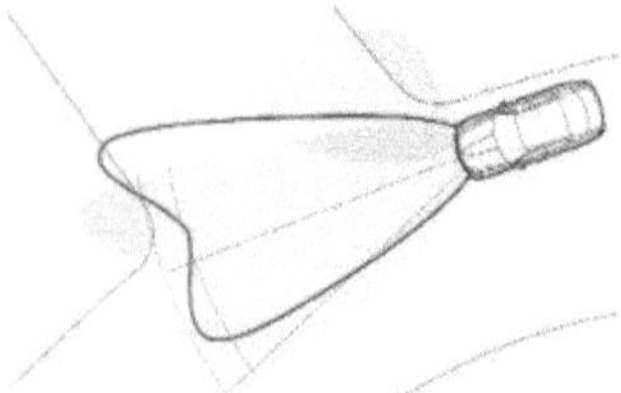

□ **Adaptives Kurvenlicht mit variabler Lichtverteilung,** inkl. Abbiegelicht, verfügt über bewegliche Scheinwerfer, die jede Kurve optimal ausleuchten, sobald der Fahrer in sie einlenkt – für mehr Fahrsicherheit bei Dunkelheit und schlechten Lichtverhältnissen. Sensoren erfassen Lenkwinkel, Gierrate und Fahrgeschwindigkeit, die Scheinwerfer passen sich dann automatisch dem ermittelten Kurvenverlauf an.

Abb. 255: Die textgesteuerte Variante „Textteil und Abbildung", WB1, 65

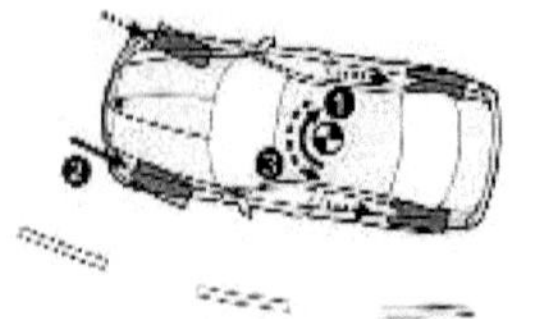

■ **Cornering Brake Control (CBC)** erhöht die Fahrstabilität beim leichten Bremsen in schnell gefahrenen Kurven. Die hinteren Räder werden beim Bremsen entlastet, was zum Eindrehen des Fahrzeugs führen kann (1). CBC wirkt entgegen, indem es beim Bremsen außerhalb des ABS-Regelbereiches durch asymmetrische Regelung des Bremsdrucks (2) ein stabilisierendes Gegenmoment (3) erzeugt.

Abb. 256: Die textgesteuerte Variante „Begriff im Satz und an der Abbildung" (Nummerierung), WB1, 65

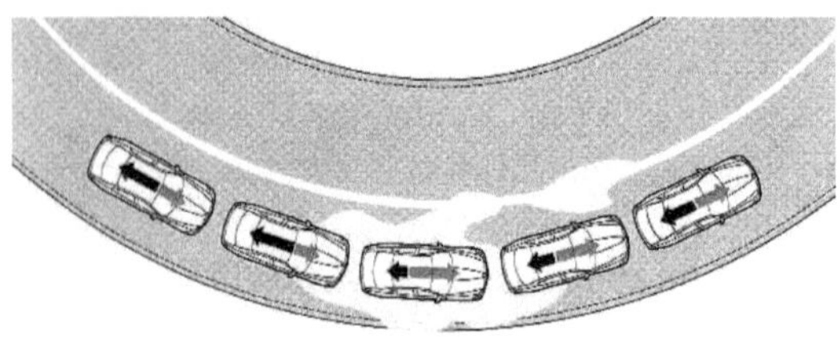

xDrive überprüft während der Fahrt permanent Daten der Fahrzeugsensoren – etwa Raddrehzahlen, Lenkwinkel, Gierrate oder Motormoment. Daraus erkennt das System, ob es eingreifen muss, und verteilt die Antriebskraft blitzschnell im fahrsituativ optimalen Verhältnis auf Vorder- und Hinterachse.

Abb. 257: Die textgesteuerte Variante „Begriff im Satz und an der Abbildung", WB1, 35

Text-Bild-Funktion: Die statistischen Ergebnisse zur Untersuchung der Text-Bild-Funktionen sind in Abb. 258 erfasst.

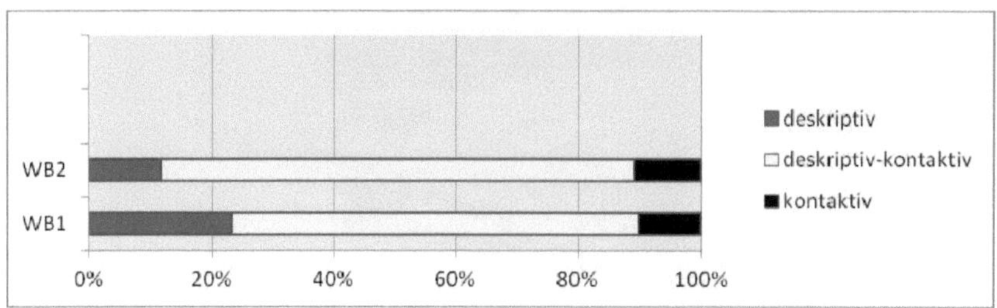

Abb. 258: Text-Bild-Funktionen in Werbebroschüren

Über 80 % aller Text-Bild-Kombinationen werden kontaktiv bzw. deskriptiv-kontaktiv eingesetzt. Kontaktiv wirken die Abbildungen auf dem Deckblatt (Abb. 259) und Abbildungen, die separat im Textkorpus eingebettet sind und keinen direkten Bezug zum Textteil haben (Abb. 260). Bei diesen Abbildungen handelt es sich um bildgesteuerte Text-Bild-Kombinationen, d.h., die Information wird hauptsächlich aus dem Bild entnommen.

Abb. 259: Text-Bild-Funktion: kontaktiv, Deckblatt, WB2

Abb. 260: Text-Bild-Funktion: kontaktiv, WB2, 40

Deskriptiv-kontaktive Abbildungen haben in Verbindung mit dem dazugehörigen Textteil eine beschreibende Funktion, jedoch wirken sie aufgrund der Bildqualität werbend. Dies bedeutet, dass obwohl sehr viele Abbildungen Autofunktionen erklären, diese nicht nur der beschreibenden Funktion dienen, sondern zusätzlich auch die werbende Maßnahme verstärken (Abb. 261).

Abb. 261: Text-Bild-Funktion: deskriptiv-kontaktiv, WB2, 46

Deskriptive Abbildungen kommen zu 20 % vor. Die Abbildung enthält lediglich beschreibende Elemente.

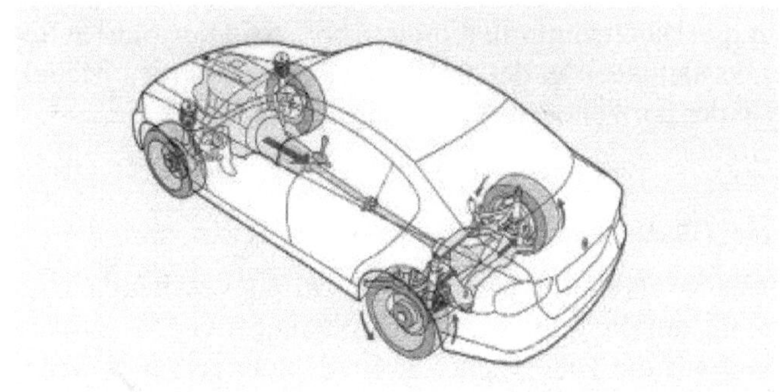

Hinterradantrieb: Der BMW typische Hinterradantrieb sorgt für ein besonders agiles Fahrzeug-Handling. Es zeichnet sich aus durch einen geringen Wendekreis, hohe Spurtreue, ein dynamisches Kurvenverhalten und beste Traktion in allen Situationen.

Abb. 262: Text-Bild-Funktion: deskriptiv, WB1, 32

Insgesamt gibt es in WB2 zwar weniger Text-Bild-Kombinationen, jedoch wirkt dieses Textexemplar stärker werbend, da der Anteil an kontaktiven bzw. deskriptiv-kontaktiven Text-Bild-Kombinationen größer ist als in WB1.

Tabelleninformation. In beiden Werbebroschüren sind die Tabelleninformationen mehrspaltig und durch eine vertikale und horizontale Anordnung geprägt. Sie haben folgende Anordnungsmöglichkeiten:

- Serien- und Sonderausstattungen → Modelle der BMW 3er Limousine bzw. S-Klasse
- Technische Daten/Leistungen → Modelle der BMW 3er Limousine bzw. S-Klasse
- Farben → Kombinationsmöglichkeiten

AUSWAHL	S 320 CDI BlueEFFICIENCY[1]	S 350[1]	S 420 CDI	S 450[1]	S 500[1]	S 600	S 63 AMG
Memory für Sitze im Fond	●	●	●	●	●	●	●
Memorypaket für Sitze vorn, Lenksäule und Außenspiegel (rechts mit Einparkstellung)	●	●	●	●	□	□	□
Mobiltelefon mit universeller Schnittstelle, inklusive Freisprechanlage und Antenne	●	●	●	●	●	□	●
Multikontursitze im Fond mit Massagefunktion, mit PRE-SAFE®-Positionierungsfunktion	●	●	●	●	●	□	●
Multikontursitze vorn mit PRE-SAFE®-Positionierungsfunktion	●	●	●	●	●	–	□
Nachtsichtassistent inklusive Frontscheibe, wärme- und geräuschdämmend, Infrarot reflektierend	●	●	●	●	●	●	●
Panorama-Schiebedach, elektrisch mit PRE-SAFE®-Schließfunktion, One-Touch-Bedienung und Einklemmschutz (nur in Verbindung mit Langversion)	●	●	●	●	●	●	●
Reifendruckkontrolle	●	●	●	●	●	●	●
Rollo, elektrisch, für Fondtüren	●	●	●	●	●	●	●
Rollo, elektrisch, für Heckfenster (Serienausstattung für Langversion)	●	●	●	●	●	□	●

Abb. 263: Tabelleninformation, WB2, 82

Als Beispiel dient die Tabelleninformation in Abb. 263. Hier werden Serien- und Sonderausstattungen in der vertikalen Anordnung den Modellen der S-Klasse in der horizontalen Anordnung zugeordnet.

4.5.3 Syntax

4.5.3.1 Syntax der Überschriften

Bei der syntaktischen Analyse der Überschriften wird so verfahren, dass die Überschriften, die auf die Kapitel und Unterkapitel 1. Grades, auf die Unterkapitel 2. und auf die Unterkapitel 3. Grades verweisen, getrennt untersucht werden. Es wird davon ausgegangen, dass die Überschriftenformen jeweils ähnliche Satztypen vorweisen, so dass sie sich nicht nur drucktechnisch, sondern auch syntaktisch voneinander unterscheiden lassen.

In WB1 sind ohne Einbeziehung der Initiatoren- und Terminatorenbündel insgesamt 66, in WB2 insgesamt 150 Überschriften vorhanden. Die Tab. 42 bietet einen Überblick über die Gesamtzahl der Überschriften der Werbebroschüren.

Tab. 42: Anzahl der Überschriften pro Seite in Werbebroschüren

	WB1	WB2
Seitenanzahl	77	112
Überschriften gesamt	66	150
Überschriften (gesamt)/Seite	0,9	1,3

Bei den Überschriften, die auf die Kapitel und Unterkapitel 1. Grades verweisen und im Inhaltsverzeichnis vorkommen, handelt es sich mit einer Ausnahme um isoliert gebrauchte einfache Nominalsätze (u.a. „Benzinmotoren“, WB2; „xDrive“, WB1). In einem Fall tritt ein einfacher Verbalsatz („Sicher fahren“, WB2) auf. Die Überschriften verweisen i.d.R. auf Autoteile wie z.B. „Dieselmotoren“, „Benzinmotoren“, „Getriebe“ und „Fahrwerk“ sowie Autofunktionen „xDrive“, „TrueBlueSolutions“ und „Einparkhilfen“.

Überschriften, die auf die Unterkapitel 2. Grades verweisen, setzen sich aus isoliert gebrauchten einfachen Nominalsätzen (1-10), einfachen (11-12) und komplexen Verbalsätzen (13-15) und Nominal-/Verbalsatzkombinationen (16-20) zusammen.

1. Sportiv. (WB1, 51, 1)
2. Das Individualisierungsprogramm designo. (WB2, 91, 2)
3. Die moderne Interpretation von Intuition. (WB1, 41, 1)
4. Und einer der erfolgreichsten Sportwagen der Welt. (WB1, 44, 1-2)

5. Unwiderstehlich schön. (WB2, 95,1)
6. Eine helle Freude: die Lichttechnologie der neuen BMW 3er Limousine. (WB1, 36, 1)
7. Die Hölzer der S-Klasse – ein Stück Exklusivität. (WB2, 102, 3)
8. Der intelligente Allradantrieb xDrive: mit aller Kraft zu noch mehr Fahrfreude. (WB1, 13, 1-2)
9. 7G-TRONIC – Schaltkomfort bei reduziertem Kraftstoffverbrauch. (WB2, 36, 3)
10. Die Langversion der S-Klasse – Reisen und Arbeiten mit allen Annehmlichkeiten. (WB2, 46, 2)
11. In Zukunft wird Sie ein Stau nur noch Zeit kosten. Aber keine Nerven mehr. (WB2, 16, 1-2)
12. Erleben Sie Agilität – mit der kraftvollen Motorengeneration der S-Klasse. (WB2, 26, 2)
13. Was Sie sehen, wird Sie begeistern. (WB1, 14, 1)
14. Wenn es hart auf hart kommt, fängt Sie ein Mercedes-Benz weich auf. (WB2, 20, 1-2)
15. Sicherheit heißt für uns: vorbereitet sein auf das, was niemand vorhersehen kann. (WB1, 38, 1-2)
16. Die exklusivste Art, BMW zu fahren. (WB1, 75, 1)
17. Eine Theorie, die in der Praxis Leben retten kann. (WB2, 11, 1)
18. Entwickelt mit der Innovationskraft von BMW EfficientDynamics: BMW BluePerformance – der sauberste BMW Diesel, den es je gab. (WB1, 31, 1-2)
19. Die Sicherheit danach: Folgeschäden vermeiden und schnelle Hilfe erleichtern. (WB2, 22, 3)
20. Das COMAND-System – Sie sehen, was Sie tun. (WB2, 52, 3)

Das Beispiel 1 zeigt einen eingliedrigen Nominalsatz ohne Attribuierung, der aus einem Satzglied mit einem adjektivischen Nukleus besteht und auf das Design des Modells verweist. Eingliedrige Nominalsätze mit Attribuierung finden sich in den Beispielen 2-5. In 2 tritt der Typus „pränukleares Pronominalattribut + substantivischer Nukleus + Apposition" auf. In 3 ist der Typus „pränukleares Pronominalattribut + pränukleares Adjektivattribut + substantivischer Nukleus + postnukleares Präpositionalattribut" vertreten. Ein postnukleares Genitivattribut zum pronominalen Nukleus „einer" ist im Beispiel 4 gegeben. Ein pränukleares Adverbattribut wird zum adjektivischen Nukleus „schön" in 5 hinzugefügt.

Ferner sind zweigliedrige Nominalsätze (6-7) vorhanden. Im Beispiel 6 sind die Satzglieder durch einen Doppelpunkt, im Beispiel 7 durch einen Gedankenstrich voneinander abgehoben. In den Satzgliedern sind die Nennung und Zuordnung gegeben. Jeweils ein Satzglied enthält eine positive Wertung. Dreigliedrige Nominalsätze finden sich in den Beispielen 8-10. Das Beispiel 8 erhält die kommunikative Funktion, den Aktionsgegenstand „Der intelligente Allradantrieb xDrive“ mit der Art und Weise „mit aller Kraft“ und dem Zweck bzw. Ergebnis „zu noch mehr Fahrfreude“ zu verbinden. In 9 kennzeichnet das Satzglied „7G-Tronic“ den Aktionsgegenstand, das Satzglied „Schaltkomfort“ die Zuordnung und das Satzglied „bei reduziertem Kraftstoffverbrauch“ die damit verbundene Bedingung. Eine Verbindung aus dem Aktionsgegenstand „Die Langversion der S-Klasse“, der Aktion „Reisen und Arbeiten“ und der Art und Weise der Ausführung „mit allen Annehmlichkeiten“ ist in 10 begründet.

In 11 und 12 werden die Überschriften aus isoliert gebrauchten einfachen Verbalsätzen gebildet. In 11 ist eine Parzellierung eines Satzglieds „Aber keine Nerven mehr“ zu erkennen. In 12 ist das Modaladverbiale „mit der kraftvollen Motorengeneration der S-Klasse“ durch einen Gedankenstrich hervorgehoben. Komplexe Verbalsätze sind in 13-15 nachzuweisen. In 13 handelt es sich um eine Hypotaxe aus einem Subjektsatz und einem Hauptsatz. In 14 wird ein Konditionalsatz als erster Teilsatz mit einem Hauptsatz als zweitem Teilsatz verbunden. Die Hypotaxe in 15 setzt sich aus einem Hauptsatz (1. Teilsatz des Gesamtsatzgefüges), einem Infinitivsatz (2. Teilsatz des Gesamtsatzgefüges) und einem Objektsatz (3. Teilsatz des Gesamtsatzgefüges) zusammen. Die Gesamtsätze verweisen auf die Qualität der Werbeautos.

Nominal-/Verbalsatzkombinationen finden sich in 16-20. In 16 wird ein nominaler Hauptsatz als erster Teilsatz mit einem Infinitivsatz als zweitem Teilsatz verbunden. In 17 handelt es sich ebenfalls um eine Nominal-/Verbalsatzkombination aus einem nominalen Hauptsatz und einem Attributsatz. Ein Gesamtsatz aus zwei nominalen Teilsätzen und einem Attributsatz ist in 18 gegeben. Der erste Nominalsatz „Entwickelt mit der Innovationskraft von BMW EfficientDynamics: BMW Blue Performance“ nennt den Aktionsgegenstand; ausdrucksseitig besteht er aus einem substantivischen Nukleus „BMW Blue Performance“ und einem Adjektivattribut „Entwickelt mit der Innovationskraft“ – eine Umformungsprobe führt zum Nominalsatz „der mit der Innovationskraft von BMW EfficientDynamics entwickelte BMW Blue Performance“ – wobei der Nukleus und das Attribut durch einen Doppelpunkt voneinander abgetrennt sind. Der zweite Nominalsatz „der sauberste BMW Diesel“ – durch einen Gedankenstrich abgetrennt – gibt die Zuordnung an. Der dritte Teilsatz ist ein verbaler Attributsatz zum Nukleus „BMW Diesel“. Im Beispiel 19 ist ebenfalls eine Nominal-/Verbalsatzkombination aus drei Teilsätzen vertreten. Es wird ein Nominalsatz als erster Teilsatz

„Die Sicherheit danach“– abgetrennt durch einen Gedankenstrich – mit zwei syndetisch gereihten Infinitivsätzen verbunden. Der Nominalsatz gibt die *conditio*, die Infinitivsätze die *consequentia* an. Im Beispiel 20 handelt es sich beim ersten Teilsatz um einen Nominalsatz „Das COMAND-System“, der durch einen Gedankenstrich hervorgehoben und mit einer Hypotaxe aus einem verbalen Hauptsatz und einem Objektsatz verbunden ist. Der Nominalsatz und die verbalen Teilsätze benennen wie im Beispiel 19 die Informationsabfolge *conditio* versus *consequentia.*

Alle Überschriften in WB1, die die Unterkapitel 2. Grades einleiten, sind Aussagesätze. In WB2 handelt es sich bei vier Ausnahmen ebenfalls um Aussagesätze. Hier werden in zwei Fällen Ergänzungsfragen gestellt (21, 22); Imperativsätze treten in drei Fällen auf (23, 24, 25):

21. Was sind schon Sekunden? (WB2, 18, 1)
22. Und was können wir für Sie tun? (WB2, 70, 3)
23. Ziehen Sie Blicke auf sich. (WB2, 67, 1)
24. Unterstreichen Sie Ihren Stil. (WB2, 86, 1)
25. Erleben Sie Agilität – mit der kraftvollen Motorengeneration der S-Klasse. (WB2, 26, 2)

In Abb. 264 sind die statistischen Ergebnisse der Untersuchung der Satztypen zusammengefasst.

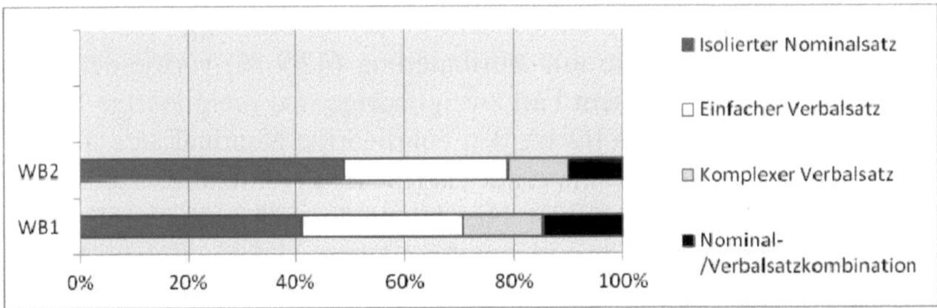

Abb. 264: Satztypen in den Überschriften in Werbebroschüren (Verweis auf Unterkapitel 2. Grades)

Bei den Satztypen dominieren die isoliert gebrauchten einfachen Nominalsätze. Im Durchschnitt werden sie in WB1 mit einem Anteil von 41,2 % und in WB2 bis zu 48,9 % eingesetzt. Der Anteil der isoliert gebrauchten einfachen Verbalsätze ist in beiden Werbebroschüren gleich und liegt bei jeweils 30 %. Komplexe Verbalsätze sind im Durchschnitt zu 12,9 % vorhanden. Bei den komplexen Verbalsätzen werden insgesamt 14 Hypotaxen aus zwei Teilsätzen und eine Hypotaxe aus drei Teilsätzen verwendet. Nominal-/Verbalsatzkombinationen finden sich in

14,7 % (WB1) bzw. 10 % (WB2) aller Fälle. Dabei werden in 10 Fällen Nominal-/Verbalsatzkombinationen aus zwei und in vier Fällen aus drei Teilsätzen miteinander verbunden.

In Abb. 265 und Tab. 43 ist die Verteilung der Nominalsatztypen sowie der Attribuierungstypen gegeben.

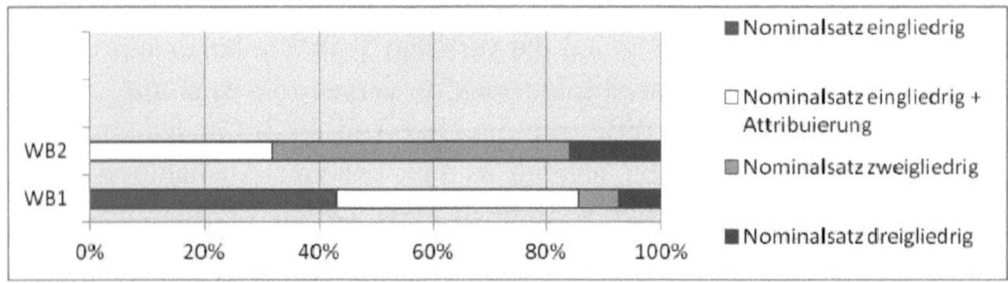

Abb. 265: Nominalsatztypen in den Überschriften in Werbebroschüren (Verweis auf Unterkapitel 2. Grades)

Tab. 43: Attribute in den Nominalsatztypen (eingliedrig) in Werbebroschüren

	Adjektiv	Präpositional	Pronominal	Genitiv	Apposition	Adverb
WB1	2	2	4	1	–	–
WB2	4	6	11	4	1	2

In WB1 werden isoliert gebrauchte einfache Nominalsätze zu gleichen Anteilen als eingliedrige Nominalsätze ohne Attribuierung (42,9 %) und eingliedrige Nominalsätze mit Attribuierung (42,9 %) verwendet. Hier sind weiter in jeweils einem Fall zweigliedrige und dreigliedrige Nominalsätze vorhanden. In WB2 werden eingliedrige Nominalsätze mit Attribuierung zu 31,8 % gebildet; auf eingliedrige Nominalsätze ohne Attribuierung wird ganz verzichtet. Hier bilden den Schwerpunkt die zweigliedrigen Nominalsätze mit einem Anteil von 52,3 %. Relativ häufig kommen dreigliedrige Nominalsätze zu 15,9 % vor. Bei den Attribuierungstypen sind die pränuklearen Pronominalattribute mit dem größten Anteil von 44,4 % (WB1) bzw. 39,3 % (WB2) vorhanden. Danach folgen in WB1 zu gleichen Anteil die pränuklearen Adjektivattribute (22,2 %) und postnuklearen Präpositionalattribute (22,2 %). Hier gibt es in einem Fall ein postnukleares Genitivattribut. In WB2 folgen in der Häufigkeit nach den Pronominalattributen die postnuklearen Präpositionalattribute (21,4 %), die pränuklearen Adjektivattribute (14,3 %) und postnuklearen Genitivattribute (14,3 %); in zwei Fällen sind pränukleare Adverbattribute und in einem Fall eine Apposition nachzuweisen.

In den Werbebroschüren handelt es sich bei allen Überschriften, die auf die Unterkapitel 3. Grades verweisen, um isoliert gebrauchte einfache Nominalsätze:

26. Luftklappensteuerung (WB1, 23, 23)
27. Elektrische Lenkkraftunterstützung (WB1, 24, 46)
28. Das erste Motorrad der Welt (WB2, 26, a)
29. Mercedes-Benz vor Ort (WB2, 110, 3)

Rund 80 % sind eingliedrige Nominalsätze ohne Attribuierungen. Im Beispiel 26 benennt der eingliedrige Nominalsatz die Autofunktion. Eingliedrige Nominalsätze mit Attribuierungen finden sich in knapp 15 % aller Fälle. Dabei sind die Formen „pränukleares Adjektivattribut + substantivischer Nukleus" (27) bzw. „pränukleares Pronominalattribut + pränukleares Adjektivattribut + substantivischer Nukleus + postnukleares Genitivattribut" (28) gegeben. Weiterhin treten in WB2 zweigliedrige Nominalsätze auf. Die Satzglieder in 29 verweisen auf den Aktionsgegenstand „Mercedes-Benz" mit Ortsbezug „vor Ort".

Es handelt sich bei den Überschriften, die auf die Unterkapitel 3. Grades verweisen, ausnahmslos um Aussagesätze.

4.5.3.2 Syntax der Absätze

Ohne Einbeziehung der Überschriften gibt es in den beiden Werbebroschüren 1.227 Sätze im Textkorpus, wobei in WB1 mehr Sätze zu verzeichnen sind als in WB2. Die Verteilung der Sätze pro Seite zeigt folgendes Ergebnis: In WB1 finden sich 8,1 Sätze pro Seite; in WB2 lediglich 5,4.

Tab. 44: Anzahl der Sätze pro Seite in Werbebroschüren

	WB1	WB2
Anzahl der Sätze	620	607
Anzahl der Sätze pro Seite	8,1	5,4

Für die Verteilung der Sätze auf die Satztypen des isoliert gebrauchten einfachen Verbalsatzes, des komplexen Verbalsatzes, des isoliert gebrauchten einfachen Nominalsatzes und der Nominal-/Verbalsatzverbindungen werden für die beiden Werbebroschüren die in Abb. 266 dargestellten Ergebnisse ermittelt.

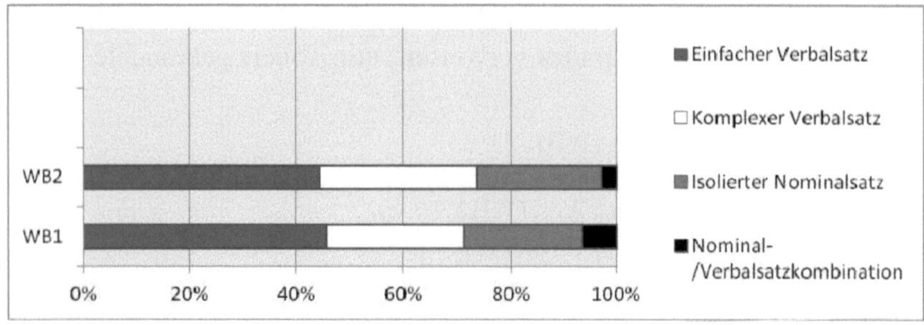

Abb. 266: Satztypen in den Sätzen des Textkorpus in Werbebroschüren

Dabei zeigt sich für beide Textexemplare ein Schwerpunkt der Satztypen bei den isoliert gebrauchten einfachen Verbalsätzen. Im Durchschnitt bilden sie einen Anteil von 45,2 % aller Sätze des Textkorpus. Relativ häufig sind komplexe Verbalsätze mit einem Anteil von 27,3 % vertreten. Wie die Abb. 266 erkennen lässt, ist in beiden Werbebroschüren ebenfalls ein relativ hoher Anteil an isoliert gebrauchten einfachen Nominalsätzen zu verzeichnen (WB1: 22,3 %; WB2: 23,6 %). Der häufige Einsatz isoliert gebrauchter einfacher Nominalsätze ist darauf zurückzuführen, dass insgesamt mehr Bilder durch Nominalsätze beschrieben werden. Besonders Nominalsätze ermöglichen es, in sehr knapper Form Informationen zu vermitteln. Nominal-/Verbalsatzkombinationen sind in WB1 mit einem Anteil von 6,5 %, in WB2 zu lediglich 2,8 % nachzuweisen.

Isoliert gebrauchte einfache Nominalsätze sind in knapp 3/4 aller Fälle eingliedrig (1-3); es gibt weiterhin zwei- (4-7) und dreigliedrige (8) Nominalsätze. Ein Gesamtsatz aus zwei (9), drei (10) bzw. vier (11) Nominalsätzen ist ebenfalls vorhanden. Die Nominalsätze werden hauptsächlich für die Benennung der Abbildungen verwendet.

1. **Dynamische Stabilitäts Control (DSC),** inkl. CBC und Bremsassistent, mit Zusatzfunktionen für alle Sechszylinder-Modelle. (WB1, 65, 42-44)
2. **Navigationssystem Professional,** inkl. DVD-Laufwerk, iDrive Controller mit Direktwahltasten, Favoritentasten, integrierter Festplatte für Audiodateien und Navigationsdaten, Kartendarstellung in 3-D und hochauflösendem 8,8-Zoll-Display. (WB1, 57, 4-9)
3. **Radio BMW Business CD,** 4-Kanal-Verstärker, Antennen-Diversity, AUX-IN-Anschluss, Scan-Funktion, CD-Laufwerk, MP3-Decoder, automatische Lautstärkeregelung, sechs Lautsprecher (vier Mittel-Hochtonlautsprecher, zwei Zentralbässe unter den Vordersitzen). (WB1, 58, 25-30)
4. Doppelgelenk-Zugstrebenachse in Leichtbauweise. (WB1, 33, f)
5. **Sportsitze:** für einen hervorragenden Seitenhalt. (WB1, 64, 13)

6. **DAB-Tuner** zum zusätzlichen Empfang digitaler Audioprogramme. (WB1, 58, 50-51)
7. Für maximale Steifigkeit bei minimalem Gewicht. (WE1, 33, g)
8. **M Sportpaket, Heckschürze:** dynamischer Look durch den eingebauten Diffusor. (WB1, 64, 1-4)
9. Der Durchschnittsverbrauch: 6,1 Liter auf 100 km. (WB1, 27, 47)
10. **BMW Leichtmetallräder Sternspeiche 193 M mit Mischbereifung und Notlaufeigenschaften:** vorn 8 J x 18 Zoll mit Bereifung 225/40 R 18, hinten 8,5 J x 18 Zoll mit Bereifung 255/35 R 18. (WB1, 63, a-e)
11. Beeindruckend: die Beschleunigung auf die 100-km/h-Marke in 6,7 Sekunden, die Höchstgeschwindigkeit von 250 km/h und der Verbrauch von durchschnittlich 7,1 Litern auf 100 km. (WB1, 27, 38-41)

Ein eingliedriger Nominalsatz verweist im Beispiel 1 auf die Autofunktion „**Dynamische Stabilitäts Control (DSC)**". Ausdrucksseitig setzt sich der eingliedrige Nominalsatz aus einem substantivischen Nukleus und weiteren Attribuierungen („inkl. CBC und Bremsassistent, mit Zusatzfunktionen für alle Sechszylinder-Modelle") zusammen, wobei der Nukleus drucktechnisch mittels Fettdruck hervorgehoben wird. Weitere eingliedrige Nominalsätze finden sich in den Beispielen 2-3. Es handelt sich um Benennungen von Autoteilen in den Abbildungen zu einem übergeordneten, durch Fettdruck hervorgehobenen Begriff „**Navigationssystem Professional**" bzw. „**Radio BMW Business CD**", wobei die Benennungen von Autoteilen aus einem Satzglied mit substantivischen gereihten Nuklei bestehen.

In einem zweigliedrigen Nominalsatz werden der Aktionsgegenstand „Doppelgelenk-Zugstrebenachse" und die Art und Weise „in Leichtbauweise" (4) wiedergegeben; in 5 und 6 werden der Aktionsgegenstand „**Sportsitze**" (5) bzw. „**DAB-Tuner**" (6) und der Zweck „für einen hervorragenden Seitenhalt" (5) bzw. „zum zusätzlichen Empfang digitaler Audioprogramme" (6) genannt – wobei die Satzglieder im Beispiel 5 mittels Doppelpunkt voneinander getrennt sind und das jeweils erste Satzglied mittels Fettdruck hervorgehoben wird. Im Beispiel 7 stellen die Satzglieder „Für maximale Steifigkeit" und „bei minimalem Gewicht" die notwendigen Bedingungen dar. In einem dreigliedrigen Nominalsatz (8) werden der Aktionsgegentand „**M Sportpaket, Heckschürze**", das Aussehen „dynamischer Look" sowie die Art und Weise „durch den eingebauten Diffusor" verdeutlicht, wobei das erste Satzglied mittels Fettdruck und Interpunktion (Doppelpunkt) von den übrigen Satzgliedern abgehoben wird. Im Beispiel 9 handelt es sich um einen Gesamtsatz aus zwei nominalen Teilsätzen, die durch einen Doppelpunkt voneinander abgetrennt sind und die Nennung und Zuordnung darstellen. Der erste Teilsatz ist ein eingliedriger Nominalsatz „Der Durchschnittsverbrauch“; beim zweiten Teilsatz handelt es sich um einen zweigliedrigen Nominalsatz „6,1 Liter [/] auf 100km“. Im Beispiel 10 werden drei nominale Teilsätze miteinander verbunden: Beim ersten Teilsatz handelt es sich um einen eingliedrigen Nominalsatz mit Attribuierungen „**BMW Leichtmetallräder Sternspeiche 193 M mit Mischbereifung und Notlaufeigenschaften**“, der drucktechnisch mittels Fettdruck markiert ist und den Aktionsgegenstand benennt; beim zweiten Teilsatz „vorn [/] 8 J x 18 Zoll mit Bereifung 225/40 R 18“ und beim dritten Teilsatz „hinten [/] 8,5 J x 18 Zoll mit Bereifung 255/35 R 18“ handelt es sich jeweils um zweigliedrige Nominalsätze, die die Zuordnung des im ersten Teilsatz genannten Aktionsgegenstandes angeben. Im Beispiel 11 werden vier nominale Teilsätze miteinander verbunden: Der erste Nominalsatz „Beeindruckend“ ist eingliedrig; der zweite Nominalsatz ist dreigliedrig „die Beschleunigung [/] auf die 100-km/h-Marke [/] in 6,7 Sekunden“; der dritte Nominalsatz ist eingliedrig mit einem postnuklearen Präpositionalattribut „Höchstgeschwindigkeit von 250 km“ und der vierte Nominalsatz ist zweigliedrig „der Verbrauch von durchschnittlich 7,1 Litern [/] auf 100 km“. Der erste Teilsatz gibt dabei die Wertung der Leistungen an, die in den weiteren Teilsätzen formuliert sind.

Repräsentative Beispiele für einfache Verbalsätze sind in den Beispielen 12-15 angeführt.

12. Mehr denn je verkörpert die neue BMW 3er Limousine den Inbegriff einer Sport-Limousine. (WB1, 5, 7)
13. Bieten schnellen Druckaufbau: die beiden parallel geschalteten Abgasturbolader im neuen BMW 335i. (WB1, 26, 1-2)
14. Bis zu einer Höchstgeschwindigkeit von 230 km/h wird Sie seine ruhige Art erfreuen. Ebenso wie sein durchschnittlicher Verbrauch von nur 4,8 Litern auf 100 km. (WB1, 28, 40-42)
15. Verleihen Sie Ihrem Fahrzeug Persönlichkeit – Ihre. (WB3, 93, 3)

Dabei zeigen die einfachen Verbalsätze eine besondere Interpunktion. In 13 wird das Subjekt des Satzes mittels Doppelpunkt hervorgehoben; zusätzlich befindet sich das Verbum finitum in Erststellung bei einem Aussagesatz. In 14 ist der zweite Nukleus des Subjekts parzelliert und befindet sich – getrennt durch das Verbum infinitum – in Fernstellung zum ersten Nukleus. In 15 wird zum Nukleus des Akkusativobjekts „Persönlichkeit“ eine Apposition „Ihre [Persönlichkeit]“ gebildet, von der nur das Pronominalattribut „Ihre“ realisiert („Persönlichkeit“ ist aufgrund von Vorerwähntheit elliptisch ausgelassen) und durch einen Gedankenstrich hervorgehoben ist.

Bei den komplexen Verbalsätzen dominieren die Hypotaxen. Im Mittelwert liegt der Anteil bei ca. 51 %. Danach folgen die Parataxen – in WB1 finden sie sich mit einem Anteil von 36,7 %; in WB2 von 26,6 %. Der Anteil der parataktisch-hypotaktischen Satzkombinationen am Gesamtanteil der Satzverbindungen ist mit 17 % deutlich geringer.

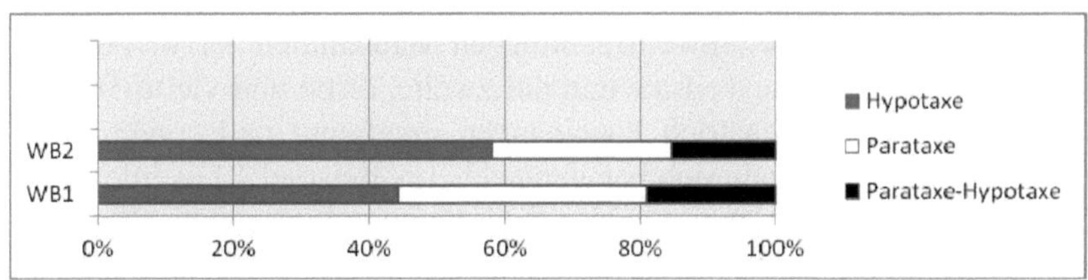

Abb. 267: Komplexe Verbalsätze in den Sätzen des Textkorpus in Werbebroschüren

Bei den Parataxen überwiegen mit 89,5 % die jeweiligen Satzkombinationen aus zwei Teilsätzen (16, 17). Es gibt weiterhin Parataxen aus drei (18, 19), vier (20) und fünf Teilsätzen (21).

16. Dabei braucht er von 0 auf 100 km/h nicht länger als 9,3 Sekunden. Und kommt mit 105 kW (143 PS) Leistung auf eine Spitzengeschwindigkeit von 210 km/h. (WB1, 28, 44-46)
17. Daimler absolvierte mit seinem Reitwagen die Jungfernfahrt. Und lüftete nebenbei das Geheimnis seines Gartenhauses. (WB2, 26, 12-15)
18. Die um den zentralen Controller angeordneten Tasten lassen sich dank ihrer unterschiedlichen Formen haptisch unterscheiden – so können Sie das gesuchte Bedienelement ertasten und müssen den Blick nicht von der Straße abwenden. (WB1, 19, 11-14)
19. Wir sparen Energie, vermeiden Schadstoffe und verwenden zunehmend nachwachsende Rohstoffe. (WB2, 29, 13-15)
20. Registrieren Sie sich einmal mit Ihren persönlichen Daten – schon können Sie Ihr „Wunschfahrzeug“ konfigurieren, verändern und abspeichern. (WB1, 77, 3-4)
21. Die PRE-SAFE®-Elektronik wertet diese Informationen aus und leitet bei typischen Gefahrensituationen präventive Maßnahmen zum Schutz der Insassen ein – beispielsweise kann der Beifahrersitz in eine günstigere Position gebracht, das auf Wunsch erhältliche Schiebedach geschlossen und die Gurte können gestrafft werden. (WB2, 19, 1-5)

In den Beispielen 16 und 17 werden jeweils zwei Teilsätze miteinander verbunden, wobei der zweite Teilsatz parzelliert wird. Beispiel 16 kennzeichnet die Geschwindigkeitsleistung des Werbemodells; Beispiel 17 geht auf die Geschichte von DaimlerChrysler ein. In den Beispielen 18 und 19 werden drei Teilsätze monosyndetisch gereiht. Drucktechnisch sind in 18 der erste Teilsatz und der zweite und dritte Teilsatz durch einen Gedankenstrich voneinander abgehoben; dadurch werden *conditio* und *consequentia* einander gegenübergestellt. Beispiel 18 verweist auf die besondere Form der Bedientasten um den zentralen Controller und die sich daraus ergebenden Bedienmöglichkeiten. Beispiel 19 hebt in allen drei Teilsätzen die umweltfreundlichen Maßnahmen hervor. Ähnlich werden in 20 der erste Teilsatz und der zweite, dritte und vierte Teilsatz durch einen Gedankenstrich voneinander abgetrennt und *conditio* und *consequentia* zusätzlich sichtbar gemacht. Im Beispiel 21 werden fünf Teilsätze gereiht: Die ersten beiden Teilsätze werden syndetisch mittels der Konjunktion „und" verbunden; danach folgen ein Gedankenstrich und drei monosyndetisch gereihte Teilsätze, wobei wieder *conditio* und *consequentia* gekennzeichnet sind. Die Funktion des Gesamtsatzes besteht darin, die Funktionalität der PRE-SAFE®-Elektronik zu markieren. In den Parataxen geben die Teilsätze aufeinander bezogene Sachverhalte an, die sich inhaltlich ergänzen.

Fast alle Hypotaxen sind Satzverbindungen aus zwei Teilsätzen. Hypotaxen mit drei Teilsätzen gibt es mit einem Anteil von 8,7 %; eine Hypotaxe aus vier Teilsätzen findet sich in WB2.

22. Sobald die Kupplung betätigt wird, startet der Motor wieder. (WB1, 24, 38-39)
23. Sie [= Schaltpunktanzeige] zeigt dem Fahrer an, in welchen Gang er schalten sollte, um möglichst effizient zu fahren. (WB1, 24, 44-45)
24. Damit Sie sich voll und ganz auf das Verkehrsgeschehen konzentrieren können, finden Sie alle Bedienelemente exakt dort, wo Sie sie erwarten. (WB1, 19, 4-5)
25. Wer Visionen hat, braucht auch die Kraft, sie zu verwirklichen – bevor es andere tun. (WB2, 62, 3-4)

Im Beispiel 22 tritt eine Hypotaxe aus einem verbalen Haupt- und Nebensatz auf; als Nebensatztypus findet sich hierbei der Temporalsatz als erster Teilsatz des Gesamtsatzes. Die Teilsätze markierten den Zeitpunkt und die dazugehörige Handlung. In den Beispielen 23 und 24 sind Gesamtsätze aus drei Teilsätzen gegeben. Beispiel 23 zeigt als ersten Teilsatz den Hauptsatz, als zweiten Teilsatz einen Objektsatz, der dem Verbum finitum des Hauptsatzes untergeordnet ist, und als dritten Teilsatz einen Finalsatz an, der vom Verbum finitum des Objektsatzes abhängig ist. Die ersten beiden Teilsätze stellen eine Ausgangslage dar, der dritte

Teilsatz formuliert die sich aus ihr ergebende mögliche Folge. In 24 kennzeichnet der erste Teilsatz einen Finalsatz, der zweite Teilsatz ist der Hauptsatz des Gesamtsatzes, beim dritten Teilsatz handelt es sich um einen Lokalsatz, der dem Verbum finitum des zweiten Teilsatzes untergeordnet ist. Der Gesamtsatz verweist auf die besondere Anordnung der Bedienelemente, die zur einfachen Handhabung für den Fahrer führen. Im Beispiel 25 ist eine Hypotaxe aus vier Teilsätzen nachzuweisen. Der erste Teilsatz zeigt einen Subjektsatz an, der vom Verbum finitum des zweiten Teilsatzes, dem Hauptsatz des Gesamtsatzes, abhängig ist; weiter finden sich als dritter Teilsatz ein Attributsatz und als vierter Teilsatz ein Temporalsatz. Die Teilsätze verweisen auf die Funktionen *Handlung* und *Zeitbezug.*

Bei parataktisch-hypotaktischen Satzkombinationen liegt der Schwerpunkt mit 82,5 % auf Satzkombinationen mit drei Teilsätzen (26). Mit einem Anteil von 14 % werden vier (27-30) Teilsätze miteinander verbunden; fünf (31) und sechs (32, 33) Teilsätze finden sich noch in 3 Fällen. Dies entspricht einem Anteil von 5 % aller parataktisch-hypotaktischen Verbindungen.

26. Wenn Sie von Kurven nicht genug bekommen können, wenn Sie jede noch so lange Strecke nicht enden lassen wollen – dann fahren Sie die neue BMW 3er Limousine. (WB1, 8, 2-3)
27. Ganz im Sinne von BMW EfficientDynamics wird dadurch das Handling verbessert und der Kraftstoffverbrauch gesenkt – ohne jedoch die extrem hohe Verwindungssteifigkeit der Karosserie und damit die Sicherheit zu beeinträchtigen. (WB1, 8, 10-11)
28. Erkennen die hochempfindlichen Sensoren des Systems einen sich anbahnenden instabilen Zustand, greift DSC in das Motor- oder das Bremsmanagement ein und bremst einzelne Räder gezielt ab, um das Fahrzeug zu stabilisieren. (WB1, 33, 20-23)
29. Wenn die Vorderräder in einer Kurve zum Kurvenäußeren schieben – also ein Untersteuern droht –, leitet die elektronisch gesteuerte Lamellenkupplung die Antriebskraft innerhalb von Bruchteilen einer Sekunde von der vorderen auf die hintere Achse und verhindert das Untersteuern bereits im Ansatz. (WB1, 35, 15-18)
30. Entdecken Sie die vielfältigen Lösungen, die Ihnen in den Bereichen Exterieur, Interieur, Kommunikation & Information sowie Transport & Gepäckraumlösungen zur Verfügung stehen. Zum Beispiel die Sternspeiche 199, die den dynamischen Auftritt Ihres BMW 3er unterstreicht. Oder die BMW Dachbox 460, die sich durch ein innovatives beidseitiges Öffnungssystem bequem beladen lässt. (WB1, 74, 6-11)
31. Als Erfinder des Automobils steht Mercedes-Benz in besonderer Verantwortung, durch innovative Technologien Lösungen zu entwickeln, die dazu

beitragen, die Umwelt zu entlasten und höchst effizient mit Rohstoffen umzugehen – ohne Verzicht auf Sicherheit, Komfort und Fahrspaß. (WB2, 28, 6-11)

32. Bremsenergierückgewinnung bedeutet, dass der Generator hauptsächlich dann Strom erzeugt, wenn der Fahrer vom Gas geht oder bremst – bislang ungenutzte kinetische Energie wird also im Schubbetrieb in elektrische Energie umgewandelt und in die Batterie gespeist. (WB1, 24, 67-72)
33. Als Gottlieb Daimler zusammen mit seinem Freund Wilhelm Maybach in dem Gewächshaus der Villa von Gottlieb Daimler in Cannstadt den ersten schnelllaufenden Benzinmotor entwickelte, arbeiteten die beiden Ingenieure im Geheimen – schließlich wollten sie die Ersten sein, die einen Motor erfanden, der klein genug ist, um in eine Kutsche zu passen. (WB2, 26, 4-11)

In 26 werden zwei asyndetisch gereihte Konditionalsätze mit einem Hauptsatz verbunden, der mittels Gedankenstrich abgegrenzt ist. Der Gesamtsatz beschreibt die Fahrfreude auf einer BMW 3er Limousine. Die Teilsätze verweisen auf die logische Funktion von *conditio* versus *consequentia.* In 27 werden zwei syndetisch gereihte Hauptsätze (1. und 2. Teilsatz) mit zwei Modalsätzen (3. und 4. Teilsatz) kombiniert; beim ersten Modalsatz ist das Prädikat aufgrund von Nacherwähntheit elliptisch ausgelassen. Die Teilsätze benennen die Funktionen *Aktion* sowie *Art und Weise der Ausführung.* Im Beispiel 28 liegt beim ersten Teilsatz ein Konditionalsatz mit Verberststellung vor, beim zweiten und dritten Teilsatz handelt es sich um syndetisch gereihte Hauptsätze; der vierte Teilsatz ist ein Finalsatz. Durch die Teilsätze wird der Funktionsrahmen *conditio – consequentia – Motivation* gekennzeichnet und die Funktionalität von DSC markiert. Ein Gesamtsatz, bestehend aus zwei gereihten Konditionalsätzen und zwei gereihten Hauptsätzen, ist im Beispiel 29 gegeben. Durch die Teilsätze werden die *conditio* mit der *consequentia* verbunden und die Funktionalität der elektronisch gesteuerten Lamellenkupplung beschrieben. In 30 liegt eine syntaktische Besonderheit vor: Es werden die Attributteile, die gereihten Nuklei der Apposition, in Fernstellung „Zum Beispiel die Sternspeiche 199“ und „Oder die BMW Dachbox 460“ zum Nukleus „Lösungen“ parzelliert. Weiter treten drei Attributsätze auf: Der erste Attributsatz ist dem Nukleus „Lösungen“ des Hauptsatzes untergeordnet; die weiteren Attributsätze beziehen sich auf die parzellierten Attributteile „Sternspeiche 199“ und „BMW Dachbox 460“ in Fernstellung. Eine parataktisch-hypotaktische Satzkombination aus fünf Teilsätzen ist im Beispiel 31 gegeben: Beim ersten Teilsatz liegt der Hauptsatz vor, der mit zwei weiteren Attributsätzen (2. und 3. Teilsatz) sowie zwei Infinitivsätzen (4. und 5. Teilsatz) kombiniert wird. Der erste Attributsatz ist vom Nukleus „Verantwortung“ des Hauptsatzes abhängig; der zweite Attributsatz ist dem Nukleus „Lösungen“ des ersten Attributsatzes untergeordnet. Das Modaladverbiale des 5. Teilsatzes „ohne Verzicht auf Sicherheit, Komfort und Fahrspaß“ wird durch einen Gedankenstrich hervorgehoben. Durch die Teilsätze werden die Qualität und Leistungen des Automobilherstellers Mercedes-Benz hervorgehoben, der neben umweltfreundlichen auch innovative technologische Lösungen bietet. In den Beispielen 32 und 33 sind Gesamtsätze aus sechs Teilsätzen gegeben. In 32 wird ein Hauptsatz als erster Teilsatz mit einem Objektsatz (2. Teilsatz), der dem Verbum finitum des Hauptsatzes untergeordnet ist, verbunden. Es existieren zwei gereihte Konditionalsätze als dritter und vierter Teilsatz sowie zwei gereihte Hauptsätze als fünfter und sechster Teilsatz des Gesamtsatzgefüges. Die ersten beiden Teilsätze vermitteln eine *Aussage,* die beiden Konditionalsätze kennzeichnen die *notwendige Bedingung,* die letzten beiden, durch einen Gedankenstrich abgegrenzten Teilsätze geben eine *weiterführende Schlussfolgerung* ab. In 33 liegen beim ersten und zweiten Teilsatz ein Temporal- und Hauptsatz vor, die durch einen Gedankenstrich vom dritten Teilsatz, einem Hauptsatz, und vierten und fünften Teilsatz – beides sind Attributsätze – sowie einem Finalsatz (6. Teilsatz des Gesamtsatzgefüges) abgetrennt sind. Dabei ist der erste Attributsatz vom Nukleus „die Ersten“ des dritten Teilsatzes und der zweite Attributsatz vom Nukleus „Motor“ des vierten Teilsatzes abhängig; der Finalsatz ist wiederum dem Verbum finitum des fünften Teilsatzes untergeordnet. Die ersten beiden Teilsätze des Gesamtsatzes markieren den Zeitbezug; der dritte, vierte und fünfte Teilsatz kennzeichnen eine Begründung; der Finalsatz verweist auf die Motivation der Handlung. Der Gesamtsatz geht auf die Entwicklungsgeschichte von DaimlerChrysler ein.

An einigen Stellen finden sich Nominal-/Verbalsatzkombinationen aus zwei (34), drei (35) und vier (36) Teilsätzen.

34. Damit ergibt sich eine in dieser Hubraumklasse unübertroffene Drehmomentcharakteristik – und das bei einer Leistung von 173kW (235PS). (WB2, 31, 10-13)
35. Die beachtliche Motorleistung von 125 kW (170 PS) sorgt für reichlich Vortrieb: von 0 auf 100km/h in 8,2 Sekunden, Höchstgeschwindigkeit 228 km/h. (WB1, 27, 45-47)
36. Ansprechend auch die Fahrleistungen, die das 145 kW (197 PS) starke Triebwerk ermöglicht: von 0 auf 100 km/h in 7,4 Sekunden, Höchstgeschwindigkeit 235 km/h. (WB1, 28, 33-35)

Im Beispiel 34 werden ein verbaler und nominaler Teilsatz verbunden, wobei die Teilsätze durch einen Gedankenstrich hervorgehoben sind. Der Nominalsatz ist hierbei zweigliedrig „und das [/] bei einer Leistung von 173 kW (235 PS)“ und markiert die Wertung der im Hauptsatz genannten „Drehmomentcharakteristik“. Im Beispiel 35 setzt sich der Gesamtsatz aus einem verbalen Teilsatz und zwei Nominalsätzen zusammen; die Nominalsätze sind dreigliedrig „von 0 [/] auf 100 km/h [/] in 8,2 Sekunden“ und zweigliedrig „Höchstgeschwindigkeit [/] 228 km/h“. Die Satzglieder des dreigliedrigen Nominalsatzes stellen die Geschwindigkeitsangabe „von 0 [/] auf 100 km/h“ mit Zeitzuordnung „in 8,2 Sekunden“ dar. Im zweigliedrigen Nominalsatz werden die Nennung „Höchstgeschwindigkeit“ und Zuordnung „228 km/h“ begründet. Im Beispiel 36 wird ein zweigliedriger Nominalsatz als erster Teilsatz „Ansprechend [/] auch die Fahrleistungen“ mit einem verbalen Attributsatz (2. Teilsatz) und einem dreigliedrigen Nominalsatz (3. Teilsatz) „von 0 [/] auf 100 km/h [/] in 7,4 Sekunden“ sowie einem zweigliedrigen Nominalsatz „Höchstgeschwindigkeit [/] 235 km/h“ (4. Teilsatz) verbunden. Hier kennzeichnen die ersten beiden Teilsätze die Nennung der Fahrleistung, die in den letzten beiden Teilsätzen spezifiziert wird.

Insgesamt kommen bei den komplexen Verbalsätzen und Nominal-/Verbalsatzkombinationen die Nebensatztypen in der folgenden Häufigkeit in den Textexemplaren vor:

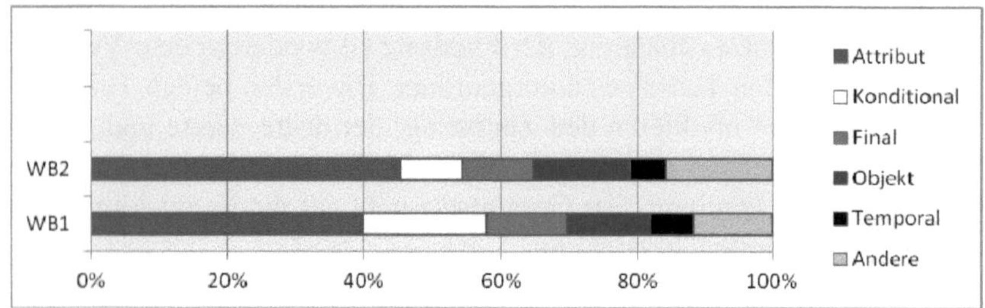

Abb. 268: Nebensatztypen in den Sätzen des Textkorpus in Werbebroschüren

Der Attributsatz wird mit einem Anteil von 42,9 % am häufigsten genutzt. Der Anteil der Konditionalsätze und Objektsätze ist ungefähr gleich hoch und liegt im Mittelwert bei jeweils ca. 13,3 %. Seltener werden ein Finalsatz mit 10,9 % und ein Temporalsatz mit 5,8 % eingesetzt. Die anderen Formen kommen alle mit einem Anteil von 4,2 % und weniger vor. Repräsentative Beispiele für Nebensatztypen sind:

37. Ein BMW bietet Ihnen immer ein besonderes Fahrerlebnis. Das sich mit dem Original BMW Zubehör noch steigern lässt. (WB1, 74, 3-4)
38. Heute unterstreicht die S-Klasse erneut die Pionierrolle von Mercedes-Benz. Etwa mit dem Nachtsichtassistenten und mit Komfortinnovationen wie dem weiterentwickelten DISTRONIC PLUS, die wieder einmal Maßstäbe setzen. (WB2, 3, 7-12)
39. Der vierte Teilaspekt umfasst schließlich die Phase nach dem Unfall – wenn weitere Maßnahmen zum Beispiel für eine leichtere Rettung sorgen. (WB2, 11, 38-40)
40. Wer sagt, dass eine Luxuslimousine nicht sportlich aussehen kann? (WB2, 67, 3-4)
41. Um Lenkung und Haltesysteme bei einem Crash schnell und kostengünstig untersuchen zu können, konstruierten Herr Maier und seine Ingenieurskollegen einen besonderen Schlitten. (WB1, 11, 12-16)
42. Sobald die Kupplung betätigt wird, startet der Motor wieder. (WB1, 24, 38-39)

In den Beispielen 37-42 finden sich Hypotaxen aus einem verbalen Hauptsatz und Nebensatz, wobei die Nebensätze in den Beispielen 37-40 als zweiter Teilsatz und in den Beispielen 41-42 als erster Teilsatz des Gesamtsatzes auftauchen. Als Nebensatztypen sind Attribut- (37, 38), Konditional- (39), Objekt- (40), Final- (41) und Temporalsätze (42) vertreten. In 37 wird der Attributsatz parzelliert. In 38 wird das Modaladverbiale des ersten Teilsatzes „Etwa mit dem Nachtsichtassistenten und mit Komfortinnovationen wie dem weiterentwickelten DISTRONIC PLUS“ parzelliert. In 39 wird der Konditionalsatz durch einen Gedankenstrich markiert.

Nahezu alle Sätze in den Werbebroschüren sind Aussagesätze. 5 Entscheidungsfragen (43, 44) und eine Ergänzungsfrage (45) werden gestellt. Es werden rhetorische Fragen formuliert, die der Leser in dieser oder ähnlicher Form stellen könnte und die im Anschluss direkt beantwortet werden. Aufforderungsätze kommen mit 21 Belegen vor (46, 47). In einem Fall taucht ein Ausrufesatz auf, der in nominaler Form erscheint (48).

43. Sie wünschen sich für Ihren BMW nur noch eines: die perfekte Lösung? (WB1, 77, 15)
44. Sie mögen es kühl, sind aber zugempfindlich? (WB2, 51, 17)
45. Wer sagt, dass eine Luxuslimousine nicht sportlich aussehen kann? (WB2, 67, 3-4)
46. Lassen Sie Ihre Wunschfarbe auf sich wirken, oder vergleichen Sie verschiedene Kombinationsmöglichkeiten. (WB1, 46, 1-2)

47. Bitte informieren Sie sich über unseren Zubehör-Katalog oder lassen Sie sich von Ihrem Mercedes-Benz Partner persönlich beraten. (WB2, 86, 27-30)
48. Angenehme Reise! (WB2, 46, 20)

4.5.4 Satzglieder und lexikalische Merkmale

Insgesamt werden in WB1 1.194 und in WB2 1.170 Satzglieder und Satzgliedteile mit Lexemen aus den Wortschatzbereichen „Hersteller", „Benutzer", „Auto", „Autoteile" und „Autofunktion" erfasst. Die statistischen Ergebnisse der Verteilung der Lexeme der Satzglieder und Satzgliedteile in den Wortschatzbereichen zeigt Abb. 269.

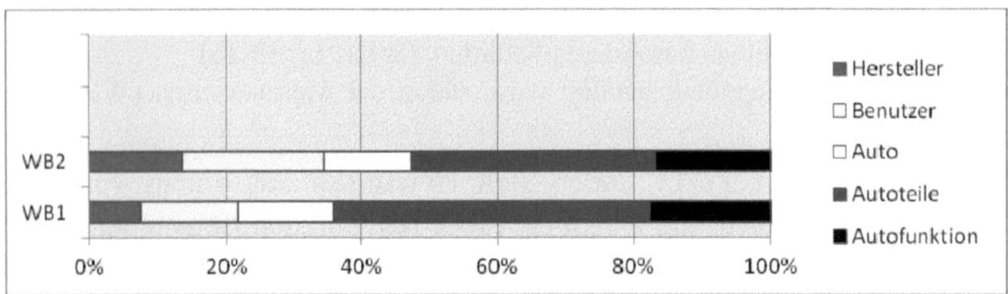

Abb. 269: Wortschatzbereiche in den Sätzen des Textkorpus in Werbebroschüren

In den Textexemplaren dominieren Begriffe des Wortschatzbereiches „Autoteile" mit einem Anteil von 46,4 % (WB1) bzw. 35,8 % (WB2). Mit einem deutlich geringeren Anteil bei durchschnittlich 17,3 % finden sich Begriffe im Wortschatzbereich „Autofunktion". In den Wortschatzbereichen „Autoteile" und „Autofunktionen" ist die Vielfalt der Bezeichnungen am größten. Es gibt es verschiedene Begriffe für:

- Autoteile: Dieselmotoren, Benzinmotoren, V12-Biturbo-Motor, 4-Zylinder-Reihenbenzinmotor, Kneebag, Sidebag, Beifahrerairbag, Einbruch-Diebstahl-Warnanlage, Scheinwerfer-Waschanlage, Schaltpunktanzeige, Fünflenker-Hinterachse, Doppelgelenk-Zugstrebenachse u.a.
- Autofunktion: DISTRONIC PLUS, PRE-SAFE, AIRMATIC, PARKTRONIC, ADAPTIVE BRAKE, TEMPOMAT, SPEEDTRONIC, STEPTRONIC, SERVOTRONIC, KEYLESS-GO, DIRECT SELECT, BMW BluePerformance, BMW ActiveHybrid, HOLD-Funktion, Komfort-Lösefunktion, 4-Ventil-Technik, Bremsenergierückgewinnung.

In 13,5 % aller Fälle können die Lexeme der Satzglieder dem Wortschatzbereich „Auto“ zugeordnet werden. Das „Auto“ wird dabei in der Regel mit den Begriffen „S-Klasse“, „Oberklasse“, „BMW 3er Limousine“, „Modelle“, „BMW 335i“, „Altfahrzeug“, „Dieselfahrzeug“, „Schlitten“ und „Sportwagen“ benannt.

Der „Benutzer“ taucht relativ häufig auf und ist in WB1 zu 14,3 %, in WB2 zu 20,9 % vertreten. Dabei wird der „Benutzer“ fast ausschließlich über das Anredepronomen „Sie“ angesprochen. In wenigen Fällen wird er über die Begriffe „Käufer“, „Fahrer“, „Mitfahrer“, „Frontinsassen“ bzw. „Verkehrsteilnehmer“ bezeichnet.

Ein „Hersteller“ ist in WB2 mit einem Anteil von 13,7 % deutlich öfter nachzuweisen als in WB1 mit einem Anteil von 7,5 %. In der Regel wird der „Hersteller“ über Begriffe wie „Service“, „Vertragshändler“, „Niederlassung“ und „Hersteller“ betitelt oder er führt sich selbst mit der 1. Person Plural „wir“ ein.

Alle Wortschatzbereiche können in Satzgliedern mit Subjektfunktion ermittelt werden. Die Abb. 270 zeigt die folgende Verteilung:

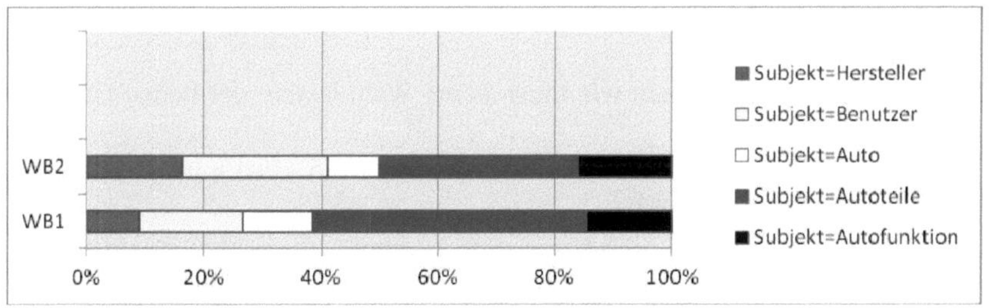

Abb. 270: Verteilung des Subjekts über die Wortschatzbereiche in den Werbebroschüren

Mit 46,9 % (WB1) bzw. 34,1 % (WB2) werden Begriffe zu den „Autoteilen“ als Subjekt am häufigsten genutzt (1, 2).

1. **Ein Speicherkatalysator** reduziert den Stickoxidausstoß auf ein Minimum, sodass die BMW 330d Limousine mit optionaler BluePerformance-Technologie bereits heute sämtliche Voraussetzungen der zukünftigen Abgasnorm EU6 erfüllt. (WB1, 7, 15-17)
2. Auch **der V8-Zylinder-Dieselmotor** zählt mit einem maximalen Drehmoment von 730 Nm zu den stärksten seiner Hubraumklasse. (WB2, 31, 20-22)

Begriffe zur „Autofunktion“ (15,3 %) (5, 6) bzw. zum „Auto“ (10,4 %) (3, 4) können als Subjekt mit einem deutlich geringeren Anteil belegt werden.

3. Mehr Leistung, mehr Agilität, mehr Stil – unverkennbar, womit **die neue BMW 3er Limousine** auf jeder Fahrt begeistert. (WB1, 5, 3-4)
4. Heute unterstreicht **die S-Klasse** erneut die Pionierrolle von Mercedes-Benz. (WB2, 3, 7-8)
5. **Das revolutionäre und vielfach ausgezeichnete Innovationspaket BMW EfficientDynamics** steigert die Effizienz noch – und erhöht gleichzeitig die Freude am Fahren. (WB1, 28, 5-7)
6. **Die weiterentwickelte DISTRONIC PLUS** hält jetzt selbst im Stop-and-go-Verkehr automatisch für Sie Abstand. (WB2, 16, 6.9)

Beim Subjektbezug ist Folgendes festzustellen: In beiden Textexemplaren tritt relativ häufig der „Benutzer" als Subjekt auf (7, 8). In WB1 wird in 17,4 %, in WB2 in 24,9 % aller Fälle der „Benutzer" zum Subjekt. Den „Hersteller" bezeichnen knapp 10 % (WB1) bzw. 16,3 % (WB2) aller Subjekte (9, 10).

7. Wenn **Sie** von Kurven nicht genug bekommen können, wenn **Sie** jede noch so lange Strecke nicht enden lassen wollen – dann fahren **Sie** die neue BMW 3er Limousine. (WB1, 8, 3-4)
8. Bei einem Unfall können **die Insassen** durch umfangreiche Systeme der Passiven Sicherheit wirkungsvoll und bedarfsgerecht geschützt werden. (WB2, 11, 35-37)
9. Nur bei einem können **wir** Ihnen keine Wahl lassen: der hohen Qualität. (WB1, 20, 14-15)
10. **Mercedes-Benz** ist von jeher Vorreiter auf dem Gebiet innovativer Automobiltechnologie. (WB2, 3, 2-3)

Beide Werbebroschüren zeichnen sich durch einen an die Gemeinsprache angelehnten Stil aus. Dies zeigt sich in den oben angeführten Synonymen und okkasionellen Bildungen. Es kommen sprachliche Stilfiguren wie Personifizierungen (11, 12) und Übertreibungen bzw. Superlativen (13, 14, 15) sowie Antithesen (16) vor.

11. Zudem werden Sie von der Ambientebeleuchtung begrüßt. (WB2, 79, 19-20)
12. Die neue BMW 3er Limousine begegnet selbst kritischen Fahrsituationen mit größter Sicherheit und Stärke. (WB1, 13, 3)
13. Damit ergibt sich eine in dieser Hubraumklasse unübertroffene Drehmomentcharakteristik – und das bei einer Leistung von 173 kW (235 PS). (WB2, 31, 10-13)
14. Mit diesem Zusammenspiel der modernsten Motorentechnik werden bestes Ansprechverhalten des Zwölfzylinders, ein maximales Drehmoment bei möglichst niedriger Drehzahl und zusätzlich ein geringer Verbrauch erreicht. (WB2, 35, 19-24)

15. Den Gipfel der Fahrfreude erreichen Sie in der neuen BMW 335i xDrive Limousine, der stärksten allradgetriebenen BMW 3er Limousine aller Zeiten. (WB1, 13, 9-10)
16. Innovationen wie diese sind ein weiterer Beweis dafür, dass die S-Klasse ihrer Zeit voraus ist – sogar beim Rückwärtsfahren. (WB2, 56, 24-26)

Insgesamt werden in den Werbebroschüren relativ häufig die „Benutzer“ angesprochen. Weiter werden in einem Satz der „Benutzer“ als Kunde und der „Hersteller“ als Dienststelle häufig miteinander gekoppelt. Diese Stilmittel tragen dazu bei, den „Benutzer“ noch mehr anzusprechen und das Textexemplar attraktiver zu gestalten.

17. Für die S-Klasse wird das COMAND-System weiterentwickelt und für Sie noch ergonomischer gestaltet. (WB2, 52, 4-6)
18. Lassen Sie sich inspirieren: Ihr BMW Vertragshändler oder ihre BMW Niederlassung präsentieren Ihnen gerne die BMW Individual Originalfarben und -materialien. (WB1, 75, 14-17)

4.5.5 Rolle der Semantik bei der Ermittlung der Verbvalenz

Insgesamt werden in WB1 464 und in WB2 421 Verben untersucht. Diese Verben werden den Wortschatzbereichen „Benutzer“, „Auto“, „Autoteile“, „Autofunktion“, „Hersteller + Benutzer“ und „Benutzer + Autoteile“ zugeordnet.

Die statistischen Ergebnisse zu den Verben und ihren Wertigkeiten sind in Abb. 271 erfasst.

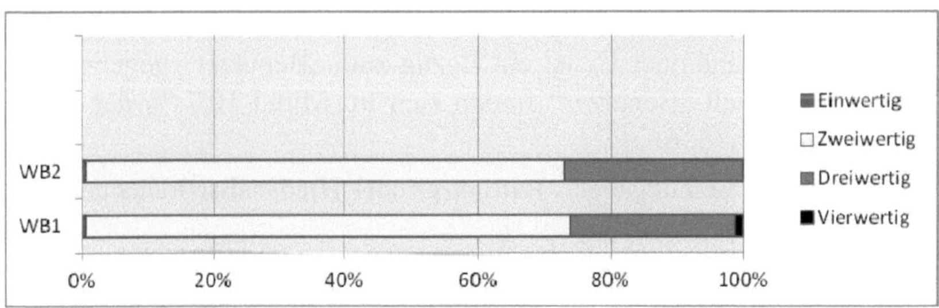

Abb. 271: Wertigkeiten der Verben in Werbebroschüren

Bei der Analyse der Wertigkeiten der Verben fällt auf, dass in Werbebroschüren Verben sehr viele Satzglieder enthalten, die lediglich zusätzliche Angaben sind. Diese Angaben stellen weitere Informationen dar, die den Text insgesamt attraktiver gestalten und somit die Werbewirkung verstärken. Einwertige Verben, die eine generelle Tätigkeit der Verben darstellen, sind mit einem verschwindend geringen Anteil von 0,7 % vertreten.

1. Bremsenergierückgewinnung bedeutet, dass der Generator hauptsächlich dann Strom erzeugt, wenn/**der Fahrer**/vom Gas/geht/oder /bremst- [...] (WB1, 24, 67-70)
2. Bremst **der Fahrer**/, wertet BAS PLUS die Sensordaten aus [...] (WB2, 16, 22-23)
3. Steigen/**Sie**/ein/und machen Sie sich anhand von Simulationen mit Ihrem Traumwagen vertraut. (WB2, 112, 15-16)
4. Daraus erkennt das System, ob/**es**/eingreifen muss, und verteilt die Antriebskraft blitzschnell im fahrsituativ optimalen Verhältnis auf Vorder- und Hinterachse. (WB1, 35, b-d)

Die einwertigen Verben stellen durch die lexikalische Besetzung der E_N einen Bezug zum Wortschatzbereich „Benutzer“ (1-3) bzw. „Autofunktion“ (4) her. Bei den Verben *bremsen, einsteigen* und *eingreifen* dokumentiert sich eine generelle Tätigkeit, ohne dass in Durchführungsart, Richtungsangabe oder Personenbezug spezifiziert wird. Demnach enthalten die Inhaltsseiten der Verben jeweils das Sem ‚in genereller Weise‘. Die Verben bilden den Verbalsatztypus E_N-V.

Bei U. Engel-H. Schumacher ist zum Verbum *bremsen* das Beispiel *(Berta bremst (das Auto.))* (E/S, 154) mit dem hier vorhandenen Kontext vergleichbar. Im großen Wörterbuch der deutschen Sprache ist zum Verbum *eingreifen* der Kontext *(das Zahnrad greift ins Getriebe ein)* mit dem Semem *„(Technik) [antreibend] in eine entsprechende Vertiefung hineinragen, sich hineinschieben“* angegeben (D, II, 952), das aber eine Zielgerichtetheit enthält und nicht nur das Sem ‚in genereller Weise‘.

Knapp 3/4 aller Verben sind zweiwertig. Durch die lexikalische Besetzung der E_N und/oder E_A ist ein Bezug zum „Benutzer“ gegeben. Im Wortschatzbereich „Benutzer“ finden sich im Mittel 10,7 % der zweiwertigen Verben (5, 6).

5. So/können/**Sie**/**Fußgänger, Radfahrer oder Hindernisse**/früher und besser/erkennen. (WB1, 36, 12-13)
6. Bei einem Unfall/können/**die Insassen**/durch umfangreiche Systeme der Passiven Sicherheit/ wirkungsvoll und bedarfsgerecht/geschützt werden. (WB2, 11, 35-37)

In 5 und 6 konstituieren die Verben *erkennen* und *schützen* den zweiwertigen Verbalsatztypus E_N-V-E_A. Als E_A erscheinen die Bezeichnungen „Fußgänger/Radfahrer/Insassen“, wodurch das Sem ‚persongerichtet‘ markiert wird. In 5 ist als E_N das Anredepronomen „Sie“ vorhanden. In 6 ist die Passivkonstruktion in eine solche im Aktiv umzuwandeln, als E_A erscheint „die Insassen“, die E_N ist „umfangreiche Systeme der Passiven Sicherheit“.

Der Gebrauch des Verbums *schützen* bei G. Wahrig mit dem Semem „bewahren, behüten“ und dem Kontext *(jmdm. oder etwas vor jmdm. oder etwas schützen)* (W, 1127) – ähnlich bei Engel-Schumacher mit dem Beispiel *(Diese Medizin schützt das Kind gegen Schnupfen)* (E/S, 248) – ist dem hier analysierten Befund ähnlich. Zweiwertige Verben sind mit einem verschwindend geringen Anteil von 5,4 % im Wortschatzbereich „Auto“ gegeben (7).

7. Mehr denn je/verkörpert/**die neue BMW 3er Limousine/den Inbegriff einer Sport-Limousine**. (WB1, 5, 7)

Das zweiwertige Verbum *verkörpern* konstituiert den zweiwertigen Verbalsatztypus E_N-V-E_A. Die lexikalische Besetzung der E_N erfolgt durch die Bezeichnung „die neue BMW 3er Limousine“, die einen Bezug zum Wortschatzbereich „Auto“ herstellt. Die E_A markiert das Sem ‚objektorientiert‘.

Zweiwertige Verben, die dem Wortschatzbereich „Autoteile“ zuzuordnen sind, dominieren in WB1 zu 41,2 %; in WB2 ist der Anteil mit 26,6 % deutlich geringer. Als Beispiel dient das Verbum *absorbieren* in 8.

8. Im Falle einer Kollision/absorbieren/**spezielle Verformungszonen im Front- und Heckbereich/einen großen Teil der Aufprallenergie**. (WB1, 14, 5)

Das Verbum *absorbieren* bildet den Verbalsatztypus E_N-V-E_A. Das Sem ‚objektorientiert‘ wird durch die lexikalische Besetzung der zweiten Leerstelle ausgedrückt. Einen Bezug zum Wortschatzbereich „Autoteile“ stellt die lexikalische Besetzung der E_N („spezielle Verformungszonen im Front- und Heckbereich“) her.

Der Anteil der zweiwertigen Verben im Wortschatzbereich „Autofunktion“ ist in beiden Textexemplaren ungefähr gleich hoch und liegt im Mittelwert bei 11,5 % (9).

9. **PRE-SAFE**/kann/jetzt/**auch die Umfeldsensorik von DISTRONIC PLUS (Sonderausstattung)**/nutzen, um kritische Fahrsituationen noch besser zu erkennen. (WB2, 19, 7-9)

Im Beispiel 9 wird als E_N und E_A eine „Autofunktion“ genannt. Die lexikalische Besetzung der zweiten Leerstelle durch „auch die Umfeldsensorik von DISTRONIC PLUS (Sonderausstattung)“ charakterisiert die Inhaltsseite des Verbums *nutzen,* aus der das Sem ‚objektorientiert‘ begründet werden kann. Als E_N erscheint die „Autofunktion“ „PRE-SAFE“.

Im Wortschatzbereich „Hersteller + Benutzer“ tauchen insgesamt knapp 3 % aller zweiwertigen Verben auf (10).

10. **Ihr BMW Vertragshändler und Ihre Niederlassung**/berät/**Sie**/auch/gern/persönlich/anhand von BMW Individual Originalmustern. (WB1, 48, 2)

Das Verbum *beraten* bildet den Verbalsatztypus E_N-V-E_A. Als E_A ist das Anredepronomen „Sie" vorhanden, wodurch ein Bezug zum Wortschatzbereich „Benutzer" und das Sem ‚persongerichtet' realisiert wird. Die E_N wird durch den „Hersteller" („Ihr BMW Vertragshändler und Ihre Niederlassung") besetzt.

Zum Verbum *beraten* verzeichnet G. Wahrig das Semem „gemeinsam überlegen, besprechen" und das Beispiel *(jmdn. gut, schlecht beraten)* (W, 256) – ähnlich Engel/Schumacher mit dem Kontext *(der Wirt berät den Gast)* (E/S, 142). Dieses Beispiel ist mit dem Befund in den Werbebroschüren identisch.

Im Wortschatzbereich „Benutzer + Autoteile" werden in WB2 deutlich mehr zweiwertige Verben (9,2 %) festgestellt als in WB1 (4,4 %) (11-13).

11. Zusätzlich/schützen/**Sie/sechs Airbags sowie aktive Kopfstützen am Fahrer- und Beifahrersitz**. (WB1, 14, 6)
12. Um wieder anzufahren, müssen/**Sie**/nur den TEMPOMAT-Hebel/ziehen/**oder das Gaspedal**/antippen. (WB2, 16, 14-16)
13. Um wieder anzufahren, müssen/**Sie/nur den TEMPOMAT-Hebel**/ziehen/oder das Gaspedal/antippen. (WB2, 16, 14-16)

Die Verben *schützen, antippen* und *ziehen* konstituieren den zweiwertigen Verbalsatztypus E_N-V-E_A. In 11 wird die E_N durch die Bezeichnung „sechs Airbags sowie aktive Kopfstützen am Fahrer- und Beifahrersitz" besetzt, wodurch ein Bezug zum Wortschatzbereich „Autoteile" hergestellt wird. Als E_A erscheint das Anredepronomen „Sie", woraus sich der Wortschatzbereich „Benutzer" und das Sem ‚persongerichtet' ergeben. In den Beispielen 12 und 13 wird die E_N durch das Anredepronomen „Sie" und die E_A durch „Autoteile" („das Gaspedal"; „den TEMPOMAT-Hebel") besetzt. Da die semantische Differenzierung sich aus der lexikalischen Besetzung der zweiten Leerstelle ergibt, erhalten die Verben *antippen* und *ziehen* das Sem ‚objektorientiert'.

In den Wörterbüchern (D, I, 255/W, 183) ist zum Verbum *antippen* mit der Beschreibung „leicht und kurz berühren" im Kontext *(Ihre Fingerspitzen tippen unschlüssig die Bedientasten des Gebäudes an)* eine vergleichbare Inhaltsseite mit dem hier ermittelten Befund gegeben. Ähnlich geben Engel und Schumacher zum Verbum *ziehen* eine Dreiwertigkeit *(Der Mann zog das Kind aus dem Wasser)* (E/S, 304) an – so ist auch im großen Wörterbuch der deutschen Sprache der Kontext *(einen Stuhl an den Tisch ziehen)* mit der Inhaltsseite „hinter sich her in der eigenen Bewegungsrichtung in gleichmäßiger Bewegung fortbewegen" (D, X, 4628) dargestellt; im hier analysierten Beleg wird ein zweiwertiges *ziehen* realisiert, in dem eine Aktionsrichtung nicht vorkommt.

In 1/4 aller Fälle sind dreiwertige Verben gegeben. Im Wortschatzbereich „Benutzer" finden sich dreiwertige Verben mit einem verschwindend geringen Anteil von 5,7 % (14).

14. [...], denn im Wagenbuch/wurde/**der Besteller/als „Name: Sultan, Wohnort: Marokko"**/notiert. (WB2, 70, 10.12)

Das Verbum *notieren* konstituiert den dreiwertigen Verbalsatztypus E_N-V-E_A-E_{Adv}. Die lexikalische Besetzung der E_A durch den „Besteller" stellt einen Bezug zum Wortschatzbereich „Benutzer" her und signalisiert das Sem ‚persongerichtet'. Aus der E_{Adv} ergibt sich die spezifische Art und Weise. Das Semem des Verbums *notieren* erhält die Semkombination ‚in spezifischer Weise persongerichtet'.

Im Wortschatzbereich „Auto" sind dreiwertige Verben nur an wenigen Stellen zu erkennen. Im Mittelwert sind lediglich 3 % aller dreiwertigen Verben dem Wortschatzbereich „Auto" zuzuordnen.

15. **Er** [= der Schlitten]/sollte/mit großer Geschwindigkeit/**gegen eine Wand**/gefahren werden. (WB2, 11, 16-17)

Der Wortschatzbereich „Auto" wird in 15 durch die Besetzung der zweiten Leerstelle E_A mit der Bezeichnung „er [= der Schlitten]" angegeben, wodurch das Sem ‚objektorientiert' markiert wird. Als dritte Leerstelle E_{pA} fungiert ein Richtungshinweis „gegen eine Wand", wodurch das Sem ‚zielgerichtet' repräsentiert wird. Das Verbum *fahren* bildet so den Verbalsatztypus E_N-V-E_A-E_{pA}, dessen Semem sich aus der Semkombination ‚objektorientiert und zugleich zielgerichtet' zusammensetzt.

Ähnlich wie bei den zweiwertigen Verben überwiegen in den Werbebroschüren die dreiwertigen Verben im Wortschatzbereich „Autoteile" mit einem durchschnittlichen Anteil von 23,4 % (16-20).

16. Der intelligente Allradantrieb von BMW, **der/die Antriebskraft**/je nach Grip der Räder/variabel/**zwischen der Vorder- und Hinterachse**/verteilt. (WB1, 13, 5-7)
17. Bei dieser Benzindirekteinspritzung der neuesten Generation/sind/**die Piezoinjektoren/in unmittelbarer Nähe der Zündkerzen**/angeordnet. (WB1, 24, 8-10)

18. **Das COMAND-System und die COMAND-Funktionstasten**/sind/**auf der Mittelkonsole**/angeordnet/, damit es bequem zu erreichen ist. (WB2, 52, 6-9)
19. Um eine schnellere Rettung zu ermöglichen, sind/**zwischen Kotflügel und Tür**/**Crashfugen**/integriert, die das Öffnen der Türen nach einem Frontaufprall erleichtern. (WB2, 22, 17-20)
20. **Piezoinjektoren**/spritzen/**den Kraftstoff**/für eine optimale Verbrennung/ mit hohem Druck/**in die thermisch ideal gestalteten Brennräume**. (WB1, 27, 43-45)

In den Sätzen des Textkorpus ist festzustellen, dass häufig die Notwendigkeit einer Richtungsangabe gegeben ist. Dies geschieht durch die Verwendung der dreiwertigen Verben *verteilen, anordnen, integrieren* und *spritzen,* in denen die „Zielgerichtetheit" durch die lexikalische Besetzung der dritten Leerstelle E_{pD} „zwischen der Vorder- und Hinterachse" (16), „in unmittelbarer Nähe der Zündkerzen" (17), „auf der Mittelkonsole" (18), „zwischen Kotflügel und Tür" (19) und E_{pA} „in die thermisch ideal gestalteten Brennräume" (20) realisiert wird. Das Sem ‚objektorientiert' wird durch die zweite Ergänzung E_A, die durch Bezeichnungen wie „die Antriebskraft" (16), „Piezoinjektoren" (17), „COMAND-System und die COMAND-Funktionstasten" (18), „Crashfugen" (19), „Kraftstoff" (20) besetzt wird, ausgedrückt. Die Sememe der Verben erhalten demnach die Semkombination ‚objektorientiert und zugleich zielgerichtet'. Als E_N erscheint in 16 das Relativpronomen „der", welches auf den intelligenten Allradantrieb von BMW verweist. In 20 existieren als E_N die „Autoteile" „Piezoinjektoren".

Zum Verbum *anordnen* gibt G. Wahrig das Semem „Reihenfolge – gliedern" (W, 177) an – ähnlich im großen Wörterbuch der deutschen Sprache mit dem Semem „in einer bestimmten Weise aufstellen" und dem Kontext *(Die Räder neu anordnen)* (D, I, 233). In den Werbebroschüren ist jedoch eine Dreiwertigkeit durch das Hinzutreten des Sems ‚zielgerichtet' gegeben.

Im Wortschatzbereich „Autofunktion" finden sich lediglich in WB1 an wenigen Stellen dreiwertige Verben (21).

21. Für eine noch bequemere Eingabe/kann/**iDrive**/zudem/auf Wunsch/**mit einer Spracherkennung**/ausgestattet werden. (WB1, 41, 27-28)

Die Dreiwertigkeit des Verbums *ausstatten* entsteht, indem die Seme ‚objektorientiert' und ‚in spezifischer Weise' kombiniert auftreten. Das Sem ‚objektorientiert' ergibt sich aus der lexikalischen Besetzung der E_A „iDrive". Die spezifische Art und Weise ist in der E_{pD} „mit einer Spracherkennung" gegeben. Ein Bezug zum Wortschatzbereich „Autofunktion" wird durch die lexikalische Besetzung dieser beiden Leerstellen dokumentiert. Das Verbum *ausstatten* konstituiert den Verbalsatztypus E_N-V-E_A-E_{pD}.

Zum Verbum *ausstatten* existiert bei G. Wahrig eine semantische Vergleichbarkeit durch das Semem „mit allen Notwendigen versehen, ausrüsten“ mit dem Beispiel *(einen Raum (prunkvoll) ausstatten)* (W, 223) – ähnlich im großen Wörterbuch der deutschen Sprache mit dem Semem „bestimmten Zwecken entsprechend vollständig mit etw. versehen, ausrüsten“ und dem Beispiel *(ob auch alle älteren Fahrzeuge mit Gurten ausgestattet werden sollen)* (D, I, 418).

Relativ häufig finden sich dreiwertige Verben im Wortschatzbereich „Hersteller + Benutzer“. In 17,4 % aller Fälle können dreiwertige Verben diesem Wortschatzbereich zugeordnet werden.

22. **Ihr BMW Vertragshändler oder Ihre BMW Niederlassung**/präsentieren/**Ihnen**/gerne/**die BMW Individual Originalfarben und -materialien.** (WB1, 75, 14-16)

Das Verbum *präsentieren* bildet den Verbalsatztypus E_N-V-E_D-E_A. Als E_N erscheint der „Hersteller“ („Ihr BMW Vertragshändler oder Ihre BMW Niederlassung“). Die E_D wird durch den „Benutzer“ besetzt, wodurch das Sem ‚persongerichtet‘ markiert wird. Die E_A „die BMW Individual Originalfarben und -materialien“ zeichnet das Sem ‚objektorientiert‘ aus.

Zum Verbum *präsentieren* existiert bei G. Wahrig (W, 996) und im großen Wörterbuch der deutschen Sprache (D, VII, 2993) eine Dreiwertigkeit *(darf ich Ihnen mein Buch präsentieren)* mit dem Semem „darreichen, darbieten, anbieten“.

Im Wortschatzbereich „Benutzer + Autoteile“ treten 11,3 % aller dreiwertigen Verben auf.

23. Zusätzlich zur Einstellung der Lehnen-Luftkammern/können/**Sie**/**auch Schulterlehne und Sitzseitenwangen**/optimal/**Ihrer Statur**/anpassen. (WB2, 48, 6-9)

Das Verbum *anpassen* in 23 konstituiert den dreiwertigen Verbalsatztypus E_N-V-E_D-E_A. Das Semem des Verbums erhält die Semkombination ‚objektorientiert und zugleich persongerichtet‘. Das Sem ‚objektorientiert‘ richtet sich nach dem Satzglied „auch Schulterlehne und Sitzseitenwangen“. Das Sem ‚persongerichtet‘ wird durch die E_D „Ihrer Statur“ gekennzeichnet. Als E_N erscheint das Anredepronomen „Sie“.

Vierwertige Verben sind nur in WB1 mit einem verschwindend geringen Anteil von 1,1 % zu verzeichnen. Alle vierwertigen Verben finden sich im Wortschatzbereich „Autoteile".

24. **Durch die zentrale Anordnung der Injektoren/**wird**/nur ein Teil des Brennraumes/mit einem zündfähigen Benzin-Luft-Gemisch/**gefüllt, [...] (WB1, 24, 11-13)
25. **Wenn die Vorderräder in einer Kurve zum Kurvenäußeren schieben – also ein Untersteuern droht –,/**leitet**/die elektronisch gesteuerte Lamellenkupplung/die Antriebskraft/**innerhalb von Bruchteilen einer Sekunde/von der vorderen/**auf die hintere Achse**/und verhindert das Untersteuern bereits im Ansatz. (WB1, 35, 15-18)
26. Denn zwei Lenkradbewegungen reichen aus/, **um die Räder/von ganz links/nach ganz rechts** /zu bewegen. (WB1, 33, 9-11)

Die Vierwertigkeit beim Verbum *füllen* in 24 entsteht, indem die Seme ‚objektorientiert', ‚in spezifischer Weise' und ‚bedingungsgebunden' kombiniert auftreten. Das Sem ‚objektorientiert' folgt aus der E_A „nur ein Teil des Brennraumes". Die spezifische Art und Weise wird durch die lexikalische Besetzung der E_{pD} „mit einem zündfähigen Benzin-Luft-Gemisch" gekennzeichnet. Die E_{pA} „durch die zentrale Anordnung der Injektoren" führt zur Festlegung des Sems ‚bedingungsgebunden'. Das Verbum *füllen* bildet den vierwertigen Verbalsatztypus E_N-V-E_A-E_{pD}-E_{pA}. Das Verbum *leiten* in 25 konstituiert den Satztypus E_N-V-E_A-E_{pA}-E_{KON}. Die E_A wird durch die Bezeichnung „die Antriebskraft" besetzt, wodurch das Sem ‚objektorientiert' entsteht. Die E_{pA} „auf die hintere Achse" markiert die Zielgerichtetheit. Die E_{KON} vermittelt die notwendige Bedingung. Das Semem des Verbums *leiten* enthält die Semkombination ‚objektorientiert und zugleich zielgerichtet und konditionsgebunden'. Im Beispiel 26 bildet das Verbum *bewegen* den vierwertigen Verbalsatztypus E_N-V-E_A-E_{Adv}-E_{Adv}. Die E_A „die Räder" stellt einen Bezug zum Wortschatzbereich „Autoteile" her und signalisiert das Sem ‚objektorientiert'. Die Zielgerichtetheit wird hier durch zwei Leerstellen E_{Adv} „von ganz links" und „nach ganz rechts" besetzt.

G. Helbig-W. Schenkel verzeichnen zum Verbum *leiten* eine Dreiwertigkeit *(Der Chemiker leitet das Gas durch ein Rohr)* (H/S, 295); in den Wörterbüchern existiert ein vergleichbarer Kontext *(Erdöl, Gas durch Röhre leiten)* (D, VI, 240) bzw. *(Dampf, Gas, Wasser durch Rohre leiten)* (W, 815). Zwar werden die Leerstellen E_N, E_A und E_{pA} in den Beispielen mit vergleichbaren Semen besetzt, jedoch ist in den Wörterbüchern ein vierwertiger Gebrauch des Verbums *leiten* nicht angegeben, weil eine Zielgerichtetheit als nicht relevant angesehen wird.

Zusammenfassend werden die statistischen Ergebnisse der Verben in den einzelnen Wortschatzbereichen in Abb. 272 erfasst.

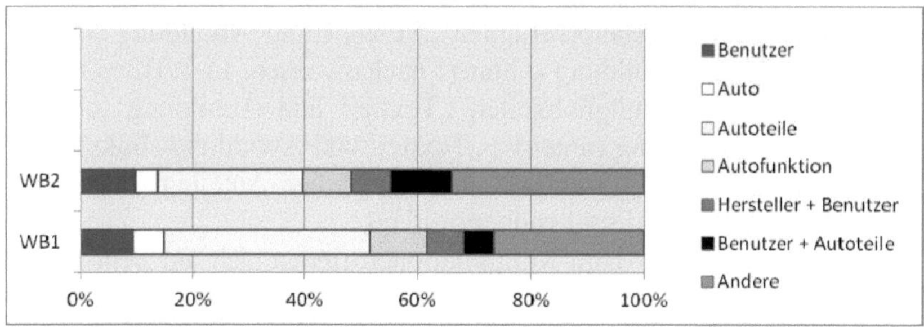

Abb. 272: Wortschatzbereiche in Verben des Textkorpus in Werbebroschüren

Zu erkennen ist, dass in beiden Textexemplaren Verben im Wortschatzbereich „Autoteile“ überwiegen: Im Durchschnitt entfallen 31,5 % auf Verben dieses Wortschatzbereiches. Mit deutlich geringerem Auftreten von 9,3 % finden sich Verben im Wortschatzbereich „Autofunktion“. Eine Benutzeransprache findet in 9,6 % aller Fälle statt. Das „Auto“ wird von 42 Verben unterstützt, dies entspricht 4,7 % aller Fälle. Mit einem Anteil von 8 % sind Verben dem Wortschatzbereich „Benutzer + Autoteile“ zuzuordnen. Werden der „Hersteller“ und „Benutzer“ gekoppelt, ergibt dies bei den Verben einen Anteil von 5,1 %.

4.5.6 Zusammenfassung

Die Textexemplare werden von einem Marketing-Team verfasst und richten sich als Werbemaßnahme an mögliche Interessenten der BMW 3er Limousine bzw. Mercedes S-Klasse. Die Zielgruppe ist entsprechend heterogen. Für den potenziellen Käufer der Modelle besteht die Möglichkeit, die Werbebroschüren direkt beim Autohaus oder über das Internet zu erhalten.

Makrostruktur. Die Textexemplare erhalten als Initiatorenbündel ein Deckblatt, Schutzblatt, Inhaltsverzeichnis und ggf. Vorwort. Als Terminator erscheint der Buchdeckel. WB1 ist in drei Kapitel, 16 Unterkapitel 1. Grades und Unterkapitel 2. und 3. Grades strukturiert; WB2 enthält 11 Kapitel und 27 Unterkapitel 1. Grades sowie Unterkapitel 2. und 3. Grades. Die Überschriften, die auf die Kapitel und Unterkapitel unterschiedlichen Grades verweisen, sind drucktechnisch hervorgehoben.

Text-Bild-Kombination. In beiden Werbebroschüren wird auf die Möglichkeit der Text-Bild-Kombination häufig zurückgegriffen. Es gibt Text-Bild-Kombinationen auf fast jeder Seite.

In WB1 sind die Hauptvarianten „Textteil und Abbildung (oben)" und „Textteil und Abbildung (unten)" nachzuweisen. In WB2 verteilen sich die Anordnungsmöglichkeiten „Textteil und Abbildung (oben)", „Textteil und Abbildung (unten)", „Textteil und Abbildung (links)" und „Textteil und Abbildung (rechts)" zu fast gleichen Anteilen. Dabei verlaufen Textteil und Bild spaltenübergreifend.

Bildgesteuerte Text-Bild-Kombinationen finden sich auf dem Deckblatt der Textexemplare. Textgesteuerte Text-Bild-Kombinationen werden deutlich häufiger eingesetzt; die Varianten „Textteil und Abbildung" und „Begriff im Satz und an der Abbildung" werden dabei bevorzugt genutzt. Erstere stellt eine Referenzbildung ausschließlich über die räumliche Nähe von Textteil und Bild her, einen direkten Verweis gibt es nicht. Bei der Variante „Begriff im Satz und an der Abbildung" enthält die Abbildung Verweiselemente (Linie und Nummer). Es kommt innerhalb der Abbildung zu einer internen Text-Bild-Verknüpfung mit Texterklärungen. Diese Abbildung mit Texterklärungen ist wiederum in einen anderen Textteil eingebettet.

Die Text-Bild-Funktion ist in beiden Werbebroschüren kontaktiv bzw. deskriptiv-kontaktiv. Nahezu alle Abbildungen sind farbige Fotografien.

Syntax. Überschriftenformen, die auf die Kapitel und Unterkapitel 1. Grades verweisen und im Inhaltsverzeichnis auftreten, sind bis auf eine Ausnahme alle isoliert gebrauchte einfache Nominalsätze und markieren die „Autoteile" und „Autofunktionen". Bei den Satztypen der Überschriften, die die Unterkapitel 2. Grades einleiten, dominieren die isoliert gebrauchten einfachen Nominalsätze mit einem durchschnittlichen Anteil von 45 %. Der Anteil der isoliert gebrauchten einfachen Verbalsätze ist in beiden Werbebroschüren gleich und liegt bei jeweils rund 30 %. Komplexe Verbalsätze sind im Durchschnitt zu 12,9 % vorhanden. Nominal-/Verbalsatzkombinationen sind in insgesamt 10 Fällen nachweisbar. In WB1 werden isoliert gebrauchte einfache Nominalsätze zu gleichen Anteilen wie eingliedrige Nominalsätze ohne Attribuierung (42,9 %) und eingliedrige Nominalsätze mit Attribuierung (42,9 %) verwendet. Hier sind weiter in jeweils einem Fall zweigliedrige und dreigliedrige Nominalsätze vorhanden. In WB2 werden eingliedrige Nominalsätze mit Attribuierung zu 31,8 % gebildet; auf eingliedrige Nominalsätze ohne Attribuierung wird ganz verzichtet. Hier bilden den Schwerpunkt die zweigliedrigen Nominalsätze mit einem Anteil von 52,3 %. Relativ häufig kommen dreigliedrige Nominalsätze zu 15,9 % vor. Bei den Attribuierungstypen sind die pränuklearen Pronominalattribute mit dem größten Anteil von 44,4 % (WB1) bzw. 39,3 % (WB2) vorhanden. Alle Überschriften bis auf wenige Ausnahmen sind Aussagesätze. In WB2 finden sich in zwei Fällen Ergänzungsfragen und in drei Fällen Imperativsätze. Rund 80 % aller Überschriften, die auf die Unterkapitel 3. Grades verweisen, sind eingliedrige Nominalsätze ohne Attribuierungen. Eingliedrige Nominalsätze mit Attribuierungen finden sich in knapp 15 % aller Fälle. Dabei sind die Formen „pränukleares Adjektivattribut + substantivischer Nukleus“ bzw. „pränukleares Pronominalattribut + pränukleares Adjektivattribut + substantivischer Nukleus + postnukleares Genitivattribut“ zu belegen. Weiterhin treten in WB2 zweigliedrige Nominalsätze auf.

Bei den Absätzen liegt der Schwerpunkt der Satztypen auf den isoliert gebrauchten einfachen Verbalsätzen. Im Durchschnitt bilden sie einen Anteil von 45,2 % aller Sätze des Textkorpus. Relativ häufig sind komplexe Verbalsätze mit einem Anteil von 27,3 % vertreten. Ein relativ hoher Anteil an isoliert gebrauchten einfachen Nominalsätzen ist in den Textexemplaren zu verzeichnen (WB1: 22,3 %; WB2: 23,6 %). Nominal-/Verbalsatzkombinationen sind in WB1 mit einem Anteil von 6,5 %, in WB2 lediglich von 2,8 % nachzuweisen. Bei den komplexen Verbalsätzen dominieren die Hypotaxen. Im Mittelwert liegt der Anteil bei ca. 51 %. Danach folgen die Parataxen – in WB1 finden sie sich mit einem Anteil von 36,7 %; in WB2 von 26,6 %. Der Anteil der parataktisch-hypotaktischen Satzkombinationen am Gesamtanteil der Satzverbindungen ist mit 17 % deutlich geringer. Bei den Nebensatztypen wird der Attributsatz mit einem Anteil von 42,9 % am häufigsten genutzt. Der Anteil der Konditionalsätze und Objektsätze ist ungefähr gleich hoch und liegt im Mittelwert bei jeweils ca. 13,3 %. Seltener werden ein Finalsatz mit 10,9 % und ein Temporalsatz mit 5,8 % eingesetzt. Nahezu alle Sätze in den Werbebroschüren sind Aussagesätze. 5 Entscheidungsfragen und eine Ergänzungsfrage werden gestellt. Aufforderungssätze kommen mit 21 Belegen vor. In einem Fall taucht ein Ausrufesatz auf.

Satzglieder und lexikalische Merkmale. In den Textexemplaren dominieren Begriffe im Wortschatzbereich „Autoteile“ (41,1 %). Dementsprechend werden in 40,5 % aller Fälle die „Autoteile“ zum Subjekt. In den Textexemplaren wird der „Benutzer“ oft angesprochen. Rund 17,6 %

aller Begriffe sind diesem Wortschatzbereich zuzuordnen. Die Benutzeransprache erfolgt meist über das Anredepronomen „Sie“. Oft werden „Benutzer“ und „Hersteller“ in einem Satz gekoppelt, so dass auf Seiten des „Herstellers“ die Serviceleistungen und auf Seiten des „Benutzers“ die Ansprüche des Kunden deutlich werden. Weiter lassen sich in den Textexemplaren zahlreiche Stilfiguren wie Personifizierungen und Übertreibungen feststellen.

Verbvalenz. Die Valenzen der Verben werden von einer begrenzten Anzahl von Semen und Semkonstellationen bestimmt. In WB1 kommen ein- bis dreiwertige, in WB2 bis zu vierwertige Verben vor. Den Schwerpunkt bilden die zweiwertigen Verben. Es treten die Seme ‚in genereller Weise‘, ‚persongerichtet‘, ‚objektorientiert‘, ‚zielgerichtet‘, ‚bedingungsgebunden‘ und ‚in spezifischer Weise‘ auf. Bei den zweiwertigen Verben werden personengerichtete (u.a. *schützen, beraten*) und objektorientierte (u.a. *antippen, ziehen, nutzen*) Seme genutzt. Dreiwertige Verben erhalten die Semkombinationen ‚in spezifischer Weise persongerichtet‘ *(notieren),* ‚in spezifischer Weise objektorientiert‘ *(ausstatten),* ‚objektorientiert und zugleich zielgerichtet‘ (u.a. *fahren, anordnen, integrieren*) und ‚persongerichtet und zugleich objektorientiert‘ (u.a. *präsentieren*). Einwertige Verben benennen die ‚generelle Tätigkeit‘. Zu ihnen gehören die Verben *bremsen, einsteigen* und *eingreifen.* Vierwertige Verben entstehen dadurch, dass die Seme ‚objektorientiert‘, ‚in spezifischer Weise‘ und ‚bedingungsgebunden‘ *(füllen)* und ‚objektorientiert‘, ‚zielgerichtet‘ und ‚bedingungsgebunden‘ *(leiten)* kombiniert auftreten. In einem Fall wird die Zielgerichtetheit durch zwei Leerstellen besetzt *(bewegen).*

Im Textkorpus sind bis auf wenige Ausnahmen alle Verben gemeinsprachlich, bei denen kein inhaltsseitiger Unterschied und keiner in der Verbvalenz zum Kfz-orientierten Gebrauch existieren. Zu ihnen gehören u.a. die Verben *schützen, beraten, antippen, nutzen, präsentieren.* In drei Fällen sind textsortengebundene Valenzerhöhungen durch spezifische Semkombinationen gegeben. Die Verben erhalten neben dem gemeinsprachlichen Gebrauch kfz-spezifische Valenzen und Sememe. Zu dieser Subgruppe gehören u.a. die Verben *füllen, bewegen* und *leiten.* Auf fachsprachliche Verben wird ganz verzichtet.

4.6 Werbeanzeigen

4.6.1 Makrostrukturelle Analyse

Analysiert werden 15 Werbeanzeigen: Drei Textexemplare (A1, A2, A3) stammen von BMW (Stand: 2008); sechs Textexemplare (A4, A5, A6, A7, A8, A9) von Mercedes-Benz (Stand: 2008/2009); drei Textexemplare von Audi (A10, A11, A12) (Stand: 2009) und drei Textexemplare von Volkswagen (A13, A14, A15) (Stand: 2008/2009).

Abb. 273: A1

125i
614 QZV 75
Das neue BMW 1er Cabrio. Bringt den Sommer auf jede Straße
Berlin oder Paris. Moskau oder Shanghai. Das neue BMW 125i Cabrio bringt nicht nur den Sommer auf jede Straße, sondern
agiles Reihensechszylinder-Triebwerk mit Valvetronic, das Sie kraftvoll beschleunigt und so jede Metropole im Sturm erobern
in einem modernen Innenraum, ausgestattet mit Sun Reflective Technology, die dafür sorgt, dass die Lederbezüge selbst bei
Erleben Sie das neue BMW 1er Cabrio. Ab 5. April 2008 auf dem BMW Innovationstag bei Ihren BMW Partnern.
Kraftstoffverbrauch innerorts: 11,7 l/100 km, außerorts: 6,0 l/100 km, kombiniert 8,1 l/100 km, CO_2-Emission kombiniert: 195 g/k

Abb. 274: A2

Abb. 275: A2 (Forts.)

7
24
Der neue BMW 7er
www.bmw.de/7er
BMW
Freude am Fahren
Maßstäbe setzen. Der neue BMW 7er.
Wie für Sergey Bubka beim Stabhochsprung war unsere Herausforderung bei
bisherigen Leistungen zu überbieten. Daraus entstand ein innovatives Autom
herausragend effizienten Technologien, welches die Messlatte für luxuriöse Fahrfre

Abb. 276: A3

Abb. 277: A3 (Forts.)

Meisterdieb im Atemrauben.
Aus der Traumfabrik von Mercedes-Benz. Die neue Generation des SL.
Ab 5. April bei Ihrem Mercedes-Benz Partner. www.mercedes-benz.de/sl

Abb. 278: A4

Abb. 279: A4 (Forts.)

Eine Marke der Daimler AG
Philosophen, Poeten und Schriftsteller versuchten, Verlangen zu beschreiben. Ein Ingenieur hat es geschafft.
Das neue E-Klasse Coupé. Objekt der Begierde.
Jetzt Probe fahren bei Ihrem Mercedes-Benz Partner.
www.mercedes-benz.de/e-klasse-coupe
E-Klasse Coupé

Abb. 280: A5

Abb. 281: A5 (Forts.)

Eine Marke der Daimler AG
Manche Autos will man,
manche Autos braucht man.
Dieses Auto will man brauchen.
Das neue E-Klasse Coupé. Objekt der Begierde.
Jetzt Probe fahren bei Ihrem Mercedes-Benz Partner.
www.mercedes-benz.de/e-klasse-coupe
E-Klasse Coupé

Abb. 282: A6

Abb. 283: A6 (Forts.)

Meister-Leistung.
Der Mercedes-Benz Service: beste Service-Qualität von allen getesteten Automobil-Herstellern. Ein großes Dankeschön an unsere Mitarbeiter.
Getestet von:
auto motor sport
24/08
ADACmotorwelt
ADAC-Werkstatt-Test 09/08
Auto
17/08
Auto Bild
15/08
Service Sieger 2008
Service Bester
Mercedes-Benz

Abb. 284: A7

Eine Marke der Daimler AG
Man muss Gelbe Engel nicht gesehen haben, um an sie zu glauben.
Erster Platz in der Kategorie „Mittelklasse“ der ADAC-Pannenstatistik 2008: die C-Klasse von Mercedes-Benz. www.mercedes-benz.de/c-klasse
S OW 4024
Mercedes-Benz

Abb. 285: A8

Weil Ihre Kinder schon für genug Überra
Der Viano und Privat-Leasing plus sorgt für entspannte Eltern serienmäßig – und bewahrt Sie vor unerfreulichen Überraschungen: attraktive Leasingraten sowie eine integrierte Haftpflicht- und Vollkaskoversicherung* mit fixer Prämie, die auch im Schadensfall konstant bleibt. Profitieren Sie von einer Kaufoption zum garantierten Kaufpreis und von einer Gebrauchtwagengarantie für 12 Monate, die Sie auch nach Vertragslaufzeit vor unerwarteten Reparaturkosten schützt. Außerdem erhalten Sie bis zum 31.12.08 attraktive Prämien für Ihren Gebrauchten. Mehr Informationen unter www.mercedes-benz.de/familienleasing.
* Versicherer: HDI Direkt Versicherung AG
49 €
monatlich fixe Versicherungs-prämie*, auch im Schadensfall
Eine Marke der Daimler AG

Abb. 286: A9

Abb. 287: A9 (Forts.)

Intensiver. Das neue Audi A5 Cabriolet.
Erleben Sie den Sommer so intensiv wie noch nie im neuen Audi A5 Cabriolet. Sein klassisches Stoffverdeck öffnet sich bis zu einer Geschwindigkeit von 50 km/h in nur 15 Sekunden und sorgt für pures Cabriofeeling. Die raumsparende Soft-Top-Bauweise ermöglicht dabei beeindruckende 320 l Kofferraumvolumen. Damit ist das neue Audi A5 Cabriolet ein ganz besonderes Highlight in der

Abb. 288: A10

Abb. 289: A10 (Forts.)

B A 7700
Intensiver. Das neue Audi A5 Cabriolet.
Erleben Sie den Sommer so intensiv wie noch nie im neuen Audi A5 Cabriolet. FSI®- und TFSI®-Motoren mit Audi valvelift system und TDI®-Aggregate mit Common Rail-Technologie sorgen für puren Fahrspaß und Dynamik bei geringem Kraftstoffverbrauch. Auch das elegante Stoffverdeck trägt mit seinem geringen Gewicht zur überzeugenden Effizienz des Wagens bei. Damit ist das neue Audi A5 Cabriolet ein ganz besonderes Highlight in der

Abb. 290: A11

Abb. 291: A11 (Forts.)

Abb. 292: A12

Vorsprung durch Technik www.audi.de

Effizienz ist keine Frage einer einzigen Technologie. Sondern das Ergebnis vieler intelligenter Lösungen.

Die Effizienz eines Autos ist nicht allein von der Art seines Antriebs abhängig. Wie überträgt sich die Kraft auf die Räder? Wie schwer muss eine Karosserie sein? Wie verringert man den Luftwiderstand? Audi hat all diese Fragen immer mit Innovationen beantwortet. Und auch im neuen Audi Q5 sind diese Antworten perfekt synchronisiert: Für geringeren Verbrauch bei gleichzeitig spürbar mehr Dynamik und Durchzugskraft sorgt TDI® mit Common Rail System oder, durch aufgeladene Benzindirekteinspritzung, der TFSI®-Motor mit Audi valvelift system. Hinzu kommt eine der effizientesten Getriebetechnologien: das neue, sehr sportliche 7-Gang-Doppelkupplungsgetriebe S tronic®. Und wenn Sie bremsen oder ausrollen, gewinnt der Audi Q5 Energie sogar zurück. Erst im Zusammenspiel all dieser Innovationen erreicht man, wofür Audi steht: Vorsprung durch Technik.

Kraftstoffverbrauch in l/100 km: innerorts 8,2–10,4; außerorts 5,8–7,3; kombiniert 6,7–8,5; CO_2-Emission in g/km: kombiniert 175–199.

Abb. 293: A12 (Forts.)

Für umweltfreundliches Fahren.
BlueMotion – weniger Verbrauch, weniger Emissionen.

B SC 3515

Erst wenn ein Auto Innovationen allen zugänglich macht, ist es: Das Auto.
Weltweit wird versucht, die Autos von morgen umweltschonender zu machen. Dass sie heute schon etwas tun können, beweisen die derzeit neun BlueMotion-Modelle von Volkswagen. Dank effizienterer Motoren, geringerem Luftwiderstand, längerer Getriebeübersetzung und Leichtlaufreifen erreichen sie in ihren Klassen jeweils Spitzenwerte bei Verbrauch und Emissionen. Und das freut auch die Fahrer. Weil sie die Umwelt schonen können, ohne auf Fahrspaß und Alltagstauglichkeit verzichten zu müssen.

Das Auto.

Abb. 294: A13

www.volkswagen.de

Abschied nehmen lohnt sich.

Mit der Volkswagen Umweltprämie Plus.

Mit der Volkswagen Umweltprämie Plus genießen Sie jetzt so viele Vorteile wie noch nie. Profitieren Sie von der staatlichen Umweltprämie und sichern Sie sich 2.500 € bei Verschrottung Ihres alten Autos. Zusätzlich bekommen Sie eine Sonderprämie von Volkswagen oben drauf. Und wir machen Ihnen den Abschied noch leichter: mit dem attraktiven Umweltpaket der Volkswagen Bank GmbH. **Erfahren Sie mehr auf www.volkswagen.de und bei Ihrem Volkswagen Partner.**

2.500 € staatliche Umweltprämie*
+ zusätzliche Sonderprämie von Volkswagen**
+ Golf-Umweltpaket von Volkswagen***
- 2,9 %-Finanzierung
- Kfz-Haftpflicht/-Vollkasko
- Garantieverlängerung

Die Volkswagen Umweltprämie Plus

Das Auto.

* Vorbehaltlich der Erfüllung der gesetzlichen Voraussetzungen und der Mittelverfügbarkeit. ** Für ausgewählte Motoren. *** 2,9 % effektiver Jahreszins für Laufzeiten von 12 bis 48 Monaten in Verbindung mit Kfz-Haftpflicht/-Vollkasko und Anschlussgarantieversicherung (jeweils gemäß den Bedingungen der Allianz Versicherungs-AG). Zusatzleistungen enden mit der Finanzierung. Ein Angebot der Volkswagen Bank GmbH für Privatkunden ohne Sonderabnehmer, für ausgewählte Fahrzeuge. Nähere Informationen unter www.volkswagenbank.de und bei allen teilnehmenden Volkswagen Partnern. Stand: 06/09.

Abb. 295: A14

www.volkswagen.de

Die neue Gebrauchtwagenklasse.

1st Class Qualität.
1st Class Garantie.
1st Class Service.
1st Class Preise.

- **Volkswagen** First Class

Die besten Gebrauchten von Volkswagen.

Gebrauchtwagen ist nicht gleich Gebrauchtwagen – wie man an den Fahrzeugen von Volkswagen First Class sieht: Denn die dürfen maximal vier Jahre alt und höchstens 100.000 km gelaufen sein. Vor allem aber werden sie einem umfassenden Qualitätscheck unterzogen. Auf diese Weise erreichen unsere jungen Gebrauchten ihren erstklassigen Zustand – der eigentlich nur von unserem Service und unseren Finanzierungsangeboten übertroffen wird. Jetzt bei allen teilnehmenden Volkswagen Partnern.

Das Auto.

Abb. 296: A15

Die Werbeanzeigen nehmen häufig eine komplette Seite und maximal zwei Seiten ein. Die Textexemplare passen sich dem Format der Zeitschrift an, in der sie inseriert werden. Als makrostrukturelle Elemente treten Text-Bild-Kombinationen, Überschriften, Absätze, Logos und Slogans auf. Diese Elemente werden auf verschiedene Weise angeordnet, wodurch sie neben ihrer spezifischen Textfunktion zusätzlich Initiator- bzw. Terminatorfunktionen übernehmen. Die Überschriften konstituieren aufgrund ihrer von allen anderen verbalen Elementen hervorgehobenen Drucktypen unabhängig von ihrer Platzierung immer einen Initiator.

Bei BMW (Abb. 297) zeigt das Logo einen schwarzen Ring, der die Buchstaben B M W trägt. Im runden Mittelfeld tritt ein viertgeteilter Kreis mit den Farben Blau-Weiß auf. Direkt unter dem Logo steht der Slogan „Freude am Fahren", der ausdrucksseitig aus einem zweigliedrigen Nominalsatz („Freude [/] am Fahren") besteht. Logo und Slogan sind auf einem weißen Feld gedruckt. Links daneben sind die Nennung des Modells („Das neue BMW 1er Cabrio") und die dazugehörige Internetadresse (www.bmw.de/1erCabrio) angegeben.

Abb. 297: BMW Logo mit Slogan

Das Logo von Mercedes-Benz besteht aus dem Mercedes-Benz-Stern (Abb. 298).

Abb. 298: Mercedes-Benz Logo

Das Logo von Audi (Abb. 299) enthält vier ineinander greifende Ringe; der Firmenname „Audi" steht zentriert unter dem Logo. Der Slogan „100 Jahre Vorsprung durch Technik" steht dabei nicht in unmittelbarer Nähe des Logos (Abb. 300) und ist ausdrucksseitig ein zweigliedriger Nominalsatz, dessen Satzglieder den Zeitbezug („100 Jahre Vorsprung") und den technologischen Fortschritt von Audi („durch Technik") markieren.

Abb. 299: Audi Logo

Abb. 300: Audi Slogan

Das Volkswagen Logo ist ein blauer Kreis, in dem die Buchstaben V W übereinander positioniert sind. Unter dem Logo steht der Slogan „Das Auto“ (Abb. 301), der sich durch Einfachheit auf die Essenz von Volkswagen, nämlich das Auto, reduziert:

Abb. 301: Volkswagen Logo mit Slogan

In der Werbeanzeige A1 tritt als Initiator die Überschrift aus Ober- und Unterzeile im oberen Sektor der Werbeanzeige auf. Ein Absatz ist im unteren Sektor linksbündig platziert. Als Terminator existiert ein eingliedriger Nominalsatz, der die Dienstleistung „BMW Service“ benennt und in Fettdruck, größerer Schrift und in der unteren rechten Ecke der Anzeige erscheint. In der zweiseitig gedruckten A2 ist als Initiator die Überschrift im unteren Sektor der Werbeanzeige gesetzt. Ein Absatz ist ebenfalls im unteren Sektor linksbündig positioniert. Als Terminator existieren das in der unteren rechten Ecke positionierte Logo mit Slogan sowie die Nennung des Modells und die Internetadresse. Die Anzeige schließt mit zwei weiteren Absätzen ab. Der zweite Absatz wird durch Leerzeilen vom ersten und dem dritten abgehoben und besteht aus einem einfachen Verbalsatz („Erleben Sie das neue BMW 1er Cabrio.“) und einem dreigliedrigen Nominalsatz („Ab 5. April 2008 [/] auf dem BMW

Innovationstag [/] bei Ihren BMW Partnern.“). Der dritte Absatz ist aus vier Gesamtsätzen aufgebaut, die jeweils aus zwei Nominalsätzen bestehen („Kraftstoffverbrauch innerorts: 11,7 l/100km, außerorts: 6,0 l/ 100km, kombiniert: 8,1 l/100km, CO_2-Emission kombiniert: 195 g/k“). In der zweiseitigen A3 gilt die Überschrift als Initiator. Die Überschrift sowie ein Absatz sind im unteren Sektor der Abbildung linksbündig gesetzt. Das Logo mit Slogan sowie die Nennung des Modells mit der Internetadresse erhalten aufgrund der Positionierung in der linken unteren Ecke ebenfalls Initiatorfunktion, da sie in gleicher Höhe wie die Überschrift angeordnet sind und Textexemplare im deutschsprachigen Raum von links nach rechts gelesen werden. Weitere Makrostrukturen sind der Absatz „Sergey Bubka hat als einziger Stabhochspringer 35 Weltrekorde überboten“. sowie 3 Ziffern „7“, „24“ und „35“, die auf die Anzahl der Weltrekorde verweisen. Sowohl dieser Absatz als auch die Ziffern befinden sich im oberen Sektor der Werbeanzeige und erhalten Initiatorfunktion. Als Terminator gilt der Verweis auf die neueste Technologie „BMW EfficientDynamics Weniger Emissionen. Mehr Fahrfreude. [ed][128]“, der in der unteren rechten Ecke in der Anzeige platziert ist. In A4, A5, A6, A7, A8 und A9 treten als Initiatorenbündel die Überschrift und das Logo auf; Letzteres befindet sich jeweils in der oberen rechten Ecke der Werbeanzeige. Als Terminator ist der Firmenname „Mercedes-Benz“ unten rechts gegeben. In A4 sind der Fließtext des einzigen Absatzes und die Überschrift im oberen linken Sektor positioniert. In A5 und A6 stehen die Überschrift und der Absatz in der Mitte der Werbeanzeige, links von der Autoabbildung positioniert. In A7 sind die Überschrift und ein erster Absatz im oberen Sektor gesetzt – zusätzlich erscheint ein weiterer Absatz, bestehend aus einem Nominalsatz „Getestet von [auto, motor, sport], [ADACmotorwelt], [Auto] und [AutoBild]“, wobei die Zeitschriften durch ihr Logo repräsentiert werden. In A8 und A9 sind die Überschrift und ein Absatz im oberen Sektor gegeben, in A9 wird der Fließtext des ersten Absatzes durch den durch zwei über und unter ihm angebrachte Linien und durch besondere drucktechnische Zuordnungen seiner Elemente als weiterer Absatz gekennzeichneten Nominalsatz [„49 € monatlich fixe Versicherungsprämie, auch im Schadensfall“] ergänzt, der auf die Versicherungsprämie hinweist. In den jeweils zweiseitigen A10, A11, A12 besteht das Initiatorenbündel aus der Überschrift und dem Slogan, der in der oberen rechten Ecke positioniert

128 Rechts neben dem Ausdruck „BMW EfficientDynamics Weniger Emissionen. Mehr Fahrfreude.“ befindet sich eine Abkürzung „ed“.

ist. In A10 und A11 stehen Überschrift und Absatz im unteren Sektor der Abbildung. Als Terminator fungiert das Logo, das in der unteren rechten Ecke gesetzt ist. Ein weiterer Absatz, bestehend aus zwei Gesamtsätzen, die jeweils aus zwei nominalen Teilsätzen konstituiert sind („Kraftstoffverbrauch in l/100km: kombiniert 6,2-9,5; CO_2-Emission in g/km: kombiniert 164-219“), übernimmt in A10 und A11 aufgrund der Positionierung im unteren Teil der Werbeanzeige die Funktion eines zweiten Terminators. In A12 erscheinen die Überschrift und der Fließtext des Absatzes mittig im oberen Sektor der Abbildung. Der Slogan erscheint in der oberen rechten und in der unteren linken Ecke und übernimmt sowohl eine Initiator- als auch eine Terminatorfunktion. Neben dem Absatz, der die Hauptinformation erteilt, gibt es einen weiteren Absatz, der zum Terminatorenbündel hinzutritt und aus vier Gesamtsätzen besteht, die jeweils aus zwei nominalen Teilsätzen zusammengesetzt sind („Kraftstoffverbrauch in l/100km: innerorts 8,2-10,4; außerorts 5,8-7,3; kombiniert 6,7-8,5; CO_2-Emission in g/km: kombiniert 175-199“). In A13, A14, A15 tritt als Initiator die Überschrift auf. Als Terminator dient das Logo mit Slogan, das in der unteren rechten Ecke positioniert ist. In A13 besteht die Überschrift aus einer Ober- („Für umweltfreundliches Fahren.“) und Unterzeile („BlueMotion – weniger Verbrauch, weniger Emissionen.“) und ist über der Abbildung positioniert. Der einzige Absatz ist unter der Abbildung und im unteren Sektor gesetzt. Der erste Gesamtsatz des Absatzes ist drucktechnisch mittels Fettdruck und größerer Schriftart hervorgehoben und verweist auf das Motto der Kampagne („Erst wenn ein Auto Innovationen allen zugänglich macht, ist es: Das Auto.“). In A14 nimmt die Abbildung die obere Hälfte der Werbeanzeige ein. Die Überschrift und der erste Absatz sind mittig positioniert. Zudem existiert in A14 ein weiterer Absatz, der auf die Volkswagen Umweltprämie Plus hinweist und dessen weiße Drucktypen durch einen dunklen Hintergrund in Kastenform hervorgehoben sind. In A15 besteht die Überschrift aus zwei Teilen, wobei die Abbildung zwischen diesen Teilen positioniert ist. Über der Autoabbildung befindet sich die einzeilige Hauptzeile „Die neue Gebrauchtwagenklasse.“. Unter der Autoabbildung folgt eine aus zwei Zeilen bestehende Unterzeile „Volkswagen First Class“ und „Die besten Gebrauchten von Volkswagen.“, deren Elemente durch verschieden große und fette Drucktypen unterschieden werden. Der einzige Absatz ist im unteren Sektor gegeben.

4.6.2 Text-Bild-Kombinationen

Überwiegend werden (anders A12-A15) bei allen Werbeanzeigen die Textteile in die Abbildung integriert, die in jeder Werbeanzeige vorhanden ist und sich meist über die gesamte Seite bzw. alle zwei Seiten erstreckt. In A12 befindet sich die Abbildung links neben den Texteilen. In A13 wird die Abbildung zwischen der Überschrift und den übrigen Textteilen angeordnet, in A14 über der Überschrift und weiteren Textelementen und in A15 zwischen zwei Überschriftteilen und den danach folgenden Textteilen. Die Anordnung der Überschriften sowie der übrigen Textteile variiert je nach Layout, ergibt aber einen harmonischen Zusammenhang. Bei allen Abbildungen handelt es sich um farbige Fotografien, die in der Regel das Modell abbilden, für das geworben wird. Wird für eine Serviceleistung geworben, sind in der Werbeanzeige Siegerpokale abgebildet (A7). Alle Abbildungen dienen kontaktiven Zwecken.

In A1 ist ein entgegenkommender BMW in Frontansicht zu sehen. Die Überschrift lautet: „**Hören Sie auf Ihren Bauch. Wenn es um das Herz Ihres BMW geht.**“ Der auf die Überschrift folgende Absatz handelt vom BMW Ölwechsel Service „Es gibt 1000 gute Gründe für BMW Service.“ Eine besondere Verbindung zwischen Bild und Textteil entsteht nicht, lediglich die Marke BMW ist in Bild und Textteilen deutlich zu erkennen. Das Bild zeigt nur einen Teil des ganzen Autos. Durch diesen „Schlüsselloch-Effekt“ wird Spannung erzeugt. Durch die Überschrift soll der natürliche Instinkt des Lesers wachgerufen werden. Beim Begriff „Herz Ihres BMW“ erschließt sich erst durch das Lesen des Textteils, dass es um den Motor des BMW geht. Der BMW wird damit personifiziert und lebendig dargestellt.

In A2 ist ein durch die Straßen von Paris fahrender BMW Cabrio von der rechten Autoseite zu sehen. Das Bild erzeugt sommerliche Atmosphäre. Die Überschrift heißt: „**Das neue BMW 1er Cabrio. Bringt den Sommer auf jede Straße.**“ Im darauf folgenden Absatz wird beschrieben, wie der BMW 1er Cabrio den Sommer auf jede Straße bringt, jede Metropole erobert – aufgrund des agilen Reihensechszylinder-Triebwerks und der Sun Reflective Technology, die den Innenraum des BMW vor Sonneneinstrahlung schützt. Hier wird der Textteil deutlich durch das Bild zu eindrucksvollen Erlebnissen gesteigert. Der Leser wünscht sich, in der gleichen Situation zu sein.

In A3 wird in der Überschrift „**Maßstäbe setzen. Der neue BMW 7er.**“ und in den Absätzen die Entwicklung des neuen BMW 7er und der neuen Technologie „BMW EfficientDynamics“ mit der Hochleistung des Stabhochspringers Sergey Bubka gleichgesetzt. Im Bild ist ein fahrender BMW von der linken Autoseite, der Fahrerseite, zu sehen.

In A4 ist der Mercedes-Benz SL in Seitenansicht rechts vor einer idyllischen und träumerischen Landschaft zu sehen. Die Überschrift lautet: „**Meisterdieb im Atemrauben.**“. Der folgende Absatz erklärt, dass die neue Generation SL aus der Traumfabrik von Mercedes-Benz stammt. Durch die Überschrift wird der Mercedes-Benz SL als ‚Meisterdieb‘ personifiziert. In Anbetracht des Bildes soll der Leser im Traum versinken, ihm soll der Atem geraubt werden. Der Textteil wird durch das Bild gesteigert.

In den Werbeanzeigen A5 und A6 findet sich die gleiche Abbildungsform: Das Modell E-Klasse Coupé wird von der Fahrerseite aus in Seitenansicht im schönen Glanz am Ufer eines im Hintergrund schimmernden Meeres abgebildet. Der dazugehörige Absatz ist in A5 und A6 identisch und vermittelt lediglich die Information, dass der neue E-Klasse Coupé ein Objekt der Begierde sein soll. Lediglich die Überschrift unterscheidet sich in den beiden Textexemplaren. In A5 lautet die Überschrift **„Philosophen, Poeten und Schriftsteller versuchten, Verlangen zu beschreiben. Ein Ingenieur hat es geschafft.“** und in A6 **„Manche Autos will man, manche Autos braucht man. Dieses Auto will man brauchen.“** Hier wird der Textteil durch die Abbildung des ‚Objekts der Begierde‘ gesteigert.

In A7 ist eine direkte Verbindung zwischen den Textteilen und der Abbildung deutlich. Im Bild sind drei Pokale zu sehen, auf denen die Begriffe „Testsieger Service“, „Service Sieger 2008“ und „Service Hervorragend“ eingraviert sind. Die Überschrift lautet **„Meister-Leistung**“ und der darauf folgende Absatz unterstreicht, dass der Mercedes-Benz Service die beste Service-Qualität von allen getesteten Automobil-Herstellern hat. Zudem geht ein großes Dankeschön an die Mitarbeiter, die ebenfalls im Bild visualisiert sind, denn ein Mitarbeiter repariert im Hintergrund im Motorraum des Autos. Hier wiederholt der Textteil die Information des Bildes. Das Bild hat eine den Textteil verstärkende Wirkung.

In A8 wird mit der Überschrift **„Man muss Gelbe Engel nicht gesehen haben, um an sie zu glauben.“** und dem auf sie folgenden Absatz auf den Rang der Mercedes C-Klasse in der ADAC-Pannenstatistik 2008 verwiesen. In der Abbildung ist in Seitenansicht von rechts ein Exemplar der Mercedes C-Klasse zu sehen, im Textteil erhält der Leser über die Abbildung hinausgehende Informationen.

In A9 ist ein roter Mercedes-Benz Viano, der durch Kinderhandabdrücke mit weißer Farbe „beschmutzt“ wird, in Seitenansicht schräg von vorn auf rotem Hintergrund zu sehen. Die Überschrift heißt „**Weil Ihre Kinder schon für genug Überraschungen sorgen.**" Im folgenden Textteil wird auf das Privat-Leasing mit integrierter Haftpflicht- und Vollkaskoversicherung verwiesen. Dadurch werden Eltern vor unerfreulichen Überraschungen bewahrt, die im Alltag durch die Kinder entstehen (z.B. Kinderhandabdrücke auf dem Viano). Zwischen der Abbildung und dem Textteil entsteht die Schnittstelle beim sorgenfreien Privat-Leasing. Das Bild lässt im Kopf des Betrachters ein ähnliches Bild entstehen, z.B. daran, wie es ihm selbst in einer ähnlichen Situation einmal ergangen ist.

In A10 ist ein fahrender Audi A5 Cabriolet in der Sicht von oben und von der Fahrerseite zu sehen. Im Hintergrund sind starke Meereswellen dargestellt. Das Bild vermittelt den intensiven Genuss und das Cabriofeeling, im Sommer am Strand im Cabrio über die Straßen zu fahren. Die Überschrift lautet „**Intensiver. Das neue Audi A5 Cabriolet.**" Im folgenden Textteil wird für das Stoffverdeck und das Kofferraumvolumen des Cabriolets geworben. Zwischen diesem Absatz und der Abbildung entsteht eine direkte Verbindung durch den Hinweis auf das auch bildlich vermittelte Cabriofeeling. Das Bild steigert somit die Aussage des Textteils. Der Betrachter soll sich wünschen, in der gleichen Situation zu sein.

Die Werbeanzeige A11 wirbt ebenfalls für das Audi A5 Cabriolet und enthält die gleiche Überschrift wie in A10. Im Bild ist schräg von vorn auf die Fahrerseite gerichtet das Modell, auf der Autobahn fahrend, zu erkennen. Im Hintergrund strahlt die Sonne auf das Modell. Der erste Absatz beschreibt die neue Common-Rail-Technologie mit geringem Kraftstoffverbrauch. Zwischen diesem Textteil und der Abbildung entsteht eine Verbindung dadurch, dass die natürliche Energie der Sonne mit der Energie der Common-Rail-Technologie assoziiert wird. Das Bild steigert die Aussage im Textteil. In der Werbeanzeige A12 wird für das Common Rail System und das 7-Gang-Doppelkupplungsgetriebe S tronic des Audi Q5 geworben, der schräg von hinten auf der vom Fahrer abgewandten Seite abgebildet ist. Die dazugehörige Überschrift lautet „**Effizienz ist keine Frage einer einzigen Technologie. Sondern das Ergebnis vieler intelligenter Lösungen.**" Einen direkten Bezug zwischen Textteil und Bild gibt es nicht.

In A13 ist ein Volkswagen von schräg von vorn mit vollem Blick auf die Front zu sehen, der an einen Fahrradständer neben anderen Fahrrädern angeschlossen ist. Auf den ersten Blick ist die Abbildung nicht verständlich. Die Überschrift lautet „**Für umweltfreundliches Fahren.**

BlueMotion – weniger Verbrauch, weniger Emissionen.“ Der dazugehörige Textteil beschreibt die Vorteile der neuen Blue-Motion-Technologie, nämlich Umweltschutz, Alltagstauglichkeit und Fahrspaß. Im nachfolgenden Schritt kann aus der Abbildung hergeleitet werden, dass die neuen BlueMotion-Modelle von Volkswagen so umweltfreundlich sein sollen wie Fahrräder. In A14 wird für die Volkswagen Umweltprämie Plus geworben. Die Überschrift lautet „**Abschied nehmen lohnt sich. Mit der Volkswagen Umweltprämie Plus.**“ Die dazugehörige Abbildung zeigt einen Mann, der gerade von seinem Gebrauchtwagen Abschied nimmt. Vor ihm und dem Gebrauchtwagen ist ein neuer VW abgestellt. Beide Wagen sind schräg von vorn und mit Blick auf die Front und die Nichtfahrerseite abgebildet. Die Autos sollen im Kopf des Betrachters ein ähnliches Bild entstehen lassen.

In der Werbeanzeige A15 wird ein Modell von Volkswagen, schräg von hinten das Heck und die Beifahrerseite zeigend, abgebildet, das auf den ersten Blick neu aussieht. Die dazugehörige Überschrift heißt **„Die neue Gebrauchtwagenklasse.“** Im Textteil wird beschrieben, dass die Gebrauchtwagen von Volkswagen nur maximal vier Jahre alt und höchstens 100.000 km gelaufen sein dürfen. Im weiteren Schritt kann das Bild so interpretiert werden, dass ein Gebrauchtwagen von Volkswagen aufgrund des umfassenden Qualitätschecks und der Anforderungen an ihn einen erstklassigen Zustand ähnlich wie ein Neuwagen bietet.

4.6.3 Syntax

4.6.3.1 Syntax der Überschriften

In den Werbeanzeigen bestehen die Überschriften aus einem isoliert gebrauchten einfachen Satz bzw. einem Gesamtsatz oder einem Überschriftengefüge aus zwei bis drei Sätzen. Alle Überschriften sind durch Fettdruck und größeren Schriftgrad gekennzeichnet.

In den Beispielen 1-14 sind die Überschriften in den Werbeanzeigen A1-A15 enthalten.

1. HZ: Hören Sie auf Ihren Bauch. Wenn es um das Herz Ihres BMW geht. UZ: Der BMW Ölwechsel: Niemand weiß besser, was Ihr BMW braucht. (A1)
2. Das neue BMW 1er Cabrio. Bringt den Sommer auf jede Straße (A2)
3. Maßstäbe setzen. Der neue BMW 7er. (A3)
4. Meisterdieb im Atemrauben. (A4)
5. Philosophen, Poeten und Schriftsteller versuchten, Verlangen zu beschreiben. Ein Ingenieur hat es geschafft. (A5)

6. Manche Autos will man, manche Autos braucht man. Dieses Auto will man brauchen. (A6)
7. Meister-Leistung. (A7)
8. Man muss Gelbe Engel nicht gesehen haben, um an sie zu glauben. (A8)
9. Weil Ihre Kinder schon für genug Überraschungen sorgen. (A9)
10. Intensiver. Das neue Audi A5 Cabriolet. (A10, A11)
11. Effizienz ist keine Frage einer einzigen Technologie. Sondern das Ergebnis vieler intelligenter Lösungen. (A12)
12. HZ: Für umweltfreundliches Fahren. UZ: BlueMotion – weniger Verbrauch, weniger Emissionen. (A13)
13. HZ: Abschied nehmen lohnt sich. UZ: Mit der Volkswagen Umweltprämie Plus. (A14)
14. HZ: Die neue Gebrauchtwagenklasse. UZ_1: Volkswagen First Class UZ_2: Die besten Gebrauchten von Volkswagen. (A15)

Im Beispiel 1 treten eine hypotaktische Satzkombination mit parzelliertem zweiten Teilsatz, ein eingliedriger Nominalsatz mit Pronominalattribut und eine Hypotaxe aus einem Hauptsatz und einem Objektsatz auf. In „Hören Sie auf Ihren Bauch. Wenn es um das Herz Ihres BMW geht.“ wird der Konditionalsatz parzelliert. Der Kunde wird direkt angesprochen und dazu aufgefordert, seinem Instinkt zu folgen. In dieser Überschrift ist der Markenname in „das Herz Ihres BMW“ vorhanden. Auf den ersten Blick weiß der Leser nicht, worum es sich dabei handelt. Nachfolgend erkennt er, dass beim Begriff „Herz“ metaphorisch vom Motor des BMW gesprochen wird. Der eingliedrige Nominalsatz „Der BMW Ölwechsel“ enthält ein pränukleares Pronominalattribut. Die Hypotaxe „Niemand weiß besser, was Ihr BMW braucht“ setzt sich aus einem Hauptsatz (1. Teilsatz) und einem Objektsatz (2. Teilsatz) zusammen. Die Kopplung des Possessivpronomens „Ihr“ und des Nukleus „BMW“ verstärkt den Besitzanspruch des potenziellen Kunden. Im Beispiel 2 ist ein einfacher Verbalsatz mit einer Parzellierung des Subjekts vorhanden. Es handelt sich um ein metaphorisch mit „Sommer“ verbundenes Leistungsversprechen; der Markenname ist als Subjekt des einfachen Verbalsatzes vertreten. Im Beispiel 3 besteht die Überschrift aus zwei isoliert gebrauchten einfachen Sätzen, aus einem einfachen Verbalsatz „Maßstäbe setzen.“ und einem eingliedrigen Nominalsatz in der Form „pränukleares Pronominalattribut + pränukleares Adjektivattribut + substantivischer Nukleus“, wobei der Nukleus den Markennamen „BMW 7er“ benennt. Es handelt sich ebenfalls um ein Leistungsversprechen, das im ersten isoliert gebrauchten einfachen Satz in der Form eines Infinitivsatzes in einer imperativischen Ersatzform gegeben wird und implizit eine Kaufaufforderung enthält. A4 hat als Überschrift einen zweigliedrigen Nominalsatz „Meisterdieb [/] im Atemrauben." (4). Auf den ersten Blick ist in der Überschrift keine direkte Referenz zum beworbenen Gegenstand zu sehen. Nachfolgend kann für das erste Satzglied „Meisterdieb" der Mercedes-Benz SL eingesetzt werden, der im zweiten Satzglied „im Atemrauben" seine Qualität verspricht. In 5 treten als Überschrift zwei Sätze auf, ein Gesamtsatz aus einem Hauptsatz und einem Infinitivsatz sowie ein isoliert gebrauchter einfacher Verbalsatz. Es wird ein Sachverhalt dargestellt, der in erster Linie keine direkte Verbindung zum Automodell herstellt, sondern sie über das Substantiv „Ingenieur" nur andeutet. Erst im Absatz nach der Überschrift sind die Nominalsätze „Das neue E-Klasse Coupé. Objekt der Begierde." vertreten, die die Überschrift erklären. In 6 besteht die Überschrift wieder aus zwei Sätzen, aus einem Gesamtsatz und einem isoliert gebrauchten einfachen Satz. Der Gesamtsatz ist eine Parataxe aus zwei Teilsätzen, der isoliert gebrauchte einfache Satz ein einfacher Verbalsatz. Die Teilsätze und der isoliert gebrauchte einfache Satz werden jeweils parallel konstituiert, sie werden mit einem Akkusativ-Objekt eingeleitet, in dessen Nukleus das Substantiv „Auto/s" steht. Durch die Abfolge der Sätze wird eine Steigerung erreicht – vom „wollen" bis „brauchen" zum „brauchen wollen". A7 hat lediglich einen eingliedrigen Nominalsatz ohne Attribuierung als Überschrift. Der Nominalsatz besteht aus einem substantivischen Nukleus, der auf die Service-Qualität hinweist. In 8 ist eine hypotaktische Satzkombination aus einem Hauptsatz und einem Finalsatz gegeben. Die Teilsätze stellen dabei einen Kontrast dar „Mann muss Gelbe Engel nicht gesehen haben, um an sie zu glauben.". Der Begriff „Gelbe Engel" verweist metaphorisch auf den „ADAC". Ein selbständig gebrauchter kausaler Nebensatz folgt im Beispiel 9. Der selbständig gebrauchte Nebensatz gibt dabei die Begründung für das Leistungsversprechen einer Haftpflichtversicherung, die den Kunden beim Kauf des Modells vor unerfreulichen Überraschungen wie Schaden, der dem von Kinder-Überraschungen entspricht, bewahren soll. Die Werbeanzeigen A10 und A11 haben dieselbe Überschrift, bestehend aus zwei Sätzen, einem eingliedrigen Nominalsatz mit adjektivischem Nukleus „Intensiver" ohne Attribuierung und einem eingliedrigen Nominalsatz mit Attribuierung „Das neue Audi A5 Cabriolet." in der Form „pränukleares Pronominalattribut + pränukleares Adjektivattribut + substantivischer Nukleus". In der Überschrift ist im zweiten Nominalsatz der Markenname genannt. Der Nominalsatz „Intensiver" verweist darauf, dass der Leser mit dem neuen Audi A5 Cabriolet den Sommer intensiver erleben kann, wie der Absatz nach der Überschrift verspricht. In 12 taucht ein einfacher Verbalsatz mit parzelliertem zweitem Nukleus des Prädikativs auf. Der Verbalsatz gibt dabei ein Leistungsversprechen an. In A13 ist ein eingliedriger Nominalsatz mit Attribuierung „Für umweltfreundliches Fahren." in der Hauptzeile und ein zweigliedriger Nominalsatz „BlueMotion – weniger Verbrauch, weniger Emissionen." in der Unterzeile gegeben, bei der das zweite Satzglied das erste Satzglied – das eine Technologie benennt – spezifiziert. In A14 sind eine Haupt- und eine Unterzeile vorhanden, die aufeinander bezogen und als syntaktische Einheit mit dem in der Unterzeile parzellierten Präpositionalobjekt zu werten sind. Wegen der drucktechnischen Unterschiede könnte auch eine Abfolge von zwei Sätzen, einem Verbalsatz und einem eingliedrigen Nominalsatz angenommen werden. In A15 ist in der Überschrift als Hauptzeile das zu bewerbende Produkt „Die neue Gebrauchtwagenklasse." als ein eingliedriger Nominalsatz in der Form „pränukleares Pronominalattribut + pränukleares Adjektivattribut + substantivischer Nukleus" vorhanden. Weiter tauchen zwei drucktechnisch unterschiedene Unterzeilen auf. Die erste Unterzeile ist ein zweigliedriger Nominalsatz „Volkswagen [/] First Class": das erste Satzglied benennt den Markennamen, beim zweiten Satzglied erfolgt die Zuordnung, die Wertung „First Class". Als zweite Unterzeile tritt ein eingliedriger Nominalsatz mit Attribuierungen auf, der die Form „pränukleares Pronominalattribut + pränukleares Adjektivattribut + substantivischer Nukleus + postnukleares Präpositionalattribut" („Die besten Gebrauchten von Volkswagen.") aufweist.

Alle Überschriften bis auf eine Ausnahme (A1) sind Aussagesätze. In A1 tritt ein Aufforderungssatz auf.

Die Abb. 302 zeigt die statistische Auswertung der Satztypen in den Überschriften.

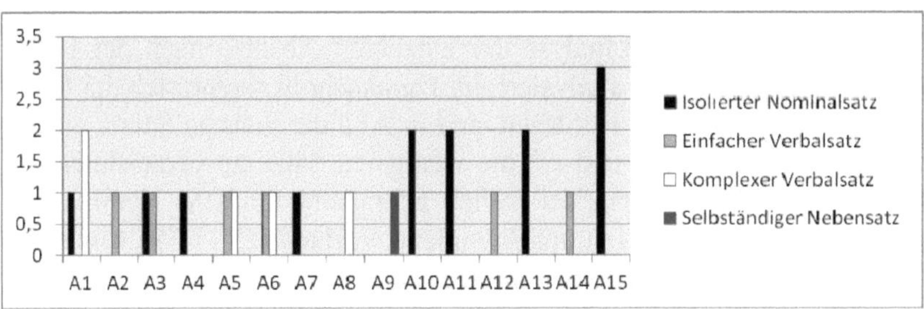

Abb. 302: Satztypen in den Überschriften in Werbeanzeigen

Wie aus Abb. 302 hervorgeht, gibt es pro Textexemplar insgesamt nicht mehr als zwei verschiedene Satztypen in den Überschriften. Bei rund der

Hälfte aller Überschriften wird auf den isoliert gebrauchten einfachen Nominalsatz als Satztyp der Überschrift zurückgegriffen. Er kommt in acht Werbeanzeigen vor. Bei fünf der Werbeanzeigen stellt dieser Typ sogar die einzige Form der Überschrift dar. Die Satztypen einfacher Verbalsatz und komplexer Verbalsatz werden in geringerem Umfang eingesetzt: Je 22,2 % werden durch sie gebildet. Der selbständig gebrauchte einfache Nebensatz kommt mit einem Beleg in A9 vor.

Bei den Nominalsätzen zeigt sich die folgende Verteilung:

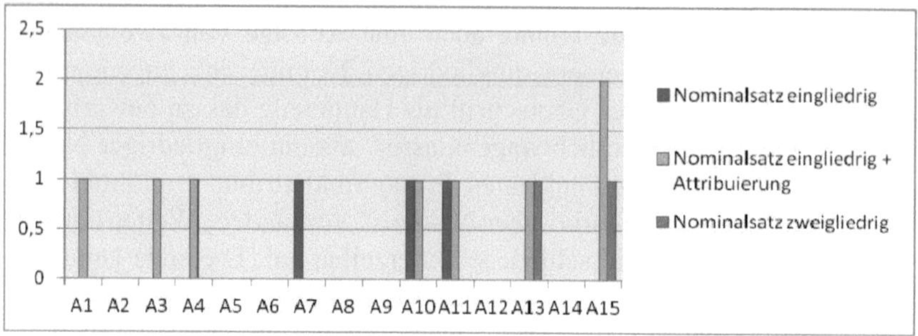

Abb. 303: Nominalsatztypen in den Überschriften in Werbeanzeigen

Die Mehrzahl (insgesamt 10 Belege) entfällt auf eingliedrige Nominalsätze. 3 von 10 Belegen sind ohne Attribuierungen (A7, A10, A11). In zwei Fällen tauchen zweigliedrige Typen auf. Bei den eingliedrigen Nominalsätzen mit Attribuierungen sind besonders häufig die pränuklearen Pronominalattribute (5 Belege) und die pränuklearen Adjektivattribute (5 Belege) vorhanden. Vereinzelt sind postnukleare Präpositionalattribute gegeben. Auf andere Typen wird weitgehend verzichtet.

4.6.3.2 Syntax der Absätze

Im Rahmen der Syntaxanalyse der einzelnen Absätze nach der Überschrift werden 86 Sätze analysiert. Im Durchschnitt finden sich 5,5 Sätze pro Werbeanzeige. Mit 14 Sätzen sind in A12 die meisten Sätze, mit lediglich 2 Sätzen in A7 und A8 die wenigsten Sätze zu verzeichnen. Es finden sich im Textkorpus der isoliert gebrauchte einfache Nominalsatz (1-8), der einfache (9, 10) und komplexe Verbalsatz (11-19) sowie die Nominal-/Verbalsatzkombination (20).

1. BMW Service. (A1, 7)
2. Berlin oder Paris. (A2, 2)
3. Die neue Generation des SL. (A4, 2)
4. Ab 5. April bei Ihrem Mercedes-Benz Partner. (A4, 3)
5. Jetzt bei allen teilnehmenden Volkswagen Partnern. (A15, 9)

6. Ab 5. April 2008 auf dem BMW Innovationstag bei Ihren BMW Partnern. (A2, 5)
7. Erster Platz in der Kategorie „Mittelklasse“ der ADAC-Pannenstatistik 2008: die C-Klasse von Mercedes-Benz. (A8, 3-4)
8. Kraftstoffverbrauch in l/100km: innerorts 8,2-10,4 (A12,16)
9. Hinzu kommt eine der effizientesten Getriebetechnologien: das neue, sehr sportliche 7-Gang-Doppelkupplungsgetriebe S tronic. (A12, 11-13)
10. Und wir machen Ihnen den Abschied noch leichter: mit dem attraktiven Umweltpaket der Volkswagen Bank GmbH. (A14, 5-6)
11. Bei einem BMW Ölwechsel behandeln unsere Mechaniker Ihren Motor nicht nur mit Hochleistungsöl. Sondern mit jahrelanger Erfahrung und größter Sorgfalt. Damit Sie das Beste aus Ihrem Motor herausholen können. (A1, 5-7)
12. Profitieren Sie von einer Kaufoption zum garantierten Kaufpreis und von einer Gebrauchtwagengarantie für 12 Monate, die Sie auch nach Vertragslaufzeit vor unerwarteten Reparaturkosten schützt. (A9, 4-5)
13. Gebrauchtwagen ist nicht gleich Gebrauchtwagen – wie man an den Fahrzeugen von Volkswagen First Class sieht: (A15, 4-5)
14. Dass sie heute schon etwas tun können, beweisen die derzeit neun BlueMotion-Modelle von Volkswagen. (A13, 4-5)
15. Und das freut auch die Fahrer. Weil sie die Umwelt schonen können, ohne auf Fahrspaß und Alltagstauglichkeit verzichten zu müssen. (A13, 7-8)
16. Genießen Sie dieses einzigartige Fahrerlebnis in einem modernen Innenraum, ausgestattet mit Sun Reflective Technology, die dafür sorgt, dass die Lederbezüge selbst bei Sonneneinstrahlung angenehm kühl bleiben. (A2, 3-4)
17. Sein klassisches Stoffverdeck öffnet sich bis zu einer Geschwindigkeit von 50 km/h in nur 15 Sekunden und sorgt für pures Cabriofeeling. (A10, 2-4)
18. Und wenn Sie bremsen oder ausrollen, gewinnt der Audi Q5 Energie sogar zurück. (A12, 13-14)
19. Der Viano und Privat-Leasing plus sorgt für entspannte Eltern serienmäßig – und bewahrt Sie vor unerfreulichen Überraschungen: attraktive Leasingraten sowie eine integrierte Haftpflicht und Vollkaskoversicherung mit fixer Prämie, die auch im Schadensfall konstant bleibt. (A9, 2-4)
20. Es gibt 1000 gute Gründe für BMW Service. Beispielsweise, dass wir genau wissen, was gut für Ihren Motor ist. Weil wir Ihren Motor gebaut haben. (A1, 4-5)

Im Beispiel 1 findet sich ein eingliedriger Nominalsatz ohne Attribuierung, der ein Leistungsversprechen benennt. Der Nominalsatz ist im Textkorpus drucktechnisch mittels größerer Drucktypen hervorgehoben. Ein eingliedriger Nominalsatz ohne Attribuierung ist ebenfalls in 2 vertreten, welcher aus einem substantivischen Satzglied mit zwei gereihten

Nuklei besteht. Der Nominalsatz gibt einen Ortsbezug an. Im Beispiel 3 ist ein eingliedriger Nominalsatz mit Attribuierungen vorhanden, der die Form „pränukleares Pronominalattribut + pränukleares Adjektivattribut + substantivischer Nukleus + postnukleares Genitivattribut“ hat. Der Nominalsatz kennzeichnet das zu bewerbende Modell. In einem zweigliedrigen Nominalsatz wird der Zeitpunkt „Ab 5. April“ (4) bzw. „Jetzt“ (5) mit dem Ort „bei Ihrem Mercedes-Benz Partner“ (4) bzw. „bei allen teilnehmenden Volkswagen Partnern“ (5) verbunden. In einem dreigliedrigen Nominalsatz (6) werden ebenfalls die Funktionen Zeitbezug „Ab 5. April“ und Ortsbezug „auf dem BMW Innovationstag [/] bei Ihren BMW Partnern“ genannt, wobei der Ortsbezug durch zwei Satzglieder konkretisiert wird. Der Gesamtsatz ist im Textkorpus drucktechnisch mittels Fettdruck markiert. Der dreigliedrige Nominalsatz im Beispiel 7 gibt im ersten Satzglied „Erster Platz“ die Wertung, im zweiten Satzglied „in der Kategorie „Mittelklasse“ der ADAC-Pannenstatistik 2008“ die Zuordnung und im dritten Satzglied „die C-Klasse von Mercedes-Benz“ den Aktionsgegenstand an, wobei der Aktionsgegenstand zum einen und die Wertung und Zuordnung zum anderen mittels Doppelpunkt getrennt werden. Im Beispiel 8 wird ein dreigliedriger Nominalsatz „Kraftstoffverbrauch [/] in l [/]/ 100km“ mit einem zweigliedrigen Nominalsatz „innerorts [/] 8,2-10,4“ verbunden. Im ersten Teilsatz des Gesamtsatzes werden die Nennung, Spezifizierung und der Kraftstoffverbrauch pro 100km als Ergebnis genannt; im zweiten Teilsatz geben die Satzglieder den Ortsbezug mit Verbrauch als Ergebnis an. Drucktechnisch sind die Teilsätze durch einen Doppelpunkt getrennt. In den Beispielen 9 und 10 sind einfache Verbalsätze vertreten. In 9 wird die Apposition „das neue, sehr sportliche 7-Gang-Doppelkupplungsgetriebe S tronic“ zum Nukleus „Getriebetechnologie“ durch einen Doppelpunkt hervorgehoben. In 10 wird das Modaladverbiale „mit dem attraktiven Umweltpaket der Volkswagen Bank GmbH“ ebenfalls mittels Doppelpunkt von den vorangegangenen Satzgliedern getrennt und damit hervorgehoben. Beide Sätze verweisen dabei auf ein Leistungsversprechen. Im Beispiel 11 werden zwei von drei gereihten Nuklei eines Satzglieds „sondern mit jahrelanger Erfahrung und größter Sorgfalt“ und der Finalsatz parzelliert; es handelt sich insgesamt um eine hypotaktische Satzkombination aus zwei Teilsätzen, die ein Leistungsversprechen angeben. In den Beispielen 12-14 treten ebenfalls Hypotaxen aus zwei Teilsätzen auf, die ein Leistungsversprechen benennen. In 12 und 13 handelt es sich jeweils beim ersten Teilsatz um den Hauptsatz und beim zweiten Teilsatz um einen Attribut- (12) bzw. weiterführenden Nebensatz (13). In 13 sind der Haupt- und Nebensatz drucktechnisch mittels Gedankenstrich getrennt. In 14 liegt beim ersten Teilsatz ein Objektsatz und beim zweiten Teilsatz der Hauptsatz vor. Im Beispiel 15 ist eine hypotaktische Satzkombination aus einem Hauptsatz (1. Teilsatz), einem Kausalsatz (2. Teilsatz) und einem Modalsatz (3. Teilsatz) gegeben, wobei der zweite Teilsatz parzelliert wird. Der Gesamtsatz kennzeichnet die Qualität der neuen Technologie. In 16 ist als erster Teilsatz der Hauptsatz, als zweiter Teilsatz ein Attributsatz und als dritter Teilsatz ein Objektsatz gegeben, wobei im Hauptsatz der Nukleus „Innenraum" des Lokaladverbiale durch ein postnukleares Partizipialattribut „ausgestattet mit Sun Reflective Technologie" erweitert wird. Eine parataktische Satzkombination aus zwei Teilsätzen ist im Beispiel 17 gegeben. Die Teilsätze sind dabei aufeinander bezogen und ergänzen sich inhaltlich. Der Gesamtsatz verweist dabei auf die Eigenschaften des Stoffverdecks. In den Beispielen 18 und 19 findet sich jeweils eine parataktisch-hypotaktische Satzkombination aus drei Teilsätzen. Zwei gereihte Konditionalsätze als erster und zweiter Teilsatz werden in 18 mit einem Hauptsatz (3. Teilsatz des Gesamtsatzgefüges) verbunden; der Gesamtsatz zeigt den Funktionsrahmen *conditio – consequentia* an. In 19 werden zwei syndetisch gereihte Hauptsätze mit einem Nominalsatz und einem Attributsatz verbunden. Der zweite Hauptsatz ist mittels Gedankenstrich hervorgehoben. Der Nominalsatz „attraktive Leasingraten sowie eine integrierte Haftpflicht und Vollkaskoversicherung mit fixer Prämie" erläutert semantisch die „entspannten Eltern", bezieht sich aber nicht syntaktisch auf sie, sondern ist syntaktisch unabhängig. Der Attributsatz bezieht sich auf den Nukleus „Prämie" des Nominalsatzes. Der Gesamtsatz verweist auf ein Leistungsversprechen. Im Beispiel 20 handelt es sich beim ersten Satz um einen isoliert gebrauchten einfachen Verbalsatz, der drucktechnisch mittels größerer Drucktypen markiert ist. Weiter wird eine Nominal-/Verbalsatzkombination aus vier Teilsätzen und einer Parzellierung des vierten Teilsatzes festgestellt. Als erster Teilsatz erscheint ein Nominalsatz, der mit einem Objektsatz (2. Teilsatz), einem weiteren Objektsatz (3. Teilsatz) und einem parzellierten Kausalsatz (4. Teilsatz) verbunden ist. Aufgrund des typografischen Fettdrucks sind der einfache Verbalsatz und die Nominal-/Verbalsatzkombination als getrennt zu interpretieren. Eine syntaktische Integration von „Beispielsweise" in den isoliert gebrauchten Verbalsatz ist nicht möglich.

Mit 83,7 % sind nahezu alle Sätze des Textkorpus Aussagesätze. In 7 Werbeanzeigen stellen diese die einzige Satzart dar. Gelegentlich wird neben den Aussagesätzen auch auf andere Satzarten zurückgegriffen. In

3 Fällen wird eine Ergänzungsfrage (A12) gestellt (21); in 11 Fällen eine Aufforderung formuliert; 2 davon sind imperativische Ersatzformen, die mit Infinitiven gebildet werden (A5, A6) (22); 9 davon treten als Imperativsätze auf (A2, A9, A10, A11, A14) (23).

21. Wie überträgt sich die Kraft auf die Räder? (A12, 4)
22. Jetzt Probe fahren bei Ihrem Mercedes-Benz Partner. (A5, 5)
23. Erleben Sie den Sommer so intensiv wie noch nie im neuen Audi A5 Cabriolet. (A10, 2)

Die Sätze verteilen sich auf die verschiedenen Satztypen wie in Abb. 304 dargestellt.

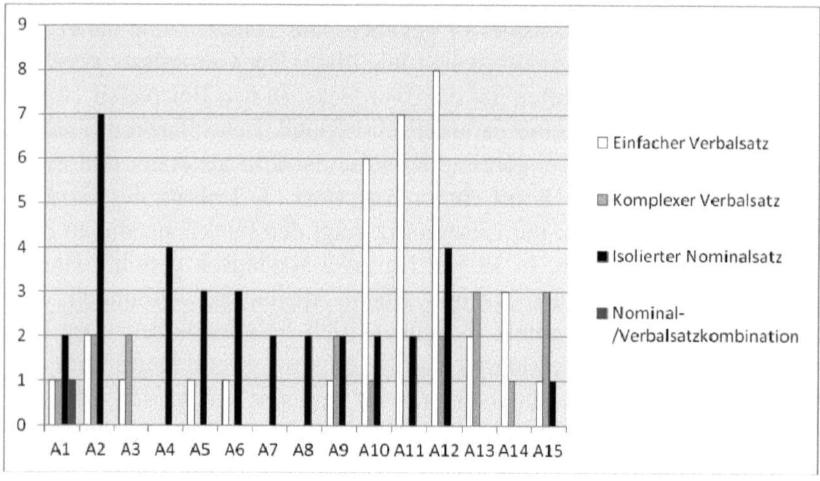

Abb. 304: Satztypen in den Sätzen des Textkorpus in Werbeanzeigen

Der Anteil der isoliert gebrauchten einfachen Verbalsätze und Nominalsätze ist gleich und liegt im Mittelwert bei jeweils 39,5 %. A2 verzeichnet mit 7 Belegen die meisten isoliert gebrauchten einfachen Nominalsätze; A3, A13 und A14 verzichten ganz auf diesen Satztyp. Bei den Nominalsätzen kommen neben eingliedrigen auch zweigliedrige (insgesamt 4 Belege) und dreigliedrige (insgesamt 4 Belege) vor. Darüber hinaus gibt es Gesamtsätze aus zwei Nominalsätzen (insgesamt 12 Belege). Überdurchschnittlich repräsentiert sind einfache Verbalsätze in A12 mit 8 Belegen, in A11 mit 7 Belegen und in A10 mit 6 Belegen. A4, A7 und A8 verzichten dagegen auf diesen Satztyp. Auf komplexe Verbalsätze wird in 19,8 % aller Fälle zurückgegriffen. Lediglich in A1 ist in einem Fall eine Nominal-/Verbalsatzverbindung gegeben.

Insgesamt ist die Verteilung der komplexen Verbalsätze auf die drei möglichen Typen zwischen den einzelnen Textexemplaren uneinheitlich.

Bei den komplexen Verbalsätzen entfallen 64,7 % auf Hypotaxen. 17,6 % werden durch Parataxen gebildet; 23,5 % durch parataktisch-hypotaktische Satzkombinationen. Wie die folgende Abbildung zeigt, finden sich Parataxen lediglich in A10, A14 und A15; parataktisch-hypotaktische Verbindungen sind lediglich in A2, A9, A11 und A12 nachzuweisen. In A1, A2, A3, A9, A12, A13 und A15 finden sich jeweils eine bis drei Hypotaxen. Bis auf eine Ausnahme bestehen alle Hypotaxen aus zwei Teilsätzen; es gibt eine Hypotaxe aus drei Teilsätzen (A2). Parataxen werden ausschließlich durch zwei Teilsätze und parataktisch-hypotaktische Strukturen durch drei Teilsätze gebildet.

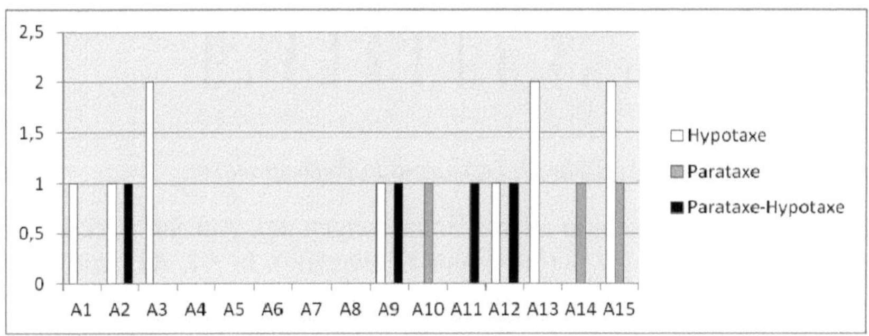

Abb. 305: Komplexe Verbalsätze in den Sätzen des Textkorpus in Werbeanzeigen

Wie Abb. 306 zeigt, kommen in Werbeanzeigen Attributsätze mit 7 Belegen vor (A2, A3, A9, A15). Auch Objektsätze sind mit 7 Belegen vertreten (A1 (2x), A2, A3, A12, A13). Der Kausal- (A1, A13) und der Konditional- (A12) bzw. der weiterführende Nebensatz (A15) sind zweimal bzw. einmal vertreten. In einem Fall findet sich ein Finalsatz in A1.

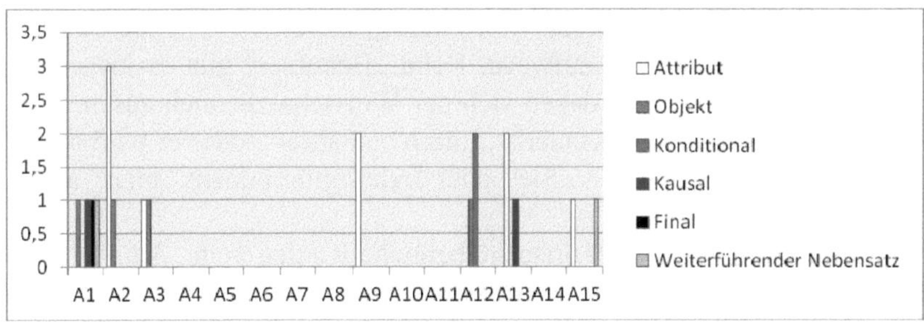

Abb. 306: Nebensatztypen in den Sätzen des Textkorpus in Werbeanzeigen

4.6.4 *Satzglieder und lexikalische Merkmale*

Im Textkorpus finden sich insgesamt 163 Satzglieder und Satzgliedteile mit Lexemen aus den Wortschatzbereichen „Hersteller“, „Benutzer“, „Auto“, „Autoteile“ und „Autofunktion“. Die Verteilung der Satzglieder über die Wortschatzbereiche zeigt die Abb. 307.

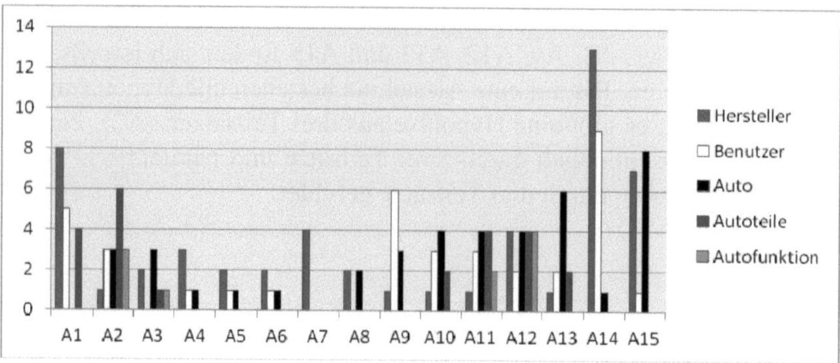

Abb. 307: Wortschatzbereiche im Textkorpus in Werbeanzeigen

Der „Hersteller“ taucht in allen Werbeanzeigen auf. Auf ihn entfällt der größte Anteil von 31,9 % (insgesamt 52 Begriffe). In A1, A14 und A15 wird auf den „Hersteller“ am meisten zurückgegriffen, am stärksten vertreten ist er in A14. Der „Hersteller“ wird über den Firmennamen „Volkswagen“, „BMW Partner“, „Mercedes-Benz Partner“, „Audi Partner“ und über die Dienstleistungen „BMW Ölwechsel“, „BMW Service“, „Mercedes-Benz Service“ oder Sonderleistungen wie „Volkswagen Umweltprämie Plus“, „Sonderprämie“ bezeichnet oder er führt sich selbst mit der 1. Person Plural „wir“ ein oder nennt sich direkt als „Automobil-Hersteller“.

22,7 % (insgesamt 37 Belege) aller Begriffe verweisen auf den „Benutzer“. Mit Ausnahme von A3, A7 und A8 taucht der „Benutzer“ in allen Werbeanzeigen auf, wobei wie beim „Hersteller“ A14 die meisten Begriffe zum „Benutzer“ aufweist. Beim „Benutzer“ gibt es insgesamt nur wenige Begriffe, aus denen sich der Wortschatzbereich zusammensetzt, wie zum Beispiel „Kinder“, „Eltern“, „Fahrer“, oder er wird direkt über das Anredepronomen „Sie“ oder Indefinitpronomen „man“ angesprochen.

Die objektbezogenen Wortschatzbereiche werden vom „Auto“ dominiert: Insgesamt gibt es hier 41 Begriffe. Am stärksten vertreten sind sie in A15. Diese Begriffe werden durch die entsprechenden Modelle benannt, wie beispielsweise „BMW 1er Cabrio“, „der neue BMW 7er“, „das neue Audi A5 Cabriolet“, „die neue Gebrauchtwagenklasse SL“, „das neue E-Klasse Coupé“, „C-Klasse“, „Viano“.

Deutlich geringer lässt sich der Anteil an „Autoteilen“ mit 14,1 % (insgesamt 23 Begriffe) feststellen. Diese tauchen auch nur in 7 Werbeanzeigen (A1, A2, A3, A10, A11, A12, A13) auf. In diesem Wortschatzbereich gibt es vereinzelt fachsprachliche Begriffe wie „FSI- und TFSI-Motoren“.

Mit 6,1 % (insgesamt 10 Belege) werden Begriffe zur „Autofunktion“ eingesetzt. Diese kommen in lediglich vier Werbeanzeigen (A2, A3, A11, A12) vor. Im Wortschatzbereich „Autofunktion“ sind die meisten fachsprachlichen Begriffe zu verzeichnen:

- Autofunktion: Technologie, BlueMotion, Valvetronic, Sun Reflective Technology, BMW EfficientDynamics, Audi Valvelift System, Common-Rail-Technologie u.a.

Der hohe Anteil an „Herstellern“, „Benutzern“ und „Autos“ lässt sich darauf zurückführen, dass in Werbeanzeigen diese drei Gruppen im Vordergrund stehen: Der Automobilhersteller möchte durch eine hohe Benutzeransprache die neuesten Modelle dem Käufer attraktiv darstellen. Oft wird der „Benutzer“ nicht nur über das Anredepronomen „Sie“ angesprochen, sondern er wird durch das Possessivpronomen „Ihr“ einbezogen.

Die Abb. 308 zeigt die Verteilung des Subjekts über die Wortschatzbereiche.

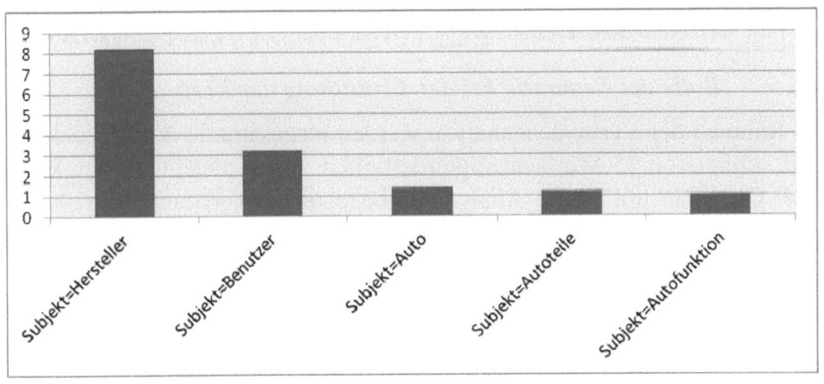

Abb. 308: Verteilung des Subjekts über die Wortschatzbereiche in Werbeanzeigen

Alle fünf Wortschatzbereiche können als Subjekt ermittelt werden. In 33,3 % (18 Fälle) wird ein „Benutzer“ zum Subjekt (1). Mit fast ebenso hohem Einsatz wird auf einen Begriff zum „Auto“ als Subjekt zurückgegriffen (16 Fälle) (29,6 %) (2). Deutlich geringer ist der Anteil der „Autoteile“ (20,4 %) (11 Fälle) (3) und des „Herstellers“ (14,8 %) als Subjekt (8 Fälle) (4). In einem Fall wird eine „Autofunktion“ zum Subjekt (5). Repräsentative Beispiele sind:

1. Erleben **Sie** den Sommer so intensiv wie noch nie im neuen Audi A5 Cabriolet. (A10, 2)
2. **Das neue BMW 125i Cabrio** bringt nicht nur den Sommer auf jede Straße, [...] (A2, 2)
3. [...], dass **die Lederbezüge** selbst bei Sonneneinstrahlung angenehm kühl bleiben. (A2, 4)
4. **Audi** hat all diese Fragen immer mit Innovationen beantwortet. (A12, 6)
5. Genießen Sie dieses einzigartige Fahrerlebnis in einem modernen Innenraum, ausgestattet mit Sun Reflective Technology, **die** dafür sorgt, [...] (A2, 3-4)

Drucktechnisch ist in den Absätzen festzustellen, dass einzelne Sätze mittels größerer Drucktypen hervorgehoben sind. Das Wichtigste wird oft an den Anfang gesetzt, wie die folgenden Beispiele zeigen:

> **Es gibt 1000 gute Gründe für BMW Service.** Beispielsweise, dass wir genau wissen, was gut für Ihren Motor ist. Weil wir Ihren Motor gebaut haben. Bei einem BMW Ölwechsel behandeln unsere Mechaniker Ihren Motor nicht nur mit Hochleistungsöl. Sondern mit jahrelanger Erfahrung und größter Sorgfalt. Damit Sie das Beste aus Ihrem Motor herausholen können. **BMW Service. Das Original.** (A1)

> **Das neue E-Klasse Coupé. Objekt der Begierde.** Jetzt Probe fahren bei Ihrem Mercedes-Benz Partner. www.mercedes-benz.de/e-klasse-coupe (A5)

4.6.5 Rolle der Semantik bei der Ermittlung der Verbvalenz

Im Rahmen der Verbvalenzanalyse werden insgesamt 51 Verben behandelt, wobei von 15 Werbeanzeigen lediglich 10 untersucht werden können. Die nicht mit in die Analyse einbezogenen Werbeanzeigen – A4, A5, A6, A7, A8 – enthalten lediglich Nominalsätze und sind daher von der Verbvalenzuntersuchung nicht betroffen. Die Verben sind dabei den Wortschatzbereichen „Hersteller“, „Benutzer“, „Auto“, „Benutzer + Auto“, „Auto + Autoteile“ und „Autoteile + Autofunktion“ zugeordnet.

Die statistischen Ergebnisse zu den Verben und ihren Wertigkeiten sind in Abb. 309 erfasst.

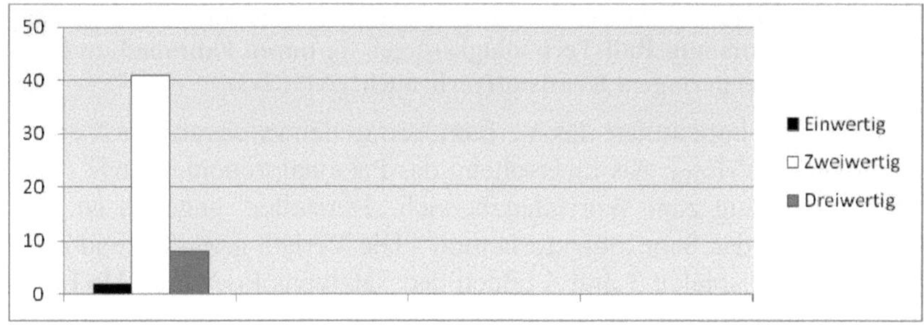

Abb. 309: Wertigkeiten der Verben in Werbeanzeigen

Einwertige Verben werden nur in zwei Beispielen erfasst. Dabei handelt es sich um solche im Wortschatzbereich „Benutzer“:

1. Und wenn/**Sie**/bremsen oder ausrollen, gewinnt der Audi Q5 Energie sogar zurück. (A12, 13-14)

Im Beispiel 1 erhalten die Verben *bremsen* und *ausrollen* das Sem ‚generelle Tätigkeit‘. Sie konstituieren den Satztypus E_N-V.

Man kann insgesamt 41 zweiwertige Verben feststellen. Diese stellen mit 80,4 % aller Verben den größten Anteil. Zweiwertige Verben gibt es mit 11 Belegen am häufigsten im Wortschatzbereich „Benutzer“; danach folgen die Wortschatzbereiche „Hersteller“ mit 7 Belegen und „Benutzer + Auto“ mit 6 Belegen. Im Wortschatzbereich „Auto“ und „Auto + Autoteile“ werden jeweils 4 zweiwertige Verben ermittelt, in „Autoteile + Autofunktion“ gibt es 3 zweiwertige Verben. Repräsentative Beispiele sind:

2. Es gibt 1000 gute Gründe für BMW Service. Beispielsweise/, dass/**wir**/genau/wissen, **was gut für Ihren Motor ist.** (A1, 4-5)
3. Genießen/**Sie**/**dieses einzigartige Fahrerlebnis**/in einem modernen Innenraum, [...] (A2, 3-4)
4. Erleben/**Sie**/**den Sommer**/so intensiv/wie noch nie/im neuen Audi A5 Cabriolet. (A10, 2)
5. **Dass sie** [= die Autos] **heute schon etwas tun können**/, beweisen/**die derzeit neun BlueMotion-Modelle von Volkswagen**. (A13, 4-5)
6. Denn/**die** [= Gebrauchtwagen]/dürfen/maximal vier Jahre alt/und/**höchstens 100.000 km**/gelaufen sein. (A15, 5-6)
7. Erleben/**Sie**/**das neue BMW 1er Cabrio**. (A2, 5)
8. **Der Viano und Privat-Leasing**/sorgt für/**entspannte Eltern**/serienmäßig [...] (A9, 2)
9. **Auch das elegante Stoffverdeck**/trägt/mit seinem geringen Gewicht/**zur überzeugenden Effizienz des Wagens**/bei. (A11, 4-5)

10. **FSI-und TFSI-Motoren mit Audi Valvelift System und TDI-Aggregate mit Common Rail-Technologie**/sorgen für/**puren Fahrspaß und Dynamik bei geringem Kraftstoffverbrauch.** (A11, 2-3)

Im Beispiel 2 konstituiert das Verbum *wissen* den zweiwertigen Verbalsatztypus E_N-V-E_{OBJ}. Als E_N erscheint das Personalpronomen „wir", wodurch ein Bezug zum Wortschatzbereich „Hersteller" gegeben ist. Die E_{OBJ} markiert das Sem ‚objektorientiert'. Die Verben *genießen* und *erleben* in den Beispielen 3 und 4 bilden den Satztypus E_N-V-E_A. Als E_N ist das Anredepronomen „Sie" vertreten, das einen Bezug zum Wortschatzbereich „Benutzer" herstellt. Die E_A „dieses einzigartige Fahrerlebnis" bzw. „den Sommer" signalisiert das Sem ‚objektorientiert'. Die Verben *beweisen* und *laufen* in 5 und 6 bilden den Satztypus E_N-V-E_{OBJ} (5) bzw. E_N-V-E_A (6). Als E_N erscheinen die Bezeichnungen „die derzeit neun BlueMotion-Modelle von Volkswagen" bzw. „die [= Gebrauchtwagen]", wodurch die Verben dem Wortschatzbereich „Auto" zuzuordnen sind. Die lexikalische Besetzung der zweiten Leerstelle E_{OBJ} in 5 markiert das Sem ‚objektorientiert'; die E_A in 6 gibt das Sem ‚zielgerichtet' an. Das Verbum *erleben* im Beispiel 7 bildet den Verbalsatztypus E_N-V-E_A. Als E_N kommt der „Benutzer" „Sie" vor; als E_A das Automodell „das neue BMW 1er Cabrio". Durch die lexikalische Besetzung der zweiten Leerstelle wird das Sem ‚objektorientiert' signalisiert. Das Verbum *sorgen für* in 8 konstituiert den Verbalsatztypus E_N-V-E_{pA}. Als E_N sind ein Auto-Modell und eine Leasing-Form „Der Viano und Privat-Leasing" vertreten; als E_{pA} kommt der „Benutzer" („entspannte Eltern") vor. Durch die lexikalische Besetzung der zweiten Leerstelle erweist sich das Verbum als ‚persongerichtet'. Im Beispiel 9 ist das Verbum *beitragen* mit dem Verbalsatztypus E_N-V-E_{pD} gegeben. Als E_N ist die Bezeichnung „auch das elegante Stoffverdeck" vorhanden, wodurch ein Bezug zum Wortschatzbereich „Autoteile" hergestellt wird. Die E_{pD} „zur überzeugenden Effizienz des Wagens" stellt einen Bezug zum Wortschatzbereich „Auto" her und markiert das Sem ‚ergebnisorientiert'. Im Beispiel 10 bildet das Verbum *sorgen für* den Verbalsatztypus E_N-V-E_{pA}. Als E_N ist die Bezeichnung „TSI- und TFSI-Motoren mit Audi Valvelift System und TDI-Aggregate mit Common Rail-Technologie" vertreten: Der Nukleus „TSI- und TFSI-Motoren" verweist auf den Wortschatzbereich „Autoteile", das Attribut „mit Audi Valvelift System und TDI-Aggregate mit Common Rail-Technologie" benennt die „Autofunktion". Die E_A kennzeichnet das Sem ‚ergebnisorientiert'.

Zum Verbum *genießen* existiert bei G. Wahrig (W, 538) und im großen Wörterbuch der deutschen Sprache (D, IV, 1458) eine vergleichbare

Zweiwertigkeit *(ich habe meinen Urlaub sehr genossen/die Natur genießen)* mit der Verbsemantik „Freude habe an etw./mit Freunde, Genuss auf sich wirken lassen". Ebenso findet sich in den Wörterbüchern von G. Wahrig (W, 432) und bei Helbig/Schenkel (H/S, 129) zum Verbum *erleben* ein vergleichbarer Befund mit dem Semem „denkend und fühlend anwesend sein, zu einer bestimmten Zeit, in der ein Erlebnis eintritt" und den Beispielen *(das werde ich nicht mehr erleben/die Regierung erlebt den Sieg ihrer Politik).* Zum Verbum *sorgen für* gibt G. Wahrig (W, 1169) das Semem „sich für jmdm./etw. sorgen" mit dem Beispiel *(für Ruhe sorgen)* an. Diese Beispiele sind mit dem hier auftretenden Befund identisch.

Dreiwertige Verben gibt es in 9 Belegen. Dreiwertige Verben finden sich mit 3 von 7 Belegen im Wortschatzbereich „Auto", mit 1 Beleg im Wortschatzbereich „Benutzer". Zusätzlich gibt es einmal ein dreiwertiges Verbum, das dem Wortschatzbereich „Benutzer + Auto" zuzuordnen ist. Repräsentative Beispiele sind:

11. Daraus entstand ein innovatives Automobil mit außergewöhnlich kraftvollen Triebwerken und herausragend effizienten Technologien, **welches/die Messlatte für luxuriöse Fahrfreude/auf eine neue Höhe/**legt. (A3, 4)
12. Profitieren Sie von einer Kaufoption zum garantieren Kaufpreis und von einer Gebrauchtwagengarantie für 12 Monate, **die/Sie**/auch nach Vertragslaufzeit/**vor unerwarteten Reparaturkosten**/schützt. (A9, 4-5)
13. **Der Viano und Privat-Leasing**/sorgt für entspannte Eltern serienmäßig – und bewahrt/**Sie/vor unerfreulichen Überraschungen** (A9, 2)

Das Verbum *legen* bildet den dreiwertigen Verbalsatztypus E_N-V-E_A-E_{pA}. Als E_N erscheint das Relativpronomen „welches [= Automobil]", wodurch ein Bezug zum Wortschatzbereich „Auto" hergestellt wird. Die E_A signalisiert das Sem ‚objektorientiert'; die E_{pA} zeigt das Sem ‚zielgerichtet' an. Im Beispiel 12 ist für das Verbum *schützen* der dreiwertige Verbalsatztypus E_N-V-E_A-E_{pD} gegeben. Aus der lexikalischen Besetzung der zweiten Leerstelle mit dem „Benutzer" „Sie" ergibt sich das Sem ‚persongerichtet'. Die dritte Leerstelle E_{pD} markiert das Sem ‚ergebnisorientiert'. Das Verbum *bewahren* in 13 bildet den Verbalsatztypus E_N-V-E_A-E_{pD}. Die E_N wird mit dem „Auto" („Der Viano und Privat-Leasing"); die E_A wird mit dem „Benutzer" „Sie" besetzt, wodurch das Sem ‚persongerichtet' gekennzeichnet wird; die dritte Leerstelle E_{pD} markiert das Sem ‚ergebnisorientiert'.

Zum Verbum *bewahren* gibt es bei G. Wahrig (W, 268) und im großen Wörterbuch der deutschen Sprache (D, II, 579) eine vergleichbare Verbsemantik „schützen, etw. für eine längere Zeit aufbewahren" mit den Beispielen „jmdm. vor Schaden, Krankheit, Enttäuschung bewahren". Der Gebrauch des Verbums *schützen* bei Wahrig mit dem Semem „bewahren, behüten" und dem Kontext *(jmdm. oder etwas vor jmdm. oder etwas schützen)* (W, 1127) – ähnlich bei Engel/Schumacher mit dem Beispiel *(Diese Medizin schützt das Kind gegen Schnupfen)* (E/S, 248) – ist dem hier analysierten Befund ähnlich.

Zusammenfassend werden die statistischen Ergebnisse der Verben in den einzelnen Wortschatzbereichen in Abb. 310 erfasst.

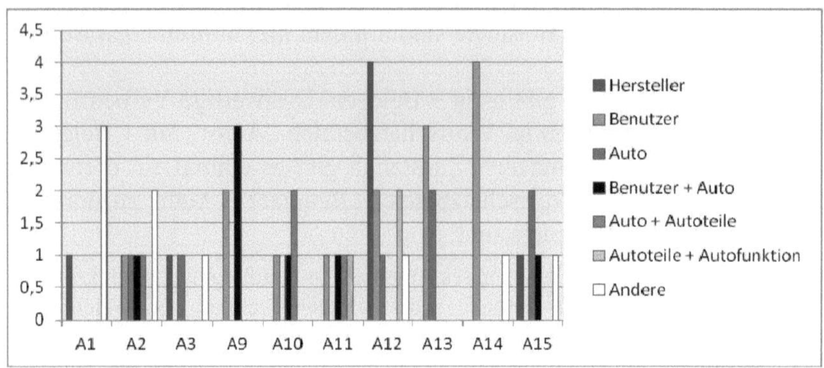

Abb. 310: Wortschatzbereiche der Verben im Textkorpus in Werbeanzeigen

Insgesamt gibt es mit 14 Belegen am meisten Verben im Wortschatzbereich „Benutzer" (27,5 %), die sich über 5 Werbeanzeigen verteilen. Mit jeweils 7 Belegen sind die Wortschatzbereiche „Hersteller", „Auto" und „Benutzer + Auto" zu verzeichnen, die sich über vier bis sechs Werbeanzeigen erstrecken. Deutlich weniger mit lediglich 4 Belegen können Verben im Wortschatzbereich „Auto + Autoteile" ermittelt werden. Diese kommen in 3 von 10 Werbeanzeigen vor. Mit 3 Belegen sind Verben im Wortschatzbereich „Autoteile + Autofunktion" gegeben. Diese tauchen in A11 und A12 auf.

4.6.6 Zusammenfassung

Analysiert werden 15 Werbeanzeigen von BMW, Mercedes-Benz, Audi und Volkswagen der Jahre 2008/2009. Die ausgewählten Werbeanzeigen stammen aus den Zeitschriften „Focus", „Auto, Motor, Sport" und „ADACmotorwelt", die sich an eine heterogene, unbegrenzte Zielgruppe bzw. an alle potenziellen Käufer wenden. Die Textexemplare behandeln in der Regel Neu- und Gebrauchtwagen sowie die neuesten Technologien; vereinzelt wird auch für den Service sowie für die staatliche Umwelt- bzw. Abwrackprämie geworben.

Makrostruktur. Die Werbeanzeigen nehmen häufig eine komplette Seite bis maximal zwei Seiten ein. Die Textexemplare passen sich dem Format der Zeitschrift an, in der sie inseriert werden. In der Regel treten die Überschriften als Initiatoren auf. Das Logo und der Slogan sind je nach Positionierung Initiator bzw. Terminator. Bei der Platzierung des Logos ist festzustellen, dass in den meisten Fällen (7 Belegen) das Logo in der unteren rechten Ecke positioniert ist; in 6 Fällen taucht das Logo in der oberen rechten Ecke auf; in einem Fall ist das Logo in der linken unteren Ecken zu sehen. Alle Slogans sind durch Prägnanz gekennzeichnet, die eine hohe Merkfähigkeit aufweist. Bei BMW und Volkswagen stehen Logo und Slogan in unmittelbarer Nähe zueinander, bei Audi sind Logo und Slogan getrennt voneinander positioniert.

Text-Bild-Kombination. Bis auf vier Anzeigen wird bei allen Werbeanzeigen der Textteil in die Abbildung integriert, wobei jede Werbeanzeige eine Abbildung enthält und die Abbildung sich über eine oder zwei Seiten erstreckt. Die Anordnung der Überschriften sowie der Absatzstruktur wird vom Layout bestimmt, so dass Bild und Textteil in harmonischem Zusammenhang zueinander stehen. Bei allen Abbildungen handelt es sich um farbige Fotografien, die in der Regel das Auto-Modell abbilden. Wird für die Serviceleistung geworben, sind in der Werbeanzeige Siegerpokale zu sehen (A7). Alle Abbildungen dienen kontaktiven Zwecken. Das in der Abbildung Dargestellte wird vollständig oder in Teilen bzw. in übertragener Weise in den Absätzen verbal wiederholt. Bild und Textteil ergänzen sich, oder der Textteil wird durch das Bild gesteigert bzw. das Bild ruft beim Betrachter eine vom Werbenden intendierte Assoziation hervor.

Syntax. Bei den Satztypen der Überschriften sind rund die Hälfte aller Überschriften isoliert gebrauchte einfache Nominalsätze. Der Anteil der einfachen und komplexen Verbalsätze ist ungefähr gleich und zeigt sich im Durchschnitt bei jeweils 22,2 %. In einem Fall ist ein selbständig gebrauchter einfacher Nebensatz vertreten. Bei den Nominalsätzen sind die meisten eingliedrig. In zwei Fällen treten zweigliedrige Nominalsätze auf. Bei den eingliedrigen Nominalsätzen mit Attribuierung handelt es sich bei den Attribuierungstypen häufig um die pränuklearen Pronominal- und Adjektivattribute. Bis auf eine Ausnahme sind alle Überschriften Aussagesätze. In einem Fall ist ein Aufforderungssatz gegeben.

In den Werbeanzeigen finden sich in A12 mit 14 Sätzen die meisten und in A7 und A8 mit jeweils 2 Sätzen die wenigsten Sätze. Den Schwerpunkt bilden die isoliert gebrauchten einfachen Nominalsätze und die isoliert gebrauchten einfachen Verbalsätze zu jeweils knapp 40 %. 1/5 aller Sätze werden als komplexe Verbalsätze realisiert. In einem Fall ist eine Nominal-/Verbalsatzverbindung vertreten. Bei den komplexen Verbalsätzen dominieren die Hypotaxen. Im Mittelwert liegt ihr Anteil bei ca. 64,7 %. Der Anteil an Parataxen (17,6 %) und parataktisch-hypotaktischen Satzkombinationen (23,5 %) ist deutlich geringer. Bei den Nebensatztypen wird der Attributsatz am häufigsten genutzt. Nahezu alle Sätze in den Werbeanzeigen sind Aussagesätze. Drei Ergänzungsfragen werden gestellt. Aufforderungsätze kommen mit elf Belegen vor, davon sind zwei imperativische Ersatzformen und neun Imperativsätze vertreten.

Satzglieder und lexikalische Merkmale. In den Textexemplaren dominieren Begriffe im Wortschatzbereich „Hersteller", der direkt über den Firmennamen („Volkswagen", „BMW Partner") und über den Service („Mercedes-Benz Service) genannt wird; oder er führt sich selbst in der 1. Person Plural „wir" ein. Relativ häufig wird der „Benutzer" angesprochen. Rund 22,7 % aller Begriffe sind diesem Wortschatzbereich zuzuordnen. Die Benutzeransprache erfolgt meist über das Anredepronomen „Sie". Im Wortschatzbereich „Auto" finden sich ca. 1/4 aller Begriffe im Textkorpus. Begriffe, die im Wortschatzbereich „Autoteile" und „Autofunktion" auftreten, spielen in den Werbeanzeigen eine geringe Rolle.

Verbvalenz. Im Textkorpus kommen ein- bis dreiwertige Verben vor. Den Schwerpunkt bilden die zweiwertigen Verben. Es treten die Seme ‚in genereller Weise', ‚objektorientiert', ‚ergebnisorientiert', ‚zielgerichtet' und ‚persongerichtet' auf. Zweiwertige Verben besitzen in der Regel objektorientierte und ergebnisorientierte Seme. Zu Ihnen gehören u.a. *genießen, erleben* und *sorgen für.* Weiter sind bei den zweiwertigen Verben ein zielgerichtetes *laufen* und ein persongerichtetes *sorgen für* gegeben. Dreiwertige Verben entstehen dadurch, dass die Seme ‚persongerichtet' und ‚ergebnisorientiert' *(schützen, bewahren)* kombiniert auftreten. Zu den einwertigen Verben mit dem Sem ‚in genereller Weise' gehören die Verben *bremsen* und *ausrollen.* Im Textkorpus sind alle Verben gemeinsprachlich, bei denen kein inhaltsseitiger Unterschied und keiner in der Verbvalenz zu einem fachsprachlichen, kfz-gebundenen Gebrauch vorhanden sind.

4.7 Produktinformation

4.7.1 Makrostrukturelle Analyse

Allgemeine Merkmale. Die Produktinformation liegt im DIN A4-Format vor und enthält 37 Seiten. Das Textkorpus ist ein- bis zweispaltig gegliedert.[129]

Initiatoren und Terminatoren. Als Initiatorenbündel existieren das Deckblatt, Schutzblatt und Inhaltsverzeichnis. Auf dem Deckblatt treten als Initiatorenteile die Benennung des Modells „Der Audi TT Roadster." als Titelüberschrift mit dem Untertitel „Audi schreibt Sportwagengeschichte." im unteren Sektor des Deckblatts, die Bezeichnung des Textexemplars als „ProduktInfo" – in der oberen linken Ecke positioniert – und die Nennung des Herstellers mit Logo am oberen rechten Seitenrand auf. Die Initiatorenteile sind durch Hervorhebungen wie größere und fettere Schriftart sowie Schriftfarbe vom folgenden Textteil der Produktinformation zu unterscheiden. Zusätzlich erscheint am unteren linken Seitenrand der Vermerk „nur zum internen Gebrauch" in deutlich kleinerer Schrift. Weiter wird das Auto abgebildet, das in der Mitte des Deckblatts erscheint. Auf dem Schutzblatt existiert ein Zitat von einem Motorjournalisten über seine erste Testfahrt mit einem Prototypen des Audi TT.

Direkter Terminator ist der Buchdeckel des Textexemplars, auf dem die Angaben zur Artikelnummer und zur Drucklegung („Stand") erscheinen. Zusätzlich werden die Herstellerfirma mit Kontaktdaten sowie weitere Informationen zu Aussehen, Leistungen, Maße, Gewichte, Kraftstoffverbrauch und Betriebskosten der Fahrzeuge genannt. Diese Daten werden am linken Außenrand in der unteren Hälfte des Buchdeckels positioniert.

Textgliederungsprinzipien. Die Produktinformation gliedert sich in 10 Kapitel. Im ersten Kapitel wird der Audi TT Roadster als neue Sportwagen-Generation dargestellt. Es erfolgt ein Appell an die Vertriebsmitarbeiter. Im zweiten Kapitel wird auf das Design des Audi TT Roadster eingegangen. Anschließend erfolgt im dritten und vierten Kapitel eine Darstellung der Autoteile wie z.B. Fahrwerk, Räder, Reifen, Außen- und Innenausstattung und Soundanlagen, Allradantrieb und Motor. Im fünften Kapitel werden Sicherheitssysteme eingeführt. Im sechsten Kapitel handelt es sich allgemein um den Roadster-Markt. Wettbewerbsfähige

129 Für die betriebsinternen Textexemplare (4.7 Produktinformation und 4.8 Service Magazin) werden die Abbildungen nicht gezeigt, da die Textexemplare nur dem internen Gebrauch zugänglich sind.

Informationen des Audi TT werden im siebten Kapitel hervorgehoben, indem Stärken und Schwächen anderer Modelle wie z.B. Mercedes SLK, BMW Z3, Porsche Boxter sowie aus Vergleichstests hervorgehende Ergebnisse zusammengefasst werden. Im achten Kapitel sind die technischen Daten zum Motor und zu den Fahrleistungen gegeben. In den letzten beiden Kapiteln wird auf das Design und den Kultstatus des Audi TT eingegangen.

Die Überschriften, die auf die Kapitel verweisen, sind im Inhaltsverzeichnis aufgenommen und durch größere und fettere Schriftart und eine Leerzeile vom übrigen Textteil abgehoben („Die spezifischen Merkmale des Audi TT Roadster. ‚Sportwagen pur.'"). Die Überschriften sind i.d.R. Zitate aus Zeitungen und Autozeitschriften (Süddeutsche Zeitung; Neue Presse; Berliner Zeitung; FAZ; Auto, Motor und Sport). Weiter gibt es Unterkapitel 1. Grades, die drucktechnisch durch Überschriften in Fettdruck eingeleitet werden („Das visionäre Design des Audi TT Roadster."). Jedes Kapitel wird durch eine kurze Erläuterung der Aufgabe der im Folgenden erklärten Funktion gegeben, die durch größere Drucktypen und Fettdruck markiert ist. Innerhalb der Absätze werden häufig mittels Aufzählungszeichen die Autoteile einem bestimmten Oberbegriff zugeordnet.

Weiter gibt es im Textkorpus Absätze, die kursiv gesetzt sind und Zitate aus populären Zeitschriften und Zeitungen, die am Schluss in Klammern zum Zitatbeleg genannt sind, wiedergeben.

4.7.2 Text-Bild-Kombinationen

In der Produktinformation finden sich insgesamt 40 Text-Bild-Kombinationen, durchschnittlich sind es 1,1 Abbildungen pro Seite. Es handelt sich vorwiegend um Fotografien (34 Belege), die farbig (28 Belege) bzw. schwarz-weiß (6 Belege) dargestellt sind. In sechs Fällen treten farbige detaillierte räumliche Zeichnungen auf. Die statistischen Ergebnisse zur Untersuchung der Anordnung von Text-Bild-Kombinationen sind in Abb. 311 zusammengefasst.

Besonders häufig (8 Belege) wird auf die Möglichkeit „Textteil + Abb. (oben)" zurückgegriffen. Die Anordnungsvariante „Textteil + Abb. (unten)" wird in vier Fällen eingesetzt. In fünf Fällen wird die Abbildung rechts neben dem Textteil angeordnet. Etwas seltener wird die Möglichkeit „Textteil + Abb. (links)" (3 Belege) genutzt. In einem Fall ist eine Text-Bild-Kombination vorhanden, die das Auto in der Seitenansicht in einer Zeichnung darstellt. Am Auto sind Zahlenwerte eingetragen, die die Maße des Autos kennzeichnen.

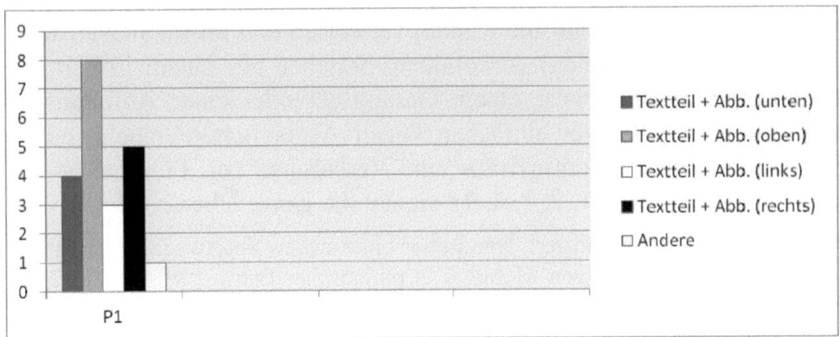

Abb. 311: Anordnung von Text-Bild-Kombinationen in der Produktinformation

Bei den textgesteuerten Text-Bild-Kombinationen sind die Varianten „Textteil und Abbildung" (10 Belege) und „Begriff im Satz und an der Abbildung" zu fast gleichen Anteilen gegeben (11 Belege). Im ersten Fall wird die Abbildung lediglich durch die räumliche Nähe in einen erkennbaren Zusammenhang zu einem Textteil gebracht; im zweiten Fall wird durch eine kurze Beschreibung an der Abbildung die Referenz zwischen Textteil und Bild hergestellt.

Knapp die Hälfte aller Abbildungen ist bildgesteuert, d.h., die Information wird hauptsächlich aus dem Bild entnommen. Auch bei der Untersuchung der Text-Bild-Funktion wird eher der werbende Charakter der Text-Bild-Kombinationen in der Produktinformation deutlich. Rund 85 % aller Abbildungen haben kontaktiven Charakter. Darüber hinaus findet sich in 6 Fällen der illustrierende Charakter der Abbildungen, d.h., sie dienen lediglich der Veranschaulichung bzw. informativen Funktion.

Tabelleninformation. Die Tabelleninformationen des Textexemplars sind mehrspaltig und durch eine vertikale und horizontale Anordnung geprägt. Es werden die technischen Daten und Fahrleistungen (Hubraum, Höchstgeschwindigkeit, Beschleunigung u.a.) in der vertikalen Anordnung dem Modell Audi TT Roadster 1.8 T und weiteren Konkurrenten BMW 23 Roadster 2.8, Mercedes SLK 230 Kompressor, Alfa Spider 3.0 V6, Fiat Barchetta 16 V, Rover MGF 1.8i VVC und Mazda MX-5 1,9 L in der horizontalen Anordnung zugeordnet.

4.7.3 Syntax

4.7.3.1 Syntax der Überschriften

In der Produktinformation werden insgesamt 52 Überschriften analysiert. Im Schnitt verteilen sich 1,4 Überschriften auf jeder Seite.

Überschriften, die auf die Kapitel verweisen und im Inhaltsverzeichnis (dort ohne Zitatbeleg) vorkommen, bestehen aus einem isoliert gebrauchten einfachen Satz, einem Gesamtsatz oder einer Abfolge von zwei isoliert gebrauchten einfachen Sätzen. Als isoliert gebrauchte einfache Sätze kommen Nominalsätze und Verbalsätze vor. Fünfmal ist der zweite Satz ein Zitat (1, 2, 3, 4, 9), einmal die ganze Überschrift (7).

1. Der Audi TT Roadster: Trendsetter einer neuen Sportwagen-Generation. „Die Sinnlichkeit von Mobilität in puristischer Form..." (FAZ, 21.12.98) (P1, 6, 1-4)
2. Die spezifischen Merkmale des Audi TT Roadster. „Sportwagen pur." (Neue Presse, 2.9.98) (P1, 8, 1-3)
3. Die Ausstattung des Audi TT Roadster. „Sportwagen-like, sicherheitsbewußt." (Handelsblatt, 27.8.98) (P1, 14, 1-3)
4. Die sportlichen Talente des Audi TT Roadster. „Audi hat das Schnellfahren wieder ein Stückchen perfektioniert." (Autoforum 5/98) (P1, 18, 1-4)
5. Sportwagen und Sicherheit sind kein Gegensatz mehr. (P1, 24, 1-2)
6. Roadsterfahrer in Deutschland – leidenschaftliche Autofans mit hohen Ansprüchen. (P1, 26, 1-2)
7. „Der nagelneue Audi-Sportwagen wischt alle anderen lässig von der Bildfläche." (P1, 28, 1-2)
8. Der Audi TT Roadster im Wettbewerbsumfeld. Fahrleistungen, Motordaten und Versicherungsklassen im Vergleich. (P1, 32, 1-3)
9. Zeigen Sie alles. „Ein Spiegelbild der emotionalen Kraft." (Süddeutsche Zeitung, 29.9.98) (P1, 34, 1-3)
10. Der Audi TT Roadster wird Sportwagengeschichte schreiben. (P1, 36, 1-2)

Das Beispiel 1 besteht aus zwei Sätzen. Der erste Satz ist ein zweigliedriger Nominalsatz, dessen Satzglieder „Der Audi TT Roadster" und „Trendsetter einer neuen Sportwagen-Generation" mittels Doppelpunkt getrennt sind und bei denen das zweite Satzglied das erste spezifiziert. Der zweite Satz besteht aus einem Zitat, das durch drei Punkte als nicht vollständig signalisiert wird: „Die Sinnlichkeit von Mobilität in puristischer Form...". Das Zitat könnte ein Anakoluth sein. Es macht aber auch einen Sinn, einen zweigliedrigen Nominalsatz anzunehmen, dessen Funktion es ist, das erste Satzglied des vorausgegangenen Nominalsatzes weiter zu spezifizieren und durch ein Zitat zu belegen. Im Beispiel 2 treten zwei eingliedrige Nominalsätze mit weiteren Attribuierungen auf. Es handelt sich um die Formen „pränukleares Pronominalattribut + pränukleares Adjektivattribut + substantivischer Nukleus + postnukleares Genitivattribut" („Die spezifischen Merkmale des Audi TT Roadster") sowie „substantivischer Nukleus + postnukleares Adjektivattribut" („Sportwagen pur") im Zitat. Die Beispiele 1 und 2 verweisen auf die Merkmale und Qualität des Audi TT Roadster. Im Beispiel 3 setzt sich die Überschrift aus einem eingliedrigen Nominalsatz mit Attribuierung und einem eingliedrigen Nominalsatz ohne Attribuierung zusammen. Ersterer liegt in der Form „pränukleares Pronominalattribut + substantivischer Nukleus + postnukleares Genitivattribut“ vor; Letzterer ist als Zitat ein eingliedriger Nominalsatz aus einem Satzglied mit zwei gereihten adjektivischen Nuklei. Die Überschrift benennt die Qualität der Ausstattung. Im Beispiel 4 sind ein eingliedriger Nominalsatz mit Attribuierung und ein einfacher Verbalsatz als Zitat gegeben. Beim Nominalsatz zeigt sich die Form „pränukleares Pronominalattribut + pränukleares Adjektivattribut + substantivischer Nukleus + postnukleares Genitivattribut“. Die Überschrift kennzeichnet die Perfektion der sportlichen Leistungen des Audi TT Roadster. Im Beispiel 5 tritt ein einfacher Verbalsatz auf „Sportwagen und Sicherheit sind kein Gegensatz mehr“. Die Überschrift verweist darauf, dass die Sicherheitstechnik des Audi TT Roadster die sportlichen Leistungen nicht behindert, sondern sogar fördert. Im Beispiel 6 ist ein Gesamtsatz aus zwei Nominalsätzen vertreten, die durch einen Gedankenstrich getrennt sind, wobei der zweite Nominalsatz den ersten spezifiziert. Der erste Nominalsatz ist zweigliedrig, dessen Satzglieder „Roadsterfahrer“ und „in Deutschland“ den Akteur mit Ortsbezug darstellen; im zweiten Nominalsatz markieren die Satzglieder die Akteure „leidenschaftliche Autofans“ sowie die Eigenschaften dieser Akteure „mit hohen Ansprüchen“. Im Beispiel 7 ist ein einfacher Verbalsatz als Zitat vorhanden. Es wird auf die Überlegenheit des Audi TT Roadster gegenüber anderen Sportwagen verwiesen. Die achte Überschrift setzt sich aus zwei zweigliedrigen Nominalsätzen zusammen. Die Satzglieder des ersten Nominalsatzes „Der Audi TT Roadster“ und „im Wettbewerbsumfeld“ beschreiben den Aktionsgegenstand und die Zuordnung; die Satzglieder des zweiten Nominalsatzes „Fahrleistungen, Motordaten und Versicherungsklassen“ und „im Vergleich“ benennen die technischen Daten mit Zuordnung. Im Beispiel 9 treten ein einfacher Verbalsatz – im Imperativ – und ein eingliedriger Nominalsatz mit Attribuierungen als Zitat auf. Letzterer erhält die Form „pränukleares Pronominalattribut + substantivischer Nukleus + postnukleares Genitivattribut“. Ein einfacher Verbalsatz ist in 10 vertreten. Es wird eine Erfolgsgeschichte des Audi TT Roadster prognostiziert.

Die Überschriften, die auf die Unterkapitel 1. Grades verweisen und nicht im Inhaltsverzeichnis vorkommen, sind bis auf eine Ausnahme alle isoliert gebrauchte einfache Nominalsätze. In einem Fall ist ein einfacher Verbalsatz vorhanden.

11. Fahrwerk, Räder, Reifen. (P1, 14, 11)
12. Dezent, gediegen, komfortabel. (P1, 12, 17)
13. Das visionäre Design des Audi TT Roadster. (P1, 8, 16)
14. Nappaleder für den Audi TT Roadster. (P1, 12, 18)
15. Individualität pur. (P1, 17, 1)
16. Audi TT Roadster – „Europas Auto 1" des Jahres '99. (P1, 28, 1-2)
17. Bester Sportwagen: Audi TT. (P1, 28, 28-29)
18. Der Roadster Markt in Deutschland. (P1, 26, 18)
19. Kopffreiheit grenzenlos in Sekunden. (P1, 10, 5)
20. „Sein extrem neutrales, spurtreues Fahrverhalten erinnert an einen professionellen Rennwagen." (P1, 22, 1-3)

In den Beispielen 11 und 12 treten eingliedrige Nominalsätze ohne Attribuierung auf. Beispiel 11 enthält ein Satzglied aus drei gereihten substantivischen Nuklei, die auf Autoteile verweisen. Beispiel 12 setzt sich aus einem Satzglied, bestehend aus drei gereihten adjektivischen Nuklei, zusammen und benennt die Art der Qualitätsmerkmale. Eingliedrige Nominalsätze mit Attribuierung sind in den Beispielen 13-15 vorhanden. In 13 ist die Form „pränukleares Pronominalattribut + pränukleares Adjektivattribut + substantivischer Nukleus + postnukleares Genitivattribut" nachzuweisen. In 14 zeigt sich die Form „substantivischer Nukleus + postnukleares Präpositionalattribut". In 15 findet sich das in der Werbesprache typische postnukleare Adjektivattribut. Die Beispiele 16-19 stellen zweigliedrige Nominalsätze dar. In 16 und 17 sind die Satzglieder durch einen Gedankenstrich bzw. Doppelpunkt getrennt, wobei in 16 das zweite Satzglied „Europas Auto 1 des Jahres '99" das erste Satzglied wertend spezifiziert; in 17 geht die Wertung vom ersten Satzglied aus. Beide Sätze stellen *conditio* und *consequentia* einander gegenüber. In 18 benennen die Satzglieder „Der Roadster Markt" und „in Deutschland" den Aktionsgegenstand mit Ortsbezug. In 19 lässt sich im zweigliedrigen Nominalsatz bei den Satzgliedern „Kopffreiheit grenzenlos" und „in Sekunden" das Leistungsversprechen mit Zeitbezug erkennen. Ein einfacher Verbalsatz ist in 20 vertreten.

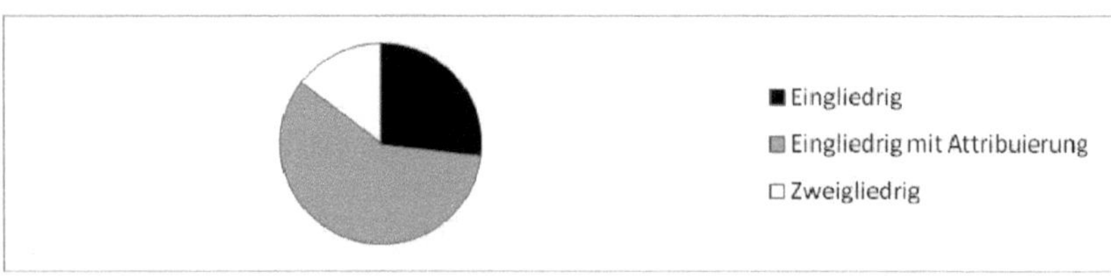

Abb. 312: Nominalsatztypen in den Überschriften in der Produktinformation

Die Abb. 312 und 313 zeigen die statistischen Ergebnisse der Untersuchung der Nominalsatztypen und Attribuierungstypen.

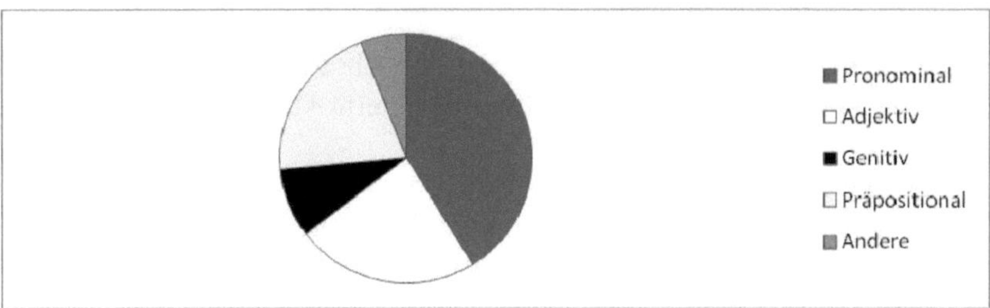

Abb. 347: Attribuierungstypen in den Nominalsätzen (eingliedrig) in der Produktinformation

Wie aus Abb. 312 deutlich wird, haben 58,5 % aller Nominalsätze einen substantivischen Nukleus mit Attribuierungen. Mit deutlich geringerem Anteil werden zweigliedrige Typen (14,6 %) und eingliedrige Nominalsätze ohne Attribuierung (26,8 %) verwendet. Dreigliedrige Typen kommen nicht vor. Bei den substantivischen Nuklei mit Attribuierung werden am häufigsten mit einem Anteil von 41,2 % substantivische Nuklei mit einem pränuklearen Pronominalattribut gebraucht. Auch noch relativ häufig mit insgesamt 23,5 % tauchen substantivische Nuklei mit einem pränuklearen Adjektivattribut auf. Das postnukleare Präpositionalattribut ist mit 20,6 % aller Attribute vertreten. Als typisch für die Werbesprache können in zwei Fällen substantivische Nuklei mit einem postnuklearen unflektierten Adjektivattribut nachgewiesen werden. In 8,8 % aller Fälle tauchen substantivische Nuklei mit einem postnuklearen Genitivattribut auf.

Mit 97 % sind nahezu alle Überschriften Aussagesätze. Nur einmal ist ein Aufforderungssatz vertreten (21). Weiterhin gibt es eine Entscheidungsfrage (22), die im Sinne einer Leserfrage formuliert und im folgenden Abschnitt beantwortet wird.

21. Zeigen Sie alles. (P1, 34, 1)
22. Mit neuem Schwung? (P1, 31, 2)

Obwohl solche rhetorische Fragen die direkte Ansprache des Lesers erleichtern, wird fast nie auf sie zurückgegriffen. Vielmehr wird versucht, mit zitierten provokativen Feststellungen wie „Audi hat das Schnellfahren wieder ein Stückchen perfektioniert“, Aussagen in metaphorischer Form wie „Die Sinnlichkeit von Mobilität in puristischer Form ...“ sowie Übertreibungen wie „Kopffreiheit grenzenlos in Sekunden“ und zitierten

Metaphern wie „Ein Spiegelbild der emotionalen Kraft“ das Interesse des Lesers zu wecken.

4.7.3.2 Syntax der Absätze

Im Rahmen der syntaktischen Analyse der Absätze werden in der Produktinformation insgesamt 373 Sätze analysiert. Auf jede Seite verteilen sich rund 10 Sätze.

Für die Verteilung der Sätze auf die Satztypen des isoliert gebrauchten einfachen Verbalsatzes, des komplexen Verbalsatzes, des isoliert gebrauchten einfachen Nominalsatzes, der Nominal-/Verbalsatzverbindungen und des selbständig gebrauchten einfachen Nebensatzes werden in Abb. 314 die Ergebnisse dargestellt.

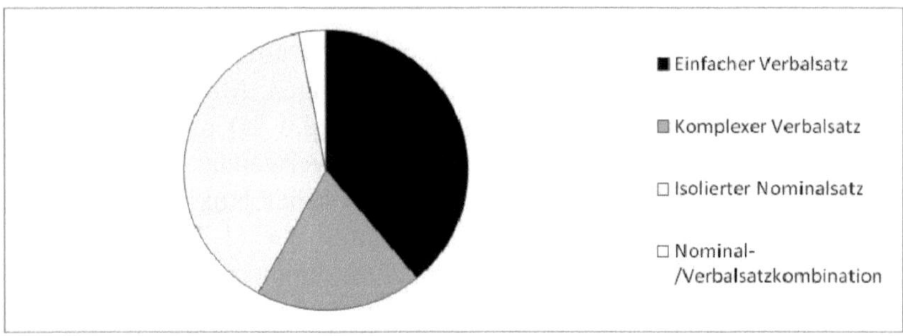

Abb. 314: Satztypen in den Sätzen des Textkorpus in der Produktinformation

Am häufigsten kommen einfache Verbalsätze und isoliert gebrauchte einfache Nominalsätze mit jeweils 39,1 % vor. Die hohe Frequenz an isoliert gebrauchten einfachen Nominalsätzen ist auf die häufige Aufzählung von Ausstattungsteilen, Leistungen und technischen Daten des Fahrzeugs zurückzuführen. Auf den komplexen Verbalsatz entfällt ein Anteil von 18,8 %. Verschwindend gering ist der Anteil an Nominal-/ Verbalsatzverbindungen (2,7 %).

Isoliert gebrauchte einfache Nominalsätze sind häufig eingliedrig (1-4); es gibt weiterhin zwei- (5) und dreigliedrige (6, 7, 8) Nominalsätze. Ein Gesamtsatz aus zwei bzw. drei Nominalsätzen ist in den Beispielen 9 und 10 zu entnehmen.

1. Servolenkung. (P1, 15, 15)
2. Elektronische Differentialsperre EDS (P1, 14, 16)
3. Verdeck in Schwarz oder Grün aus isoliertem Stoffgewebe, voll versenkbar. (P1, 14, 41-42)
4. Nebelscheinwerfer, ellipsoid, in Hauptscheinwerfer integriert. (P1, 14, 24-25)

5. 2 Leuchten im Gepäckraum. (P1, 14, 62)
6. Tank- und Heckklappenöffnung durch Taster in der Mittelkonsole. (P1, 15, 33-34)
7. Elektrohydraulischer Antrieb bei 165 kW serienmäßig. (P1, 14, 44-45)
8. Querstabilisator an beiden Hinterachsen zur nochmaligen Steigerung der hohen Fahrstabilität. (P1, 22, 19-21)
9. Keine Ablenkung des Fahrers, da vollautomatische Funktion. (P1, 21, 27-28)
10. Die Felgen: oben 6-Arm-Design unten 5-Arm-Parabol-Design. (P1, 16, f-i)

Ein eingliedriger Nominalsatz verweist häufig auf die Autofunktion (1, 2) bzw. Autoteile (3, 4). Im Beispiel 1 ist der Nominalsatz eingliedrig ohne Attribuierung, das Satzglied besteht aus einem substantivischen Nukleus. Im Beispiel 2 findet sich ein eingliedriger Nominalsatz mit Attribuierung (Apposition). Beispiel 3 zeigt ebenfalls einen eingliedrigen Nominalsatz mit Attribuierung: Es handelt sich um das postnukleare Präpositionalattribut „in Schwarz oder Grün“ und „aus isoliertem Stoffgewebe“ und um das postnukleare Adjektivattribut „voll versenkbar“ zum Nukleus „Verdeck“. Eine Umformungsprobe führt zum Nominalsatz „das in Schwarz oder Grün aus isoliertem Stoffgewebe voll versenkbare Verdeck“. Beispiel 4 ist dem Beispiel 3 ähnlich: Zum Nukleus „Nebelscheinwerfer“ existieren postnukleare Adjektivattribute „ellipsoid“ und „in Hauptscheinwerfer integriert“. Eine Umformungsprobe ergibt den Satz „ellipsoider, in Hauptscheinwerfer integrierter Nebelscheinwerfer“. Zweigliedrige Nominalsätze (5) beschreiben die außersprachliche Realität, indem sie Relationen zwischen dem Aktionsgegenstand „2 Leuchten“ und dem Ort „im Gepäckraum“ herstellen. Eine Verbindung aus Aktionsgegenstand („Tank- und Heckklappenöffnung“), Durchführungsart („durch Taster“) und Ortsbezug („in der Mittelkonsole“) ist in einem dreigliedrigen Nominalsatz (6) kennzeichnend. Der dreigliedrige Nominalsatz im Beispiel 7 „Elektrohydraulischer Antrieb [/] bei 165 kW [/] serienmäßig“ charakterisiert den Aktionsgegenstand, die notwendige Bedingung sowie die Art und Weise. Im Beispiel 8 benennen die Satzglieder „Querstabilisator“, „an beiden Hinterachsen“ und „zur nochmaligen Steigerung der hohen Fahrstabilität“ den Aktionsgegenstand mit Ortsbezug und den Zweck der Handlung. Bei den Beispielen 9 und 10 handelt es sich jeweils um einen Gesamtsatz aus zwei bzw. drei nominalen Teilsätzen, wobei die Teilsätze mittels Doppelpunkt bzw. Komma voneinander getrennt sind. Die Teilsätze in 9 benennen den Funktionsrahmen *Aussage – Begründung.* Dabei wird in 9 der durch die Konjunktion „da“ eingeleitete Kausalsatz nominal realisiert. Im Beispiel 10 wird ein eingliedriger Nominalsatz „Die Felgen“ mit zwei zweigliedrigen Nominalsätzen „oben [/] 6-Arm-Design“ und „unten [/] 5-Arm-Parabol-Design“ verbunden. Der eingliedrige nominale Teilsatz markiert dabei den Aktionsgegenstand, die zweigliedrigen Nominalsätze die Zuordnung.

Einfache Verbalsätze sind in den Beispielen (11-13) gegeben.

11. Offene Sportwagen haben schon immer besonders starke Emotionen geweckt. (P1 ,6, 5-6)
12. Zum besten Coupé – nach übereinstimmender Pressemeinung – gesellt sich jetzt der „absolute“ Roadster. (P1, 6, 15-17)
13. „Auf flachen Siebzehnzöllern und breiter vorderer Spur geht es exakt und fast neutral ums Eck, gierig einlenkend....“ (P1, 14, 26-30)

Dabei zeigen sich in den Beispielen 12 und 13 sprachliche Besonderheiten. Im Beispiel 12 wird das Satzglied „nach übereinstimmender Pressemeinung“ durch Gedankenstriche hervorgehoben, das Verbum finitum des Aussagesatzes befindet sich in Drittstellung. Im Beispiel 13 wird ein Modaladverbiale „gierig einlenkend“ durch ein Komma abgetrennt. Der Satz stammt aus einem Zitat, das durch die drei Punkte als nicht vollständig markiert ist.

Bei den komplexen Verbalsätzen sind Hypotaxen (48,6 %) und Parataxen (42,9 %) zu fast gleichen Anteilen vorhanden. Der Anteil der parataktisch-hypotaktischen Satzkombinationen am Gesamtanteil der Satzverbindungen ist mit 8,6 % deutlich geringer.

Abb. 315: Komplexe Verbalsätze in den Sätzen des Textkorpus in der Produktinformation

Alle Parataxen sind Satzkombinationen aus zwei Teilsätzen (14, 15). Repräsentative Beispiele für Parataxen sind:

14. Er ist unsere puristische Definition des offenen Sportwagens einer neuen Generation und wird seine Zielgruppe in Begeisterung versetzen. (P1, 6, 8-10)
15. Dadurch tragen sie [= die Überrollbügel] zu der extrem hohen Torsionssteifigkeit des Audi TT Roadster bei. Und schützen so die Insassen im Falle eines Überschlags. (P1, 11, 12-15)

In beiden Beispielen werden die Teilsätze syndetisch durch die Konjunktion „und“ gereiht, wobei in 15 der zweite Teilsatz parzelliert wird.

Es werden aufeinander bezogene Sachverhalte dargestellt, die sich inhaltlich ergänzen. Der Gesamtsatz in 14 markiert die puristische Form des Audi TT als neuen Trend des offenen Sportwagens. Beispiel 15 hebt die Leistungsfähigkeit der Überrollbügel hervor.

Bei Hypotaxen kommt es neben den Verbindungen aus zwei Teilsätzen (16), die den größten Anteil übernehmen, vereinzelt zu Hypotaxen aus drei Teilsätzen (17, 18).

16. Es gibt Kunden, die auch in einem Roadster stoffbezogene Sitzflächen bevorzugen. (P1, 12, 32-33)
17. „Wo also das Volk bestenfalls mit einem A3 Turbo rechnen durfte, bekommt es nun mit dem Audi TT eine heiße kleine Fahrmaschine, zu einem Preis, der eine herrliche Überdosis an Fahrleistungen und Design plötzlich in greifbarer Nähe rückt." (P1, 15, 1-4)
18. Eine Wiederstartmöglichkeit stellt nach einem Unfall sicher, daß der Motor eines noch manövrierfähigen Fahrzeugs wieder gestartet werden kann, um es aus eigener Kraft aus einem Gefahrenbereich zu entfernen. (P1, 24, b-h)

Im Beispiel 16 wird ein Hauptsatz mit einem Attributsatz verbunden. Es wird auf die Zielgruppe verwiesen. Im Beispiel 17, das ein Zitat ist, wird als erster Teilsatz ein Adverbialsatz (Lokalsatz) gebraucht, der mit einem Hauptsatz (2. Teilsatz) und einem Attributsatz (3. Teilsatz) kombiniert wird, wobei im Hauptsatz das Satzglied „zu einem Preis" durch Kommata hervorgehoben wird. Der Gesamtsatz verweist auf das günstige Preis-Leistungsverhältnis des Audi TT. Im Beispiel 18 liegt beim ersten Teilsatz ein Hauptsatz, beim zweiten Teilsatz ein Objektsatz – der vom Verbum finitum des Hauptsatzes abhängig ist – und beim dritten Teilsatz ein Finalsatz – der vom Verbum finitum des Objektsatzes abhängig ist – vor.

Bei den parataktisch-hypotaktischen Satzkombinationen liegt der Schwerpunkt auf Satzkombinationen mit drei Teilsätzen (19, 20). Vereinzelt werden vier Teilsätze miteinander verbunden (21).

19. Das Verdeck des Audi TT Roadster besteht aus isoliertem Stoffgewebe und bietet selbstverständlich den Audi-typischen hohen Nutzwert – auch wenn es beim Fahren nur selten in Erscheinung treten wird. (P1, 10, 26-30)
20. Ungewöhnliche Formen sind ja keineswegs verpönt, aber dann müssen sie mit dem ruhigen Stil einhergehen, den zur Zeit die Konkurrenz kultiviert. (P1, 31, 15-18)
21. So sind Sie informiert, falls ein Kunde mit Ihnen über Roadster allgemein sprechen möchte oder bereit ist, von seiner ursprünglichen Kaufidee eines „Billig- Roadster" zum Audi TT Roadster aufzusteigen. (P1, 32, 5-8)

Im Beispiel 19 werden zwei syndetisch gereihte Hauptsätze als erster und zweiter Teilsatz mit einem Konditionalsatz (3. Teilsatz) verbunden, wobei Letzterer durch einen Gedankenstrich hervorgehoben ist. Der Gesamtsatz benennt ein Leistungsversprechen bezogen auf die Qualität des Verdecks. Im Beispiel 20 ist eine parataktisch-hypotaktische Satzkombination vorhanden, bestehend aus zwei syndetisch gereihten Hauptsätzen (1. und 2. Teilsatz) und einem Attributsatz (3. Teilsatz). Es wird auf das Design und den Stil des neuen Audi TT im Gegensatz zu Konkurrenzfahrzeugen verwiesen. Der Gesamtsatz in 21 besteht aus vier Teilsätzen: Der erste Teilsatz ist ein Hauptsatz, der zweite und dritte Teilsatz sind zwei gereihte Konditionalsätze, der vierte Teilsatz ist ein Objektsatz in der Form eines Infinitivsatzes. Der Gesamtsatz klärt die Vertriebsmitarbeiter auf und stellt eine Handlungsanweisung an sie dar.

Bei den Nominal-/Verbalsatzkombinationen sind Satzverbindungen aus zwei (22), drei (23) und vier (24) Teilsätzen gegeben.

22. Die Form folgt ganz klar der Funktion, ein klassisches Merkmal von Industriedesign. (P1, 8, 47-49)
23. Auf Wunsch übernimmt ein elektrohydraulischer Antrieb diese Aufgabe, so daß man doch komfortabler in den Genuß von Luft und Licht kommt (Serienausstattung bei 165 kW). (P1, 10, 20-24)
24. Spätestens, wenn die ersten Sonnenstrahlen durch die Wolken blitzen, wird das Dach geöffnet, und man genießt die grenzenlose Kopffreiheit. (P1, 10, 9-12)

Im Beispiel 22 ist ein Verbalsatz (1. Teilsatz) mit einem Nominalsatz (2. Teilsatz) kombiniert. Letzterer dokumentiert eine Bewertung bzw. Spezifizierung des ersten Teilsatzes. Der Gesamtsatz in 23 setzt sich aus einem verbalen Hauptsatz (1. Teilsatz), einem verbalen Nebensatz (Konsekutivsatz, 2. Teilsatz) und einem zweigliedrigen Nominalsatz „Serienausstattung [/] bei 165 kW“ (3. Teilsatz) zusammen, wobei der Nominalsatz in Klammern dargestellt ist und den Aktionsgegenstand und die notwendige Bedingung angibt. In 24 zeigt sich beim ersten Teilsatz ein Nominalsatz, der mit einem verbalen Nebensatz (2. Teilsatz) und zwei syndetisch gereihten verbalen Hauptsätzen (3. und 4. Teilsatz) verbunden ist. Es ist aber auch möglich, „Spätestens“ als herausgestelltes Element des zweiten Teilsatzes, des Hauptsatzes zu interpretieren (Wenn die ersten Sonnenstrahlen durch die Wolken blitzen, wird spätestens das Dach geöffnet). Es wird auf die Qualität und den Genuss der „grenzenlosen Kopffreiheit“ verwiesen.

Insgesamt kommen bei den komplexen Verbalsätzen und Nominal-/ Verbalsatzkombinationen die Nebensatztypen in der folgenden Häufigkeit in der Produktinformation vor:

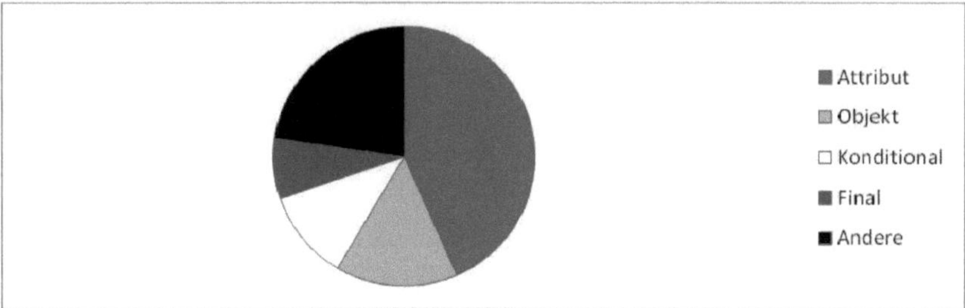

Abb. 316: Nebensatztypen in den Sätzen des Textkorpus in der Produktinformation

Bei der Verteilung der Nebensätze auf einzelne Satztypen kommen am häufigsten Attributsätze mit einem Anteil von 43,4 % vor. Seltener werden mit 15,1 % Objektsätze, mit 11,3 % Konditionalsätze und mit 7,5 % Finalsätze ermittelt. Andere Nebensatztypen liegen bei 5,7 % und weniger. Repräsentative Beispiele für Nebensatztypen sind:

25. Als Verkäufer haben Sie jetzt zwei besonders attraktive Pfeile im Köcher, mit denen Sie die Herzen der Sportwagenkäufer in diesem imageträchtigen Markt erobern können.
26. Zusätzliche **Gurtkraftbegrenzer** bewirken, daß die Schultergurtkräfte auch bei schweren Frontalunfällen auf ein moderates Maß beschränkt bleiben. (P1, 24, c-g)
27. Auch wenn beim Kauf eines Sportwagens nicht unbedingt mit betriebswirtschaftlichen Maßstäben gemessen wird – die günstige Versicherungseinstufung ist immer ein überzeugendes Argument für den Audi TT Roadster. (P1, 33, a-f)
28. Eine Wiederstartmöglichkeit stellt nach einem Unfall sicher, daß der Motor eines noch manövrierfähigen Fahrzeugs wieder gestartet werden kann, um es aus eigener Kraft aus einem Gefahrenbereich zu entfernen. (P1, 24, 63-69)

In den Beispielen 25 und 26 liegt jeweils eine hypotaktische Satzkombination aus einem Hauptsatz und einem Nebensatz vor. In 27 ist als erster Teilsatz ein Nebensatz und als zweiter Teilsatz ein Hauptsatz gegeben. Da der Konditionalsatz eine Satzgliedposition besitzt, befindet sich das Verbum finitum „ist" des Hauptsatzes in einer Drittstellung. Bei den Nebensatztypen handelt es sich um einen Attribut- (25), Objekt- (26) und Konditionalsatz (27). Eine hypotaktische Satzkombination aus drei

Teilsätzen findet sich im Beispiel 28: Es wird ein Hauptsatz als erster Teilsatz mit einem Objektsatz (2. Teilsatz) und einem Finalsatz (3. Teilsatz) kombiniert.

Bei den Satzarten kann festgehalten werden, dass nahezu alle Sätze Aussagesätze sind. In sechs Fällen konnte eine Aufforderung ermittelt werden (39, 30, 31, 32); in einem Fall ein Fragesatz (33). Bei der Aufforderung sind jedoch Unterschiede zu den bisherigen Textexemplaren zu verzeichnen. Hier findet keine Benutzeransprache, sondern eine Mitarbeiteransprache statt.

29. Beachten Sie bitte die gesonderten Informationen der quattro GmbH. (P1, 17, 65-67)
30. Nutzen Sie diese Chance zur Fortsetzung unserer gemeinsamen Erfolgsstory! (P1, 6, 23-24)
31. Lassen Sie Ihre Kunden dies auch erleben. (P1, 34, 12)
32. Fügen Sie unserer gemeinsamen Erfolgsstory Ihr persönliches Kapitel mit dem Audi TT Roadster hinzu. (P1, 36, 10-11)
33. Wetten, daß das makassinbraune Leder viele offene TT schmücken wird?" (P1, 35, 28-21)

4.7.4 Satzglieder und lexikalische Merkmale

Die statistischen Ergebnisse der Verteilung der Lexeme der Satzglieder und Satzgliedteile zu den Wortschatzbereichen zeigt Abb. 317.

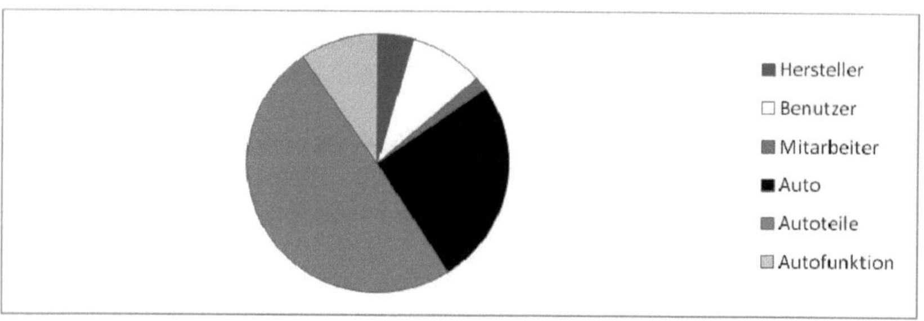

Abb. 317: Wortschatzbereiche in den Sätzen des Textkorpus in der Produktinformation

In knapp der Hälfte aller Satzglieder finden sich Begriffe zu den „Autoteilen". Im Wortschatzbereich „Autoteile" ist auch die Anzahl der unterschiedlichen Begriffe am höchsten.

– Autoteile: Räder, Verdeck, Reifen, Motor, Überrollbügel, Windschott, Gepäckraum, Sitzheizung, Lenkrad, Scheibenwaschdüsen,

Doppelscheinwerfer, Frontscheinwerfer, Dreipunkt-Automatik-Sicherheitsgurte, Außentemperaturanzeige u.a.

Begriffe zum „Auto“ gibt es mit einem Anteil von 25,7 %. Auch die hohe Anzahl unterschiedlicher Begriffe zum „Auto“ spielt in der Produktinformation eine wichtige Rolle. Insbesondere wird der Name des „Audi TT Roadster“ als Werbestrategie relativ häufig genannt. Weiterhin wird das Audi-Modell Fahrzeugen anderer Hersteller bzw. Wettbewerber wie „Mercedes SLK“, „BMW Z3“ und „Porsche Boxster“ gegenübergestellt. Daneben werden Synonyme eingesetzt, die die besonderen Merkmale und Leistungen des Audi TT Roadster auf dem Automarkt hervorheben, z.B. „Nummer 1“, „Ingolstädter Kraftpaket“, „Trendsetter“, „Shooting-Star“ etc.

Knapp 1/10 aller Satzglieder sind dem Wortschatzbereich „Autofunktion“ zuzuordnen. Bei den „Autofunktionen“ kann ebenfalls eine hohe Variation an Begriffen festgestellt werden.

– Autofunktion: Fünfventiltechnik, adaptive Leerlaufauffüllungsregelung, Schubabschaltung, vollelektronische sequentielle Mehrstelleneinspritzung, Zündsystem, Abgasreinigungssystem, Zentralverriegelung, Anti-Blockier-System ABS, elektronische Bremskraftverteilung EBV, elektronische Differentialsperre EDS, Antriebs-Schlupf-Regelung ASR, Fahrerinformationssystem FIS, Diebstahlsicherung, Automatische Bandsortenerkennung u.a.

Innerhalb der Satzglieder mit Subjektbezug dominieren Begriffe zum „Benutzer“ bzw. „Kunden“ mit einem Anteil von 9,1 % aller Satzglieder. Hier wird darauf Wert gelegt, dass der Audi TT Roadster eine große Bandbreite an Nutzern anspricht: „Roadsterfahrer“, „Autofans“, „Sportwagenkäufer“, „Enthusiasten“, „Puristen“, „beruflich erfolgreiche 30- bis 40jährige“, „Experten“, „Frauen“, „Flaneure“ etc. Anders als in anderen Textexemplaren wird keine einzige Benutzeransprache über das Anredepronomen „Sie“ realisiert. Es wird bei der Mitarbeiteransprache verwendet. Dadurch werden in der Produktinformation die Benutzer nicht direkt angesprochen, sondern indirekt über Personenbezeichnungen. Der Anteil aller Begriffe im Wortschatzbereich „Mitarbeiter“ liegt trotz ihrer bedeutenden Rolle in der Produktinformation bei einem verschwindend geringen Anteil von 1,7 %.

Auf den „Hersteller“ entfällt ein Anteil von 4,4 %. Der „Hersteller“ wird in den meisten Fällen mit der Marke „Audi“ oder über das Personalpronomen „wir“ charakterisiert. Gelegentlich werden die Konkurrenten „BMW“, „Mercedes-Benz“ und „Porsche“ erwähnt, um den Mitarbeitern positive Argumente für eine besondere Werbung für den Audi TT Roadster zu geben.

Bei der Verteilung des Subjekts über die Wortschatzbereiche zeigt sich folgendes Bild:

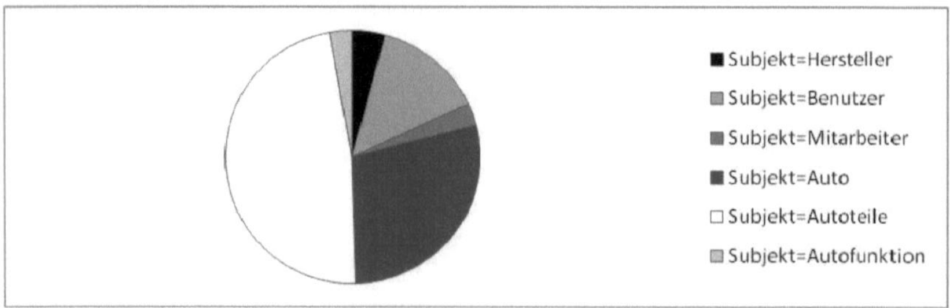

Abb. 318: Verteilung des Subjekts über die Wortschatzbereiche in der Produktinformation

Als Subjekt erscheinen die „Autoteile" (1, 2) am häufigsten (47,7 %).

1. Beim Audi TT Roadster schützt **das elegante Windschott** auf Wunsch die Insassen wirksam vor Luftverwirbelungen [...] (P1, 11, 19-21)
2. Bei der Vorstellung der Studie sorgte **diese Innenausstattung** bei vielen für erhöhten Pulsschlag. (P1, 12, 41-43)

Zusätzlich kommen 28,7 % aller Subjekte als „Auto" vor (3).

3. **Der Audi TT Roadster** bietet selbstverständlich den kompletten Ausstattungsumfang, den Audi Kunden von Ihrer Marke erwarten – auch bei einem Sportwagen. (P1, 14, 4-6)

Der Wortschatzbereich „Autofunktion" (4) nimmt bei den Subjekten einen Anteil von 2,8 % ein.

4. **Der elektrische Antrieb** sorgt für kinderleichte Bedienung (P1, 11, 27-28)

Der „Benutzer" wird in 13,9 % aller Fälle zum Subjekt (5, 6).

5. [...], und **man** genießt die grenzenlose Kopffreiheit. (P1, 10, 11-12)
6. **Manche Puristen** lassen sich dabei auch von Minusgraden nicht schrecken. (P1, 10, 7-8)

Der „Hersteller" (7, 8) bzw. der „Mitarbeiter" (9, 10) werden mit einem verschwindend geringen Anteil von 4,2 % bzw. 2,8 % aller Subjekte genutzt.

7. In den folgenden Übersichten haben **wir** den Kreis der Wettbewerber über die Kernwettbewerber hinaus erweitert. (P1, 32, 4-5)
8. **Wir** wünschen Ihnen dabei viel Spaß! (P1, 36, 12)

9. So sind **Sie** informiert, falls ein Kunde mit Ihnen über Roadster allgemein sprechen möchte oder bereit ist, von seiner ursprünglichen Kaufidee eines „Billig-Roadsters“ zum Audi TT Roadster aufzusteigen. (P1, 32, 5-8)
10. Beachten **Sie** bitte die gesonderten Informationen der quattro GmbH. (P1, 17, 65-67)

Das Textexemplar zeichnet sich insgesamt durch einen werbenden Stil aus, der mittels sprachlicher Bilder wie Metaphern „Die gedrungene Karosserie schimmert wie Materie von einem anderen Stern“ (P1, 2, 7-10), Personifizierungen „Zum besten Coupé – nach übereinstimmender Pressemeinung – gesellt sich jetzt der „absolute“ Roadster“ (P1, 6, 15-17), Übertreibungen „Der Audi TT Roadster ist weit mehr als eine Version des erfolgreichen TT Coupé. Er [= Audi TT Roadster] ist unsere puristische Definition des offenen Sportwagens einer neuen Generation und wird seine Zielgruppe in Begeisterung versetzen“ (P1, 6, 7-10), Antithesen „Eine minimale Keilform reicht aus, um eine ungeheure Dynamik zu erzeugen“ (P1, 8, 52-53) positive Emotionen wecken soll. Weiter wird die Mitarbeitermotivation durch die direkte Ansprache erreicht: „Als Verkäufer haben Sie jetzt zwei besonders attraktive Pfeile im Köcher, mit denen Sie die Herzen der Sportwagenkäufer in diesem imageträchtigen Markt erobern können. Nutzen Sie diese Chance zur Fortsetzung unserer gemeinsamen Erfolgsstory!“ (P1, 6, 20-24) Weiterhin sind in das Textexemplar zahlreiche Zitate aus populären Zeitschriften integriert „Mattschimmerndes Aluminium im aufwendig verarbeiteten Bereich von Lenkrad, Radio und Lüftungseinheiten sowie eine Pedalerie aus gelochten Edelstahlplatten sorgen für eine Atmosphäre wie im italienischen Nobelrestaurant auto motor und sport 23/98“ (P1, 34, 32-38). Auf sie können die Mitarbeiter in ihren Verkaufsgesprächen verweisen.

4.7.5 Rolle der Semantik bei der Ermittlung der Verbvalenz

Im Rahmen der Verbvalenzanalyse werden insgesamt 127 Verben analysiert. Die Verben sind dabei den Wortschatzbereichen „Benutzer“, „Auto“, Autoteile“, „Benutzer + Autoteile“ und „Auto + Autoteile“ zugeordnet.

Die statistischen Ergebnisse zu den Verben und ihren Wertigkeiten sind in Abb. 319 erfasst.

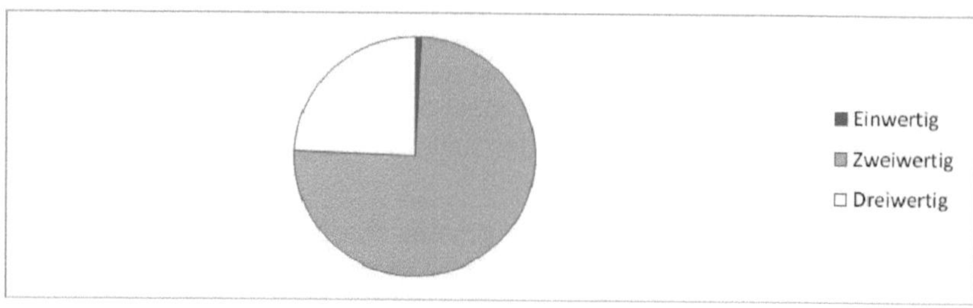

Abb. 319: Wertigkeiten der Verben in der Produktinformation

Einwertige Verben werden nur in einem Fall im Wortschatzbereich „Auto“ erfasst.

1. **Der Auto TT Roadster**/kommt. (P1, 5, c)

Im Beispiel 1 erhält das Verbum *kommen* das Sem ‚generelle Tätigkeit‘ und konstituiert den Satztypus E_N-V.

Knapp 3/4 aller Verben sind zweiwertig. Zweiwertige Verben sind mit 13,7 % im Wortschatzbereich „Benutzer“ (2) gegeben. Mit dem größten Anteil von 26,3 % bzw. 28,4 % sind zweiwertige Verben in den Wortschatzbereichen „Auto“ (3) bzw. „Autoteile“ (4, 5) vertreten. Deutlich geringer ist der Anteil zweiwertiger Verben in den Wortschatzbereichen „Benutzer + Autoteile“ (6,3 %) (6) bzw. „Auto + Autoteile“ (8,4 %) (7). Repräsentative Beispiele sind:

2. Spätestens, wenn die ersten Sonnenstrahlen durch die Wolken blitzen, wird das Dach geöffnet, und/**man**/genießt/**die grenzenlose Kopffreiheit**. (P1, 10, 9-12)
3. Und nun, im 23.Jahr der Leserkür/, hängt/**das Audi TT Coupé**/**den Abonnementssieger aus Zuffenhausen**/ab [...] (P1, 28, 39-42)
4. Spätestens, wenn die ersten Sonnenstrahlen durch die Wolken blitzen, wird/**das Dach**/geöffnet, und man genießt die grenzenlose Kopffreiheit. (P1, 10, 9-12)
5. **Ein 2,0-Liter-Sechszylinder mit 110 kW (150 PS)**/ersetzt/**die bisherigen 1,9-Liter-Vierzylinder**. (P1, 31, 32-33)
6. Dadurch/tragen/**sie** [= die Überrollbügel]/zu der extrem hohen Torsionsteifigkeit des Audi TT Roadster/bei. Und schützen/so/**die Insassen**/im Fall eines Überschlags. (P1, 11, 9-15)
7. Denn praktisch jedes Karosseriebauteil wurde so ausgelegt, daß/**es**/neben seiner primären Funktion/**die Statik des TT Roadster**/optimal/unterstützt. (P1, 8, 20-22)

Im Beispiel 2 konstituiert das Verbum *genießen* den zweiwertigen Verbalsatztypus E_N-V-E_A. Als E_N ist das Indefinitpronomen „man“ vertreten, das einen Bezug zum Wortschatzbereich „Benutzer“ herstellt. Die

E_A „die grenzenlose Kopffreiheit“ signalisiert das Sem ‚objektorientiert‘. Das Verbum *abhängen* in 3 bildet den Satztypus E_N-V-E_A. Als E_N ist das Modell „das Audi TT Coupé“ vertreten, wodurch der Bezug zum Wortschatzbereich „Auto“ hergestellt werden kann. Die lexikalische Besetzung der E_A „den Abonnementssieger aus Zuffenhausen“ kennzeichnet das Sem ‚objektorientiert‘. Die Verben *öffnen* und *ersetzen* in den Beispielen 4 und 5 bilden den zweiwertigen Verbalsatztypus E_N-V-E_A. Durch die lexikalische Besetzung der zweiten Leerstelle E_A „das Dach“ bzw. „die bisherigen 1,9-Liter-Vierzylinder“ werden das Sem ‚objektorientiert‘ und der Wortschatzbereich „Autoteile“ markiert. Im Beispiel 6 tritt das Verbum *schützen* mit dem Verbalsatztypus E_N-V-E_A auf. Als E_N ist die Bezeichnung „sie [= Überrollbügel]“ vorhanden, wodurch ein Bezug zum Wortschatzbereich „Autoteile“ hergestellt wird. Die E_A wird mit dem „Benutzer“ besetzt. Die lexikalische Differenzierung ergibt sich aus der zweiten Leerstelle, so dass das Sem ‚persongerichtet‘ markiert wird. Im Beispiel 7 bildet das Verbum *unterstützen* den Verbalsatztypus E_N-V-E_A. Als E_N ist die Bezeichnung „es [= Karosseriebauteil]“ vorhanden, welches dem Wortschatzbereich „Autoteile“ zuzuordnen ist. Als E_A erscheint die Bezeichnung „die Statik des TT Roadster“, wodurch ein Bezug zum Wortschatzbereich „Auto“ hergestellt und das Sem ‚objektorientiert‘ realisiert wird.

Zum Verbum *genießen* existiert bei G. Wahrig (W, 538) und im großen Wörterbuch der deutschen Sprache (D, IV, 1458) eine vergleichbare Zweiwertigkeit *(ich habe meinen Urlaub sehr genossen/die Natur genießen)* mit der Verbsemantik „Freude habe an etw./mit Freunde, Genuss auf sich wirken lassen“. Das Verbum *öffnen* ist im großen Wörterbuch der deutschen Sprache mit dem Kontext *(die Tür öffnen)* (D, VI, 2788) zweiwertig – so auch bei U. Engel-H. Schumacher im Kontext *(Der Hausmeister öffnet die Tür)* (E/S, 231). Zum Verbum *abhängen* existiert bei G. Wahrig (W, 131) und im großen Wörterbuch der deutschen Sprache (D, I, 82) eine vergleichbare Verbsemantik „[umgs.] jmdm. loswerden, entfliehen“ mit den Beispielen *(einen unerwünschten Begleiter abhängen/Du denkst, du kannst mich abhängen, was?)*. Ebenso findet sich bei Wahrig (W, 436) und im großen Wörterbuch der deutschen Sprache (D, III, 1097) zum Verbum *ersetzen* ein vergleichbarer Befund mit dem Semem „für etw. anderes geben, ausgleichen/für etw. Ersatz schaffen“ und den Beispielen *(alte Möbel durch neue ersetzen/alte Reifen durch neue ersetzen)*. Zum Verbum *unterstützen* gibt G. Wahrig die Verbsemantik „jmdm. beistehen“ und den Kontext *(jmdm. bei seiner Arbeit unterstützen)* an, die mit dem hier analysierten Befund übereinstimmen.

Dreiwertige Verben gibt es zu knapp 1/4. Dreiwertige Verben finden sich zu 16,1 % im Wortschatzbereich „Auto“ (8, 9). Im Wortschatzbereich „Autoteile“ sind die meisten dreiwertigen Verben (38,7 %) (10, 11, 12, 13). Zusätzlich sind knapp 1/10 aller dreiwertigen Verben im Wortschatzbereich „Benutzer + Autoteile“ gegeben (14). Im Wortschatzbereich „Auto + Autoteile“ sind 16,1 % aller dreiwertigen Verben nachzuweisen (15). Repräsentative Beispiele sind:

8. **Der Audi TT Roadster**/ist/**auf die wesentlichen Elemente eines offenen Sportwagens**/reduziert. (P1, 8, 4-5)
9. Bei der für die Meinungsbildung vieler Käufer wichtigen Leserwahl von auto motor und sport sorgte das Audi TT Coupé für eine Sensation: In der Gesamtwertung der Kategorie Sportwagen/verdrängte/**es**/mit 28,1 Prozent der Stimmen/**den Porsche 911/vom 1. Platz**. (P1, 28, 29-34)
10. **Die Speichen**/sind/**am Außenrand der Felgen**/angelenkt. (P1, 8, 40-41)
11. **Die hochfesten Rohre aus Aluminium**/sind/fest/**mit der Karosseriestruktur**/verbunden. (P1, 11, 10-12)
12. **Die Überrollbügel aus hochfestem Aluminium**/sind/**in die Karosseriestruktur**/integriert [...] (P1, 14, a-d)
13. **Sie** [= die Überrollbügel]/sind/fest/**in der Karosseriestruktur**/verankert. (P1, 25, 35-36)
14. Beim Audi TT Roadster/schützt/**das elegante Windschott**/auf Wunsch/**die Insassen**/wirksam/**vor Luftwirbelungen**/und sorgt auf dezente Weise für ein zugfreies Offenfahr-Erlebnis. (P1, 11, 19-22)
15. **Das Verdeck des Audi TT Roadster**/läßt/sich/schnell und mühelos/**mit Hilfe des Zentralgriffes**/öffnen/und/im Staufach/unterbringen. (P1, 10, 14-16)

Das Verbum *reduzieren* (8) bildet den dreiwertigen Verbalsatztypus E_N-V-E_A-E_{pA}. Als E_A erscheint das Modell „Audi TT Roadster“, das das Sem ‚objektorientiert‘ markiert. Die lexikalische Besetzung E_{pA} „auf die wesentlichen Elemente eines offenen Sportwagens“ signalisiert das Sem ‚in spezifischer Weise‘. Im Beispiel 9 ist beim Verbum *verdrängen* der dreiwertige Satztypus E_N-V-E_A-E_{pD} gegeben. Als E_N tritt das Modell „es [= Audi TT Coupé]“ auf. Die lexikalische Besetzung der zweiten Leerstelle E_A „Porsche 911“ realisiert das Sem ‚objektorientiert‘. Die E_{pD} „vom ersten Platz“ hebt das Sem ‚zielgerichtet‘ hervor. Die Verben *anlenken* (10), *verbinden* (11), *integrieren* (12) und *verankern* (13) konstituieren den dreiwertigen Verbalsatztypus E_N-V-E_A-E_{pD} (10, 11, 13) bzw. E_N-V-E_A-E_{pA} (12), deren Sememe aus den Semen ‚objektorientiert‘ und ‚zielgerichtet‘ zusammengesetzt sind. Das Sem ‚objektorientiert‘ ergibt sich aus der lexikalischen Besetzung der zweiten Leerstelle E_A „die Speichen“ (10), „die hochfesten Rohre aus Aluminium“ (11), „die Überrollbügel aus hochfestem Aluminium“ (12) und „Sie [= die Überrollbügel]“ (13). Das Sem ‚zielgerichtet‘ wird durch die dritte Leerstelle E_{pD} „am Außenrand der Felgen“ (10), „mit der Karosseriestruktur“ (11), „in der Karosseriestruktur“ (13) bzw. E_{pA} „in die Karosseriestruktur“ (12) markiert. Das Verbum *schützen* in 14 bildet den Satztypus E_N-V-E_A-E_{pD}. Als E_N erscheint die Bezeichnung „das elegante Windschott“, wodurch ein Bezug zum Wortschatzbereich „Autoteile“ hergestellt wird. Die E_A wird mit dem „Benutzer“ besetzt und markiert das Sem ‚persongerichtet‘. Die lexikalische Besetzung der dritten Leerstelle E_{pD} „vor Luftwirbelungen“ verweist auf einen Widerstand. Im Beispiel 15 bildet das Verbum *öffnen* den dreiwertigen Verbalsatztypus E_N-V-E_A-E_{pD}, dessen Semem sich aus der Semkombination ‚objektorientiert‘ und ‚in spezifischer Weise‘ zusammensetzt. Das Sem ‚objektorientiert‘ ergibt sich aus der E_A „das Verdeck des Audi TT Roadster“. Die spezifische Durchführungsart wird durch die E_{pD} „mit Hilfe des Zentralgriffes“ markiert.

Das Verbum *anlenken* ist fachsprachlich und wird von G. Wahrig nicht behandelt. Die Angaben zum Verbum *schützen* bei G. Wahrig mit dem Semem „bewahren, behüten“ und dem Kontext *(jmdm. oder etwas vor jmdm. oder etwas schützen)* (W, 1127) – so auch bei Engel/Schumacher mit dem Beispiel *(Diese Medizin schützt das Kind gegen Schnupfen)* (E/S, 248) – sind dem hier analysierten Befund ähnlich. Zum Verbum *verbinden* existieren im großen Wörterbuch der deutschen Sprache das Semem „[zu einem Ganzen] zusammenfügen“ und das Beispiel *(zwei Bretter [mit Leim, mit Schrauben] miteinander verbinden)* (D, IX, 4184), die mit dem hier analysierten Befund zu vergleichen sind. Zum Verbum *verdrängen* gibt es bei G. Wahrig (W, 1325) eine vergleichbare Verbsemantik „beiseite drängen, zur Seite schieben“ mit dem Beispiel *(jmdm. von seinem Platz verdrängen).* Der Gebrauch des Verbums *integrieren* ist bei G. Wahrig (W, 65) und im großen Wörterbuch der deutschen Sprache (D, V, 1959) mit dem Semem „einbeziehen, zu einem Ganzen bilden“ und dem Kontext *(Forschungsvorhaben auf europäischer Basis integrieren)* dem hier analysiertem Befund ähnlich.

Die statistischen Ergebnisse der Verben in den einzelnen Wortschatzbereichen sind in Abb. 320 zusammengefasst.

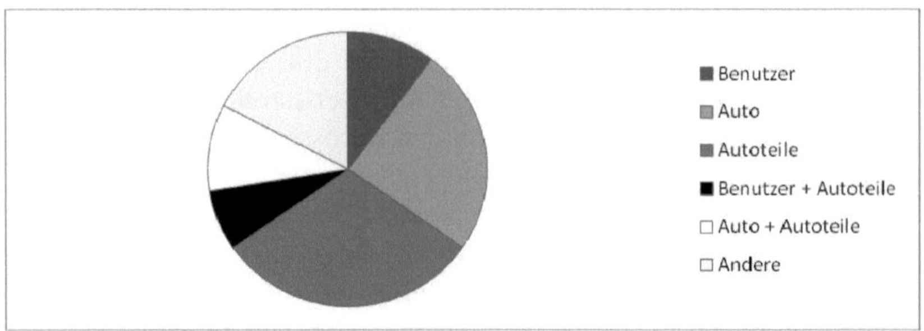

Abb. 320: Wortschatzbereiche der Verben des Textkorpus in der Produktinformation

Insgesamt gibt es mit 30,7 % die meisten Verben im Wortschatzbereich „Autoteile". Relativ häufig zu knapp 1/4 sind Verben dem Wortschatzbereich „Auto" zuzuordnen. Der Anteil der Verben, die im Wortschatzbereich „Benutzer" und „Auto + Autoteile" auftreten, ist gleich und liegt bei jeweils 10,2 %. Im Wortschatzbereich „Benutzer + Autoteile" sind lediglich 7,1 % aller Verben vertreten.

4.7.6 Zusammenfassung

Die Produktinformation wird vom Hersteller selbst formuliert und ist nur dem internen Gebrauch zugänglich, d.h., sie richtet sich ausschließlich an Mitarbeiter von Audi, die im Vertrieb arbeiten.

Makrostruktur. Die Produktinformation liegt im DIN A4-Format vor und enthält 37 Seiten. Das Textkorpus ist ein- bis zweispaltig gegliedert. Initiatoren sind das Deckblatt, Schutzblatt und Inhaltsverzeichnis. Als direkter Terminator ist der Buchdeckel vorhanden. Die Produktinformation erhält 10 Kapitel und Unterkapitel 1. Grades, die durch drucktechnisch markierte Überschriften eingeleitet werden.

Text-Bild-Kombination. In der Produktinformation gibt es insgesamt 40 Text-Bild-Kombinationen, durchschnittlich sind es 1,1 Abbildungen pro Seite. Es handelt sich vorwiegend um Fotografien, die farbig bzw. schwarz-weiß dargestellt sind. Besonders häufig wird auf die Möglichkeit „Textteil + Abb. (oben)" zurückgegriffen. Die Anordnungsvariante „Textteil + Abb. (unten)" wird in vier Fällen eingesetzt. In fünf Fällen wird die Abbildung rechts neben dem Textteil angeordnet. Etwas seltener ist die Möglichkeit „Textteil + Abb. (links)" gegeben. In einem Fall ist eine Text-Bild-Kombination vorhanden, die das Auto in einer gezeichneten Seitenansicht darstellt: Am Auto sind Zahlenwerte eingetragen, die die Maße des Autos kennzeichnen. Bei den textgesteuerten

Text-Bild-Kombinationen werden die Varianten „Textteil und Abbildung“ und „Begriff im Satz und an der Abbildung“ zu fast gleichen Anteilen eingesetzt. Knapp die Hälfte aller Abbildungen ist bildgesteuert, d.h., die Information wird hauptsächlich aus dem Bild entnommen. Auch bei der Untersuchung der Text-Bild-Funktion wird eher der werbende Charakter der Text-Bild-Kombinationen in der Produktinformation deutlich. Rund 85 % aller Abbildungen zeigen kontaktiven Charakter. Darüber hinaus findet sich in 6 Fällen der illustrierende Charakter der Abbildungen, d.h., sie dienen lediglich der Veranschaulichung.

Syntax. Überschriften setzen sich aus isoliert gebrauchten einfachen Nominalsätzen und einfachen Verbalsätzen zusammen. Mit 97 % sind nahezu alle Überschriften Aussagesätze. Nur einmal ist ein Aufforderungssatz gegeben. Weiterhin gibt es eine Entscheidungsfrage, die im Sinne einer Leserfrage formuliert und im folgenden Textteil beantwortet wird. Obwohl solche rhetorischen Fragen die direkte Ansprache des Lesers erleichtern, wird fast nie auf sie zurückgegriffen. Vielmehr wird versucht, mit provokativen Feststellungen aus Zitaten, Übertreibungen und Metaphern das Interesse des Lesers zu wecken.

Insgesamt verteilen sich 10 Sätze auf jede Seite. Einfache Verbalsätze und isoliert gebrauchte einfache Nominalsätze sind mit jeweils 39,1 % in den Absätzen am häufigsten vertreten. Auf den komplexen Verbalsatz entfällt ein Anteil von 18,8 %. Verschwindend gering ist der Anteil an Nominal-/Verbalsatzverbindungen von 2,7 %. In der Produktinformation gibt es in einem Fall einen isoliert gebrauchten einfachen Nebensatz. Bei den komplexen Verbalsätzen sind Hypotaxen (48,6 %) und Parataxen (42,9 %) zu fast gleichen Anteilen vorhanden. Der Anteil der parataktisch-hypotaktischen Satzkombinationen am Gesamtanteil der Satzverbindungen ist mit 8,6 % deutlich geringer. Bei der Verteilung der Nebensätze auf einzelne Satztypen kommen am häufigsten Attributsätze mit einem Anteil von 43,4 % vor. Seltener finden sich mit 15,1 % Objektsätze, mit 11,3 % Konditionalsätze und mit 7,5 % Finalsätze. Nahezu alle Sätze sind Aussagesätze. In sechs Fällen treten Aufforderungssätze, in einem Fall ein Fragesatz auf. Bei der Aufforderung sind jedoch Unterschiede zu den bisherigen Textexemplaren zu verzeichnen. Hier findet keine Benutzeransprache im Sinne der Konsumenten statt, sondern eine Mitarbeiteransprache.

Satzglieder und lexikalische Merkmale. In den Textexemplaren dominieren Begriffe aus dem Wortschatzbereich „Autoteile“ zu knapp 50 %. Relativ häufig sind Lexeme in Satzgliedern dem Wortschatzbereich „Auto“ zuzuordnen (25 %). Insbesondere wird der Name des „Audi TT Roadster“ als Werbestrategie relativ häufig genannt. Daneben werden Synonyme eingesetzt, die die besonderen Merkmale und Leistungen des Audi TT Roadster auf dem Automarkt hervorheben, z.B. „Nummer 1“, „Ingolstädter Kraftpaket“, „Trendsetter“, „Shooting-Star“ etc. Bei den subjektbezogenen Begriffen tritt zu knapp 1/10 der „Benutzer“ auf. Anders als in anderen Textexemplaren tauchen Begriffe zu den „Mitarbeitern“ auf, die jedoch trotz ihrer bedeutenden Rolle in der Produktinformation mit einem verschwindend geringen Anteil von 1,7 % erscheinen. Auf den „Hersteller“ entfällt ein Anteil von 4,4 %. Der „Hersteller“ wird in den meisten Fällen mit der Marke „Audi“ oder über das Personalpronomen „wir“ charakterisiert. Gelegentlich wird sich abgrenzend auf die Konkurrenten „BMW“, „Mercedes-Benz“ und „Porsche“ zurückgegriffen.

Verbvalenz. In der Produktinformation kommen ein- bis dreiwertige Verben vor. Den Schwerpunkt bilden die zweiwertigen Verben. Es treten die Seme ‚in genereller Weise‘, ‚persongerichtet‘, ‚objektorientiert‘, ‚zielgerichtet‘ und ‚in spezifischer Weise‘ auf. Bei den zweiwertigen Verben werden objektorientierte Verben *(genießen, abhängen, öffnen, ersetzen, unterstützen)* und persongerichtete Verben *(schützen)* genutzt. Dreiwertige Verben erhalten die Semkombinationen ‚in spezifischer Weise objektorientiert‘ *(reduzieren, öffnen)* und ‚objektorientiert und zugleich zielgerichtet‘ *(verdrängen, anlenken, verbinden, integrieren, verankern)*. Einwertige Verben benennen die ‚generelle Tätigkeit‘. Dazu gehört das Verbum *kommen.*

Im Textkorpus sind alle Verben gemeinsprachlich, bei denen kein inhaltsseitiger Unterschied und keiner in der Verbvalenz existieren. Auf fachsprachliche Verben wird bis auf *anlenken* ganz verzichtet.

4.8 Service Magazin

4.8.1 Makrostrukturelle Analyse

Allgemeine Merkmale. Das Service Magazin enthält 31 DIN A4-Seiten. Es wird Hochformat genutzt.

Initiatoren und Terminatoren. Als allgemeine Initiatorenbündel des Magazins existieren das Deckblatt, Inhaltsverzeichnis und Vorwort. Als Initiatorenteile auf dem Deckblatt erscheinen die Benennung des Modells als „Multitalent“ und „Der neue Audi Q5“ als Titelüberschrift und Untertitel im unteren Sektor des Deckblatts, die Bezeichnung des Textexemplars als „Audi Service Magazin“ am oberen linken Seitenrand und

Auszüge aus dem Inhaltsverzeichnis sowie die Art der Ausgabe (3/2008). Zusätzlich erscheint im oberen rechten Bereich der Vermerk „nur für den internen Gebrauch" in deutlich kleinerer Schrift. Weiter wird das neueste Audi-Modell Q5 abgebildet. Die Initiatorenteile sind durch Hervorhebungen wie größere und fettere Schrift vom folgenden Textteil des Textexemplars zu unterscheiden. In das Inhaltsverzeichnis werden die Rubrikentitel und Artikelüberschriften aufgenommen; ferner werden vier Artikel aus dem Inhaltsverzeichnis aufgegriffen und als Text-Bild-Kombinationen dargestellt; diese Text-Bild-Kombinationen enthalten im Textteil eine Seitenangabe und Kurzbeschreibung des Artikels. Im Vorwort werden die Mitarbeiter angesprochen und Audis Erfolge wie z.B. die Auszeichnung zum Audi Top Service Partner hervorgehoben.

Als allgemeiner Terminator gilt der Buchdeckel des Magazins. Dieser enthält den Namen des Autoherstellers mit Logo am unteren rechten Seitenrand und den Slogan am oberen rechten Seitenrand. Zudem sind der DTM Champion 2008 Timo Schneider und seine Mannschaft abgebildet sowie ein kurzer Fließtext zu den Audi Service-Leistungen gegeben.

Textgliederungsprinzipien. Das Textexemplar besteht aus unterschiedlichen Artikeln, die in Rubriken eingeordnet werden. Als Beispiel dient der Artikel „In Deutschland ganz oben" in der Rubrik „Wissen". Dieser Artikel enthält ein Überschriftengefüge aus dem Rubrikentitel, der Artikelüberschrift und dem Lead als direkter Initiator. Der Rubrikentitel erscheint auf jeder Seite am oberen rechten und linken Seitenrand und wird durch zwei Schrägstriche und Fettdruck markiert. Die Artikelüberschrift ist in deutlich größerer Schrift, anderer Schriftfarbe, Fettdruck sowie durch eine Leerzeile vom übrigen Textteil abgehoben. Der Lead umfasst mehrere Sätze und führt kurz in das Thema des Artikels ein. Drucktechnisch ist er in größerer Schrift und durch Leerzeilen von der Überschrift und den folgenden Absätzen abgehoben. Weiter enthält der Artikel jeweils ein Initiator- [<<] und Terminatorsymbol [>>]. Der Fließtext ist zwei- bis dreispaltig in Absätzen strukturiert, die durch Überschriften markiert werden. Sie sind drucktechnisch durch größere und fettere Schriftart gekennzeichnet. Makrostrukturell anders realisiert sind die Kurznachrichten in der entsprechenden Rubrik. Hier bestehen die einzelnen Kurznachrichten aus 1-2 Absatzstrukturen, die durch drucktechnisch fettere und größere Überschriften eingeleitet werden.

4.8.2 Text-Bild-Kombinationen

Im Service Magazin werden 85 Text-Bild-Kombinationen verwendet. Im Mittelwert gibt es 2,7 Text-Bild-Kombinationen auf jeder Seite. Es handelt sich dabei fast immer um farbige Fotografien von Personen und Autos bzw. Personen mit Autos.

Die statistischen Ergebnisse zur Untersuchung der Anordnung von Text-Bild-Kombinationen sind in Abb. 321 zusammengefasst.

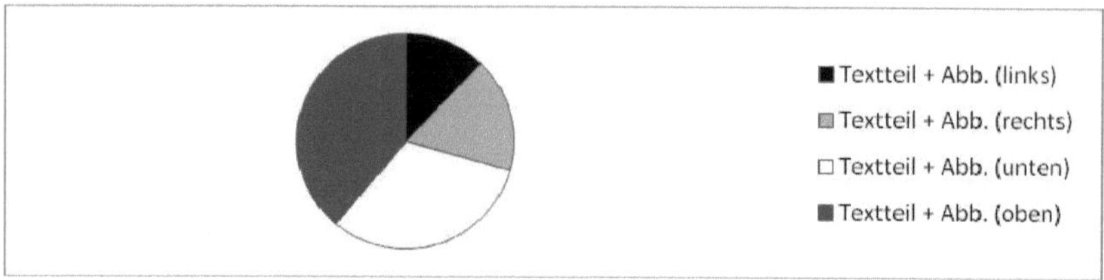

Abb. 321: Anordnung von Text-Bild-Kombinationen im Service Magazin

Am häufigsten sind die beiden Anordnungsmöglichkeiten „Textteil und anschließend Abbildung (unten)“ (31,7 %) und „Textteil und davor Abbildung (oben)“ (39 %) zu verzeichnen. Deutlich geringer werden die Varianten „Textteil + Abbildung (links)“ (12,2 %) und „Textteil + Abbildung (rechts) mit teilweiser Integration in den Satzspiegel“ (17,1 %) eingesetzt.

Bei den textgesteuerten Text-Bild-Kombinationen bildet die Variante „Begriff im Satz und an der Abbildung, zusätzlich Determinationsverweis“ den größten Anteil von 50 %. Die Variante ohne Determinationsverweis ist mit einem Anteil von 8,5 % festzustellen. Die Anordnungsvariante „Begriff im Satz und an der Abbildung, zusätzlich Anbindungsverweis“ ist mit einem Beleg nachzuweisen. Bei der Kombinationsmöglichkeit „Begriff im Satz und an der Abbildung“ wird durch eine kurze Beschreibung an der Abbildung die Verbindung zwischen Textteil und Bild hergestellt, die durch einen Determinations- bzw. Anbindungsverweis erweitert werden kann. Die Variante „Textteil und Abbildung“, bei der ein Bezug zwischen Textteil und Bild nur indirekt durch die räumliche Nähe und eine teilweise Integration in den Satzspiegel herzustellen ist, wird in 30,5 % aller textgesteuerten Text-Bild-Kombinationen genutzt.

Die Abb. 322 fasst die Ergebnisse der Untersuchung der textgesteuerten Text-Bild-Kombinationen zusammen.

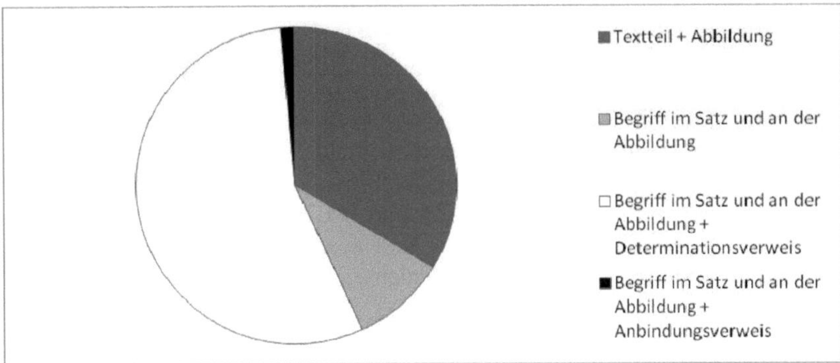

Abb. 322: Textgesteuerte Text-Bild-Kombinationen im Service Magazin

Drei Abbildungen sind bildgesteuert. Auch bei der Text-Bild-Funktion wird eher der werbende Charakter der Text-Bild-Kombinationen im Service Magazin deutlich. Dabei handelt es sich mit zwei Ausnahmen um kontaktive (11,8 %) bzw. deskriptiv-kontaktive (85,9 %) Bildfunktionen.

Tabelleninformationen spielen im Service Magazin keine Rolle.

4.8.3 Syntax

4.8.3.1 Syntax der Überschriften

Bei der syntaktischen Analyse werden die Rubrikentitel, die Artikel- und die Absatzüberschriften getrennt voneinander untersucht.

Rubrikentitel, Artikelüberschriften und Lead bestehen aus isoliert gebrauchten einfachen Nominalsätzen (1-6), einfachen (7-8) und komplexen Verbalsätzen (9-12).

1. Lead: Was für ein Finale! (SeM, 10, 2)
2. RT: Motorsport (SeM, 10)
3. AÜ: Das Meister-Stück (SeM, 10, 1)
4. AÜ: Wahrhaft meisterlich (SeM, 16, 1)
5. AÜ: Deutschlands neue Service Champions (SeM, 28, 1-2)
6. AÜ: Kundenbindung durch attraktive Versicherungstarife (SeM, 22, 1-2)
7. Lead: Werkstatttests in unabhängigen Fachzeitschriften spiegeln die Leistung des Autohauses wider – oft mit weitreichenden Folgen, positiv wie negativ. (SeM, 7, 3-4)
8. Lead: Audi lud dazu erstmals die Gewinner aus verschiedenen Bereichen ein – die 20 besten Verkaufsleiter, die Top 20 Service Leiter sowie die erfolgreichsten 20 Teiledienstleiter.
9. Lead: Im Gespräch mit dem Audi Service Magazin erklärt er, warum für ihn das Thema Service ein ganz persönliches Anliegen ist. (SeM, 8, 5-7)

10. Lead: Mit dem Leistungsnachweis im Service (LiS) verfügt Audi über ein eigenes, wichtiges Instrument, um Audi Partner professionell zu bewerten und den Service zu verbessern. (SeM, 7, 4-6)
11. Lead: Knifflige Situationen, spannende Aufgaben, bange Minuten und überglückliche Sieger – das neunte deutsche Audi Twin Cup Praxisfinale in Ingolstadt bot alles, was einen guten Wettkampf auszeichnet. (SeM, 28, 3-5)
12. Lead: Bejubelt von 165.000 Fans fuhr der 30-Jährige auf dem Hockenheimring seinen größten Sieg ein und machte mit dem Titel das erfolgreichste Motorsportjahr in der Geschichte von Audi perfekt. (SeM, 10, 3-5)

Mit einer Ausnahme sind die Überschriften Aussagesätze. In einem Fall findet sich ein Ausrufesatz in nominaler Form (1). Im Beispiel 2 tritt ein eingliedriger Nominalsatz ohne Attribuierung auf, der auf die Rubrik „Motorsport" verweist. In den Beispielen 3-5 sind eingliedrige Nominalsätze mit Attribuierung vorhanden. In 3 ist die Form „pränukleares Pronominalattribut + substantivischer Nukleus" vertreten. Mit „Meister-Stück" wird der Gewinn der Meisterschaft in der DTM-Saison 2008 bezeichnet. Der Nominalsatz in 4 zeigt den Typ „pränukleares Adverbattribut + adjektivischer Nukleus", der die Qualitätsbeschreibung der Feier zum DTM-Gesamtsieg kennzeichnet. In 5 werden die Akteure „Deutschlands neue Service Champions" vorgestellt, es ergibt sich die Form „pränukleares Genitivattribut + pränukleares Adjektivattribut + substantivischer Nukleus". In einem zweigliedrigen Nominalsatz in 6 („Kundenbindung [/] durch attraktive Versicherungstarife") wird das Geschäftsziel mit der Methode kombiniert. Einfache Verbalsätze sind in 7 und 8 vertreten. In 7 wird das Modaladverbiale „oft mit weitreichenden Folgen, positiv wie negativ" aus der Satzklammer ausgeklammert und durch einen Gedankenstrich von den vorangehenden Satzgliedern getrennt; ausdrucksseitig mittels Kommata hervorgehoben wird ferner das postnukleare Adjektivattribut „positiv wie negativ" zum Nukleus „Folgen". Im Beispiel 8 ist die Apposition in Fernstellung „die 20 Verkaufsleiter, die Top 20 Service Leiter sowie die erfolgreichsten 20 Teiledienstleister" zum Nukleus „Gewinner" ebenfalls aus der Satzklammer herausgestellt, durch einen Gedankenstrich von den vorausgehenden Satzgliedern und Satzgliedteilen abgegrenzt und dadurch besonders hervorgehoben. In den Beispielen 9 und 10 sind hypotaktische Satzkombinationen aus einem Hauptsatz und einem bzw. zwei Nebensätzen vorhanden. Als Nebensatztypen finden sich in 9 der Objektsatz und in 10 zwei parataktisch verbundene Finalsätze. In 11 ist eine Hypotaxe aus zwei Teilsätzen vorhanden. Dabei sind im ersten Teilsatz die Appositionen „Knifflige Situationen, spannende Aufgaben, bange Minuten und überglückliche Sieger" zum Nukleus „alles“ nach links herausgestellt durch einen Gedankenstrich von den folgenden Satzgliedern und Satzgliedteilen abgehoben. Eine Parataxe aus zwei syndetisch gereihten Teilsätzen ist in 12 gegeben. Die Teilsätze markieren aufeinander bezogene Sachverhalte.

Bei der Verteilung der Überschriften aus dem Überschriftengefüge auf die Typen des isoliert gebrauchten einfachen Nominalsatzes und des einfachen und komplexen Verbalsatzes ergibt sich die in der folgenden Abbildung dargestellte Übersicht:

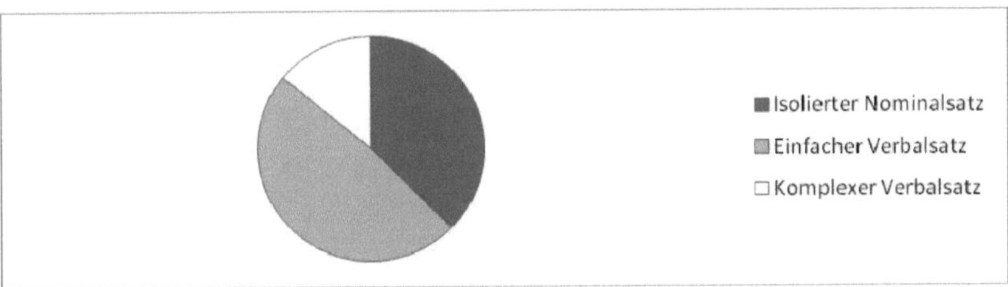

Abb. 323: Satztypen im Überschriftengefüge im Service Magazin

Zu 37,5 % sind einfache Nominalsätze; zu 48,4 % isoliert gebrauchte einfache Verbalsätze vorhanden. In 8 Fällen werden komplexe Verbalsätze ermittelt.

Die Auswertung zu den Nominalsatztypen ist in Abb. 324 dargestellt.

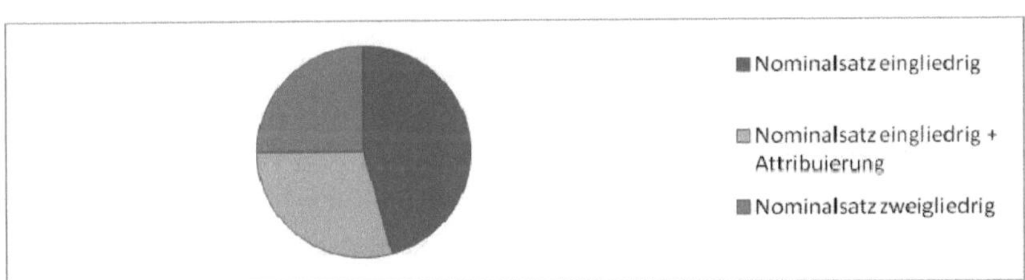

Abb. 324: Nominalsatztypen im Überschriftengefüge im Service Magazin

Die Mehrzahl aller Nominalsatztypen entfällt auf eingliedrige Nominalsätze (45,8 %). Eingliedrige Nominalsätze mit Attribuierungen werden deutlich weniger eingesetzt (29,2 %). Bei den Attribuierungstypen werden pränukleare Pronominalattribute in vier Fällen eingesetzt. Das postnukleare Genitivattribut, das pränukleare Adjektivattribut und das pränukleare Adverbattribut kommen in jeweils einem Fall vor. In 1/4 aller Fälle treten zweigliedrige Nominalsätze auf.

Überschriften, die auf die Absatzstrukturen hinweisen, bestehen aus isoliert gebrauchten einfachen Nominalsätzen (13-17), einfachen Verbalsätzen (18), Nominal-/Verbalsatzkombinationen (19) und isoliert gebrauchten einfachen Nebensätzen (20):

13. Spar-Tarif (SeM, 22, 17)
14. Attraktives Zusatzgeschäft (SeM, 20, 55)
15. Der Weg zur Prämie (SeM, 27, 15)
16. Audi Top Service Botschafter Timo Schneider (SeM, 20, 68-69)
17. Sylt in allen Facetten (SeM, 31, 41)
18. Chance nutzen (SeM, 22, 45)
19. Ehre, wem Ehre gebührt (SeM, 11, 58)
20. Wo Friesland am schönsten ist (SeM, 31, 25)

Ein eingliedriger Nominalsatz ohne Attribuierung ist in 13 vorhanden und benennt einen Versicherungstarif. Eingliedrige Nominalsätze mit Attribuierung sind in den Beispielen 14-16 gegeben. In 14 ist die Form „pränukleares Adjektivattribut + substantivischer Nukleus" enthalten. Der Nominalsatz benennt ein Leistungsversprechen. In 15 ist die Form „pränukleares Pronominalattribut + substantivischer Nukleus + postnukleares Präpositionalattribut" dargestellt. Der Nominalsatz in 16 verweist auf den Akteur „Audi Top Service Botschafter Timo Schneider", bestehend aus einem „substantivischen Nukleus + Apposition". Ein zweigliedriger Nominalsatz in 17 („Sylt [/] in allen Facetten") zeigt den Ort mit Ortsbeschreibung an. Im Beispiel 18 taucht ein einfacher Verbalsatz in einer imperativischen Ersatzform als Infinitivsatz auf. Ein Gesamtsatz aus einem nominalen und einem verbalen Teilsatz ist in 19 gegeben. Im Beispiel 20 tritt ein isoliert gebrauchter einfacher Nebensatz, ein Lokalsatz, auf, der durch ein Relativpronomen eingeleitet wird.

Alle Überschriften, die auf die Absatzstrukturen verweisen, sind bis auf die imperativische Ersatzform (18) Aussagesätze.

Die statistischen Ergebnisse zur Analyse der Satztypen werden folgend zusammengefasst:

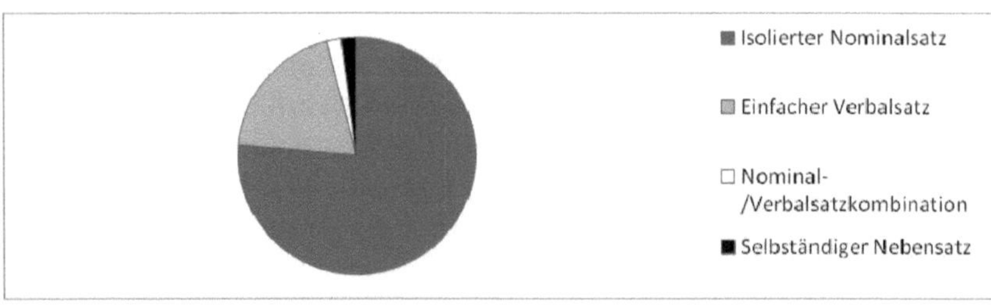

Abb. 325: Satztypen in den Überschriften im Service Magazin

76,5 % entfallen auf den isoliert gebauchten einfachen Nominalsatz. Einfache Verbalsätze werden in 1/5 aller Fälle ermittelt. Vereinzelt sind Nominal-/Verbalsatzkombinationen (2 %) sowie der selbständig gebrauchte einfache Nebensatz (2 %) vorhanden.

Bei den Nominalsatztypen wird am häufigsten auf eingliedrige Nominalsätze mit Attribuierung zurückgegriffen (46,2 %). Bei den Attribuierungstypen werden in 12 Fällen das pränukleare Adjektivattribut genutzt. Danach folgen in der Häufigkeit das postnukleare Präpositionalattribut (5 Belege), das pränukleare Pronominalattribut (4 Belege) und die Apposition (1 Beleg). Nominalsätze ohne Attribuierung sind zu 1/3 vertreten. Zweigliedrige Nominalsätze treten in 20,5 % aller Fälle auf.

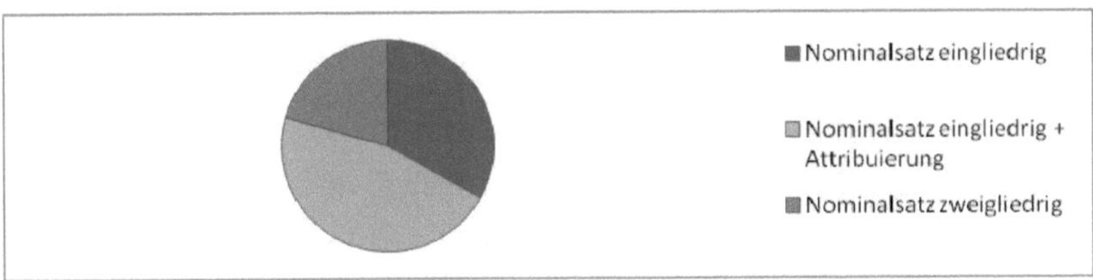

Abb. 326: Nominalsatztypen in den Überschriften im Service Magazin

4.8.3.2 Syntax der Absätze

Im Rahmen der Syntaxanalyse werden 725 Sätze im Audi Service Magazin analysiert. Durchschnittlich verteilen sich 23,4 Sätze auf jeder Seite.

Zur Verteilung der Sätze auf die Satztypen des isoliert gebrauchten einfachen Verbalsatzes, des komplexen Verbalsatzes, des isoliert gebrauchten einfachen Nominalsatzes und der Nominal-/Verbalsatzverbindungen werden die in Abb. 327 dargestellten Ergebnisse ermittelt:

Abb. 327: Satztypen in den Sätzen des Textkorpus im Service Magazin

Den Schwerpunkt der Satztypen bilden die isoliert gebrauchten einfachen Verbalsätze (53,1 %) und die komplexen Verbalsätze (33,5 %). Isoliert gebrauchte einfache Nominalsätze werden mit einem Anteil von 10,1 % eingesetzt. Eine geringe Verwendung von isoliert gebrauchten einfachen Nominalsätzen in Verbindung mit Verbalsätzen ist gegeben (3,3 %).

Bei den isoliert gebrauchten einfachen Nominalsätzen stellen die eingliedrigen zu 72,6 % den größten Anteil dar (1). Teilweise werden zweigliedrige (2) Nominalsätze bzw. ein Gesamtsatz aus zwei Nominalsätzen (3) verwendet:

1. Festlich (SeM, 28, a)
2. Der Hockenheimring im nordwestlichen Baden-Württemberg (SeM, 10, 6-7)
3. Ganz oben, mit 65 Zählern auf dem Konto: Audi Top Service Pilot Timo Schneider. (SeM, 10, 15-17)

Im Beispiel 1 ist ein eingliedriger Nominalsatz aus einem adjektivischen Nukleus gegeben, der die Qualität eines Gala-Dinners von Audi benennt. In 2 ist ein zweigliedriger Nominalsatz („Der Hockenheimring [/] im nordwestlichen Baden-Württemberg“) vertreten, dessen Satzglieder den Aktionsgegenstand mit Ortsbezug kennzeichnen. Ein Gesamtsatz aus zwei Nominalsätzen ist in 3 vorhanden, wobei die nominalen Teilsätze den Akteur mit Zuordnung bestimmen.

Ein einfacher Verbalsatz zeigt sich im Beispiel 4:

4. Ein Meilenstein der Getriebetechnik ist jetzt auch in den kompakten Sportlern Audi S3 und S3 Sportback bestellbar: das Doppelkupplungsgetriebe S tronic. (SeM, 6, 72-74)

Dabei findet sich ein Attribut (Apposition) in Fernstellung „das Doppelkupplungsgetriebe S tronic“ zu „Meilenstein der Getriebetechnik“, das durch einen Doppelpunkt hervorgehoben wird.

Bei den komplexen Verbalsätzen zeigt sich die folgende Verteilung:

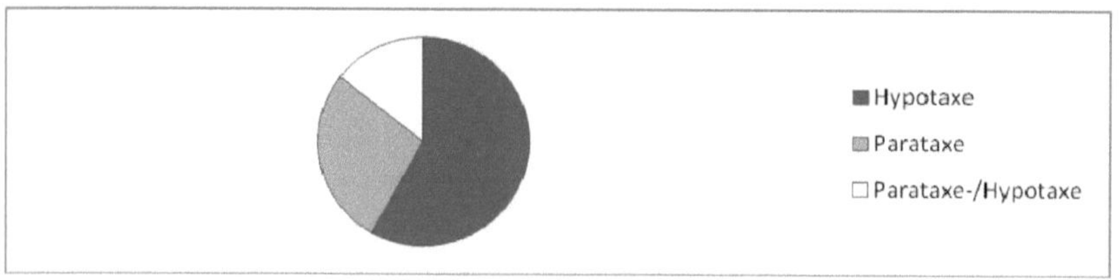

Abb. 328: Komplexe Verbalsätze in den Sätzen des Textkorpus im Service Magazin

Der Anteil an Hypotaxen an allen komplexen Verbalsätzen ist am höchsten und liegt bei 58 %. Der Anteil an Parataxen von 27,6 % und an parataktisch-hypotaktischen Satzkombinationen von 14,4 % am Gesamtanteil der Satzverbindungen ist deutlich geringer.

Parataxen gibt es zu 94 % als aus zwei Teilsätzen bestehende Satzkombinationen (5). In vier Fällen werden drei Teilsätze verbunden (6).

5. Beim größten Internet-Publikumspreis der Automobilbranche belegten in ihren Klassen die Audi-Modelle A3, A4, A6, A8 und der Audi R8 jeweils die Spitzenposition und erhielten dafür den Preis „Carolina". (SeM, 4, 73-76)
6. Routinier Schneider behält die Nerven und zaubert in seinem angeschlagenen Audi A4 DTM eine 1.32.492 auf den Asphalt und steht so mit nur 0,396 Sekunden hinter der Resta auf Startplatz drei. (SeM, 11, 4-8)

Die Teilsätze sind hierbei syndetisch mittels der Konjunktion „und" gereiht und zeigen aufeinander bezogene und sich inhaltlich ergänzende Sachverhalte.

Bei den Hypotaxen überwiegen mit 91,5 % die jeweiligen Satzkombinationen aus zwei Teilsätzen (7, 8). Vereinzelt kommt es zu Hypotaxen aus drei Teilsätzen (11 Belege) (9). In einem Fall findet sich eine hypotaktische Satzkombination aus vier Teilsätzen in einer Verbindung aus direkter und indirekter Rede (10).

7. Da er sich dank der unkomplizierten Presstastenfunktion leicht aus der Befestigung lösen lässt, ist er bei einem Notfall innerhalb kurzer Zeit griffbereit. (SeM, 6, 8-11)
8. Zudem können die Service Berater hier auf die individuellen Wünsche des Kunden eingehen, indem sie ihn unmittelbar am Fahrzeug beraten. (SeM, 7, 43-46)
9. Ich bin daher zuversichtlich, dass wir es im Jahr 2015 schaffen, 1,5 Millionen Fahrzeuge auszuliefern. (SeM, 8, 22-23)
10. „Um die Renditesaison im Handel nachhaltig zu steigern, müssen wir in allen Bereichen die Qualität liefern, die unsere Audi Kunden erwarten", betont Dietmar E. Schnepp, Leiter Service Deutschland der AUDI AG. Auch wenn es sich hierbei „nur" um Wartungs- und Inspektionsarbeiten handle. (SeM, 7, 7-13)

Im Beispiel 7 tritt eine hypotaktische Satzkombination aus einem Kausalsatz und einem Hauptsatz auf. Die Teilsätze benennen den Funktionsrahmen *Begründung – Folge*. Eine Hypotaxe aus einem Hauptsatz und einem Modalsatz ist im Beispiel 8 gegeben. Die Teilsätze markieren die kommunikative Funktion *Aktion – Durchführungsart*. Es wird auf die individuelle Beratungsleistung der Service Mitarbeiter eingegangen. In 9 liegt eine Hypotaxe vor, bestehend aus einem Hauptsatz (1. Teilsatz), einem Objektsatz (2. Teilsatz) und einem Infinitivsatz (3. Teilsatz). Im

Beispiel 9 ist die Prognose der Verkaufszahlen kennzeichnend. Im Beispiel 10 besteht der übergeordnete Gesamtsatz aus einem einfachen Verbalsatz mit einem Verbum dicendi. Die direkte Rede setzt sich aus einem Finalsatz (1. Teilsatz), einem Hauptsatz (2. Teilsatz), einem Attributsatz (3. Teilsatz) zusammen, gefolgt von einer indirekten Rede, einem Konditionalsatz (4. Teilsatz), der parzelliert ist. Der Konditionalsatz setzt die direkte Rede indirekt fort und zitiert nur das Modaladverbiale „nur“. Es handelt sich in direkter und indirekter Rede um eine Aufforderung des Audi Service Leiters Dietmar E. Schnepp an seine Service Mitarbeiter, beste Qualität zu liefern und auf Kundenwünsche einzugehen.

Bei parataktisch-hypotaktischen Satzkombinationen liegt der Schwerpunkt mit 74,3 % auf Satzkombinationen mit drei Teilsätzen (11, 12). Mit einem Anteil von 22,9 % an allen parataktisch-hypotaktischen Satzkombinationen werden vier Teilsätze miteinander verbunden (13, 14). Fünf Teilsätze (15) gibt es in einem Beleg.

11. Um den Mitarbeitern der Audi Partner vor Ort künftig noch bessere Bedingungen zu bieten, wurden für die Technischen Trainings zwei zusätzliche Räume umgebaut und komplett neu ausgestattet. (SeM, 4, 7-11)
12. „Unser Goldenes Lenkrad zeigt mir aber auch, dass das Auto offensichtlich nicht nur mir besonders am Herzen liegt, sondern auch die Jury überzeugt hat.“ (SeM, 4, 67-69)
13. Schneider, der später von Pressetermin zu Pressetermin eilte, ließ es sich nach dem Rennen nicht nehmen, in der Audi Service Hospitality vorbeizuschauen und den Mechanikern persönlich für ihre fantastische Unterstützung zu danken. (SeM, 13, 38-43)
14. Peter Schwarzenbauer, Vorstand für Vertrieb und Marketing der AUDI AG, erläuterte den Gästen per Videoeinspielung die Handlungsfelder der Audi Top Service Strategie und forderte die Partner auf, sich aktiv für die Umsetzung in den Autohäusern einzusetzen und Audi Top Service selbst vorzuleben. (SeM, 25, 28-33)
15. Deshalb habe ich im Cockpit immer versucht, nicht zu sehr an die Meisterschaft zu denken, den Druck zu vergessen und einen guten Job abzuliefern – das war ich meiner Crew schuldig. (SeM, 15, 39-41)

Im Beispiel 11 ist ein Gesamtsatz vertreten, der sich aus einem Finalsatz (1. Teilsatz) und zwei syndetisch verbundenen Hauptsätzen (2. und 3. Teilsatz) zusammensetzt. Es wird auf den Umbau neuer Räumlichkeiten für die „Technischen Trainings“ verwiesen. Im Beispiel 12, einem Zitat, besteht der Gesamtsatz aus einem Hauptsatz (1. Teilsatz) und zwei asyndetisch gereihten Objektsätzen (2. und 3. Teilsatz). Hierbei handelt es sich um eine Rede bei der Preisverleihung des Goldenen Lenkrads. Eine hypotaktisch-parataktische Satzkombination aus vier Teilsätzen ist in den Beispielen 13 und 14 gegeben. In 13 finden sich ein Hauptsatz (1. Teilsatz) und ein eingeschobener Attributsatz (2. Teilsatz), der vom Subjekt „Schneider“ des Hauptsatzes abhängig ist, und zwei syndetisch verbundene Objektsätze (3. und 4. Teilsatz). Der Gesamtsatz hebt die gute Teamarbeit der Mechaniker hervor. In 14 sind zwei syndetisch verbundene Hauptsätze (1. und 2. Teilsatz) und zwei syndetisch verbundene Objektsätze in der Form von Infinitivsätzen (3. und 4. Teilsatz) vertreten. Es handelt sich um eine Aufforderung des Vorstands der Audi AG im Bereich Vertrieb und Marketing an die Audi Partner, die Audi Top Service Strategie vorzuleben und aktiv umzusetzen. In 15 innerhalb einer direkten Rede ist eine hypotaktisch-parataktische Satzkombination aus fünf Teilsätzen gegeben. Der erste Teilsatz ist ein Hauptsatz, der mit drei monosyndetisch verbundenen Objektsätzen gereiht wird; zudem existiert ein Nachsatz, der durch einen Gedankenstrich markiert ist und eine Begründung zu den Aussagen der vorangehenden Teilsätze gibt.

Bei den Nominal-/Verbalsatzkombinationen stellen die Verbindungen, die aus zwei Teilsätzen bestehen, den größten Anteil dar (70,1 %) (16, 17, 18). In 1/4 aller Fälle werden drei Teilsätze miteinander verbunden (19). In einem Fall findet sich eine Satzkombination aus fünf Teilsätzen (20).

16. Einen Vorsprung, den es auch 2009 wieder zu beweisen gilt. (SeM, 11, 81-82)
17. 2.700 Teilnehmer insgesamt, im Durchschnitt 200 pro Tag, 15 Tage lang – das Audi Händlermeeting 2008 in der portugiesischen Hauptstadt Lissabon war ein voller Erfolg. (SeM, 25, 1-3)
18. Entspannter Segeltörn (1), historische Palastanlagen (2), traditionelle Fischerboote (3) oder griechisches Temperament (4) – bei der Siegerreise des Audi Sales und Service Managements Cups präsentierte sich die Insel Kreta von ihren schönsten Seiten. (SeM, 30, a-f)
19. Das dachten sich auch insgesamt 165.000 Fans, die am Finalwochenende nach Nordbaden pilgerten – ein absoluter Zuschauerrekord für die Deutschen Tourenwagen Masters. (SeM, 10, 21-25)
20. Michaela Lochner demonstrierte die Funktionen der Audi Service Cam (1), Sebastian Schillinger zeigte das Virtuelle Cockpit (2), Wolfgang Rödig informierte über das Thema Softlack-Repair (3) und Markus Hesse erläuterte die Werkstatt der Zukunft (4); hier im Gespräch mit dem Moderator Andreas Richter (5). (SeM, 21, b-e)

Ein Gesamtsatz aus einem nominalen Hauptsatz und einem verbalen Nebensatz, einem Attributsatz, ist in 16 gegeben. Im Beispiel 17 werden ein zweigliedriger Nominalsatz „2.700 Teilnehmer insgesamt, im Durchschnitt 200 pro Tag [/], 15 Tage lang“ und ein einfacher Verbalsatz zusammengesetzt, wobei die Teilsätze durch einen Gedankenstrich getrennt sind. Das erste Satzglied des zweigliedrigen Nominalsatzes wird aus einem Nukleus „Teilnehmer", einem pränuklearen Adjektivattribut „2.700" und einer Apposition „im Durchschnitt 200 pro Tag" gebildet. Die Satzglieder des zweigliedrigen Nominalsatzes benennen die Gesamtanzahl der Teilnehmer und ihre Anzahl pro Tag. Der einfache Verbalsatz bewertet dies. Im Beispiel 18 werden ebenfalls ein eingliedriger Nominalsatz, bestehend aus vier gereihten substantivischen Nuklei, und ein Verbalsatz verbunden, wobei der Nominalsatz die Spezifizierung der Siegerreise und der Verbalsatz deren Wertung markieren. In 19 ist ein Gesamtsatz vertreten, der als ersten Teilsatz einen verbalen Hauptsatz, als zweiten Teilsatz einen Attributsatz und als dritten Teilsatz – mittels Gedankenstrich getrennt – einen nominalen Teilsatz enthält, wobei Letzterer die Wertung kennzeichnet. Im Beispiel 20 werden vier verbale Teilsätze mit einem nominalen Teilsatz verbunden. Letzterer verweist auf eine Abbildung der vier Sprecher mit einem Moderator, die mit Ziffern am Foto und im Gesamtsatz gekennzeichnet sind.

Bei den Nebensatztypen zeigt sich die folgende Verteilung in Abb. 329:

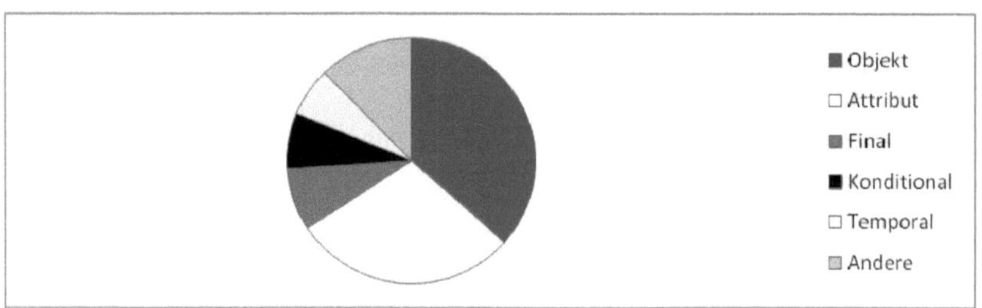

Abb. 329: Nebensatztypen in den Sätzen des Textkorpus im Service Magazin

Den Schwerpunkt bilden die Objektsätze zu 36,5 %. Danach folgen in der Häufigkeit die Attribut- (29,2 %), Final- (8,2 %), Konditional- (7,3 %) und Temporalsätze (6,4 %). Andere Formen kommen mit einem Anteil von 4,3 % und weniger vor. Repräsentative Beispiele sind:

21. Müssen beispielsweise die Stoßfänger aufgrund eines Unfalls oder einer größeren Beschädigung ersetzt werden, kann sich der Audi Partner dank der bereits lackierten Teile eine zeitaufwändige Instandsetzung ersparen. (SeM, 4, 21-25)
22. Bevor es für die Mechaniker zum gemeinsamen Audi Pitwalk in die Boxengasse ging, informierten Dr. Wolfgang Ullrich, Audi Motorsportchef, und Hans-Jürgen Abt., Teamchef des Audi Sport Team Abt. Sportsline,

die versammelte Mannschaft aus erster Hand über die Vorbereitungen auf das DTM- Finale. (SeM, 13, 2-8)

23. Das gilt ebenso für den Audi A3, der die Kategorie „Klein- und Kompaktwagen“ klar für sich entschied, sowie für den Audi Q5 als Sieger in der Sparte „Geländewagen und SUV“. (SeM, 6, 35-37)
24. Wir erwarten von den Service Mitarbeitern unserer Audi Partner, dass die Wartungsliste bei jedem Fahrzeug konsequent und korrekt abgearbeitet wird!“, fordert Schnepp ausdrücklich. (SeM, 7, 20-24)

In den Beispielen 21 und 22 sind hypotaktische Satzkombinationen aus einem Nebensatz (1. Teilsatz) und einem Hauptsatz (2. Teilsatz) vorhanden. In 23 werden als erster Teilsatz ein Hauptsatz und als zweiter Teilsatz ein Nebensatz ermittelt. Bei den Nebensatztypen handelt es sich um den Konditional- (21), Temporal- (22) und Attributsatz (23). Beispiel 24 zeigt in direkter Rede einen Hauptsatz als ersten Teilsatz und einen Objektsatz. Die direkte Rede besetzt eine Leerstelle des Verbum finitum *fordern.*

Nahezu alle Sätze des Textkorpus sind Aussagesätze. Gelegentlich wird neben den Aussagesätzen auch auf andere Satzarten zurückgegriffen. In 17 Fällen wird eine Ergänzungsfrage gestellt (25), in 2 Fällen eine Entscheidungsfrage (26) und in 5 Fällen ist ein Ausrufesatz zu finden (27). Die Fragesätze sind ausschließlich in den Interviews vorhanden. 2,1 % aller Sätze (insgesamt 15) sind Aussagesätze, die eine auffordernde Funktion besitzen (28-30). Dabei werden fast alle Sätze als Modalsätze mit den Modalverben „müssen“ und „sollen“ gebildet. Vereinzelt weisen die Verben „fordern“ und „erwarten“ auf eine entsprechende Funktion hin. Bei diesen Sätzen handelt es sich um einen indirekten Handlungsappell an die Mitarbeiter.

25. Wie zufrieden sind Sie mit der Entwicklung der Marke? (SeM, 8, 8-10)
26. Hat er sich auch schon den Meisterschafts-Pokal gesichert? (SeM, 15, 84-85)
27. Was für ein Auftakt! (SeM, 11, 27)
28. Unsere Mitarbeiter sollen die Wünsche der Kunden kennen und ihr Handeln konsequent danach ausrichten. (SeM, 8, 49-50)
29. Wir müssen die Wünsche unserer Service Kunden kennen. (SeM, 7, 46-47)
30. Wir erwarten von den Service Mitarbeitern unserer Audi Partner, dass die Wartungsliste bei jedem Fahrzeug konsequent und korrekt abgearbeitet wird!“, fordert Schnepp nachdrücklich. SeM, 7, 20-24)

4.8.4 Satzglieder und lexikalische Merkmale

Im Rahmen der Analyse der Satzglieder und Satzgliedteile werden 1.285 Begriffe untersucht, die den Wortschatzbereichen „Hersteller“, „Benutzer", „Mitarbeiter", „Auto", „Autoteile" und „Autofunktion" zugeordnet werden können. Die Abb. 330 zeigt das Ergebnis:

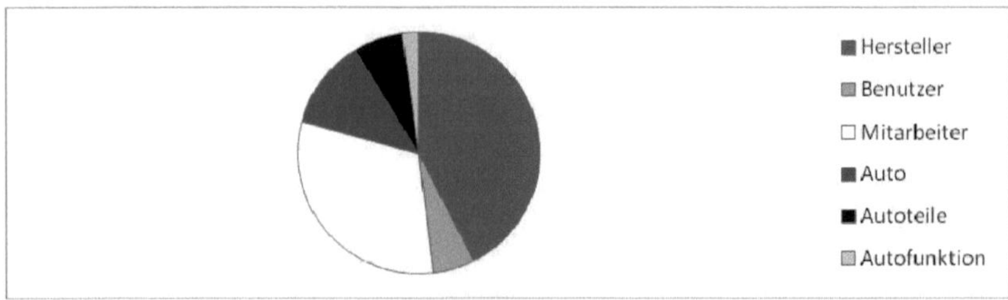

Abb. 330: Wortschatzbereiche in den Sätzen des Textkorpus im Service Magazin

79,3 % aller in die Untersuchung einbezogenen Lexeme der Satzglieder entstammen den Wortschatzbereichen „Hersteller", „Benutzer" und „Mitarbeiter" und haben einen Subjektbezug. Lediglich 20,7 % aller Begriffe sind den Wortschatzbereichen mit einem Objektbezug („Auto", „Autoteile", „Autofunktion") zuzuordnen. Bei den subjektbezogenen Wortschatzbereichen überwiegen Begriffe zum „Hersteller". Insgesamt entfallen 42,6 % aller Begriffe auf diesen Wortschatzbereich. Er wird über die folgenden Begriffe benannt: „Audi Partner", „AUDI AG", „Marke Audi", „Wettbewerber" und „Audi Service Training Center". Der „Mitarbeiter" wird in 31,2 % aller Fälle genannt. Hier können Bezeichnungen wie „Service Mannschaft", „Service Berater", „Service Techniker", „Mitarbeiter" und „Timo Schneider" als Audi-Pilot im Rennsport ermittelt werden. Öfter werden sie auch als die „Gewinner" oder „Sieger" des DTM ausdrücklich genannt, um die Siegermentalität von Audi hervorzuheben. Der „Benutzer" spielt hingegen eine untergeordnete Rolle. Er wird in 5,5 % aller Fälle als „Kunde", „User", „Leser" und „Audi Fahrer" einbezogen. Bei den objektbezogenen Wortschatzbereichen dominiert das „Auto" mit 11,9 % aller Begriffe. Es kommt als Modellbezeichnung wie „Audi Q5", „A3", A6" vor. Auch hier wird die Siegermentalität durch die Bezeichnung des Audis als „Multitalent" und „Gesamtsieger" unterstrichen. Einen jeweils deutlich geringeren Anteil an den Wortschatzbereichen mit insgesamt 6,6 % bzw. 2,2 % stellen die „Autoteile" bzw. „Autofunktionen" dar. In diesen Wortschatzbereichen sind die meisten fachsprachlichen Begriffe zu verzeichnen. Auch die Vielfalt der genutzten Begriffe ist hier am größten. Für die „Autoteile" finden sich Bezeichnungen wie „Audi Original Teile", „Einparkhilfesensoren", „Scheinwerferreinigungsanlage" und „18-Zoll-Aluminium-Gussräder". Im Wortschatzbereich „Autofunktion" sind die Begriffe „S tronic“, „Audi parking system“, „Presstastenfunktion“, „TDI-Technologie“ und „LED-Scheinwerfertechnik“ vertreten.

Wie bei der Verteilung der Begriffe über die Wortschatzbereiche insgesamt zeigt sich ein ähnliches Bild bei der Verteilung des Subjekts über die Wortschatzbereiche:

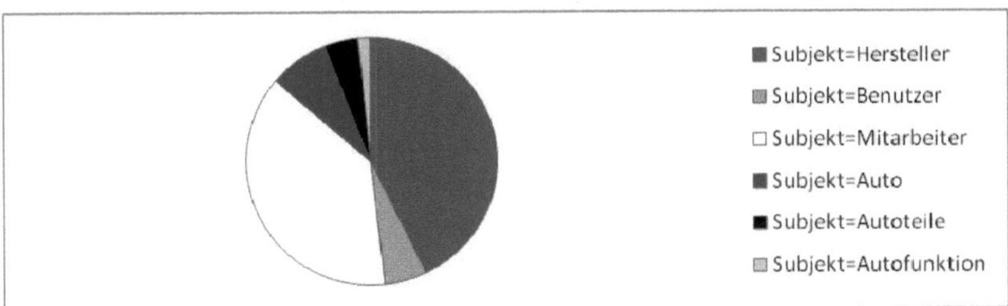

Abb. 331: Verteilung des Subjekts über die Wortschatzbereiche im Service Magazin

Mit 42,9 % wird ein Begriff zum „Hersteller“ als Subjekt genutzt (1). Die „Mitarbeiter“ ergeben einen ähnlichen Gesamtanteil: 38,1 % aller Subjekte sind diesem Wortschatzbereich zuzuordnen (2). Der „Benutzer“ kann lediglich in 5,4 % aller Subjekte ermittelt werden (3). Innerhalb des Subjektbezugs dominiert das „Auto“ mit 7,8 % aller Subjekte (4). Die „Autoteile“ sind zu 4,3 % aller Subjekte (5) vorhanden. Die „Autofunktion“ wird in lediglich 1,5 % aller Fälle zum Subjekt (6). Repräsentative Beispiele sind:

1. **Wir** erwarten von den Service Mitarbeitern unserer Audi Partner, dass die Wartungsliste bei jedem Fahrzeug konsequent und korrekt abgearbeitet wird!“, fordert Schnepp nachdrücklich. (SeM, 7, 20-24)
2. Bei den Service Beratern wurde unter anderem bewertet, wie gut **sie** auf den aufgebrachten Kunden eingingen. (SeM, 29, 27-28)
3. **Jeder zweite Kunde** erhofft sogar ein individuelles Angebot. (SeM, 22, 53)
4. Noch vor seiner Markteinführung erhielt **der Audi Q5** einen der wichtigsten Preise der Autobranche: (SeM, 4, 58-59)
5. **Lackierte Anbauteile von Audi Original Teile** haben für Audi Partner und Kunden gegenüber nicht lackierten Teilen entscheidende Vorzüge. (SeM, 4, 18-21)
6. **Die ultrakompakt bauende S tronic mit Doppel-Lamellenkupplung** kann zeitgleich zwei Gänge vorwählen. (SeM, 6, 75-76)

4.8.5 Rolle der Semantik bei der Ermittlung der Verbvalenz

Im Rahmen der Analyse der Verbvalenz werden 537 Verben analysiert, die den Wortschatzbereichen „Hersteller", „Mitarbeiter", „Auto", „Hersteller + Benutzer" und „Hersteller + Mitarbeiter" zugeordnet werden.

77,7 % der Verben sind zweiwertig. Hier dominiert der Wortschatzbereich „Hersteller" mit einem Anteil von 36,7 % aller zweiwertigen Verben (1). Auf die „Mitarbeiter" wird in 28,3 % aller zweiwertigen Verben zurückgegriffen (2). Auf das „Auto" entfällt ein Anteil von 6 % (3). In 4,6 % aller Fälle finden sich zweiwertige Verben im Wortschatzbereich „Hersteller + Benutzer" (4). Die Kombination aus „Hersteller + Mitarbeiter" ergibt (5) einen Anteil von knapp 9 %. Repräsentative Beispiele sind:

1. **Die von Audi angegebenen Arbeitsschritte, abgebildet in den Audi Service Kernprozessen, und die ServiceStandards**/<u>müssen eingehalten werden</u>. (SeM, 7, 36-39)
2. Schwerpunkt ist hier, **das premiumgerechte Verhalten der Mitarbeiter**/<u>zu bewerten</u>. (SeM, 7, 68-70)
3. Noch vor seiner Markteinführung/<u>erhielt</u>/**der Audi Q5/einen der wichtigsten Preise der Autobranche**. (SeM, 4, 58-59)
4. **Unsere Produkte und Leistungen**/<u>begeistern</u>/**eine steigende Anzahl von Kunden auf der ganzen Welt** [...] (SeM, 8, 12-13)
5. Dies schließe mit ein/, **dass alle am Prozess beteiligten Personen – angefangen vom Kundenempfang bis zur Geschäftsführung/– die Audi Top Service Philosophie**/<u>verinnerlicht haben</u> und in ihrer täglichen Arbeit umsetzen. (SeM, 7, 49-53)

Die Verben *einhalten, bewerten, erhalten, begeistern* und *verinnerlichen* in den Beispielen 1-5 konstituieren den Verbalsatztypus E_N-V-E_A. In 1 erscheint als E_A „Die von Audi angegebenen Arbeitsschritte, [...] und die ServiceStandards", wodurch ein Bezug zum Wortschatzbereich „Hersteller" hergestellt und das Sem ‚objektorientiert' realisiert wird. In 2 tritt in der E_A die Bezeichnung „das premiumgerechte Verhalten der Mitarbeiter" auf, auch hier ist das Sem ‚objektorientiert' markiert. Das Verbum *erhalten* in 3 ist ebenfalls ‚objektorientiert'; als E_N erscheint das Modell „Audi Q5", als E_A die Bezeichnung „einen der wichtigsten Preise der Autobranche". In 4 wird der „Hersteller" durch die lexikalische Besetzung der E_N „unsere Produkte und Leistungen" ausgedrückt; als E_A erscheint die Bezeichnung „eine steigende Anzahl von Kunden auf der ganzen Welt", die das Sem ‚persongerichtet' markiert und einen Bezug zum Wortschatzbereich „Benutzer" herstellt. In 5 verweist die Lexik in der E_N („alle am Prozess beteiligten Personen") auf die „Hersteller" im weitesten Sinne; die E_A („die Audi Top Service Philosophie") realisiert beim Verbum *verinnerlichen* das Sem ‚ergebnisorientiert'.

Zum Verbum *bewerten* verzeichnet G. Wahrig (W, 269) das Semem „den Wert schätzen" mit dem Kontext *(Wie bewerten Sie seine Leistung?),* das mit dem hier analysiertem Befund übereinstimmt. Zum Verbum *begeistern* gibt G. Wahrig (W, 246) die Verbsemantik „zur Begeisterung bringen" mit dem Beispiel *(die Zuschauer waren von dem Konzert begeistert)* an, die mit dem hier auftretendem Befund identisch ist. Dreiwertige Verben sind zu 22,3 % vertreten. Sie haben ihren Schwerpunkt beim „Hersteller" (28,3 %) (6), „Mitarbeiter" (19,2 %) (7) und „Hersteller + Mitarbeiter" (20,8 %) (8). Die Kombination aus „Hersteller + Benutzer" gibt es in 5 % aller Fälle (9). Verschwindend gering ist der Anteil der dreiwertigen Verben im Wortschatzbereich „Auto" (1,7 %) (10). Repräsentative Beispiele sind:

6. Womit/kann/**sich/die Marke Audi/von den Wettbewerbern**/abheben? (SeM, 8, 61-62)
7. Nach dem Rennen/besuchte/**der frisch gekürte Champion Timo Schneider**/die Mechaniker/und/dankte/**ihnen/für die Unterstützung**. (SeM, 13, c-d)
8. **Wir**/erwarten/**von den Service Mitarbeitern unserer Audi Partner,/dass die Wartungsliste bei jedem Fahrzeug konsequent und korrekt abgearbeitet wird!"**, fordert Schnepp nachdrücklich. (SeM, 7, 20-24)
9. Mit den neuen Tarifen haben die Audi Partner nun eine attraktive Angebotspalette/, um/**ihre Kunden**/langfristig/**an den Betrieb**/zu binden. (SeM, 22, 47-49)
10. Das gilt ebenso für den Audi A3/, **der/die Kategorie „Limousinen und Kombis"**/klar/**für sich**/ entschied. (SeM, 6, 35-36)

Im Beispiel 6 konstituiert das Verbum *abheben* den Verbalsatztypus E_N-V-E_A-E_{pD}. Als lexikalische Besetzung der E_N erscheint die Bezeichnung „die Marke Audi", wodurch ein Bezug zum Wortschatzbereich „Hersteller" gegeben ist. Die E_A wird durch das Reflexivum „sich" besetzt, das das Sem ‚objektorientiert' markiert. In der E_{pD} „von den Wettbewerbern" ist das Sem ‚persongerichtet' gegeben. In 7 bildet das Verbum *danken* den Verbalsatztypus E_N-V-E_D-E_{pA}, dessen Semem sich aus der Kombination der Seme ‚persongerichtet' und ‚ergebnisorientiert' zusammensetzt. Das Sem ‚persongerichtet' ergibt sich aus der E_D „ihnen". Das Sem ‚ergebnisorientiert' wird durch die E_{pA} „für die Unterstützung" realisiert. Als E_N ist die Bezeichnung „der frisch gekürte Champion Timo Schneider" vorhanden, wodurch ein Bezug zum Wortschatzbereich „Mitarbeiter" hergestellt ist. Das Verbum *erwarten* in 8 konstituiert den Verbalsatztypus E_N-V-E_{pD}-E_{OBJ}. Als E_N erscheint der „Hersteller“ in der Form „wir“. Die lexikalische Besetzung der E_{pD} „von den Service Mitarbeitern unserer Audi Partner“ markiert das Sem ‚persongerichtet‘; durch den Nukleus „Service Mitarbeiter“ und das Attribut „unserer Audi Partner“ werden Bezüge zu zwei verschiedenen Gruppen von Mitarbeitern hergestellt. Die E_{OBJ} hebt das Sem ‚ergebnisorientiert‘ hervor. Das Verbum *binden* in 9 konstituiert den dreiwertigen Verbalsatztypen E_N-V-E_A-E_{pD}, dessen Semem sich aus der Semkombination ‚persongerichtet und ergebnisorientiert‘ zusammensetzt. Das Sem ‚ergebnisgerichtet‘ wird durch die E_{pA} „ihre Kunden“ realisiert. Das Sem ‚objektorientiert‘ ergibt sich aus der lexikalischen Besetzung der E_{pD} „an den Betrieb“. Im Beispiel 10 wird das Verbum *entscheiden* dem Wortschatzbereich „Auto“ zugeordnet. Als E_N erscheint das Relativpronomen „der“, das sich auf das Modell „Audi A3“ bezieht. Die E_A zeigt die Bezeichnung „die Kategorie Limousinen und Kombis“ an, die das Sem ‚objektorientiert‘ signalisiert. Die lexikalische Besetzung der dritten Leerstelle E_{pA} „für sich“ dokumentiert ebenfalls das Sem ‚ergebnisorientiert‘. Das Verbum *entscheiden* bildet den Satztypus E_N-V-E_A-E_{pA}.

Zum Verbum *danken* gibt es bei G. Wahrig (W, 331) und im großen Wörterbuch der deutschen Sprache (D, III, 749) einen vergleichbaren Kontext *(jmdm. für etw. danken/er dankte ihnen ihre Güte mit Gehorsam).* Der Gebrauch des Verbums *erwarten* bei G. Wahrig (W, 438) mit dem Semem „hoffen, rechnen mit“ ist dem hier analysierten Befund ähnlich – so auch im großen Wörterbuch der deutschen Sprache (D, III, 1103) mit dem Semem „für wahrscheinlich halten/mit etw. rechnen“ und dem Kontext *(das war zu erwarten).*

Die statistischen Ergebnisse zur Untersuchung der Verben in den Wortschatzbereichen sind in Abb. 332 zusammengefasst.

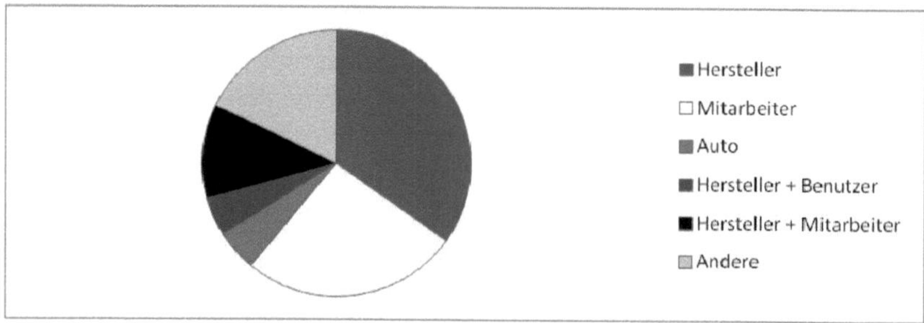

Abb. 332: Wortschatzbereiche in den Verben des Textkorpus im Service Magazin

Im Wortschatzbereich „Hersteller“ ergeben sich die meisten Verben mit einem Anteil von 34,8 %. Etwas geringer fällt der Anteil von 26,3 % im Wortschatzbereich „Mitarbeiter“ aus. Verben, die in ihren Sememen eine Kombination aus „Hersteller + Mitarbeiter“ enthalten, werden mit einem Anteil von 11,4 % genutzt. Ein deutlich geringerer Anteil von 4,7 % entfällt auf die Kombination aus „Hersteller + Benutzer“. Zum Wortschatzbereich „Auto“ sind lediglich 5 % der Verben gegeben. Alle anderen Wortschatzbereiche sind mit einem Anteil von 3,4 % und weniger vorhanden. Dabei ist der „Benutzer“ noch relativ oft erwähnt (3,4 %).

4.8.6 Zusammenfassung

Das Service Magazin wird vom Audi Vertrieb Kundendienst verfasst und ist nur dem internen Gebrauch zugänglich.

Makrostruktur. Das Textexemplar enthält 31 DIN A4-Seiten. Es ist im Hochformat gedruckt. Das Textkorpus ist zwei- bis dreispaltig strukturiert. Als allgemeine Initiatorenbündel existieren Deckblatt, Vorwort und Inhaltsverzeichnis. Der Buchdeckel fungiert als allgemeiner Terminator. Das Service Magazin enthält Artikel, die den Rubriken „Motorsport“, „Markt“, „Wissen“ etc. zugeordnet sind. Die einzelnen Artikel werden durch ein Überschriftengefüge, bestehend aus dem Rubrikentitel, der Artikelüberschrift und dem Lead, eingeleitet. Ferner existieren ein Initiator- und Terminatorsymbol für die Artikel. Der Fließtext ist in Absätze strukturiert, die durch Überschriften gekennzeichnet sind.

Text-Bild-Kombinationen. Im Service Magazin finden sich insgesamt 85 Text-Bild-Kombinationen, durchschnittlich sind es 2,7 Abbildungen pro Seite. Es handelt sich dabei um farbige Fotografien von Personen und Autos. Am häufigsten sind die beiden Anordnungsmöglichkeiten „Text und anschließend Abbildung (unten)“ (31,7 %) und „Text und davor Abbildung (oben)“ (39 %) zu verzeichnen. Deutlich geringer werden die Varianten „Text + Abbildung (links)“ (12,2 %) und „Text + Abbildung (rechts)“ (17,1 %) eingesetzt. Bei den textgesteuerten Text-Bild-Kombinationen bildet die Variante „Begriff im Satz und an der Abbildung + Determinationsverweis“ den größten Anteil von 50 %. Die Möglichkeit ohne Determinationsverweis ist mit einem Anteil von 8,5 % vorhanden. Die Anordnungsvariante „Begriff im Satz und an der Abbildung + Anbindungsverweis“ ist mit einem Beleg nachzuweisen. Die Verbindung von „Textteil und Abbildung“ wird in 30,5 % aller textgesteuerten Text-Bild-Kombinationen genutzt. Drei Abbildungen sind bildgesteuert. Die Text-Bild-Funktion ist kontaktiv und deskriptiv-kontaktiv.

Syntax. Mit einer Ausnahme sind alle Überschriften Aussagesätze. Rubrikentitel, Artikelüberschriften und Leads bestehen zu 37,5 % aus isoliert gebrauchten einfachen Nominalsätzen und zu 48,4 % aus einfachen Verbalsätzen. Die Mehrzahl aller Nominalsatztypen entfällt auf eingliedrige, nur aus einem Nukleus bestehende Nominalsätze. Eingliedrige Nominalsätze mit Attribuierungen werden deutlich weniger eingesetzt. Bei den Attribuierungstypen werden pränukleare Pronominalattribute in vier Fällen eingesetzt. Das postnukleare Genitivattribut, das pränukleare Adjektivattribut und das pränukleare Adverbattribut kommen in jeweils einem Fall vor. In 1/4 aller Fälle treten zweigliedrige Nominalsätze auf. Überschriften, die die Absätze im Fließtext einleiten, treten zu 76,5 % als isoliert gebrauchte einfache Nominalsätze auf.

Im Rahmen der syntaktischen Analyse der Absätze werden 725 Sätze im Audi Service Magazin analysiert. Dabei zeigt sich ein Schwerpunkt der Satztypen bei den isoliert gebrauchten einfachen Verbalsätzen (53,1 %) und den komplexen Verbalsätzen (33,5 %). Isoliert gebrauchte einfache Nominalsätze werden mit einem Anteil von 10,1 % eingesetzt. Gering ist der Anteil an Nominal-/Verbalsatzkombinationen (3,3 %). Bei den isoliert gebrauchten einfachen Nominalsätzen stellen die eingliedrigen mit 72,6 % den größten Anteil. Teilweise treten zweigliedrige Nominalsätze bzw. ein Gesamtsatz aus zwei Nominalsätzen auf. Bei den komplexen Verbalsätzen ist der Anteil an Hypotaxen am höchsten und liegt bei 58 %. Der Anteil an Parataxen von 27,6 % und an parataktisch-hypotaktischen Satzkombinationen von 14,4 % ist deutlich geringer. Bei den Nebensatztypen bilden die Objektsätze mit 36,5 % den größten Anteil. Danach folgen in der Häufigkeit die Attribut- (29,2 %), Final- (8,2 %), Konditional- (7,3 %) und Temporalsätze (6,4 %). Nahezu alle Sätze des Textkorpus sind Aussagesätze.

Satzglieder und lexikalische Merkmale. Im Rahmen der Analyse der Lexik der Satzglieder und Satzgliedteile werden 1.285 Begriffe untersucht. Bei den subjektbezogenen Wortschatzbereichen überwiegen Begriffe zum „Hersteller“. Insgesamt entfallen 42,6 % aller Begriffe auf diesen Wortschatzbereich. Der „Mitarbeiter“ wird in 31,2 % aller Fälle einbezogen. Der „Benutzer“ spielt hingegen eine untergeordnete Rolle. Bei den objektbezogenen Wortschatzbereichen dominiert das „Auto“ mit 11,9 % aller Begriffe. Einen jeweils deutlich geringeren Anteil an den Wortschatzbereichen mit insgesamt 6,6 % bzw. 2,2 % stellen die „Autoteile“ bzw. „Autofunktionen“ dar.

Verbvalenz. Im Service Magazin kommen zwei- und dreiwertige Verben vor. Den Schwerpunkt bilden die zweiwertigen Verben. Es treten die Seme ‚persongerichtet' und ‚objektorientiert' auf. Bei den zweiwertigen Verben werden objektorientierte Verben *(einhalten, bewerten, erhalten, verinnerlichen)* und persongerichtete Verben *(begeistern)* genutzt. Dreiwertige Verben erhalten die Semkombinationen ‚objektorientiert', ‚persongerichtet' bzw. ‚persongerichtet' und ‚ergebnisorientiert'. Dazu zählen die Verben *abheben, danken, erwarten* und *binden.* Im Textkorpus sind Verben gemeinsprachlich, so dass kein inhaltsseitiger Unterschied und keiner in der Verbvalenz zum fachsprachlichen Gebrauch existieren. Auf fachsprachliche Verben wird weitgehend verzichtet.

5. Textsortentypologie

5.1 Ermittlung der Textsortentypologie

Um eine Textsortentypologie der untersuchten Textexemplare im Kommunikationsbereich „Kraftfahrzeugtechnik“ zu erstellen, werden aus den in Kapitel 4 ermittelten Untersuchungsergebnissen signifikante Merkmale herausgearbeitet und Merkmalbündel festgelegt. Anhand dieser Merkmalbündel können eine Textsortendifferenzierung vorgenommen und Merkmale der einzelnen Textsorten und Textsortenvarianten beschrieben werden.

Um einzelne Textsorten zu differenzieren, werden als signifikante Merkmale diejenigen herangezogen, die zu einer klaren Oppositionsbildung führen. Im Rahmen dieser Arbeit sind das Merkmale, die

- nur in einer Textsorte vorkommen bzw. nicht vorkommen;
- in ihrer Frequenz einen deutlichen prozentualen Unterschied von mindestens 20 % zu den anderen Textsorten aufweisen;
- in der Gewichtung (hoch – mittel – niedrig) einen deutlichen Unterschied zu anderen Textsorten zeigen.

Ein hoher prozentualer Unterschied zwischen den Frequenzwerten belegt mit hinreichend großer Sicherheit, dass es sich bei den Unterschieden in der Frequenz einzelner Merkmale nicht nur um Schwankungen zwischen einzelnen Textexemplaren, sondern tatsächlich um signifikante Unterschiede zwischen Textsorten handelt.[130]

Bei der Textsortendifferenzierung gilt, dass externe und makrostrukturelle Merkmale höher gewichtet werden als syntaktische Merkmale und diese wiederum höher als lexikalische Merkmale. Innerhalb einer Textsorte werden Textsortenvarianten und bei diesen wieder Gruppen von Textexemplaren unterschieden. Textsortenvarianten und Textexemplargruppen werden gebildet, wenn einzelne signifikante Merkmale vor allem auf syntaktischer und lexikalischer Ebene ausgetauscht und neue Merkmale innerhalb einer Textsorte auftreten.

130 Vgl.: Simmler, Franz (1993): Zeitungssprachliche Textsorten und ihre Varianten. Untersuchungen anhand von regionalen und überregionalen Tageszeitungen zum Kommunikationsbereich des Sports. In: Simmler, Franz (1993): Probleme der funktionellen Grammatik, Bern u.a., S. 133-137.

5.2 Textsorten und ihre Merkmalbündel

Aufgrund dieser Vorgehensweise ordnet sich das bisherige Textkorpus in instruktive, didaktische und werbeorientierte Textexemplare. Zu den instruktiven Textexemplaren gehören die Textsorten ‚Werkstatthandbuch‘, ‚Betriebsanleitung‘ und ‚Testbericht‘. Die Textsorte ‚Werkstatthandbuch‘ weist die Textsortenvarianten WH1 und WH2 auf; die Textsorte ‚Betriebsanleitung‘ die Varianten B1 sowie B2. Bei der Textsorte ‚Testbericht‘ lassen sich die Varianten Einzeltest und Vergleichstest ermitteln. Weiter enthält das Untersuchungskorpus die didaktische Textsorte ‚Lehrbuch‘ mit den Textsortenvarianten L1 und L2. Werbeorientierte Textexemplare gehören zu den Textsorten ‚Werbetext‘, ‚Werbeanzeige‘ und ‚Magazin‘. Bei der Textsorte ‚Werbetext‘ sind die ‚Werbebroschüre‘ und die ‚Produktinformation‘ als Textsortenvarianten zu unterscheiden.

Die Textsorten ‚Werkstatthandbuch‘ und ‚Lehrbuch“ besitzen den höchsten Fachsprachlichkeitsgrad. Die Zielgruppe ist bei beiden Textsorten homogen und fachspezifisch; das ‚Werkstatthandbuch‘ wird von Monteuren in Werkstätten mit Ausbildungshintergrund und verbunden mit Produktkenntnissen gelesen; das ‚Lehrbuch‘ wendet sich an Leser mit besonderem Bildungsstand und beruflichem Hintergrund. In beiden Textsorten sind gemeinsprachliche Verben mit kfz-gebundenen Valenzerhöhungen sowie fachsprachliche Verben zu verzeichnen. Im ‚Werkstatthandbuch‘ gibt es vier- und fünfwertige Verben, im Lehrbuch sogar sechswertige Verben. Auch die Text-Bild-Funktion unterstützt den hohen Fachsprachlichkeitsgrad: In beiden Textsorten kommen kaum kontaktive Text-Bild-Funktionen vor; im Werkstatthandbuch ist eine instruktive bzw. deskriptiv-instruktive, im Lehrbuch eine deskriptive Bildfunktion kennzeichnend. Einen niedrigeren Fachsprachlichkeitsgrad als die Textsorten ‚Werkstatthandbuch‘ und ‚Lehrbuch‘ weist die Textsorte ‚Betriebsanleitung‘ auf. Diese Textsorte richtet sich an ein heterogenes, nichtfachspezifisches Publikum. Jedoch treten gemeinsprachliche Verben mit kfz-gebundenen Valenzerhöhungen durch das Vorkommen vier- und fünfwertiger Verben auf. Die Text-Bild-Funktion ist hauptsächlich instruktiv bzw. deskriptiv-instruktiv. Bei der Textsorte ‚Testbericht‘ ist ein niedrigerer Fachsprachlichkeitsgrad als bei der Textsorte ‚Betriebsanleitung‘ gegeben. Die Textsorte richtet sich an ein heterogenes Publikum, interessierte Autofahrer und technisch versierte Laien. Es gibt nur gemeinsprachliche Verben ohne kfz-gebundene Valenzerhöhungen. Die Bildfunktion ist kontaktiv bzw. deskriptiv-kontaktiv. Ferner unterstützt ein umgangssprachlicher Stil den niedrigen Fachsprachlichkeitsgrad. Die

Textsorten ‚Werbetext', ‚Werbeanzeige' und ‚Magazin' besitzen den niedrigsten Fachsprachlichkeitsgrad. Die Bildfunktion ist kontaktiv bzw. deskriptiv-kontaktiv. Alle Verben sind gemeinsprachlich ohne kfz-gebundene Valenzerhöhungen. Die Textexemplare wenden sich an ein heterogenes Publikum bzw. an alle potenziellen Käufer oder auch an interne Mitarbeiter wie z.B. an die Vertriebsmitarbeiter und Service Berater/Techniker. Auch wenn die Textsorte ‚Magazin' und die Textsortenvariante ‚Produktinformation' der Textsorte ‚Werbetext' nur dem internen Gebrauch zugänglich sind, sind sie gemeinsprachlich formuliert.

5.2.1 Die Textsorte ‚Werkstatthandbuch' und ihre Textsortenvarianten

Signifikante Merkmale der Textsorte ‚Werkstatthandbuch', die eine Oppositionsbildung und damit eine Unterscheidung dieser Textsorte von anderen Textsorten ermöglichen, sind:

- Zielgruppe: homogen und fachspezifisch → Monteure in Werkstätten mit Ausbildungshintergrund und Produktkenntnissen
- mittlere Frequenz der Text-Bild-Kombinationen pro Seite: 2,0
- Bilder in Schwarz/Weiß
- Übersichtsdarstellungen der Autoteile und Arbeitswerkzeuge (14,5 %)
- Nutzung der textgesteuerten Varianten „Textteil und Abb." und „Begriff im Satz und an der Abb."; jedoch deutliche Schwankungen in den Textsortenvarianten
- hohe Frequenz instruktiver bzw. deskriptiv-instruktiver Text-Bild-Funktionen: 85,6 %
- mittlere Frequenz deskriptiver Text-Bild-Funktionen: 14,5 %
- Syntax der Überschriften im Inhaltsverzeichnis: hohe Frequenz einfacher und komplexer Verbalsätze und niedrige bis mittlere Frequenz isoliert gebrauchter einfacher Nominalsätze; jedoch deutliche Schwankungen in den Textsortenvarianten
- Syntax der Überschriften im Fließtext, jedoch nicht im Inhaltsverzeichnis aufgenommen: hohe Frequenz isoliert gebrauchter einfacher Nominalsätze; jedoch deutliche Schwankungen in den Textsortenvarianten
- Funktionen der Überschriften: „Aktion", „Aktion + Rubrik", „Aktion + Ort", „Nennung + Spezifizierung", „Zeit + Aktion"
- niedrige Frequenz der Sätze pro Seite: 8,0

– Syntax der Absätze:
  - hohe Frequenz einfacher Verbalsätze (48,2 %) und komplexer Verbalsätze (40 %), mittlere Frequenz isoliert gebrauchter einfacher Nominalsätze (11 %) und niedrige Frequenz der Nominal-/Verbalsatzverbindungen (0,9 %)
  - bei den einfachen Nominalsätzen: hohe Frequenz eingliedriger (46,3 %) und zweigliedriger (45,6 %) sowie niedrige Frequenz dreigliedriger (8,2 %) Nominalsätze
  - bei den komplexen Verbalsätzen: mittlere Frequenz von Hypotaxen (20,4 %), hohe Frequenz von Parataxen und niedrige bis mittlere Frequenz von parataktisch-hypotaktischen Strukturen; jedoch deutliche Schwankungen in den Textsortenvarianten
  - Funktionen der Absätze: „Aktionsgegenstand + Funktion“, „Nennung + Spezifizierung“, „Nennung + Zeit + Spezifizierung in Maßeinheiten“, „chronologische Handlungsabfolgen“, „conditio versus consequentia“, „Handlungsanweisung + Ziel“
  - Nebensatzart: Temporalsatz, Konditionalsatz
– Satzglieder, Satzgliedteile und Verben im Wortschatzbereich „Autoteile“ (96,5 %)
– hohe Frequenz zweiwertiger Verben (46,3 %) und dreiwertiger Verben (41,6 %), mittlere Frequenz vierwertiger Verben (9,8 %) und niedrige Frequenz einwertiger Verben (0,4 %) und fünfwertiger Verben (2,1 %)
– hohes Vorkommen gemeinsprachlicher Verben ohne kfz-gebundene Valenzerhöhungen, mittleres Vorkommen gemeinsprachlicher Verben mit kfz-gebundenen Valenzerhöhungen, niedrige Frequenz fachsprachlicher Verben

Textsortenvarianten. Zwischen WH1 und WH2 gibt es unterschiedliche Ausprägungen einzelner Merkmale. Diese sind nicht signifikant, stellen jedoch eine Verstärkung oder Abschwächung vorhandener Merkmale dar. Darüber hinaus werden einzelne Merkmale ausgetauscht oder treten neu hinzu. Diese Unterschiede erfordern eine Differenzierung der Werkstatthandbücher in die Textsortenvarianten WH1 und WH2 der Textsorte ‚Werkstatthandbuch‘.

Kennzeichnende Merkmale für die Textsortenvariante WH1 sind:

– Medium: Buch als Nachdruck
– Umfang: 213 Seiten
– Initiatorenbündel:
  - Deckblatt, Schutzblatt, Titelblatt, Vorwort

– Textgliederungsprinzipien: Kapitel und Unterkapitel 1., 2. und 3. Grades
– Kapitel enthalten Inhaltsverzeichnisinitiator mit Überschriften, die auf Unterkapitel 1. Grades verweisen und mit Nummer- und Buchstabenbezeichnungen (M1, K1 usw.) als Verweis auf Instandsetzungsvorgänge nach Arbeitspreisliste versehen werden
– Unterkapitel 2. Grades konstant: Spezialwerkzeuge, Passungen und Maße, Auseinanderbau, Zusammenbau
– Bildart: Zeichnung (98 %)
– Anordnung der Text-Bild-Kombinationen: „Textteil und Abb. (links)“
– Textgesteuerte Text-Bild-Kombinationen: „Textteil und Abb.“ (55,8 %), „Begriff im Satz und an der Abb.“ (37,3 %), „Direkter Verweis“ (9,7 %)
– Syntax der Überschriften im Inhaltsverzeichnis: einfache Verbalsätze (33,8 %), komplexe Verbalsätze (59,7 %), isoliert gebrauchte einfache Nominalsätze (6,5 %)
– Syntax der Überschriften im Fließtext, jedoch nicht im Inhaltsverzeichnis aufgenommen: isoliert gebrauchte einfache Nominalsätze (85 %), einfache Verbalsätze (13,8 %)
– Syntax der Absätze:
  - Parataxen: 60,5 %
  - parataktisch-hypotaktische Strukturen: 21,2 %
  - hohe Frequenz an Aufforderungssätzen (infinitivische Imperative: 47,9 %, Modalsätze: 6,9 %, Modalitätssätze: 9,3 %); sonst Aussagesätze (35,6 %) und Ausrufesätze (0,3 %)
– sechswertiges Verbum mit einem Beleg

Merkmale der Textsortenvariante WH2 sind:

– Medium: Original-CD-ROM
– Umfang: 9.335 PowerPoint-Folien
– Initiatorenbündel:
  - Deckblatt, Vorwort
– „Schließen-Symbol“ auf Bildlaufleiste als Terminator
– Textgliederungsprinzipien: Kapitel und Unterkapitel 1., 2., 3. und 4. Grades
– Kapitel und Unterkapitel 1., 2. und 3. Grades enthalten einen Inhaltsverzeichnisinitiator
– Textgesteuerte Text-Bild-Kombinationen: „Textteil und Abb.“ (44,2 %), „Begriff im Satz und an der Abb.“ (62,7 %)
– Bildart: Zeichnung (56,1 %) und Fotografie (43,9 %)

- Anordnung der Text-Bild-Kombinationen: „Textteil und Abb. (rechts)"
- Syntax der Überschriften im Inhaltsverzeichnis: einfache Verbalsätze (37,2 %), komplexe Verbalsätze (45 %), isoliert gebrauchte einfache Nominalsätze (14 %)
- Syntax der Überschriften im Fließtext, jedoch nicht im Inhaltsverzeichnis aufgenommen: isoliert gebrauchte einfache Nominalsätze (99,4 %), Verzicht auf einfache Verbalsätze
- Syntax der Absätze:
  - Parataxen: 70,3 %
  - parataktisch-hypotaktische Strukturen: 7,3 %
  - hohe Frequenz an Aufforderungssätzen (infinitivischer Imperativ: 75,9 %, Modalsatz: 5,2 %, Modalitätssatz: 0,5 %); sonst Aussagesätze (18,1 %) und Ausrufesätze (0,2 %)

5.2.2 Die Textsorte ‚Betriebsanleitung' und ihre Textsortenvarianten

Folgende Merkmale sind für die Textsorte ‚Betriebsanleitung' signifikant und unterscheiden sie von anderen Textsorten:

- Zielgruppe: heterogen
- Initiatorenbündel:
  - Deckblatt, Vorwort, Inhaltsverzeichnis
- Terminatorenbündel:
  - Buchdeckel, Schutzblatt, Stichwortverzeichnis
- Absatzstrukturen mit Aufzählung von Handlungsschritten in einer bestimmten chronologischen Handlungsabfolge
- mittlere Frequenz der Text-Bild-Kombinationen: 1,4-1,5 pro Seite
- Bildart: Zeichnung
- hohe Frequenz instruktiver bzw. deskriptiv-instruktiver Text-Bild-Kombinationen: 70,4 %; mittlere Frequenz deskriptiver (25,9 %) und niedrige Frequenz kontaktiver (3,7 %) Text-Bild-Funktionen
- Syntax der Überschriften im Inhaltsverzeichnis: hohes Vorkommen von isoliert gebrauchten einfachen Nominalsätzen; jedoch Schwankungen in Textsortenvarianten
- Syntax der Überschriften im Fließtext, jedoch nicht im Inhaltsverzeichnis aufgenommen: hohes Vorkommen von isoliert gebrauchten einfachen Nominalsätzen; jedoch Schwankungen in Textsortenvarianten
- Funktionen in Überschriften: „Autoteile", „Autofunktion", „Aktion + Art und Weise", „Aktion + Richtung", „Akteure + Ort", „Aktionsge-

genstand + Ergebnis“, „Menüauswahl + Funktion“, „Auswahloption + Funktion + Ort“

– mittlere Verteilung der Sätze pro Seite: 12,5-12,7
– Syntax der Absätze: hohe Frequenz der einfachen und komplexen Verbalsätze, mittlere Frequenz isoliert gebrauchter einfacher Nominalsätze und niedrige Frequenz der Nominal-/Verbalsatzkombinationen; jedoch deutliche Schwankungen in Textsortenvarianten
  - bei den komplexen Verbalsätzen: mittlere Frequenz der paratakt-tisch-hypotaktischen Satzkombinationen: 12,2-12,5 %
  - Funktionen der Sätze: „Aktionsgegenstand“, „Aktion“, „chronologische Handlungsabfolgen“, „Aktion + Zeitbezug“, „Aktionsgegenstand + Zweck + Ort“, „conditio versus consequentia“, „Aktionsgegenstand + Aktion“, „Einstellungsmöglichkeit + Fahrzeugniveau + Funktion des Niveauzustandes“
  - Nebensatztyp: Konditionalsatz
  - hohe Frequenz an Aufforderungssätzen: 45,4 %
– hohe Frequenz der Satzglieder und Satzgliedteile im Wortschatzbereich „Autoteile“: 53,7 %
– mittlere Nutzung von Fachbegriffen
– keine besonderen Stilmittel
– hohes Vorkommen zweiwertiger (55 %) und dreiwertiger (33,1 %) Verben, mittleres Vorkommen vierwertiger Verben (8 %), niedriges Vorkommen einwertiger (3,5 %) und fünfwertiger (0,5 %) Verben
– hohe Frequenz gemeinsprachlicher Verben ohne kfz-gebundene Valenzveränderungen, mittlere Frequenz gemeinsprachlicher Verben mit kfz-gebundenen Valenzerhöhungen, niedrige Frequenz fachsprachlicher Verben

Textsortenvarianten. Neben den signifikanten Merkmalen der Textsorte ‚Betriebsanleitung‘ sind unterschiedliche Ausprägungen zwischen B1 und B2 festzustellen, die eine Differenzierung der Textsorte ‚Betriebsanleitung‘ in die Textsortenvarianten B1 und B2 begründen.

Merkmale hierfür sind bei B1:

– Differenzierung der Zielgruppe: Käufer mit durchschnittlichem Verdienst
– Umfang: 171 Seiten
– Textgliederungsprinzipien: Kapitel und Unterkapitel 1. und 2. Grades
– Überschriften, die auf die Kapitel und Unterkapitel 1. Grades verweisen, sind im Inhaltsverzeichnis aufgenommen
– Anleitung zum Schaltgetriebe

– Schwarz/Weiß-Darstellungen der Bilder
– Anordnung der Text-Bild-Kombinationen:
  - Hauptvariante: „Textteil + Abb. (oben)“: 88,7 %
  - Nebenvariante: „Textteil + Abb. + Textteil“: 9,9 %
  - Tastensymbole stehen links neben dem Textteil: 70 %
– Referenzherstellung zwischen Textteil und Bild über räumliche Nähe: 60,3 %
– Syntax der Überschriften im Inhaltsverzeichnis: hohes Vorkommen von isoliert gebrauchten einfachen Nominalsätzen (96,9 %), niedriges Vorkommen von einfachen Verbalsätzen (3 %)
– Syntax der Überschriften im Fließtext, jedoch nicht im Inhaltsverzeichnis aufgenommen: hohes Vorkommen von isoliert gebrauchten einfachen Nominalsätzen (79,4 %), mittleres Vorkommen von einfachen Verbalsätzen (15,2 %)
– Syntax der Absätze:
  - hohe Frequenz einfacher Verbalsätze (48,3 %) und komplexer Verbalsätze (37,1 %), mittlere Frequenz der isoliert gebrauchten einfachen Nominalsätze (11,7 %) und niedrige Frequenz der Nominal-/Verbalsatzkombinationen (2,9 %)
  - hohe Frequenz und Gleichverteilung der Hypotaxen (44,2 %) und Parataxen (43,6 %)
  - bei den Aufforderungssätzen: hohes Vorkommen von infinitivischen Imperativen: 33,6 %
– mittlere Frequenz der Satzglieder und Satzgliedteile im Wortschatzbereich „Benutzer“ (13,8 %) und mittleres Vorkommen des syntaktisch nicht ausgedrückten Subjekts als „Benutzer“ aufgrund der Satzstruktur „Akkusativobjekt + infinitivischer Imperativ“
– hohe Frequenz der Verben in „Autoteile“ (55 %) aufgrund der Satzstruktur „Akkusativobjekt + infinitivischer Imperativ“

Merkmale für die Textsortenvariante B2 sind:

– Differenzierung der Zielgruppe: Käufer mit überdurchschnittlichem Verdienst
– Umfang: 442 Seiten
– Textgliederungsprinzipien: Kapitel und Unterkapitel 1., 2., 3. und 4. Grades
– Überschriften, die auf die Kapitel und Unterkapitel 1. und 2. Grades verweisen, sind im Inhaltsverzeichnis aufgenommen
– Terminatorenbündel enthält zusätzlich ein Fachwortverzeichnis

- Anleitung zum Automatikgetriebe, Navigationssystem und zur Audio- und Telefonanlage
- jedes Kapitel hat eine eigene Leitfarbe
- Bilddarstellung: farbig
- Anordnung der Text-Bild-Kombinationen:
  - Hauptvariante: „Textteil + Abb. + Textteil“: 70,6 %
  - Nebenvariante: „Textteil + Abb. (oben)“: 25,5 %
  - Tastensymbole sind in den Satz eingebettet: 79 %
- Textsteuerung: „Begriff im Satz und an der Abb.“: 80,9 %
- Syntax der Überschriften im Inhaltsverzeichnis: hohe Frequenz isoliert gebrauchter einfacher Nominalsätze (80,6 %), mittleres Vorkommen von isoliert gebrauchten einfachen Verbalsätzen (15,6 %)
- Syntax der Überschriften im Fließtext, jedoch nicht im Inhaltsverzeichnis aufgenommen: hohe Frequenz isoliert gebrauchter einfacher Nominalsätze (68,5 %), mittlere bis hohe Frequenz von einfachen Verbalsätzen: 30,5 %
- Syntax der Absätze:
  - hohe Frequenz einfacher Verbalsätze (58,5 %) und komplexer Verbalsätze (29,8 %); mittlere Frequenz isoliert gebrauchter einfacher Nominalsätze (9,4 %) und niedrige Frequenz der Nominal-/ Verbalsatzkombinationen (2,2 %)
  - hohe Frequenz von Hypotaxen (64,4 %) und mittlere Frequenz von Parataxen (20 %) in den komplexen Verbalsätzen
  - bei den Aufforderungssätzen hohes Vorkommen von Imperativen: 32,6 %
- hohe Frequenz der Satzglieder und Satzgliedteile im Wortschatzbereich „Benutzer“ (30,7 %)
- hohe Frequenz der direkten Benutzeransprache mit dem Anredepronomen „Sie“ – davon 58,9 % des syntaktisch realisierten Subjekts als „Benutzer“ aufgrund der Satzstruktur „Imperativ + Subjekt + Objekt“
- hohe Frequenz der Verben in „Benutzer + Autoteile“ (40,3 %) aufgrund der Satzstruktur „Imperativ + Subjekt + Objekt“

5.2.3 Die Textsorte ‚Testbericht‘ und ihre Textsortenvarianten

Die Textsorte ‚Testbericht‘ weist die folgenden signifikanten Merkmale auf, die sie von den anderen Textsorten unterscheiden:

- Zielgruppe: heterogen, interessierte Autofahrer, technisch versierte Laien
- Umfang: 4-6 Seiten

- Allgemeiner Initiator: Deckblatt der Zeitschrift
- Direkter Initiator: Überschriftengefüge (Rubrikentitel, Artikelüberschrift, Untertitel)
- Textgliederungsprinzipien: keine Kapitel und Unterkapitel, nur Absatzstrukturen
- Bildart: farbige Fotografien der getesteten Modelle und Abbildung von Personen
- keine klare Anordnung von Textteil und Bild
- Textsteuerung: „Begriff im Satz und an der Abbildung"
- Bildfunktion: kontaktiv und deskriptiv-kontaktiv
- Syntax der Überschriften: hohe Frequenz einfacher Nominalsätze (55,8 %) und einfacher Verbalsätze (38,5 %)
- Funktionen der Überschriften: „Aktion mit Aktionsgegenstand", „Textsorte mit Aktionsgegenstand", „positiv konnotierte Eigenschaften zum Modell", „Metaphern", „Wortspiel", „Textsorte + Testmodell", „Aktualität + Zusatzleistung"
- Syntax der Absätze:
  - mittlere bis hohe Frequenz einfacher Verbalsätze (35,6 %), komplexer Verbalsätze (29,8 %) und isoliert gebrauchter einfacher Verbalsätze (25,7 %); niedrige bis mittlere Frequenz der Nominal-/Verbalsatzkombinationen (8,7 %)
  - bei den einfachen Nominalsätzen sind 68,5 % eingliedrig, sonst zwei- und dreigliedrig
  - hohes Vorkommen und Gleichverteilung an Hypotaxen (40,1 %) und Parataxen (41 %); mittlere Frequenz an parataktisch-hypotaktischen Strukturen (19 %)
  - Funktionen der Sätze: „Testauto", „Aktionsgegenstand + Zusatzleistung", „Aktionsgegenstand + Ort + Wertung", „Aktionsgegenstand + Art und Weise + Ergebnis", „Aktionsgegenstand + Aufpreis", „Aufpreis bei Zusatzkonditionen", „Preiserhöhung", „Testergebnis"
  - Nebensatztyp: Attributsatz
  - Satzart: Aussage (95,5 %), niedrige Frequenz an Aufforderungssätzen (< 0,1 %) und Fragesätzen (3,9 %)
- hohes Vorkommen der Satzglieder und Satzgliedteile im Wortschatzbereich „Auto" (41,8 %) und „Autoteile" (34,4 %); mittleres Vorkommen in „Benutzer" (11,5 %); Nachweis des „Autors" (3,2 %) – aber gering

- mittlere Benutzeransprache, jedoch selten direkte Benutzeransprache durch Anredepronomen „Sie“, meist indirekt über Indefinitpronomen „man“
- umgangssprachlicher Stil, Vorkommen von Synonymen, sprachlichen Figuren wie Vergleichen, Personifizierungen und komischen bis ironischen Formulierungen von Wertungen
- hohes Vorkommen zweiwertiger Verben (82,4 %), mittleres Vorkommen dreiwertiger Verben (11,4 %) und niedriges Vorkommen einwertiger Verben (6,2 %)
- alle Verben sind gemeinsprachlich ohne kfz-gebundene Valenzerhöhungen

Die Textsorte ‚Testbericht‘ lässt sich in die Textsortenvarianten „Einzeltest“ (T1) und „Vergleichstest“ (T2, T3, T4, T5) aufteilen. Merkmale für Vergleichstests sind:

- Direkter Terminator: Tabelleninformation „Gesamtergebnisse“ mit Autorennennung
- mittlere bis hohe Frequenz der Text-Bild-Kombinationen pro Seite: 2,2-4,6
- hohe Frequenz der Sätze pro Seite: 18,0-28,5
- Vorkommen von komplexen Verbalsätzen in Überschriften

Beim Einzeltest sind folgende Merkmale kennzeichnend:

- Direkter Terminator: Gesamtbeurteilung und Autorennennung, keine Tabelleninformation
- mittlere Verteilung der Text-Bild-Kombinationen pro Seite
- mittlere Frequenz der Sätze pro Seite: 13,0
- Verzicht auf parataktisch-hypotaktische Satzkombinationen in den Absätzen
- geringe Benutzeransprache

5.2.4 Die Textsorte ‚Lehrbuch‘ und ihre Textsortenvarianten

Signifikante Merkmale der Textsorte ‚Lehrbuch‘, die eine Oppositionsbildung und damit eine Unterscheidung der Textsorten von anderen Textsorten ermöglichen, sind:

- Zielgruppe: homogen, fachspezifisch, Leser mit besonderem Bildungsstand und beruflichem Hintergrund
- Initiatorenbündel:
  - Deckblatt, Titelblatt, Schutzblatt, Vorwort, Inhaltsverzeichnis

- Terminatorenbündel:
  - Buchdeckel, Sach- und Stichwortverzeichnis
- Absatzstrukturen der Merksätze
- Absatzstrukturen mit Aufzählung durch Einrückung und Zeilenumbruch
- Bildfunktion: deskriptiv (98,7 %)
- Syntax der Überschriften: hohe Frequenz isoliert gebrauchter einfacher Nominalsätze in allen Überschriften
- Funktionen der Überschriften: „Aktion", „Autoteile", „Autofunktion", „physikalische Verfahren", „Methoden, Standards", „Auswuchttechnik", „Getriebearten", „Schaltstrategien", „Trennvorgang + Art und Weise", „technischer Vorgang + Ort", „Nennung + Spezifizierung", „Aktionsgegenstand + Ort + Spezifizierung"
- Syntax der Absätze:
  - hohe Frequenz einfacher Verbalsätze (41,5 %), mittlere Frequenz komplexer Verbalsätze (23,9 %) und mittlere bis hohe Frequenz isoliert gebrauchter einfacher Nominalsätze (30,1 %) sowie geringe Frequenz von Nominal-/Verbalsatzkombinationen (4,6 %)
  - hoher Anteil an Hypotaxen und Parataxen und geringer Anteil an parataktisch-hypotaktischen Strukturen; jedoch Schwankungen in den Textsortenvarianten
  - Nebensatztyp: Attributsatz
  - Satzart: Aussage
  - Funktionen der Absätze: „physikalischer Vorgang", „Vorgang + Ort", „Problem + Begründung + Wertung", „conditio versus consequentia"
- Satzglieder, Satzgliedteile und Verben im Wortschatzbereich „Autoteile": knapp über 80 %
- sehr geringe Benutzeransprache (2,2 %), dabei sowohl direkt als auch indirekt
- hohe Frequenz zweiwertiger Verben, mittlere bis hohe Frequenz dreiwertiger Verben, niedrige bis mittlere Frequenz vierwertiger Verben, niedrige Frequenz ein-, fünf- und sechswertiger Verben, jedoch schwankend in den Textsortenvarianten
- hohe Frequenz gemeinsprachlicher Verben ohne Valenzveränderung, niedrige bis mittlere Frequenz gemeinsprachlicher Verben mit kfz-gebundener Valenzerhöhung, sehr selten fachsprachliche Verben

Textsortenvarianten. Die unterschiedlichen Ausprägungen der Merkmale in L1 und L2 führen zur Differenzierung der Textsortenvarianten L1 und L2. Kennzeichnende Merkmale für die Textsortenvariante L1 sind:

- Differenzierung der Zielgruppe: Erstausbildung im kfz-technischen Beruf
- Umfang: 504 Seiten
- Textgliederungsprinzipien: Kapitel mit fachübergreifenden Themen, Unterkapitel 1., 2., 3. Grades
- Überschriften, die auf die Kapitel und Unterkapitel 1. und 2. Grades verweisen, sind im Inhaltsverzeichnis aufgenommen
- Tabelleninformationen „Überblick", „Exkurs"
- Aufgaben- und Fragenkatalog
- hohe Frequenz der Text-Bild-Kombinationen pro Seite: 2,6
- Bildart: hohe Frequenz der detaillierten räumlichen Zeichnungen (68,4 %), mittlere Frequenz der Strichzeichnungen (14,6 %) und Fotografien (16,9 %), alle sind Schwarz/Weiß dargestellt
- Varianten der Anordnung von Text-Bild-Kombinationen: „Textteil + Abb. (links)": 42,1 %, „Textteil + Abb. (oben)": 21,3 %, „Textteil + Abb. (rechts)": 28 %, „Textteil + Abb. (unten): 8,3 %
- Referenzherstellung zwischen Textteil und Bild meist über direkte Verweise (68,7 %), seltener über räumliche Nähe (14 %) und Begriff an der Abbildung und Wiederaufnahme dieses Begriffes im dazugehörigen Textteil (17,2 %)
- hohe Verteilung der Sätze pro Seite: 20,3 %
- Syntax der Absätze:
  - hohe Frequenz an Hypotaxen (38,4 %) und Parataxen (48,7 %) und mittlere Frequenz an parataktisch-hypotaktischen Strukturen 12,9 %
  - Satztyp: Aussage, geringe Frequenz an Aufforderungssätzen (infinitivischer Imperativ: 5 %, Modalsatz: 0,8 %, Imperativ: 1,9 %) und Fragesätzen (4 %)
- Wertigkeit der Verben: zweiwertig (47,7 %), dreiwertig (36,9 %), vierwertig (9,6 %), einwertig (3,6 %), fünfwertig (1,9 %) und sechswertig (0,4 %)

Merkmale der Textsortenvariante L2 sind:

- Differenzierung der Zielgruppe: Nachschlagewerk für Fachkräfte, Studierende und Absolventen von Meister-, Techniker- und Ingenieurschulen
- Umfang: 1.319 Seiten

- Initiatorenteile auf dem Deckblatt: zusätzlich Verweis als Fachbuch
- Terminatorenbündel enthält zusätzlich Werbung des Verlages
- Textgliederungsprinzipien: Kapitel und Unterkapitel 1., 2. und 3. Grades
- Überschriften, die auf die Kapitel und Unterkapitel 1. und 2. Grades verweisen, sind im Inhaltsverzeichnis aufgenommen
- niedrige Frequenz der Text-Bild-Kombinationen pro Seite: 0,9
- Bildart: hohe Frequenz an detaillierten räumlichen Zeichnungen (61,5 %) und Strichzeichnungen (35,6 %), davon sind 90 % farbig dargestellt
- Varianten der Anordnung: „Textteil + Abb. (oben)“: 50,8 %, „Textteil + Abb. (unten)“: 28,3 %, „Textteil + Abb. (links)“: 8,3 %
- Referenzherstellung zwischen Textteil und Abbildung durch direkte Verweise (91,7 %), selten durch räumliche Nähe (8,3 %)
- hohe Verteilung der Sätze pro Seite: 16,2
- Syntax der Absätze:
  - hohe Frequenz der Hypotaxen (47,7 %) und Parataxen (34,1 %), mittlere Frequenz der parataktisch-hypotaktischen Strukturen (18,2 %)
  - Satztyp: Aussage, geringe Frequenz an Aufforderungssätzen
- Wertigkeit der Verben: zweiwertig (66,6 %), dreiwertig (24,3 %), vierwertig (6,5 %), einwertig (2%), fünfwertig (0,7 %)

5.2.5 Die Textsorte ‚Werbetext‘ und ihre Textsortenvarianten

Die ‚Werbebroschüre‘ und ‚Produktinformation‘ weisen zahlreiche gemeinsame Merkmale auf. Diese gemeinsamen Merkmale ermöglichen eine signifikante Unterscheidung gegenüber anderen Textsorten. Aufgrund dieser gemeinsamen Merkmale werden die ‚Werbebroschüre‘ und ‚Produktinformation‘ als Textsortenvarianten der Textsorte ‚Werbetext‘ angesehen.

Folgende Merkmale sind für die Textsorte ‚Werbetext‘ signifikant und unterscheiden sie von den anderen Textsorten:

- Gegenstand: Werbeprodukt
- Initiatorenbündel: Deckblatt, Schutzblatt, Inhaltsverzeichnis
- Terminator: Buchdeckel
- Bildart: Fotografie farbig (80-85 %), Zeichnung in Schwarz/Weiß (15-20 %)
- Textsteuerung: „Textteil und Abb.“, „Begriff im Satz und an der Abb.“

– Bildfunktion: kontaktiv und deskriptiv-kontaktiv
– Syntax der Überschriften im Fließtext, die nicht im Inhaltsverzeichnis aufgenommen werden: isoliert gebrauchte einfache Nominalsätze (99 %-100 %)
– niedrige bis mittlere Verteilung der Sätze pro Seite: 6,8-10,0
– Syntax der Absätze:
  - Nebensatztyp: Attributsatz
  - Satzart: Aussage
– heterogene Verteilung der Satzglieder und Satzgliedteile in verschiedenen Wortschatzbereichen
– werbender Stil: Metapher, Personifizierung, Übertreibung
– hohe Frequenz zweiwertiger Verben (72,7-74,8 %), mittlere Frequenz dreiwertiger Verben (24,4-26 %), niedrige Frequenz einwertiger Verben (0,65-0,8 %)
– Subgruppe: gemeinsprachliche Verben ohne kfz-gebundene Valenzerhöhung

Textsortenvarianten. Neben den signifikanten gemeinsamen Merkmalen sind unterschiedliche Ausprägungen zwischen ‚Werbebroschüre' und ‚Produktinformation' festzustellen, die eine Differenzierung der Textsorte ‚Werbetext' in die Textsortenvarianten ‚Werbebroschüre' und ‚Produktinformation' ermöglichen.

Merkmale hierfür sind bei der Werbebroschüre:

– Zielgruppe (heterogen): alle potenziellen Käufer
– Textgliederungsprinzipien: Kapitel und Unterkapitel 1, 2., 3. Grades
– Überschriften, die auf die Kapitel und Unterkapitel 1. Grades verweisen, sind im Inhaltsverzeichnis aufgenommen
– Bildart: Fotografie farbig (80 %), Zeichnung in Schwarz/Weiß (20 %)
– Textsteuerung: Hauptvariante „Textteil und Abb." und Nebenvariante „Begriff im Satz und an der Abb."
– Bildfunktion: hohe Frequenz deskriptiv-kontaktiver Text-Bild-Kombinationen (72 %), niedrige bis mittlere Frequenz kontaktiver Text-Bild-Kombinationen (10,5 %) und mittlere Frequenz deskriptiver Text-Bild-Kombinationen (17,6 %)
– Syntax der Überschriften im Inhaltsverzeichnis: hohe Frequenz isoliert gebrauchter einfacher Nominalsätze (45,1 %), mittlere Frequenz einfacher Verbalsätze (29,5 %), komplexer Verbalsätze (13 %) und Nominal-/Verbalsatzkombinationen (12,5 %)

- Syntax der Überschriften im Fließtext, die nicht im Inhaltsverzeichnis aufgenommen werden: Es handelt sich jeweils um isoliert gebrauchte einfache Nominalsätze
- Funktionen der Überschriften: „Design des Modells“, „Autofunktion“, „Aktionsgegenstand + Ort“, „Nennung + Zuordnung“, „Aktionsgegenstand + Art und Weise + Ergebnis“, „Aktionsgegenstand + Zuordnung + Bedingung“, „conditio versus consequentia“
- geringe Anzahl von Sätzen pro Seite: 6,8
- Syntax der Absätze:
  - hohe Frequenz einfacher Verbalsätze (45,3 %), mittlere Frequenz komplexer Verbalsätze (27,4 %) und isoliert gebrauchter einfacher Nominalsätze (23 %), geringe Frequenz von Nominal-/Verbalsatzkombinationen (4,8 %)
  - Nebensatztyp: Attributsatz
  - Satzart: Aussage, selten Fragesätze und Aufforderungssatz
  - Funktionen: „Autofunktion“, „Benennung von Autoteilen zu einem übergeordneten Begriff“, „Aktionsgegenstand + Art und Weise“, „Autofunktion + Bedingung“, „Geschwindigkeitsleistung“, „umweltfreundliche Maßnahmen“, „conditio versus consequentia + Funktionalität“, „Qualität + Leistung“
- heterogene Verteilung der Satzglieder und Satzgliedteile in den Wortschatzbereichen: „Autoteile“ (41,1 %), „Autofunktion“ (17,3 %), „Auto“ (13,5 %), „Benutzer“ (17,6 %), „Hersteller“ (10,6 %)
- mittlere Frequenz der Benutzeransprache, meist mit Anredepronomen „Sie“
- Gemeinsprache, Synonyme, Stilmittel wie Personifizierung, Superlative, Antithese, Kopplung von „Benutzer“ und „Hersteller“
- hohe Frequenz zweiwertiger Verben (72,7 %), mittlere Frequenz dreiwertiger Verben (26 %), geringe Frequenz einwertiger Verben (0,65 %)
- heterogene Verteilung der Verben in Wortschatzbereichen: „Autoteile“ (31,1 %), „Autofunktion“ (9,3 %), „Benutzer“ (9,6 %), „Hersteller + Benutzer“ (6,7 %)
- Subgruppe: gemeinsprachliche Verben ohne Valenzveränderung

Textexemplargruppen. Die Textsortenvariante ‚Werbebroschüre‘ lässt sich durch sich ändernde, jedoch nicht signifikante Merkmale in die Textexemplargruppen WB1 und WB2 aufteilen.

Für WB1 sind die Merkmale kennzeichnend:

- Umfang: 67 Seiten

- mittlere Frequenz von Text-Bild-Kombinationen pro Seite: 1,8
- Anordnung: „Textteil + Abb. (oben)“ mit 74,2 % als Hauptvariante
- Textsteuerung: Hauptvariante „Textteil und Abb.“ (87,1 %), Nebenvariante „Begriff im Satz und an der Abb.“ (12,9 %)
- Syntax der Absätze:
  - hohe Frequenz an Hypotaxen (44,3 %) und Parataxen (36,7 %), mittlere Frequenz an parataktisch-hypotaktischen Strukturen (19 %)
- vierwertige Verben mit 3 Belegen

WB2 zeichnet sich durch folgende Merkmale aus:

- Umfang: 112 Seiten
- Geringe Frequenz von Text-Bild-Kombinationen pro Seite: 0,9
- Anordnungsvarianten: „Textteil + Abb. (unten)“: 32,2 %, „Textteil + Abb. (oben)“: 21,1 %, „Textteil + Abb. (links)“: 21,2 %, „Textteil + Abb. (rechts)“: 22,2 %
- Textsteuerung: Hauptvariante „Textteil und Abb.“ (70 %), Nebenvariante: „Begriff im Satz und an der Abb.“ (30 %)
- Syntax der Absätze:
  - hohe Frequenz an Hypotaxen (58,2 %), mittlere Frequenz an Parataxen (26,6 %) und parataktisch-hypotaktischen Strukturen (15,3 %)

Merkmale für die Textsortenvariante ‚Produktinformation‘ sind:

- Zielgruppe: homogen, Vertriebsmitarbeiter von Audi
- Umfang: 37 Seiten
- Initiatorenteile auf dem Deckblatt: zusätzlicher Vermerk „nur zum internen Gebrauch“
- Textgliederungsprinzipien: Kapitel und Unterkapitel 1. Grades
- Überschriften, die auf die Kapitel verweisen, sind im Inhaltsverzeichnis aufgenommen
- Absatzstrukturen enthalten integrierte Zitate aus populären Zeitungen und Zeitschriften
- mittlere Frequenz der Text-Bild-Kombinationen pro Seite: 1,1
- Bildart: hohe Frequenz der Fotografie farbig (85 %) und mittlere Frequenz schwarz-weißer Zeichnungen (15 %)
- Variationen der Anordnung: „Textteil + Abb. (oben)“: 38,1 %, „Textteil + Abb. (unten)“: 19 %, „Textteil + Abb. (links)“: 14,3 %, „Textteil + Abb. (rechts)“: 23,8 %
- Textsteuerung: hohe Frequenz und Gleichverteilung der Varianten „Textteil und Abb.“ und „Begriff im Satz und an der Abb.“

- Bildfunktion: hohe Frequenz kontaktiver (85 %) und mittlere Frequenz deskriptiver (15 %) Text-Bild-Funktionen
- Syntax der Überschriften im Inhaltsverzeichnis: hohe Frequenz isoliert gebrauchter einfacher Nominalsätze (64,3 %) und einfacher Verbalsätze (35,7 %)
- Syntax der Überschriften im Fließtext, die nicht im Inhaltsverzeichnis vorkommen: hohe Frequenz isoliert gebrauchter einfacher Nominalsätze (99 %)
- Funktionen der Überschriften: „Sicherheitstechnik", „Konkurrenzfähigkeit", „Erfolgsgeschichte", „Merkmale des Produkts", „Qualität der Ausstattung", „Perfektion der sportlichen Leistungen", „Nennung und Spezifizierung", „Aktionsgegenstand + Zuordnung", „technische Daten + Zuordnung"
- niedrige bis mittlere Verteilung der Sätze pro Seite: 10,0
- Syntax der Absätze:
  - hohe Frequenz isoliert gebrauchter einfacher Nominalsätze (39,1 %) und einfacher Verbalsätze (39,1 %), mittlere Frequenz komplexer Verbalsätze (18,8 %) und sehr geringe Frequenz an Nominal-/Verbalsatzkombinationen (2,7 %)
  - bei den isoliert gebrauchten einfachen Nominalsätzen meist eingliedrig, sonst zwei- und dreigliedrig
  - hohe Frequenz an Hypotaxen (48,6 %) und Parataxen (42,9 %), geringe Frequenz an parataktisch-hypotaktischen Strukturen (8,6 %)
  - Nebensatztyp: Attributsatz
  - Satzart: Aussage, selten Aufforderungssatz und Fragesatz
  - Funktionen: „Autoteile", „Aktionsgegenstand + Ort", „Leistung", „Preis-Leistungs-Verhältnis", „Leistungsversprechen", „Handlungsanweisung + Aufklärung an Vertriebsmitarbeiter"
- hohe Frequenz an Satzgliedern und Satzgliedteilen in „Autoteilen" (49,5 %), mittlere Frequenz in „Auto" (25,7 %), geringe bis mittlere Frequenz in „Benutzer" (9,1 %), geringe Frequenz in „Mitarbeiter" (1,7 %)
- Benutzeransprache erfolgt nur indirekt, Mitarbeiteransprache direkt über das Anredepronomen „Sie"
- werbender Stil: Metapher, Personifizierung, Antithese
- hohe Frequenz zweiwertiger Verben (74,8 %), mittlere Frequenz dreiwertiger Verben (24,4 %) und niedrige Frequenz dreiwertiger Verben (0,8 %)
- mittlere bis hohe Verteilung der Verben in „Autoteile" (30,7 %) und „Auto" (25 %)

- fast alle Verben sind gemeinsprachlich ohne fachsprachliche Veränderungen; es gibt ein fachsprachliches Verbum

5.2.6 Die Textsorte ‚Werbeanzeige'

‚Werbeanzeigen' stellen aufgrund signifikanter Merkmale eine eigene Textsorte dar:

- Zielgruppe: heterogen, potenzielle Käufer
- Umfang: 1-2 Seiten
- Makrostrukturelle Elemente: Überschrift, Text-Bild-Kombination, Nennung des Herstellers mit Logo und Slogan
- Überschriften in der Regel Initiator
- Logo und Slogan je nach Positionierung Initiator oder Terminator
- Anordnung der Text-Bild-Kombinationen: Textteil wird in die Abbildung integriert
- Bildart: Fotografie (farbig)
- Bildfunktion: kontaktiv
- Syntax der Überschriften: hohe Frequenz isoliert gebrauchter einfacher Nominalsätze, mittlere Frequenz einfacher Verbalsätze (22,2 %) und komplexer Verbalsätze (22,2 %); sehr geringer Anteil an selbständig gebrauchten einfachen Nebensätzen
- Funktionen der Überschriften: „Leistungsversprechen", „Kundenansprache", „Produkt", „Markennamen", „Servicequalität", „Aktionsgegenstand + Qualität", „Nennung + Spezifizierung", „Nennung + Zuordnung"
- niedrige Frequenz der Sätze pro Seite: 5,5
- Syntax der Absätze:
  - hohe Frequenz und Gleichverteilung einfacher Verbalsätze (39,5 %) und komplexer Verbalsätze (39,5 %), mittlere Frequenz isoliert gebrauchter einfacher Nominalsätze und geringe Frequenz der Nominal-/Verbalsatzkombinationen
  - bei den isoliert gebrauchten einfachen Nominalsätzen gibt es ein-, zwei- und dreigliedrige Nominalsätze
  - hohe Frequenz an Hypotaxen (64,7 %), mittlere Frequenz an Parataxen (17,6 %) und parataktisch-hypotaktische Strukturen (23,5 %)
  - Nebensatztyp: Attributsatz
  - Satzart: Aussage (83,7 %), geringe bis mittlere Frequenz an Fragesätzen und Aufforderungssätzen
  - Funktionen: „Leistungsversprechen", „Produkt", „Zeit + Ort", „Wertung + Zuordnung + Aktionsgegenstand", „Nennung + Spezi-

fizierung + Verteilung des Kraftstoffverbrauchs“, „Leistungsversprechen + Qualitätsbeschreibung“
- mittlere bis hohe Verteilung der Satzglieder und Satzgliedteile im Wortschatzbereich „Hersteller“ (31,9 %), „Benutzer“ (22,7 %) und „Auto“ (25,2 %)
- Benutzeransprache direkt über Anredepronomen „Sie“ und indirekt über Possessivpronomen „Ihr Auto“
- werbender Stil: Personifizierung, Metapher, Superlative
- Wertigkeit der Verben meist zweiwertig (80,4 %), mittlere Frequenz dreiwertiger Verben (17,6 %) und niedrige Frequenz einwertiger Verben (3,9 %)
- mittlere bis hohe Frequenz der Verben im Wortschatzbereich „Benutzer“ (27,5 %), mittlere Frequenz der Verben im „Hersteller“ (13,7 %), „Auto“ (13,7 %) und „Benutzer + Auto“ (13,7 %)
- alle Verben sind gemeinsprachlich ohne fachsprachliche Veränderungen

5.2.7 Die Textsorte ‚Magazin‘

Die Textsorte ‚Magazin‘ weist die folgenden signifikanten Merkmale auf:

- Zielgruppe (homogen): Service Berater, Service Techniker
- Umfang: 31 Seiten
- Allgemeines Initiatorenbündel: Deckblatt, Inhaltsverzeichnis, Vorwort
- Allgemeiner Terminator: Buchdeckel des Magazins
- Textgliederungsprinzipien: Artikel, die den Rubriken zugeordnet werden
- Direkter Initiator: Überschriftengefüge (Rubrikentitel, Artikelüberschrift, Untertitel)
- Initiator- und Terminatorsymbol
- hohe Verteilung der Text-Bild-Kombinationen pro Seite: 2,7
- Bildart: Fotografie (farbig) von Autos und Personen
- Varianten der Anordnung: „Textteil + Abb. (oben)“: 39 %; „Textteil + Abb. (unten)“: 31,7 %; „Textteil + Abb. (rechts)“: 17,1 %; „Textteil + Abb. (links)“: 12,2 %
- Referenzherstellung zwischen Textteil und Bild über räumliche Nähe (30,5 %) und direkte Verweise (50 %)
- Bildfunktion: deskriptiv-kontaktiv: 85,9 %; kontaktiv: 11,8 %
- Syntax der Rubrikentitel, Artikelüberschriften und Untertitel: hohe Frequenz isoliert gebrauchter einfacher Nominalsätze (37,5 %) und einfacher Verbalsätze (48,4 %)

- Funktionen der Überschriften: „Rubrik“, „Qualitätsbeschreibung“, „Akteure“, „Versicherungstarif“, „Leistungsversprechen“, „Geschäftsziel + Taktik“, „Ortsbezeichnung + Ortsbeschreibung“
- hohe Frequenz der Sätze pro Seite: 23,4
- Syntax der Absätze:
  - hohe Frequenz einfacher Verbalsätze (53,1 %) und komplexer Verbalsätze (33,5 %), mittlere Frequenz isoliert gebrauchter einfacher Nominalsätze (10,15 %) und geringe Frequenz von Nominal-/Verbalsatzkombinationen (3,3 %)
  - bei den einfachen Nominalsätzen sind 72,6 % eingliedrig, sonst zwei- und dreigliedrig
  - hohe Frequenz der Hypotaxen (58 %), mittlere Frequenz der Parataxen (27,6 %) und parataktisch-hypotaktischen Strukturen (14,4 %)
  - Nebensatztyp: Objektsatz, Attributsatz
  - Satzart: Aussage, selten: Fragesatz und Aufforderungssatz
  - Funktionen: „Qualitätsbeschreibung durch positiv konnotierte Adjektive“, „Aktionsgegenstand + Ort“, „Prognose der Verkaufszahlen“, „individuelle Beratungsleistung“, „Teamarbeit der Service Mitarbeiter“
- hohe Verteilung der Satzglieder und Satzgliedteile in den Wortschatzbereichen „Hersteller“ (42,6 %) und „Mitarbeiter“ (31,2 %), geringe Frequenz in „Benutzer“ (5,5 %)
- geringe Benutzeransprache, hohe Mitarbeiteransprache (meist indirekt über Bezeichnungen)
- hohe Frequenz zweiwertiger Verben (77,7 %) und mittlere Frequenz dreiwertiger Verben (22,3 %)
- mittlere bis hohe Frequenz der Verben in den Wortschatzbereichen „Hersteller“ (34,8 %) und „Mitarbeiter“ (26,3 %), mittleres Vorkommen der Verben in „Hersteller + Mitarbeiter“ (11,4 %)
- alle Verben sind gemeinsprachlich ohne fachsprachliche Veränderungen

5.3 Ergebnis

Die Analyse der makrostrukturellen, syntaktischen und lexikalischen Merkmale im Kommunikationsbereich der Kraftfahrzeugtechnik führt zur Ermittlung der Textsorten ‚Werkstatthandbuch‘, ‚Betriebsanleitung‘, ‚Testbericht‘, ‚Lehrbuch‘, ‚Werbetext‘, ‚Werbeanzeige‘ und ‚Magazin‘. Bei den Textsorten ‚Werkstatthandbuch‘, ‚Betriebsanleitung‘, ‚Lehrbuch', ,Testbericht' und ,Werbetext' ergeben sich je zwei Textsortenvarianten.

Auf der Basis der konstanten und damit obligatorischen internen und externen Merkmale der vorliegenden Textexemplare ergeben sich folgende Definitionen für die Textsorten ,Werkstatthandbuch', ,Betriebsanleitung', ,Testbericht', ,Lehrbuch', ,Werbetext', ,Werbeanzeige' und ,Magazin':

Das **,Werkstatthandbuch'** ist eine Textsorte, durch die sich extern Technische Redakteure der Automobilhersteller vor allem an Monteure in Werkstätten wenden, um intern durch spezifische sinnkonstituierende Merkmalbündel aus Makrostrukturen, Satztypen und Lexik Wartungs- und Instandsetzungsanleitungen für die Reparatur von Automobilen in Werkstätten zu geben. Makrostrukturen sind Initiatoren, Terminatoren, Kapitel, Unterkapitel verschiedenen Grades, Text-Bild-Kombinationen und Tabelleninformationen. Syntaktisch sind einfache und komplexe Verbalsätze, insbesondere Parataxen, kennzeichnend für die Textsorte. In lexikalischer Hinsicht sind Satzglieder und Satzgliedteile mit Lexemen aus dem Wortschatzbereich „Autoteile" typisch.

Die **,Betriebsanleitung'** ist eine Textsorte, durch die sich extern Technische Redakteure der Automobilhersteller vor allem an die Käufer bzw. Benutzer des Fahrzeuges, aber auch an weitere Interessenten wenden, um intern durch spezifische sinnkonstituierende Merkmalbündel aus Makrostrukturen, Satztypen und Lexik über die technischen Vorzüge und Funktionen des Autos zu informieren und wichtige Hinweise zur Fahrzeugbedienung zu geben. Makrostrukturen sind ein Initiatoren- und Terminatorenbündel, Absatzstrukturen mit Aufzählung von Handlungsschritten in einer bestimmten chronologischen Handlungsabfolge, Text-Bild-Kombinationen, Tabelleninformationen, Kapitel und Unterkapitel verschiedenen Grades. Syntaktisch sind einfache und komplexe Verbalsätze, insbesondere Parataxen und Hypotaxen, kennzeichnend für die Textsorte. In lexikalischer Hinsicht sind Satzglieder und Satzgliedteile mit Lexemen aus dem Wortschatzbereich „Autoteile" typisch.

Der **,Testbericht'** ist eine Textsorte, durch die sich extern Redakteure der Autozeitschriften vor allem an eine konsumfreudige, marktorientierte und meinungsbildende Zielgruppe mit Interesse für innovative Produkte wenden, um intern durch spezifische sinnkonstituierende Merkmalbündel aus Makrostrukturen, Satztypen und Lexik über aktuelle Trends in Automobilbau und Technik zu informieren und die Testmodelle in den Testkategorien „Karosserie", „Sicherheit", „Fahrkomfort", „Fahreigenschaften", „Umwelt" und „Kosten" zu bewerten. Makrostrukturen sind ein Deckblatt der Zeitschrift als allgemeiner Initiator, ein Überschriftengefüge aus dem Rubrikentitel, der Artikelüberschrift und dem Untertitel als direkter Initiator, Absatzstrukturen, Text-Bild-Kombinationen sowie ein direkter Terminator. Syntaktisch sind einfache und komplexe Verbalsätze sowie isoliert gebrauchte einfache Nominalsätze kennzeichnend für die Textsorte. In lexikalischer Hinsicht sind Satzglieder und Satzgliedteile mit Lexemen aus den Wortschatzbereichen „Auto" und „Autoteile" vorhanden, daneben als Wertungsformen komische und ironische Formulierungen, Provokationen, Vergleiche, Personifizierungen sowie ein umgangssprachlicher Wortschatzbereich.

Das **‚Lehrbuch'** ist eine Textsorte, durch die sich extern ein fachspezifisches Autorenteam (Dozenten, Lehrer, Ausbilder) vor allem an Leser, Lerner, Lehrlinge und Absolventen mit entsprechendem Bildungsstand bzw. beruflichem Hintergrund wendet, um intern durch spezifische sinnkonstituierende Merkmalbündel aus Makrostrukturen, Satztypen und Lexik Wissen der Kraftfahrzeugtechnologie zu vermitteln, wobei die Funktionen der Autoteile „Motor", „Triebwerk", „Fahrwerk" und „Bremsanlage" im Zentrum stehen. Makrostrukturen sind ein Initiatoren- und Terminatorenbündel, Absatzstrukturen mit Aufzählungen, Text-Bild-Kombinationen, Tabelleninformationen, Kapitel und Unterkapitel verschiedenen Grades. Syntaktisch sind einfache und komplexe Verbalsätze, insbesondere Hypotaxen und Parataxen, und isoliert gebrauchte einfache Nominalsätze kennzeichnend für die Textsorte. In lexikalischer Hinsicht sind Satzglieder und Satzgliedteile mit Lexemen aus dem Wortschatzbereich „Autoteile" typisch.

Der **‚Werbetext'** ist eine Textsorte, durch die sich extern ein Marketing-Team der Automobilhersteller vor allem an interessierte potenzielle Autokäufer bzw. Vertriebsmitarbeiter wendet, um intern durch spezifische sinnkonstituierende Merkmalbündel aus Makrostrukturen, Satztypen und Lexik für das entsprechende Automodell zu werben und Informationsmaterial mit einer Werbebotschaft darzustellen. Makrostrukturen sind ein Initiatorenbündel, ein Terminator, Text-Bild-Kombinationen, Tabelleninformationen, Kapitel und Unterkapitel verschiedenen Grades. Syntaktisch sind einfache und komplexe Verbalsätze sowie isoliert gebrauchte einfache Nominalsätze kennzeichnend für die Textsorte. In lexikalischer Hinsicht ist eine heterogene Verteilung der Satzglieder und Satzgliedteile mit Lexemen in verschiedenen Wortschatzbereichen vorhanden, daneben Metaphern, Personifizierungen, Übertreibungen und Antithesen.

Die **‚Werbeanzeige‘** ist eine Textsorte, durch die sich extern ein Werbeteam der Automobilhersteller an eine heterogene, unbegrenzte Zielgruppe bzw. an alle potenziellen Käufer wendet, um intern durch spezifische sinnkonstituierende Merkmalbündel aus Makrostrukturen, Satztypen und Lexik für das entsprechende Automodell zu werben. Makrostrukturen sind Überschriften, Text-Bild-Kombinationen sowie die Nennung des Herstellers mit Logo und Slogan. Syntaktisch ist eine hohe Frequenz und gleichmäßige Verteilung einfacher und komplexer Verbalsätze, insbesondere der Hypotaxen, kennzeichnend für die Textsorte. In lexikalischer Hinsicht sind Satzglieder und Satzgliedteile mit Lexemen aus den Wortschatzbereichen „Hersteller“, „Benutzer“ und „Auto“ vorhanden.

Das **‚Magazin‘** ist eine Textsorte, durch die sich extern der Vertriebs- und Kundendienst ausschließlich nur an Mitarbeiter (Service Berater, Service Techniker) wendet, um intern durch spezifische sinnkonstituierende Merkmalbündel aus Makrostrukturen, Satztypen und Lexik über den Service des Automobilherstellers zu den in Rubriken geordneten Themen „Markt“, „Technik“, „Wissen“ und „Zubehör“ zu informieren. Makrostrukturen sind ein allgemeines Initiatorenbündel, ein allgemeiner Terminator, Artikel – die den Rubriken zugeordnet sind – ein Überschriftengefüge aus Rubrikentitel, Artikelüberschrift und Untertitel als direkter Initiator sowie Text-Bild-Kombinationen. Syntaktisch sind einfache und komplexe Verbalsätze, insbesondere Hypotaxen, kennzeichnend für die Textsorte. In lexikalischer Hinsicht sind Satzglieder und Satzgliedteile mit Lexemen aus den Wortschatzbereichen „Hersteller“ und „Mitarbeiter“ typisch.

Bei den ermittelten Textsorten existieren zwei Gruppen mit unterschiedlichen Fachlichkeitsgraden. Die erste Gruppe mit dem höchsten Anteil fachsprachlicher interner Merkmale wird von den Textsorten ‚Werkstatthandbuch‘, ‚Betriebsanleitung‘ und ‚Lehrbuch‘ gebildet. Gemeinsam ist allen drei Textsorten eine mittlere Frequenz gemeinsprachlicher Verben mit kfz-gebundenen Valenzerhöhungen. Im ‚Werkstatthandbuch‘ und in der ‚Betriebsanleitung‘ existiert eine hohe Frequenz instruktiver bzw. deskriptiv-instruktiver Bildfunktionen, im ‚Lehrbuch‘ dominiert die deskriptive Bildfunktion. Das ‚Werkstatthandbuch‘ zeichnet sich makrostrukturell durch Übersichtsdarstellungen der Autoteile und der Arbeitswerkzeuge aus. Die Funktionen der Überschriften bestehen in der Nennung von Aktion, Aktion + Rubrik, Aktion + Ort, Nennung + Spezifizierung und Zeit + Aktion. In den Absätzen werden behandelt Aktionsgegenstand + Funktion, Nennung + Spezifizierung, Nennung + Zeit + Spezifizierung in Maßeinheiten, chronologische Handlungsabfolgen, *conditio* versus *consequentia* und Handlungsanweisung + Ziel. In den Satzgliedern und Satzgliedteilen dominiert der Wortschatzbereich der Autoteile. Die ‚Betriebsanleitung' wird makrostrukturell von Absatzstrukturen mit Aufzählungen bestimmt, deren Überschriften Autoteile, Autofunktionen, Aktion + Art und Weise, Aktion + Richtung, Akteur + Ort, Aktionsgegenstand + Ergebnis, Menüauswahl + Funktion, Auswahloption + Funktion + Ort bezeichnen. Die Sätze innerhalb der Absäte verweisen auf Aktionsgegenstand, Aktion, chronologische Handlungsabfolgen, Aktion + Zeitbezug, Aktionsgegenstand + Zweck + Ort, conditio versus consequentia, Aktionsgegenstand + Aktion, Einstellungsmöglichkeit + Fahrzeugniveau + Funktion des Niveauzustandes. Das ‚Lehrbuch' wird makrostrukturell durch Absätze als Merksätze und als Aufzählungen charakterisiert. Die Funktionen der Absatzüberschriften sind Kennzeichnungen der Aktion, der Autoteile, der Autofunktion, der physikalischen Verfahren, der Methoden und Standards, der Auswuchtungstechnik, der Getriebearten, der Schaltstrategien, ferner von Trennvorgang + Art und Weise, technischem Vorgang + Ort, Nennung + Spezifizierung und Aktionsgegenstand + Ort + Spezifizierung. Die Absätze beschreiben physikalische Vorgänge, Vorgang + Ort, Problem + Begründung und *conditio* versus *consequentia.* In Satzgliedern und Satzgliedteilen dominiert der Wortschatzbereich der Autoteile.

Die zweite Gruppe besteht aus den Textsorten ‚Testbericht', ‚Werbetext', ‚Werbeanzeige' und ‚Magazin'. Alle Textsorten besitzen einen geringen Anteil fachsprachlicher interner Merkmale; im Verbalwortschatz kommen nur gemeinsprachliche Verben ohne kfz-gebundene Valenzerhöhungen vor. Den Textsorten ‚Testbericht' und ‚Werbetext' sind kontaktive und deskripiv-kontaktive Bildfunktionen gemeinsam. Die ‚Werbeanzeige' besitzt eine kontaktive, das ‚Magazin' eine deskriptive und kontaktive Bildfunktion. Die Textsorten ‚Werbetext', ‚Werbeanzeige' und ‚Magazin' verwenden überwiegend farbige Fortgrafien, im ‚Magazin' sind Autos und Personen fotografiert. Der ‚Testbericht' besteht makrostrukturell ausschließlich aus Absätzen, Textteil und Bild sind nicht deutlich aufeinander bezogen. Die Absatzüberschriften kennzeichnen Aktion mit Aktionsgegenstand, Textsorte mit Aktionsgegenstand, positiv bewertete Eigenschaften des Modells, Textsorte + Testmodell, Aktualität + Zusatzleistung und enthalten Metaphern und Wortspiele. Lexikalisch existieren in den Satzgliedern und Satzgliedteilen eine hohe Frequenz der Wortschatzbereiche, die auf das Auto und auf Autoteile verweisen, ein mittleres Vorkommen von Benutzeransprachen und verschiedene, auch komische bis ironische Wertungsformen. Der ‚Werbetext‘ zeichnet sich neben den bereits zusammenfassend genannten Merkmalen lexikalisch durch verschiedene Wortschatzbereiche und durch werbend eingesetzte Metaphern, Personifizierungen und Übertreibungen aus. Die Textsortenvariante ‚Werbebroschüre‘ ist zusätzlich durch Benutzeransprachen gekennzeichnet, die Textsortenvariante ‚Produktinformation‘ durch Absätze mit integrierten Zitaten aus populären Zeitungen und Zeitschriften und durch die Funktionen der Überschriften, die auf Sicherheitstechnik, Konkurrenzfähigkeit, Erfolgsgeschichte, Merkmale des Produkts, Qualität der Ausstattung, Perfektion der sportlichen Leistungen, Nennung + Spezifizierung, Aktionsgegenstand + Zuordnung und technische Daten + Zuordnung hinweisen. Die Textsorte ‚Magazin‘ zeigt makrostrukturell Artikel, die den Rubriken zugeordnet sind. Zwischen Textteilen und Bildern wird ein Referenzbezug über räumliche Nähe und direkte Verweise hergestellt. Die Funktionen der Überschriften bestehen in Kennzeichnungen der Rubrik, der Qualitätsbeschreibung, der Akteure, der Versicherungstarife, der Leistungsversprechen, von Geschäftsziel + Taktik und von Ortsbezeichnung + Ortsbeschreibung. Lexikalisch existiert eine hohe Mitarbeiteransprache, die Verben kennzeichnen überwiegend Hersteller und Mitarbeiter. Die Textsorte ‚Werbeanzeige‘ wird von den Makrostrukturen Logo und Slogan bestimmt. Die Funktionen der Überschriften bestehen in Leistungsversprechen und Kundenansprache, im Bezeichnen von Produkt, Markennamen, Servicequalität und aus Hinweisen auf Aktionsgegentand + Qualität, Nennung + Spezifizierung und Nennung + Zuordnung. Die Funktionen der überwiegend verwendeten Aussagesätze zeigen sich in der Vermittlung von Leistungsversprechen, Produkt, Zeit + Ort, Wertung + Zuordnung + Aktionsgegenstand, Nennung + Spezifizierung + Verteilung des Kraftstoffverbrauchs und Leistungsversprechen + Qualitätsbeschreibung. Die Benutzeransprache erfolgt direkt, die Verben stammen in mittlerer und hoher Frequenz aus den Wortschatzbereichen Benutzer, Hersteller und Auto, werbend werden Personifizierungen, Metaphern und Superlativbildungen verwendet.

Innerhalb der beiden nach Fachlichkeitsgraden unterschiedenen Textsortengruppen ist eine weitergehende Differenzierung nicht möglich. Es existiert keine lineare Anordnung von Textsorten nach ihrem Fachlichkeitsgrad, wodurch die Ergebnisse von V.A. SCHMIDT[131] zum Kommunikationsbereich Mathematik bestätigt werden.

131 Vgl.: Schmidt, Vasco Alexander (2003): Grade der Fachlichkeit in Textsorten zum Themenbereich Mathematik, Berlin, S. 682.

6. Anhang

6.1 Abbildungsverzeichnis

Abb. 1: Initiator „Deckblatt“ in B1 ... 53
Abb. 2: Initiator „Deckblatt“ in B2 ... 54
Abb. 3: Initiator „Vorwort“ in B2 ... 55
Abb. 4: Initiator „Inhaltsverzeichnis“ (Auszug) in B2 ... 55
Abb. 5: Initiator „Inhaltsverzeichnis“ (Auszug) in B1 ... 56
Abb. 6: Terminator „Buchdeckel“ in B1 ... 56
Abb. 7: Terminator „Buchdeckel“ in B2 ... 56
Abb. 8: Terminator „Schutzblatt“ in B1 ... 57
Abb. 9: Terminator „Schutzblatt“ in B2 ... 57
Abb. 10: Terminator „Stichwortverzeichnis“ (Auszug) in B2 ... 58
Abb. 11: Terminator „Stichwortverzeichnis“ (Auszug) in B1 ... 58
Abb. 12: Terminator „Fachwortverzeichnis“ (Auszug) in B2 ... 59
Abb. 13: Kapitel „Hinweise“ (Auszug), B1, 4 ... 61
Abb. 14: Kapitel „Einleitung“ (Auszug), B2, 9 ... 61
Abb. 15: Initiatordeckblatt für das Kapitel „Ein erster Überblick“, B1, 11 ... 62
Abb. 16: Initiatordeckblatt für das Kapitel „Auf einen Blick“, B2, 15 ... 62
Abb. 17: Überblicksdarstellung des Multifunktions-Lenkrads im Kapitel „Auf einen Blick“, B2, 20 ... 63
Abb. 18: Initiatordeckblatt für das Kapitel „Erste Fahrt“, B2, 25 ... 64
Abb. 19: Kapitel „Erste Fahrt“ (Auszug), B2, 26 ... 64
Abb. 20: Initiatordeckblatt für das Kapitel „Sicherheit“, B2, 45 ... 65
Abb. 21: Kapitel „Sicherheit“ (Auszug), B2, 46 ... 65
Abb. 22: Initiatordeckblatt für das Kapitel „Bedienung im Detail“, B1, 27 ... 66
Abb. 23: Kapitel „Bedienung im Detail“ (Auszug), B1, 28 ... 66
Abb. 24: Initiatordeckblatt für das Kapitel „Bedienen im Detail“, B2, 73 ... 67
Abb. 25: Kapitel „Bedienen im Detail“ (Auszug), B2, 74 ... 67
Abb. 26: Initiatordeckblatt für das Kapitel „Betrieb, Wartung“, B1, 113 ... 68
Abb. 27: Initiatordeckblatt für das Kapitel „Betrieb“, B2, 241 ... 68
Abb. 28: Initiatordeckblatt für das Kapitel „Selbsthilfe“, B1, 133 ... 69
Abb. 29: Initiatordeckblatt für das Kapitel „Selbsthilfe“, B2, 275 ... 69
Abb. 30: Initiatordeckblatt für das Kapitel „Technische Daten“, B1, 151 ... 70
Abb. 31: Initiatordeckblatt für das Kapitel „Technische Daten“, B2, 375 ... 70
Abb. 32: Markierung der Makrostrukturen Unterkapitel 1. und 2. Grades in B1 ... 72
Abb. 33: Markierung der Makrostrukturen Kapitel, Unterkapitel 1. Grades und Unterkapitel 2. Grades in B2 ... 72
Abb. 34: Markierung der Makrostrukturen Unterkapitel 3. Grades und Unterkapitel 4. Grades in B2 ... 72
Abb. 35: Illustrationsart „detaillierte räumliche Zeichnung“, B2, 233 ... 74

Abb. 36: Illustrationsart „einfache Strichzeichnung" (Multifunktions-Display), B2, 121 ... 74
Abb. 37: Illustrationsart „Fotografie" (Initiatordeckblatt des Kapitels „Betrieb"), B2, 241 ... 74
Abb. 38: Illustrationsart „detaillierte räumliche Zeichnung" (Initiatordeckblatt des Kapitels „Technische Daten"), B1, 151 ... 75
Abb. 39: Anordnung der Text-Bild-Kombinationen in B1 und B2 ... 75
Abb. 40: Die Anordnungsvariante „Textteil und Abbildung (oben)", B1, 43 ... 76
Abb. 41: Die Anordnungsvariante „Textteil und Abbildung und Textteil", B2, 33 ... 76
Abb. 42: Text-Bild-Kombination im Kapitel „Technische Daten", B1, 155 ... 77
Abb. 43: Textgesteuerte Text-Bild-Kombinationen in B1 und B2 ... 77
Abb. 44: Die textgesteuerte Variante „Textteil und Abbildung", B1, 57 ... 78
Abb. 45: Die textgesteuerte Variante „Begriff im Satz und an der Abbildung", B2, 43 ... 78
Abb. 46: Text-Bild-Funktionen in B1 und B2 ... 79
Abb. 47: Text-Bild-Funktion: instruktiv, B1, 34 ... 79
Abb. 48: Text-Bild-Funktion: deskriptiv-instruktiv, B2, 26 ... 80
Abb. 49: Text-Bild-Funktion: deskriptiv, B2, 21 ... 80
Abb. 50: Text-Bild-Funktion: kontaktiv, B1, Deckblatt ... 81
Abb. 51: Überblickszeichnung, B2, 16 ... 81
Abb. 52: Überblickszeichnung (Fortsetzung), B2, 17 ... 82
Abb. 53: Anordnung der Text-Bild-Kombinationen (Symbole) in B1 und B2 ... 83
Abb. 54: Die Anordnungsvariante „Abbildung/Symbol in den Satz eingebettet" (Abbildung als Apposition), B2, 40 ... 83
Abb. 55: Die Anordnungsvariante „Abbildung/Symbol in den Satz eingebettet" (Abbildung [+] bzw. [-] als Satzglied), B2, 89 ... 83
Abb. 56: Die Anordnungsvariante „Textteil und Abbildung/Symbole (links)", B2, 19 ... 83
Abb. 57: Die Anordnungsform „Textteil und Abbildung/Symbol (oben)", B1, 19 ... 84
Abb. 58: Tabelleninformation im Kapitel „Technische Daten", B2, 391 ... 85
Abb. 59: Tabelleninformation „Reifenfülldruck", B1, 24 ... 86
Abb. 60: Tabelleninformation zur Überblickszeichnung, B2, 20 ... 86
Abb. 61: Anordnungsmöglichkeit „Funktion – Seite", B2, 117 ... 87
Abb. 62: Satztypen in den Überschriften in B1 und B2 ... 90
Abb. 63: Nominalsatztypen in den Überschriften in B1 und B2 ... 90
Abb. 64: Satztypen in den Sätzen des Textkorpus in B1 und B2 ... 98
Abb. 65: Komplexe Verbalsätze in den Sätzen des Textkorpus in B1 und B2 ... 99

Abb. 66: Verteilung des Subjekts in den Wortschatzbereichen in B1 und B2 ... 112
Abb. 67: Initiator „Deckblatt“ in WH1 ... 143
Abb. 68: Initiator „Schutzblatt“ in WH1 ... 143
Abb. 69: Initiator „Titelblatt“ in WH1 ... 144
Abb. 70: Initiator „Vorwort“ in WH1 ... 145
Abb. 71: Inhaltsverzeichnisinitiator für das Kapitel „Motor“ in WH1 ... 146
Abb. 72: Inhaltsverzeichnisinitiator für das Kapitel „Kraftstoffanlage“ in WH1 ... 147
Abb. 73: Inhaltsverzeichnisinitiator für das Kapitel „Getriebe“ in WH1 ... 147
Abb. 74: Inhaltsverzeichnisinitiator für das Kapitel „Vorderachse“ in WH1 ... 147
Abb. 75: Inhaltsverzeichnisinitiator für das Kapitel „Hinterachse“ in WH1 ... 148
Abb. 76: Inhaltsverzeichnisinitiator für das Kapitel „Bremsen (Räder)“ in WH1 ... 148
Abb. 77: Inhaltsverzeichnisinitiator für das Kapitel „Lenkung“ in WH1 ... 148
Abb. 78: Inhaltsverzeichnisinitiator für das Kapitel „Aufbau“ in WH1 ... 149
Abb. 79: Inhaltsverzeichnisinitiator für das Kapitel „Elektrische Ausrüstung“ in WH1 ... 149
Abb. 80: Inhaltsverzeichnisinitiator für das Kapitel „Wagenpflege“ in WH1 ... 149
Abb. 81: Markierung für die Makrostruktur Unterkapitel 1. Grades in WH1 ... 150
Abb. 82: Markierung für die Makrostruktur Unterkapitel 2. Grades in WH1 ... 151
Abb. 83: Markierung für die Makrostruktur Unterkapitel 2. Grades in WH1 (Forts.) ... 151
Abb. 84: Markierung für die Makrostruktur Unterkapitel 3. Grades in WH1 ... 152
Abb. 85: Initiator „Deckblatt“ in WH2 ... 152
Abb. 86: Inhaltsverzeichnisinitiator für die Kapitel in WH2 ... 153
Abb. 87: Inhaltsverzeichnisinitiator für die Unterkapitel 1. Grades in WH2 ... 154
Abb. 88: Inhaltsverzeichnisinitiator für die Unterkapitel 2. Grades in WH2 ... 154
Abb. 89: Inhaltsverzeichnisinitiator für die Unterkapitel 3. Grades in WH2 ... 154
Abb. 90: Unterkapitel 3. Grades „Motor aus-, einbauen“ in WH2 ... 155
Abb. 91: Unterkapitel 3. Grades „Zylinderkopfhaube aus-, einbauen“ in WH2 ... 155
Abb. 92: Unterkapitel 3. Grades „Zylinderbohrungen messen, bohren, honen“ in WH2 ... 156

Abb. 93: Unterkapitel 3. Grades „Gewindebohrungen für Zylinderkopfschraube instand setzen“ in WH2 ... 156
Abb. 94: Markierung der Makrostruktur Unterkapitel 3. Grades in WH2 ... 157
Abb. 95: Markierung der Makrostruktur Unterkapitel 4. Grades in WH2 ... 157
Abb. 96: Kapitel „Sicherheitshinweise“ in WH2 ... 157
Abb. 97: Kapitel „Programmbedienung“ in WH2 ... 158
Abb. 98: Illustrationsart „detaillierte räumliche Zeichnung“, WH1, 99 ... 158
Abb. 99: Illustrationsart „einfache Strichzeichnung“, WH1, 83 ... 159
Abb. 100: Illustrationsart „detaillierte räumliche Zeichnung“, WH2, Motor Mechanik 103, Motor aus- und einbauen, 7 ... 159
Abb. 101: Illustrationsart „Fotografie“, WH2, Getriebe/Mechanisches Getriebe/Mechanisches Getriebe 716.0; 716.1, Mechanisches Getriebe aus- und einbauen, 15 ... 160
Abb. 102: Die Anordnungsvariante „Textteil und davor Abbildung (links)“, WH1, 3 ... 160
Abb. 103: Die Anordnungsvariante „Textteil und danach Abbildung (rechts)“, WH2, Motor Mechanik/Motor 103, Motor aus-, einbauen, 13 ... 161
Abb. 104: Übersicht „Spezialwerkzeuge“, bildgesteuert, WH1, 1 ... 161
Abb. 105: Übersicht „Spezialwerkzeuge“, bildgesteuert, WH2, Motor Mechanik/Motor 103, Pleuel instandsetzen, auswinkeln und lagern, 1 ... 162
Abb. 106: Textgesteuerte Text-Bild-Kombinationen in WH1 und WH2 ... 162
Abb. 107: Die textgesteuerte Variante „Textteil und Abbildung“, WH1, 29 ... 163
Abb. 108: Die textgesteuerte Variante „Begriff im Satz und an der Abbildung“ (Abbildung beinhaltet Bezeichnung, die in einem Satz aufgegriffen wird), WH1, 37 ... 163
Abb. 109: Die textgesteuerte Variante „Begriff im Satz und an der Abbildung“ (Linie und Nummer), WH2, Motor Mechanik/Motor 103, Motor aus-, einbauen, 13 ... 163
Abb. 110: Die textgesteuerte Variante „Textteil und Abbildung“; zusätzlich Verweis“, WH1, 108 ... 164
Abb. 111: Text-Bild-Funktionen in WH1 und WH2 ... 164
Abb. 112: Text-Bild-Funktion: instruktiv (Pfeile), WH1, 26 ... 165
Abb. 113: Text-Bild-Funktion: instruktiv (Hände einer Person), WH2, Getriebe/Mechanisches Getriebe/Mechanisches Getriebe 716.0, 716.1, Hauptwelle zerlegen und zusammenbauen, 2 ... 165
Abb. 114: Text-Bild-Funktion: deskriptiv-instruktiv, WH2, Motor Mechanik 103, Motor aus- und einbauen, 13 ... 166
Abb. 115: Text-Bild-Funktion: deskriptiv, WH1, 193 ... 166
Abb. 116: Tabelleninformation „Baumuster – Durchmesser der Lagerbuchsen“, WH1, 15 ... 167
Abb. 117: Satztypen in den Überschriften (aufgenommen im Inhaltsverzeichnis) in WH1 und WH2 ... 168

Abb. 118: Nominalsatztypen in den Überschriften (aufgenommen im Inhaltsverzeichnis) in WH1 und WH2 ... 169
Abb. 119: Attribute in den Nominalsatztypen (eingliedrig) in WH1 und WH2 ... 172
Abb. 120: Satztypen in den Sätzen des Textkorpus in WH1 und WH2 ... 173
Abb. 121: Komplexe Verbalsätze in den Sätzen des Textkorpus in WH1 und WH2 ... 174
Abb. 122: Initiator „Deckblatt“ in L1 ... 197
Abb. 123: Initiator „Deckblatt“ in L2 ... 198
Abb. 124: Initiator „Titelblatt“ in L1 ... 199
Abb. 125: Initiator „Titelblatt“ in L2 ... 200
Abb. 126: Initiator „Schutzblatt“ in L1 ... 201
Abb. 127: Initiator „Schutzblatt“ in L2 ... 202
Abb. 128: Initiator „Vorwort“ in L1 ... 203
Abb. 129: Initiator „Vorwort“ in L2 ... 204
Abb. 130: Initiator „Inhaltsverzeichnis“ (Auszug) in L1 ... 205
Abb. 131: Initiator „Inhaltsverzeichnis“ (Auszug) in L2 ... 206
Abb. 132: Terminator „Buchdeckel“ in L1 ... 207
Abb. 133: Terminator „Buchdeckel“ in L2 ... 208
Abb. 134: Terminator „Sachwortverzeichnis“ (Auszug) in L1 ... 209
Abb. 135: Terminator „Stichwortverzeichnis“ (Auszug) in L2 ... 210
Abb. 136: Terminator „Werbung“ in L2 ... 211
Abb. 137: Kapitel „Grundlagen der Prüftechnik“, L1 ... 212
Abb. 138: Kapitel „Grundlagen der Fertigungstechnik“, L1 ... 212
Abb. 139: Kapitel „Grundlagen der Werkstofftechnik“, L1 ... 212
Abb. 140: Kapitel „Grundlagen der Systemanalyse“, L1 ... 212
Abb. 141: Kapitel „Grundlagen der Elektrotechnik“, L1 ... 212
Abb. 142: Kapitel „Grundlagen der Steuerungstechnik“, L1 ... 213
Abb. 143: Kapitel „Grundlagen der Informationstechnik“, L1 ... 213
Abb. 144: Kapitel „Ottomotor“, L1 ... 213
Abb. 145: Kapitel „Dieselmotor“, L1 ... 214
Abb. 146: Kapitel „Triebwerk“, L1 ... 214
Abb. 147: Kapitel „Fahrwerk“, L1 ... 215
Abb. 148: Kapitel „Bremsanlage“, L1 ... 215
Abb. 149: Kapitel „Energieversorgungsanalage“, L1 ... 216
Abb. 150: Kapitel „Startanlage“, L1 ... 216
Abb. 151: Kapitel „Lichtanlage“, L1 ... 216
Abb. 152: Kapitel „Sicherheits- und Komfortelektronik“, L1 ... 216
Abb. 153: Kapitel „Karosserie“, L1 ... 216
Abb. 154: Kapitel „Arbeitsschutz, Umweltschutz, Recycling“, L1 ... 217
Abb. 155: Kapitel „Betriebs- und Arbeitsorganisation“, L1 ... 217
Abb. 156: Kapitel „Rechnungswesen und Controlling“, L1 ... 218
Abb. 157: Kapitel „Marketing“, L1 ... 218
Abb. 158: Markierung der Makrostruktur Kapitel in L1 ... 219

Abb. 159: Markierung der Makrostruktur Unterkapitel 1. Grades in L1 219
Abb. 160: Markierung der Makrostruktur Unterkapitel 2. Grades in L1 219
Abb. 161: Markierung der Makrostruktur Unterkapitel 3. Grades in L1 219
Abb. 162: Kapitel „Allgemeine Grundlagen für die Meisterprüfung“ in L2...220
Abb. 163: Kapitel „Verbrennungsmotoren“ in L2 220
Abb. 164: Kapitel „Gemischbildung und Verbrennung bei Ottomotoren“ in L2..........221
Abb. 165: Kapitel „Gemischbildung und Verbrennung bei Dieselmotoren“ in L2 221
Abb. 166: Kapitel „Kraftübertragung“ in L2 221
Abb. 167: Kapitel „Fahrwerk“ in L2...221
Abb. 168: Kapitel „Fahrzeugbremsen“ in L2 222
Abb. 169: Kapitel „Kraftfahrzeug-Elektrik/Elektronik“ in L2 222
Abb. 170: Kapitel „Werkstoffkunde“ in L2 222
Abb. 171: Kapitel „Kraft- und Schmierstoffe“ in L2.....................................223
Abb. 172: Markierung der Makrostruktur Kapitel in L2 223
Abb. 173: Markierung der Makrostruktur Unterkapitel 1. Grades in L2 224
Abb. 174: Markierung der Makrostruktur Unterkapitel 2. Grades in L2 224
Abb. 175: Markierung der Makrostruktur Unterkapitel 3. Grades in L2 224
Abb. 176: Merksätze, L1, 259 225
Abb. 177: Merksätze, L2, 511 225
Abb. 178: Aufgaben- und Fragenkatalog, L1, 219 225
Abb. 179: Illustrationsart „detaillierte räumliche Zeichnung“, L1, 9 225
Abb. 180: Illustrationsart „Strichzeichnung“, L1, 76 226
Abb. 181: Illustrationsart „Strichzeichnung“, L1, 10 226
Abb. 182: Illustrationsart „Fotografie“, L1, 16...226
Abb. 183: Illustrationsarten in L1 und L2...227
Abb. 184: Anordnung der Text-Bild-Kombinationen in L1 und L2 227
Abb. 185: Anordnung „Textteil + Abbildung (oben)“, L2, 409 229
Abb. 186: Anordnung „Textteil + Abbildung (unten)“, L2, 505 230
Abb. 187: Anordnung „Textteil + Abbildung (links)“, L1, 22 231
Abb. 188: Anordnung „Textteil + Abbildung (unten)“, L1, 275 231
Abb. 189: Anordnung „Abbildung auf separater Seite“, L2, 59.....................232
Abb. 190: Textgesteuerte Text-Bild-Kombinationen in L1 und L2 233
Abb. 191: Textsteuerung: Begriff am Bild, aufgenommen im Textteil, zusätzlich Verweis, L1, 16 233
Abb. 192: Textsteuerung: Textteil und Abbildung, zusätzlich Verweis, L1, 16..........234
Abb. 193: Textsteuerung: Textteil und Abbildung, ohne Verweis, L2, 941 ...235
Abb. 194: Textsteuerung: Begriff im Satz und an der Abbildung (interne Text-Bild-Verknüpfung durch Linie und Beschreibung), ohne Verweis, L1, 301 235
Abb. 195: Text-Bild-Funktion: deskriptiv, L1, 13 236
Abb. 196: Die Makrostruktur „Tabelleninformation“ in L1 236

Abb. 197: Tabelleninformation „Überblick“, L1, 295 237
Abb. 198: Tabelleninformation „Exkurs“, L1, 296 237
Abb. 199: Nominalsatztypen in den Überschriften (aufgenommen im Inhaltsverzeichnis) in L1 und L2 240
Abb. 200: Attribute in den Nominalsatztypen (eingliedrig) in L1 und L2 240
Abb. 201: Nominalsatztypen in den Überschriften in L1 und L2 244
Abb. 202: Attribute in den Nominalsatztypen (eingliedrig) in L1 und L2 244
Abb. 203: Satztypen in den Sätzen des Textkorpus in Lehrbüchern 248
Abb. 204: Komplexe Verbalsätze in den Sätzen des Textkorpus in Lehrbüchern 250
Abb. 205: Nebensatztypen in den Sätzen des Textkorpus in L1 und L2 259
Abb. 206: Wortschatzbereiche in den Sätzen des Textkorpus in Lehrbüchern 261
Abb. 207: Verteilung des Subjekts in Sätzen über die Wortschatzbereiche in Lehrbüchern 263
Abb. 208: Wertigkeiten der Verben in Lehrbüchern 265
Abb. 209: Initiator „Deckblatt“, T5 284
Abb. 210: Initiator „Überschriftengefüge“, T3 285
Abb. 211: Initiator „Überschriftengefüge“, T4 285
Abb. 212: Terminatorenbündel „Tabelleninformation“ und „Autornennung“, T2 286
Abb. 213: Markierung der Absätze in T1 288
Abb. 214: Farbfotografie mit Person, T3 289
Abb. 215: Farbfotografie mit Händen, T3 290
Abb. 216: Farbfotografie (kontaktiv), T1, 22-23 290
Abb. 217: Farbfotografie (kontaktiv), T4, 34-35 291
Abb. 218: Die textgesteuerte Variante „Begriff im Satz und an der Abbildung“, T4, 38 291
Abb. 219: Die textgesteuerte Variante „Begriff im Satz und an der Abbildung“, T5, 66 292
Abb. 220: Tabelleninformation „Technische Daten und Messwerte“, T4, 36 293
Abb. 221: Tabelleninformation „Ergebnisse“, T4, 40 293
Abb. 222: Satztypen in den Überschriften in Testberichten 296
Abb. 223: Nominalsatztypen in den Überschriften in Testberichten 297
Abb. 224: Satztypen in den Sätzen des Textkorpus in Testberichten 298
Abb. 225: Komplexe Verbalsätze in den Sätzen des Textkorpus in Testberichten 301
Abb. 226: Wortschatzbereiche in den Sätzen des Textkorpus in Testberichten 311
Abb. 227: Wortschatzbereiche der Verben in Testberichten 320
Abb. 228: Initiator „Deckblatt“ in WB1 323
Abb. 229: Initiator „Deckblatt“ in WB2 324
Abb. 230: Initiator „Inhaltsverzeichnis“ in WB1 325

Abb. 231: Initiator „Inhaltsverzeichnis“ in WB2 325
Abb. 232: Initiator „Tabelleninformation“ in WB1 326
Abb. 233: Initiator „Schutzblatt“ in WB1 326
Abb. 234: Initiator „Schutzblatt“ in WB2 326
Abb. 235: Initiator „Schutzblatt“ in WB2 (Forts.) 327
Abb. 236: Initiator „Vorwort“ in WB2 327
Abb. 237: Terminator „Buchdeckel“ in WB1 328
Abb. 238: Terminator „Buchdeckel“ in WB2 328
Abb. 239: Markierung der Makrostruktur Unterkapitel 1. Grades in WB1 329
Abb. 240: Markierung der Makrostrukturen Kapitel und Unterkapitel 1. Grades in WB2 329
Abb. 241: Markierung der Makrostruktur Unterkapitel 2. Grades in WB1 330
Abb. 242: Markierung der Makrostruktur Unterkapitel 3. Grades in WB1 330
Abb. 243: Markierung der Makrostruktur Unterkapitel 2. Grades in WB2 331
Abb. 244: Markierung der Makrostruktur Unterkapitel 3. Grades in WB2 331
Abb. 245: Illustrationsart „Fotografie“, WB2, 28 332
Abb. 246: Illustrationsart „detaillierte räumliche Zeichnungen“, WB2, 18 332
Abb. 247: Anordnung der Text-Bild-Kombinationen in Werbebroschüren 332
Abb. 248: Anordnungsvariante „Textteil und Abbildung (oben)“, WB1, 56 ... 333
Abb. 249: Anordnungsvariante „Textteil und Abbildung (unten)“, WB1, 28 333
Abb. 250: Anordnungsvariante „Textteil und Abbildung (links)“, WB2, 84 334
Abb. 251: Anordnungsvariante „Textteil und Abbildung (rechts)“, WB2, 13 335
Abb. 252: Anordnungsvariante „Textteil integriert in Abbildung“, WB1, 8-9 335
Abb. 253: Anordnungsvariante „Textteil integriert in Abbildung“, WB1, 8-9 (Forts.) 336
Abb. 254: Abbildung „Die S-Klasse“ (Abmessungen), WB2, 108 337
Abb. 255: Die textgesteuerte Variante „Textteil und Abbildung“, WB1, 65 338
Abb. 256: Die textgesteuerte Variante „Begriff im Satz und an der Abbildung“ (Nummerierung), WB1, 65 338
Abb. 257: Die textgesteuerte Variante „Begriff im Satz und an der Abbildung“, WB1, 35 338
Abb. 258: Text-Bild-Funktionen in Werbebroschüren 339
Abb. 259: Text-Bild-Funktion: kontaktiv, Deckblatt, WB2 339
Abb. 260: Text-Bild-Funktion: kontaktiv, WB2, 40 340
Abb. 261: Text-Bild-Funktion: deskriptiv-kontaktiv, WB2, 46 340
Abb. 262: Text-Bild-Funktion: deskriptiv, WB1, 32 341
Abb. 263: Tabelleninformation, WB2, 82 341
Abb. 264: Satztypen in den Überschriften in Werbebroschüren (Verweis auf Unterkapitel 2. Grades) 345
Abb. 265: Nominalsatztypen in den Überschriften in Werbebroschüren (Verweis auf Unterkapitel 2. Grades) 346

Abb. 266: Satztypen in den Sätzen des Textkorpus in Werbebroschüren 348
Abb. 267: Komplexe Verbalsätze in den Sätzen des Textkorpus in Werbebroschüren 351
Abb. 268: Nebensatztypen in den Sätzen des Textkorpus in Werbebroschüren 356
Abb. 269: Wortschatzbereiche in den Sätzen des Textkorpus in Werbebroschüren 358
Abb. 270: Verteilung des Subjekts über die Wortschatzbereiche in den Werbebroschüren 359
Abb. 271: Wertigkeiten der Verben in Werbebroschüren 361
Abb. 272: Wortschatzbereiche in Verben des Textkorpus in Werbebroschüren 369
Abb. 273: A1 373
Abb. 274: A2 374
Abb. 275: A2 (Forts.) 375
Abb. 276: A3 376
Abb. 277: A3 (Forts.) 377
Abb. 278: A4 378
Abb. 279: A4 (Forts.) 379
Abb. 280: A5 380
Abb. 281: A5 (Forts.) 381
Abb. 282: A6 382
Abb. 283: A6 (Forts.) 383
Abb. 284: A7 384
Abb. 285: A8 385
Abb. 286: A9 386
Abb. 287: A9 (Forts.) 387
Abb. 288: A10 388
Abb. 289: A10 (Forts.) 389
Abb. 290: A11 390
Abb. 291: A11 (Forts.) 391
Abb. 292: A12 392
Abb. 293: A12 (Forts.) 393
Abb. 294: A13 394
Abb. 295: A14 395
Abb. 296: A15 396
Abb. 297: BMW Logo mit Slogan 397
Abb. 298: Mercedes-Benz Logo 397
Abb. 299: Audi Logo 398
Abb. 300: Audi Slogan 398
Abb. 301: Volkswagen Logo mit Slogan 398
Abb. 302: Satztypen in den Überschriften in Werbeanzeigen 407
Abb. 303: Nominalsatztypen in den Überschriften in Werbeanzeigen 408
Abb. 304: Satztypen in den Sätzen des Textkorpus in Werbeanzeigen 412

Abb. 305: Komplexe Verbalsätze in den Sätzen des Textkorpus in Werbeanzeigen ... 413
Abb. 306: Nebensatztypen in den Sätzen des Textkorpus in Werbeanzeigen ... 413
Abb. 307: Wortschatzbereiche im Textkorpus in Werbeanzeigen ... 414
Abb. 308: Verteilung des Subjekts über die Wortschatzbereiche in Werbeanzeigen ... 415
Abb. 309: Wertigkeiten der Verben in Werbeanzeigen ... 417
Abb. 310: Wortschatzbereiche der Verben im Textkorpus in Werbeanzeigen ... 420
Abb. 311: Anordnung von Text-Bild-Kombinationen in der Produktinformation ... 425
Abb. 312: Nominalsatztypen in den Überschriften in der Produktinformation ... 428
Abb. 313: Attribuierungstypen in den Nominalsätzen (eingliedrig) in der Produktinformation ... 429
Abb. 314: Satztypen in den Sätzen des Textkorpus in der Produktinformation ... 430
Abb. 315: Komplexe Verbalsätze in den Sätzen des Textkorpus in der Produktinformation ... 432
Abb. 316: Nebensatztypen in den Sätzen des Textkorpus in der Produktinformation ... 435
Abb. 317: Wortschatzbereiche in den Sätzen des Textkorpus in der Produktinformation ... 436
Abb. 318: Verteilung des Subjekts über die Wortschatzbereiche in der Produktinformation ... 438
Abb. 319: Wertigkeiten der Verben in der Produktinformation ... 440
Abb. 320: Wortschatzbereiche der Verben des Textkorpus in der Produktinformation ... 444
Abb. 321: Anordnung von Text-Bild-Kombinationen im Service Magazin ... 448
Abb. 322: Textgesteuerte Text-Bild-Kambination im Service Magazin ... 449
Abb. 323: Satztypen im Überschriftengefüge im Service Magazin ... 451
Abb. 324: Nominalsatztypen im Überschriftengefüge im Service Magazin ... 451
Abb. 325: Satztypen in den Überschriften im Service Magazin ... 452
Abb. 326: Nominalsatztypen in den Überschriften im Service Magazin ... 453
Abb. 327: Satztypen in den Sätzen des Textkorpus im Service Magazin ... 453
Abb. 328: Komplexe Verbalsätze in den Sätzen des Textkorpus im Service Magazin ... 454
Abb. 329: Nebensatztypen in den Sätzen des Textkorpus im Service Magazin ... 458
Abb. 330: Wortschatzbereiche in den Sätzen des Textkorpus im Service Magazin ... 460
Abb. 331: Verteilung des Subjekts über die Wortschatzbereiche im Service Magazin ... 461

Abb. 332: Wortschatzbereiche in den Verben des Textkorpus im Service Magazin 464

6.2 Tabellenverzeichnis

Tab. 1: Die Makrostruktur „Kapitel“ in B1 und B2 59
Tab. 2: Verteilung der Arten von Display- und Tastensymbole am Auto in B1 und B2 82
Tab. 3: Anordnung der Tabelleninformationen in B1 und B2, Kapitel „Technische Daten“ 85
Tab. 4: Anzahl der Überschriften pro Seite in B1 und B2 87
Tab. 5: Attribute in den Nominalsatztypen (eingliedrig) in B1 und B2 90
Tab. 6: Satztypen in den Überschriften in B1 und B2 93
Tab. 7: Nominalsatztypen in den Überschriften in B1 und B2 93
Tab. 8: Attribute in den Nominalsatztypen (eingliedrig) in B1 und B2 93
Tab. 9: Anzahl der Sätze pro Seite in B1 und B2 94
Tab. 10: Nebensatztypen in den Sätzen des Textkorpus in B1 und B2 107
Tab. 11: Satzarten in den Sätzen des Textkorpus in B1 und B2 108
Tab. 12: Wortschatzbereiche im Textkorpus in B1 und B2 109
Tab. 13: Wertigkeiten der Verben in B1 und B2 113
Tab. 14: Wortschatzbereiche der Verben in B1 und B2 136
Tab. 15: Anordnungsmöglichkeiten der Tabelleninformationen in WH1 und WH2 167
Tab. 16: Satztypen in den Überschriften in WH1 und WH2 171
Tab. 17: Nominalsatztypen in den Überschriften in WH1 und WH2 171
Tab. 18: Nebensatztypen in den Sätzen des Textkorpus in WH1 und WH2 179
Tab. 19: Satzarten in den Sätzen des Textkorpus in WH1 und WH2 180
Tab. 20: Wortschatzbereiche in den Sätzen des Textkorpus in WH1 und WH2 181
Tab. 21: Wertigkeiten der Verben in WH1 und WH2 182
Tab. 22: Anordnungsmöglichkeiten der Tabelleninformationen in L1 und L2 238
Tab. 23: Verteilung der Überschriften in L1 und L2 238
Tab. 24: Satztypen in den Überschriften in L1 und L2 244
Tab. 25: Anzahl der Sätze pro Seite in Lehrbüchern 245
Tab. 26: Satzarten in den Sätzen des Textkorpus in L1 und L2 260
Tab. 27: Verben in den Wortschatzbereichen in den Lehrbüchern 279
Tab. 28: Anzahl der Text-Bild-Kombinationen in Testberichten 288
Tab. 29: Verteilung der Text-Bild-Kombinationen in Testberichten pro Seite 289
Tab. 30: Anordnung der Tabelleninformationen 294
Tab. 31: Anzahl aller Überschriften in Testberichten 294
Tab. 32: Anzahl der Überschriften pro Seite in Testberichten 294

Tab. 33: Anzahl der Sätze des Textkorpus in Testberichten ... 297
Tab. 34: Anzahl der Sätze des Textkorpus pro Seite in Testberichten ... 298
Tab. 35: Nebensatztypen in den Sätzen des Textkorpus in Testberichten ... 309
Tab. 36: Satzarten in den Sätzen des Textkorpus in Testberichten ... 310
Tab. 37: Anzahl der Satzglieder in den Wortschatzbereichen in Testberichten ... 311
Tab. 38: Anzahl der Verben in den Wortschatzbereichen in Testberichten ... 315
Tab. 39: Wertigkeiten der Verben in Testberichten ... 316
Tab. 40: Text-Bild-Kombinationen in den Werbebroschüren ... 331
Tab. 41: Illustrationsarten in Werbebroschüren ... 331
Tab. 42: Anzahl der Überschriften pro Seite in Werbebroschüren ... 342
Tab. 43: Attribute in den Nominalsatztypen (eingliedrig) in Werbebroschüren ... 346
Tab. 44: Anzahl der Sätze pro Seite in Werbebroschüren ... 347

6.3 Abkürzungsverzeichnis

A	Werbeanzeige
AÜ	Artikelüberschrift
B	Betriebsanleitung
E_N	Ergänzung im Nominativ
E_D	Ergänzung im Dativ
E_A	Ergänzung im Akkusativ
E_{pA}	präpositionale Ergänzung im Akkusativ
E_{pD}	präpositionale Ergänzung im Dativ
E_{KON}	konditionaler Ergänzungssatz
E_{Adv}	adverbialer Ergänzungssatz
E_{TEM}	temporaler Ergänzungssatz
HZ	Hauptzeile
L	Lehrbuch
NS	Nebensatz
NoS	Nominalsatz
NoS/VS	Nominal-/Verbalsatzkombination
P	Produktinformation
RT	Rubrikentitel
SeM	Service Magazin
T	Testbericht
TB	Text-Bild
UZ	Unterzeile
VS	Verbalsatz
WB	Werbebroschüre
WH	Werkstatthandbuch

7. Literaturverzeichnis

7.1 Materialgrundlage

Lehrbuch L

L1: Berger, Kurt-Jürgen u.a. (2003): Technologie Kraftfahrzeugtechnik. Grund- und Fachbildung, 2., durchges. Aufl., Troisdorf: Bildungsverlag EINS; Spezielle Themenbereiche Kupplung S. 288-296, Wechselgetriebe S. 297-302, Direkteinspritzung am Ottomotor S. 173-176, Überblick: Direkteinspritzverfahren für Dieselmotoren S. 279-282, Motorkühlung S. 232-244, Motorschmierung S. 244-255, Räder S. 326-328, Reifen S. 329-333, Antiblockiersystem S. 372-375.

L2: Deußen, Ralf u.a. (2007): Meisterwissen im Kfz-Handwerk, 3., aktualisierte und neu bearb. Aufl., Würzburg: Vogel Buchverlag; Spezielle Themenbereiche: Kupplung S. 459-477, Wechselgetriebe S. 477-501, Benzin-Direkteinspritzung (bei Ottomotoren) S. 268-288, Direkteinspritzverfahren (DI) bei Dieselmotoren S. 298-301, Motorkühlung S. 146-157, Motorschmierung S. 135-145, Räder und Reifen am Kraftfahrzeug S. 654-670, Antiblockiersystem (ABS) S. 925-928.

Werkstatthandbuch WH

WH1: Bayerische Motoren Werke AG: Reparaturanleitung Automobile. BMW 3er-Reihe: 320-321-326-327-327/8-328-335, München (Nachdruck).

WH2: DaimlerChrysler AG: Werkstatt-Information Typ 126. Mercedes S-Klasse. Limousine (normal und lang), Coupé (260 SE bis 560 SEC), Stuttgart (CD, Original).

Testbericht T

T1: A3, 1er oder SLK? Frühlingserwachen. In: ADACmotorwelt 3/2008 (Vergleichstest).

T2: BMW 318i vs. 318d. Zahl der Wahl. In: Auto, Motor und Sport 25/2005 (Vergleichstest).

T3: BMW 330d. Drei Again. In: Auto, Motor und Sport 19/2008 (Einzeltest/Fahrbericht).

T4: Audi A8 3.0 TDI, BMW 730d, Mercedes S 320 CDI. Zur Klasse, Bitte. In: Auto, Motor und Sport 26/2008 (Vergleichstest).

T5: Audi Q5 2.0 TDI, BMW X3 2.0d, Mercedes GLK 220 CDI. In Drei und Glied. In: Auto, Motor und Sport 26/2008 (Vergleichstest).

Betriebsanleitung B

B1: Bayerische Motoren Werke AG (2002): Betriebsanleitung zum Fahrzeug 316i/318i/320i/325i/325xi/330i/330xi/318d/320d/330d/330xd, München.
B2: DaimlerChrysler AG (2003): Betriebsanleitung Mercedes-Benz S-Klasse, Stuttgart.

Text im Vertrieb

SeM: AUDI AG: Audi Service Magazin, 2008.
P: AUDI AG: Produktinfo. Der Audi TT Roadster, 1999.

Werbetext in Broschüren WB

WB1: BMW AG: Die neue BMW 3er Limousine. 2008.
WB2: Daimler AG: Die S-Klasse. 2008.

Werbeanzeige A

A1, BMW Service (Focus 7/2008).
A2, BMW 1er Cabrio (Focus 14/2008).
A3, BMW 7er (Auto, Motor, Sport 26/2008).
A4, Mercedes SL (Focus 14, 2008).
A5, Mercedes E Coupé (Focus 22, 2009).
A6, Mercedes E Coupé (Focus 20, 2009).
A7, Mercedes Service, (ADAC 1/2009).
A8, Mercedes Pannenstatistik, (ADAC 7/2009).
A9, Mercedes Viano Privat-Leasing (Auto, Motor, Sport 26/2008).
A10, Audi A5 Cabriolet (Focus 23/2009).
A11, Audi A5 Cabriolet (Focus 12/2009).
A12, Q5 (Focus 5/2009).
A13, VW BlueMotion (Auto, Motor, Sport 26/2008).
A14, VW Umweltprämie Plus (ADAC 7/2009).
A15, VW Gebrauchtwagenklasse (Focus 15/2008).

7.2 Literaturverzeichnis

AUST, HUGO (1983): Lesen. Überlegungen zum sprachlichen Verstehen. Tübingen.

BALLSTAEDT, STEFFEN-PETER/MANDL, HEINZ/SCHNOTZ, WOLFGANG/TERGAN, SIGMAR-OLAF (1981): Texte verstehen, Textgestalten, München 1981.

BAUMANN, KLAUS-DIETER (1995): Die psychologisch-kognitive Erweiterung der Fachsprachenforschung. In: Busch-Lauer, Ines-Andrea/ Fiedler, Marion/Ruge, Marion (Hrsg.) (1995): Texte als Gegenstand linguistischer Forschung und Vermittlung: Festschrift für Rosemarie Gläser, Frankfurt a.M. u.a., S. 19-34.

BAUMANN, KLAUS-DIETER/KALVERKÄMPER, HARTWIG (1996): Curriculum vitae-cursus scientiae-progressus linguisticae. Fachtextsorten als Thema: Zur Einführung. Zugleich eine Würdigung des wissenschaftlichen Werks von Lothar Hoffmann (Leipzig) anläßlich seines 65. Geburtstags am 23. Oktober 1993. In: Baumann, Klaus-Dieter/Kalverkämper, Hartwig: Fachliche Textsorten. Komponenten-Relationen-Strategien, Tübingen, S. 13-31.

BEA, FRANZ XAVER/FRIEDL, BIRGIT/SCHWEITZER, MARCELL (Hrsg.) (2004): Allgemeine Betriebswirtschaftslehre, Bd. 1 Grundfragen, 9., überarb. Aufl., Stuttgart: Lucius & Lucius Verlagsgesellschaft mbH.

BECKER, THOMAS (1990): Sprache und Technik. Verständliches Gestalten technischer Fachtexte. Aachen.

BECKER, THOMAS/SCHMALEN, HEINRICH (1990): Das Kooperationsprojekt „Transferoptimierung technisch-wissenschaftlicher Ergebnisse in die betriebliche Praxis“. In: Becker, Thomas (1990): Sprache und Technik. Verständliches Gestalten technischer Fachtexte. Aachen, S. 91-123.

BIERE, BERND ULRICH (1990): Verständlich-Machen. Möglichkeiten adressatenspezifischer Textgestaltung. In: Becker, Thomas (1990): Sprache und Technik. Verständliches Gestalten technischer Fachtexte. Aachen: Alano, S. 15-32.

BORNSTEIN, R.F./D' AGOSTINO, P.R. (1994): The attribution and discounting of perceptional fluency: Prelinimary test of a perceptual/attributional model of the mere exposure effect. In: Social Cognition, 12, 1, S. 103-128.

BRINKER, KLAUS (1983). Textfunktionen. Ansätze zu ihrer Beschreibung. In: Zeitschrift für germanistische Linguistik 11, S. 127-148.

COSERIUS, EUGENIO (1980): Textlinguistik. Eine Einführung. Hrsg. und bearbeitet von Albrecht, Jörn, Tübingen.

DER BROCKHAUS (1993): In fünf Bänden. 8., neu bearbeite Aufl., Bd. 2, Mannheim, Leipzig.

DUDEN (1998): Grammatik der deutschen Gegenwartssprache. Hrsg. vom Wissenschaftlichen Rat der Dudenredaktion. Bearb. von Eisenberg, Peter/Hermann, Gelhaus/Henne, Helmut/Sitta, Horst/Wellmann, Hans, Duden 4, 6. Aufl., Mannheim u.a.

DUDEN (1999): Das große Wörterbuch der deutschen Sprache: in zehn Bänden. Hrsg. vom Wissenschaftlichen Rat der Dudenredaktion, 3. Aufl., Mannheim u.a.

DUDEN (2005): Duden, die Grammatik. Hrsg. von der Dudenredaktion, 7., völlig neu erarb. und erw. Aufl., Mannheim u.a.

DUDEN (2006). Die deutsche Rechtschreibung. Hg. von der Dudenredaktion. 24., völlig neu bearb. und erw. Aufl. (= Duden. 1). Mannheim, Leipzig, Wien.

EBERLEH, EDMUND (1990): Komplementarität von Text und Bild. In: Becker, Thomas: Sprache und Technik. Verständliches Gestalten technischer Fachtexte. Aachen, S. 67-89.

ENDERS, ALEXANDER (2010): Nominalsätze: ihre Strukturen und Funktionen in den Romanen Goethes, (= Berliner Sprachwissenschaftliche Studien 18) Berlin.

ENGEL, ULRICH (1970): Die deutschen Satzbaupläne. In: Wirkendes Wort 20, Düsseldorf, S. 361-392.

ENGEL, ULRICH/SCHUMACHER, HELMUT (1978): Kleines Valenzlexikon deutscher Verben unter Mitarbeit von Ballweg, Joachim u.a., 2. Aufl., Tübingen.

ERFOLGREICHE ANZEIGEN (1993): Kriterien und Beispiele zur Beurteilung und Gestaltung. Hrsg. von Meyer-Hentschel Management Consulting. 2. Aufl., Wiesbaden.

ETYMOLOGISCHES WÖRTERBUCH DES DEUTSCHEN (2004): Erarbeitet unter der Leitung von Wolfgang Pfeifer. 7. Aufl., München.

FELSER, GEORG (2001): Werbe- und Konsumentenpsychologie. 2. Aufl. Heidelberg, Berlin, Stuttgart.

FLÄMIG, WALTER (1970): Der Satzbau (die Syntax). In: Die deutsche Sprache. Hrsg. von Erhard Agricola, Wolfgang Fleischer und Helmut Protze unter Mitwirkung von Wolfgang Ebert. Kleine Enzyklopädie in zwei Bänden. Zweiter Band. Leipzig, S. 908-978.

FLÄMIG, WALTER (1991): Grammatik des Deutschen. Einführung in Struktur- und Wirkungszusammenhänge. Erarbeitet auf der theoretischen Grundlage der „Grundzüge einer deutschen Grammatik“, Berlin.

GÖPFERICH, SUSANNE (1995): Textsorten in Naturwissenschaft und Technik. Pragmatische Typologie – Kontrastierung – Translation, Tübingen: Narr.

GÖPFERICH, SUSANNE (1998): Interkulturelles Technical Writing. Fachliches adressatengerecht vermitteln: ein Lehr- und Arbeitsbuch, Tübingen.

HACKER, WINFRIED (1990): Arbeitstätigkeitsleitende Texte. Zu: arbeitspsychologischen Grundlagen der Bewertung von Tätigkeits- und Bedienungsanleitungen. In: Becker, Thomas: Sprache und Technik. Verständliches Gestalten technischer Fachtexte. Aachen, S. 33-66.

HARTMANN, PETER (1971): Texte als linguistisches Objekt. In: Stempel, Wolf-Dieter (Hrsg.) (1971): Beiträge zur Textlinguistik, München.

HELBIG, GERHARD (1971): Theoretische und praktische Aspekte eines Valenzmodells. In: Helbig, Gerhard (Hrsg.): Beiträge zur Valenztheorie, Halle/Saale, Paris, S. 31-51.

HELBIG, GERHARD/SCHENKEL, WOLFGANG (1991): Wörterbuch zur Valenz und Distribution deutscher Verben, 8. durchges. Aufl., Tübingen: Niemeyer.

HELBIG, GERHARD (1992): Probleme der Valenz- und Kasustheorie. Konzepte der Sprach- und Literaturwissenschaft 51, Tübingen.

HELBIG, GERHARD/BUSCHA, JOACHIM (1993): Deutsche Grammatik. Ein Handbuch für den Ausländerunterricht. 15., durchgesehene Aufl. Leipzig, Berlin, München.

HELBIG, GERHARD/BUSCHA, JOACHIM (2001): Deutsche Grammatik. Ein Handbuch für den Ausländerunterricht, 16. Aufl., Berlin (u.a.).

HOFFMANN, LOTHAR (1985): Kommunikationsmittel Fachsprache: Eine Einführung, 2., völlig neu bearb. Aufl., Tübingen.

HOFFMANN, LOTHAR (1998a): Syntaktische und morphologische Eigenschaften von Fachsprachen. In: Hoffmann, Lothar/Kalverkämper, Hartwig/Wiegand, Herbert Ernst (Hrsg.): Fachsprachen: ein internationales Handbuch zur Fachsprachenforschung und Terminologiewissenschaft = Languages for special purposes. Halbband 1, Berlin, S. 416-427.

HOFFMANN, LOTHAR (1998b): Fachsprachen und Gemeinsprache. In: Hoffmann, Lothar/Kalverkämpfer, Hartwig, Wiegand, Herbert Ernst (Hrsg.): Fachsprachen: ein internationales Handbuch zur Fachsprachenforschung und Terminologiewissenschaft = Languages for special purposes. Halbband 1, Berlin, S. 157-168.

HOFFMANN, WALTER (1990): Erfolgreich beschreiben – Praxis des technischen Redakteurs. München, Berlin.

JACOB, KARLHEINZ (1991): Maschine, mentales Modell, Metapher: Studien zur Semantik und Geschichte der Techniksprache, Tübingen.

JANICH, NINA (2010): Werbesprache. Ein Arbeitsbuch. 5., vollständig überarbeitete und erweiterte Aufl., Tübingen.

KALVERKÄMPER, HARTWIG (1993): Das fachliche Bild. Zeichenprozesse in der Darstellung wissenschaftlicher Ergebnisse. In: Schröder, Hartmut (Hrsg.): Fachtextpragmatik. Tübingen, S. 215-238.

KLAUKE, MICHAEL (1993): Instruktive Fachtexte des Englischen, Frankfurt a.M.

KLOEPFER, MICHAEL (Hrsg.) (2007): Gebrauchs- und Betriebsanleitungen in Recht und Praxis, Berlin.

KLOSS, INGOMAR (2007): Werbung. Handbuch für Studium und Praxis. 4., vollständig überarb. Aufl. München.

KÖSLER, BERTRAM (1990): Gebrauchsanweisungen richtig und sicher gestalten. Wiesbaden.

KROEBER-RIEL, WERNER/ESCH, FRANZ-RUDOLF (2004): Strategie und Technik der Werbung. Verhaltenswissenschaftliche Ansätze. 6., überarb. und erw. Aufl. Stuttgart.

KROPFF, HANNS FERDINAND JOSEF (1990): Angewandte Psychologie und Soziologie in Werbung und Vertrieb: der gegenwärtige Entwicklungstand der Werbepsychologie unter Einbezug sozio-psychologischer Erfahrungen, Stuttgart.

KUNTZ, HELMUT (1979): Zur textsortenmäßigen Binnendifferenzierung des Fachs Kraftfahrzeugtechnik: eine syntaktische Analyse mittels valenzspezifischer Muster insbesondere im Bereich der Satzbaupläne, Göppingen.

LITTMANN, GÜNTER (1981): Fachsprachliche Syntax: zur Theorie und Praxis syntaxbezogener Sprachvariantenforschung, Hamburg.

MEFFERT, HERIBERT (2000): Marketing: Grundlagen marktorientierter Unternehmensführung; Konzepte, Instrumente, Praxisbeispiele; mit neuer Fallstudie VW Golf, 9. überarb. und erw. Aufl., Wiesbaden.

MÖHN, DIETER/PELKA, ROLAND (1984): Fachsprachen, Tübingen.

NECKERMANN, NICOLE (2000): Instruktionstexte. Normativ-theoretische Anforderungen und empirische Strukturen am Beispiel des Kommunikationsmittels Telefon im 19. und 20. Jahrhundert, Berlin.

NOACK, CLAUS (1990): Verständliches Gestalten technischer Fachtexte. In: Becker, Thomas: Sprache und Technik. Verständliches Gestalten technischer Fachtexte. Aachen, S.195-229.

PFLAUM, DIETER (1993): Ausgewählte Werbemittel und Gestaltungsansätze. In: Handbuch Marketing-Kommunikation. Strategien – Instrumente – Perspektiven – Werbung – Sales Promotions – Public Relations – Corporate Identity – Sponsoring – Product Placement. Hrsg. von Ralph Berndt und Arnold Hermanns. Wiesbaden, S. 333-352.

PICHLER, WOLFRAM W. (2007): Wirtschaftliche Betrachtung von Gebrauchs- und Betriebsanleitungen. In: Kloepfer, Michael (Hrsg.): Gebrauchs- und Betriebsanleitung in Recht und Praxis, Berlin, S. 17-33.

REICHERT, GÜNTHER W. (1990): Gehirngerechte Verständlichkeit von technischen Fachtexten. In: Becker, Thomas: Sprache und Technik. Verständliches Gestalten technischer Fachtexte, Aachen, S. 231-250.

REINHARDT, WERNER/KÖHLER, CLAUS/NEUBART, GUNTER (1992): Deutsche Fachsprache der Technik, 3. überarb. Aufl., Hildesheim u.a.

ROLF, ECKARD (1993): Die Funktionen der Gebrauchstextsorten, Berlin u.a.

SANDMANN, MANFRED (1978): Träume, Schäume. Die Nominalparataxen als Ausdruck einer logischen Grundstruktur „conditio – consequentia“. In: Sprachwissenschaft 3. Heidelberg, S. 1-15.

SCHLÜTER, SABINE (2001): Textsorte vs. Gattung. Textsorten literarischer Kurzprosa in der Zeit der Romantik (1795-1835). (= Berliner Sprachwissenschaftliche Studien. 1). Berlin.

SCHMIDT, SIEGFRIED J. (1973): Texttheorie. Probleme einer Linguistik der sprachlichen Kommunikation, München, S. 150.

SCHMIDT, VASCO ALEXANDER (2003): Grade der Fachlichkeit in Textsorten zum Themenbereich Mathematik, (= Berliner Sprachwissenschaftliche Studien 3) Berlin.

SCHRÄDER, ALFONS (1991): Fach- und Gemeinsprache in der Kraftfahrzeugtechnik: Studien zum Wortschatz, Frankfurt a.M.

SCHRÖDER, HARTMUT (Hrsg.) (1993): Fachtextpragmatik. Tübingen.

SCHWEIGER, GÜNTER/SCHRATTENECKER, GERTRAUD (2005): Werbung. Eine Einführung. 6., neu bearbeitete Aufl. (= UTB für Wissenschaft. 1370). Stuttgart.

SIMMLER, FRANZ (1978). Die politische Rede im Deutschen Bundestag: Bestimmung ihrer Textsorten und Redesorten. (= Göppinger Arbeiten zur Germanistik. 245). Göppingen.

SIMMLER, FRANZ (1981). Zur Syntax von Volksmärchen. In: Sub tua platano. Festgabe für Alexander Beinlich, Emsdetten, S. 361-389.

SIMMLER, FRANZ (1984): Zur Fundierung des Text- und Textsortenbegriffs. In: Eroms, Hans-Werner/Gajek, Bernhard/Kolb, Herbert (Hrsg.): Studia Linguistica et Philologica. Festschrift für Klaus Matzel, Heidelberg, S. 25-50.

SIMMLER, FRANZ (1985a): Elliptizität und Satztypen. In: Schlerath, Bernfried (Hrsg.) unter Mitarbeit von Rittner, Veronica: Grammatische Kategorien. Funktion und Geschichte. Akten der VII. Fachtagung der Indogermanischen Gesellschaft Berlin, 20-25. Februar 1983. Wiesbaden, S. 449-477.

SIMMLER, FRANZ (1985b): Syntaktische Strukturen in Kunstmärchen der Romantik. In: Textlinguistik contra Stilistik? Akten des VII. Internationalen Germanisten-Kongresses Göttingen 1985, Bd. 3, Tübingen, S. 66-96.

SIMMLER, FRANZ (1989): Zur Geschichte der Imperativsätze und ihrer Ersatzformen im Deutschen. In: Matzel, Klaus/Roloff, Hans-Gert (Hrsg.): Festschrift für Herbert Kolb, Bern, S.642-691.

SIMMLER, FRANZ (1991): Die Textsorten ‚Regelwerk' und ‚Lehrbuch' aus dem Kommunikationsbereich des Sports bei Mannschaftsspielen und ihre Funktionen. In: Sprachwissenschaft 16, S. 251-301.

SIMMLER, FRANZ (1992): Nominalsätze im Althochdeutschen. In: Desportes, Yvon (Hrsg.): Althochdeutsch. Syntax und Semantik, Akten des Lyonner Kolloquiums zur Syntax und Semantik des Althochdeutschen (1.-3. März 1990), Lyon, S. 153-197.

SIMMLER, FRANZ (1993a): Zeitungssprachliche Textsorten und ihre Varianten. Untersuchungen anhand von regionalen und überregionalen Tageszeitungen zum Kommunikationsbereich des Sports. In: Simmler, Franz (Hrsg.): Probleme der funktionellen Grammatik, Bern, Berlin u.a., S. 133-282.

SIMMLER, FRANZ (1993b): Zum Verhältnis von publizistischen Gattungen und linguistischen Textsorten. In: Zeitschrift für Germanistik. Neue Folge 3.2, S. 349-363.

SIMMLER, FRANZ (1994a): Bezeichnungen für Angriffs- und Zuspielaktionen und ihre Valenz in Mannschaftssportarten. In: Zeitschrift für germanistische Linguistik 22, S. 1-30.

SIMMLER, FRANZ (1994b): Verben des Verteidigens und ihre Valenzen im Kommunikationsbereich des Sports. In: Thielemann, Werner/Welke, Klaus (Hrsg.): Valenztheorie: Werden und Wirkung. Wilhelm Bondzio zum 65. Geburtstag, Münster, S. 125-155.

SIMMLER, FRANZ (1995): Textsortengebundene Verbvalenz im Kommunikationsbereich des Sports. In: Eichinger, Ludwig M./Eroms, Hans-Werner (Hrsg.): Dependenz und Valenz (= Beiträge zur germanistischen Sprachwissenschaft, Bd. 10), Hamburg, S. 201-223.

SIMMLER, FRANZ (1996): Teil und Ganzes in Texten. Zum Verhältnis von Textexemplar, Textteilen, Teiltexten, Textauszügen und Makrostrukturen. In: Daphnis 25. Amsterdam, S. 597-625.

SIMMLER, FRANZ (1998): Fachsprachliche Phänomene in den öffentlichen Texten von Politikern. In: Hoffmann, Lothar/Kalverkämper, Hartwig/Wiegand, Herbert Ernst (Hrsg.): Fachsprachen: ein internationales Handbuch zur Fachsprachenforschung und Terminologiewissenschaft = Languages for special purposes, Halbband 1, Berlin, S. 736-756.

SIMMLER, FRANZ (2006): Varietätenlinguistik: Fachsprachen. In: Ágel, Vilmos u.a. (Hrsg.): Dependenz und Valenz: ein internationales Handbuch der zeitgenössischen Forschung, Bd. 25, Berlin u.a., S. 1523-1538.

SIMMLER, FRANZ (2007): Syntaktische Entwicklungstendenzen in der deutschen Gegenwartssprache. – In: Shimizu, Akira (Ltg.): Energeia. Arbeitskreis für deutsche Grammatik 32. Tokyo, S. 1-27.

SIMMLER, FRANZ (2009): Rhetorisch-stilistische Eigenschaften der Sprache des Sports. Rhetorik und Stilistik. Ein internationales Handbuch historischer und systematischer Forschung. Hrsg. von Fix, Ulla/ Gardt, Andreas/Knape, Joachim. 2. Halbband. Berlin/New York, S. 2289-2319.

SITTA, HORST (1998): Der Satz. In: Duden. Grammatik der deutschen Gegenwartssprache. Hrsg. von der Dudenredaktion. Bearbeitet von Peter Eisenberg, Hermann Gelhaus, Helmut Henne, Horst Sitta und Hans Wellmann. 6., neu bearb. Aufl. (= Duden. 4). Mannheim, Leipzig, Wien, S. 609-858.

STÄUBER, BERND SIMON (2009): Sprachliche Strukturen und Funktionen im Kommunikationsbereich „Reisen“: Textsortentypologie und ihre Beziehung zu betriebswirtschaftlichen Vorschlägen zur Werbegestaltung, (= Berliner Sprachwissenschaftliche Studien 15) Berlin.

STÖCKL, HARTMUT (2004): Die Sprache im Bild – Das Bild in der Sprache. Zur Verknüpfung von Sprache und Bild im massenmedialen Text. (= Linguistik. Impulse und Tendenzen 3) Berlin, New York.

TESNIÈRE, LUCIEN (1965): Eléments de syntaxe structur.al, 2 éd. rev. et corrigée, Paris.

WAHRIG, GERHARD (2000): Deutsches Wörterbuch, 7., vollst. neu bearb. und aktualisierte Aufl., auf der Grundlage der neuen amtlichen Rechtschreibregeln neu hrsg. von Renate Wahrig-Burfeind., Gütersloh u.a.

WAHRIG (2001): Fremdwörterlexikon. Hrsg. von Renate Wahrig-Burfeind. München, S. 548.

WEINRICH, HARALD (1989): Formen der Wissenschaftssprache. In: Jahrbuch 1988 der Akademie der Wissenschaften zu Berlin, Berlin, New York, S. 119-158.

WELKE, KLAUS/MEINHARD, HANS-JOACHIM (1980): Prinzipien einer operativen Valenzgrammatik. In: Zeitschrift für Germanistik 2, S. 146-156.

WÖHE, GÜNTER/DÖRING, ULRICH (2005): Einführung in die Allgemeine Betriebswirtschaftslehre, 22. neubearb. Aufl., München.